| 经 | 济 | 管 | 理 | 类 |

概率论与统计学

■ 茆诗松 贺思辉 编著

WUHAN UNIVERSITY PRESS

武汉大学出版社

图书在版编目(CIP)数据

概率论与统计学/茆诗松,贺思辉编著.—武汉:武汉大学出版社,2010.4
经济管理类
ISBN 978-7-307-07631-0

Ⅰ.概⋯　Ⅱ.①茆⋯　②贺⋯　Ⅲ.①概率论　②统计学
Ⅳ.①O211　②C8

中国版本图书馆 CIP 数据核字(2010)第 027322 号

责任编辑:顾素萍　　　责任校对:黄添生　　　版式设计:詹锦玲

出版发行:**武汉大学出版社**　　(430072　武昌　珞珈山)
　　　　　(电子邮件:cbs22@whu.edu.cn　网址:www.wdp.com.cn)
印刷:湖北省荆州市今印印务有限公司
开本:720×1000　1/16　　印张:39　字数:698 千字　插页:1
版次:2010 年 4 月第 1 版　　2010 年 4 月第 1 次印刷
ISBN 978-7-307-07631-0/O·420　　定价:49.00 元

序　言

　　这本教材《概率论与统计学》是为经济与管理专业本科生编写的，也适合于工科、医科、教育心理学科和农林科等非数学专业学生使用．他们学习的重点在统计学上，即理解当代统计思想，熟悉数据处理的统计方法．本书强调的是统计不是数学，故书名中未写"数理统计"而直接写为"统计学"．概率论是为了学习统计学服务的，够用就行了．故统计学内容超过全书内容的 60％以上．全书共七章，概率三章，统计四章．希望教学上也能够按此比例进行．

　　概率部分我们强调概率分布，着重叙述多种常用分布，强调已知分布如何求概率，已知概率如何求分位数，以及计算分布的期望与方差等．我们尝试在本书开始就引出随机变量和离散概率分布等概念，目的是让学生在初步学习概率时就建立全局观念——分布．对独立同分布场合的中心极限定理重点在理解和使用上，这些都符合经济和管理等专业的教学目的．

　　统计部分是本书重点，花费很多笔墨和心思让学生能准确、直观地理解各种统计思想与统计方法．在统计部分开始就详细叙述两个重要统计量——样本均值与样本偏差平方和及其自由度，这两个概念的统计思想丰富，使用很广，在统计学中几乎所有地方都能看到它们的影子．仅用这两个统计量就可以写一本书（见［20］）．本书中我们将努力阐述各种统计思想．譬如，为什么"等价交换是在平均数中实现的"？自由度将随着偏差平方和进入各种抽样分布．在假设检验中人们为什么要把注意力放在建立拒绝域上呢？成对数据比较使用单样本 t 检验的优缺点．多个均值比较为何要转化为两个均方的比较？区组是不是因子？要知道统计学的基础部分都是"进口货"，国外知道这些知识的来龙去脉，我国大多数人是从数学切入，缺乏对其统计思想的全面了解，我们要努力挖掘各种统计思想，让学生不仅知其然，还能知其所以然．

　　统计学基本内容至今尚无一种最优次序，本书在这方面作一些尝试，如把统计量与点估计并为一章．把假设检验与置信区间联系起来讲．用拒绝域作检验与用 p 值作检验同时叙述，哪个方便就用哪个．特别对离散总体用 p 值作检验就很方便．对置信区间和假设检验尽量配上样本量合理确定的方法. 在总体安排上我们又分单样本、双样本、多样本几章, 非参数方法也分散在各章中.

本书中的各种叙述和安排很希望能听到同行的批评和建议, 也希望听到广大学生的感受, 以此推动教材建设.

本书的叙述以学生容易读懂为准, 句子通俗, 但不失科学性. 各章节都配以一定量的例子和习题, 让学生在动手中掌握各种统计方法, 若能使用统计软件完成这些习题那是更好的事情.

一位大学毕业生在工作以后说: "考试觉得书太厚, 用时觉得书太薄." 这是毕业生的真实感受. 我们在教学中要选基本部分和本专业常用内容讲述, 有些内容可只讲条件与结论, 推理可略. 如第三章多维随机变量可以只讲独立随机变量和的分布, 以及期望与方差的计算即可. 样本量确定可只讲结果, 不讲推导. 教师要帮助学生处理好这对矛盾.

全书共七章, 茆诗松编写了第一章至第六章, 贺思辉编写了第七章, 全书由茆诗松统稿. 在编写过程中得到华东师范大学金融与统计学院的领导和教师的关心与支持, 并提出了很多宝贵的意见. 全书由武汉大学数学与统计学院刘莉博士审阅, 并校样全书. 她提出很多修改意见, 这些意见把本书质量提高一步. 武汉大学出版社顾素萍编辑为此书编排作了细致工作. 在此表示深深的谢意!

由于编者水平有限, 错谬之处在所难免, 恳请国内同行和广大读者批评指正, 我们将努力改正.

茆诗松　贺思辉

2009 年 6 月 25 日

华东师范大学金融与统计学院

目　　录

第一章　事件与概率

1.1　随机事件与随机变量

1.1.1　随机现象及其样本空间

随机现象是**概率论与统计学**的研究对象. 前者研究随机现象的模型,后者研究随机现象的数据处理.

在一定条件下,并不总出现相同结果的现象称为**随机现象**. 从这个描述性定义中可看到随机现象的几个特征:

(1) 可能出现的结果至少有两个. 这种结果不可再分,也是今后的抽样单元,故又称为**样本点**.

(2) 至于哪一个样本点出现,人们事先并不知道.

(3) 但人们可罗列出它的一切可能出现(一个不漏)的样本点,把它们组成一个集合,并称此集合为该随机现象的**样本空间**,记为 $\Omega = \{\omega\}$,其中 ω 就是样本点.

例 1.1.1　随机现象的例子.

(1) 抛一枚硬币,可能出现正面,也可能出现反面,至于哪个面出现,事先并不知道. 这个随机现象的样本空间为

$$\Omega_1 = \{正,反\}.$$

这是最简单的随机现象,其样本空间仅含两个样本点.

若先后抛两枚硬币,可得一新的随机现象,其样本空间为

$$\Omega_2 = \{(正,正),(正,反),(反,正),(反,反)\}.$$

它含有 4 个样本点,且与 Ω_1 中的诸样本点不同类. 有人建议用

$$\Omega_2' = \{二正,一正一反,二反\}$$

作为样本空间,这里没有采用是因为其中"一正一反"还可再分为两个样本点之故. 若抛 10 枚硬币,可能出现的样本点就更多了. 全部罗列相当烦琐,也无必要,但其样本点总数可算得,共 $2^{10} = 1\,024$ 个.

(2) 掷一颗骰子,可能出现1到6点中某一个,至于哪一个出现,事先并不知道. 这个随机现象的样本空间为

$$\Omega_3 = \{1,2,3,4,5,6\}.$$

若掷两颗骰子,则这个新的随机现象的样本空间为

$$\begin{aligned}
\Omega_4 = \{&(1,1),(1,2),(1,3),(1,4),(1,5),(1,6),\\
&(2,1),(2,2),(2,3),(2,4),(2,5),(2,6),\\
&(3,1),(3,2),(3,3),(3,4),(3,5),(3,6),\\
&(4,1),(4,2),(4,3),(4,4),(4,5),(4,6),\\
&(5,1),(5,2),(5,3),(5,4),(5,5),(5,6),\\
&(6,1),(6,2),(6,3),(6,4),(6,5),(6,6)\}.
\end{aligned}$$

随着所掷骰子个数的增加,样本点总数也随着增加. 例如掷5颗骰子,其样本空间共有 $6^5 = 7\,776$ 个样本点.

以上几个随机现象的样本空间所含的样本点总数不同,但都属有限个. 含有无限个(可列个或无限不可列个)样本点的随机现象也大量存在,下面就是这方面的例子.

(3) 一棵麦穗上长出的麦粒数可能30粒或50粒,可能更多一些,也可能更少一些,一个麦粒都没有的麦穗也是有可能的. 为了不遗漏任何一个样本点,用所有非负整数描述其样本空间是恰当的,即

$$\Omega_5 = \{0,1,2,\cdots\}.$$

这里没有写出最大的麦粒数是因为不能准确地知道它,即使知道了,其出现的机会也是很微小的. 按此想法,对更大的数赋予更微小的机会,这样既不失真,又方便数学处理,今后会经常用此方法.

(4) 一台电视机的寿命(从开始使用到首次发生故障的时间)是一个随机现象,其样本空间用所有非负实数描述是合适的,即

$$\Omega_6 = \{t : t \geqslant 0\}.$$

(5) 测量某物理量(长度、重量等)的误差是随机现象. 误差可大可小,可正可负,故用全部实数集合作为测量误差的样本空间是合适的,即

$$\Omega_7 = \{x : -\infty < x < \infty\}.$$

上述样本空间 $\Omega_5, \Omega_6, \Omega_7$ 中的样本点都是无限个,其中 Ω_5 中是可列个,而 Ω_6 与 Ω_7 中是无限不可列个. 我们如此区分它们是因为数学处理上有差异,以后我们将样本点的个数为有限个与可列个归为一类,称为**离散样本空间**,而把样本点个数为无限不可列个归为另一类,称为**连续样本空间**.

随机现象到处可见,大家可举出更多随机现象的例子. 最后,还要介绍一个名词.

在相同条件下可以重复的随机现象又称为**随机试验**. 如抛硬币、掷骰

子、测量误差等都是随机试验. 但也有很多随机现象是不能重复的, 例如某
场足球赛的输赢是不能重复的, 某些经济现象(如失业、经济增长速度等)也
不能重复. 概率论与数理统计主要研究能大量重复的随机现象, 但也注意研
究不能重复的随机现象.

1.1.2 随机事件与随机变量的定义

1. 随机事件

随机现象的某些样本点组成的集合称为**随机事件**, 简称**事件**, 常用大写
字母 A, B, C 等表示. 如掷一颗骰子, "出现奇数点"是一个事件, 它是由 1
点、3 点和 5 点三个样本点组成的一个集合. 若记这个事件为 A, 则有

$A = $"出现奇数点"$ = \{1, 3, 5\}$.

它是相应样本空间 $\Omega = \{1, 2, 3, 4, 5, 6\}$
的一个子集.

关于事件要注意以下几点.

（1）任一事件 A 是相应样本空间
Ω 的一个子集. 常用维恩(Venn)图(见
图 1-1) 示意.

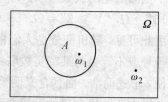

图 1-1 事件 A 的维恩图

（2）事件 A 可能发生, 也可能不发生. 当且仅当 A 中某一个样本点(如
ω_1)发生, 则称**事件 A 发生**. 如在掷一颗骰子中, "出现奇数点"(事件 A)可
得奖, 则"出现 1 点"就得奖, "出现 2 点"就没奖.

（3）事件 A 常用集合表示, 但也可用语言表示, 所用语言要大家明白无
误. 此外, 随机事件还可用随机变量这一数学工具表示.

2. 必然事件与不可能事件

任一样本空间 Ω 的最大子集(Ω 本身)称为**必然事件**, 仍用 Ω 表示. 样本
空间 Ω 的最小子集(空集 $\emptyset$) 称为**不可能事件**, 仍用 $\emptyset$ 表示.

如掷一颗骰子, "出现点数不超过 6"就是一个必然事件, 因它含有 Ω 中
所有 6 个样本点, 其中任一样本点发生必导致 Ω 发生. 由此可见, 必然事件
是肯定要发生的事件.

又如在掷一颗骰子中, "出现 7 点"就是一个不可能事件, 因它不含有 Ω
中任何一个样本点, 即它是空集 $\emptyset$. 由此可见, 不可能事件是一定不会发生
的事件.

必然事件与不可能事件本质上已不是随机事件, 但在概率论中人们把它
们看做随机事件的两种极端, 这对确定概率和研究概率很有益处, 且是不可
缺少的.

3. 随机变量

用来表示随机现象结果的变量称为**随机变量**,常用大写字母 X,Y,Z 等表示.

很多随机现象的结果本身就是数,把这些数看做某特设变量的取值就可获得随机变量. 如掷一颗骰子,可能出现的点数 $1,2,3,4,5,6$ 都是数,若设置一个变量 X,它表示掷一颗骰子出现的点数,则事件"出现 3 点"可用"$X=3$"表示;事件"出现的点数超过 3 点"可用"$X>3$"表示;而"$X \leqslant 3$"表示事件"出现点数不超过 3 点";"$X \leqslant 6$"是必然事件;"$X=7$"是不可能事件.

有些随机现象的结果虽不是数,但只要精心设计也可获得很有意义的随机变量. 如抛一枚硬币的两个样本点是"正面"与"反面",若设 Y 为"抛一枚硬币中正面出现的次数",则"$Y=1$"="出现正面";"$Y=0$"="出现反面";"$Y \leqslant 1$"$=\Omega$, "$Y \geqslant 2$"$=\varnothing$.

由此可见,随机变量是人们根据研究和应用的需要而设置出来的,若把它用等号或不等号与某些实数联结起来就可表示很多事件. 这种表示方法使用方便,形式简洁,而且含义明确. 今后遇到大量事件都将用随机变量表示,这里关键在于随机变量的设置要明白无误.

例 1.1.2 用随机变量表示事件的例子.

(1) 检查 10 件产品,其中不合格品数 X 是一个随机变量,它仅可能取 $0,1,\cdots,10$ 等 11 个值. 则事件"不合格品数不多于 1 件"可用"$X \leqslant 1$"表示;而"$X>2$"表示事件"不合格品数超过 2 件";"$X=0$"表示"全是合格品";"$X<0$"是不可能事件 $\varnothing$;"$X \leqslant 10$"是必然事件 Ω.

(2) 自动取款机前排队等候取款的人数 Y 是一个随机变量,它可能取 0, $1,\cdots$ 一切非负整数. 则"$Y=0$"表示事件"取款机前无人,你若去立即可取款";"$Y \leqslant 2$"表示事件"取款机前最多有 2 人排队";"$2 \leqslant Y \leqslant 5$"表示事件"取款机前至少有 2 人,最多不超过 5 人在排队".

(3) 电视机的寿命 T(单位:小时)是一个随机变量,它可取一切非负实数. 则事件"寿命超过 10 000 小时"可用"$T>10\,000$"表示;而"$5\,000<T<40\,000$"表示事件"寿命超过 5 000 小时,但低于 40 000 小时";"$Y=0$"表示事件"通电就发生故障";"$Y<\infty$"是必然事件;"$Y<0$"是不可能事件.

由此可见,事件有多种表示方法. 在实际中,哪一种表示法方便就用哪一种,用得最频繁的是用随机变量表示事件.

1.1.3 事件间的关系与运算

1. 事件间的关系

同一样本空间中事件间的关系有三种:**包含、相等**和**互不相容**(见图

1-2). 它们与集合间的关系完全一样,现分述如下.

包含 有两个事件 A 与 B,若 A 中的样本点必在 B 中(见图 1-2 (a)),则称 A **被包含在** B **中**,或称 B **包含** A,记为 $A \subset B$ 或 $B \supset A$. 用语言表述是: $A \subset B$ 是指事件 A 发生必导致事件 B 发生. 如掷一颗骰子,事件 A="出现 3 点"发生必导致事件 B="出现奇数点"发生,故 $A \subset B$. 对任一事件 A,必有 $\varnothing \subset A \subset \Omega$.

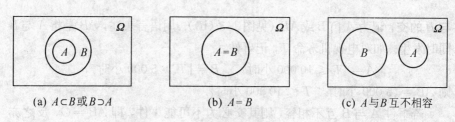

(a) $A \subset B$ 或 $B \supset A$　　　　(b) $A = B$　　　　(c) A 与 B 互不相容

图 1-2　事件间的三种关系

相等 有两个事件 A 与 B,若 A 中的样本点必在 B 中(即 $A \subset B$),又 B 中的样本点必在 A 中(即 $B \subset A$),则称**事件** A **与** B **相等**,记为 $A = B$ (见图 1-2 (b)). 如掷两颗骰子,事件 A="点数之和为奇数"与事件 B="一奇一偶"相等,因为 A 发生必导致 B 发生,且 B 发生必导致 A 发生,故 $A = B$.

互不相容 有两个事件 A 与 B,若 A 与 B 中没有相同的样本点(见图 1-2 (c)),则称 A 与 B **互不相容**. 用语言表述,A 与 B 互不相容是指事件 A 与 B 不可能同时发生. 如用 T 表示电视机的寿命,则事件 A="$T < 10\,000$ 小时"与事件 B="$T > 30\,000$ 小时"是互不相容事件,因为 A 与 B 不可能同时发生. 事件间的互不相容可以推广到三个或更多个事件中去. 如在电视机寿命 T 的例子中,事件"$T < 10\,000$","$10\,000 \leqslant T < 30\,000$"与"$T \geqslant 30\,000$"是三个互不相容事件.

2. 事件间的运算

在同一样本空间中事件间的基本运算有三个:**并**、**交**、**差**(见图 1-3),它们与集合间的运算完全一样,现分述如下.

并 有两个事件 A 与 B,由 A 与 B 中所有样本点(相同的只计一次)组成的新事件称为 A **与** B **的并**,记为 $A \bigcup B$ (见图 1-3 (a)). 用语言表述,$A \bigcup B$ 是指 A 与 B 中至少有一个发生. 如在掷一颗骰子中,记事件

$$A = \{1, 2, 3\}, \quad B = \{2, 4, 6\},$$

则 $A \bigcup B = \{1, 2, 3, 4, 6\}$.

交 有两个事件 A 与 B,由 A 与 B 中共同的样本点组成的新事件称为 A

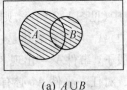
(a) $A \cup B$

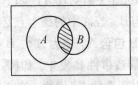
(b) $A \cap B = AB$

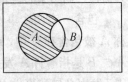
(c) $A - B$

图 1-3　事件间的三种基本运算

与 B 的交，记为 $A \cap B$ 或 AB（见图 1-3（b））. 用语言表述，AB 是指 A 与 B 同时发生. 如对电视机寿命 T，记事件

$$A = \{T \leqslant 10\,000\ \text{小时}\}, \quad B = \{T > 5\,000\ \text{小时}\},$$

则 $AB = \{5\,000\ \text{小时} < T \leqslant 10\,000\ \text{小时}\}$.

若事件 A 与 B 互不相容，则其交必为不可能事件，即 $AB = \varnothing$，反之亦然. 这表明：事件 A 与 B 互不相容可用等式 $AB = \varnothing$ 判别.

事件的并与交运算可推广到有限个或可列个事件，譬如有一列事件 A_1，A_2，…，则 $\bigcup\limits_{i=1}^{n} A_i$ 称为**有限并**；$\bigcup\limits_{i=1}^{\infty} A_i$ 称为**可列并**；$\bigcap\limits_{i=1}^{n} A_i$ 称为**有限交**；$\bigcap\limits_{i=1}^{\infty} A_i$ 称为**可列交**.

差　有两个事件 A 与 B，从 A 中剔去 B 中的样本点之后而留下的样本点组成的新事件称为 A 对 B **的差**，记为 $A - B$（见图 1-3（c））. 用语言表述，$A - B$ 是指 A 发生而 B 不发生. 如在掷一颗骰子中，记事件 $A = \{1,2,3\}$，$B = \{2,4,6\}$，则

$$A - B = \{1,3\}, \quad B - A = \{4,6\}.$$

又如在用随机变量 X 表示的事件中，对任意实数 a，总有

$$\{x = a\} = \{x \leqslant a\} - \{x < a\},$$
$$\{a < x \leqslant b\} = \{x \leqslant b\} - \{x \leqslant a\}.$$

必然事件 Ω 对任一事件 A 的差 $\Omega - A$ 称为 A 的**对立事件**，记为 $\overline{A}$，即 $\overline{A} = \Omega - A$. 用语言表述，$\overline{A}$ 就是 A 不发生. 对立事件 $\overline{A}$ 是一类特殊的差事件，使用很广. 注意：对立事件总是相互的，即 A 的对立事件是 $\overline{A}$，则 $\overline{A}$ 的对立事件是 A，即 $\overline{\overline{A}} = A$（见图 1-4）. 如在掷一颗骰子中，事件 $A = \{1,3,5\}$ 的对立事件

$$\overline{A} = \{2,4,6\}.$$

事件 $B = \{x \leqslant a\}$ 的对立事件

$$\overline{B} = \{x > a\}.$$

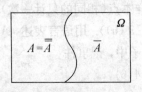

图 1-4　A 的对立事件 $\overline{A}$

特别，必然事件 Ω 与不可能事件 $\varnothing$ 互为对立事件，即 $\overline{\Omega} = \varnothing$，$\overline{\varnothing} = \Omega$.

事件 A 与 B 互为对立事件的充要条件是

$$AB = \varnothing \quad 且 \quad A \cup B = \Omega.$$

这也是判断两个事件成为对立事件的准则. 可见,对立事件一定是互不相容事件,但互不相容事件不一定是对立事件.

例 1.1.3 设 A, B, C 是同一样本空间中的三个事件,则

(1) 事件 A, B, C 同时发生可表示为 ABC;

(2) 事件 A, B, C 中至少有一个发生可表示为 $A \cup B \cup C$;

(3) 事件 A 与 B 发生,而 C 不发生可表示为 $AB\overline{C}$;

(4) 事件 A, B, C 中恰好发生两个可表示为 $AB\overline{C} \cup A\overline{B}C \cup \overline{A}BC$;

(5) 事件 A, B, C 中至少有两个发生可表示为 $AB \cup BC \cup AC$;

(6) 事件 A, B, C 中没有一个发生可表示为 $\overline{A \cup B \cup C}$.

3. 事件的运算性质

(1) **交换律** $A \cup B = B \cup A$, $AB = BA$.

(2) **结合律** $(A \cup B) \cup C = A \cup (B \cup C)$, $(AB)C = A(BC)$.

(3) **分配律** 交对并的分配律:

$$(A \cup B) \cap C = AC \cup BC;$$

并对交的分配律: $(A \cap B) \cup C = (A \cup C) \cap (B \cup C)$.

(4) **对偶律(德莫根公式)** 并的对立等于对立的交,即

$$\overline{A \cup B} = \overline{A} \cap \overline{B};$$

交的对立等于对立的并,即 $\overline{A \cap B} = \overline{A} \cup \overline{B}$.

(5) $A - B = A - AB = A\overline{B}$.

上述性质都可用集合论语言加以证明,也可用维恩图加以验证. 下面仅用维恩图来验证对偶律,具体见图 1-5.

最后指出:上述诸多性质大多可推广到多个事件场合. 如对偶律在多个事件场合的公式为

$$\overline{\bigcup_{i=1}^{n} A_i} = \bigcap_{i=1}^{n} \overline{A_i}, \quad \overline{\bigcap_{i=1}^{n} A_i} = \bigcup_{i=1}^{n} \overline{A_i}.$$

例 1.1.4 请指出下列含有事件 A 与 B 的诸等式(或包含关系)分别成立的条件:

(1) $A \cup B = A$;   (2) $AB = A$;

(3) $\overline{A} \supset B$;   (4) $\overline{A} \cup \overline{B} = \Omega$.

解 (1) $A \supset B$.

(2) $A \subset B$.

(3) $AB = \varnothing$.

(4) $AB = \varnothing$. 因为 $\overline{A} \cup \overline{B} = \overline{AB} = \Omega - AB$.

并的对立等于对立的交：

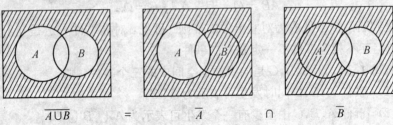

$$\overline{A \cup B} \qquad = \qquad \overline{A} \qquad \cap \qquad \overline{B}$$

交的对立等于对立的并：

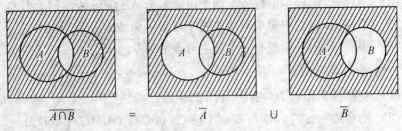

$$\overline{A \cap B} \qquad = \qquad \overline{A} \qquad \cup \qquad \overline{B}$$

图 1-5 用维恩图验证对偶律

习 题 1.1

1. 写出下列随机现象的样本空间：

(1) 抛三枚硬币；

(2) 连续抛一枚硬币，直至出现正面为止；

(3) 一次电话的通话时间；

(4) 顾客在超市购买商品的件数.

2. 在抛三枚硬币中给出下列事件的集合表示：

(1) $A=$"至少出现一个正面"；

(2) $B=$"最多出现一个正面"；

(3) $C=$"恰好出现一个正面"；

(4) $D=$"出现三面相同".

3. 设 T 为轴承寿命，记事件 $A=\{T>5\,000\ \text{小时}\}$，$B=\{T>20\,000\ \text{小时}\}$，请写出下列事件：$A \cup B$，$AB$，$A-B$，$B-A$.

4. 请写出下列事件的对立事件：

(1) $A=$"掷两枚硬币，皆为正面"；

(2) $B=$"射击三次，皆命中目标"；

(3) $C=$"加工 4 个零件，至少有一个合格品".

5. 设事件 A 与 B 互不相容,请在下列结论中选择正确项:

a. $A \cup B = \Omega$;   b. A 与 B 为对立事件;

c. $\overline{A} \supset B$;   d. $\overline{A} \cup \overline{B} = \Omega$.

6. 某建筑公司在三个地区各承建一个项目,定义如下三个事件:

$$E_i = \text{“地区 } i \text{ 的项目可按合同期完成”}, \quad i = 1, 2, 3.$$

请用维恩图上的阴影区域表示下列事件:

(1) $A = $ "至少有一个项目可按期完成";

(2) $B = $ "所有项目都可按期完成";

(3) $C = $ "没有一个项目可按期完成";

(4) $D = $ "只有一个项目可按期完成".

1.2   概率的定义及其确定方法

1.2.1   概率的公理化定义

尽管事件的发生是随机的,可能发生也可能不发生,但事件发生的可能性还是有大小之别,且是可设法度量的. 在人们的生活、生产和经济活动中很关心一个事件发生的可能性大小. 譬如:

(1) 抛一枚硬币,出现正面与反面的可能性是相同的,各为 1/2. 足球裁判就是用抛硬币的方法让双方队长选择场地的优先权,以示机会均等.

(2) 掷一颗骰子,出现 1 点、2 点……6 点是等可能的,都为 1/6. 就是因为这一点,骰子能成为赌博的工具.

(3) 某厂成功试制一种新的止痛片,它在未来市场上的占有率是多少呢? 市场占有率高,就应多生产,获得更多利润;市场占有率低,就应少生产,否则会造成积压,不仅影响资金周转,而且还要花钱去储存与保管剩余商品. 市场占有率对厂长组织生产太重要了.

(4) 购买彩券的中奖机会有多少呢? 如 1993 年 7 月发行的青岛啤酒股票的认购券共出售 287 347 740 张,其中有 180 000 张认购券会中签,中签率是万分之 6.264(见 1993 年 7 月 30 日上海证券报). 这个中签率是很小的,故应以平常心去买认购券. 你想增加中签率就得多买认购券,买 1 000 张,5 000 张甚至更多,这就要拼资本. 合算与不合算就要算一下获利的可能性,或者蚀本的风险有多大,这些都是投资者要考虑的问题.

上述机会、市场占有率、中签率以及常见的不合格品率、命中率、男婴出生率等都是用来度量随机事件发生的可能性大小的. 尽管所用术语不同,但都是用 0 到 1 间的一个实数(也称比率)来表示一个事件发生可能性的大小. 这些比率就是概率的原形. 为了使这种比率真正成为概率, 以致在今后概率运算中不引起麻烦, 还需对这种比率增加某种可加性要求. 这就形成如下的概率定义.

定义 1.2.1　在一个随机现象中, 用来表示一个随机事件 A 发生可能性大小的实数称为**事件 A 的概率**, 记为 $P(A)$, 并规定:

(1)　**非负性公理**　对任一事件 A, 必有 $P(A) \geqslant 0$;

(2)　**正则性公理**　必然事件 Ω 的概率 $P(\Omega) = 1$;

(3)　**可列可加性公理**　设 $A_1, A_2, \cdots$ 为互不相容的事件列, 则有

$$P\Big(\bigcup_{i=1}^{\infty} A_i\Big) = \sum_{i=1}^{\infty} P(A_i).$$

这就是著名的**概率的公理化定义**. 上述三条公理是概率的本质属性, 概率的其他性质都可由此推出. 譬如由此可推出"不可能事件的概率为零"和**有限可加性**.

定理 1.2.1　不可能事件的概率为 0, 即 $P(\varnothing) = 0$.

证　由于可列个不可能事件之并仍是不可能事件, 所以

$$\Omega = \Omega \cup \varnothing \cup \cdots \cup \varnothing \cup \cdots.$$

因为不可能事件与任何事件是互不相容的, 故由可列可加性公理得

$$P(\Omega) = P(\Omega) + P(\varnothing) + \cdots + P(\varnothing) + \cdots,$$

从而由 $P(\Omega) = 1$ 得

$$P(\varnothing) + P(\varnothing) + \cdots = 0.$$

再由非负性公理, 必有 $P(\varnothing) = 0$. 结论得证.∎

定理 1.2.2 (有限可加性)　若有限个事件 $A_1, A_2, \cdots, A_n$ 互不相容, 则有

$$P\Big(\bigcup_{i=1}^{n} A_i\Big) = \sum_{i=1}^{n} P(A_i). \tag{1.2.1}$$

证　对 $A_1, A_2, \cdots, A_n, \varnothing, \varnothing, \cdots$ 应用可列可加性, 得

$$
\begin{aligned}
P(A_1 \cup A_2 \cup \cdots \cup A_n) &= P(A_1 \cup A_2 \cup \cdots \cup A_n \cup \varnothing \cup \varnothing \cup \cdots) \\
&= P(A_1) + P(A_2) + \cdots + P(A_n) \\
&\quad + P(\varnothing) + P(\varnothing) + \cdots \\
&= P(A_1) + P(A_2) + \cdots + P(A_n).
\end{aligned}
$$

结论得证.∎

概率的其他性质将在下面继续讨论.

概率的公理化体系是前苏联数学家柯莫哥洛夫(1903—1987)在 1933 年提出的,它的出现迅速获得举世公认,从此概率论被认为是数学的一个分支. 有了这个公理化体系之后,概率论得到迅速发展,它是概率论发展史上的一个里程碑.

概率的公理化定义虽刻画了概率的本质,但没有给出如何去确定概率. 历史上在公理化定义出现之前有多种确定概率的方法,如频率方法、古典方法和主观方法,它们各自在一定的场合下使用,也都满足概率的三条公理. 所以在有了概率的公理化定义之后,把它们看做确定概率的三种方法是恰当的. 下面分别叙述这些确定概率的方法.

1.2.2 频率方法

频率方法是在大量重复试验中用频率去获得概率近似值的一种方法. 它是最常用,也是最基本的获得概率的方法. 频率方法的基本思想如下:

(1) **与考察事件 A 有关的随机现象是允许进行大量重复试验的.**

(2) **假如在 N 次重复试验中,事件 A 发生 K_N 次,则事件 A 发生的频率为**

$$P_N^*(A) = \frac{K_N}{N} = \frac{\text{事件 } A \text{ 发生的次数}}{\text{重复试验的次数}}. \tag{1.2.2}$$

频率 $P_N^*(A)$ 确能反映事件 A 发生可能性的大小,$P_N^*(A)$ 大意味着 A 发生的可能性大,$P_N^*(A)$ 小反映 A 发生的可能性小.

(3) **频率 $P_N^*(A)$ 依赖于重复次数 N.** 对不同的 N,事件 A 的频率会不同,但人们的长期实践表明,随着重复次数 N 的增加,频率 $P_N^*(A)$ 会稳定在某一常数附近(见例 1.2.1),这个频率的稳定值已与 N 无关,它就是事件 A 发生的概率 $P(A)$.

(4) 在现实世界里,我们无法把一个试验无限次地重复下去,因此要获得事件 A 发生频率的稳定值 $P(A)$ 是一件很难的事情. 但在重复次数 N 较大时,频率 $P_N^*(A)$ 很接近概率 $P(A)$. 在统计学中把频率称为概率的估计值,譬如,在足球比赛中,罚点球是一个扣人心弦的场面,若记事件 A="罚点球射中破门",A 的概率,即判罚点球的命中率 $P(A)$ 是多少? 这可以通过重复试验所得数据资料计算频率而得概率估计值. 曾经有人对 1930 年至 1988 年世界各地 53 274 场重大足球比赛作了统计,在判罚的 15 382 个点球中,有 11 172 个射中破门,频率为 $\frac{11\,172}{15\,382} = 0.726$,这就是罚点球命中概率 $P(A)$ 的估计值.

例 1.2.1 说明频率稳定性的例子.

(1) 抛一枚硬币,大家都认为出现正面的概率为 0.5. 为了验证这一点,每个人都可以做大量的重复试验. 图 1-6 记录了前 400 次掷硬币试验中频率 P^*（正面）的波动情况，在重复次数 N 较小时，P^* 波动剧烈，随着 N 的增大，P^* 波动的幅度在逐渐变小. 历史上有不少人做过更多次重复试验. 其结果（见表 1-1）表明，正面出现的频率逐渐稳定在 0.5. 这个 0.5 就是频率的稳定值，也是正面出现的概率. 这与用古典方法计算的概率是相同的.

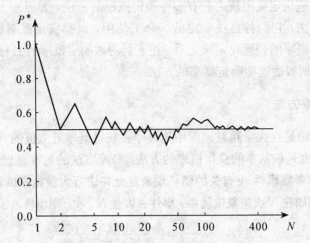

图 1-6   掷一枚硬币，正面出现频率的趋势（横轴为对数尺度）

表 1-1   历史上抛硬币试验的若干结果

实验者	抛硬币次数	出现正面次数	频率
德莫根(De Morgan)	2 048	1 061	0.518 1
蒲丰(Buffon)	4 040	2 048	0.506 9
费勒(Feller)	10 000	4 979	0.497 9
皮尔逊(Pearson)	12 000	6 019	0.501 6
皮尔逊	24 000	12 012	0.500 5

(2)   **英语字母的频率**   人们在生活实践中已经认识到：英语中某些字母出现的频率要高于另外一些字母. 但 26 个英文字母各自出现的频率到底是多少？ 有人对各类典型的英语书刊中字母出现的频率进行统计，发现各个字母的使用频率相当稳定（见表 1-2）. 这项研究对计算机键盘的设计（在方便的地方安排使用频率最高的字母键）、信息的编码（用较短的码编排使用频率最高的字母键）等方面都是十分有用的.

(3)   **女婴出生频率**   研究女婴出生频率，对人口统计是很重要的. 历史上较早研究这个问题的有拉普拉斯（1794—1827），他对伦敦、彼得堡、柏林

表 1-2   英文字母的使用频率

字母	使用频率	字母	使用频率	字母	使用频率
E	0.126 8	L	0.039 4	P	0.018 6
T	0.097 8	D	0.038 9	B	0.015 6
A	0.078 8	U	0.028 0	V	0.010 2
O	0.077 6	C	0.026 8	K	0.006 0
I	0.070 7	F	0.025 6	X	0.001 6
N	0.070 6	M	0.024 4	J	0.001 0
S	0.063 4	W	0.021 4	Q	0.000 9
R	0.059 4	Y	0.020 2	Z	0.000 6
H	0.057 3	G	0.018 7		

和全法国的大量人口资料进行研究，发现女婴出生频率总是在 21/43 左右波动．

统计学家克拉梅(1893—1985)用瑞典 1935 年的官方统计资料(见表 1-3)，发现女婴出生频率总是在 0.482 左右波动．

表 1-3   瑞典 1935 年各月出生女婴的频率

月份	1	2	3	4	5	6	
婴儿数	7 280	6 957	7 883	7 884	7 892	7 609	
女婴数	3 537	3 407	3 866	3 711	3 775	3 665	
频率	0.486	0.489	0.490	0.471	0.478	0.482	
月份	7	8	9	10	11	12	全年
婴儿数	7 585	7 393	7 203	6 903	6 552	7 132	88 273
女婴数	3 621	3 596	3 491	3 391	3 160	3 371	42 591
频率	0.462	0.484	0.485	0.491	0.482	0.473	0.482 5

1.2.3 古典方法

古典方法是在经验事实的基础上对被考察事件发生可能性进行符合逻辑分析后得出该事件的概率的一种方法．这种方法简单、直观、不需要做试验，但只能在一类特定随机现象中使用．其基本思想如下：

（1）所涉及的随机现象只有有限个样本点．不妨设样本空间 $\Omega =$

$\{\omega_1, \omega_2, \cdots, \omega_n\}$，其中 n 为其样本点的总数.

(2) **每个样本点出现的可能性是相同的(简称等可能性)**. 确定一个随机现象的每个样本点是等可能的，常凭经验和事实进行符合逻辑的分析. 譬如在掷骰子试验中，如果骰子是均匀的正六面体，那就没有理由认为其中一面出现的机会比另一面更多一些，故认为骰子各面出现的机会是等可能的.

(3) **假如被考察的事件 A 含有 k 个样本点，则事件 A 的概率就是**

$$P(A) = \frac{k}{n} = \frac{A \text{中含样本点的个数}}{\Omega \text{中样本点总数}}. \tag{1.2.3}$$

古典方法曾是概率论发展初期确定概率的常用方法，故所得概率又称为**古典概率**. 在古典方法中寻求事件 A 的概率主要归结为计算 Ω 和 A 中各含样本点的个数，所以计算中经常用到排列与组合工具，下面作简单介绍.

排列 从 n 个不同元素中任取 r ($r \leqslant n$) 个元素排成一列(有次序) 称为排列，此种排列数为

$$P_n^r = n(n-1)\cdots(n-r+1) = \frac{n!}{(n-r)!}.$$

当 $r = n$ 时，称为**全排列**，记为 $P_n = P_n^n = n!$. 如

$$P_8^3 = 8 \times 7 \times 6 = 336, \quad P_8 = 8! = 40\,320.$$

组合 从 n 个不同元素中任取 r ($r \leqslant n$) 个元素组成一组(无次序) 称为**组合**，此种组合数为

$$\binom{n}{r} = \frac{P_n^r}{r!} = \frac{n(n-1)\cdots(n-r+1)}{r!} = \frac{n!}{r!\,(n-r)!},$$

并规定 $0! = 1$ 与 $\binom{n}{0} = 1$. 注意：从 n 个不同元素中任取 r 个的组合数中取法可以是"一次取出 r 个"，也可以是"一次取一个，不返回再取下一个，直至取出 r 个为止". 这两种取法等价. 组合数有如下一个性质：

$$\binom{n}{r} = \binom{n}{n-r}.$$

譬如，

$$\binom{8}{5} = \binom{8}{3} = \frac{8 \times 7 \times 6}{1 \times 2 \times 3} = 56.$$

例 1.2.2 (扑克游戏) 一副标准的扑克牌由 52 张组成，它有 2 种颜色、4 种花式和 13 种牌形. 具体分布如表 1-4 所示.

假如 52 张牌的大小、厚度和外形完全一样(一般的扑克牌都满足这一条件)，那么 52 张牌中任一张被抽出的可能性是相同的. 我们来研究下面一些事件的概率：

表 1-4 标准扑克牌的分布

黑桃	红桃	梅花	方块
A	A	A	A
K	K	K	K
Q	Q	Q	Q
J	J	J	J
10	10	10	10
9	9	9	9
8	8	8	8
7	7	7	7
6	6	6	6
5	5	5	5
4	4	4	4
3	3	3	3
2	2	2	2

(1) 事件 A="抽出一张红牌". 在抽一张牌试验中,共有 52 种等可能样本点,其中红牌有 26 张(13 张红桃和 13 张方块). 故事件 A 的概率为

$$P(A) = \frac{26}{52} = 0.5.$$

(2) 事件 B="抽出一张不是红桃". 在这个抽牌试验中,亦有 52 种等可能样本点,但不是红桃的牌只有 39 张,故事件 B 的概率为

$$P(B) = \frac{39}{52} = \frac{3}{4} = 0.75.$$

(3) 事件 C="抽出两张红桃牌". 在这个抽两张牌的试验中,共有 $\binom{52}{2}$ 个等可能样本点,其中两张牌全是红桃必须在 13 张红桃牌中抽取才能使事件 C 发生. 故事件 C 所包含的样本点总数为 $\binom{13}{2}$ 个. 由此

$$P(C) = \binom{13}{2} \Big/ \binom{52}{2} = \frac{13 \times 12}{52 \times 51} = \frac{1}{17} = 0.058\,82.$$

(4) 事件 D="抽出两张不同颜色的牌". 在这个抽两张牌的试验中,亦有 $\binom{52}{2}$ 个等可能样本点,要获得两张不同颜色的牌(即事件 D 发生)可以设想分两步完成此事,第一步从 26 张红牌中任取 1 张,第二步再从 26 张黑牌中任取 1 张. 完成这两步可获两张不同颜色的牌共有 26×26 种样本点,故

$$P(D) = \frac{26 \times 26}{\binom{52}{2}} = \frac{26}{51} = 0.509\,8.$$

可见，事件 D 比事件 C 发生的概率要高达 7.7 倍.

(5) 事件 E＝"抽出两张同花式的牌". 在这个抽两张牌的试验中，仍有 $\binom{52}{2}$ 个等可能样本点. 要获得两张同花式的牌可以有如下 4 种方式：

第一种方式，从 13 张黑桃中任取两张，共有 $\binom{13}{2}$ 种可能;

第二种方式，从 13 张红桃中任取两张，共有 $\binom{13}{2}$ 种可能;

第三种方式，从 13 张梅花中任取两张，共有 $\binom{13}{2}$ 种可能;

第四种方式，从 13 张方块中任取两张，共有 $\binom{13}{2}$ 种可能.

由此可见，要获得两张同花式的牌共有

$$\binom{13}{2} + \binom{13}{2} + \binom{13}{2} + \binom{13}{2} = 4 \cdot \binom{13}{2}$$

种样本点，故

$$P(E) = 4 \cdot \binom{13}{2} \Big/ \binom{52}{2} = \frac{4}{17} = 0.235\,3.$$

(6) 事件 F＝"抽出 5 张，恰好是同花顺". 在这个抽 5 张牌的试验中，共有 $\binom{52}{5}$ 个等可能基本结果. 要获得 5 张同花顺的牌可以有 4 种方式(即 4 种花式)，并且这 4 种方式获得的同花顺的基本结果数是相同的，现以黑桃花式为例. 要得到同花顺，只有以下 10 种样本点：

A K Q J 10　K Q J 10 9　Q J 10 9 8　J 10 9 8 7
10 9 8 7 6　9 8 7 6 5　8 7 6 5 4　7 6 5 4 3
6 5 4 3 2　5 4 3 2 A

由此可见，要获得 5 张同花顺的牌共有 $4 \times 10 = 40$ 种样本点. 故

$$P(F) = \frac{40}{\binom{52}{5}} = 0.000\,015\,39.$$

这个概率是很小的，仅有 10 万分之 1.5. 此类事件被称为**稀有事件**.

(7) 事件 G＝"抽出 13 张同花式的牌". 在这个抽 13 张牌的试验中，共有 $\binom{52}{13}$ 个等可能样本点. 其中同花式的只有 4 种，即全是黑桃、全是红桃、

全是梅花、全是方块,故

$$P(G) = \frac{4}{\binom{52}{13}} = 0.158\,7 \times 10^{-12}.$$

这个概率是非常小的,几乎不可能发生. 它的频率解释是:在 2 万亿次试验中事件 G 只可能发生 3 次左右. 假如在一次扑克游戏中,事件 G 发生了,在惊讶之余有人会怀疑在做牌,这种怀疑不是没有道理的.

在扑克游戏中会遇到很多有趣的随机事件. 读者可以举出很多例子,并试算它们的概率.

例 1.2.3 (抽样模型) 一批产品共有 N 个,其中 M 个是不合格品,$N-M$ 个是合格品. 从中随机取出 n 个,试求事件 $A_x =$ "取出的 n 个产品中有 x 个不合格品"的概率.

解 先计算样本空间 Ω 中样本点的个数:从 N 个产品中任取 n 个,因为不讲次序,所以样本点的总数为 $\binom{N}{n}$. 又因为是随机抽取的,所以这 $\binom{N}{n}$ 个样本点是等可能的.

下面我们先计算事件 A_0, A_1 的概率,然后再计算 A_x 的概率.

因为事件 $A_0 =$ "取出的 n 个产品中有 0 个不合格品"$=$"取出的 n 个产品全是合格品",这意味着取出的 n 个产品全是从 $N-M$ 个合格品中抽取,所以有 $\binom{N-M}{n}$ 种取法,故 A_0 的概率为

$$P(A_0) = \frac{\binom{N-M}{n}}{\binom{N}{n}}.$$

事件 $A_1 =$ "取出的 n 个产品中有 1 个不合格品",要使取出的 n 个产品中只有一个不合格品,其他 $n-1$ 个是合格品,那么必须分两步进行:

第一步,从 M 个不合格品中随机取出 1 个,共有 $\binom{M}{1}$ 种取法;

第二步,从 $N-M$ 个合格品中随机取出 $n-1$ 个,共有 $\binom{N-M}{n-1}$ 种取法.

所以根据乘法原理,A_1 中共有 $\binom{M}{1}\binom{N-M}{n-1}$ 个样本点. 故 A_1 的概率为

$$P(A_1) = \frac{\binom{M}{1}\binom{N-M}{n-1}}{\binom{N}{n}}.$$

有了以上对 A_0 和 A_1 的分析，我们就容易计算一般事件 A_x 中含有的样本点个数：要使 A_x 发生，必须从 M 个不合格品中抽 x 个，再从 $N-M$ 个合格品中抽 $n-x$ 个，根据乘法原理，A_x 含有 $\binom{M}{x}\binom{N-M}{n-x}$ 个样本点，由此得 A_x 的概率为

$$P(A_x)=\frac{\binom{M}{x}\binom{N-M}{n-x}}{\binom{N}{n}}, \quad x=0,1,2,\cdots,r,\ r=\min\{n,M\}. \quad (1.2.4)$$

注意，在此要限定 $x\leqslant n$，$x\leqslant M$，所以 $x\leqslant\min\{n,M\}$，否则其概率为 0.

如果取 $N=12$，$M=4$，$n=4$，则有

$$P(A_0)=\binom{8}{4}\Big/\binom{12}{4}=\frac{14}{99}=0.141\,4,$$

$$P(A_1)=\binom{8}{3}\binom{4}{1}\Big/\binom{12}{4}=\frac{224}{495}=0.452\,5,$$

$$P(A_2)=\binom{8}{2}\binom{4}{2}\Big/\binom{12}{4}=\frac{56}{165}=0.339\,4,$$

$$P(A_3)=\binom{8}{1}\binom{4}{3}\Big/\binom{12}{4}=\frac{32}{495}=0.064\,7,$$

$$P(A_4)=\binom{4}{4}\Big/\binom{12}{4}=\frac{1}{495}=0.002\,0.$$

1.2.4 概率分布

我们换一个角度来看例 1.2.3. 这个例子的特定场合是：在 12 个产品中有 4 个不合格品，若从中随机抽取 4 个，则被抽出 4 个产品中不合格品数 X 是一个随机变量，从上述讨论我们对该随机变量 X 有如下两点认识：

(1) 随机变量 X 只可能取 $0,1,2,3,4$ 等 5 个值.

(2) X 取这些值的概率分别为

$$P(X=x)=P(A_x), \quad x=0,1,2,3,4.$$

由于诸事件 A_0,A_1,A_2,A_3,A_4 互不相容，且其并为必然事件 Ω，故有

$$\sum_{x=0}^{4}P(X=x)=\sum_{x=0}^{4}P(A_x)=P(\Omega)=1.$$

这两点正是随机变量 X 的重要特征，因此人们把这两个重要特征汇总在一张表(见表 1-5)上，并称该表为随机变量 X 的**概率分布**，或简称为 X 的**分布列**，或 X 的**分布**.

表 1-5   随机变量 X 的概率分布

X	0	1	2	3	4
$P(X=x)$	0.141 4	0.452 5	0.339 4	0.064 7	0.002 0

表面上看，分布是由一串事件及其概率汇总而成的，还应看到，分布是全面(一个不漏)地描述随机变量取值的概率规律，从中可揭取更多信息，研究随机现象更深层次的问题. 在这当中，概率分布将是人们主要使用的工具.

有了 X 的概率分布就可计算有关 X 的事件概率. 譬如在例 1.2.3 中取出的 4 个产品中"多于 2 个不合格品"和"不超过 2 个不合格品"的概率分别为

$$P(X>2)=P(X=3)+P(X=4)$$
$$=0.064\ 7+0.002\ 0=0.066\ 7,$$
$$P(X\leqslant 2)=1-P(X>2)=1-0.066\ 7=0.933\ 3.$$

让我们回到例 1.2.3 中提出的一般场合. 设 N 个产品中有 M 个不合格品，若从中随机取出 n 个，其中不合格品数 X 是一个随机变量，X 可取 $0,1,\cdots,r$ 等诸值，它取这些值的概率为

$$P(X=m)=\frac{\binom{M}{m}\binom{N-M}{n-m}}{\binom{N}{n}},\quad m=0,1,\cdots,r, \qquad (1.2.5)$$

其中 $r=\min\{n,M\}$. 这是一个概率分布，其和为 1，这是因为有如下组合等式：

$$\sum_{m=0}^{r}\binom{M}{m}\binom{N-M}{n-m}=\binom{N}{n}.$$

这种以有限总体为背景的概率分布称为**超几何分布**，记为 $h(n,N,M)$. 它含有三个参数，不同的 N,M,n 表示不同的超几何分布. 实际上，这是一个超几何分布族.

下面我们继续讨论古典概率的计算.

例 1.2.4 (返回抽样) 抽样有两种方式：不返回抽样与返回抽样，例 1.2.3 讨论的是不返回抽样. 而返回抽样是抽取一个后返回，然后再抽取下一个 …… 如此重复直至抽出 n 个为止. 现对例 1.2.3 在采取有返回抽样情况下，讨论事件 $B_y=$"取出的 n 个产品中有 y 个不合格品"的概率.

解 同样，我们先计算样本空间 Ω 中样本点的个数：第一次抽取时，可从 N 中任取一个，有 N 种取法. 因为是返回抽样，被抽总体中成分未变，所以第二次抽取时，仍有 N 种取法 …… 如此下去，每一次都有 N 种取法，一共

抽取了 n 次，所以共有 N^n 个等可能的样本点.

事件 $B_0 =$ "取出的 n 个产品全是合格品"发生必须从 $N-M$ 个合格品中有返回地抽取 n 次，所以 B_0 中含有 $(N-M)^n$ 个样本点，故 B_0 的概率为

$$P(B_0) = \frac{(N-M)^n}{N^n} = \left(1 - \frac{M}{N}\right)^n.$$

事件 $B_1 =$ "取出的 n 个中恰有 1 个不合格品"发生必须从 $N-M$ 个合格品中有返回地抽取 $n-1$ 次，从 M 个不合格品中抽取 1 次，这样就有 $M(N-M)^{n-1}$ 种取法. 再考虑到这个不合格品可能在第一次抽取中得到，也可能在第二次抽取中得到……也可能在第 n 次抽取中得到，总共有 $n = \binom{n}{1}$ 种可能. 所以 B_1 中含有 $nM(N-M)^n$ 个样本点，故 B_1 的概率为

$$P(B_1) = \frac{nM(N-M)^{n-1}}{N^n} = n\frac{M}{N}\left(1 - \frac{M}{N}\right)^{n-1}.$$

事件 $B_y =$ "取出的 n 个中恰有 y 个不合格品"发生必须从 $N-M$ 个合格品中有返回地抽取 $n-y$ 次，从 M 个不合格品中有返回地抽取 y 次，这样就有 $M^y(N-M)^{n-y}$ 种取法. 再考虑到这 y 个不合格品可能在 n 次中的任何 y 次抽取中得到，总共有 $\binom{n}{y}$ 种可能. 所以事件 B_y 含有 $\binom{n}{y}M^y(N-M)^{n-y}$ 个样本点，故 B_y 的概率为

$$P(B_y) = \binom{n}{y}\frac{M^y(N-M)^{n-y}}{N^n}$$

$$= \binom{n}{y}\left(\frac{M}{N}\right)^y\left(1 - \frac{M}{N}\right)^{n-y}, \quad y = 0,1,2,\cdots,n.$$

同样取 $N=12$, $M=4$, $n=4$, 则有

$$P(B_0) = \left(1 - \frac{4}{12}\right)^4 = \left(\frac{2}{3}\right)^4 = \frac{16}{81} = 0.197\,5,$$

$$P(B_1) = 4\left(\frac{1}{3}\right)^1\left(\frac{2}{3}\right)^3 = \frac{32}{81} = 0.395\,1,$$

$$P(B_2) = 6\left(\frac{1}{3}\right)^2\left(\frac{2}{3}\right)^2 = \frac{24}{81} = 0.296\,3,$$

$$P(B_3) = 4\left(\frac{1}{3}\right)^3\left(\frac{2}{3}\right)^1 = \frac{8}{81} = 0.098\,8,$$

$$P(B_4) = \left(\frac{1}{3}\right)^4 = \frac{1}{81} = 0.012\,3.$$

这表明：在 12 个产品中有 4 个不合格品，若从中有返回地随机抽取 4 个，则其中不合格品数 Y 是一个随机变量，它可能取 0,1,2,3,4 等 5 个值，对应的事

件 B_0,B_1,B_2,B_3,B_4 互不相容，且其并为必然事件 Ω，故亦可汇总成一个概率分布（见表 1-6）.

表 1-6　　　　　　　　　　**随机变量 Y 的概率分布**

Y	0	1	2	3	4
$P(Y=y)$	0.1975	0.3951	0.2963	0.0988	0.0123

比较表 1-5 与表 1-6 可见：随机变量 Y（返回抽样场合）与 X（不返回抽样场合）的可能取值都是 $0,1,2,3,4$，但它们取这些值的概率是不同的，因此我们说 X 与 Y 是不同分布的随机变量. 利用 Y 的分布亦可算得

$$P(Y>2)=P(Y=3)+P(Y=4)$$
$$=0.0988+0.0123=0.1111,$$
$$P(Y\leqslant 2)=1-P(Y>2)=1-0.1111=0.8889.$$

它们与用 X 分布算得的类似事件的概率是不同的.

让我们回到例 1.2.4 中提出的一般场合. 设 N 个产品中有 M 个不合格品，则该批产品的不合格品率 p 为

$$p=\frac{M}{N}.$$

由于实施返回抽样，每抽一个，返回后再抽下一个，故每次不合格品率 p 是不变的，有人称返回抽样为**还原抽样**是很形象的. 若从该批产品中返回抽取 n 个，则其中不合格品数 Y 是一个可取 $0,1,\cdots,n$ 等值的随机变量，它取这些值的概率可由下式算得：

$$P(Y=y)=\binom{n}{y}p^y(1-p)^{n-y}, \quad y=0,1,\cdots,n. \tag{1.2.6}$$

这是一个概率分布，因为其和为 1，这可由二项式定理保证：

$$\sum_{y=0}^{n}P(Y=y)=\sum_{y=0}^{n}\binom{n}{y}p^y(1-p)^{n-y}=[p+(1-p)]^n=1.$$

故称（1.2.4）为**二项分布**，记为 $b(n,p)$. 在返回抽样场合，产品总量 N 与其中不合格品数 M 已不很重要，重要的是其比率 $p=\dfrac{M}{N}$——不合格品率. 只要总体中不合格品率 p 已知，返回抽样的有关事件的概率都可由二项分布 $b(n,p)$ 算得.

例 1.2.5　有一批产品其不合格品率 $p=0.1$，如今用返回抽样从中随机抽取 10 个，问其中不合格品不多于 2 个的概率是多少？

解　设 X 表示抽出的 10 个产品中不合格品数，则 X 的分布为二项分布

$b(10,0.1)$，所求概率为

$$P(X \leqslant 2) = P(X=0) + P(X=1) + P(X=2),$$

其中

$$P(X=0) = \binom{10}{0}(0.1)^0(0.9)^{10} = (0.9)^{10} = 0.3487,$$

$$P(X=1) = \binom{10}{1}(0.1)(0.9)^9 = 10 \times 0.1 \times (0.9)^9 = 0.3874,$$

$$P(X=2) = \binom{10}{2}(0.1)^2(0.9)^8 = 45 \times 0.01 \times (0.9)^8$$
$$= 0.1937.$$

最后可得，10 个产品中有不多于 2 个不合格品的概率为

$$P(X \leqslant 2) = 0.3487 + 0.3874 + 0.1938 = 0.9298.$$

关于抽样有如下几点要注意：

• "抽样"一般指的是"不返回抽样". 若实施返回抽样则需要特别指明.

• 若从某总体抽取 n 个产品（这里以产品为例），则此"n 个产品同时抽出"与"一次抽一个共抽 n 次"是等同的.

• 若总体是有限的，则在抽出 n 个产品中不合格品数 X 遵循超几何分布 $h(n,N,M)$，记为 $X \sim h(n,N,M)$，读作 X 服从超几何分布 $h(n,N,M)$，这里，N 是总体中的产品数，M 是其中的不合格品数.

• 若总体是无限的，从中抽取 n 个产品，则无论抽样是返回还是不返回都不会改变总体中不合格品率 p. 因此取出的 n 个产品中不合格品数 Y 遵循二项分布 $b(n,p)$，记为 $Y \sim b(n,p)$，读作 Y 服从二项分布 $b(n,p)$.

• 无限总体是一个概念. 当总体所包含的产品很多很多时，就可看做无限总体. 譬如某厂按某种规格生产电视机，则由已生产出的、正在生产的和将要生产的电视机的全体就组成一个无限总体. 特别当抽样 n 远远小于总体所含产品总量 N 时（这种情况常记为 $n \ll N$），可把该总体看做无限总体作近似计算. 可以证明[17]：当 $n \ll N$ 时，超几何分布可用二项分布近似，即

$$P(X=k) = \frac{\binom{M}{k}\binom{N-M}{n-k}}{\binom{N}{n}} \approx \binom{n}{k}p^k(1-p)^{n-k} = P(Y=k),$$

其中符号 X,Y,N,M 及 $p = \dfrac{M}{N}$ 等含义同上.

• 一个随机变量由一个概率分布说明其取值的概率规律，但一个概率分布可以描述背景不同的多个随机变量. 所以概率分布更应引起人们的注意.

1.2.5　主观方法

在现实世界里有一些随机现象是不能重复的或不能大量重复的,这时有关事件的概率如何确定呢?

统计界的贝叶斯学派认为:**一个事件的概率是人们根据经验对该事件发生的可能性所给出的个人信念.** 这样给出的概率称为**主观概率.** 这是确定概率的主观方法.

这种利用经验确定随机事件发生可能性大小的例子是很多的,人们也常依据某些主观概率来行事.

例 1.2.6　用主观方法确定概率的例子.

(1) 在气象预报中,往往会说:"明天下雨的概率为 90%",这是气象专家根据气象专业知识和最近的气象情况给出的主观概率. 听到这一信息的人,大多出门会带伞.

(2) 一个企业家根据他多年的经验和当时的一些市场信息,认为"某项新产品在未来市场上畅销"的可能性为 80%.

(3) 一个外科医生根据自己多年的临床经验和一位患者的病情,认为"此手术成功"的可能性为 90%.

(4) 一个教师根据自己多年的教学经验和甲、乙两学生的学习情况,认为"甲学生能考取大学"的可能性为 95%,"乙学生能考取大学"的可能性为 40%.

从以上例子可以看出:

(1) 主观概率和主观臆造有着本质上的不同,前者要求当事人对所考察的事件有透彻的了解和丰富的经验,甚至是这一行的专家,并能对历史信息和当时信息进行仔细分析,如此确定的主观概率是可信的. 从某种意义上说,不利用这些丰富的经验也是一种浪费.

(2) 用主观方法得出的随机事件发生的可能性大小,本质上是对随机事件概率的一种推断和估计. 虽然结论的精确性有待实践的检验和修正,但结论的可信性在统计意义上是有其价值的. 此种用主观方法确定的概率一定要符合概率的公理化定义.

(3) 在遇到的随机现象无法大量重复时,用主观方法去做决策和判断是适合的. 从这点看,主观方法至少是频率方法的一种补充.

另外要说明的是,主观概率的确定除根据自己的经验外,决策者还可以利用别人的经验. 例如,对一项有风险的投资,决策者向某位专家咨询的结果为"成功的可能性为 60%". 而决策者很熟悉这位专家,认为专家的估计往往是偏保守的、过分谨慎的. 为此决策者将结论修改为"成功的可能性为 70%".

习 题 1.2

1. 抛两枚硬币,至少出现一个正面的概率是多少?

2. 掷两颗骰子,求下列各事件的概率:

(1) 点数之和为 7;

(2) 点数之和不超过 5;

(3) 两个点数中一个恰是另一个的两倍.

3. 从一副 52 张的扑克牌中任取 4 张,求下列各事件的概率:

(1) 全是黑桃;

(2) 同花;

(3) 没有两张同一花色;

(4) 同色.

4. 设 9 个产品中有 7 个合格品和 2 个不合格品,从中任取 3 个,并设其中不合格品数为 m.

(1) 在不返回抽样下,写出 m 的概率分布.

(2) 在返回抽样下,写出 m 的概率分布.

5. 假如近期内有如下分娩信息:

分娩类型	单胞胎	双胞胎	三胞胎	四胞胎
分娩次数	41 500 000	500 000	5 000	100

求下列事件的概率:

(1) $A=$"一位怀孕妇女分娩双胞胎";

(2) $B=$"一位怀孕妇女分娩四胞胎";

(3) $C=$"一位怀孕妇女将分娩多于一个婴儿".

6. 某投资咨询公司对投资者的投资去向作了调查,获得如下结果:

外汇交易占 20%,　　　短期债券占 15%,

中期债券占 10%,　　　长期债券占 5%,

高风险股票占 18%,　　中等风险股票占 25%,

存银行占 7%.

假如随机选择一位投资者,请确定下列事件的概率:

(1) $A=$"他把资金存入银行";

(2) $B=$"他把资金投入债券";

(3) $C=$"他不会把资金投入股票市场".

7. 一位姑娘把 6 根草握在手中,只露出其头与尾. 请她的男友把 6 根头两两连接,6 根尾也两两连接. 姑娘放开手后,若 6 根草恰好连成一个环的话,姑娘就愿嫁给他. 求姑娘愿嫁给他的概率.

8. 从 0 到 9 的 10 个数中任取 3 个. 在这 3 个数中最小数是 4 的概率与最大数是 4 的概率各是多少?

9. 箱中有 10 双不同尺码或不同式样的皮鞋,从中任取 4 只,设其中成双的对数为 X,它是随机变量,求其分布.

10. 把 r 个不同的球放入 n $(n \geqslant r)$ 个格子(如箱子)中. 若每个格子能放很多个(至少 r 个)球,且每个球落入每个格子的可能性相同,求事件 A="至少有一个格子有不少于 2 个球"的概率.

11. 求 50 个人中至少有 2 个人的生日相同的概率.

12. 请用主观方法确定:"大学生中戴眼镜"的概率.

13. 请用主观方法确定:"学生在考试中作弊"的概率.

14. 一批产品共 10 件,其中有 3 件不合格品. 若从中按下列两种方式抽取 4 件,试分别给出 4 件中不合格品数的概率分布:

(1) 不返回抽样;

(2) 返回抽样.

15. 100 只灯泡中有 5 只次品,如今从中任取 3 只,其中最多 1 只次品的概率是多少?

(1) 用超几何分布计算;

(2) 用二项分布作近似计算.

1.3 概率的性质

概率的性质已发现很多,且丰富多彩. 这里先介绍一些基本性质,其他性质将在以后章节中逐渐介绍.

1.3.1 对立事件的概率

定理 1.3.1 对任一事件 A,有

$$P(\overline{A}) = 1 - P(A). \tag{1.3.1}$$

证 因为 A 与 $\overline{A}$ 互不相容,且 $\Omega = A \cup \overline{A}$,所以由概率的正则性和有限可加性得 $1 = P(A) + P(\overline{A})$. 由此得 $P(\overline{A}) = 1 - P(A)$. ■

有些事件直接考虑较为复杂,而考虑其对立事件则相对比较简单. 对此

类问题就可以利用定理 1.3.1, 见下面的例子.

例 1.3.1 36 只灯泡中 4 只是 60 瓦, 其余都是 40 瓦的. 现从中任取 3 只, 求至少取到一只 60 瓦灯泡的概率.

解 记事件 A 为"取出的 3 只中至少有一只 60 瓦", 则 A 包括三种情况: 取到一只 60 瓦两只 40 瓦, 或取到两只 60 瓦一只 40 瓦, 或取到三只 60 瓦. 而 A 的对立事件 $\overline{A}$ 只包括一种情况, 即"取出的 3 只全部是 40 瓦", 由古典方法可得

$$P(\overline{A}) = \binom{32}{3} \bigg/ \binom{36}{3} = \frac{248}{357} = 0.695.$$

所以

$$P(A) = 1 - P(\overline{A}) = \frac{109}{357} = 0.305.$$

这表明: 取出的 3 只灯泡中至少有一只 60 瓦的概率为 0.305.

例 1.3.2 抛一枚硬币 5 次, 求既出现正面又出现反面的概率.

解 记事件 A 为"抛 5 次硬币中既出现正面又出现反面", 则 A 的情况较复杂, 因为出现正面的次数可以是 1 次至 4 次, 而 A 的对立事件 $\overline{A}$ 则相对简单: 5 次全部是正面(记为 B), 或 5 次全部是反面(记为 C), 即 $\overline{A} = B \bigcup C$, 且 B 与 C 互不相容, 所以由对立事件公式和概率的有限可加性得

$$P(A) = 1 - P(\overline{A}) = 1 - P(B \bigcup C) = 1 - P(B) - P(C)$$

$$= 1 - \frac{1}{2^5} - \frac{1}{2^5} = \frac{15}{16}.$$

这表明: 抛 5 次硬币中正反面都有的概率为 15/16.

1.3.2 概率的单调性

若事件 B 包含事件 A ($B \supset A$), 则 B 中的样本点多于 A 中的样本点, 直观上看, B 的概率不应比 A 的概率小. 理论上也可证明这一点, 并称之为**概率的单调性**.

定理 1.3.2 设有两个事件 A 与 B, 且 $B \supset A$, 则有
$$P(B - A) = P(B) - P(A), \quad P(B) \geqslant P(A).$$

证 因为 $B \supset A$, 可把 B 分解为两个互不相容事件之并, 即 $B = A \bigcup (B - A)$. 再由有限可加性知
$$P(B) = P(A) + P(B - A).$$

移项即得
$$P(B - A) = P(B) - P(A).$$

最后由概率的非负性知 $P(B-A) \geqslant 0$，于是 $P(B) \geqslant P(A)$. ∎

定理 1.3.3 对任意两个事件 A 与 B，有
$$P(A-B) = P(A) - P(AB).$$

证 由于 $A-B = A-AB$，且 $A \supset AB$，故由概率的单调性可得
$$P(A-B) = P(A-AB) = P(A) - P(AB).$$ ∎

例 1.3.3 掷三颗骰子，出现最大点数为 k 的概率是多少？其中 $k=1$, $2, \cdots, 6$.

解 设 X 为掷三颗骰子中出现的最大点数，则有
$$\{X=k\} = \text{"最大点数为 } k\text{"}, \quad k=1,2,\cdots,6;$$
$$\{X \leqslant k\} = \text{"最大点数不超过 } k\text{"}, \quad k=1,2,\cdots,6.$$
它们之间还有如下关系：
$$\{X=k\} = \{X \leqslant k\} - \{X \leqslant k-1\},$$
$$\{X \leqslant k\} \supset \{X \leqslant k-1\}.$$
利用概率的单调性，可得
$$P(X=k) = P(X \leqslant k) - P(X \leqslant k-1).$$
接下来就是计算概率 $P(X \leqslant k)$，这可通过等可能性获得.

因每颗骰子有 6 种等可能结果，故三颗骰子共有 $6^3 = 216$ 个样本点，其中三颗骰子都不超过 k 点的样本点有 k^3 个，故
$$P(X \leqslant k) = \frac{k^3}{6^3}, \quad k=1,2,\cdots,6.$$
所求概率为
$$P(X=k) = P(X \leqslant k) - P(X \leqslant k-1)$$
$$= \frac{1}{6^3}[k^3 - (k-1)^3], \quad k=1,2,\cdots,6.$$

譬如，$k=1$ 时，$P(X=1) = \frac{1}{216} = 0.0046$；$k=2$ 时，
$$P(X=2) = \frac{1}{216}(8-1) = 0.0324.$$

其他情况也可类似算出，这就可得最大点数 X 的概率分布，具体如下：

X	1	2	3	4	5	6
P	0.0046	0.0324	0.0880	0.1713	0.2824	0.4213

由此可见，最大点数超过 5 的概率为 $P(X \geqslant 5) = 0.7037$，这是一个不小的概率.

1.3.3 概率的加法公式

定理 1.3.4 对任意两个事件 A 与 B，有

$$P(A \cup B) = P(A) + P(B) - P(AB) \quad \text{（加法公式）},$$
$$P(A \cup B) \leqslant P(A) + P(B) \quad\quad\quad \text{（半可加性）}.$$

证 先把并事件 $A \cup B$ 改写为两互不相容事件之并：

$$A \cup B = A \cup (B - A).$$

再由有限可加性与减法公式可得

$$P(A \cup B) = P(A) + P(B - A) = P(A) + P(B) - P(AB).$$

由概率的非负性可知 $P(AB) \geqslant 0$，故又有

$$P(A \cup B) \leqslant P(A) + P(B). \quad\blacksquare$$

例 1.3.4 已知 $P(A) = 0.3$，$P(B) = 0.7$ 和 $P(A \cup B) = 0.9$，问事件 A 与 B 是否互不相容？

解 倘若事件 A 与 B 互不相容，即 $AB = \varnothing$，则 $P(AB) = 0$. 如今由加法公式的另一种形式，有

$$P(AB) = P(A) + P(B) - P(A \cup B)$$
$$= 0.3 + 0.7 - 0.9 = 0.1 > 0,$$

故事件 A 与 B 不是互不相容的.

例 1.3.5 对任意三个事件 A, B, C，请写出 A, B, C 中至少发生一个的概率的表达式.

解 事件 A, B, C 中至少发生一个就是这三事件之并，其概率可使用加法公式获得，即

$$P(A \cup B \cup C) = P(A \cup B) + P(C) - P((A \cup B)C)$$
$$= P(A) + P(B) - P(AB) + P(C) - P(AC \cup BC)$$
$$= P(A) + P(B) + P(C) - P(AB) - P(AC)$$
$$- P(BC) + P(ABC).$$

最后的等式就是 A, B, C 三个事件至少发生一个的概率的表达式. 若已知

$$P(A) = P(B) = P(C) = \frac{1}{4}, \quad P(AB) = 0, \quad P(AC) = P(BC) = \frac{1}{16},$$

则 A, B, C 中至少发生一个的概率为

$$P(A \cup B \cup C) = P(A) + P(B) + P(C) - P(AB)$$
$$- P(AC) - P(BC) + P(ABC)$$
$$= \frac{1}{4} \times 3 - \frac{1}{16} \times 2 = \frac{5}{8}.$$

其中用到 $P(ABC) = 0$，这是因为 $AB \supset ABC$，由概率的单调性从 $P(AB) = 0$

获得.

习 题 1.3

1. 抛 4 枚硬币，至少出现一个正面的概率是多少？

2. 一批产品分一、二、三级，其中一级品是二级品的 3 倍，二级品是三级品的 4 倍，从这批产品中随机抽取一件，试求取到三级品的概率.

3. 已知事件 $A,B,A \cup B$ 的概率依次为 $0.4,0.5,0.8$，求 $P(A\bar{B})$.

4. 一批产品总数为 1 000 件，其中有 30 件是不合格品，现从中随机抽取 5 件，其中含有不合格品的概率是多少？

5. 某足球队在第一场比赛中获胜的概率是 1/2，在第二场比赛中获胜的概率是 1/3，在两场比赛中都获胜的概率是 1/5，试问在这两场比赛中至少有一场获胜的概率是多少？

6. 某人将写好的三封信随机地装入三个写好地址的信封中，求至少有一封信装对地址的概率.

7. 一赌徒认为下列两个事件发生的概率相等，请你验证：

$A=$"一颗骰子掷 4 次，至少出现一次 6 点"，

$B=$"二颗骰子掷 24 次，至少出现一次双 6 点".

8. 某市有三种报纸 $A,B,C.$ 该市居民中 45％ 订阅 A 报，35％ 订阅 B 报，30％ 订阅 C 报，10％ 同时订阅 A 与 B 报，8％ 同时订阅 A 与 C 报，5％ 同时订阅 B 与 C 报，3％ 同时订阅 A,B,C 报，求下列事件的概率：

(1) 至少订阅一种报；

(2) 不订阅任何一种报；

(3) 只订阅一种报.

9. 已知 $P(A)=0.7$，$P(A-B)=0.3$，求 $P(\overline{AB})$.

10. 设 $P(A)=p$，$P(B)=q$，$P(A \cup B)=r$，试求概率 $P(AB),P(A\bar{B})$，$P(\bar{A}\bar{B}),P(A \cup \bar{B}),P(\bar{A} \cup \bar{B}),P(\bar{A}-\bar{B})$.

1.4 独 立 性

1.4.1 事件间的独立性

事件间的关系还有独立与相依两种. 它们的定义都与概率有关. 这里先讨论独立性，下节讨论表示相依性的条件概率.

1. 两个事件间的独立性

两个事件间的独立性是指一个事件的发生不影响另一个事件的发生，譬如在掷两个骰子中，考察如下两个事件：

$$A=\text{"第一颗骰子出现 1 点"},$$
$$B=\text{"第二颗骰子出现偶数点"},$$

经验事实告诉我们，第一颗骰子出现的点数不会影响第二颗骰子出现的点数. 若规定第二颗骰子出现偶数点可得奖，那么不管第一颗骰子出现什么点都不会影响你得奖的机会. 这时就可以说，事件 A 与 B（相互）独立.

从概率角度看，两个事件间的独立性与这两个事件同时发生的概率有密切关系. 譬如在上述掷两颗骰子的试验中，$P(A)=\frac{1}{6}$，$P(B)=\frac{1}{2}$，而这两个事件同时发生 AB 含有三个样本点：$(1,2),(1,4),(1,6)$，故

$$P(AB)=\frac{3}{36}=\frac{1}{12}.$$

于是有等式 $P(AB)=P(A)P(B)$. 这一现象不是偶然的，而是两个相互独立事件的共有特征，即两独立事件同时发生的概率等于它们各自发生概率的乘积. 这就引出两事件独立的一般定义.

定义 1.4.1 对任意两个事件 A 与 B，若有

$$P(AB)=P(A)P(B),$$

则称**事件 A 与 B 相互独立**，或简称**独立**，否则称**事件 A 与 B 不独立或相依**.

两事件独立是相互的，"事件 A 与 B 独立"也意味着"事件 B 与 A 也独立". 此外，独立性还有如下性质.

定理 1.4.1 若事件 A 与 B 独立，则有事件 A 与 $\overline{B}$ 独立；$\overline{A}$ 与 B 独立；$\overline{A}$ 与 $\overline{B}$ 独立.

证 由于 $A\overline{B}=A-AB$，且 $A\supset AB$，故由概率的单调性和 A 与 B 独立可得

$$P(A\overline{B})=P(A)-P(AB)=P(A)-P(A)P(B)$$
$$=P(A)(1-P(B))=P(A)P(\overline{B}).$$

最后等式表明 A 与 $\overline{B}$ 独立. 类似可证 $\overline{A}$ 与 B 独立，$\overline{A}$ 与 $\overline{B}$ 独立. ∎

例 1.4.1 某建筑公司投标两个项目，该公司领导层对投标两个项目中标的（主观）概率分别为 0.5 与 0.6，在中标独立的情况下寻求

(1) 两项目都中标的概率；

(2) 至少有一个项目中标的概率；

(3) 至多有一个项目中标的概率.

解 记 A_i 为第 i 个项目中标，$i=1,2$，有 $P(A_1)=0.5$，$P(A_2)=0.6$.

(1) P(两项目都中标)$=P(A_1A_2)=P(A_1)P(A_2)$
$$=0.5\times0.6=0.30.$$

(2) P(至少一个项目中标)
$$=P(A_1\bigcup A_2)=P(A_1)+P(A_2)-P(A_1A_2)$$
$$=P(A_1)+P(A_2)-P(A_1)P(A_2)$$
$$=0.50+0.60\ \ 0.50\times0.60=0.80.$$

(3) P(至多一个项目中标)
$$=1-P(两项目都中标)=1-P(A_1A_2)$$
$$=1-0.30=0.70.$$

可见该公司两项目都中标的概率为 0.30；至少一个项目中标的概率为 0.80；至多一个项目中标的概率为 0.70.

在实际中，判定两事件独立可从定义 1.4.1 出发，但更多的是**根据经验事实去判定**. 譬如甲乙两门高炮打飞机，经验事实告诉人们，"甲炮命中"与"乙炮命中"是两个独立事件. 又如事件"一台机床发生故障"与"另一台机器发生故障"；事件"一粒种子发芽"与"另一粒种子发芽"都可从经验事实判断它们之间相互独立. 一旦能判断两事件相互独立，即可使这两事件同时发生的概率的计算得到简化. 有两句口头禅：

- **互不相容性可简化概率的加法运算.**
- **相互独立性可简化概率的乘法运算.**

而"互不相容"与"相互独立"这两个概念并无什么联系，实际中两个独立事件常常是相容的. 如两门高炮打飞机中，"甲炮命中"与"乙炮命中"是独立事件，但又是相容事件，因为它们可以同时发生.

2. 多个事件间的独立性

独立性的概念可以推广到三个或更多个事件中去，但要求更多了. 譬如 5 个事件 A_1,A_2,A_3,A_4,A_5 相互独立不仅要求两两独立(任意两个相互独立)、三三独立(任意 3 个相互独立)、四四独立(任意 4 个相互独立)，最后还要求
$$P(A_1A_2A_3A_4A_5)=P(A_1)P(A_2)P(A_3)P(A_4)P(A_5).$$
只有这些都成立，才能说这 5 个事件相互独立. 这是因为两两独立推不出三三独立；反之，三三独立也推不出两两独立. 由此可引出 n 个事件相互独立性的定义.

定义 1.4.2 设有 n 个事件 $A_1,A_2,\cdots,A_n$. 若两两独立、三三独立……直至 n 个事件间还有
$$P(A_1A_2\cdots A_n)=P(A_1)P(A_2)\cdots P(A_n)$$

全部成立,则称 n 个事件 $A_1, A_2, \cdots, A_n$ **相互独立**.

从上述定义可以看出,若 n 个事件相互独立,则有

- 其中任一部分(一个或多个事件)与另一部分(多个与一个事件)亦相互独立.
- 其中部分换为对立事件,组成新的 n 个事件仍相互独立.
- $A_1 \bigcup A_2, A_3 \bigcap A_4, A_5 - A_6, A_7, A_8, \cdots, A_n$ 亦相互独立.

在实际中,判定多个事件相互独立很少从定义 1.4.2 出发,通常只要通过经验事实认可即可判定.譬如多台机床生产零件,若彼此互不干扰就可认为各零件是否为合格品是相互独立事件.

独立性概念在概率论与统计学中将起着重要作用.很多重要结论都是在独立性假设下获得的.很多成功应用案例也是在独立性假设下取得的.

例 1.4.2 用晶体管装配某仪表要用 128 个元器件,改用集成电路后只要用 12 个就够了.如果每个元器件(包括晶体管或集成电路)能正常工作 2 000 小时以上的概率都是 0.996,在各元器件正常工作是相互独立的,且每个元器件都完好时,仪表才能正常工作,试分别求出上述两种场合下仪表能正常工作 2 000 小时以上的概率.

解 设事件 A 为"仪表能正常工作 2 000 小时以上",事件 A_i 为"第 i 个元器件能正常工作 2 000 小时以上".

(1) 使用 128 个晶体管装配仪表时,应有 $A = A_1 A_2 \cdots A_{128}$,考虑到诸元器件工作状态相互独立,可有

$$P(A) = P(A_1) P(A_2) \cdots P(A_{128}) = (0.996)^{128} = 0.599.$$

这表明,虽每个元器件正常工作概率都很高,可组装的仪表能正常工作的概率并不高,10 台这种仪表中有 4 台左右不能工作到 2 000 小时.

(2) 使用集成电路装配仪表时,$A = A_1 A_2 \cdots A_{12}$,考虑到独立性后,有

$$P(A) = P(A_1) P(A_2) \cdots P(A_{12}) = (0.996)^{12} = 0.953.$$

比较上述两个结果可以看出,改进设计,减少元器件个数,就能提高仪表正常工作的概率.

例 1.4.3 某彩票每周开奖一次,每次提供百万分之一的赢得大奖的机会,这是吸引人们购买该彩票的亮点.若你每周买一张彩票,尽管你坚持 10 年(每年 52 周)之久,你从未赢得大奖的机会是多少?

解 按假设,每次赢得大奖的机会是 10^{-6},于是每次你未赢得大奖的机会是 $1 - 10^{-6}$.10 年中你共购买此种彩票 520 次,每次开奖都可认为是相互独立的,故 10 年中你从未赢得大奖的机会是

$$P = (1 - 10^{-6})^{520} = 0.999\,48.$$

这个很大的概率表明:10 年中你没得一次大奖是很正常的事.即使是 20 年,

你从未得过一次大奖的机会为 0.998 96，这个概率仍很高. 这些事实在广告词中是不会出现的，所以买彩票要有平常心，如未中奖，就当是在为慈善事业作贡献.

3. 试验的独立性

利用事件的独立性可以认识两个或更多个试验的独立性.

设有两个试验 E_1 与 E_2，若试验 E_1 的任一结果（事件）与试验 E_2 的任一结果（事件）都是相互独立的，则称**这两个试验相互独立**. 譬如抛一枚硬币（试验 E_1）与掷一颗骰子（试验 E_2）是相互独立的两个试验，因为硬币出现正面或反面与骰子出现 1 点至 6 点中任一点都是相互独立事件.

类似可定义 n 个试验 $E_1, E_2, \cdots, E_n$ 的相互独立性. 若试验 E_1 的任一结果、试验 E_2 的任一结果 …… 试验 E_n 的任一结果都是相互独立的，则称**试验 $E_1, E_2, \cdots, E_n$ 相互独立**. 如果这 n 个试验还是相同的，则称其为 n **重相互独立重复试验**. 譬如抛 n 枚硬币，掷 n 颗骰子，检查 n 个产品，n 次分娩等都是 n 重独立重复试验.

1.4.2 n 重伯努利试验

n 重伯努利试验是一类常见的随机模型，下面我们从伯努利试验开始分几点叙述这个模型. 将从另一角度引出二项分布.

1. 伯努利试验

只有两个结果（成功与失败，或记为 A 与 $\overline{A}$）的试验称**伯努利试验**. 譬如，抛一枚硬币（正面与反面）、检查一个产品（合格与不合格）、一次射击打靶（命中与不命中）、诞生一个婴儿（男与女）、检查一个男人的眼睛（色盲与不色盲）等都可看做一次伯努利试验. 再也没有比伯努利试验更简单的随机试验了，最简单的常常用得最频繁.

2. 二点分布

在一次伯努利试验中，设成功的概率为 p，即

$$P(A) = p, \quad P(\overline{A}) = 1 - p,$$

其中 $0 < p < 1$. 不同的 p 可用来描述不同的伯努利试验.

现从随机变量角度来考察一次伯努利试验. 为此设 X 表示一次伯努利试验中成功次数. 显然，在一次伯努利试验中事件"出现成功"可表示为"$X=1$"，"出现失败"可表示为"$X=0$"，并且

$$P(X=1) = p, \quad P(X=0) = 1 - p.$$

这时我们称随机变量 X 服从（或遵循）**二点分布**，记为 $X \sim b(1, p)$. 这一点还可用如下表格记载下来：

X	0	1
P	$1-p$	p

例 1.4.4 甲、乙两个工厂生产同一型号的热水瓶胆，它们的不合格品率分别为 0.01 与 0.05，可见两厂的热水瓶胆的质量是有差别的，这种差别可用如下两个不同的二点分布表示出来：

$X_甲$	0	1
P	0.99	0.01

$X_乙$	0	1
P	0.95	0.05

其中随机变量 $X_甲$ 与 $X_乙$ 分别表示检查一个热水瓶胆（一次伯努利试验）中不合格品的个数，可分别记为

$$X_甲 \sim b(1,0.01), \quad X_乙 \sim b(1,0.05).$$

它们虽都服从二点分布，但其分布不同. 其实我们在这里讲二点分布 $b(1,p)$ 是指"二点分布族"，不同的参数 p 表示其分布族中不同的成员，$b(1,0.01)$ 与 $b(1,0.05)$ 是该族中两个不同成员. 这两个厂的产品质量上的差别通过两个不同的二点分布表示出来. 假如你知道了这两个分布，那你购买热水瓶时当然去购买甲厂生产的热水瓶，因为其热水瓶胆的不合格品率低一些. 分布在指挥你的行动.

例 1.4.5 继续上例的讨论，若在甲厂先后检查两个热水瓶胆，显然这两个热水瓶胆可能同为合格品，也可能一个为合格品，另一个为不合格品，此种差别如何表示呢？若记 X_i 为"检查第 i 个热水瓶胆中不合格品数"，$i=1,2$. 这时我们说：随机变量 X_1 与 X_2 同分布但不相等，这是因为短时间内同一类产品的质量规律是相同的，故称其为"**同分布**"，但也要考虑随机因素对生产的影响，第 1 个产品为不合格品（$X_1=1$）不一定导致第 2 个产品也为不合格品（$X_2=1$），这表明 $X_1 \neq X_2$.

在概率论中两个随机变量相等是很少见的，它不仅要求分布相同，而且取值也要相同，当 X_1 取 1 时 X_2 也要取 1，当 X_1 取 0 时 X_2 也要取 0，不能取其他的值. 而两个随机变量同分布就相对宽松一些，它只要求分布相同，不要求它们的取值也相同. 这是概率论与统计学较为灵活之处. 在实际中获得"同分布随机变量"较易于实现，而获得"相等的随机变量"是很难实现的. 譬如对同一个试验重复多次，假如试验条件和环境基本相同或相似，常可获得"同分布随机变量".

3. n 重伯努利试验

由 n 个（次）相同的、独立的伯努利试验组成一个新的更大的随机试验称

为 n **重伯努利试验**. 譬如,抛 3 枚硬币(或一个硬币抛 3 次)、检查 7 个产品、
诞生 100 个婴儿等都可归为多重伯努利试验.

　　n 重伯努利试验的样本点可用长为 n 的 A (成功)与 $\overline{A}$ (失败)的序列表
示,此种样本点共有 2^n 个. 譬如,4 重伯努利试验的样本空间共含 $2^4 = 16$ 个
样本点,它们是

　　4 次成功（AAAA）,只有 $\binom{4}{4} = 1$ 个,其概率为 p^4;

　　3 次成功(如 $A\overline{A}AA$ 等),有 $\binom{4}{3} = 4$ 个,每个概率为 $p^3(1-p)$;

　　2 次成功(如 $A\overline{A}\overline{A}A$ 等),有 $\binom{4}{2} = 6$ 个,每个概率为 $p^2(1-p)^2$;

　　1 次成功(如 $A\overline{A}\ \overline{A}\ \overline{A}$ 等),有 $\binom{4}{1} = 4$ 个,每个概率为 $p(1-p)^3$;

　　0 次成功（$\overline{A}\ \overline{A}\ \overline{A}\ \overline{A}$）,只有 $\binom{4}{0} = 1$ 个,其概率为 $(1-p)^4$,

其中概率按独立性算得. 由此可见, 这 16 个样本点发生的概率不全相等, 若
把它们按成功次数分为 5 类, 则每类中每个样本点发生的概率相同.

　　4. 二项分布

　　设 X 为"n 重伯努利试验中成功次数", 则 X 是可取 $0, 1, \cdots, n$ 等 $n+1$ 个
值的随机变量. 若 x 是 $0, 1, \cdots, n$ 中的某一个整数, 则事件"$X = x$"表示在 n

重伯努利试验中成功出现 x 次(失败出现 $n-x$ 次), 此种样本点共有 $\binom{n}{x}$ 个,

故该事件概率为

$$P(X = x) = \binom{n}{x} p^x (1-p)^{n-x}, \quad x = 0, 1, \cdots, n. \qquad (1.4.1)$$

这 $n+1$ 个概率之和恰为 1, 组成一个概率分布, 这个分布称为**二项分布**, 记
为 $b(n, p)$. 这个分布曾在 1.2 节中从返回抽样中获得过, 这里又从试验的独
立性再次获得. 这两个途径是一致的, 因为返回抽样意味着这次抽样不影响
下次抽样, 即每次抽取(作一次伯努利试验)是相互独立的.

　　二项分布 $b(n, p)$ 中有两个参数: n(正整数)与 $p\ (0 < p < 1)$, 不同的 n 与
p 表示不同的二项分布. $n = 1$ 时, $b(1, p)$ 就是二点分布. 在概率论中"随机变
量 X 的概率分布是 $b(n, p)$", 常被说成"X 服从 $b(n, p)$", 记为 $X \sim b(n, p)$.

　　例1.4.6　甲、乙、丙三人打靶, 只区分命中与不命中, 各人命中率依次
为 0.2, 0.5, 0.9. 若每人均打 6 发, 其命中次数(依次记为 X, Y, Z)都服从二
项分布, 具体是

$$X \sim b(6, 0.2), \quad Y \sim b(6, 0.5), \quad Z \sim b(6, 0.9).$$

由此可用式(1.4.1)算得甲命中 2 次($X=2$)、乙命中 3 次($Y=3$)和丙命中 4 次($Z=4$)的概率分别为

$$P(X=2)=\binom{6}{2}\times 0.2^2\times 0.8^4=0.245\,8,$$

$$P(Y=3)=\binom{6}{3}\times 0.5^3\times 0.5^3=0.312\,5,$$

$$P(Z=4)=\binom{6}{4}\times 0.9^4\times 0.1^2=0.098\,4.$$

X,Y,Z 取其他值的概率都可算出,详见表 1-7.

表 1-7   三个二项分布的各点概率

x	0	1	2	3	4	5	6
$P(X=x)$	0.262 1	0.393 2	0.245 8	0.081 9	0.015 4	0.001 5	0.000 1
$P(Y=x)$	0.015 6	0.093 8	0.234 4	0.312 5	0.234 4	0.093 8	0.015 6
$P(Z=x)$	0.000 0	0.000 1	0.001 2	0.014 6	0.098 4	0.354 3	0.531 4

图 1-7 是把表 1-7 上诸概率用垂直线条在取值点上形象地表示出来,其中垂线长短表示相应概率大小. 从表 1-7 或图 1-7 上都可看出:分布 $b(6,0.2)$ 主要取值在 $x=0,1,2$ 处;分布 $b(6,0.5)$ 主要取值在中间 $2,3,4$ 处,且左右对称;分布 $b(6,0.9)$ 主要取值在 $x=4,5,6$ 处. 这些都与 p 的大小相呼应,也符合直观感觉.

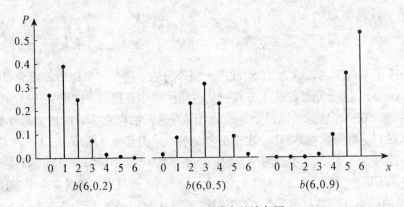

图 1-7   三个二项分布的线条图

例 1.4.7   甲乙两棋手约定进行 9 盘比赛,以赢盘数较多者为胜. 若每盘中甲赢的概率为 0.6,乙赢的概率为 0.4,和局不计. 在各盘比赛相互独立的假设下甲胜与乙胜的概率各为多少?

解 这里可把每下一盘棋看做一次伯努利试验,甲赢看做成功,成功概率为 0.6. 若记 X 为"9 盘棋赛中甲赢的盘数",则 $X \sim b(9,0.6)$. 按约定,甲只要赢 5 盘或 5 盘以上即可胜,所以

$$P(\text{甲胜}) = P(X \geqslant 5) = \sum_{x=5}^{9} \binom{9}{x} \cdot 0.6^{x} \cdot 0.4^{9-x}$$

$$= \binom{9}{5} \times 0.6^{5} \times 0.4^{4} + \binom{9}{6} \times 0.6^{6} \times 0.4^{3} + \binom{9}{7} \times 0.6^{7} \times 0.4^{2}$$

$$+ \binom{9}{8} \times 0.6^{8} \times 0.4 + \binom{9}{9} \times 0.6^{9}$$

$$= 0.250\,8 + 0.250\,8 + 0.161\,2 + 0.064\,5 + 0.010\,1$$

$$= 0.733\,4,$$

$$P(\text{乙胜}) = P(\text{甲败}) = 1 - P(\text{甲胜}) = 1 - 0.733\,4 = 0.266\,6.$$

故此次比赛甲胜的概率为 0.733 4,乙胜的概率为 0.266 6.

例 1.4.8 某公司需要 7 块集成电路,要到外地采购. 已知该型号集成电路合格品率为 0.9,问需要采购几块才能以 99% 的把握保证其中合格的集成电路不少于 7 块?

解 设 n 为采购量,X_n 为"n 块集成电路中合格品数",则 $X_n \sim b(n,0.9)$. 如今要求 n 使得下列概率不等式成立:

$$P(X_n \geqslant 7) \geqslant 0.99$$

或

$$\sum_{x=7}^{n} \binom{n}{x} \cdot 0.9^{x} \cdot 0.1^{n-x} \geqslant 0.99.$$

从上述不等式求出 n 可用试算法. 若只采购 7 块肯定达不到要求,而当 $n=8$ 时有

$$P(X_8 \geqslant 7) = \binom{8}{7} \times 0.9^{7} \times 0.1 + \binom{8}{8} \times 0.9^{8} = 0.813\,1,$$

尚未达到 0.99 的把握. 当 $n=9$ 时有

$$P(X_9 \geqslant 7) = \binom{9}{7} \times 0.9^{7} \times 0.1^{2} + \binom{9}{8} \times 0.9^{8} \times 0.1 + 0.9^{9}$$

$$= 0.947\,0,$$

仍未达到 0.99 的把握. 当 $n=10,11$ 时作类似计算可得

$$P(X_{10} \geqslant 7) = 0.987\,2,$$

$$P(X_{11} \geqslant 7) = 0.997\,2.$$

可见,要到外地采购 11 块集成电路才能保证其中有不少于 7 块合格品的概率不小于 0.99.

习 题 1.4

1. 甲、乙两批种子的发芽率分别是 0.8 和 0.9，现从中各取一粒做试验，求下列事件的概率：

(1) 两粒种子都发芽；

(2) 至少有一粒种子发芽；

(3) 恰好有一粒种子发芽.

2. 某产品加工需要经过三道工序，其不合格率分别为 0.1,0.15 和 0.2. 若各道加工工序相互独立，求其产品的合格率.

3. 若事件 A,B,C 相互独立，证明事件 $A \cup B$ 与 C 也相互独立.

4. 若事件 A 与 B 相互独立，且 $P(A)=0.7, P(B)=0.8$，求事件 $A \cup B$, $A \cup \overline{B}, A - B$ 的概率.

5. 工人负责维修三台机床，在一小时内每台机床发生故障的概率分别是 0.1,0.2 和 0.25. 在故障发生是独立情况下，

(1) 求三台机床中仅有一台发生故障的概率；

(2) 求三台机床中有两台或两台以上同时发生故障的概率.

6. 一辆重型货车去边远山区送货. 修理工告诉司机，由于汽车上 6 个轮胎都是旧的，前 2 个轮胎损坏的概率都是 0.1，后 4 个轮胎损坏的概率都是 0.15. 你能告诉司机，此车在途中因轮胎损坏而发生故障的概率是多少吗？

7. 甲、乙、丙三人独自地去破译密码. 若他们各自能破译密码的概率分别为 1/4,1/3,1/2，求密码能被破译的概率.

8. 某血库急需 AB 型血，要从身体合格的献血者中获得. 根据经验，每百名身体合格的献血者中只有 2 名是 AB 型血的人.

(1) 求在 20 名身体合格的献血者中至少有一人是 AB 型血的人的概率.

(2) 若要以概率 0.95 保证至少能获得一份 AB 型血，需要多少位身体合格的献血者？

9. 某特效药的临床有效率为 95%，今有 4 人服用，求 4 人中至少有 3 人被治愈的概率.

10. 连续抛硬币 10 次，出现 2 次正面的概率是多少？ 出现 4 到 6 次正面的概率是多少？

11. 最近来某房产公司的 100 位顾客中有 2 位购买该公司的房子. 根据这一比例，在接下去来到的 50 位顾客中恰好有一位购买房子的概率是多少？

12. 抛 5 颗骰子，"出现 6 点个数"记为 X，写出 X 的概率分布，并求 $P(X \leqslant 2)$.

13. 有 10 道选择题,每题的 5 个答案中只有一个是正确的. 若一人随意猜答,记 X 为"答对题数". 写出 X 的分布,并求他答对不少于 6 题的概率.

14. 经验表明:预订餐厅座位而不来就餐的比例为 0.2. 如今餐厅有 50 个座位,但预订给了 52 位顾客,问到时顾客来到餐厅而没有座位的概率是多少?

1.5 条 件 概 率

条件概率是概率论中的一个基本概念,也是解决更复杂问题的一个重要工具,故在理论上与应用上都应重视条件概率. 这一节将叙述条件概率及其性质.

1.5.1 条件概率的定义

设一随机现象中事件 A 发生的概率为 $P(A)$. 若又获得一些新的有关信息,且可综合为事件 B. 这时在已知事件 B 发生的条件下,事件 A 再发生的概率会有所变化. 这种在新的条件下的概率称为条件概率,记为 $P(A|B)$. 而 $P(A)$ 有时又称为无条件概率.

譬如在掷一颗骰子的试验中,出现偶数点(事件 A)的概率为 $P(A)=\dfrac{1}{2}$. 若有人告之:已出现"点数不小于 4"(事件 $B=\{4,5,6\}$),在此新条件下事件 A 的概率已不是 1/2,而应为 2/3,因为已知事件 B 发生了. 言下之意,对立事件 $\overline{B}=\{1,2,3\}$ 已不可能发生了,所以只需考虑 $B=\{4,5,6\}$ 中偶数点的个数,故此条件概率 $P(A|B)=\dfrac{2}{3}$. 仔细分析这个条件概率还可发现,其分母是事件 B 中的样本点数,记为 $N(B)$,分子是交事件 AB 中的样本点数,记为 $N(AB)$,若记 $N(\Omega)$ 为样本空间 Ω 中的样本点总数,由古典方法可知

$$P(A\mid B)=\frac{2}{3}=\frac{N(AB)}{N(B)}=\frac{N(AB)/N(\Omega)}{N(B)/N(\Omega)}=\frac{P(AB)}{P(B)}. \qquad (1.5.1)$$

这表明:条件概率可用两个特定的无条件概率之商表示. (1.5.1) 不仅在等可能场合成立,在一般场合也是合理的. 于是把(1.5.1)公认为条件概率的定义,但要保证(1.5.1)中的分母不为零. 这样我们就得到条件概率的一般定义.

定义 1.5.1 设 A 与 B 是样本空间 Ω 中的两个事件,且 $P(B)>0$,在事件 B 已发生的条件下,事件 A 的条件概率 $P(A\mid B)$ 定义为 $P(AB)/P(B)$,即

$$P(A\mid B)=\frac{P(AB)}{P(B)},$$

其中 $P(A\mid B)$ 也称为**给定事件 B 下事件 A 的条件概率**，简称**条件概率**.

例 1.5.1 设某样本空间含有 25 个等可能的样本点，又设事件 A 含有其中 15 个样本点，事件 B 含有 7 个样本点，交事件 AB 含有 5 个样本点，详见图 1-8. 由古典定义可知

$$P(A) = \frac{15}{25}, \quad P(B) = \frac{7}{25}, \quad P(AB) = \frac{5}{25}.$$

于是在事件 B 发生的条件下，事件 A 的条件概率为

$$P(A\mid B) = \frac{P(AB)}{P(B)} = \frac{5/25}{7/25} = \frac{5}{7}.$$

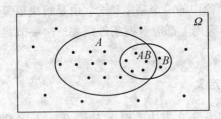

图 1-8　例 1.5.1 的维恩图

这个条件概率也可以这样来认识：事件 B 发生，意味着其对立事件 $\bar{B}$ 不会发生. 因此 $\bar{B}$ 中 18 个样本点可不予考虑. 可见事件 B 的发生把原来的样本空间 Ω **缩减**为新的样本空间 $\Omega_B = B$. 这时事件 A 所含样本点在 Ω_B 中所占比率为 5/7. 这与公式计算结果一致，任一条件概率都可这样作类似解释.

类似地，利用这个解释，可得

$$P(B\mid A) = \frac{5}{15} = \frac{1}{3}.$$

例 1.5.2 表 1-8 给出乌龟的寿命表. 寻求下面一些事件的条件概率：

(1) 活到 60 岁的乌龟再活 40 年的概率是多少？

表 1-8 　　　　　　　　　　　**乌龟的寿命表**

年龄（岁）	存活概率	年龄（岁）	存活概率
0	1.00	140	0.70
20	0.92	160	0.61
40	0.90	180	0.51
60	0.89	200	0.39
80	0.87	220	0.08
100	0.83	240	0.004
120	0.78	260	0.000 3

记 A_x 表示"乌龟活到 x 岁"这样的事件,要求的概率是条件概率 $P(A_{100} \mid A_{60})$. 按条件概率定义,

$$P(A_{100} \mid A_{60}) = \frac{P(A_{60}A_{100})}{P(A_{60})}.$$

由于活到 100 岁的乌龟一定先活到 60 岁,所以 $A_{100} \subset A_{60}$,于是 $A_{60}A_{100} = A_{100}$,从而

$$P(A_{100} \mid A_{60}) = \frac{P(A_{100})}{P(A_{60})} = \frac{0.83}{0.89} = 0.93,$$

即 100 只活到 60 岁的乌龟大约有 93 只能活到 100 岁.

(2) 120 岁的乌龟能活到 200 岁的概率是多少?

用前面的记号可得

$$P(A_{200} \mid A_{120}) = \frac{P(A_{120}A_{200})}{P(A_{120})} = \frac{P(A_{200})}{P(A_{120})} = \frac{0.39}{0.78} = 0.50,$$

即活到 120 岁的乌龟中大约有一半能活到 200 岁.

(3) 20 岁的乌龟能活到 90 岁的概率是多少?

类似可得

$$P(A_{90} \mid A_{20}) = \frac{P(A_{90})}{P(A_{20})} = \frac{0.85}{0.92} = 0.92,$$

其中 $P(A_{90}) = 0.85$ 是对乌龟寿命表运用线性内插法获得的.

(4) 20 岁的乌龟活到 x 岁的概率是 1/2,试问 x 是多少?

由于当 $x > 20$ 时,$P(A_x \mid A_{20}) = \dfrac{P(A_x)}{P(A_{20})} = \dfrac{1}{2}$,所以

$$P(A_x) = \frac{1}{2}P(A_{20}) = 0.46.$$

从表 1-8 可以看到答数应在 180 岁到 200 岁之间. 利用线性内插法可算得 $x = 188$ 岁,即 20 岁的乌龟中大约有一半能活到 188 岁.

这是一个乌龟寿命表引出的问题. 假如有一张人的寿命表,你今年 20 岁,就能算出你活到 60 岁的条件概率. 若此条件概率大,保险公司收取的人寿保险费就低一些,若此条件概率小,保费就要收得高一些. 所以人寿保险公司很看重各类寿命表,在中国希望有南方人寿命表,北方人寿命表,男人寿命表,女人寿命表等. 这是算人寿保险费不可缺少的资料."精算"就是专门研究这类问题的学科,条件概率是其中的主要工具.

1.5.2 条件概率的性质

首先指出,**条件概率是概率**. 容易验证:由定义 1.5.1 给出的条件概率满足概率的三条公理:

(1) 非负性　$P(A \mid B) \geqslant 0$；

(2) 正则性　$P(\Omega \mid B) = 1$；

(3) 可加性　假如事件 $A_1, A_2, \cdots, A_n, \cdots$ 互不相容，且 $P(B) > 0$，则有

$$P\left(\bigcup_{n=1}^{\infty} A_n\right) = \sum_{n=1}^{\infty} P(A_n).$$

由此可知，条件概率也具有三条公理导出的一切性质. 如

$$P(\varnothing \mid B) = 0,$$

$$P(\overline{A} \mid B) = 1 - P(A \mid B),$$

$$P(A_1 \cup A_2 \mid B) = P(A_1 \mid B) + P(A_2 \mid B) - P(A_1 A_2 \mid B).$$

特别地，当 $B = \Omega$ 时，条件概率转化为无条件概率，因此无条件概率可看做特殊场合下的条件概率.

除此以外，条件概率还有一些特殊性质，这些性质可帮助我们计算一些复杂事件的概率.

定理 1.5.1 (乘法公式)　对任意两个事件 A 与 B，有

$$P(AB) = P(A \mid B)P(B) = P(B \mid A)P(A),$$

其中第一个等式成立要求 $P(B) > 0$，第二个等式成立要求 $P(A) > 0$.

利用条件概率定义立即可得上式，它表明任意两个事件的交的概率等于一事件的概率乘以在这事件已发生条件下另一事件的条件概率，只要它们的概率都不为零即可.

定理 1.5.2　假如事件 A 与 B 独立，且 $P(B) > 0$，则 $P(A \mid B) = P(A)$，反之亦然.

证　若事件 A 与 B 独立，则 $P(AB) = P(A)P(B)$. 把这与乘法公式比较，可得

$$P(A \mid B)P(B) = P(A)P(B).$$

只要 $P(B) > 0$，立即可得 $P(A \mid B) = P(A)$.

反之，若 $P(A \mid B) = P(A)$，代入乘法公式可得

$$P(AB) = P(A \mid B)P(B) = P(A)P(B),$$

从而 A 与 B 独立.

定理 1.5.3 (一般乘法公式)　对任意三个事件 A_1, A_2 和 A_3，有

$$P(A_1 A_2 A_3) = P(A_1)P(A_2 \mid A_1)P(A_3 \mid A_1 A_2),$$

其中 $P(A_1 A_2) > 0$.

证 由于 $P(A_1A_2) > 0$，由乘法公式可得

$$P(A_1A_2A_3) = P(A_1A_2)P(A_3 \mid A_1A_2).$$

由于 $A_1 \supset A_1A_2$，故由定理 1.3.2 知 $P(A_1) \geqslant P(A_1A_2) > 0$. 再一次对 $P(A_1A_2)$ 使用乘法公式即得此定理. ▮

定理 1.5.3 可以推广到 4 个或更多个事件的交上去.

例 1.5.3（罐子模型） 设罐中有 b 个黑球和 r 个红球，每次随机取出一个球，把原球放回，还加进（与取出的球）同色球 c 个和异色球 d 个，这里 c 与 d 都是已知整数. 若 B_i 表示"第 i 次取出是黑球"，R_j 表示"第 j 次取出是红球"，我们来研究下列事件的概率：

$$P(B_1R_2R_3) = P(B_1)P(R_2 \mid B_1)P(R_3 \mid B_1R_2)$$

$$= \frac{b}{b+r} \cdot \frac{r+d}{b+r+c+d} \cdot \frac{r+d+c}{b+r+2c+2d},$$

$$P(R_1B_2R_3) = P(R_1)P(B_2 \mid R_1)P(R_3 \mid R_1B_2)$$

$$= \frac{r}{b+r} \cdot \frac{b+d}{b+r+c+d} \cdot \frac{r+c+d}{b+r+2c+2d},$$

$$P(R_1R_2B_3) = P(R_1)P(R_2 \mid R_1)P(B_3 \mid R_1R_2)$$

$$= \frac{r}{b+r} \cdot \frac{r+c}{b+r+c+d} \cdot \frac{b+2d}{b+r+2c+2d}.$$

这三个概率是不同的. 这表明黑球出现的次序在影响着概率.

下面我们来研究几种特殊情况：

（1）$c > 0, d = 0$. 这意味着：每次取出球后会增加下一次也取到同色球的概率，这是一个传染病模型. 每次发现一个传染病患者，以后都会增加再传染的概率. 在这种情况下，上述三个概率分别为

$$P(B_1R_2R_3) = \frac{b}{b+r} \cdot \frac{r}{b+r+c} \cdot \frac{r+c}{b+r+2c},$$

$$P(R_1B_2R_3) = \frac{r}{b+r} \cdot \frac{b}{b+r+c} \cdot \frac{r+c}{b+r+2c},$$

$$P(R_1R_2B_3) = \frac{r}{b+r} \cdot \frac{r+c}{b+r+c} \cdot \frac{b}{b+r+2c}.$$

这三个概率相同. 这表明，在 $d = 0$ 场合，上述概率只与黑球、红球出现的次数有关，而与出现的顺序无关. 这一现象在取更多个球时也是这样.

（2）$c = 0, d > 0$. 这是一个安全模型. 每当发生了事故（如红球被取出），安全工作就抓紧一些，下次再发生事故的概率就会减少；而当没有事故发生时，安全工作就会放松一些，于是发生事故的概率就增大. 在这种场合下，上述三个概率分别为

$$P(B_1R_2R_3) = \frac{b}{b+r} \cdot \frac{r+d}{b+r+d} \cdot \frac{r+d}{b+r+2d},$$

$$P(R_1B_2R_3) = \frac{r}{b+r} \cdot \frac{b+d}{b+r+d} \cdot \frac{r+d}{b+r+2d},$$

$$P(R_1R_2B_3) = \frac{r}{b+r} \cdot \frac{r}{b+r+d} \cdot \frac{b+2d}{b+r+2d}.$$

这三个概率不相同. 这表明: 在 $c=0$ 场合, 上述概率不仅与黑球与红球出现的次数有关, 还与出现的顺序有关.

(3) $c=0, d=0$. 这是返回抽样, 前次抽取结果不会影响后次抽取结果, 故上述三个概率相等, 并都等于 $br^2/(b+r)^3$.

(4) $c=-1, d=0$. 这是不放回抽样, 每次抽出的球不再放回罐中, 这时前次抽取结果会影响后次抽取结果, 但只要抽取的黑球与红球的个数相同, 其概率是不依赖其抽出球的顺序的, 它们的概率相同, 并且都为 $br(r-1)/(b+r)(b+r-1)(b+r-2)$.

1.5.3 全概率公式

全概率公式是概率论中的一个基本公式. 它使一个复杂事件的概率计算问题化繁就简, 得以解决. 下面来叙述获得全概率公式的简单形式和一般形式.

定理1.5.4 (全概率公式的简单形式) 设 A 与 B 是任意两个事件, 假如 $0 < P(B) < 1$, 则

$$P(A) = P(A\mid B)P(B) + P(A\mid \overline{B})P(\overline{B}).$$

证 由 $B \cup \overline{B} = \Omega$ 和事件运算性质知

$$A = A\Omega = A(B \cup \overline{B}) = AB \cup A\overline{B}.$$

显然 AB 与 $A\overline{B}$ 是互不相容事件, 由加法公式和乘法公式知

$$P(A) = P(AB) + P(A\overline{B}) = P(A\mid B)P(B) + P(A\mid \overline{B})P(\overline{B}).$$

由于 $P(B) \neq 0$ 与 1, 所以 $P(\overline{B}) > 0$, 从而上述两个条件概率 $P(A\mid B)$ 与 $P(A\mid \overline{B})$ 都是有意义的. ∎

例1.5.4 设在 n 张彩票中有一张奖券. 问第二人摸到奖券的概率是多少?

解 设 A_i 表示"第 i 人摸到奖券". 如今要求 $P(A_2)$, 直接计算 $P(A_2)$ 相当困难. 但大家知道, A_2 的发生与 A_1 是否发生关系很大, 若 A_1 已发生, 则 A_2 再发生的条件概率 $P(A_2\mid A_1)=0$; 若 A_1 不发生(即 $\overline{A_1}$ 发生), 则 A_2 再发生的条件概率

$$P(A_2\mid \overline{A_1}) = \frac{1}{n-1}.$$

而 A_1 与 $\overline{A_1}$ 是样本空间中两个概率大于 0 的事件, 且

$$P(A_1) = \frac{1}{n}, \quad P(\overline{A_1}) = \frac{n-1}{n}.$$

于是由全概率公式知

$$P(A_2) = P(A_1)P(A_2 \mid A_1) + P(\overline{A_1})P(A_2 \mid \overline{A_1})$$
$$= \frac{1}{n} \cdot 0 + \frac{n-1}{n} \cdot \frac{1}{n-1} = \frac{1}{n}.$$

用类似方法亦可算得第三人、第四人……摸到奖券的概率仍为 $1/n$. 这说明，摸彩不论先后，中奖的机会是均等的. 类似地，在体育比赛中抽签不论先后，机会也是均等的.

例 1.5.5（敏感性问题的调查） 学生阅读黄色书刊和看黄色影像会严重影响学生身心健康发展，但这些都是避着教师与家长进行的，属个人隐私行为. 要调查观看黄色书刊或影像的学生在全体学生中所占比率 p 是一件难事. 这里的关键是要设计一个调查方案，使被调查者愿意作出真实回答又能保守个人秘密. 经过多年研究与实践，一些心理学家和统计学家设计了一种调查方案，这个方案的核心是如下两个问题：

问题 A：你的生日是否在 7 月 1 日之前？

问题 B：你是否看过黄色书刊或影像？

被调查者只需回答其中一个问题，至于回答哪一个问题由被调查者事先从一个罐中随机抽一个球，看过颜色后再放回. 若抽出白球则回答问题 A；若抽出红球则回答问题 B. 罐中只有白球与红球，且红球的比率 π 是已知的，即

$$P(红球) = \pi, \quad P(白球) = 1 - \pi.$$

被调查者无论回答问题 A 或问题 B，只需在下面答卷上认可的方框内打勾，然后把答卷放入一只密封的投票箱内.

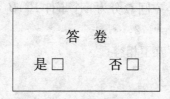

上述抽球与答卷都在一间无人的房间内进行，任何外人都不知道被调查者抽到什么颜色的球和在什么地方打勾. 如果向被调查者讲清这个方案的做法，并严格执行，那么就容易使被调查者确信他（她）参加这次调查不会泄露个人秘密，从而愿意参加调查.

当有较多的人（譬如 1 000 人以上）参加调查后，就可打开投票箱进行统计. 设有 n 张答卷，其中 k 张答"是"，于是回答"是"的比率是 φ，可用频率 $\hat{\varphi} = \dfrac{k}{n}$ 去估计，记为

$$P(是) = \frac{k}{n}.$$

这里答"是"有两种情况：一种是摸到白球后对问题 A 答"是"，这是一个条件概率，它是"生日在 7 月 1 日前"的概率，一般认为是 0.5，即

$$P(是 \mid 白球) = 0.5.$$

另一种是摸到红球后对问题 B 答"是"，这也是一个条件概率，它是看黄色书刊或影像的学生在全体学生中的比率 p，即

$$P(是 \mid 红球) = p.$$

最后利用全概率公式把上述各项概率(或其估计值)联系起来：

$$P(是) = P(是 \mid 白球)P(白球) + P(是 \mid 红球)P(红球),$$

即 $\hat{\varphi} = 0.5(1 - \pi) + p\pi$. 由此可获得感兴趣的比率 p 为

$$p = \frac{\hat{\varphi} - 0.5(1 - \pi)}{\pi}.$$

假如在这项调查中罐中有 50 个球，其中红球 30 个，即 $\pi = 0.6$，另外学校在 5 天内安排 31 个班的学生共 1583 名参加调查，最后开箱统计，全部有效，其中回答"是"的有 389 张，据此可算得

$$p = \left(\frac{389}{1\,583} - \frac{1}{2} \times 0.4 \right) \Big/ 0.6 = 0.076\,2.$$

这表明全校约有 7.62% 的学生看过黄色书刊或黄色影像.

像这类敏感性问题的调查是社会调查中的一类，如一群人中参加赌博的比率、吸毒人的比率、个体经营者的偷税漏税户的比率、学生中考试的作弊率等都可参照此方法组织调查，获得感兴趣的比率.

现在我们转入讨论全概率公式的一般形式，为此需要一个"分割"的概念.

定义 1.5.2　把样本空间 Ω 分为 n 个事件 $B_1, B_2, \cdots, B_n$(见图 1-9). 假如

(1)　$P(B_i) > 0$, $i = 1, 2, \cdots, n$;

(2)　$B_1, B_2, \cdots, B_n$ 互不相容；

(3)　$\bigcup_{i=1}^{n} B_i = \Omega$,

则称事件组 $B_1, B_2, \cdots, B_n$ 为样本空间 Ω 的一个分割.

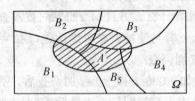

图 1-9　Ω 的一个分割(阴影部分为事件 A)

假如事件 B 的概率 $P(B)$ 满足 $0 < P(B) < 1$，则 B 与 $\overline{B}$ 就是相应样本空间 Ω 的一个最简单的分割.

定理1.5.5（全概率公式） 设 $B_1, B_2, \cdots, B_n$ 是样本空间 Ω 的一个分割，则对 Ω 中任一事件 A，有

$$P(A) = \sum_{i=1}^{n} P(A \mid B_i) P(B_i).$$

证 由事件运算知（见图 1-9）

$$A = A\Omega = A\Big(\bigcup_{i=1}^{n} B_i\Big) = \bigcup_{i=1}^{n} AB_i.$$

由 $B_1, B_2, \cdots, B_n$ 互不相容可导出 $AB_1, AB_2, \cdots, AB_n$ 亦互不相容，再由可加性和乘法公式可得

$$P(A) = \sum_{i=1}^{n} P(AB_i) = \sum_{i=1}^{n} P(A \mid B_i) P(B_i). \qquad \blacksquare$$

这个性质的运用关键在于寻找一个合适的分割，使诸概率 $P(B_i)$ 和诸条件概率 $P(A \mid B_i)$ 容易求得.

例 1.5.6 一批产品来自三个工厂，要求这批产品的合格率. 为此对这三个工厂的产品进行调查，发现甲厂产品合格率为 95%，乙厂产品合格率为 80%，丙厂产品合格率为 65%. 这批产品中有 60% 来自甲厂，30% 来自乙厂，余下 10% 来自丙厂.

若记事件 $A =$ "产品合格"，$B_1 =$ "产品来自甲厂"，$B_2 =$ "产品来自乙厂"，$B_3 =$ "产品来自丙厂". 由上述调查可知

$$P(A \mid B_1) = 0.95, \quad P(A \mid B_2) = 0.80, \quad P(A \mid B_3) = 0.65,$$
$$P(B_1) = 0.60, \quad P(B_2) = 0.30, \quad P(B_3) = 0.10.$$

最后由全概率公式知

$$P(A) = P(A \mid B_1)P(B_1) + P(A \mid B_2)P(B_2) + P(A \mid B_3)P(B_3)$$
$$= 0.95 \times 0.60 + 0.80 \times 0.30 + 0.65 \times 0.10$$
$$= 0.875.$$

这批产品的合格率为 0.875.

1.5.4 贝叶斯公式

在全概率公式的基础上立即可推得一个很著名的贝叶斯公式.

定理1.5.6（贝叶斯公式） 设事件 $B_1, B_2, \cdots, B_n$ 是样本空间 Ω 的一个分割，它们各自的概率 $P(B_1), P(B_2), \cdots, P(B_n)$ 皆已知且为正. 又设 A 是 Ω 中的一个事件，$P(A) > 0$，且在诸 B_i 给定下事件 A 的条件概率 $P(A \mid B_1), P(A \mid B_2), \cdots, P(A \mid B_n)$ 可通过试验等手段获得. 则在 A 给定下，事件 B_k 的条件概率为

$$P(B_k \mid A) = \frac{P(A \mid B_k)P(B_k)}{\sum\limits_{i=1}^{n} P(A \mid B_i)P(B_i)}, \quad k = 1, 2, \cdots, n.$$

证 因诸 $P(B_i) > 0$ 和 $P(A) > 0$，由乘法公式知

$$P(B_k \mid A)P(A) = P(A \mid B_k)P(B_k),$$

其中 $P(A)$ 用全概率公式代入即得上述贝叶斯公式. ∎

仔细分析，在贝叶斯公式里涉及三组概率，已知两组概率 $\{P(B_i)\}$ 和 $\{P(A \mid B_i)\}$，可求出第三组概率 $\{P(B_i \mid A)\}$. 下面结合例子来说明这三组概率的含义和贝叶斯公式的作用.

例 1.5.7 为了提高某产品的质量，公司经理考虑增加投资来改进生产设备，预计需投资 90 万元. 但从投资效果看，下属部门有两种意见：

B_1：改进生产设备后，高质量产品可占 90%，

B_2：改进生产设备后，高质量产品可占 70%.

经理当然希望 B_1 发生，公司的效益可得到很大提高. 但是根据下属两个部门过去建议被采纳的情况，经理认为 B_1 的可信程度只有 40%，B_2 的可信程度是 60%，即

$$P(B_1) = 0.4, \quad P(B_2) = 0.6.$$

这两个都是经理的主观概率. 经理不想仅用过去的经验来决策此事，希望慎重一些，通过小规模试验后，观其结果再定. 为此做了一项试验，试验结果（记为 A）如下：

A：试制了 5 个产品，全是高质量产品.

经理对此试验结果很高兴，希望用此试验结果来修改他原先对 B_1 和 B_2 的看法，即要求条件概率 $P(B_1 \mid A)$ 和 $P(B_2 \mid A)$. 这项工作可用贝叶斯公式来完成. 为此需要两组概率 $\{P(B_i)\}$ 和 $\{P(A \mid B_i)\}$，其中第一组概率就是经理本人的主观概率；第二组概率可以通过计算获得. 譬如，$P(A \mid B_1)$ 是表示每个产品是高质量的概率为 0.9 的条件下，连续 5 个产品都是高质量(A) 的条件概率. 试验 A 可看做 5 重独立重复试验，每次试验成功的概率为 0.9. 故 5 次都成功的概率为

$$P(A \mid B_1) = 0.9^5 = 0.590.$$

类似可算得 $P(A \mid B_2) = 0.7^5 = 0.168$. 再利用全概率公式算得

$$P(A) = P(B_1)P(A \mid B_1) + P(B_2)P(A \mid B_2)$$
$$= 0.4 \times 0.590 + 0.6 \times 0.168 = 0.337.$$

最后用贝叶斯公式可算得

$$P(B_1 \mid A) = \frac{P(A \mid B_1)P(B_1)}{P(A)} = \frac{0.236}{0.337} = 0.700,$$

$$P(B_2 \mid A) = \frac{P(A \mid B_2)P(B_2)}{P(A)} = \frac{0.101}{0.337} = 0.300.$$

这表明,经理根据试验 A 的信息调整了自己的看法,把对 B_1 与 B_2 的可信程度由 0.4 和 0.6 调整到 0.7 和 0.3,经理往后的决策就不用 0.4 和 0.6,而要用 0.7 和 0.3 了. 因为 0.4 与 0.6 仅是经理个人的主观概率,而 0.7 和 0.3 是综合了经理的主观概率和试验结果而获得的,要比主观概率更有吸引力. 这就是贝叶斯公式的作用.

经过试验 A 后,经理对增加投资改进产品质量的兴趣增大. 但因投资额大,还想再做一次小规模试验,观其结果再作决策. 为此又做了一项试验,试验结果(记为 C)如下:

C:试制 10 个产品,有 9 个是高质量产品.

经理对此试验结果更为高兴. 希望用此试验结果再一次修改对 B_1 和 B_2 的看法. 把 0.7 和 0.3 作为经理的看法,即

$$P(B_1) = 0.7, \quad P(B_2) = 0.3.$$

再把试验 C 看做 10 重伯努利试验,可算得

$$P(C \mid B_1) = 10 \times 0.9^9 \times 0.1 = 0.387,$$

$$P(C \mid B_2) = 10 \times 0.7^9 \times 0.3 = 0.121.$$

由此可算得

$$P(C) = P(B_1)P(C \mid B_1) + P(B_2)P(C \mid B_2)$$
$$= 0.7 \times 0.387 + 0.3 \times 0.121 = 0.307.$$

最后,由贝叶斯公式可算得

$$P(B_1 \mid C) = 0.883, \quad P(B_2 \mid C) = 0.117.$$

经理看到,经两次试验,B_1 的概率已上升到 0.883,到可以下决心的时候了. 他能以接近 0.9 的概率保证此项投资能取得较大效益.

例 1.5.8 伊索寓言"孩子与狼"讲的是一个小孩每天到山上放羊,山里有狼出没. 第一天他在山上喊"狼来了! 狼来了!"山下的村民们闻声便去打狼. 可到了山上,发现狼没有来;第二天仍是如此;第三天,狼真的来了. 可无论小孩怎么喊叫,也没有人来救他. 因为前两次他说了谎话,人们不再相信他了.

现用贝叶斯公式来分析这个寓言中村民的心理活动,为此先要作一些假设. 首先假设村民们对这个小孩的印象一般,他说谎话(记为 A_1)和说真话(记为 A_2)的概率相同,即设

$$P(A_1) = \frac{1}{2}, \quad P(A_2) = \frac{1}{2}.$$

另外再假设:说谎话喊狼来了(记为 B)时,狼来的概率为 1/3,说真话喊狼来

了时，狼来的概率为 3/4，即设

$$P(B \mid A_1) = \frac{1}{3}, \quad P(B \mid A_2) = \frac{3}{4}.$$

当第一次村民上山打狼，发现狼没有来($\overline{B}$ 发生了) 时，村民们对说谎话小孩的认识集中体现在条件概率 $P(A_1 \mid \overline{B})$ 上. 根据上述假设，利用贝叶斯公式不难算得

$$P(A_1 \mid \overline{B}) = \frac{P(\overline{B} \mid A_1)P(A_1)}{P(\overline{B} \mid A_1)P(A_1) + P(\overline{B} \mid A_2)P(A_2)}$$

$$= \frac{\frac{2}{3} \times \frac{1}{2}}{\frac{2}{3} \times \frac{1}{2} + \frac{1}{4} \times \frac{1}{2}} = \frac{8}{11} = 0.727\,3.$$

类似地可算得 $P(A_2 \mid \overline{B}) = \frac{3}{11} = 0.272\,7$. 这表明村民们对这个小孩说谎话的概率由 0.5 调整到 0.727 3. 可记

$$P(A_1) = \frac{8}{11}, \quad P(A_2) = \frac{3}{11}.$$

在此基础上，村民第二次上山打狼，仍没看见狼. 这时村民再一次调整对这个小孩说谎话的认识，再一次计算条件概率 $P(A_1 \mid \overline{B})$，即

$$P(A_1 \mid \overline{B}) = \frac{\frac{2}{3} \times \frac{8}{11}}{\frac{2}{3} \times \frac{8}{11} + \frac{1}{4} \times \frac{3}{11}} = \frac{64}{73} = 0.876\,7.$$

这表明：村民们经过两次上当，对这个小孩说谎话的概率从 0.5 上升到 0.876 7，即 10 句话中有近 9 句话在说谎. 给村民留下这种印象，他们听到第三次呼叫时怎么再会上山打狼呢？

习　题　1.5

1. 如图所示的维恩图上每一点表示等可能的基本结果，求下列条件概率：

(1) $P(A \mid B)$;　　　　　(2) $P(B \mid A)$;

(3) $P(A \mid \overline{B})$;　　　　　(4) $P(B \mid \overline{A})$.

2. 与事件 A, B, C 有关事件的概率标明在如图所示的维恩图上，求下列条件概率：

(1) $P(A \mid B)$;　　　　　(2) $P(B \mid \overline{C})$;

(3) $P(AB \mid C)$;　　　　　(4) $P(A \mid B \bigcup C)$.

3. 某人有一笔资金，他投入基金的概率为 0.58，购买股票的概率为 0.28，两项投资都做的概率为 0.19.

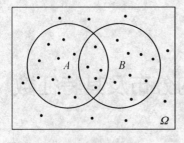
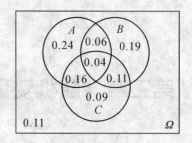

（第1题的维恩图）　　　　　　（第2题的维恩图）

(1) 已知他已投入基金,再购买股票的概率是多少?

(2) 已知他已购买股票,再投入基金的概率是多少?

4. 掷两颗骰子,其结果用(x_1, x_2)表示,其中x_1与x_2分别表示第一颗骰子与第二颗骰子出现的点数. 若设事件$A = \{(x_1, x_2): x_1 + x_2 = 10\}$, $B = \{(x_1, x_2): x_1 > x_2\}$,试求条件概率$P(B \mid A)$和$P(A \mid B)$.

5. 设某种动物由出生活到20岁的概率为0.8,而活到25岁的概率为0.4. 问现年为20岁的这种动物能活到25岁的概率是多少?

6. 12个乒乓球都是新的. 每次比赛时取出3个,用完后放回去,求第三次比赛时取出的3个球都是新球的概率.

7. 某产品的合格品率是0.96. 有一检查系统,对合格品进行检查能以0.98的概率判为合格品,对不合格品进行检查时,仍以0.05的概率判为合格品. 求该检查系统发生错检的概率.

8. 一电子器件工厂从过去经验得知,一位新工人参加培训后能完成生产定额的概率为0.86,而不参加培训能完成生产定额的概率为0.35. 假如该厂中80%的工人参加过培训,

(1) 一位新工人完成生产定额的概率是多少?

(2) 若一位新工人已完成生产定额,他参加过培训的概率是多少?

9. 某工厂向三家出租车公司$(D, E$和$F)$租用汽车,20%汽车来自D公司,20%来自E公司,60%来自F公司,而这三家出租公司在运输中发生故障的概率依次为0.10,0.12和0.04.

(1) 该工厂租用汽车中发生故障的概率是多少?

(2) 若该工厂租用汽车发生故障,问此汽车是来自F公司的概率是多少?

10. 已知5%的男人和0.25%的女人是色盲者. 随机选一个色盲者,求此人是男的概率是多少. （假设男女人数比为51∶49）

11. 某车间有甲、乙、丙三台机器生产螺丝钉,它们的产量各占25%,35%,40%,其不合格品率分别为5%,4%,2%. 现发现一只不合格的螺丝钉,问此不合格品是机器甲、乙、丙生产的概率各为多少?

第二章　随机变量的分布及其特征数

2.1　随机变量及其概率分布

2.1.1　随机变量的定义

1. 随机变量

在前一章曾给出随机变量的描述性定义:用来表示随机现象结果的变量称为随机变量,常用大写字母 X,Y,Z 等表示,其取值常用小写字母 x, y,z 等表示. 若用等号或不等号把 X 与 x 联系起来,即可简洁方便地表示事件,如"$X=x$","$Y\leqslant y$","$z_1<Z\leqslant z_2$"等都是事件. 随机变量的这个描述性定义对人们认识随机变量,并用它表示事件都很方便. 在此基础上人们会进一步提问:为什么随机变量能表示事件呢? 这是因为在研究随机现象中,"设置随机变量"就是在样本空间 $\Omega=\{\omega\}$ 与某些实数 x 间设置了对应关系:

$$\omega \xrightarrow{\;\;X\;\;} x.$$

下面的例子具体说明了这种对应关系.

例 2.1.1　考察 4 重伯努利试验,其样本空间 Ω 含有 $2^4=16$ 个样本点,若用"1"表示成功,"0"表示失败,此 16 个样本点如图 2-1 所示. 若其成功次数记为 X,则 X 就是我们设置的随机变量. 这个设置把 16 个样本点分为 5 个子集,可分别用"$X=0$", "$X=1$", "$X=2$", "$X=3$", "$X=4$"表示(见图 2-1). 这种设置本质上是在样本空间 $\Omega=\{\omega\}$ 与某些实数间建立了对应关系,且常常是多对 1 的对应关系. 这种对应关系正是函数关系,不过其自变量是样本点,所以随机变量 X 就是定义在样本空间 Ω 上的实值函数,即 $X=X(\omega)$.

定义 2.1.1　定义在样本空间 Ω 上的实值函数 $X=X(\omega)$ 称为**随机变量**. 在实数轴上可能取值为有限个或可列个孤立点(见图 2-2)的随机变量称为**离散随机变量**;可能取值充满实数轴上一个区间 (a,b) (见图 2-3)的随机变量

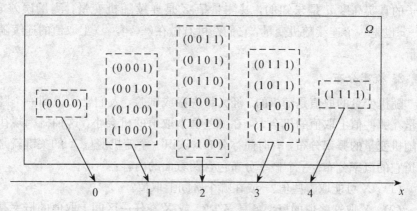

图 2-1　4 重伯努利试验中成功(用"1"表示) 次数 X
是定义在样本空间 Ω 上的实值函数

称为**连续随机变量**，其中 a 可以是 $-\infty$, b 可以是 $+\infty$.

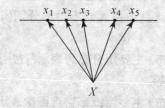

图 2-2　离散随机变量的可能取值　　图 2-3　连续随机变量的可能取值

据此定义，"随机变量 X 的取值为 x"就是满足等式 $X(\omega)=x$ 的一切 ω 组成的集合，简记为"$X=x$". 它是 Ω 的一个子集，即

$$"X=x"=\{\omega: X(\omega)=x\}\subset\Omega.$$

类似地，有

$$"X\leqslant x"=\{\omega: X(\omega)\leqslant x\}\subset\Omega,$$

$$"\,|X|>2"=\{\omega: x>2\ 或\ x<-2\}\subset\Omega.$$

"用随机变量表示事件"关键是把"$X\leqslant x$"，"$X=x$"等看做某些样本点 ω 的集合. 譬如，在 4 重伯努利试验中成功次数 X 是只取 0,1,2,3,4 等 5 个值的离散随机变量. 事件"$X=1$"是含 4 个样本点的集合(见图 2-1)，即

$$"X=1"=\{(0\,0\,0\,1),(0\,0\,1\,0),(0\,1\,0\,0),(1\,0\,0\,0)\}.$$

类似地，

$$"X\geqslant 3"=\{(0\,1\,1\,1),(1\,0\,1\,1),(1\,1\,0\,1),(1\,1\,1\,0),(1\,1\,1\,1)\}.$$

又如某型号电视机的寿命 Y 是指该型号一台电视机从开始使用到首次发生故障的时间间隔，它是在 $[0,\infty)$ 上取值的连续随机变量，事件"$Y>10\,000$ 小时"表示寿命超过 10 000 小时的该型号电视机的全体组成的集合. 再如，

桌子的真实高度 a 是未知的，其测量值 Z 是连续随机变量，测量误差 $\varepsilon = Z - a$ 也是一个连续随机变量，它们都可看做在 $(-\infty, \infty)$ 上取值的连续随机变量.

2. 概率分布

随机变量的取值是随机的. 经大量观察或试验，人们会认识到一个随机变量在哪些值上取值的机会大，在哪些值上取值的机会小，这种概率规律称为随机变量的**概率分布**，有时简称**分布**. 认识一个随机变量 X 的关键就是要知道它的概率分布. 一个概率分布包含两方面的内容：

(1) X 可能取哪些值？ 或在哪个区间上取值？

(2) X 取这些值的概率各是多少？ 或 X 在任一区间上取值的概率是多少？

随机变量取值有多种，最常用的是离散随机变量和连续随机变量两类. 区分这两类随机变量并不难，只要看它们的取值是"若干个孤立点"还是"连成一片的区间"就可以了. 由于取值上的差别导致描述它们取值的概率分布的形式有差别，使用的数学工具也有差别，这就迫使人们不得不分别研究它们.

离散随机变量的概率分布（简称**离散分布**）主要用**分布列**表示. 常用的离散分布有二项分布、超几何分布、泊松分布等.

连续随机变量的概率分布（简称**连续分布**）主要用**概率密度函数**表示. 常用的连续分布有正态分布、均匀分布、指数分布等.

除此以外，概率分布还可用**累积概率分布函数**（简称**分布函数**），它既可用来表示离散分布，也可用来表示连续分布，应视哪种表示方便而定.

下面将分别叙述分布列、概率密度函数和分布函数这三个重要概念，其中会涉及一些常用分布. 一个概率分布就是一个概率模型. 我们要努力掌握和熟悉几个常用分布，这对应用与研究十分有好处.

2.1.2 离散分布

1. 离散随机变量的分布列

离散随机变量的分布列在第一章中已多次出现，这里给出明确定义.

定义 2.1.2 设 X 是离散随机变量，它的所有可能取值是 $x_1, x_2, \cdots, x_n, \cdots$. 假如 X 取 x_i 的概率为

$$P(X = x_i) = p(x_i), \quad i = 1, 2, \cdots, n, \cdots, \tag{2.1.1}$$

且满足如下非负性与正则性两个条件：

$$p(x_i) \geqslant 0, \quad \sum_{i=1}^{\infty} p(x_i) = 1,$$

则称这组概率$\{p(x_i)\}$为该随机变量 X 的分布列，或 X 的概率分布，记为 $X \sim \{p(x_i)\}$，读作随机变量 X 服从分布$\{p(x_i)\}$.

离散随机变量 X 的分布列除用(2.1.1)式表示外，还用如下列表方式表示，但要注意上下位置对齐，不要错位：

X	x_1	x_2	$\cdots$	x_n	$\cdots$
P	$p(x_1)$	$p(x_2)$	$\cdots$	$p(x_n)$	$\cdots$

分布列的两种表示同等有效，实际中用哪一个视具体情况而定.

例 2.1.2 检查下面的数列是否能组成一个概率分布：

(1) $p_1(x) = \dfrac{x-2}{2}$, $x = 1,2,3,4$;

(2) $p_2(x) = \dfrac{x^2}{25}$, $x = 0,1,2,3,4$;

(3) $p_3(x) = p(1-p)^{x-1}$, $x = 1,2,\cdots,n,\cdots$, $0 < p < 1$.

解 数列(1)不能组成一个概率分布，因为 $p_1(1)$ 为负.

数列(2)也不能组成一个概率分布，因为它的5个概率之和为 $6/5$，大于1.

数列(3)是一个概率分布，因为其每个数都大于零，其和又恰好为1. 事实上，由无穷几何级数求和可得

$$\sum_{x=1}^{\infty} p(1-p)^{x-1} = p[1 + (1-p) + (1-p)^2 + \cdots]$$

$$= p \cdot \frac{1}{1-(1-p)} = 1.$$

这个离散分布称为**几何分布**，记为 $\mathrm{Ge}(p)$. 它在实际中常用到，如

• 某射手连续打靶，其命中率为 p，则其首次命中的打靶次数 X 服从参数为 p 的几何分布，即 $X \sim \mathrm{Ge}(p)$.

• 一批产品的不合格品率为 p，检查员每次从中随机抽检一只，直到发现不合格品为止. 记 X 为检查员首次发现不合格品的检查次数，则 $X \sim \mathrm{Ge}(p)$.

2. 常用离散分布

常用离散分布列于表 2-1 中，其中二点分布、二项分布、超几何分布和几何分布在前面都已提及. 下面将重点介绍泊松分布. 表 2-1 中的数学期望与方差将在后面叙述.

3. 泊松分布

在历史上泊松分布作为二项分布的近似，于 1837 年由法国数学家泊松(Poisson S. D.，1781—1840) 首次提出. 后来发现，很多取非负整数的离散随机变量都服从泊松分布. 这里仍按历史发展次序来介绍泊松分布.

表 2-1 常用离散分布

分布名称	概率分布	数学期望	方　差
二点分布 $b(1,p)$	$P(X=x)=p^x(1-p)^{1-x},$ $x=0,1$	p	$p(1-p)$
二项分布 $b(n,p)$	$P(X=x)=\binom{n}{x}p^x(1-p)^{n-x},$ $x=0,1,\cdots,n$	np	$np(1-p)$
泊松分布 $P(\lambda)$	$P(X=x)=\dfrac{\lambda^x}{x!}e^{-\lambda},$ $x=0,1,2,\cdots$	λ	λ
超几何分布 $h(n,N,M)$	$P(X=x)=\dfrac{\binom{M}{x}\binom{N-M}{n-x}}{\binom{N}{n}},$ $x=0,1,\cdots,r,\ r=\min\{n,M\}$	$\dfrac{nM}{N}$	$\dfrac{n(N-n)}{N-1}\dfrac{M}{N}\left(1-\dfrac{M}{N}\right)$
几何分布	$P(X=x)=p(1-p)^{x-1},$ $x=1,2,\cdots$	$\dfrac{1}{p}$	$\dfrac{1-p}{p^2}$

在二项分布 $b(n,p)$ 中,若相对地说,n 大,p 小,且乘积 $\lambda=np$ 大小适中时,二项分布中诸概率有一个很好的近似公式. 这就是著名的泊松定理.

定理 2.1.1（泊松定理） 在 n 重伯努利试验中,以 p_n 表示在一次试验中成功发生的概率. 若 $n\to\infty$ 时有 $\lambda_n=np_n\to\lambda$(正数),则出现 x 次成功的概率

$$\binom{n}{x}p_n^x(1-p_n)^{n-x}\to\frac{\lambda^x}{x!}e^{-\lambda}\quad(n\to\infty).$$

证 由 $p_n=\dfrac{\lambda_n}{n}$,可得

$$\binom{n}{x}p_n^x(1-p_n)^{n-x}=\frac{n(n-1)\cdots(n-x+1)}{x!}\left(\frac{\lambda_n}{n}\right)^x\left(1-\frac{\lambda_n}{n}\right)^{n-x}$$

$$=\frac{\lambda_n^x}{x!}\left(1-\frac{1}{n}\right)\left(1-\frac{2}{n}\right)\cdots\left(1-\frac{x-1}{n}\right)\left(1-\frac{\lambda_n}{n}\right)^{n-x}.$$

对固定的 x 有 $\lim\limits_{n\to\infty}\lambda_n=\lambda$,所以

$$\lim_{n\to\infty}\left(1-\frac{\lambda_n}{n}\right)^{n-x}=e^{-\lambda},$$

即得

$$\lim_{n\to\infty}\binom{n}{x}p_n^x(1-p_n)^{n-x}=\frac{\lambda^x}{x!}e^{-\lambda}.$$

这就证明了本定理.

由于泊松定理是在 $np_n\to\lambda$ $(n\to\infty)$ 条件下获得的,故在使用中要求 n 大, p_n 小,而 np_n 适中,此时有如下近似公式:

$$\binom{n}{x}p_n^x(1-p_n)^{n-x}\approx\frac{\lambda^x}{x!}e^{-\lambda}, \tag{2.1.2}$$

其中 λ 就取 np_n. 而 n 大 p 小正是二项分布 $b(n,p)$ 中概率计算发生困难的场合.

例 2.1.3 在 500 人组成的团体中,恰有 k 个人的生日是在元旦的概率是多少?

解 在该团体中每个人的生日恰好在元旦的概率为 $p=\dfrac{1}{365}$,则该团体中生日为元旦的人数 $X\sim b(500,1/365)$,即

$$P(X=k)=\binom{500}{k}\left(\frac{1}{365}\right)^k\left(1-\frac{1}{365}\right)^{500-k}, \quad k=0,1,\cdots,500.$$

这个概率计算是复杂的,但为了比较,仍对 $k=0,1,\cdots,6$ 进行计算,然后再用近似公式(2.1.2)计算,其中

$$\lambda=\frac{500}{365}=1.369\,9.$$

两者结果都列在表 2-2 中.

表 2-2   **二项分布与泊松近似的比较**

k	$\binom{500}{k}\left(\frac{1}{365}\right)^k\left(1-\frac{1}{365}\right)^{500-k}$	$\dfrac{(1.369\,9)^k}{k!}e^{-1.369\,9}$
0	0.253 7	0.254 1
1	0.348 4	0.348 1
2	0.238 8	0.238 5
3	0.108 9	0.108 9
4	0.037 2	0.037 3
5	0.010 1	0.010 2
6	0.002 3	0.002 3
$\geqslant 7$	0.000 6	0.000 6

从表 2-2 可见，两者的差别都在第四位小数上才显示出来，其近似程度是相当好的. 但对较小 n 或较大 p，其近似程度降低.

泊松分布 泊松定理中的泊松概率 $\lambda^x e^{-\lambda}/x!$ 对一切非负整数 x 都是非负的，且其和恰好为 1，因为

$$\sum_{x=0}^{\infty} \frac{\lambda^x}{x!} e^{-\lambda} = e^{-\lambda} \sum_{x=0}^{\infty} \frac{\lambda^x}{x!} = e^{-\lambda} \cdot e^{\lambda} = 1.$$

这样一来，泊松概率的全体组成的一个概率分布，称为**泊松分布**，它仅含一个参数 $\lambda > 0$，记为 $P(\lambda)$. 若随机变量 X 服从泊松分布，即 $X \sim P(\lambda)$，这意味着，X 仅取 $0,1,2,\cdots$ 一切非负整数，且取这些值的概率为

$$P(X = x) = \frac{\lambda^x}{x!} e^{-\lambda}, \quad x = 0, 1, \cdots.$$

泊松分布是常用的离散分布之一，现实世界中有很多随机变量都可直接用泊松分布描述，它们之间的差别表现在不同的 λ 上. 下面是国内外文献上认可的服从或近似服从泊松分布的随机变量的一些例子：

(1) 在一定时间内，电话总站接错电话的次数；

(2) 在一定时间内，在超级市场排队等候付款的顾客人数；

(3) 在一定时间内，来到车站等候公共汽车的人数；

(4) 在一定时间内，某操作系统发生故障的次数；

(5) 在一个稳定的团体内，活到 100 岁的人数；

(6) 一匹布上，疵点的个数；

(7) 100 页书上，错别字的个数；

(8) 一个面包上，葡萄干的个数.

从这些例子可以看出，泊松分布总与计数过程相关联，并且计数是在一定时间内，或一定区域内，或一特定单位内的前提下进行的. 下面我们详细地研究第 1 个例子.

例 2.1.4 一项研究表明：电话总站一天内接错电话的次数 X 是一个服从泊松分布 $P(\lambda)$ 的随机变量(简称泊松变量). 对某电话总站连续观察 100 天，共发现 320 只电话接错，具体数据按接错次数多少整理在表 2-3 的前两列上，其中 x 表示一天内接错次数，n_x 表示接错次数为 x 的天数. 由此可算得接错次数为 x 的频率为

$$p^*(x) = \frac{n_x}{100},$$

它放在第 3 列上. 最后一列是按 $\lambda = \frac{320}{100} = 3.2$ 算得的泊松概率

$$p(x) = \frac{3.2^x e^{-3.2}}{x!}.$$

比较表上的最后两列可以看出：这组泊松概率 $p(x)$ 对这组观察频率 $p^*(x)$ 的拟合程度是很好的(在统计部分将进一步说明此种拟合程度).

表 2-3 接错次数的观察频率与泊松概率

接错次数 x	观察天数 n_x	观察频率 $p^*(x)=\dfrac{n_x}{100}$	泊松概率 $p(x)=\dfrac{3.2^x \mathrm{e}^{-3.2}}{x!}$
0	5	0.05	0.041
1	12	0.12	0.130
2	19	0.19	0.209
3	24	0.24	0.223
4	18	0.18	0.178
5	13	0.13	0.114
6	5	0.05	0.060
7	2	0.02	0.028
8	1	0.01	0.011
9	1	0.01	0.004
10	0	0.00	0.002
	100	1.00	1.000

在实际中，人们常把在一次试验中出现概率很小(如小于 0.05)的事件称为**稀有事件**. 由二项分布的泊松近似可以得到：n 重伯努利试验中稀有事件出现次数近似服从泊松分布.

2.1.3 连续分布

1. 连续随机变量的概率密度函数

连续随机变量的一切可能取值充满某个区间 (a,b)，在这个区间内有无穷不可数个实数. 因此描述连续随机变量的概率分布不能再用分布列形式表示，而要改用概率密度函数表示. 下面结合一个例子来介绍这个重要概念.

例 2.1.5 加工机械轴的直径的测量值 X 是一个连续随机变量. 若我们一个接一个地测量轴的直径，把测量值 x 一个接一个地放到数轴上去，当累积很多测量值 x 时，就形成一定的图形. 为了使这个图形得以稳定，我们把纵轴由"单位长度上的频数"改为"单位长度上的频率". 由于频率的稳定性，随着测量值 x 的个数越多，这个图形就越稳定，其外形就显现出一条光滑曲线(见图 2-4(a)). 这条曲线所表示的函数 $p(x)$ 称为概率密度函数，它表示出 X "在一些地方(如中部)取值的机会大，在另一些地方(如两侧)取值机会小"的一种统计规律性. 概率密度函数 $p(x)$ 有多种形式, 有的位置不同, 有的散布不同, 有的形状不同(见图 2-4 (b)). 这正是反映不同随机变量取值的统计规律性上的差别.

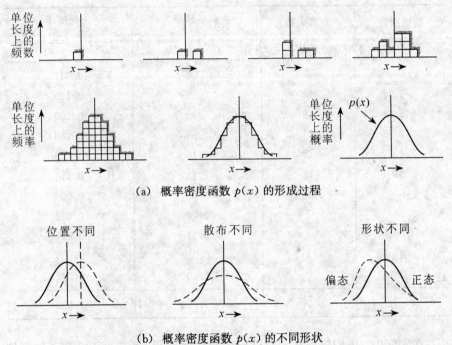

(a) 概率密度函数 $p(x)$ 的形成过程

(b) 概率密度函数 $p(x)$ 的不同形状

图 2-4

尽管 $p(x)$ 有多种形式, 但要使 $p(x)$ 作为概率密度函数还是有正则性与非负性两项基本要求, 具体见下面定义.

定义 2.1.3 设 $p(x)$ 是定义在整个实数轴上的一个函数. 假如它满足如下两个条件:

(1) **非负性** $p(x) \geqslant 0$;

(2) **正则性** $\displaystyle\int_{-\infty}^{\infty} p(x)\mathrm{d}x = 1$,

则称 $p(x)$ 为**概率密度函数**, 或**密度函数**, 有时还简称**密度**. 若随机变量 X 取值的统计规律性可用某个概率密度函数 $p(x)$ 描述, 则称 $p(x)$ 为 X 的**概率分布**, 记为 $X \sim p(x)$, 读作"X 服从密度函数 $p(x)$".

若随机变量 $X \sim p(x)$, 如何计算概率 $P(a \leqslant X \leqslant b)$ 呢? 前面曾提到, 在点 x 处, $p(x)$ 值不是概率, 而是在 x 处的概率密度, 即 x 在小区间 $(x, x + \Delta x)$ 上的概率可用下式近似:

$$P(x \leqslant X \leqslant x + \Delta x) \approx p(x)\Delta x.$$

当我们把区间(a,b)上所有的小区间上的概率累加起来，并令最大的Δx趋于0，就可得到一个定积分，它就是$p(x)$在区间(a,b)上构成的曲边梯形的面积，数量上即如下概率(见图2-5)：

$$P(a \leqslant x \leqslant b) = \int_a^b p(x)\mathrm{d}x. \tag{2.1.3}$$

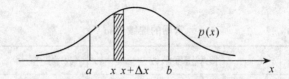

图2-5 $P(a \leqslant X \leqslant b) = (a,b)$上曲边梯形的面积

这样一来，在连续随机变量场合事件概率的计算归结为定积分计算. 积分计算有时是复杂的，为此人们想出很多方法来简化计算，譬如编制数表，把积分计算转化为查表. 另一方面，积分计算也给我们带来一些方便，具体如下.

性质1 连续随机变量X仅取一点的概率为零，即$P(X=x)=0$.

证 对直线上任一点及其一个增量Δx，X仅取一点的概率可表示为下述概率的极限：

$$P(X=x) = \lim_{\Delta x \to 0} P(x \leqslant X \leqslant x+\Delta x) = \lim_{\Delta x \to 0} \int_x^{x+\Delta x} p(x)\mathrm{d}x = 0. \qquad ■$$

在概率论中，概率为零的事件称为**零概率事件**，它与不可能事件$\varnothing$是有差别的. 不可能事件$\varnothing$是零概率事件，但零概率事件不全是不可能事件. 譬如在连续随机变量中，事件"$X=x$"是零概率事件，但这并不意味着事件"$X=x$"是不可能事件. 因为连续随机变量取值于一点是有可能发生的. 同样，必然事件的概率为1，但概率为1的事件不全是必然事件. 在概率论中把概率为1的事件称为**几乎必然发生的事件**. 认识到这些使人们在概率论研究中可忽视零概率事件，不去追求必然事件，若能达到几乎必然发生的事件就很好了.

由性质1立即可得下列性质：

性质2 对连续随机变量X和任意实数a与b $(a<b)$，有

$$P(a \leqslant X \leqslant b) = P(a \leqslant X < b) = P(a < X \leqslant b)$$
$$= P(a < X < b).$$

这个性质表明，在计算连续随机变量X有关事件的概率时，增加或减少一点或数点可不予以计较. 这对以后概率计算和事件表示带来方便.

2. 常用连续分布

人们在众多的实践中已找到很多满足非负性与正则性的密度函数，其中有部分因使用频繁而得以命名，见表 2-4. 随后将对其中几个常用分布作详细介绍，其他常用分布将在以后诸节中逐个介绍. 表 2-4 中的数学期望与方差将在 2.3 节中叙述.

表 2-4 常用的连续分布

分布名称	概率密度函数	数学期望	方 差
正态分布 $N(\mu,\sigma^2)$	$p(x) = \dfrac{1}{\sqrt{2\pi}\,\sigma}\mathrm{e}^{-\frac{(x-\mu)^2}{2\sigma^2}}$, $-\infty < x < \infty$, $-\infty < \mu < \infty$（位置参数）, $\sigma > 0$（尺度参数）	μ	σ^2
标准正态分布 $N(0,1)$	$p(x) = \dfrac{1}{\sqrt{2\pi}}\mathrm{e}^{-\frac{x^2}{2}}$, $-\infty < x < \infty$	0	1
均匀分布 $U(a,b)$	$p(x) = \dfrac{1}{b-a}$, $a < x < b$	$\dfrac{a+b}{2}$	$\dfrac{(b-a)^2}{12}$
指数分布 $\mathrm{Exp}(\lambda)$	$p(x) = \lambda\mathrm{e}^{-\lambda x}$, $x > 0, \lambda > 0$（尺度参数）	$\dfrac{1}{\lambda}$	$\dfrac{1}{\lambda^2}$
柯西分布	$p(x) = \dfrac{1}{\pi(1+x^2)}$, $-\infty < x < \infty$	不存在	不存在
对数正态分布 $LN(\mu,\sigma^2)$	$p(x) = \dfrac{1}{\sqrt{2\pi}\,\sigma x}\mathrm{e}^{-\frac{(\ln x-\mu)^2}{2\sigma^2}}$, $x > 0, -\infty < \mu < \infty, \sigma > 0$	$\mathrm{e}^{\mu+\frac{\sigma^2}{2}}$	$\mathrm{e}^{2\mu+\sigma^2}(\mathrm{e}^{\sigma^2}-1)$
伽玛分布 $\mathrm{Ga}(\alpha,\lambda)$	$p(x) = \dfrac{\lambda^\alpha}{\Gamma(\alpha)}x^{\alpha-1}\mathrm{e}^{-\lambda x}$, $x > 0, \alpha > 0$（形状参数）, $\lambda > 0$（尺度参数）	$\dfrac{\alpha}{\lambda}$	$\dfrac{\alpha}{\lambda^2}$
χ^2 分布 $\chi^2(n)$	$p(x) = \dfrac{1}{\Gamma\left(\frac{n}{2}\right)\cdot 2^{\frac{n}{2}}}x^{\frac{n}{2}-1}\mathrm{e}^{-\frac{x}{2}}$, $x > 0, n > 0$（自由度）	n	$2n$
贝塔分布 $\mathrm{Be}(a,b)$	$p(x) = \dfrac{\Gamma(a+b)}{\Gamma(a)\Gamma(b)}x^{a-1}(1-x)^{b-1}$, $0 < x < 1, a > 0, b > 0$	$\dfrac{a}{a+b}$	$\dfrac{ab}{(a+b)^2(a+b+1)}$

3. 正态分布 $N(\mu,\sigma^2)$

密度函数为

$$p(x) = \frac{1}{\sqrt{2\pi}\,\sigma} \exp\left\{-\frac{(x-\mu)^2}{2\sigma^2}\right\}, \quad -\infty < x < \infty$$

的概率分布称为**正态分布**. 它含有两个参数 μ 与 σ, 其范围是 $-\infty < \mu < \infty$, $\sigma > 0$, 记为 $N(\mu,\sigma^2)$. 符号 $X \sim N(\mu,\sigma^2)$ 表示随机变量 X 服从参数为 μ 与 σ^2 的正态分布, 此时 X 又简称为**正态变量**.

正态密度函数 $p(x)$ 的图形称为**正态曲线**(见图 2-6), 它是一条单峰、对称的钟形曲线, 该曲线在 $\mu \pm \sigma$ 处有两个拐点(二阶导数为零的点). 常用"中间高、两边低、左右对称"描述正态曲线. 参数 μ 与 σ 的含义也可从图中看出一些.

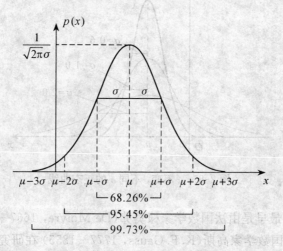

图 2-6 $N(\mu,\sigma^2)$ 的正态曲线及在 μ 附近取值的概率

- 参数 μ 是对称中心. 若 $X \sim N(\mu,\sigma^2)$, 则 X 在 μ 附近取值的机会大, 在离 μ 越远处 X 取值的机会越小. 譬如 X 在 $(\mu-\sigma, \mu+\sigma)$ 内取值的概率为 $0.682\,6$, 在 $(\mu-2\sigma, \mu+2\sigma)$ 内取值的概率为 $0.954\,5$, 而在 $(\mu-3\sigma, \mu+3\sigma)$ 之外取值的概率只为 $0.002\,7$.

- μ 是位置参数. 当 σ 不变时, 不同的 μ 只改变正态曲线的位置, 不改变形状(见图 2-7).

- σ 是尺度参数. 当 μ 不变时, 不同的 σ 只改变正态曲线的散布大小, 不改变钟形的位置. σ 越大, 散布越大; σ 越小, 散布越小(见图 2-8). 这一点还可从图 2-6 上看出, 正态分布 $N(\mu,\sigma^2)$ 的 99.73% 的值位于区间 $[\mu-3\sigma, \mu+3\sigma]$ 内, 该区间宽度 6σ 与 σ 成正比, σ 越大, 该区间越宽, 散布也越大.

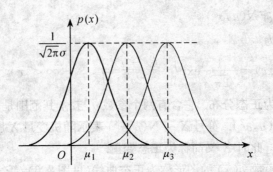

图 2-7　σ不变，不同μ的正态曲线

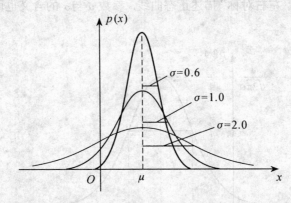

图 2-8　μ不变，不同σ的正态曲线

　　正态曲线最早是由法国数学家棣莫弗(De Moivre，1667—1754) 于 1733 年提出的. 德国数学家高斯(K. F. Gauss，1777—1855) 在研究误差理论中发现：正误差与负误差出现的机会相同；小误差出现的机会大；大误差出现的机会小. 他用正态曲线去拟合误差很理想，很快测量误差服从正态分布得到公认，正态分布又被称为高斯分布. 在欧洲正态分布一度被称为"万能分布"，应用极为广泛，直到 1900 年前后英国酿酒工程师 Gosset 提出 t 分布后才打破正态分布一统天下的局面.

4. 均匀分布 $U(a,b)$

密度函数为

$$p(x)=\begin{cases}\dfrac{1}{b-a}, & a\leqslant x\leqslant b,\\[2mm]0, & \text{其他}\end{cases} \tag{2.1.4}$$

的概率分布称为**区间$[a,b]$上的均匀分布**，记为 $U(a,b)$，其中 a 与 b 是满足 $-\infty<a<b<\infty$ 的两个实数. 其图形如图 2-9 所示，平顶无峰，故又称平

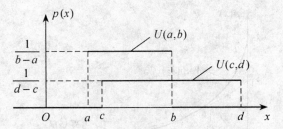

图 2-9　均匀分布密度函数(又称平顶分布)

顶分布. 若 $X \sim U(a,b)$，则 X 只能在区间 $[a,b]$ 上取值，且在 $[a,b]$ 上各点的概率密度值相等，这意味着 X 在该区间上各处取值的机会均等，没有"偏爱". 若你没有任何倾向性地向区间 $[a,b]$ 上随机投点，其落点坐标 X 就服从均匀分布 $U(a,b)$.

均匀分布在实际中常使用，譬如一个半径为 r 的汽车轮胎，当司机使用刹车时，轮胎接触地面的点要受很大的力，并借用惯性还要向前滑动(不是滚动)一段距离，故这点会有磨损. 假如把轮子的圆周标以从 0 到 $2\pi r$，那么刹车时接触地面的点的位置 X 是服从区间 $[0,2\pi r]$ 上的均匀分布，即 $X \sim U(0,2\pi r)$. 因为刹车时接触地面的点在轮子的哪一个位置上可能性更大一些是说不出的，而在 $(0,2\pi r)$ 上任一个等长的小区间上发生磨损的可能性是相同的，这只要看一看报废轮胎的四周磨损量几乎是相同的就可明白均匀分布的含义了.

又如在数值计算中，若要求精确到小数点后第 3 位，则第 4 位小数按四舍五入处理. 这时计算误差 $\delta=$ 计算值 $-$ 真值是在区间 $[-0.000\,5, 0.000\,5]$ 上的均匀分布，即 $\delta \sim U(-0.000\,5, 0.000\,5)$. 若计算值是 2.738，则真值大于 2.738 和小于 2.738 的机会均等.

5. 指数分布 Exp(λ)

密度函数为指数函数

$$p(x)=\begin{cases} \lambda e^{-\lambda x}, & x \geqslant 0, \\ 0, & x < 0 \end{cases} \tag{2.1.5}$$

的概率分布称为参数为 λ 的**指数分布**，记为 $\mathrm{Exp}(\lambda)$，其中唯一参数 λ (>0) 不会改变密度函数的形状，只能改变峰的高低和下降快慢. 它是一个偏态分布(见图 2-10). 譬如，一个工厂设备故障的维修时间 T 有长有短，实践表明：大多数故障在短时间内(如几分钟到几十分钟)可维修好，少数故障需要较长时间(如数小时)可维修好，个别故障可能需要更长时间(如几天)才能维修好. 所以故障维修时间 T 的分布不可能是对称的，而是偏态的，指数分布是一种很好的选择. 另外，有些研究表明：某些产品的寿命、电话通话时间、排

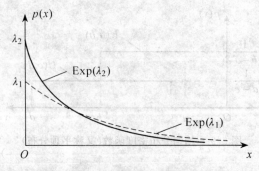

图 2-10　指数分布密度函数($\lambda_1 < \lambda_2$)

队等候服务的时间、某地区年轻人的月工资等都可用指数分布描述.

指数分布有如下一个重要性质:

定理 2.1.2 (无记忆性)　设随机变量 $X \sim \mathrm{Exp}(\lambda)$，则对任意实数 $s > 0$ 与 $t > 0$ 有

$$P(X > s + t \mid X > s) = P(X > t). \tag{2.1.6}$$

此定理的含义是: 若把 X 看做某产品的寿命，则上式左端的条件概率表示，在得知该产品已正常工作 s 小时(意思是该产品寿命 X 超过 s 小时)，它再正常工作 t 小时(即累计正常工作 $s+t$ 小时)的概率与已正常工作 s 小时无关，只与再正常工作 t 小时有关. 这相当于该产品过去工作 s 小时没有对产品留下任何痕迹，似乎还是新产品一样. 这个性质称为"**无记忆性**". 下面来证明这个定理.

证　在 $X \sim \mathrm{Exp}(\lambda)$ 场合，

$$P(X > s) = \int_s^\infty \lambda\, \mathrm{e}^{-\lambda x}\, \mathrm{d}x = \mathrm{e}^{-\lambda s}.$$

类似地有

$$P(X > s + t) = \mathrm{e}^{-\lambda(s+t)}.$$

由于事件"$X > s + t$"发生必导致事件"$X > s$"发生，从而

$$\text{"}X > s+t\text{"} \bigcap \text{"}X > s\text{"} = \text{"}X > s+t\text{"},$$

于是条件概率

$$P(X > s + t \mid X > s) = \frac{P(X > s+t,\ X > s)}{P(X > s)} = \frac{P(X > s+t)}{P(X > s)}$$

$$= \frac{\mathrm{e}^{-\lambda(s+t)}}{\mathrm{e}^{-\lambda s}} = \mathrm{e}^{-\lambda t} = P(X > t).$$

这就证明了此定理. ∎

6. 伽玛分布$\mathrm{Ga}(\alpha,\lambda)$

伽玛函数 含参数α的积分

$$\Gamma(\alpha)=\int_0^\infty x^{\alpha-1}\mathrm{e}^{-x}\mathrm{d}x,\quad \alpha>0 \tag{2.1.7}$$

称为**伽玛函数**. 它有如下性质：

(1) $\Gamma(1)=1,\ \Gamma\!\left(\dfrac{1}{2}\right)=\sqrt{\pi}$.

(2) 递推公式：$\Gamma(\alpha+1)=\alpha\,\Gamma(\alpha)$（用分部积分法可得）. 特别地, 对自然数$n$, $\Gamma(n+1)=n!$.

(3) $\displaystyle\int_0^\infty x^{\alpha-1}\mathrm{e}^{-\lambda x}\mathrm{d}x=\dfrac{\Gamma(\alpha)}{\lambda^\alpha}$（用变量替换法可得）.

伽玛分布 密度函数为

$$p(x)=\begin{cases}\dfrac{\lambda^\alpha}{\Gamma(\alpha)}x^{\alpha-1}\mathrm{e}^{-\lambda x}, & x>0,\\[2mm] 0, & x\leqslant 0\end{cases} \tag{2.1.8}$$

的概率分布称为**伽玛分布**, 它含有两个正参数α与λ. 其中$\alpha>0$称为形状参数, $\lambda>0$称为尺度参数. 图 2-11 画出了若干条α不同的伽玛密度函数曲线, 从图上可见, $\alpha>1$时, 伽玛密度函数是单峰, 峰值位于

$$x=\frac{\alpha-1}{\lambda};$$

对$1<\alpha\leqslant 2$, 其密度函数是先上凸, 后下凸; 对$\alpha>2$, 其密度是先下凸, 中间上凸, 最后又下凸.

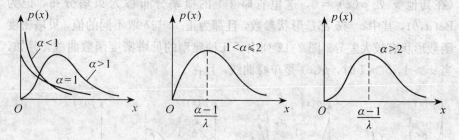

图 2-11 λ 固定, 不同 α 的伽玛密度函数曲线

形状参数$\alpha=1$的伽玛分布$\mathrm{Ga}(1,\lambda)$就是指数分布, 其密度函数为

$$p(x)=\lambda\mathrm{e}^{-\lambda x},\quad x\geqslant 0,$$

而当$x<0$时$p(x)=0$. 以后我们将省略$p(x)$为零的部分, 只写出$p(x)$不为零的部分即可.

尺度参数$\lambda=\dfrac{1}{2}$, 形状参数$\alpha=\dfrac{n}{2}$（n 为自然数）的伽玛分布 $\mathrm{Ga}\!\left(\dfrac{n}{2},\dfrac{1}{2}\right)$

称为**自由度为 n 的 χ^2 分布**，读作卡方分布，记为 $\chi^2(n)$. 若设 $X \sim \chi^2(n)$，则其自由度为 n 的 χ^2 分布的密度函数为

$$p(x) = \frac{1}{\Gamma\left(\frac{n}{2}\right) \cdot 2^{\frac{n}{2}}} x^{\frac{n}{2}-1} \mathrm{e}^{-\frac{x}{2}}, \quad x > 0. \tag{2.1.9}$$

χ^2 分布是统计中最重要的三大分布之一，统计中不少结论与此分布有关，它首先是由英国统计学家 K. 皮尔逊(1857—1936) 提出的. "自由度为 n" 的含义将在以后解释.

7. 贝塔分布 Be(a,b)

贝塔函数 含参数 a 与 b 的积分

$$\beta(a,b) = \int_0^1 x^{a-1}(1-x)^{b-1}\mathrm{d}x, \quad a > 0, b > 0 \tag{2.1.10}$$

称为**贝塔函数**. 它有如下性质：

(1) $\beta(a,b) = \beta(b,a)$.

(2) 贝塔函数与伽玛函数间有如下关系：

$$\beta(a,b) = \frac{\Gamma(a)\Gamma(b)}{\Gamma(a+b)}. \tag{2.1.11}$$

譬如，$\beta(2,3) = \dfrac{\Gamma(2)\Gamma(3)}{\Gamma(2+3)} = \dfrac{1 \times 2}{4 \times 3 \times 2 \times 1} = \dfrac{1}{12}$.

贝塔分布 密度函数为

$$p(x) = \frac{\Gamma(a+b)}{\Gamma(a)\Gamma(b)} x^{a-1}(1-x)^{b-1}, \quad 0 \leqslant x \leqslant 1 \tag{2.1.12}$$

(在其他 x 处 $p(x) = 0$，这里省略了) 的概率分布称为**贝塔分布**，记为 Be(a,b)，其中 a 与 b 都是形状参数，且都为正. a 与 b 取不同的值，贝塔密度函数形状有较大差异. 图 2-12 列出了几种典型的贝塔密度函数曲线，譬如，当 $a > 1$，$b > 1$ 时，$p(x)$ 是单峰曲线，且在

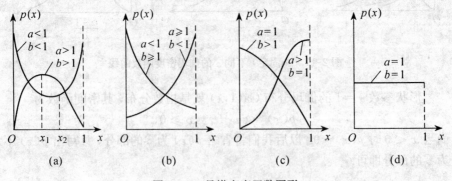

图 2-12 贝塔密度函数图形

$$x_1 = \frac{a-1}{a+b-2}$$

处达到最大值；当 $a < 1$，$b < 1$ 时，$p(x)$ 为 U 形曲线，且在

$$x_2 = \frac{1-a}{2-a-b}$$

处达到最小值（见图 2-12 (a)）. 当 $a \geqslant 1$，$b < 1$ 时，$p(x)$ 为 J 形曲线；当 $a < 1$，$b \geqslant 1$ 时，$p(x)$ 为反 J 形曲线（见图 2-12 (b)）.

$a = b = 1$ 时，贝塔分布 Be(1,1) 就是在 $[0,1]$ 上的均匀分布，其密度函数（见图 2-12 (d)）为

$$p(x) = \begin{cases} 1, & 0 \leqslant x \leqslant 1, \\ 0, & \text{其他.} \end{cases}$$

若随机变量 $X \sim \text{Be}(a,b)$，则 X 一定是仅在 $[0,1]$ 上取值的随机变量. 不合格品率、机器的维修率、打靶的命中率、市场的占有率等各种比率都会随时变化，选用贝塔分布作为它们的概率分布是恰当的，只是参数 a 与 b 不同罢了. 譬如大规模集成电路的成品率不很稳定，它有 150 道工序，从原材料到工人情绪等因素都会对成品质量产生影响，但全是不合格品和全是合格品都极为少见，此时用 $a > 1$，$b > 1$ 的贝塔分布去描述它是妥当的. 又如股票买卖的成功率为 0 和 1 都是有可能的，不输不赢的股票买卖是少见的，这时用 $a < 1$，$b < 1$ 的贝塔分布去描述它也是适当的.

例 2.1.6 某城市的公路分成很多段，设在一年中需要维修的公路段的比率 X 服从贝塔分布 Be(3,2). 试求在任一年中有一半以上的公路段需要维修的概率.

解 由 (2.1.12) 式容易写出贝塔分布 Be(3,2) 的密度函数

$$p(x) = 12x^2(1-x), \quad 0 < x < 1,$$

故所要求的概率为

$$P\left(X > \frac{1}{2}\right) = \int_{\frac{1}{2}}^{1} 12x^2(1-x)\,dx = \frac{11}{16} = 0.687\,5.$$

习 题 2.1

1. 指出下列随机变量是离散的还是连续的：

(1) 一卷磁带上伤痕的个数；

(2) 一匹布上的疵点数；

(3) 某地区的年降雨量；

(4) 一台车床一天内发生的故障次数；

(5) 一台拖拉机发生故障后的修理时间；

(6) 某大公司一月内发生的重大事故次数;

(7) 每升汽油可使小汽车行驶的里程;

(8) 顾客在超市排队等候付款的时间.

2. 随机掷两颗骰子,以 X 表示其最小点数,列出 X 可能取的值及其概率,并求 $P(X \geqslant 4)$.

3. 从一副扑克牌(52 张)中有返回地抽一张牌,这个过程一直进行下去,直到抽到黑桃为止,以 Y 表示"抽取次数". 列出 Y 的可能取值及其概率,并求 $P(Y \leqslant 3)$.

4. 设 X 表示一位顾客进超市购置商品的件数,X 的概率分布如下:

X	0	1	2	3	4	5	6	7	$\geqslant 8$
P	0.01	0.01	0.03	0.09	0.15	0.28	0.26	0.12	0.05

(1) $P(X=4)=?$

(2) $P(X \leqslant 4)=?$

(3) 顾客至少购置 5 件商品的概率是多少? 多于 5 件的概率是多少?

(4) 计算 $P(3 \leqslant X \leqslant 6)$ 和 $P(3 < X < 6)$.

5. 对随机变量 X 已知 $P(X > 20)=0.4$ 和 $P(X \leqslant 15)=0.15$,求 $P(15 < X \leqslant 20)$.

6. 给出下面数列:

$$p(x)=\frac{c}{2^x}, \quad x=0,1,2,3,4.$$

要使该数列成为一个概率分布,c 应该是多少?

7. 连续 4 次抛一枚硬币,写出正面出现次数 X 的概率分布.

8. 连续 4 次掷一颗骰子,写出 6 点出现次数 Y 的概率分布.

9. 某仪表厂从供应商那里欲购大量元器件,双方协商的验货规则是:从每批货中随机抽检 18 只,若其中只有 0 只或 1 只不合格,则厂方应接受这批货,其他情况作退货处理.

(1) 若一批货中有 10% 的不合格品,厂方接收概率是多少?

(2) 若一批货中有 5% 的不合格品,厂方接收概率是多少?

(3) 若一批货中有 1% 的不合格品,厂方接收概率是多少?

10. 设随机变量 X 服从均匀分布 $U(7.5,20)$.

(1) 写出 X 的密度函数 $p(x)$,并作图.

(2) X 不超过 12 的概率是多少?

(3) X 介于 10 到 15 之间的概率是多少? 介于 12 到 17 之间的概率是多

少？为什么这两个概率相等？

11. 长条木材要锯成长为 m（cm）的段材，木工加工时尽量向目标值 m 接近，但误差 $X=$ 木材实际长度$-m$ 不可避免会存在. 设 X 的密度函数 $p(x)$ 如下（如图所示）：

$$p(x)=\begin{cases}0.75(1-x^2), & -1\leqslant x\leqslant 1,\\ 0, & \text{其他}.\end{cases}$$

(1) 计算概率 $P(X<0.5)$.

(2) 计算概率 $P(|X|<0.5)$.

(3) 写出分布函数

  $F(x)=P(X\leqslant x)$.

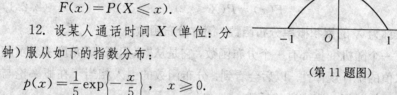

（第 11 题图）

12. 设某人通话时间 X（单位：分钟）服从如下的指数分布：

$$p(x)=\frac{1}{5}\exp\left\{-\frac{x}{5}\right\},\quad x\geqslant 0.$$

当你走进电话室需打电话时，某人恰好在你前面开始打电话. 求下列几个事件的概率：

(1) 你等待时间超过 3 分钟；

(2) 你等待时间不超过 5 分钟.

13. 某厂知道它的产品中 2% 有缺陷，求 100 件产品中 3 件有缺陷的概率.

14. 500 页书上有 50 个错字，在一页上至少有 3 个错字的概率是多少？在一页上没有错字的概率是多少？

15. 已知送到兵工厂的导火线中平均有 1% 不能导火. 求送去 400 根导火线中有 5 根或更多根不能导火的概率.

16. 某市每小时消耗电力 X（单位：百万度）可看做服从伽玛分布的随机变量，它的两个参数分别为 $\alpha=3$，$\lambda=\frac{1}{2}$. 假如每小时向该市供应 12（百万度）电力，该城市还感到电力供应不足的概率是多少？

17. 某一山区公路上每天发生交通事故数服从泊松分布. 已知平均每天有 0.5 次交通事故发生，计算：

(1) 一天内无交通事故的概率；

(2) 一天内至少有 2 次交通事故的概率.

18. 某市漏缴税款的比例 X 服从参数 $a=2$，$b=9$ 的贝塔分布. 写出 X 的密度函数，并计算概率 $P(X<0.1)$.

2.2 分 布 函 数

2.2.1 分布函数的定义与性质

1. 定义与性质

定义 2.2.1 设 X 是随机变量,对任意实数 x,事件"$X \leqslant x$"的概率是 x 的函数,记为

$$F(x) = P(X \leqslant x). \tag{2.2.1}$$

这个函数称为 X 的**累积概率分布函数**,简称**分布函数**.

任意一个随机变量都有一个分布函数,它是从"累积概率"角度去表示随机变量取值的统计规律性. 以后会看到:分布函数的引入相当于在概率论与微积分之间架起了一座沟通的桥梁.

从分布函数 $F(x)$ 的定义可以看出它的一些基本性质:

性质1 $0 \leqslant F(x) \leqslant 1$.

$F(x)$ 的自变量 x 是实数,其函数值是概率,是特定事件"$X \leqslant x$"的概率,故其函数值总在 0 与 1 之间.

性质2 $F(-\infty) = \lim\limits_{x \to -\infty} F(x) = 0$.

这是因为事件"$X < -\infty$"是不可能事件.

性质3 $F(+\infty) = \lim\limits_{x \to \infty} F(x) = 1$.

这是因为事件"$X < \infty$"是必然事件.

性质4 $F(x)$ 是非降函数,即对任意 $x_1 < x_2$,总有 $F(x_1) \leqslant F(x_2)$.

这是因为事件"$X \leqslant x_2$"总包含事件"$X \leqslant x_1$"之故. 这个性质是累积概率的体现,x 越大 $F(x)$ 累积的概率就越多,从而 $F(x)$ 就越大.

2. 离散场合

离散与连续两类随机变量的分布函数各自还有一些特殊性质,这里先叙述离散随机变量分布函数的一个明显特征.

性质5　离散随机变量的分布函数是直线上的阶梯函数.

　　若已知离散随机变量 X 的分布列为 $\{p(x_i)\}$，容易写出 X 的分布函数：

$$F(x) = \sum_{x_i \leqslant x} p(x_i). \qquad (2.2.2)$$

由于离散随机变量仅在若干个孤立点上取值，在相邻两个孤立点间 X 不可能取值，故其"累积概率" $F(x)$ 不可能增加，故形成一个平台，只在孤立点 x_i 处 $F(x)$ 才增加一个台阶. 具体见下面例子.

　　例2.2.1　设随机变量 X 服从二项分布 $b(3, 0.4)$，可算得如下分布列（见例 2.1.3）：

X	0	1	2	3
P	0.216	0.432	0.288	0.064
累积概率	0.216	0.648	0.936	1.000

由此可写出 X 的分布函数

$$F(x) = P(X \leqslant x) = \begin{cases} 0, & x < 0, \\ 0.216, & 0 \leqslant x < 1, \\ 0.648, & 1 \leqslant x < 2, \\ 0.936, & 2 \leqslant x < 3, \\ 1, & 3 \leqslant x. \end{cases}$$

这是定义在整个实数轴上的函数，其图形（见图 2-13）是阶梯函数，它的间断点正好是 X 可能取的 4 个值，在这些间断点上的函数值等于该函数的右极限，所以这个函数是右连续的. 另外，在间断点上函数 $F(x)$ 的跃度从低到高依次为 X 取 $0, 1, 2, 3$ 的概率.

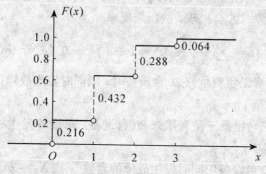

图 2-13　随机变量 X 仅取 $0, 1, 2, 3$ 等 4 个值的分布函数

在实际中泊松分布函数较为常用. 为了使用方便，人们编制了**泊松分布函数表**，本书附表 1 就是泊松分布函数表. 这里对此作一些介绍.

设随机变量 $X \sim P(\lambda)$，其分布函数为

$$F(x) = P(X \leqslant x) = \sum_{k=0}^{[x]} \frac{\lambda^k}{k!} e^{-\lambda},$$

其中 $[x]$ 表示小于 x 的最大整数，如 $[13.8] = 13$. 附表 1 对非负整数 x 和

$$\lambda = 0.02(0.02)0.10(0.05)1.0(0.1)2.0(0.2)8(0.5)15(1)25$$

给出泊松分布函数值，其中 $\lambda = 0.02(0.02)0.10$ 表示 λ 从 0.02 开始，每隔 0.02 取一个值，直到 0.10 为止，即 λ 可取 0.02, 0.04, 0.06, 0.08, 1.0，其他表示可作类似解释. 如 $\lambda = 4.8$ 和 $x = 7$ 时，查附表 1 得

$$P(X \leqslant 7) = \sum_{k=0}^{7} \frac{4.8^k}{k!} e^{-4.8} = 0.887,$$

$$P(X = 7) = P(X \leqslant 7) - P(X \leqslant 6)$$
$$= 0.887 - 0.791 = 0.096.$$

例 2.2.2 为保证设备正常工作，需要配一些维修工，假定各台设备发生故障是相互独立的，且每台设备发生故障的概率都是 0.01. 若有 n 台设备，则 n 台设备中同时发生故障的台数 X 服从二项分布 $b(n, 0.01)$. 由于 $p = 0.01$ 很小，故"每台设备发生故障"可看做稀有事件，从而 X 又可近似看做服从泊松分布 $P(\lambda)$，其中 $\lambda = np = n \cdot 0.01$. 下面用此看法来讨论几个问题：

(1) 若用一名维修工负责维修 20 台设备，求设备发生故障而不能及时维修的概率是多少？

设 X_1 为"20 台设备中同时发生故障的台数"，则 $X_1 \sim b(20, 0.01)$. 由于稀有事件之故，可认为 $X_1 \dot\sim P(\lambda_1)$，其中 $\lambda_1 = 20 \times 0.01 = 0.2$，这里符号 $\dot\sim$ 表示"近似服从". 于是 20 台设备中因故障得不到及时维修只在同时有 2 台和 2 台以上发生故障时才会出现，故所求概率

$$P(X_1 \geqslant 2) = \sum_{x=2}^{\infty} \frac{0.2^x}{x!} e^{-0.2} = 1 - e^{-0.2} - 0.2e^{-0.2} = 0.0175.$$

这表明，一名维修工负责维修 20 台设备时，因同时发生故障得不到及时维修的概率不到 0.02.

(2) 若用三名维修工负责维修 80 台设备，求设备发生故障而不能及时维修的概率是多少？

设 X_2 为"80 台设备中同时发生故障的台数"，则 $X_2 \sim b(80, 0.01)$. 类似地可认为，$X_2 \dot\sim P(\lambda_2)$，其中 $\lambda_2 = 80 \times 0.01 = 0.8$. 于是不能及时维修必须有 4 台或 4 台以上设备同时发生故障，其概率为

$$P(X_2 \geqslant 4) = \sum_{k=4}^{\infty} \frac{0.8^k}{k!} e^{-0.8} = 1 - \sum_{k=0}^{3} \frac{0.8^k}{k!} e^{-0.8}.$$

对 $\lambda = 0.8$ 和 $x = 3$ 查附表 1 得

$$P(X_2 \leqslant 3) = \sum_{k=0}^{3} \frac{0.8^k}{k!} e^{-0.8} = 0.991.$$

利用这个值可算得

$$P(X_2 \geqslant 4) = 1 - P(X_2 \leqslant 3) = 0.009.$$

这表明, 三名维修工负责维修 80 台设备时, 因同时发生故障得不到及时维修的概率为 0.009, 几乎为前面的 0.017 5 的一半, 提高了效率.

(3) 若有 300 台设备, 需要配多少名维修工, 才能使得不到及时维修的概率不超过 0.01?

设 X_3 为"300 台设备中同时发生故障的台数", N 为所需配的维修工的人数, 类似地可认为 $X_3 \sim P(\lambda_3)$, $\lambda_3 = 300 \times 0.01 = 3$. 于是 N 应满足下列等式:

$$P(X_3 \geqslant N+1) = \sum_{k=N+1}^{\infty} \frac{3^k}{k!} e^{-3} \leqslant 0.01$$

或

$$\sum_{k=0}^{N} \frac{3^k}{k!} e^{-3} \geqslant 0.99.$$

从附表 1 查得, 当 $N = 7$ 和 8 时, 有

$$\sum_{k=0}^{7} \frac{3^k}{k!} e^{-3} = 0.988, \qquad \sum_{k=0}^{8} \frac{3^k}{k!} e^{-3} = 0.996.$$

故 $N = 8$ 时满足要求, 即要用 8 名维修工才能使 300 台设备得不到及时维修的概率不超过 0.01.

3. 连续场合

设 $p(x)$ 为连续随机变量 X 的密度函数, 则按分布函数的定义, X 的分布函数 $F(x)$ 可用其密度函数 $p(x)$ 的积分表示出来, 即对任意实数 x,

$$F(x) = P(X \leqslant x) = \int_{-\infty}^{x} p(x) \mathrm{d}x. \qquad (2.2.3)$$

这类积分总是存在的, 其中有些可以积出来, 用初等函数表示, 有的积不出来, 只能用积分表示, 或用特殊函数表示. 无论哪种情况, 连续随机变量的分布函数总有如下性质:

性质 6 连续随机变量 X 的分布函数 $F(x)$ 是直线上的连续函数.

证 对直线上任一点 x 及其一个增量 Δx, 分布函数 $F(x)$ 的增量为

$$\Delta F = F(x + \Delta x) - F(x) = \int_{x}^{x+\Delta x} p(x)\mathrm{d}x.$$

当 $\Delta x \to 0$ 时，上式右端的积分趋向于零，从而 $\Delta F \to 0$. 这表明 $F(x)$ 在点 x 处连续. 由于 x 是直线上任一点，故 $F(x)$ 是直线上的连续函数. ∎

例 2.2.3（均匀分布的分布函数） 在区间 $[a,b]$ 上的均匀分布的密度函数 $p(x)$ 如 (2.1.4) 所示. 再利用积分 (2.2.3) 不难获得均匀分布 $U(a,b)$ 的分布函数

$$F(x) = \begin{cases} 0, & x < a, \\ \dfrac{x-a}{b-a}, & a \leqslant x \leqslant b, \\ 1, & x > b. \end{cases} \tag{2.2.4}$$

在进行积分时要分三段进行，因为 $p(x)$ 有两个间断点，且是分三段表示的. 图 2-14 给出了均匀分布 $U(a,b)$ 的 $p(x)$ 与 $F(x)$ 的图形. 从图上可见，这里的 $F(x)$ 虽分三段表示，但接点仍头尾相连，使 $F(x)$ 是一个连续函数.

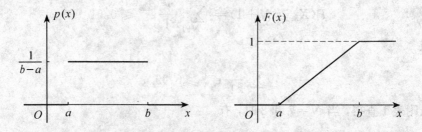

图 2-14 均匀分布 $U(a,b)$ 的密度函数 $p(x)$ 和分布函数 $F(x)$

性质7 设 $F(x)$ 和 $p(x)$ 分别是连续随机变量 X 的分布函数和密度函数，则在 $F(x)$ 导数存在的点 x 上有

$$F'(x) = p(x). \tag{2.2.5}$$

证 这可从 $F(x)$ 的积分表达式 (2.2.3) 看出. ∎

这个性质表明，对连续随机变量 X 而言，当已知其分布函数 $F(x)$ 时，用导数可求得其密度函数 $p(x)$，对 $F(x)$ 导数不存在的那些点上，$p(x)$ 可任意给定常数，因为在有限个点上改变密度函数值不会影响相应分布函数值. 譬如，均匀分布 $U(a,b)$ 的分布函数 $F(x)$（见 (2.2.4)）在点 a 和点 b 处是不可导的，于是相应的密度函数 $p(x) = F'(x)$ 在点 a 和点 b 处没有定义，这时可在点 a 和点 b 处对 $p(x)$ 任意给定两个常数即可，因为 X 取这两点的概率皆为零，不会影响任何事件的概率计算. 在 (2.1.4) 中给出了 $p(x)$ 的一种形式，$p(x)$ 也可如下给出：

$$p_1(x) = \begin{cases} \dfrac{1}{b-a}, & a \leqslant x < b, \\ 0, & \text{其他}, \end{cases} \qquad p_2(x) = \begin{cases} \dfrac{1}{b-a}, & a < x < b, \\ 0, & \text{其他}. \end{cases}$$

它们仅在点 a 或点 b 处不等,而 X 取这两点的概率皆为零. 或者说 $p_1(x) \neq p_2(x)$ 的概率为 0,即

$$P\{x: p_1(x) \neq p_2(x)\} = P(X=a) + P(X=b) = 0.$$

或者说 $p_1(x) = p_2(x)$ 的概率为 1,即

$$P\{x: p_1(x) = p_2(x)\} = 1.$$

这种意义下的两个函数相等在概率论中称为**几乎处处相等**,以示区别微积分中的两个函数处处相等(即恒等). 在概率论中,几乎处处相等的两个函数之间的差别可忽略不计,从而可以相互替代. 这种忽略零概率事件正是概率论这门学科的特色. 在现实世界中要找到两件完全相同的东西是很难的,但要找两个几乎处处相同的东西就容易多了.

性质 8 连续随机变量 X 的分布函数为 $F(x)$,则对任意实数 $a < b$,有

$$P(a < X < b) = P(a < X \leqslant b) = P(a \leqslant X < b)$$
$$= P(a \leqslant X \leqslant b) = F(b) - F(a).$$

证 由分布函数定义知

$$P(a < X \leqslant b) = P(X \leqslant b) - P(X \leqslant a) = F(b) - F(a).$$

再考虑到连续随机变量 X 取任一点的概率为零,故上述几个等式都成立. ∎

注意:在离散随机变量场合性质 8 常不成立.

例 2.2.4 某种锅炉首次发生故障时间 T(单位:小时)服从指数分布 $\mathrm{Exp}(\lambda)$,其中 $\lambda = 0.002$. 其密度函数如图 2-15 所示.

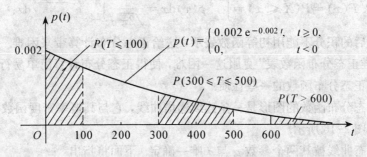

图 2-15 指数分布 $\mathrm{Exp}(0.002)$ 的密度曲线

现转入寻求一些事件的概率. 在上述假设下,该种锅炉在 100 小时内需要维修的概率是多少? 在 300 到 500 小时内需要维修的概率是多少? 在 600 小时后需要维修的概率是多少? 这些概率分别是图 2-15 上三块阴影面积.

解 先用密度函数求左侧一块面积:

$$P(T \leqslant 100) = \int_{-\infty}^{100} p(x) \mathrm{d}x = \int_0^{100} 0.002 \, \mathrm{e}^{-0.002t} \, \mathrm{d}t$$

$$= -\mathrm{e}^{-0.002t} \Big|_0^{100} = 1 - \mathrm{e}^{0.002 \times 100} = 0.181\ 3.$$

此项计算也可用分布函数进行. 指数分布 $\mathrm{Exp}(\lambda)$ 的分布函数为: 当 $t \leqslant 0$ 时, $F(t) = 0$; 而当 $t > 0$ 时,

$$F(t) = P(T \leqslant t) = \int_{-\infty}^t p(x) \mathrm{d}x = \int_0^t \lambda \, \mathrm{e}^{-\lambda x} \, \mathrm{d}x = 1 - \mathrm{e}^{\lambda t}.$$

在 $\lambda = 0.002$ 场合计算第一块面积:

$$P(T \leqslant 100) = F(100) = 1 - \mathrm{e}^{-0.002 \times 100} = 1 - \mathrm{e}^{-0.2} = 0.181\ 3.$$

类似地, 可计算另两块面积,

$$P(300 \leqslant T \leqslant 500) = F(500) - F(300)$$

$$= (1 - \mathrm{e}^{-0.002 \times 500}) - (1 - \mathrm{e}^{-0.002 \times 300})$$

$$= \mathrm{e}^{-0.6} - \mathrm{e}^{-1.0} = 0.180\ 9,$$

$$P(T > 600) = 1 - P(T \leqslant 600) = \mathrm{e}^{-0.002 \times 600}$$

$$= \mathrm{e}^{-1.2} = 0.301\ 2.$$

上述计算表明: 若能获得分布函数显式表示, 计算连续随机变量有关概率就较为简便.

2.2.2 正态分布的计算

1. 正态分布函数

由正态分布 $N(\mu, \sigma^2)$ 的概率密度函数不难写出其分布函数:

$$F(x) = P(X \leqslant x) = \int_{-\infty}^x p(x) \mathrm{d}x = \frac{1}{\sqrt{2\pi}\,\sigma} \int_{-\infty}^x \mathrm{e}^{-\frac{(x-\mu)^2}{2\sigma^2}} \mathrm{d}x.$$

上述最后的积分不能用初等函数表示, 这给正态分布计算带来困难. 人们通过"标准正态分布函数表"克服这一困难, 使得正态分布计算简单易行. 为此要研究正态分布函数的一些性质.

正态分布函数的图形是一条连续递增曲线, 它与其概率密度函数的对应关系如图 2-16 所示.

正态曲线被其两个参数 μ 与 σ 唯一确定. 下面将指出:

- 位置参数 μ 又是正态分布 $N(\mu, \sigma^2)$ 的**均值**.
- 尺度参数 σ 又是正态分布 $N(\mu, \sigma^2)$ 的**标准差**, σ^2 是其**方差**.

2. 标准正态分布函数

$\mu = 0$ 与 $\sigma = 1$ 的正态分布 $N(0,1)$ 称为**标准正态分布**, 其密度函数与分布

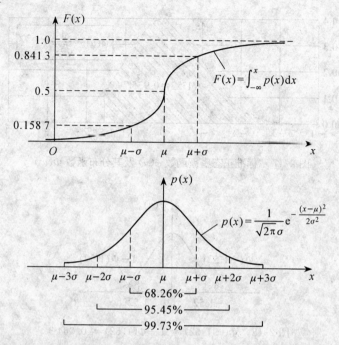

图 2-16   正态分布 $N(\mu,\sigma^2)$ 的分布函数 $F(x)$ 与密度函数 $p(x)$

函数分别记为

$$\varphi(u) = \frac{1}{\sqrt{2\pi}}e^{-\frac{u^2}{2}}, \quad -\infty < u < \infty,$$

$$\Phi(u) = \int_{-\infty}^{u}\varphi(u)\mathrm{d}u, \quad -\infty < u < \infty.$$

标准正态分布函数 $\Phi(u)$ 最大特点是不含任何未知参数，因此对任何 u 值都可用数值积分算得 $\Phi(u)$ 的值. 为便于应用，人们对

$$u = 0.01(0.01)3.00(0.1)6.00$$

编制了 $\Phi(u)$ 函数值表（见附表 2）. 若记标准正态变量为 U，则事件"$U \leqslant 1.52$"的概率可从附表 2 中查得

$$P(U \leqslant 1.52) = \Phi(1.52) = 0.935\ 7 \quad （见图 2-17）.$$

$\Phi(u)$ 有如下性质：

（1） $\Phi(-u) = 1 - \Phi(u)$.

这可用变量替换法证得，还可从密度函数 $\varphi(u)$ 的对称图 2-18 中看出. 由于这个性质，不需要对负值编制标准正态分布函数表. 下面几个性质可从分布函数性质获得，也可从图上看出.

（2） $P(U > u) = 1 - \Phi(u)$ （见图 2-19）.

（3） $P(u_1 < U < u_2) = \Phi(u_2) - \Phi(u_1)$ （见图 2-20）.

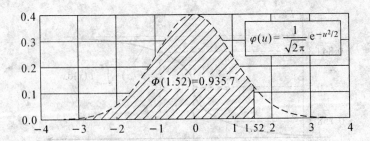

图 2-17 标准正态密度函数 $\varphi(u)$ 及其分布函数 $\Phi(u)$

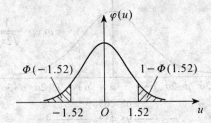

图 2-18 $\Phi(-1.52) = 1 - \Phi(1.52) = 0.0643$

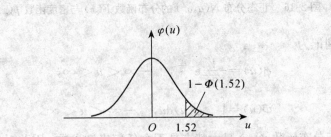

图 2-19 $P(U \geqslant 1.52) = 1 - \Phi(1.52) = 0.0643$

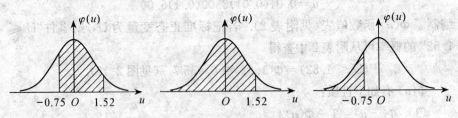

图 2-20 $P(-0.75 \leqslant U \leqslant 1.52) = P(U \leqslant 1.52) - P(U \leqslant -0.75)$

$= \Phi(1.52) - \Phi(-0.75) = \Phi(1.52) + \Phi(0.75) - 1$

$= 0.9357 + 0.7734 - 1 = 0.7091$

(4) $P(|U| < u) = 2\Phi(u) - 1$ （见图 2-21），

$P(|U| > u) = 2(1 - \Phi(u))$ （见图 2-21）.

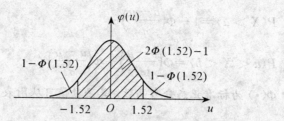

图 2.21　$P(|U|\leqslant 1.52)=P(-1.52\leqslant U\leqslant 1.52)=\Phi(1.52)-\Phi(-1.52)$
$$=2\Phi(1.52)-1=0.8714$$

3. 正态变量的标准化变换

上述 4 条性质解决了标准正态分布 $N(0,1)$ 的有关概率的计算问题. 一般的正态分布 $N(\mu,\sigma^2)$ 的计算怎么办? 我们的解决方法是通过**标准化变换**把一般正态变量转换为标准正态变量来解决. 具体见下面定理.

定理 2.2.1　若正态变量 $X\sim N(\mu,\sigma^2)$, 则其标准化变量
$$U=\frac{X-\mu}{\sigma}\sim N(0,1).$$

这里把正态变量减去自己的均值 μ 后再除以自己的标准差 σ 所得的变量 U 称为**标准化变量**, 相应变换称为**标准化变换**.

证　把 X 与 U 的分布函数分别记为 $F_X(x)$ 与 $F_U(u)$, 由分布函数性质可得其间联系, 即
$$F_U(u)=P(U\leqslant u)=P\left(\frac{X-\mu}{\sigma}\leqslant u\right)$$
$$=P(X\leqslant \mu+u\sigma)=F_X(\mu+u\sigma).$$
再设 X 与 U 的密度函数分别记为 $p_X(x)$ 与 $p_U(u)$, 则由"分布函数的导数就是密度函数"可得
$$p_U(u)=\frac{\mathrm{d}}{\mathrm{d}u}F_U(u)=\frac{\mathrm{d}}{\mathrm{d}u}F_X(\mu+u\sigma)=p_X(\mu+u\sigma)\cdot\sigma$$
$$=\frac{1}{\sqrt{2\pi}\,\sigma}\exp\left\{-\frac{[(\mu+u\sigma)-\mu]^2}{2\sigma^2}\right\}\cdot\sigma$$
$$=\frac{1}{\sqrt{2\pi}}\exp\left\{-\frac{u^2}{2}\right\}=\varphi(u).$$

这就完成了定理的证明.

定理 2.2.2　若正态变量 $X\sim N(\mu,\sigma^2)$, 则对任意实数 a,b 有

(1)　$P(X<b)=\Phi\left(\dfrac{b-\mu}{\sigma}\right)$;

(2) $P(X > a) = 1 - \Phi\left(\dfrac{a - \mu}{\sigma}\right)$;

(3) $P(a < X < b) = \Phi\left(\dfrac{b - \mu}{\sigma}\right) - \Phi\left(\dfrac{a - \mu}{\sigma}\right)$,

其中 $\Phi(\cdot)$ 为标准正态分布函数, 其函数值可从附表 2 中查得.

证 先证(1). 在 $X \sim N(\mu, \sigma^2)$ 场合, 事件"$X < b$"等价于事件

$$\text{“}\frac{X - \mu}{\sigma} < \frac{b - \mu}{\sigma}\text{”},$$

因为其中 $\sigma > 0$, 故不等号不会变向. 其概率为

$$P(X < b) = P\left(\frac{X - \mu}{\sigma} < \frac{b - \mu}{\sigma}\right) = P\left(U < \frac{b - \mu}{\sigma}\right) = \Phi\left(\frac{b - \mu}{\sigma}\right).$$

这就证明了(1). 由于

$$P(X > a) = 1 - P(X \leqslant a),$$
$$P(a < X < b) = P(X < b) - P(X \leqslant a),$$

可把(2)与(3)都转化为(1), 从而可证得(2)与(3).

使用定理 2.2.2 的关键是不等号的两端同时进行标准化变换.

例 2.2.5 设 $X \sim N(10, 2^2)$ 和 $Y \sim N(2, 0.3^2)$, 概率 $P(8 < X < 14)$ 和 $P(1.7 < Y < 2.6)$ 各为多少?

首先对每个正态变量经过各自的标准化变换得到标准正态变量, 这个过程见图 2-22. 根据定理 2.2.2(3), 让区间端点随着标准化变换而变化, 最后可得

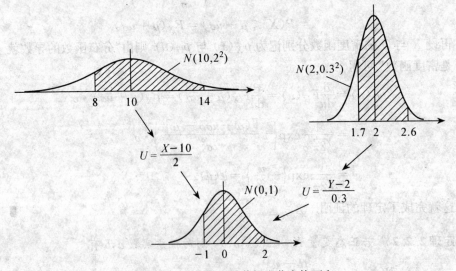

图 2-22　区间端点随着标准化变换而变

$$P(8 < X < 14) = \Phi\left(\frac{14-10}{2}\right) - \Phi\left(\frac{8-10}{2}\right) = \Phi(2) - \Phi(-1)$$

$$= 0.977\ 2 - (1 - 0.841\ 3) = 0.818\ 5,$$

$$P(1.7 < Y < 2.6) = \Phi\left(\frac{2.6-2}{0.3}\right) - \Phi\left(\frac{1.7-2}{0.3}\right)$$

$$= \Phi(2) - \Phi(-1) = 0.818\ 5.$$

例 2.2.6 设产品某质量特性 $X \sim N(\mu, \sigma^2)$，其上、下规格限分别为 T_U 与 T_L，其不合格品率 $p = p_L + p_U$，其中 p_L 为 X 低于下规格限的概率，p_U 为 X 高于上规格限的概率(见图 2-23)，即

$$p_L = P(X < T_L) = \Phi\left(\frac{T_L - \mu}{\sigma}\right),$$

$$p_U = P(X > T_U) = 1 - \Phi\left(\frac{T_U - \mu}{\sigma}\right),$$

其中 $\Phi(\cdot)$ 为标准正态的分布函数，其值可从附表 2 中查得.

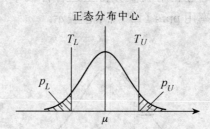

图 2-23 不合格品率 $p = p_L + p_U$

为具体说明不合格率的计算，看下面的几个具体数值例子.

(1) 某厂生产的电阻器的规格限为 80 ± 4 kΩ. 现从现场得知该厂电阻器的阻值 X 服从正态分布，均值 $\mu = 80.8$ kΩ，标准差 $\sigma = 1.3$ kΩ，则其低于下规格限 $T_L = 76$ kΩ 的概率和超过上规格限 $T_U = 84$ kΩ 的概率分别为

$$p_L = P(X < 76) = \Phi\left(\frac{76 - 80.8}{1.3}\right)$$

$$= \Phi(-3.7) = 0.000\ 1,$$

$$p_U = P(X > 84) = 1 - \Phi\left(\frac{84 - 80.8}{1.3}\right)$$

$$= 1 - \Phi(2.46) = 0.006\ 9.$$

故该电阻器的不合格品率 $p = p_L + p_U = 0.007\ 0.$

(2) 某部件的清洁度 X (单位: mg)服从正态分布 $N(48, 12^2)$. 清洁度是望小特性(愈小愈好的特性)，故只需规定其上规格限. 现规定 $T_U = 85$ mg，故其不合格品率为

$$p = p_U = P(X > 85) = 1 - \Phi\left(\frac{85 - 48}{12}\right)$$
$$= 1 - \Phi(3.08) = 0.000\,968.$$

故在清洁度指标上, 该部件的不合格品率为 968 ppm, 其中 1 ppm $= 10^{-6}$.

(3) 某金属材料的抗拉强度(单位: kg/cm^2)服从正态分布 $N(38, 1.8^2)$. 抗拉强度是望大特性(愈大愈好的特性), 故只需规定其下规格限. 如今 $T_L = 33\ kg/cm^2$, 其不合格品率为

$$p = p_L = P(X < 33) = \Phi(-2.78) = 0.002\,7 = 0.27\%.$$

在抗拉强度上, 该金属材料的不合格品率为 0.27%.

例 2.2.7 设产品某质量特性 $X \sim N(\mu, \sigma^2)$, 其上、下规格限为 $\mu \pm k\sigma$, 其中 k 为某个实数, 则

$$合格品率 = P(|X - \mu| \leqslant k\sigma) = 2\Phi(k) - 1,$$
$$不合格品率 = P(|X - \mu| > k\sigma) = 2(1 - \Phi(k)).$$

对 $k = 1, 2, \cdots, 6$, 可通过查附表 2 算得上述各种概率, 具体计算结果见图 2-24, 其中不合格品率用 ppm (10^{-6}) 单位表示.

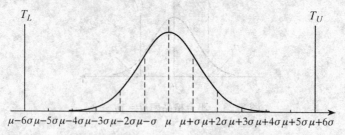

规范限	合格品率(%)	不合格品率(ppm)
$\mu \pm \sigma$	68.27	317 300
$\mu \pm 2\sigma$	95.45	45 500
$\mu \pm 3\sigma$	99.73	2 700
$\mu \pm 4\sigma$	99.993 7	63
$\mu \pm 5\sigma$	99.999 943	0.57
$\mu \pm 6\sigma$	99.999 999 8	0.002

图 2-24 在正态分布 $N(\mu, \sigma^2)$ 中, 正态变量 X 超出规格限 $\mu \pm k\sigma$ ($k = 1, 2, \cdots, 6$) 的合格品率与不合格品率

4. 正态分布的分位数

分位数是一个基本概念, 在实际中常用到. 这里先讲标准正态分布 $N(0,1)$ 的分位数, 然后转到一般正态分布的分位数的叙述. 更一般分布的分位数将在 2.5.6 小节中叙述.

(1) 标准正态分布的分位数

设标准正态变量 $U \sim N(0,1)$, 对概率等式

$$P(U \leqslant 1.282) = 0.9$$

有两种不同说法:

- 0.9 是 U 不超过 1.282 的概率.

- 1.282 是标准正态分布 $N(0,1)$ 的 0.9 分位数, 也称为 90% 分位数或 90 百分位数, 记为 $u_{0.9}$.

后一种说法有新意, 0.9 分位数 $u_{0.9}$ 把标准正态分布密度函数 $\varphi(u)$ 下的面积分为左右两块, 左侧一块面积恰好为 0.9 (即右侧一块面积恰好为 0.1), 见图 2-25.

一般说来, 对介于 0 与 1 之间的任意实数 α, 标准正态分布 $N(0,1)$ 的 α 分位数是这样一个数, 它的左侧面积恰好为 α (即其右侧面积恰好为 $1-\alpha$), 详见图 2-26. 用概率的语言表示, U (或它的分布) 的 α 分位数 u_{α} 是满足下面等式的实数:

$$P(U \leqslant u_{\alpha}) = \alpha, \quad \text{或} \quad \Phi(u_{\alpha}) = \alpha, \quad \text{或} \quad u_{\alpha} = \Phi^{-1}(\alpha).$$

可见, U 的 α 分位数 u_{α} 就是标准正态分布函数 Φ 的反函数 $\Phi^{-1}(\cdot)$ 在 α 处的值, 即求概率 (即求分布函数值) 与求分位数是一对互逆运算.

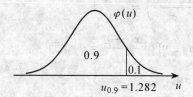
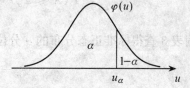

图 2-25　$N(0,1)$ 的 0.9 分位数 $u_{0.9}$　　　　图 2-26　$N(0,1)$ 的 α 分位数 u_{α}

α 分位数 u_{α} 可用标准正态分布函数表 (附表 2) 从里向外查得, 尾数可用内插法得到. 譬如, $N(0,1)$ 的 0.95 分位数 $u_{0.95}$ 可先从附表 2 查得

$$u_{0.9495} = 1.64, \quad u_{0.9505} = 1.65.$$

由于概率 0.95 恰好介于 0.9495 与 0.9505 的中点, 故 $u_{0.95} = 1.645$. 为了减少计算麻烦, 人们又特地编制了标准正态分布的 α 分位数表, 见附表 3. 该表下侧对常用的概率 α 给出精确到小数点后三位的 α 分位数表, 如从附表 3 中可查得 $u_{0.99} = 2.326$.

0.5 分位数又称中位数. 在标准正态分布 $N(0,1)$ 场合, $u_{0.5} = 0$. 这与 $N(0,1)$ 的对称中心为 $u=0$ 的说法是两种不同的表述方法.

标准正态分布 $N(0,1)$ 的 α 分位数 $u_{\alpha} = \Phi^{-1}(\alpha)$ 有如下性质:

- u_{α} 是 α 的增函数. 如 $u_{0.1} < u_{0.3} < u_{0.5} < u_{0.8}$ 等.

- 当 $\alpha < 0.5$ 时，$u_\alpha < 0$.
- 当 $\alpha > 0.5$ 时，$u_\alpha > 0$.
- 当 $\alpha = 0.5$ 时，$u_{0.5} = 0$.
- 对任意 α $(0 < \alpha < 1)$ 有 $u_\alpha = -u_{1-\alpha}$ 或 $u_\alpha + u_{1-\alpha} = 0$. 这一点可从 $N(0,1)$ 的密度函数关于 $u = 0$ 的对称性看出，见图 2-27.

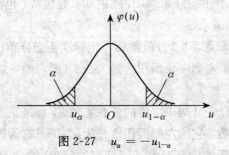

图 2-27　$u_\alpha = -u_{1-\alpha}$

(2)　正态分布的分位数

设 $X \sim N(\mu, \sigma^2)$，则 X 的 α 分位数 x_α 满足

$$F(x_\alpha) = \alpha, \quad \text{或 } P(X \leqslant x_\alpha) = \alpha.$$

因为

$$P(X \leqslant x_\alpha) = \Phi\left(\frac{x_\alpha - \mu}{\sigma}\right) = \alpha,$$

由附表 3 查得标准正态分布的 α 分位数 u_α，可得 $\dfrac{x_\alpha - \mu}{\sigma} = u_\alpha$，即

$$x_\alpha = \mu + \sigma u_\alpha.$$

这表明：一般正态分布 $N(\mu, \sigma^2)$ 的 α 分位数 x_α 是 u_α 的线性函数. 譬如，$X \sim N(100, 8^2)$ 的 0.9 分位数为

$$x_{0.9} = 100 + 8u_{0.9} = 100 + 8 \times 1.282 = 110.256.$$

例 2.2.8（车门高度设计）　公共汽车车门的高度是按男子与车门碰头机会为 0.01 而设计出来的. 若设男子身高（单位：cm）$X \sim N(171, 6.2^2)$，则要求高度 h 满足

$$P(X \geqslant h) \leqslant 0.01, \quad \text{或 } P(X < h) \geqslant 0.99.$$

由分位数的单调性知

$$h > x_{0.99} = 171 + 6.2u_{0.99} = 171 + 6.2 \times 2.326 = 185.42 \text{ (cm)},$$

即按要求，车门高度至少为 185.42 cm.

例 2.2.9　某厂生产一磅的罐装咖啡. 自动包装线上大量数据表明，每罐重量是服从标准差为 0.1 磅的正态分布. 为了使每罐咖啡少于 1 磅的罐头不多于 10%，应把自动包装线控制的均值 μ 调节到什么位置上？

解 设 X 为一罐的咖啡重量，则 $X \sim N(\mu, 0.1^2)$. 假如把自动包装线的均值 μ 控制在 1 磅位置，则咖啡少于 1 磅的罐头要占全部罐头的 50%，即 $P(X < 1) = 0.5$，这是不合要求的(见图 2-28).

为了使每罐咖啡少于 1 磅的罐头不多于 10%，应把自动包装线均值 μ 调到比 1 磅大一些的地方(见图 2-29)，其中 μ 必须满足概率方程式

$$P(X < 1) \leqslant 0.1.$$

对正态变量 X 进行标准化可得

$$\Phi\left(\frac{1-\mu}{0.1}\right) \leqslant 0.1.$$

由此可得

$$\mu \geqslant 1 - 0.1 u_{0.1} = 1 - 0.1(-u_{0.9})$$
$$= 1 + 0.1 \times 1.282 = 1.128 \,(磅),$$

即把自动包装机的均值调节到 1.128 磅的位置上才能保证咖啡少于 1 磅的罐头不多于 10%.

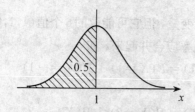
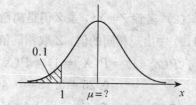

图 2-28　自动包装线的均值 $\mu = 1$　　　　图 2-29　自动包装线的新状态

假如购买一台新的装罐机，其标准差可减少为 0.025 磅，此时新包装机的均值应调节的位置是

$$\mu = 1 + 0.025 \times 1.282 = 1.032 \,(磅).$$

这样平均每罐就可节约咖啡 0.096 磅. 若以每日可生产 2 000 罐计算，则每日可节省 192 磅咖啡. 若每磅咖啡的成本价是 50 元，则工厂每日可获利 9 600 元. 若新的包装机单价是 10 万元，则第 11 天开始就可获净利.

2.2.3 随机变量函数的分布

已知随机变量 X 的分布(分布列，或密度函数，或分布函数之一)，如何寻求其函数 $Y = g(X)$ 的分布，这是概率论与数理统计的基本功之一. 它不仅可帮助人们导出新的分布，还可深入认识分布之间的关系. 这对应用与研究都十分有益.

由于方法上的差异，下面分离散与连续两种场合分别讨论.

1. 离散场合

在离散场合寻求随机变量函数的分布较为直观,通过下面的例子就可说明一般方法.

例 2.2.10 设 X 是仅可能取 6 个值的离散随机变量,其分布如下:

X	-2	-1	0	1	2	3
P	0.05	0.15	0.20	0.25	0.20	0.15

(1) 若设 $Y=2X+1$,则 Y 仍是离散随机变量,它可取 $-3,-1,1,3,5,7$ 等 6 个值. 由于它们没有相同的值,故 Y 取这些值的概率仍如上述,即 Y 的概率分布为

$Y=2X+1$	-3	-1	1	3	5	7
P	0.05	0.15	0.20	0.25	0.20	0.15

(2) 若设 $Z=X^2$,虽 Z 仍是离散随机变量,但它可能取的 6 个值($4,1,0,1,4,9$)中出现相同的值,Z 取相同值的概率应合并起来,如

$$P(Z=1)=P(X^2=1)=P(X=\pm 1)=P(X=1)+P(X=-1)$$
$$=0.25+0.15=0.40,$$
$$P(Z=4)=P(X^2=4)=P(X=\pm 2)=P(X=2)+P(X=-2)$$
$$=0.20+0.05=0.25.$$

这样我们可得 Z 的分布如下:

$Z=X^2$	0	1	4	9
P	0.20	0.40	0.25	0.15

从这个例子可以看出,在离散场合求随机变量函数的分布时,关键是把新变量取相同值的概率加起来,其他保持对应关系,即可得随机变量函数的分布.

2. 连续场合

在连续场合求随机变量函数 $Y=g(X)$ 的分布虽复杂一些,但利用分布函数及其性质,按一定步骤也是容易求得的. 下面结合一个例子介绍这些步骤.

例 2.2.11 设 $X \sim U(0,1)$,求 $Y=-\ln X$ 的概率分布.

解 从例 2.2.3 知,均匀分布 $U(0,1)$ 的分布函数与密度函数分别为

$$F_X(x) = \begin{cases} 0, & x \leqslant 0, \\ x, & 0 < x < 1, \\ 1, & x \geqslant 1, \end{cases} \qquad p_X(x) = \begin{cases} 1, & 0 < x < 1, \\ 0, & \text{其他}. \end{cases}$$

(1) 由 X 的取值区域定出 Y 的取值区域. 在这里 X 仅在 $(0,1)$ 上取值, 故 $Y = -\ln X$ 只可能在 $(0,\infty)$ 上取值.

(2) 寻求 Y 的分布函数 $F_Y(y)$. 由于 Y 不可能取负数与零, 故当 $y \leqslant 0$ 时 $F_Y(y) = 0$; 而当 $y > 0$ 时

$$\begin{aligned} F_Y(y) &= P(Y \leqslant y) = P(-\ln X \leqslant y) = P(\ln X \geqslant -y) \\ &= P(X \geqslant \mathrm{e}^{-y}) = 1 - P(X < \mathrm{e}^{-y}) \\ &= 1 - F_X(\mathrm{e}^{-y}) = 1 - \mathrm{e}^{-y}. \end{aligned}$$

这一步的关键是利用反函数寻求事件 "$-\ln X \leqslant y$" 的等价事件 "$X \geqslant \mathrm{e}^{-y}$", 然后用 X 的分布函数 F_X 表示 F_Y. 综合上述, 可得

$$F_Y(y) = \begin{cases} 0, & y \leqslant 0, \\ 1 - \mathrm{e}^{-y}, & y > 0. \end{cases}$$

(3) 若有需要, 可对 $F_Y(y)$ 求导, 从而得到 Y 的密度函数

$$p_Y(y) = \begin{cases} 0, & y \leqslant 0, \\ \mathrm{e}^{-y}, & y > 0. \end{cases}$$

这是 $\lambda = 1$ 的指数分布, 即 $Y = -\ln X \sim \mathrm{Exp}(1)$.

利用上述步骤可以证明更为一般的结论.

定理 2.2.3 设已知随机变量 X 的分布函数为 $F_X(x)$, 密度函数为 $p_X(x)$. 又设 $Y = g(X)$, 其中函数 $g(\cdot)$ 是严格单调函数, 且导数 $g'(\cdot)$ 存在, 则 Y 的密度函数为

$$p_Y(y) = p_X(h(y)) |h'(y)|,$$

其中 $h(y)$ 是 $y = g(x)$ 的反函数, $h'(y)$ 是其导数.

证 由函数 $y = g(x)$ 的单调性可得 Y 的取值范围 (a,b), 其中

$$a = \min\{g(-\infty), g(\infty)\}, \qquad b = \max\{g(-\infty), g(\infty)\}.$$

其次, 由于 $Y = g(X)$ 是严格单调函数(严增函数或严减函数), 故其反函数 $X = h(Y)$ 存在. 由于 g 可导, 从而 h 也可导.

为确定起见, 先设 $g(X)$ 是 X 的严增函数, 则有

$$\begin{aligned} F_Y(y) &= P(Y \leqslant y) = P(g(X) \leqslant y) \\ &= P(X \leqslant h(y)) = F_X(h(y)), \end{aligned}$$

$$p_Y(y) = p_X(h(y)) \cdot h'(y).$$

如果 $g(X)$ 是严减函数, 则事件 "$g(X) \leqslant y$" 等价于 "$X \geqslant h(y)$", 所以在严减

函数场合, 我们有

$$F_Y(y) = P(Y \leqslant y) = P(g(X) \leqslant y)$$
$$= P(X \geqslant h(y)) = 1 - F_X(h(y)),$$
$$p_Y(y) = -p_X(h(y)) \cdot h'(y).$$

因为当 g 为严减函数时, 其反函数 h 也是减函数, 故 $h'(y) < 0$, 这样 $p_Y(y)$ 仍为非负的. 综合上述两个方面, 即可说明此定理成立. ∎

例 2.2.12 设随机变量 $X \sim N(\mu, \sigma^2)$, 求

(1) $Y = aX + b$ 的密度函数 $(a \neq 0)$;

(2) $Y = e^X$ 的密度函数.

解 正态分布 $N(\mu, \sigma^2)$ 的密度函数为

$$p_X(x) = \frac{1}{\sqrt{2\pi}\,\sigma} \exp\left\{-\frac{(x-\mu)^2}{2\sigma^2}\right\}, \quad -\infty < x < \infty.$$

(1) 当 $Y = aX + b\ (a \neq 0)$ 时, 其反函数 $h(y)$ 及其导函数 $h'(y)$ 分别为

$$h(y) = \frac{y-b}{a}, \quad h'(y) = \frac{1}{a}.$$

于是由上述定理知, Y 的密度函数为

$$p_Y(y) = p_X\left(\frac{y-b}{a}\right) \cdot \frac{1}{|a|}$$

$$= \frac{1}{\sqrt{2\pi}\,\sigma} \exp\left\{-\frac{\left(\frac{y-b}{a}-\mu\right)^2}{2\sigma^2}\right\} \cdot \frac{1}{|a|}$$

$$= \frac{1}{\sqrt{2\pi}\,|a|\sigma} \exp\left\{-\frac{[y-(a\mu+b)]^2}{2(a\sigma)^2}\right\}.$$

这是正态分布 $N(a\mu+b, a^2\sigma^2)$ 的密度函数, 其位置参数为 $a\mu+b$, 尺度参数为 $|a|\sigma$. 即**正态变量的线性变换仍为正态变量**, 其参数也应作适当变换.

(2) 当 $Y = e^X$ 时, Y 只能在 $(0, \infty)$ 上取值, 故当 $y \leqslant 0$ 时, $F_Y(y) = 0$; 当 $y > 0$ 时, $y = e^X$ 的反函数 $h(y)$ 及其导函数 $h'(y)$ 分别为

$$h(y) = \ln y, \quad h'(y) = \frac{1}{y}.$$

由定理 2.2.3 知, Y 的密度函数为

$$p_Y(y) = \frac{1}{\sqrt{2\pi}\,\sigma y} \exp\left\{-\frac{(\ln y - \mu)^2}{2\sigma^2}\right\}, \quad y > 0.$$

这个分布称为**对数正态分布**, 记为 $\mathrm{LN}(\mu, \sigma^2)$. 这个分布在实际中常会用到. 若一个随机变量 Y 的取值很分散, 譬如取值要跨几个数量级, 在低数量级取值机会大, 随着数量级增大其取值机会愈来愈小, 这种随机变量的分布可以用对数正态分布去拟合, 常可获得较好效果. 当 Y 服从对数正态分布

$LN(\mu,\sigma^2)$ 时, 其对数 $X=\ln Y$ 一定服从正态分布 $N(\mu,\sigma^2)$.

例 2. 2. 13 设随机变量 X 的分布函数 $F_X(x)$ 是严增函数, 则 $Y=F_X(X)$ 服从区间$(0,1)$上的均匀分布.

为了证明这个结论, 首先要看到 $Y=F_X(X)$ 是在区间$(0,1)$上取值的随机变量, 所以当 $y\leqslant 0$ 时, $F_Y(y)=0$; 当 $y\geqslant 1$ 时, $F_Y(y)=1$; 而当 $0<y<1$ 时, 我们有

$$F_Y(y)=P(Y\leqslant y)=P(F_X(X)\leqslant y)$$
$$=P(X\leqslant F_X^{-1}(y))=F_X(F_X^{-1}(y))=y.$$

综合上述, $Y=F_X(X)$ 的分布函数为

$$F_Y(y)=\begin{cases}0, & y\leqslant 0,\\ y, & 0<y<1,\\ 1, & y\geqslant 1.\end{cases}$$

这就是在区间$(0,1)$上的均匀分布函数.

例 2. 2. 14 设 $X\sim Ga(\alpha,\lambda)$, 又设 $c>0$, 求 $Y=cX$ 的分布.

解 这里 X 服从伽玛分布, 故 X 与 $Y=cX$ 都在$[0,\infty)$上取值, 从而 Y 的分布函数 $F_Y(y)$ 与密度函数 $p_Y(y)$ 在$(-\infty,0)$上均为 0. 而当 $y\geqslant 0$ 时, 由定理 2. 2. 3 知 Y 的密度函数为

$$p_Y(y)=p_X\left(\frac{y}{c}\right)\cdot\frac{1}{c}=\frac{\lambda^\alpha}{\Gamma(\alpha)}\left(\frac{y}{c}\right)^{\alpha-1}e^{-\frac{\lambda y}{c}}\cdot\frac{1}{c}$$
$$=\frac{(\lambda/c)^\alpha}{\Gamma(\alpha)}y^{\alpha-1}e^{-(\lambda/c)y}, \quad y\geqslant 0.$$

这仍是伽玛分布密度函数, 其形状参数不变, 仍为 α, 尺度参数改为 λ/c, 即 $Y\sim Ga(\alpha,\lambda/c)$.

譬如, 若 $X\sim Ga(2.5,0.2)$, 则 $Y=0.4X$ 仍为伽玛分布, 其形状参数仍为 2.5, 尺度参数为 $\frac{0.2}{0.4}=\frac{1}{2}$, 而尺度参数为 $1/2$ 的伽玛分布就是卡方分布, 具体地,

$$Y=0.4X\sim Ga\left(2.5,\frac{1}{2}\right)=Ga\left(\frac{5}{2},\frac{1}{2}\right)=\chi^2(5).$$

习 题 2.2

1. 某厂有车床 200 台, 各自独立工作, 每台发生故障的概率都是 0.015. 若一位修理工一次只能修理一个故障, 试问该厂至少需配多少位修理工才能保证车床发生故障而不能及时维修的概率不超过 0.01?

2. 某商店过去的销售记录表明, 某种商品每月的销售数可用参数 $\lambda=10$

的泊松分布描述,为了以 99% 以上的把握使该种商品不脱销,每月该种产品的库存量至少为多少件?

3. 某仪器的工作寿命 X(单位:小时)有如下的密度函数:

$$p(x)=\begin{cases}100/x^2, & x>100,\\ 0, & x\leqslant 100.\end{cases}$$

(1) 写出 X 的分布函数.

(2) 计算该仪器寿命不超过 200 小时的概率.

(3) 计算该仪器寿命超过 300 小时的概率.

4. 设随机变量 X 的分布函数为

$$F(x)=\begin{cases}1-(1+x)\mathrm{e}^{-x}, & x>0,\\ 0, & x\leqslant 0.\end{cases}$$

求其密度函数,并计算概率 $P(X\leqslant 1)$ 和 $P(X>2)$.

5. 某型号电子元件的寿命 X(单位:小时)有如下密度函数:

$$p(x)=\frac{1\,000}{x^2}, \quad x>1\,000.$$

(1) 写出 X 的分布函数.

(2) 任取 4 只的寿命都大于 1 500 小时的概率是多少?

(3) 若 1 只元件已工作 1500 小时尚未失效,试问它还能再工作 500 小时的概率是多少?

6. 设 $U\sim N(0,1)$,计算下列概率:

(1) $P(U\leqslant 2.36)$;   (2) $P(1.14<U\leqslant 3.35)$;

(3) $P(U>-3.38)$;   (4) $P(U<4.98)$.

7. 设 $X\sim N(1,4)$,计算下列概率:

(1) $P(X<0)$;   (2) $P(0<X\leqslant 2)$;

(3) $P(2X^2>8)$;   (4) $P(|X-1|\geqslant 3)$.

8. 设 $X\sim N(\mu,\sigma^2)$,计算下列概率:

(1) $P(X<\mu+2\sigma)$;   (2) $P(X>\mu-3\sigma)$;

(3) $P(\mu-\sigma<X<\mu+2\sigma)$;   (4) $P(|X-\mu|>2\sigma)$;

(5) $P(\mu-3\sigma<X<\mu)$.

9. 资料显示:美国 40 岁以下妇女心脏收缩的血压 X 服从均值 $\mu=120$ mm 和标准差 $\sigma=10$ mm 的正态分布.

(1) 求 X 介于 110 到 140 之间的概率;

(2) 求 X 超过 145 的概率;

(3) 求 X 低于 105 的概率.

10. 设 $X\sim N(1,2^2)$,求 $P(|X|>3)=$?

11. 某厂生产的滚珠直径 $X \sim N(2.05, 0.1^2)$，其合格品的规格为 2 ± 0.2，计算该厂滚珠合格率是多少？

12. 设 $X \sim N(10, 3^2)$，求 $Y = 5X - 2$ 的分布.

13. 设 $X \sim \text{Exp}(\lambda)$，求 $Y = X^{-1}$ 的分布.

14. 设 $X \sim \text{Exp}(\lambda)$，求 $Y = \sqrt{X}$ 的分布.

15. 设 $U \sim U(0, 1)$，求 $Y = 1 - X$ 的分布.

16. 设 $X \sim \text{Exp}(\lambda)$，求 $R = 1 - e^{-\lambda X}$ 的分布.

17. 设 $X \sim N(0, \sigma^2)$，求 $Y = X^2$ 的分布.

18. 某设备在长为 l 的时间内发生故障的次数 $N(t)$ 服从参数为 λt 的泊松分布，求相邻两次故障之间的时间间隔 T 的分布.

2.3 数 学 期 望

分布的数学期望就是各种可能取值的加权平均，权就是分布. 分布有离散与连续两类，其数学期望的定义也有两种方式.

2.3.1 离散分布的数学期望

1. 数学期望的起源

数学期望概念起源于赌博，先看下面的例子.

例 2.3.1 (分赌本问题) 17 世纪中叶一位赌徒向法国数学家帕斯卡 (Pascal, 1623—1662) 提出一个使他苦恼长久的分赌本问题：甲乙两位赌徒相约，用掷硬币进行赌博，谁先赢三次就得全部赌本 100 法郎. 当甲赢了两次，乙只赢一次时，他们都不愿再赌下去了，问赌本应如何分呢？这个问题引起不少人的兴趣. 有人建议按已赢次数的比例来分赌本，即甲得全部赌本的 2/3，乙得其余的 1/3；有人反对，认为这全然没有考虑每个赌徒必须再赢的次数. 1654 年帕斯卡提出如下解法：他从赌博的全过程来看这个问题，在甲已赢两次和乙只赢一次时，最多只需再玩两次即可结束这次赌博，而再玩两次可能会出现如表 2-5 所示的 4 种结果，其中前三种结果 $\omega_1, \omega_2, \omega_3$ 中任一个发生都使甲得 100 法郎，只有当 ω_4 发生，甲得 0 法郎 (即乙得 100 法郎). 由于这 4 种结果是等可能的，故甲得 100 法郎的概率为 3/4，而得 0 法郎的概率为 1/4，从而甲应期望得到 $100 \times \frac{3}{4} = 75$ 法郎. 完整地说，甲应期望得到

$$100 \times \frac{3}{4} + 0 \times \frac{1}{4} = 75 \text{ (法郎)}.$$

这就是帕斯卡的答案. 其意指, 若再继续此种赌博多次, 甲每次平均可得 75
法郎.

表 2-5

次数 ＼ 结果	ω_1	ω_2	ω_3	ω_4
1	甲	甲	乙	乙
2	甲	乙	甲	乙

帕斯卡的解法引出数学期望概念, 从分布的观点看这个问题, 甲赢得的
法郎数 X 是一个随机变量, 它仅可取两个值: $x_1=100$ 和 $x_2=0$, 取这些值的
概率分别为

$$p(x_1)=P(X=x_1)=\frac{3}{4},\quad p(x_2)=P(X=x_2)=\frac{1}{4}.$$

这时甲赢得法郎数的数学期望就是

$$X \text{ 的数学期望}=x_1 p(x_1)+x_2 p(x_2).$$

这个简单的数学期望的计算公式解决了长期争论的问题, 人们也从中提炼出
一般的数学期望概念. 后续的发展表明, 它不仅在实际中很有用, 而且在理
论上它被看做一种运算规则, 得到多种数学期望, 本书将介绍其中部分内
容.

2. 离散分布的数学期望

定义 2.3.1 设离散随机变量 X 的分布列为

$$P(X=x_i)=p(x_i),\quad i=1,2,\cdots,n,$$

则和式 $\sum_{i=1}^{n} x_i p(x_i)$ 称为 X 的(或分布的) **数学期望**, 记为

$$E(X)=\sum_{i=1}^{n} x_i p(x_i). \tag{2.3.1}$$

若 X 的取值为可列个, 且无穷级数 $\sum_{i=1}^{\infty} x_i p(x_i)$ 绝对收敛, 则称该无穷级
数之和为 X 的(或分布的) **数学期望**, 记为

$$E(X)=\sum_{i=1}^{\infty} x_i p(x_i). \tag{2.3.2}$$

假如上述无穷级数不绝对收敛, 则说该随机变量 X 的(或分布的) **数学期望不
存在**. 当数学期望存在时, 常简称它为**期望**、**期望值**、**均值**等.

数学期望 $E(X)$ 的数学解释是**加权平均**. 若 X 等可能取 n 个值 x_1,
$x_2,\cdots,x_n$, 则(2.3.1)表示的数学期望就是算术平均

$$E(X) = \frac{x_1 + x_2 + \cdots + x_n}{n}.$$

若 X 取这些值是不等可能的,则(2.3.1)表示的就是加权平均,权就是其分布列. 数学期望是一个实数,它由其分布唯一确定. 不同的随机变量,若其分布相同,则其数学期望也一定相同.

数学期望 $E(X)$ 的物理解释是**质量重心**. 譬如同时抛 5 颗骰子,则 6 点出现个数 X 是服从二项分布 $b(5,1/6)$ 的随机变量,该分布为

X	0	1	2	3	4	5
P	0.401 88	0.401 88	0.160 75	0.032 15	0.003 22	0.000 13

它的数学期望是

$$E(X) = 0 \times 0.401\,88 + 1 \times 0.401\,88 + 2 \times 0.160\,75$$
$$+ 3 \times 0.032\,15 + 4 \times 0.003\,22 + 5 \times 0.000\,13$$
$$= 0.833\,33 = \frac{5}{6}.$$

若把概率 $p(x_i) = P(X = x_i)$ 看做点 x_i 上的质量,概率分布看做质量在 x 轴上的分布,则 X 的数学期望 $E(X)$ 就是该质量分布的重心所在位置,详见图 2-30.

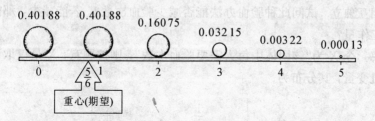

图 2-30 概率质量模型:同时抛 5 颗骰子,6 点出现个数 X 的

数学期望 $E(X) = \frac{5}{6}$ 就是质量重心所在的位置

数学期望在实际中应用广泛. $E(X)$ 常作为分布的代表(一种统计指标)参与同类比较好坏. 如一盘磁带上的缺陷数有多有少,有随机性,不好比较,但其期望值(平均缺陷数)可作比较标准,其愈小愈好.

例 2.3.2 某推销人与工厂约定,用船把一箱货物按期无损地运到目的地可得佣金 10 元,若不按期则扣 2 元,若货物有损则扣 5 元,若既不按期又有损坏则扣 16 元. 推销人按他的经验认为,一箱货物按期无损地运到目的地有 60% 把握,不按期到达占 20%,货物有损占 10%,不按期又有损的占 10%. 试问推销人在用船运送货物时,每箱期望得到多少钱?

解 设 X 表示"该推销人用船运送货物时每箱可得钱数",则按题意，X 的分布为

X（元）	10	8	5	-6
P	0.6	0.2	0.1	0.1

按数学期望定义 2.3.1,该推销人每箱期望所得

$$E(X)=10\times0.6+8\times0.2+5\times0.1-6\times0.1=7.5\text{（元）}.$$

假如推销人一次能押运 200 箱货物,则他期望（平均）得到

$$200E(X)=200\times7.5=1\,500\text{（元）}.$$

这个结果表明:推销人在每船押运中平均可得 1500 元,实际运行中可能会多一些,也可能少一些,这要看环境和推销人的努力. 在实际中采取一项行动前算一下期望值是有益的,它会对你的决策提供参考依据.

例 2.3.3 在有 N 个人的团体中普查某种疾病需要逐个验血,若血样呈阳性,则有此种疾病;呈阴性,则无此种疾病. 逐个验血需检验 N 次,若 N 很大,那验血工作量也很大. 为了能减少工作量,一位统计学家提出一个想法:把 k 个人（$k\geqslant2$）的血样混合后再检验,若呈阴性,则 k 个人都无此疾病,这时 k 个人只需作一次检验;若呈阳性,则对 k 个人再分别检验,这时为弄明白谁有此种疾病共需检验 $k+1$ 次. 若该团体中得此疾病的概率为 p,且得此疾病相互独立. 试问此种验血办法能否减少验血次数? 若能减少,那能减少多少工作量?

解 令 X 为"该团体中每人需要验血次数",则按题意,X 是仅取两个值的随机变量,其分布为

X	$\frac{1}{k}$	$1+\frac{1}{k}$
P	$(1-p)^k$	$1-(1-p)^k$

则每人平均验血次数为

$$E(X)=\frac{1}{k}(1-p)^k+\left(1+\frac{1}{k}\right)[1-(1-p)^k]=1-(1-p)^k+\frac{1}{k},$$

而新的验血方法比逐个验血方法平均能减少验血次数为

$$1-E(X)=(1-p)^k-\frac{1}{k}.$$

若 $E(X)<1$,则新方法能减少验血次数. 譬如,当 $p=0.1,k=2$ 时,

$$1-E(X)=0.9^2-0.5=0.31,$$

即平均每人减少 0.31 次. 若该团体有 10 000 人,则可减少 3 100 次,即减少

31% 的工作量. 当 k 为其他值时, 亦可类似计算, 计算结果列于表 2-6 中.

表 2-6 平均验血次数 ($p = 0.1$)

k	$E(X)$	$1 - E(X)$	k	$E(X)$	$1 - E(X)$
2	0.690 0	31.00%	10	0.751 3	24.87%
3	0.604 3	39.57%	15	0.860 8	13.92%
4	0.593 9	40.61%	20	0.926 4	7.36%
5	0.609 5	39.05%	25	0.968 2	3.18%
6	0.635 2	36.48%	30	0.990 9	0.91%
7	0.664 6	33.54%	34	1.001 5	−0.15%
8	0.695 4	30.55%			

从该表可见, 当 $p\ (=0.1)$ 已知时, 可选出一个 $k_0\ (=4)$, 使得 $E(X)$ 最小. 此时把 k_0 个人的血样混在一起用新方法检验, 可使平均验血次数最少, 达到最大的效益. 取其他的 k 值效益不会达到最大, 特别是在 $p = 0.1, k \geqslant 34$ 时反而要增加平均验血次数.

3. 常用离散分布的数学期望

(1) 二项分布 $b(n, p)$ 的数学期望是 np.

设 $X \sim b(n, p)$, 则其期望

$$E(X) = \sum_{x=0}^{n} x \binom{n}{x} p^x (1-p)^{n-x},$$

其中

$$x \binom{n}{x} = x \cdot \frac{n!}{x!\,(n-x)!} = n \cdot \frac{(n-1)!}{(x-1)!\,(n-x)!} = n \binom{n-1}{x-1}.$$

代回原式后, 有

$$E(X) = np \sum_{x=1}^{n} \binom{n-1}{x-1} p^{x-1} (1-p)^{n-x} = np[p + (1-p)]^{n-1} = np.$$

这表明: 在 n 重伯努利试验中成功出现的平均次数为 np. 特别, 二点分布 $b(1, p)$ 的期望是 p. 如连续掷一颗骰子 720 次, 6 点出现次数 $X \sim b(720, 1/6)$, 则 6 点出现平均次数

$$E(X) = \frac{720}{6} = 120.$$

(2) 泊松分布 $P(\lambda)$ 的数学期望是 λ.

设 $X \sim P(\lambda)$, 则其期望

$$E(X) = \sum_{x=0}^{\infty} x \cdot \frac{\lambda^x}{x!} e^{-\lambda} = \lambda e^{-\lambda} \sum_{x=1}^{\infty} \frac{\lambda^{x-1}}{(x-1)!} = \lambda.$$

这表明：泊松分布 $P(\lambda)$ 中唯一参数 λ 就是其期望. 譬如，在一天内某操作系统发生故障次数 $X \sim P(\lambda)$，其中 $\lambda = 1.5$，这表明该操作系统在一天内故障平均发生次数为 1.5 次. 知道参数 λ 的含义，可设法对 λ 作出估计，请看下面例子.

例 2.3.4 某产品（如一个铸件、一盘磁带或一匹布）上的缺陷数 $Y \sim P(\lambda)$，其中 $\lambda = E(Y)$，它是单位产品上的缺陷数（Defect Per Unit, DPU）. 据此含义可对参数 λ 作出估计.

为了估计参数 λ，对该产品 4 种型号分别进行抽样，检查每件产品上的缺陷数，获得如表 2-7 所示数据.

表 2-7   **抽检产品上的缺陷数**

型　号	产品数 n_i	缺陷数 d_i
A	$n_A = 304$	$d_A = 12$
B	$n_B = 112$	$d_B = 6$
C	$n_C = 411$	$d_C = 5$
D	$n_D = 2\,419$	$d_D = 105$
累　计	$n = 3\,246$	$d = 128$

据此可作出单位产品缺陷数的估计：

$$\hat{\lambda} = \text{DPU} = \frac{d}{n} = \frac{128}{3\,246} = 0.039\,4.$$

由此可算得该产品的合格率 $P(Y = 0)$ 和至少有两个缺陷的概率分别为

$$P(Y = 0) = e^{-\hat{\lambda}} = e^{-\text{DPU}} = e^{-0.039\,4} = 94.14\%,$$

$$P(Y \geqslant 2) = 1 - P(Y = 0) - P(Y = 1) = 1 - (1 + \hat{\lambda})e^{-\hat{\lambda}}$$
$$= 1 - (1 + 0.039\,4)e^{-0.039\,4} = 0.000\,756.$$

可见该产品的合格品率较高，而一个产品上有 2 个或 2 个以上的缺陷不到万分之八.

常用离散分布还有几何分布与超几何分布，它们的数学期望罗列如下，证明这里就省略了.

(3) 几何分布 $\text{Ge}(p)$ 的数学期望是 $1/p$.

譬如，某射手命中率为 $p = 0.8$，则在连续打靶中首次命中的打靶次数 X 服从几何分布 $\text{Ge}(p)$，首次命中的平均打靶次数为

$$E(X) = \frac{1}{p} = \frac{1}{0.8} = 1.25 \text{ （次）},$$

即该射手平均在第 1 次或第 2 次就命中目标.

(4) 超几何分布 $h(n,N,M)$ 的数学期望是 nM/N.

譬如,在 N 个产品组成的有限总体中,其中含有 M 个不合格品,若从中随机不放回地抽取 n 个,则其中含有不合格品数 $X \sim h(n,N,M)$,即

$$P(X=x) = \frac{\binom{M}{x}\binom{N-M}{n-x}}{\binom{N}{n}}, \quad x=0,1,\cdots,r,$$

其中 $r=\min\{n,M\}$. 若取 $N=12$, $M=3$, $n=4$,则在 12 个产品(其中含 3 个不合格品)中随机抽取 4 个,则其平均不合格品数为

$$E(X) = \frac{nM}{N} = \frac{4 \times 3}{12} = 1 \ (\text{个}).$$

常用分布的数学期望也常用,若能记住它们的数学期望,那么在应用和研究中可减少计算量.

2.3.2 连续分布的数学期望

连续分布的数学期望的定义和含义完全类似于离散分布场合,只要在离散分布的数学期望定义(定义 2.3.1)中用密度函数 $p(x)$ 代替分布列 $\{p(x_i)\}$,用积分代替和式,就可把数学期望的定义从离散场合推广到连续场合,具体如下.

定义 2.3.2 设连续随机变量 X 有密度函数 $p(x)$,如果积分

$$\int_{-\infty}^{\infty} |x| p(x) \mathrm{d}x \tag{2.3.3}$$

有限,则称

$$E(X) = \int_{-\infty}^{\infty} x p(x) \mathrm{d}x \tag{2.3.4}$$

为 X 的(或分布的)**数学期望**,简称**期望**、**期望值**或**均值**. 如果积分(2.3.3)无限,则说 X 的数学期望不存在.

连续随机变量 X 的数学期望 $E(X)$ 是在连续场合下的一种加权平均,权就是密度函数. 假如 X 表示重量,则 $E(X)$ 表示平均重量;假如 X 表示价格,则 $E(X)$ 表示平均价格;假如 X 表示寿命,则 $E(X)$ 表示平均寿命. 从分布观点看数学期望,则数学期望是分布的重心位置,它是分布的位置特征. 假如已知某分布的数学期望为 5,则该分布大约在 5 附近散布着. 假如密度函数是对称函数,则其分布的数学期望就是其对称中心.

下面我们来计算常用连续分布的数学期望(见表 2-4).

(1) 正态分布 $N(\mu,\sigma^2)$ 的数学期望是其对称中心 μ. 这一点可从"正态

密度函数关于 μ 是对称函数"看出,但下面仍作一次验算.

设 $X \sim N(\mu, \sigma^2)$,则在其数学期望 $E(X)$ 的积分表达式中作标准化变换 $u = \dfrac{x - \mu}{\sigma}$ 后,可得

$$E(X) = \frac{1}{\sqrt{2\pi}\,\sigma} \int_{-\infty}^{\infty} x \exp\left\{-\frac{(x-\mu)^2}{2\sigma^2}\right\} \mathrm{d}x$$

$$= \frac{1}{\sqrt{2\pi}} \int_{-\infty}^{\infty} (\mu + \sigma u) \mathrm{e}^{-\frac{u^2}{2}} \mathrm{d}u$$

$$= \mu\left(\frac{1}{\sqrt{2\pi}} \int_{-\infty}^{\infty} \mathrm{e}^{-\frac{u^2}{2}} \mathrm{d}u\right) + \frac{\sigma}{\sqrt{2\pi}} \left(\int_{-\infty}^{\infty} u\, \mathrm{e}^{-\frac{u^2}{2}} \mathrm{d}u\right).$$

上式第一个积分为 1(因 $N(0,1)$ 分布的正则性),第二个积分为 0(因被积函数是奇函数),综上可得 $E(X) = \mu$.

(2) 均匀分布 $U(a,b)$ 的数学期望是区间 (a,b) 的中点 $(a+b)/2$.

设 $X \sim U(a,b)$,则其密度函数为

$$p(x) = \frac{1}{b-a}, \quad a \leqslant x \leqslant b.$$

它的数学期望为

$$E(X) = \int_{-\infty}^{\infty} x p(x) \mathrm{d}x = \int_{a}^{b} x \cdot \frac{1}{b-a} \mathrm{d}x = \frac{1}{b-a} \left.\frac{x^2}{2}\right|_{a}^{b}$$

$$= \frac{b^2 - a^2}{2(b-a)} = \frac{a+b}{2}.$$

譬如,均匀分布 $U(0,5)$ 的数学期望为 2.5.

(3) 指数分布 $\mathrm{Exp}(\lambda)$ 的数学期望是参数 λ 的倒数 $1/\lambda$.

设 $X \sim \mathrm{Exp}(\lambda)$,则其密度函数为

$$p(x) = \lambda \mathrm{e}^{-\lambda x}, \quad x \geqslant 0.$$

它的数学期望为

$$E(X) = \int_{-\infty}^{\infty} x p(x) \mathrm{d}x = \int_{0}^{\infty} \lambda x \mathrm{e}^{-\lambda x} \mathrm{d}x.$$

利用分部积分法,可得

$$E(X) = \int_{0}^{\infty} \mathrm{e}^{-\lambda x} \mathrm{d}x = -\frac{1}{\lambda} \mathrm{e}^{-\lambda x} \Big|_{0}^{\infty} = \frac{1}{\lambda}.$$

譬如,某产品的寿命 T(单位:小时)服从参数为 $\lambda = 0.002$ 的指数分布,则该产品的平均寿命

$$E(T) = \frac{1}{\lambda} = \frac{1}{0.002} = 500 \text{(小时)}.$$

(4) 柯西分布的数学期望不存在.

柯西分布的密度函数为

$$p(x) = \frac{1}{\pi(1+x^2)}, \quad -\infty < x < \infty.$$

由于积分

$$\int_{-\infty}^{\infty} |x| p(x) = \frac{1}{\pi} \int_{-\infty}^{\infty} \frac{|x|}{1+x^2} \mathrm{d}x = \infty,$$

故其数学期望不存在.

(5) 对数正态分布 $LN(\mu,\sigma^2)$ 的数学期望是 $\exp\left\{\mu + \dfrac{\sigma^2}{2}\right\}$.

设 $X \sim LN(\mu,\sigma^2)$,其密度函数为

$$p(x) = \frac{1}{\sqrt{2\pi}\,\sigma x} \exp\left\{-\frac{1}{2\sigma^2}(\ln x - \mu)^2\right\}, \quad x > 0.$$

它的数学期望为

$$E(X) = \int_{-\infty}^{\infty} x p(x) \mathrm{d}x = \frac{1}{\sqrt{2\pi}\,\sigma} \int_0^{\infty} \exp\left\{-\frac{1}{2\sigma^2}(\ln x - \mu)^2\right\} \mathrm{d}x.$$

若令 $y = \ln x$, 则 $x = \mathrm{e}^y$, $\mathrm{d}x = \mathrm{e}^y \mathrm{d}y$, 可得

$$E(X) = \frac{1}{\sqrt{2\pi}\,\sigma} \int_{-\infty}^{\infty} x \exp\left\{-\frac{1}{2\sigma^2}(y-\mu)^2\right\} \mathrm{e}^y \mathrm{d}y.$$

上述被积函数的指数部分可以改写为

$$-\frac{1}{2\sigma^2}(y-\mu)^2 + y = -\frac{1}{2\sigma^2}(y^2 - 2\mu y + \mu^2 - 2\sigma^2 y)$$

$$= -\frac{1}{2\sigma^2}\{[y - (\mu+\sigma^2)]^2\} + \left(\mu + \frac{\sigma^2}{2}\right).$$

代回原式, 可得

$$E(X) = \exp\left\{\mu + \frac{\sigma^2}{2}\right\} \cdot \frac{1}{\sqrt{2\pi}\,\sigma} \int_{-\infty}^{\infty} \exp\left\{-\frac{1}{2\sigma^2}[y - (\mu+\sigma^2)]^2\right\} \mathrm{d}y.$$

由正态分布的正则性,上式积分部分为 1, 从而得

$$E(X) = \exp\left\{\mu + \frac{\sigma^2}{2}\right\}.$$

譬如, 对数正态分布 $LN(3.5, 0.8^2)$ 的数学期望为 $\mathrm{e}^{3.5 + \frac{0.8^2}{2}} = 62.8$.

(6) 伽玛分布 $Ga(\alpha,\lambda)$ 的数学期望是 α/λ.

设 $X \sim Ga(\alpha,\lambda)$,其密度函数为

$$p(x) = \frac{\lambda^\alpha}{\Gamma(\alpha)} x^{\alpha-1} \mathrm{e}^{-\lambda x}, \quad x > 0.$$

它的数学期望为

$$E(X) = \frac{\lambda^\alpha}{\Gamma(\alpha)} \int_0^{\infty} x \cdot x^{\alpha-1} \mathrm{e}^{-\lambda x} \mathrm{d}x = \frac{\lambda^\alpha}{\Gamma(\alpha)} \cdot \frac{\Gamma(\alpha+1)}{\lambda^{\alpha+1}} = \frac{\alpha}{\lambda}.$$

自由度为 n 的卡方分布 $\chi^2(n)$ 是 $\alpha = \dfrac{n}{2}$, $\lambda = \dfrac{1}{2}$ 的伽玛分布 $\mathrm{Ga}\left(\dfrac{n}{2}, \dfrac{1}{2}\right)$, 故卡方分布 $\chi^2(n)$ 的数学期望为 n(自由度).

(7) 贝塔分布 $\mathrm{Be}(a,b)$ 的数学期望是 $a/(a+b)$.

设 $X \sim \mathrm{Be}(a,b)$, 其密度函数为

$$p(x) = \frac{\Gamma(a+b)}{\Gamma(a)\Gamma(b)} x^{a-1}(1-x)^{b-1}, \quad 0 \leqslant x \leqslant 1.$$

它的数学期望为

$$E(X) = \frac{\Gamma(a+b)}{\Gamma(a)\Gamma(b)} \int_0^1 x \cdot x^{a-1}(1-x)^{b-1} \mathrm{d}x$$

$$= \frac{\Gamma(a+b)}{\Gamma(a)\Gamma(b)} \cdot \frac{\Gamma(a+1)\Gamma(b)}{\Gamma(a+b+1)} = \frac{a}{a+b}.$$

譬如,贝塔分布 $\mathrm{Be}(2,3)$ 的数学期望为 $E(X) = \dfrac{2}{5}$.

2.3.3 随机变量函数的数学期望

设随机变量 X 的分布函数为 $F(x)$,在离散场合可用分布列 $\{p(x_i)\}$ 代替 $F(x)$,在连续场合可用密度函数 $p(x)$ 代替 $F(x)$. 假如 X 的数学期望存在,则有

$$E(X) = \begin{cases} \displaystyle\sum_i x_i p(x_i), & \text{在离散场合,} \\ \displaystyle\int_{-\infty}^{\infty} x\, p(x) \mathrm{d}x, & \text{在连续场合.} \end{cases} \qquad (2.3.5)$$

这是已为大家熟知的事实,就是用 X 的分布计算 X 的数学期望. 如今有一个随机变量 X 的函数 $g(X)$,假如它的数学期望存在,如何计算 $E(g(X))$ 呢? 按数学期望定义(2.3.5),这要分两步进行:

第一步,先求出 $Y = g(X)$ 的分布 $\{p(y_i)\}$ 或 $p(y)$;

第二步,利用 Y 的分布计算 $E(Y) = E(g(X))$.

下面的例子将说明这个过程.

例 2.3.5 设 X 为标准正态变量,即 $X \sim N(0,1)$,现要求其平方 X^2 的数学期望.

第一步,寻求 $Y = X^2$ 的分布. 由于函数 $Y = X^2$ 在整个数轴上不是严格单调函数,故不能直接使用定理 2.2.3 获得 Y 的分布,还得从 Y 的分布函数定义开始来寻求. 当 $y \geqslant 0$ 时,有

$$F_Y(y) = P(Y \leqslant y) = P(X^2 \leqslant y) = P(-\sqrt{y} \leqslant X \leqslant \sqrt{y})$$

$$= F_X(\sqrt{y}) - F_X(-\sqrt{y}).$$

上式两端对 y 求导数，即可得 Y 的密度函数

$$p_Y(y) = \frac{p_X(\sqrt{y}) + p_X(-\sqrt{y})}{2\sqrt{y}}.$$

由于 X 的分布为标准正态分布，故其密度函数为

$$p_X(x) = \frac{1}{\sqrt{2\pi}} e^{-\frac{x^2}{2}}.$$

利用这个密度函数，容易写出 Y 的密度函数：

$$p_Y(y) = \frac{1}{\sqrt{2\pi}} y^{-\frac{1}{2}} e^{-\frac{y}{2}}, \quad y \geqslant 0.$$

而当 $y < 0$ 时，$F_Y(y) = 0$，从而 $p_Y(y) = 0$. 综合上述，当 $X \sim N(0,1)$ 时，$Y = X^2$ 的分布为伽玛分布 $\mathrm{Ga}(1/2, 1/2)$.

第二步，计算 Y 的数学期望.

$$E(Y) = \int_0^\infty y p_Y(y) \mathrm{d}y = \frac{1}{\sqrt{2\pi}} \int_0^\infty y^{\frac{1}{2}} e^{-\frac{y}{2}} \mathrm{d}y.$$

利用变换 $u = \dfrac{y}{2}$，可把上述积分化为伽玛函数：

$$E(Y) = \frac{2}{\sqrt{\pi}} \int_0^\infty u^{\frac{1}{2}} e^{-u} \mathrm{d}u = \frac{2}{\sqrt{\pi}} \Gamma\left(\frac{3}{2}\right) = 1,$$

其中最后一个等式成立是因为

$$\Gamma\left(\frac{3}{2}\right) = \frac{1}{2} \Gamma\left(\frac{1}{2}\right) = \frac{\sqrt{\pi}}{2}.$$

这就完成计算. 若 $X \sim N(0,1)$，则 $E(X^2) = 1$.

下面的定理告诉我们，上述二步法可以并为一步完成，从而简化计算. 这个定理常会用到，但其证明需要更多的数学工具，这里就省略了.

定理 2.3.1 设随机变量 X 及其函数 $g(X)$ 的数学期望都存在，则有

$$E(g(X)) = \begin{cases} \displaystyle\sum_i g(x_i) p(x_i), & \text{在离散场合,} \\ \displaystyle\int_{-\infty}^{\infty} g(x) p(x) \mathrm{d}x, & \text{在连续场合,} \end{cases} \tag{2.3.6}$$

其中 $\{p(x_i)\}$ 为离散随机变量的分布列，$p(x)$ 为连续随机变量的密度函数.

下面用此定理重新计算标准正态变量平方的数学期望.

例 2.3.5 续 设 $X \sim N(0,1)$，求 $E(X^2)$.

解 按定理 2.3.1 知，可用 x^2 乘以 X 的密度函数 $p_X(x)$，然后用 $(-\infty, \infty)$ 上的定积分去完成 $E(X^2)$ 的计算，即

$$E(X^2) = \int_{-\infty}^{\infty} x^2 p_X(x) \mathrm{d}x = \frac{1}{\sqrt{2\pi}} \int_{-\infty}^{\infty} x^2 \mathrm{e}^{-\frac{x^2}{2}} \mathrm{d}x.$$

上述积分中的被积函数是偶函数，可得

$$E(X^2) = \frac{2}{\sqrt{2\pi}} \int_0^{\infty} x^2 \mathrm{e}^{-\frac{x^2}{2}} \mathrm{d}x.$$

利用变换 $u = \frac{x^2}{2}$，可把上述积分简化为伽玛函数：

$$E(X^2) = \frac{2}{\sqrt{\pi}} \int_0^{\infty} u^{\frac{1}{2}} \mathrm{e}^{-u} \mathrm{d}u = \frac{2}{\sqrt{\pi}} \Gamma\left(\frac{3}{2}\right) = 1.$$

上述计算比二步法简单一些.

利用上述定理可以证明数学期望的几个性质. 这里和以后所涉及的数学期望都假设存在，不再一一说明.

定理 2.3.2 设 $g(X)$ 为随机变量 X 的函数，c 为常数，则
$$E(cg(X)) = cE(g(X)),$$
即常数可移到数学期望运算符号外面来.

证 分两种情况进行. 首先设 X 为离散随机变量，其分布列为 $\{p(x_i)\}$，由定理 2.3.1 知
$$E(cg(X)) = \sum_i cg(x_i)p(x_i) = c\sum_i g(x_i)p(x_i) = cE(g(X)).$$
其次，设 X 为连续随机变量，其密度函数为 $p(x)$，由定理 2.3.1 知
$$E(cg(X)) = \int_{-\infty}^{\infty} cg(x)p(x)\mathrm{d}x = c\int_{-\infty}^{\infty} g(x)p(x)\mathrm{d}x$$
$$= cE(g(X)).$$

定理 2.3.3 设 $g(X)$ 和 $h(X)$ 是随机变量 X 的两个函数，则
$$E(g(X) \pm h(X)) = E(g(X)) \pm E(h(X)).$$
上式对更多个函数的代数和仍成立.

证 这里仅对 X 为离散随机变量给出证明，当 X 为连续随机变量时亦可类似进行. 设 X 的分布列为 $\{p(x_i)\}$，由定理 2.3.1 知
$$E(g(X) \pm h(X)) = \sum_i (g(x_i) \pm h(x_i))p(x_i)$$
$$= \sum_i g(x_i)p(x_i) \pm \sum_i h(x_i)p(x_i)$$
$$= E(g(X)) \pm E(h(X)).$$
对三个或更多个函数的代数和亦可类似进行.

定理 2.3.4 常数 c 的数学期望等于 c，即 $E(c)=c$.

证 常数 c 可看做仅取一个值的随机变量，这个随机变量 X 取 c 的概率为 1，即此 X 的分布为

$$P(X=c)=1.$$

这种分布在概率论中称为**退化分布**，而其数学期望

$$E(c)=c \cdot 1=c.$$ ∎

例 2.3.6 某工程队完成某工程天数 X 是一个随机变量，它的概率分布为

X（天）	10	11	12	13
P	0.4	0.3	0.2	0.1

该工程队所获利润 Y（单位：元）与完成天数 X 有如下关系：

$$Y=5\,000\,(13-X)^2.$$

现要求该工程队可获得的平均利润 $E(Y)$ 是多少.

解 利用上述几个数学期望运算性质可知

$$E(Y)=5\,000\,E(13-X)^2$$
$$=5\,000\,E(169-26X+X^2)$$
$$=5\,000\,[169-26E(X)+E(X^2)].$$

余下就是用 X 的分布分别计算 $E(X)$ 与 $E(X^2)$. 具体是

$$E(X)=10\times0.4+11\times0.3+12\times0.2+13\times0.1=11,$$

$$E(X^2)=10^2\times0.4+11^2\times0.3+12^2\times0.2+13^2\times0.1=122.$$

代回原式，可得

$$E(Y)=5\,000\times[169-26\times11+122]=25\,000\ （元），$$

即该工程队平均可获得 25 000 元. 若工程队很努力，10 天就完成全工程，那可得 45 000 元；若工程队很拖拉，13 天才完成全工程，那只能保本无一点利润可赚. 这是两个极端场合，一般场合只能以平均利润相告.

例 2.3.7 设 $X \sim \mathrm{Ga}(\alpha,\lambda)$，求 $E(1/X)$.

解 伽玛分布 $\mathrm{Ga}(\alpha,\lambda)$ 的密度函数为

$$p(x)=\frac{\lambda^\alpha}{\Gamma(\alpha)}x^{\alpha-1}\mathrm{e}^{-\lambda x}, \quad x>0,$$

而要求的期望

$$E\left(\frac{1}{X}\right)=\int_{-\infty}^{\infty}\frac{1}{x}p(x)\mathrm{d}x=\frac{\lambda^\alpha}{\Gamma(\alpha)}\int_0^\infty x^{\alpha-2}\mathrm{e}^{-\lambda x}\,\mathrm{d}x$$

$$=\frac{\lambda^\alpha}{\Gamma(\alpha)}\cdot\frac{\Gamma(\alpha-1)}{\lambda^{\alpha-1}}\left(\frac{\lambda^{\alpha-1}}{\Gamma(\alpha-1)}\int_0^\infty x^{\alpha-2}\mathrm{e}^{-\lambda x}\,\mathrm{d}x\right).$$

由伽玛分布的正则性知，上式括号内的量恰好为 1，从而

$$E\left(\frac{1}{X}\right) = \frac{\lambda}{\alpha - 1}.$$

但 $\alpha > 1$ 时该期望才存在，故 $\alpha > 1$ 是对该期望的约束条件.

注：若 $X \sim \mathrm{Ga}(\alpha, \lambda)$，则 $Y = \frac{1}{X}$ 服从倒伽玛分布，记为 $\mathrm{IGa}(\alpha, \lambda)$. 这里并没有求出倒伽玛分布的密度函数，而是用伽玛密度函数求出 $E(1/X)$.

例 2.3.8　某贸易公司经营的出口商品的需求量 X（单位：千吨）服从均匀分布 $U(2,4)$. 如今出口一吨可收益 3 万元，滞销一吨要付保养费 1 万元. 试问该公司应组织多少货源才使平均收益最大？

解　这是一个经营决策问题. 解决这类问题首先要从实际归纳出收益函数 $Q(X, a)$，它是需求量 X 与货源量 a 的函数；然后求期望 $E(Q(X, a)) = \varphi(a)$；最后对 a 优化. 按此思路我们来讨论这个问题.

设所需组织的货源量为 a（单位：千吨），则当 $a \leqslant X$ 时，可收益 $3\,000a$ 万元，而当 $a > X$（即货源量 a 超过需求量 X）时，要把 a 分为两段：

$$a = X + (a - X),$$

其中 X（千吨）可收益 $3\,000X$（万元），而超过需求部分要亏 $1\,000(a - X)$（万元）. 综合上述可得如下收益函数：

$$Q(X, a) = \begin{cases} 3\,000a, & a \leqslant X, \\ 3\,000X - 1\,000(a - X), & a > X. \end{cases}$$

收益 Q 是随机变量 X 的函数，故 Q 也是随机变量. 而随机变量不便于决策，常用其期望 $E(Q)$ 替代作为决策依据. 由于 $X \sim U(2,4)$，故

$$p(x) = 0.5, \quad 2 < x < 4.$$

而 a 总满足 $2 < a < 4$，所以

$$E(Q(X, a)) = \int_2^a (4\,000X - 1\,000a) \cdot 0.5\mathrm{d}x + \int_a^4 3\,000a \cdot 0.5\mathrm{d}x$$

$$= 0.5[2\,000(a^2 - 4) - 1\,000a(a - 2) + 3\,000a(4 - a)]$$

$$= 0.5(-2\,000a^2 + 14\,000a - 8\,000).$$

用均匀分布对收益函数求期望后，消除了 X 的随机性，所得的平均收益 $E(Q)$ 仅是 a 的函数，记为 $\varphi(a)$. 为优化这个 a，可用微分法，

$$\frac{\mathrm{d}}{\mathrm{d}a}\varphi(a) = 0.5(-4\,000a + 14\,000).$$

令其为零，解 $\varphi'(a) = 0$，可得

$$a = \frac{14\,000}{4\,000} = 3.5 \text{ 千吨} = 3500 \text{ 吨}.$$

因为 $\varphi''(a) < 0$，故 $a = 3.5$ 千吨可使平均收益最大化.

最后再看一看在 $a=3.5$ 千吨时,平均收益是多少.
$$\varphi(3.5)=0.5(-2\,000\times3.5^2+14\,000\times3.5-8\,000)$$
$$=0.5\times16\,500=8\,250\text{(万元)}.$$

这表明:在货源量 $a=3.5$ 千吨时,平均收益为 $8\,250$ 万元. 但要注意这是平均数,实际收益可能比它大,也可能比它小,这依赖于市场与管理. 在这个问题中数学期望起了关键作用.

习 题 2.3

1. 一颗骰子连掷 60 次,出现"3 点或 4 点"的平均次数是多少?

2. 设随机变量 X 的密度函数为
$$p(x)=ax+bx^2,\quad 0<x<1,$$
且 $E(X)=0.5$,求常数 a 与 b.

3. 某地方电视台在体育节目中插播广告有三种方案(10 秒、20 秒和 40 秒) 供业主选择. 据一段时间内的统计,这三种方案被选用的可能性分别是 $10\%,30\%$ 和 60%.

(1) 设 X 为"业主随机选择的广告时间长度",求 $E(X)$,并说明 $E(X)$ 的含义;

(2) 假如该电视台在体育节目中插播 10 秒广告售价是 $4\,000$ 元,20 秒广告售价是 $6\,500$ 元,40 秒广告售价是 $8\,000$ 元. 若设 Y 为"广告价格",请写出 Y 的概率分布,计算 $E(Y)$,并说明 $E(Y)$ 的含义.

4. 某作家写了一本书,约有 30 万字. 某出版社接受此书,并告诉作者,稿费有两种支付方案供作者选择:

(1) 按字数支付,每千字 50 元;

(2) 按版税制支付,即按定价的 7% 支付. 此书预定价 30 元 / 册,作者认为自己这本书的发行量 X(单位:册)有如下分布:

X	3 000	5 000	10 000	20 000
P	0.1	0.3	0.5	0.7

据此,该作家选哪一种支付方案对他自己有利?

5. 某试验的成功概率为 3/4,失败概率为 1/4,若试验一直做下去,直到首次出现成功为止. 以 X 表示"试验者首次成功所进行的试验次数",写出 X 的概率分布,并求其数学期望.

6. 申请某种许可证需经考试才能获得,许可证考试最多允许考 4 次. 设

X 表示"一位申请者获得许可证所经过的考试次数",又设 X 的概率分布如下：

X	1	2	3	4
P	0.10	0.20	0.30	0.40

(1) 求一位申请者获得许可证所经过的平均考试次数；

(2) 考试是需要交纳费用的. 假如 X 次考试需交费用 Y（单位：元）是 X 的线性函数，$Y=100X+30$. 写出 Y 的分布，并求一位申请者经过考试的平均费用；

(3) 假如 X 次考试需交费用 Z（单位：元）是 X 的平方的 30 倍，即 $Z=30X^2$，写出 Z 的分布，并求 $E(Z)$.

7. 射击比赛规定每人打 4 发，全命中得 100 分，中三发得 55 分，中两发得 30 分，中一发得 15 分，全部不中得 0 分. 某人参加比赛，他的命中率为 0.65，问他可期望得多少分？

8. 设随机变量 X 的密度函数为

$$p(x)=\frac{1}{2}e^{-|x|}, \quad -\infty<x<\infty.$$

求 $E(X)$.

9. 设随机变量 X 的分布函数为

$$F(x)=\begin{cases}1-\dfrac{a^3}{x^3}, & x\geqslant a,\\ 0, & x<a,\end{cases}$$

这里 $a>0$. 求 $E(X)$.

10. 设随机变量 X 的密度函数为

$$p(x)=xe^{-\frac{x^2}{2}}, \quad x>0.$$

求 $E(1/X)$.

11. 某车间生产的圆盘的直径 $X\sim U(3.95,4.05)$. 求圆盘面积 S 的期望值.

12. 某厂生产的设备的寿命（单位：年）服从指数分布 $\mathrm{Exp}(\lambda)$，其中 $\lambda=0.07$. 工厂出售一台设备可赢利 200 元. 工厂规定：设备在售出一年内损坏可以调换，调换一台设备厂方不仅不赢利，反而损失 300 元. 试求厂方出售一台设备净赢利的数学期望.

13. 某公司购进一批货物投放市场. 若购进数量 a 低于市场需求量 X（即 $a\leqslant X$），每吨可赚 15 万元；若购进数量 a 超过市场需求量 X，超过部分每吨要亏 35 万元. 设 $X\sim U(10,20)$.

(1) 写出收益函数 $Q(X,a)$；

(2) 计算平均收益 $E(Q)$；

(3) 购进数量 a 为多少时可使平均收益最大？

14. 某决策问题的收益函数为

$$Q(X,a) = \begin{cases} 18a + 20X, & a < X < 1, \\ -12a + 25X, & 0 < X < a. \end{cases}$$

若市场需求量 $X \sim U(0,1)$，求平均收益；购进数量 a 为多少时可使平均收益最大？

15. 某公司一台关键设备一天内发生故障的概率为 0.2，该设备发生故障时全公司停产. 若一周 5 个工作日都无故障，可获利 10 万元；发生一次故障可获利 5 万元；发生两次故障获利 0 元；发生三次或三次以上故障就要亏损 2 万元. 试求一周内的平均期望.

2.4 方差与标准差

2.4.1 方差与标准差的定义

数学期望 $E(X)$ 是分布的位置特征数，它总位于分布的中心，随机变量 X 的取值总在其周围波动（散布）. 方差是度量此种波动大小的最重要的特征数，下面来叙述它.

若称 $X - E(X)$ 为偏差，那此种偏差可大可小、可正可负. 为了使此种偏差能积累起来，不至于正负抵消，可取绝对偏差的均值 $E(|X - E(X)|)$（又称平均绝对偏差）来表征随机变量取值的波动大小. 由于绝对值在数学上处理不甚方便，故改用偏差平方 $(X - E(X))^2$ 来消去符号，然后再求均值得 $E(X - E(X))^2$，并用它来表征随机变量取值的波动大小（或取值的分散程度）. 为了使 $E(X - E(X))^2$ 存在，只要求 $E(X^2)$ 存在即可，由于

$$|X| \leqslant X^2 + 1, \quad (X - a)^2 \leqslant 2(X^2 + a^2),$$

故由 $E(X^2)$ 存在可推得 $E(X)$ 和 $E(X - E(X))^2$ 存在.

定义 2.4.1 设随机变量 X 的 $E(X^2)$ 存在，则称偏差平方的数学期望 $E(X - E(X))^2$ 为随机变量 X（或相应分布）的**方差**，记为 $\mathrm{Var}(X)$，即

$$\mathrm{Var}(X) = E(X - E(X))^2$$

$$= \begin{cases} \sum_i (x_i - E(X))^2 p(x_i), & \text{在离散场合,} \\ \int_{-\infty}^{\infty} (x - E(X))^2 p(x) \mathrm{d}x, & \text{在连续场合,} \end{cases} \quad (2.4.1)$$

其中 $p(x_i)=P(X=x_i)$, $p(x)$ 为 X 的密度函数. 另外方差的正平方根 $(\mathrm{Var}(X))^{\frac{1}{2}}$ 称为随机变量 X（或相应分布）的**标准差**, 记为 σ_X 或 $\sigma(X)$.

下面将以离散随机变量 X 的方差为例来说明方差的统计意义. 设 X 的分布为

$$P(X=x_i)=p(x_i),\quad i=1,2,\cdots,$$

则按定义 2.4.1 和定理 2.3.1 知, 其方差为

$$\mathrm{Var}(X)=\sum_{i=1}^{\infty}(x_i-E(X))^2 p(x_i).$$

若方差 $\mathrm{Var}(X)$ 较小, 则和式中每个乘积项都要很小. 这必导致如下情况:

(1) 偏差 $x_i-E(X)$ 小, 相应概率 $p(x_i)$ 可以大一点;

(2) 偏差 $x_i-E(X)$ 大, 相应概率 $p(x_i)$ 必定小.

这表明: 离均值 $E(X)$ 越近的值 x_i 的发生可能性越大, 而远离 $E(X)$ 的值 x_i 的发生可能性越小. 此种随机变量在 $E(X)$ 附近取值的可能性很大, 故其取值的波动就不会很大. 反之, 若方差 $\mathrm{Var}(X)$ 较大, 则和式中必有某些乘积项较大. 也就是说, 有若干个大偏差 $x_i-E(X)$ 发生的概率较大, 即有较大概率的值 x_i 不会完全落在 $E(X)$ 的附近. 从而使随机变量 X 取值的波动就会较大. 对连续随机变量亦可作出类似解释. 图 2-31 上画出 4 个分布列的线条图, 根据上述解释, 容易看出, 它们的均值都相同, 取值范围相同, 而其方差相差很大, 方差从上到下在逐渐减少. 类似地, 在图 2-32 上画出 4 个密度函数图形, 它们的均值也都相同, 取值范围大体相同, 而方差从上到下也在减少.

方差的量纲是随机变量 X 的量纲的平方, 而标准差 $\sigma(X)=\sqrt{\mathrm{Var}(X)}$ 的量纲与 X 的量纲就相同了, 从而与其数学期望 $E(X)$ 的量纲也相同, 这样一来, 在 $X,E(X)$ 和 $\sigma(X)$ 间进行加减运算和比较大小就有实际意义了. 譬如, 我们今后会经常谈论事件

$$|X-E(X)|\leqslant k\sigma(X),\quad k=1,2,3,\cdots$$

及其概率

$$P(E(X)-k\sigma(X)\leqslant X\leqslant E(X)+k\sigma(X)),$$

这表示随机变量 X 落在区间 $[E(X)-k\sigma(X),E(X)+k\sigma(X)]$ 内的概率, 这个区间是以 $E(X)$ 为中心, 而以 k 倍标准差为半径.

例 2.4.1 某人有一笔资金, 可投入两个项目: 房地产和开商店, 其收益都与市场状态有关. 若把未来市场划分为好、中、差三个等级, 其发生的概率分别为 0.2,0.7,0.1. 通过调查, 该人认为购置房地产的收益 X（万元）和开商店的收益 Y（万元）的分布列分别为

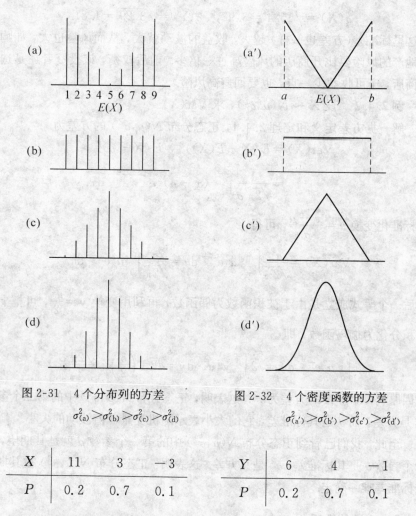

图 2-31　4个分布列的方差　　图 2-32　4个密度函数的方差

$$\sigma^2_{(a)}>\sigma^2_{(b)}>\sigma^2_{(c)}>\sigma^2_{(d)}\qquad \sigma^2_{(a')}>\sigma^2_{(b')}>\sigma^2_{(c')}>\sigma^2_{(d')}$$

X	11	3	-3	Y	6	4	-1
P	0.2	0.7	0.1	P	0.2	0.7	0.1

请问，该人资金应流向何方为好？

　　解　我们先考查数学期望（即平均收益），

$$E(X)=2.2+2.1-0.3=4.0\ (万元),$$

$$E(Y)=1.2+2.8-0.1=3.9\ (万元).$$

从平均收益看，购置房地产较为有利，平均可多收益 0.1 万元. 我们再来计算它们各自的方差，

$$\mathrm{Var}(X)=(11-4)^2\times0.2+(3-4)^2\times0.7+(-3-4)^2\times0.1$$

$$=15.4,$$

$$\mathrm{Var}(Y)=(6-3.9)^2\times0.2+(4-3.9)^2\times0.7+(-1-3.9)^2\times0.1$$

$$=3.29.$$

其标准差分别为

$$\sigma(X)=\sqrt{15.4}=3.92, \quad \sigma(Y)=\sqrt{3.29}=1.81.$$

在这里标准差(方差也一样)越大，收益的波动就大，从而风险也大，如购置房地产的风险要比开商店的风险高过一倍多．前后权衡，该投资者还是选择开商店，宁可收益少一点，也要回避高风险．

例 2.4.2 设 $X \sim N(\mu,\sigma^2)$，求 $\mathrm{Var}(X)$.

解 据方差定义和定理 2.4.1，正态分布 $N(\mu,\sigma^2)$ 的方差为

$$\mathrm{Var}(X)=E(X-E(X))^2=E(X-\mu)^2$$

$$=\frac{1}{\sqrt{2\pi}\,\sigma}\int_{-\infty}^{\infty}(x-\mu)^2\mathrm{e}^{-\frac{(x-\mu)^2}{2\sigma^2}}\,\mathrm{d}x.$$

作标准化变换 $u=\dfrac{x-\mu}{\sigma}$，可得

$$\mathrm{Var}(X)=\frac{\sigma^2}{\sqrt{2\pi}}\int_{-\infty}^{\infty}u^2\mathrm{e}^{-\frac{u^2}{2}}\,\mathrm{d}u=\frac{2\sigma^2}{\sqrt{2\pi}}\int_{0}^{\infty}u^2\mathrm{e}^{-\frac{u^2}{2}}\,\mathrm{d}u.$$

最后一个等式成立是由于被积函数为偶函数，再利用变换 $y=\dfrac{u^2}{2}$，可把上述定积分化为伽玛函数，即

$$\int_{0}^{\infty}u^2\mathrm{e}^{-\frac{u^2}{2}}\,\mathrm{d}u=\sqrt{2}\int_{0}^{\infty}y^{\frac{1}{2}}\mathrm{e}^{-y}\mathrm{d}y=\sqrt{2}\,\Gamma\left(\frac{3}{2}\right)=\frac{\sqrt{2\pi}}{2}.$$

代回原式，即得 X 的方差为 σ^2．这表明，正态分布 $N(\mu,\sigma^2)$ 中的第二个参数 σ^2 是方差，而 σ 是其标准差，它的大小表示随机变量取值波动的大小．

至此，我们已看到正态分布 $N(\mu,\sigma^2)$ 中的第一个参数 μ 就是其期望，第二个参数 σ 是其标准差，σ^2 是其方差．这表明：正态分布 $N(\mu,\sigma^2)$ 被其期望与标准差唯一确定．

2.4.2 方差的性质

定理 2.4.1 常数 c 的方差为零，即 $\mathrm{Var}(c)=0$.

证 由于常数 c 的数学期望仍为 c，故其方差

$$\mathrm{Var}(c)=E(c-E(c))^2=E(c-c)^2=0.$$

定理 2.4.2 对任意常数 a 与 b 和随机变量 X，有

$$\mathrm{Var}(aX+b)=a^2\mathrm{Var}(X).$$

证 由数学期望性质知 $E(aX+b)=aE(X)+b$，

$$\mathrm{Var}(aX+b)=E(aX+b-E(aX+b))^2=E(aX-aE(X))^2$$
$$=a^2E(X-E(X))^2=a^2\mathrm{Var}(X).$$

定理 2.4.3 随机变量 X 的方差有如下的简便计算公式:

$$\text{Var}(X) = E(X^2) - (EX)^2. \qquad (2.4.2)$$

证 由数学期望性质可得

$$\text{Var}(X) = E(X - EX)^2 = E(X^2 - 2XE(X) + (EX)^2)$$
$$= E(X^2) - 2E(X)E(X) + (EX)^2$$
$$= E(X^2) - (EX)^2.$$

下面利用简便公式 (2.4.2) 来计算一些常用分布的方差.

例 2.4.3 二项分布 $b(n,p)$ 的方差为 $np(1-p)$.

解 设 $X \sim b(n,p)$,其数学期望 $E(X) = np$,为算得其方差,只须再计算 $E(X^2)$.

$$E(X^2) = \sum_{x=0}^{n} x^2 \binom{n}{x} p^x (1-p)^{n-x}$$

$$= \sum_{x=2}^{n} x(x-1) \binom{n}{x} p^x (1-p)^{n-x} + \sum_{x=1}^{n} x \binom{n}{x} p^x (1-p)^{n-x}$$

$$= n(n-1)p^2 \sum_{x=2}^{n} \binom{n-2}{x-2} p^{x-2} (1-p)^{n-x} + np$$

$$= n(n-1)p^2 + np = n^2 p^2 + np(1-p).$$

由此可得 X 的方差为

$$\text{Var}(X) = E(X^2) - (EX)^2 = np(1-p).$$

例 2.4.4 泊松分布 $P(\lambda)$ 的方差为 λ,与其期望相同.

解 设 $X \sim P(\lambda)$,其期望 $E(X) = \lambda$,下面先算 $E(X^2)$.

$$E(X^2) = \sum_{x=0}^{\infty} x^2 \cdot \frac{\lambda^x}{x!} e^{-\lambda} = \sum_{x=1}^{\infty} x \cdot \frac{\lambda^x}{(x-1)!} e^{-\lambda}$$

$$= \sum_{x=1}^{\infty} [(x-1) + 1] \frac{\lambda^x}{(x-1)!} e^{-\lambda}$$

$$= \lambda^2 e^{-\lambda} \sum_{x=2}^{\infty} \frac{\lambda^{x-2}}{(x-2)!} + \lambda e^{-\lambda} \sum_{x=1}^{\infty} \frac{\lambda^{x-1}}{(x-1)!}$$

$$= \lambda^2 + \lambda.$$

由此可得 X 的方差为

$$\text{Var}(X) = E(X^2) - (EX)^2 = \lambda^2 + \lambda - \lambda^2 = \lambda.$$

这表明,期望与方差相等是泊松分布的重要特征,但其量纲不同.

例 2.4.5 均匀分布 $U(a,b)$ 的方差为 $(b-a)^2/12$.

解 设 $X \sim U(a,b)$,其数学期望在区间 (a,b) 的中点,即

$$E(X) = \frac{a+b}{2}.$$

为计算其方差,先计算 $E(X^2)$.

$$E(X^2) = \int_a^b \frac{x^2}{b-a} \mathrm{d}x = \frac{1}{b-a} \cdot \frac{x^3}{3}\Big|_a^b = \frac{1}{b-a} \cdot \frac{b^3-a^3}{3}$$

$$= \frac{1}{3}(b^2 + ab + a^2).$$

由(2.4.4)可得

$$\mathrm{Var}(X) = \frac{1}{3}(b^2 + ab + a^2) - \frac{1}{4}(a+b)^2 = \frac{(b-a)^2}{12}.$$

可见,均匀分布 $U(a,b)$ 的方差为区间长度的平方除以 12. 譬如均匀分布 $U(0,1)$ 的方差为 $1/12$.

例 2.4.6   伽玛分布 $\mathrm{Ga}(\alpha,\lambda)$ 的方差为 α/λ^2.

解   设 $X \sim \mathrm{Ga}(\alpha,\lambda)$. 其数学期望 $E(X) = \frac{\alpha}{\lambda}$,为计算其方差,我们先计算 $E(X^2)$.

$$E(X^2) = \frac{\lambda^\alpha}{\Gamma(\alpha)} \int_0^\infty x^2 \cdot x^{\alpha-1} \cdot \mathrm{e}^{-\lambda x} \mathrm{d}x.$$

由伽玛函数的性质知,上式右端的积分为 $\Gamma(\alpha+2)/\lambda^{\alpha+2}$. 代回上式,即得

$$E(X^2) = \frac{\alpha(\alpha+1)}{\lambda^2},$$

从而

$$\mathrm{Var}(X) = \frac{\alpha(\alpha+1)}{\lambda^2} - \left(\frac{\alpha}{\lambda}\right)^2 = \frac{\alpha}{\lambda^2}.$$

我们来讨论伽玛分布的两个特殊场合的方差:

(1) $\alpha=1$ 时的伽玛分布 $\mathrm{Ga}(1,\lambda)$ 为指数分布 $\mathrm{Exp}(\lambda)$,所以当 $Y \sim \mathrm{Exp}(\lambda)$ 时,

$$E(Y) = \frac{1}{\lambda}, \quad \mathrm{Var}(Y) = \frac{1}{\lambda^2}, \quad \sigma(X) = \frac{1}{\lambda}.$$

(2) $\alpha=\frac{n}{2}$ (n 为自然数),$\lambda=\frac{1}{2}$ 时的伽玛分布为卡方分布 $\chi^2(n)$. 所以,当 $Z \sim \chi^2(n)$ 时,

$$E(Z) = n, \quad \mathrm{Var}(Z) = 2n.$$

要记住:卡方分布的方差是其期望的 2 倍.

例 2.4.7   贝塔分布 $\mathrm{Be}(a,b)$ 的方差是

$$\frac{ab}{(a+b)^2(a+b+1)}.$$

解 设 $X \sim \mathrm{Be}(a,b)$，其期望 $E(X) = \dfrac{a}{a+b}$，而

$$E(X^2) = \frac{\Gamma(a+b)}{\Gamma(a)\Gamma(b)} \int_0^1 x^2 \cdot x^{a-1}(1-x)^{b-1} \mathrm{d}x$$

$$= \frac{\Gamma(a+b)}{\Gamma(a)\Gamma(b)} \cdot \frac{\Gamma(a+2)\Gamma(b)}{\Gamma(a+b+2)}$$

$$\cdot \left(\frac{\Gamma(a+2)\Gamma(b)}{\Gamma(a+b+2)} \int_0^1 x^{a+2-1}(1-x)^{b-1} \mathrm{d}x \right)$$

$$= \frac{(a+1)a}{(a+b+1)(a+b)}.$$

上式中利用了贝塔分布 $\mathrm{Be}(a+2,b)$ 的正则性使括号中的积分为 1 和伽玛函数性质. 由此可得

$$\mathrm{Var}(X) = E(X^2) - (EX)^2 = \frac{a(a+1)}{(a+b)(a+b+1)} - \frac{a^2}{(a+b)^2}$$

$$= \frac{ab}{(a+b)^2(a+b+1)}.$$

譬如，贝塔分布 $\mathrm{Be}(2,5)$ 的期望为 $2/7$，方差为 $5/196$，标准差为

$$\sqrt{\frac{5}{196}} = 0.159\,7.$$

例 2.4.8 设随机变量 X 的数学期望为 μ，方差为 σ^2，则 X 的标准化随机变量 $X^* = \dfrac{X - \mu}{\sigma}$ 的数学期望为 0，方差为 1.

解 由数学期望和方差性质可知

$$E(X^*) = \frac{1}{\sigma} E(X - E(X)) = 0,$$

$$\mathrm{Var}(X^*) = E(X^{*2}) = \frac{1}{\sigma^2} E(X - E(X))^2 = 1.$$

例 2.4.9 设 $X \sim \mathrm{Be}(a,b)$，已知 $E(X) = \dfrac{1}{3}$，$\mathrm{Var}(X) = \dfrac{1}{45}$，求 a 与 b.

解 由贝塔分布 $\mathrm{Be}(a,b)$ 的期望与方差计算公式可得如下方程

$$\frac{a}{a+b} = \frac{1}{3},$$

$$\frac{ab}{(a+b)^2(a+b+1)} = \frac{1}{45}.$$

从第一式可得 $b = 2a$，代入第二式，化简后可得 $a = 3$，$b = 6$. 在实际中常可用统计方法获得期望与方差的估计值，再利用上式就可获得贝塔分布 $\mathrm{Be}(a,b)$ 中的两个参数 a 与 b 的估计值. 贝塔分布可以这样做，其他分布也可类似做.

2.4.3 切比雪夫不等式

定理2.4.4（切比雪夫不等式） 对任一随机变量 X，若 $E(X^2)$ 存在，则对任一正数 ε，恒有

$$P(|X-E(X)|\geqslant\varepsilon)\leqslant\frac{\mathrm{Var}(X)}{\varepsilon^2}. \qquad (2.4.3)$$

先说明这个概率不等式的含义，然后给出证明. 这个概率不等式对连续和离散两类随机变量都成立. 在连续随机变量场合，不等式的左端概率是密度曲线下两个尾部面积（尾部概率）之和（见图 2-33 (a)）. 这个不等式指出，这两个尾部概率之和有一个上界，这个上界与方差 $\mathrm{Var}(X)$ 成正比，而与区间 $(E(X)-\varepsilon,E(X)+\varepsilon)$ 的长度的一半 ε 的平方成反比. 对离散随机变量也可作类似解释（见图 2-33 (b)）.

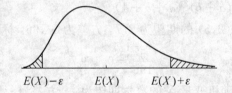

(a) $P(|X-E(X)|\geqslant\varepsilon)=$ 两尾部面积之和

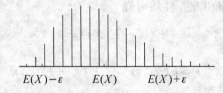

(b) $P(|X-E(X)|\geqslant\varepsilon)=$ 两尾部线段之和

图 2-33　概率 $P(|X-E(X)|\geqslant\varepsilon)$ 的含义

证 这里仅给出连续随机变量情况下的证明，离散随机变量情况的证明亦可类似进行. 设 $p(x)$ 为连续随机变量的密度函数，则有

$$P(|X-E(X)|\geqslant\varepsilon)=\int_{|x-E(X)|\geqslant\varepsilon}p(x)\mathrm{d}x.$$

在此积分区域上，恒有 $\dfrac{(x-E(X))^2}{\varepsilon^2}\geqslant 1$. 故可把上述被积函数放大：

$$\int_{|x-E(X)|\geqslant\varepsilon}p(x)\mathrm{d}x\leqslant\frac{1}{\varepsilon^2}\int_{|x-E(X)|\geqslant\varepsilon}(x-E(X))^2p(x)\mathrm{d}x.$$

最后，再把上式右端积分限扩大到整个数轴上，则有

$$P(|X-E(X)| \geqslant \varepsilon) \leqslant \frac{1}{\varepsilon^2} \int_{-\infty}^{\infty} (x-E(X))^2 p(x)\mathrm{d}x = \frac{\mathrm{Var}(X)}{\varepsilon^2}.$$

在切比雪夫不等式中方差是起决定作用的，若方差 $\mathrm{Var}(X)$ 较大，分布就较为分散，于是两尾部概率可能会大一些；若方差 $\mathrm{Var}(X)$ 较小，分布就较为集中，于是两尾部概率可能会小一些. 但都不会超过 $\mathrm{Var}(X)/\varepsilon^2$. 直观地说，两尾部概率之和被其方差所控制.

若 ε 取为 k 倍的标准差，即 $\varepsilon=k\sigma(X)$，则切比雪夫不等式可以改写为另一种常用形式：

$$P(|X-E(X)| \geqslant k\sigma(X)) \leqslant \frac{1}{k^2}. \tag{2.4.4}$$

其对立事件的概率为

$$P(E(X)-k\sigma(X) < X < E(X)+k\sigma(X)) > 1-\frac{1}{k^2}. \tag{2.4.5}$$

譬如，$k=3$ 时，我们可以说，对任意一个方差存在的分布来说，在区间 $(E(X)-3\sigma(X),E(X)+3\sigma(X))$ 外的概率不超过 $1/9$，而在此区间内部的概率不会小于 $\frac{8}{9}=0.89$.

例 2.4.10 星期六上午来到小客车陈列室的顾客人数 X 是一个随机变量，其分布未知，但知其期望 $\mu=18$（人），标准差 $\sigma=2.5$（人），试问 X 在 8 到 28 人之间的概率是多少？

解 由于分布未知，无法精确求出概率 $P(8<X<28)$. 现可用切比雪夫不等式大约估计这个概率. 由于 $E(X)=\mu=18$，故

$$P(8<X<28)=P(-10<X-E(X)<10)$$
$$=P(|X-E(X)|<10).$$

考虑到标准差 $\sigma=2.5$，所以上式又可写为

$$P(8<X<28)=P(|X-E(X)|<4\sigma).$$

利用 (2.4.7) 可得上述概率不会小于 $1-\frac{1}{4^2}=\frac{15}{16}$，即

$$P(8<X<28)>\frac{15}{16}=0.94.$$

例 2.4.11 设 $P(A)=0.75$，现设计一个伯努利试验，使事件 A 发生的频率在 0.73 与 0.77 之间的概率至少为 0.9. 试问该伯努利试验的独立重复次数 n 至少是多少？

解 这里用切比雪夫不等式来讨论这个问题. 设 X 为 n 重伯努利试验中事件 A 出现次数，则有 $X \sim b(n,0.75)$，且

$$E(X) = \frac{3n}{4}, \quad \text{Var}(X) = \frac{3n}{16}.$$

事件 A 发生的频率 X/n 在 0.73 至 0.77 之间概率为

$$P\left(0.73 \leqslant \frac{X}{n} \leqslant 0.77\right) = P\left(\left|\frac{X}{n} - 0.75\right| \leqslant 0.02\right)$$

$$= P(|X - 0.75n| \leqslant 0.02n)$$

$$\geqslant 1 - \frac{3n/16}{(0.02n)^2}.$$

上式最后一个不等式由切比雪夫不等式获得. 若能保证

$$1 - \frac{3n/16}{(0.02n)^2} \geqslant 0.9,$$

则一定能使事件 A 发生的频率在 0.73 至 0.77 之间的概率至少为 0.9. 解上述不等式，可得

$$n \geqslant \frac{3}{16} \times \frac{1}{0.1 \times (0.02)^2} = \frac{3 \times 10^5}{64} = 4\,687.5.$$

即至少要独立重复 4 688 次该伯努利试验. 这么多次试验可设法在计算机上实现.

讨论：若要提高精度使频率 X/n 在 0.74 至 0.76 之间，则类似可得不等式及其解分别为

$$1 - \frac{3n/16}{(0.01n)^2} \geqslant 0.9, \quad n \geqslant 18\,750 \; (= 4\,687.5 \times 4),$$

即独立重复次数至少要增加 4 倍，达到 18 750 次.

若只要提高保证概率，从 0.9 提高到 0.95，频率 X/n 仍在 0.73 至 0.77 之间，则类似可得不等式及其解分别为

$$1 - \frac{3n/16}{(0.02n)^2} \geqslant 0.95, \quad n \geqslant 9\,375 \; (= 4\,687.5 \times 2),$$

即独立重复次数至少要增加 2 倍，达到 9 375 次.

若上述两项都要提高，则类似不等式及其解分别为

$$1 - \frac{3n/16}{(0.01n)^2} \geqslant 0.95, \quad n \geqslant 37\,500 \; (= 4\,687.5 \times 8),$$

即独立重复次数至少要增加 8 倍，达到 37 500 次.

上述讨论表明：提高要求必导致增加独立重复试验次数.

最后，用切比雪夫不等式去证明"常数的方差为零"的逆命题也成立.

定理 2.4.5 方差为零的随机变量 X 必几乎处处为常数，这个常数就是其期望 $E(X)$. 这个定理亦可表示为：若 $\text{Var}(X) = 0$，则

$$P(X = E(X)) = 1.$$

证 由切比雪夫不等式可知, 对任意 $\varepsilon > 0$, 有

$$P(|X - E(X)| \geqslant \varepsilon) \leqslant \frac{\mathrm{Var}(X)}{\varepsilon^2} = 0.$$

故有 $P(|X - E(X)| \geqslant \varepsilon) = 0$. 或者说, 对任意 $\varepsilon > 0$, 有

$$P(|X - E(X)| < \varepsilon) = 1.$$

由于 ε 的任意性, 上式必导致 $P(X = E(X)) = 1$. ∎

这个定理表明, 在方差为零的情况下, 除去一个零概率事件外, X 就是仅取 $E(X)$ 一个值的随机变量. 在这里, 方差又起着决定性的作用.

2.4.4 伯努利大数定律

在第一章曾列举一些例子(见例 1.2.1) 说明: 可用事件 A 发生的频率去估计事件 A 的概率. 因为随着独立重复试验次数 n 不断增加, 频率将稳定于概率. 这里的 "稳定" 是什么含义呢? 下面的大数定律清楚地阐明了稳定性的含义.

定理 2.4.6 (伯努利大数定律) 设 X_n 是 n 重伯努利试验中事件 A 发生的次数, 又设事件 A 发生的概率 $P(A) = p$, 则对任意的 $\varepsilon > 0$, 有

$$\lim_{n \to \infty} P\left(\left|\frac{X_n}{n} - p\right| \geqslant \varepsilon\right) = 0. \tag{2.4.6}$$

证 在 n 重伯努利试验中 X_n 服从二项分布 $b(n, p)$, 其数学期望与方差分别为

$$E(X_n) = np, \quad \mathrm{Var}(X_n) = np(1 - p).$$

而 X_n/n 是 n 重伯努利试验中 A 发生的频率, 其数学期望与方差分别为

$$E\left(\frac{X_n}{n}\right) = p, \quad \mathrm{Var}\left(\frac{X_n}{n}\right) = \frac{p(1-p)}{n}.$$

由切比雪夫不等式可得

$$P\left(\left|\frac{X_n}{n} - p\right| \geqslant \varepsilon\right) \leqslant \frac{\mathrm{Var}(X_n/n)}{\varepsilon^2} = \frac{p(1-p)}{n\varepsilon^2}. \tag{2.4.7}$$

对任意给定的 $\varepsilon > 0$, 上式右端将随着 $n \to \infty$ 而趋向于零. 再考虑到概率的非负性, 可得(2.4.6), 这就证明了伯努利大数定律. ∎

伯努利大数定律说明: 事件 A 发生的频率 X_n/n 与其概率 p 有较大偏差(譬如大于事先给定的 ε) 的可能性愈来愈小, 但这并不意味着较大偏差永远就不再发生了, 只是说小偏差发生的概率大, 而大偏差发生的概率小, 小到可以忽略不计. 这就是频率稳定于概率的含义, 它与 "序列的极限" 的说法是不同的! 下面的例子可以帮助我们从数量上来理解伯努利大数定律的含义.

例 2.4.12　大家知道，一枚均匀硬币的正面（事件 A）出现的概率为 0.5. 若把这枚硬币连抛 10 次或 20 次，则正面出现的频率 X_n/n 与 0.5 的偏差有时会大一些，有时会小一些，总之不能保证大偏差发生的概率一定很小. 可是当连抛 10^5 次时，出现大偏差（两尾部）的概率一定会很小，这可从上述定理证明中的 (2.4.7) 看出. 若取偏差 $\varepsilon = 0.01$，则从 (2.4.7) 可得

$$P\left(\left|\frac{X_n}{n} - 0.5\right| \geqslant 0.01\right) \leqslant \frac{0.5 \cdot 0.5}{n \cdot 0.01^2} = \frac{10^4}{4n}.$$

当 $n = 10^5$ 时，上式右端的概率为 $\dfrac{1}{40} = 0.025$. 这说明：连抛 10 万次时，频率与概率之间的偏差超过 0.01 的机会不会超过 2.5%. 同样地，若连抛 100 万次，频率与概率之间的偏差超过 0.01 的机会不会超过

$$\frac{1}{400} = 0.0025 = 0.25\%.$$

可见试验次数越多，此种大偏差出现的可能性越小. 但偏差超过 0.01 的机会还是存在的. 由于这种机会很小，以至于不会影响人们决策. 当人们对一个问题作决策时，犯错误的概率为 1/400，而正确决策的概率为 399/400，这项决策是可以下决心了. 概率论与统计学中所有决策，几乎全是在这种概率意义下作出的. 这与我们在生活和工作中作决策是一致的.

习　题　2.4

1. 某台设备在一天内发生故障次数 X 的概率分布据维修记录可得如下：

X	0	1	2	3	4	5	6
P	0.17	0.29	0.27	0.16	0.07	0.03	0.01

求一天内发生故障的平均次数 $E(X)$ 与标准差 $\sigma(X)$.

2. 求下列离散均匀分布的期望与方差

$$P(X = x) = \frac{1}{n}, \quad x = 1, 2, \cdots, n.$$

当 $n = 6$ 时，该分布的期望与方差是多少？

3. 求下列随机变量的期望与标准差：

(1) 一枚硬币连抛 676 次中正面出现的次数；

(2) 一只骰子连掷 720 次中 4 点出现的次数；

(3) 从不合格品率为 0.04 的一批产品中随机抽出 600 个，其中不合格品数.

4. 求几何分布的期望与方差，其分布列为

$$P(X = x) = p(1 - p)^{x-1}, \quad x = 1, 2, \cdots.$$

5. 正态变量的线性变换仍服从正态分布(见例 2.2.11). 如今 $X \sim N(10,2^2)$, 求 $Y = 3X - 5$ 的期望、方差与概率分布.

6. 证明: 对任意实数 a, 有 $E(X-a)^2 \geqslant E(X-EX)^2 = \mathrm{Var}(X)$.

7. 已知 $\mathrm{Var}(X) = 7$, $E(X) = 2$, 求 $E(X^2)$.

8. 密度函数为

$$p(x) = \frac{1}{2\sigma} \exp\left\{ -\frac{|x-\mu|}{\upsilon} \right\}, \quad -\infty < x < \infty$$

的分布称为**拉普拉斯分布**. 求此分布的期望与方差.

9. 设 $X \sim \mathrm{Ga}(\alpha,\lambda)$, 已知 $E(X) = 4$, $\mathrm{Var}(X) = 8$, 求 α 与 λ.

10. 设 X 服从自由度为 8 的卡方分布, 求其期望与方差.

11. 设 $X \sim U(a,b)$, 已知 $E(X) = 16$, $\mathrm{Var}(X) = 12$, 求 a 与 b.

12. 设 $X \sim \mathrm{Be}(6,2)$, 求 $E(X)$ 与 $\mathrm{Var}(X)$.

13. 设 X 服从对数正态分布, 其密度函数为

$$p(x) = \frac{1}{\sqrt{2\pi}\,\sigma x} \exp\left\{ -\frac{(\ln x - \mu)^2}{2\sigma^2} \right\}, \quad x > 0.$$

求 $E(X)$ 与 $\mathrm{Var}(X)$.

14. 设 X 是在 $[a,b]$ 上取值的任一随机变量, 证明 X 的数学期望与方差分别满足如下不等式:

$$a \leqslant E(X) \leqslant b, \quad \mathrm{Var}(X) \leqslant \left(\frac{b-a}{2}\right)^2.$$

15. 已知随机变量 X 的期望为 10, 方差为 9, 利用切比雪夫不等式给出概率 $P(1 < X < 19)$ 的下界.

16. 一枚均匀硬币要抛多少次 ($n = ?$) 才能使正面出现的频率与 0.5 之间的偏差不小于 0.04 的概率不超过 0.01?

17. 已知正常成年男人的每毫升血液中白细胞的平均数为 7 300, 标准差为 700, 利用切比雪夫不等式估计每毫升血液中的白细胞数在 5 200 ~ 9 400 的概率.

18. 设 $P(A) = 0.4$, 在 1 000 次独立重复试验中, 事件 A 发生次数在 300 次至 500 次之间概率至少为多少?

2.5 分布的其他特征数

数学期望 $E(X)$、方差 $\mathrm{Var}(X)$ 和标准差 $\sigma(X)$ 是分布(也是相应随机变量)的最重要的几个特征数. 它们分别刻画一个分布的两个重要侧面: 位置

与散布，在实际应用中它们的使用频率最高. 有些分布（如正态分布等）只须用这两个特征数就可勾画出其大概的形象，这对认识分布很有好处.

除了上述几个特征数外，分布还有几个特征数，如原点矩、中心矩、变异系数、偏度、峰度、分位数、众数等，它们都可由分布算得（假如存在的话）. 它们均从某个侧面刻画出分布的一个特征，各有各的用处，在实际应用中只须选其中几个特征数就足够了. 譬如要勾画分布的形状只用期望与方差是不够的，要选用偏度与峰度两个特征数. 下面将逐一介绍其他几个特征数.

2.5.1 矩

定义 2.5.1 设 X 为随机变量，c 为常数，k 为正整数，则量 $E(X-c)^k$（假如它存在）称为 X 分布关于 c 的 k 阶矩. 若 $c=0$，则量 $E(X^k)$ 称为 X 分布的 k 阶（原点）矩，记为 μ_k；若 $c=E(X)$，则量 $E(X-E(X))^k$ 称为 X 分布的 k 阶中心矩，记为 ν_k.

容易看出，一阶原点矩就是数学期望，二阶中心矩就是方差. 在实际中常用低阶矩，高于 4 阶矩极少使用. 由于 $|X|^{k-1} \leqslant |X|^k+1$，故 k 阶矩存在时，$k-1$ 阶矩也存在，从而低于 k 的各阶矩都存在.

中心矩与原点矩之间有一个简单关系，事实上，

$$\nu_k = E(X-E(X))^k = E(X-\mu_1)^k = \sum_{i=0}^{k} \binom{k}{i} \mu_i (-\mu_1)^{k-i},$$

其中规定 $\mu_0=1$. 故前 4 阶中心矩可分别用原点矩表示：

$$\nu_1 = 0,$$
$$\nu_2 = \mu_2 - \mu_1^2,$$
$$\nu_3 = \mu_3 - 3\mu_2\mu_1 + 2\mu_1^3,$$
$$\nu_4 = \mu_4 - 4\mu_3\mu_1 + 6\mu_2\mu_1^2 - 3\mu_1^4.$$

例 2.5.1 设随机变量 $X \sim N(\mu, \sigma^2)$，试求其 k 阶中心矩.

解 X 的 k 阶中心矩为

$$\nu_k = \frac{1}{\sqrt{2\pi}\,\sigma} \int_{-\infty}^{\infty} (x-\mu)^k e^{-\frac{(x-\mu)^2}{2\sigma^2}} dx = \frac{\sigma^k}{\sqrt{2\pi}} \int_{-\infty}^{\infty} u^k e^{-\frac{u^2}{2}} du.$$

在 k 为奇数时，上述被积函数是奇函数，故 $\nu_k=0$，$k=1,3,5,\cdots$；在 k 为偶数时，上述被积函数是偶函数，再利用变换 $z=\frac{u^2}{2}$，可得

$$\nu_k = \sqrt{\frac{2}{\pi}}\,\sigma^k \int_0^{\infty} u^k e^{-\frac{u^2}{2}} du = \sqrt{\frac{2}{\pi}}\,\sigma^k \cdot 2^{\frac{k-1}{2}} \int_0^{\infty} z^{\frac{k-1}{2}} e^{-z} dz$$

$$= \sqrt{\frac{2}{\pi}}\,\sigma^k \cdot 2^{\frac{k-1}{2}} \Gamma\left(\frac{k+1}{2}\right)$$

$$=\sigma^k(k-1)(k-3)\cdots1, \quad k=2,4,6,\cdots.$$

故正态分布的前 4 阶中心矩分别为

$$\nu_1=0, \quad \nu_2=\sigma^2, \quad \nu_3=0, \quad \nu_4=3\sigma^4.$$

它们与分布的中心位置 μ_1 无关, 仅与方差 σ^2 有关.

2.5.2 变异系数

定义 2.5.2 设随机变量 X 的二阶矩存在, 则比值

$$C_v=\frac{\sqrt{\nu_2}}{\mu_1}=\frac{\sqrt{\mathrm{Var}(X)}}{E(X)}=\frac{\sigma(X)}{E(X)}$$

称为 X 分布的**变异系数**.

容易看出, 变异系数是以其数学期望为尺度去度量随机变量取值散布程度大小的特征数. 它是一个无单位的量, 一般说来, 取值较大的随机变量的方差与标准差也较大, 这时仅看方差大小就不合理, 还要观其与均值的比值大小才是合理的. 譬如北京与上海间的距离是一个常量, 可其测量值 X 是随机变量. 若设其均值 $E(X)=1\,463\ \mathrm{km}=1\,463\,000\ \mathrm{m}$, 标准差 $\sigma(X)=500\ \mathrm{m}$, 则其变异系数 $C_v=0.000\,34$. 而测量 100 m 跑道, 若设 $E(Y)=100\ \mathrm{m}$, $\sigma(Y)=0.05\ \mathrm{m}=5\ \mathrm{cm}$, 则其变异系数 $C_v=0.000\,5$. 相比之下, 还是测量北京至上海间的距离较为精确, 因为其变异系数较小.

变异系数与方差、标准差可归为一类, 它们都是度量分布散布大小的特征数.

2.5.3 偏度

定义 2.5.3 设随机变量 X 的前三阶矩存在, 则比值

$$\beta_s=\frac{\nu_3}{\nu_2^{3/2}}=\frac{E(X-E(X))^3}{(\mathrm{Var}(X))^{3/2}}$$

称为 X (或分布) 的**偏度系数**, 简称**偏度**. 它可正可负, 其正负反映偏态方向. 当 $\beta_s>0$ 时, 称该分布为**正偏**, 又称**右偏**; 当 $\beta_s<0$ 时, 称该分布为**负偏**, 又称**左偏**.

偏度 β_s 是描述分布偏离对称性程度的一个特征数, 这可从以下几方面来认识.

(1) 当密度函数 $p(x)$ 关于数学期望对称时, 即有 $p(E(X)-x)=p(E(X)+x)$, 则其三阶中心矩 ν_3 必为 0, 从而 $\beta_s=0$. 这表明关于 $E(X)$ 对称的分布其偏度为 0. 譬如, 正态分布 $N(\mu,\sigma^2)$ 关于 $E(X)=\mu$ 是对称的, 故任意正态分布的偏度皆为 0.

(2) 当偏度 $\beta_s\neq0$ 时, 该分布为偏态分布, 偏态分布常有不对称的两个

尾部,重尾在右侧(变量在高值处比低值处有较大的偏离中心趋势)必导致 $\beta_s > 0$,故此分布又称为右偏分布;重尾在左侧(变量在低值处比高值处有较大的偏离中心趋势)必导致 $\beta_s < 0$,故又称为左偏分布,参见图 2-34.

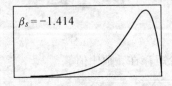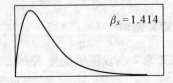

$\beta_s = -1.414$ $\beta_s = 1.414$

图 2-34   两个密度函数,一个左偏,另一个右偏

(3)   偏度 β_s 是以各自的标准差的三次方 $(\sigma(X))^3$ 为尺度来度量三阶中心矩大小的,从而消去了量纲,使其更具有可比性. 简单地说,分布的三阶中心矩 ν_3 决定偏度的符号,而分布的标准差 $\sigma(X)$ 决定偏度的大小.

正态分布(对称分布)在 1900 年前后的欧洲被称为是"万能分布","上帝赐给的唯一正确分布",而其他非正态分布被认为"邪说",不予采纳. 在那时无论什么数据出现都用正态分布去拟合,当然会出现一些问题得不到正确说明与解决. 随着科学技术的发展,不少非对称分布先后出现,冲破了正态分布一统天下的局面. 譬如:

(1)   一个车间里有很多机器在工作,机器发生故障就需要维修,而维修时间有长有短,是不对称的. 大多数故障在短时间里就可修复;少数故障要较长时间才可修复;个别故障需要更长时间才能修复,其分布常表现为如图 2-34 右侧的右偏分布.

(2)   有些设备(如测量仪表、计算机、日光灯等)在通电后都要预热(延迟)一段时间才能正常工作. 这一段延长时间长短是不对称的,少数设备延长时间短,多数设备延迟时间长一些. 其分布常表现为如图 2-34 左侧的左偏分布.

非对称分布出现并非坏事,它与正态相比含有更多信息,对这些信息的分析(常称非正态性诊断)对生产和管理是有好处的. 譬如,某个偏态分布的形成是否有物理机制或化学机理? 是否人为干扰形成? 如产品制造过程中不同的人(或不同机器,或不同批原料,或不同转速等)生产的产品混在一堆就可能形成偏态分布,见图 2-35.

例 2.5.2   讨论三个贝塔分布 $\mathrm{Be}(2,8),\mathrm{Be}(8,2)$ 和 $\mathrm{Be}(5,5)$ 的偏度.

解   设随机变量 X 服从贝塔分布 $\mathrm{Be}(a,b)$,则可算得其前三阶原点矩:

$$E(X)=\frac{a}{a+b},$$

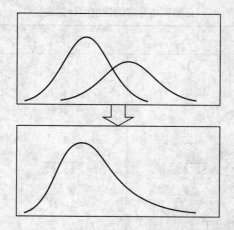

图 2-35　两个正态分布混合成偏态分布
——偏态分布形成原因之一

$$E(X^2) = \frac{a(a+1)}{(a+b)(a+b+1)},$$

$$E(X^3) = \frac{a(a+1)(a+2)}{(a+b)(a+b+1)(a+b+2)}.$$

当 $X \sim \text{Be}(2,8)$ 时, 可得

$$E(X) = \frac{1}{5}, \quad E(X^2) = \frac{3}{55}, \quad E(X^3) = \frac{1}{55}.$$

由此可得二阶与三阶中心矩分别为

$$\nu_2 = \text{Var}(X) = \frac{3}{55} - \left(\frac{1}{5}\right)^2 = \frac{4}{25 \times 11}, \quad \sigma(X) = \frac{2}{5\sqrt{11}},$$

$$\nu_3 = E(X - E(X))^3 = \frac{1}{55} - 3 \times \frac{3}{55} \times \frac{1}{5} + 2\left(\frac{1}{5}\right)^3 = \frac{2}{55 \times 25}.$$

最后算得 $\text{Be}(2,8)$ 的偏度为

$$\beta_s = \frac{\nu_3}{(\sigma(X))^3} = \frac{2}{55 \times 25} \times \left(\frac{5\sqrt{11}}{2}\right)^3 = \frac{\sqrt{11}}{4} = 0.829\,2.$$

类似可算得 $\text{Be}(8,2)$ 和 $\text{Be}(5,5)$ 的偏度. 现把中间计算结果和最后的偏度列表, 如表 2-8 所示.

从表 2-8 可见, $\text{Be}(2,8)$ 的分布为右偏(正偏), $\text{Be}(8,2)$ 的分布为左偏(负偏), $\text{Be}(5,5)$ 是关于 $E(X) = 0.5$ 的对称分布.

进一步的研究还可以发现, 在贝塔分布 $\text{Be}(a,b)$ 中,

(1)　当 $1 < a < b$ 时, $\text{Be}(a,b)$ 为右偏(正偏)分布;

(2)　当 $1 < b < a$ 时, $\text{Be}(a,b)$ 为左偏(负偏)分布;

(3)　当 $1 < a = b$ 时, $\text{Be}(a,b)$ 为对称分布.

表 2-8 三种贝塔分布的偏度的计算表

X	$Be(2,8)$	$Be(8,2)$	$Be(5,5)$
$E(X)$	$\dfrac{1}{5}$	$\dfrac{4}{5}$	$\dfrac{1}{2}$
$E(X^2)$	$\dfrac{3}{55}$	$\dfrac{36}{55}$	$\dfrac{3}{11}$
$E(X^3)$	$\dfrac{1}{55}$	$\dfrac{6}{11}$	$\dfrac{7}{44}$
ν_3	$\dfrac{2}{55\times25}$	$-\dfrac{2}{55\times25}$	0
$\sigma(X)$	$\dfrac{2}{5\sqrt{11}}$	$\dfrac{2}{5\sqrt{11}}$	$\sqrt{\dfrac{1}{44}}$
β_s	$\dfrac{\sqrt{11}}{4}=0.8292$	$-\dfrac{\sqrt{11}}{4}=-0.8292$	0

2.5.4 峰度

定义 2.5.4 设随机变量 X 的前 4 阶矩存在, 则如下比值减去 3:

$$\beta_k=\frac{\nu_4}{\nu_2^2}-3=\frac{E(X-E(X))^4}{(\mathrm{Var}(X))^2}-3$$

称为 X (或分布) 的**峰度系数**, 简称**峰度**.

峰度是描述分布尖峭程度和(或)尾部粗细的一个特征数, 这可从以下几方面来认识.

(1) 正态分布 $N(\mu,\sigma^2)$ 的 $\nu_2=\sigma^2$, $\nu_4=3\sigma^4$, 故按上述定义, 任一正态分布 $N(\mu,\sigma^2)$ 的峰度 $\beta_k=0$. 可见这里谈论的"峰度"不是指一般密度函数的峰值高低. 因为正态分布 $N(\mu,\sigma^2)$ 的峰值为 $(\sqrt{2\pi}\,\sigma)^{-1}$, 它与正态分布标准差 σ 成反比, σ 越小, 正态分布的峰值越高, 可这里的"峰度"与 σ 无关.

(2) 若在上述定义中, 分子与分母各除以 $(\sigma(X))^4$, 并记 X 的标准化变量为 $X^*=\dfrac{X-E(X)}{\sigma(X)}$, 则

$$E(X^*)=0, \quad E(X^{*2})=\mathrm{Var}(X^*)=1$$

(见例 2.4.9), 而 β_k 可改写为

$$\beta_k=\frac{E(X^{*4})}{(E(X^{*2}))^2}-3=E(X^{*4})-3=E(X^{*4})-E(U^4),$$

其中 $U\sim N(0,1)$, $E(U^4)=3$.

上式表明: **峰度 β_k 是相对于正态分布而言的超出量**, 即峰度 β_k 是 X 的标准化变量与标准正态变量的 4 阶原点矩之差, 并以标准正态分布为基准确定其正负与大小.

$\beta_k > 0$ 表示标准化后的分布比标准正态分布更尖峭和(或)尾部更粗(见图 2-36 (b)),这种情况称为**峰度过分**.

$\beta_k < 0$ 表示标准化后的分布比标准正态分布更平坦和(或)尾部更细(见图 2-36 (a)),这种情况称为**峰度不足**.

$\beta_k = 0$ 表示标准化后的分布与标准正态分布在尖峭程度与尾部粗细相当.

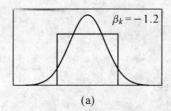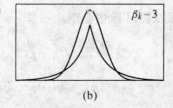

(a)   (b)

图 2-36   两个密度函数与标准正态分布密度函数的比较,它们的均值相等,
方差相等,偏度皆为 0 (对称分布),而峰度有很大差别

(3) **偏度与峰度都是描述分布形状的特征数**,它们的设置都是以正态分布为基准,正态分布的偏度与峰度皆为 0. 在实际中一个分布的偏度与峰度皆为 0 或近似为 0 时,常认为该分布为正态分布或近似为正态分布.

(4) 表 2-9 上列出了几种常见分布的偏度与峰度,其中伽玛分布 $Ga(\alpha,\lambda)$ 的偏度与峰度只与 α 有关,而与 λ 无关,故 α 常称为形状参数,而 λ 不能称为形状参数. 均匀分布 $U(a,b)$ 与指数分布 $Exp(\lambda)$ 的偏度与峰度都与其所含参数无关,故均匀分布 $U(a,b)$ 中的参数 a 与 b、指数分布中的参数 λ 均不能称为形状参数. 进一步的研究会发现,贝塔分布 $Be(a,b)$ 的偏度与峰度都与其参数 a 与 b 有关,它们都可以称为形状参数.

表 2-9   几种常见分布的偏度与峰度

分布	均值	方差	偏差	峰度
均匀分布 $U(a,b)$	$\dfrac{a+b}{2}$	$\dfrac{(b-a)^2}{12}$	0	-1.2
正态分布 $N(\mu,\sigma^2)$	μ	σ^2	0	0
指数分布 $Exp(\lambda)$	$\dfrac{1}{\lambda}$	$\dfrac{1}{\lambda^2}$	2	6
伽玛分布 $Ga(\alpha,\lambda)$	$\dfrac{\alpha}{\lambda}$	$\dfrac{\alpha}{\lambda^2}$	$\dfrac{2}{\sqrt{\alpha}}$	$\dfrac{6}{\alpha}$

例 2.5.3   计算伽玛分布 $Ga(\alpha,\lambda)$ 的偏度与峰度.

解   首先计算伽玛分布 $Ga(\alpha,\lambda)$ 的 k 阶原点矩:

$$\mu_k = E(X^k) = \frac{\alpha(\alpha+1)\cdots(\alpha+k-1)}{\lambda^k}.$$

当 $k=1,2,3,4$ 时，可得前 4 阶原点矩：

$$\mu_1 = \frac{\alpha}{\lambda}, \quad \mu_2 = \frac{\alpha(\alpha+1)}{\lambda^2},$$

$$\mu_3 = \frac{\alpha(\alpha+1)(\alpha+2)}{\lambda^3}, \quad \mu_4 = \frac{\alpha(\alpha+1)(\alpha+2)(\alpha+3)}{\lambda^4}.$$

由此可得 $2,3,4$ 阶中心矩：

$$\nu_2 = \mu_2 - \mu_1^2 = \frac{\alpha}{\lambda^2},$$

$$\nu_3 = \mu_3 - 3\mu_2\mu_1 + 2\mu_1^2 = \frac{2\alpha}{\lambda^3},$$

$$\nu_4 = \mu_4 - 4\mu_3\mu_1 + 6\mu_2\mu_1^2 - 3\mu_1^4 = \frac{3\alpha(\alpha+2)}{\lambda^4}.$$

最后可得伽玛分布 $\mathrm{Ga}(\alpha,\lambda)$ 的偏度与峰度：

$$\beta_s = \frac{\nu_3}{\nu_2^{3/2}} = \frac{2}{\sqrt{\alpha}}, \quad \beta_k = \frac{\nu_4}{\nu_2^2} - 3 = \frac{6}{\alpha}.$$

可见，伽玛分布 $\mathrm{Ga}(\alpha,\lambda)$ 的偏度与 $\sqrt{\alpha}$ 成反比，峰度与 α 成反比．只要 α 较大，可使 β_s 与 β_k 接近于 0，从而伽玛分布也越来越近似正态分布．

2.5.5 中位数

随机变量 X 的中位数是将 X 的取值范围分为概率相等(各为 0.5)的两部分的数值．它常在连续随机变量场合使用，故下面只对连续随机变量给出定义．

定义 2.5.5 设连续随机变量 X 的分布函数为 $F(x)$，密度函数为 $p(x)$，则满足条件

$$F(x_{0.5}) = \int_{-\infty}^{x_{0.5}} p(x)\mathrm{d}x = 0.5$$

的值 $x_{0.5}$ 称为 X **分布的中位数**，或称 X **的中位点**，见图 2-37.

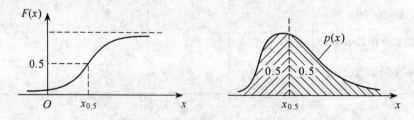

图 2-37 连续随机变量的中位数 $x_{0.5}$

中位数与均值一样都是随机变量的位置特征数,一个随机变量的均值可以不存在,而它的中位数总存在,一般中位数可从方程 $F(x) = 0.5$ 求得. 譬如指数分布 $\mathrm{Exp}(\lambda)$ 的中位数 $x_{0.5}$ 可由方程 $1 - \exp\{-\lambda x_{0.5}\} = 0.5$ 解得

$$x_{0.5} = \frac{\ln 2}{\lambda}.$$

当分布对称时,对称中心就是中位数,譬如正态分布 $N(\mu, \sigma^2)$ 的中位数 $x_{0.5}$ 就是均值 μ.

中位数很有用,有时比均值更能说明问题. 譬如甲厂的电视机寿命的中位数是 25 000 小时,它表明甲厂的电视机中一半高于 25 000 小时,另一半低于 25 000 小时. 若乙厂的电视机寿命的中位数是 30 000 小时,则乙厂的电视机在寿命质量上比甲厂好. 又如一个城市职工的年收入中位数是 2 万元,这告诉人们,该城市职工中有一半人年收入超过 2 万元,另一半低于 2 万元. 可均值没有此种解释.

2.5.6 分位数

与中位数一样,分位数也常在连续分布场合使用. 下面仅对连续分布给出分位数的定义.

定义 2.5.6 设连续随机变量 X 的分布函数为 $F(x)$,密度函数为 $p(x)$. 对任意 α $(0 < \alpha < 1)$,假如 x_α 满足如下等式:

$$F(x_\alpha) = \alpha \quad \text{或} \quad \int_{-\infty}^{x_\alpha} p(x)\mathrm{d}x = \alpha,$$

则称 $x_\alpha = F^{-1}(\alpha)$ 为 X 的分布的 α **分位数**,有时也称为 α **下侧分位数**,0.5 分位数就是中位数,其中 F^{-1} 为 F 的反函数.

图 2-38 给出了 α 分位数 x_α 的示意图,x_α 是 x 轴上的一个点(实数),它把密度函数 $p(x)$ 下的面积(概率)分成两块,左侧的一块面积恰好为 α.

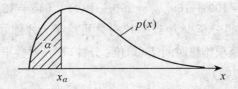

图 2-38　密度函数 $p(x)$ 的 α 分位数 x_α 的示意图

α **分位数** x_α **是** α **的非减函数**,即当 $\alpha_1 < \alpha_2$ 时,总有 $x_{\alpha_1} \leqslant x_{\alpha_2}$. 譬如

$$x_{0.1} \leqslant x_{0.3} \leqslant x_{0.5} \leqslant x_{0.9}$$

对任意分布都成立. 这是因为分布函数为非减函数,从而其反函数亦为非减函数之故.

注意：在反函数 $F^{-1}(\cdot)$ 有显式表达的场合，寻求 x_α 是简单的. 但是大多数场合是反函数 $F^{-1}(\cdot)$ 存在，但无显式表达，此时要通过专门的软件或分位数表去获得各种分位数.

分位数在实际中常有应用. 譬如轴承的寿命是较长的，为了比较轴承寿命的长短，常用 $\alpha=0.1$ 的分位数 $x_{0.1}$ 来进行. 譬如一个厂的 $x_{0.1}=1\,000$ 小时，则表示有 10% 的轴承在 $1\,000$ 小时前损坏；若另一厂的轴承 $\alpha=0.1$ 的分位数为 $y_{0.1}=1\,500$，那么后者的轴承寿命较长.

例 2.5.4 某厂机床的维修时间 X（单位：分钟）服从 $\lambda=0.01$ 的指数分布，现要求 $\alpha=0.7$ 的分位数 $x_{0.7}$，即寻求 70% 机床故障可完成维修的时间.

解 指数分布的分布函数为 $F(x)=1-\mathrm{e}^{-\lambda x}$ $(x>0)$，则其 α 分位数 x_α 可由方程 $F(x_\alpha)=\alpha$ 解出：

$$x_\alpha=\frac{1}{\lambda}\ln\frac{1}{1-\alpha}.$$

如令 $\lambda=0.01$，$\alpha=0.7$，代入可算得 $x_{0.7}=120.4$（分钟），即在 120 分钟内可完成 70% 故障的维修工作. 反之，若已知指数分布 $\mathrm{Exp}(\lambda)$ 的 0.8 分位数为 $x_{0.8}=320$，亦可推出参数

$$\lambda=-\frac{\ln 0.2}{320}=0.005.$$

例 2.5.5 某项儿童智力测验得分 X 服从正态分布 $N(100,16^2)$. 若只对 5% 的参加者给予天才称号，其得分至少是多少？

解 这是寻求正态分布 $N(\mu,\sigma^2)$ 的 0.95 分位数问题. 在 2.2.2 小节曾讨论过正态分布分位数，在那里

• 标准正态分布 $N(0,1)$ 的 α 分位数 u_α 可从附表 3 中查得；

• 一般正态分布 $N(\mu,\sigma^2)$ 的 α 分位数 $x_\alpha=\mu+\sigma u_\alpha$.

由此可得本例中 $N(100,16^2)$ 的 0.95 分位数为

$$x_{0.95}=100+16u_{0.95}=100+16\times 1.645=126.32.$$

该项儿童智力测验得分至少为 126.32 分才可给予天才称号.

例 2.5.6 设某项维修时间 T（单位：分钟）服从对数正态分布 $\mathrm{LN}(\mu,\sigma^2)$.

(1) 求 p 分位数 t_p.

(2) 若 $\mu=4.127\,1$，$\sigma=1.036\,4$，求该维修分布的中位数.

(3) 求完成 95% 维修任务的时间.

解 (1) 对数正态分布 $\mathrm{LN}(\mu,\sigma^2)$ 的分布函数为

$$P(T\leqslant t)=P(\ln T\leqslant\ln t)=\Phi\!\left(\frac{\ln t-\mu}{\sigma}\right),$$

其中 $\Phi(\cdot)$ 为标准正态分布函数. 而其 p 分位数 t_p 应满足

$$\Phi\left(\frac{\ln t_p - \mu}{\sigma}\right) = p \quad 或 \quad \frac{\ln t_p - \mu}{\sigma} = u_p,$$

其中 u_p 为标准正态分布的 p 分位数, 从而可得

$$t_p = \exp\{\mu + \sigma u_p\}.$$

(2) 在 $\mu = 4.1271$ 与 $\sigma = 1.0364$ 场合, 对数正态分布的中位数为

$$t_{0.5} = \exp\{4.1271 + 1.0364 \times 0\}$$
$$= e^{4.1271} = 62.00 \text{ (分钟)}.$$

(3) 在上述场合, 对数正态分布的 0.95 分位数为

$$t_{0.95} = \exp\{4.1271 + 1.0364 \times 1.645\} = 341.03 \text{ (分钟)}.$$

它表示在 341.03 分钟(不到 6 小时)内可修复 95% 的故障.

最后还要提及另一种分位数 —— 上侧分位数, 它在实际中也常用.

定义 2.5.7 设连续随机变量 X 的分布函数为 $F(x)$, 密度函数为 $p(x)$. 对任意 α $(0 < \alpha < 1)$, 假如 x'_α 满足如下等式:

$$P(X \geqslant x'_\alpha) = \int_{x'_\alpha}^{\infty} p(x)\,\mathrm{d}x = \alpha,$$

则称 x'_α 为 X 的分布的 α 上侧分位数(见图 2-39).

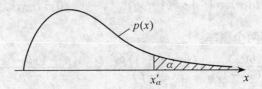

图 2-39　α 上侧分位数的示意图

从定义和图 2-39 上可以看出两种分位数(上侧和下侧)间有如下关系:

$$x'_\alpha = x_{1-\alpha} \quad 或 \quad x_\alpha = x'_{1-\alpha}.$$

知道其中之一, 就可以求出另一个. 譬如, 轴承寿命分布的 0.1 下侧分位数 $x_{0.1} = 1000$ 小时, 若用上侧分位数表示, 则有 $x'_{0.9} = 1000$ 小时, 它们各自表达的意思如下:

- "$x_{0.1} = 1000$ 小时" 表示"有 10% 的轴承寿命低于 1000 小时";
- "$x'_{0.9} = 1000$ 小时" 表示"有 90% 的轴承寿命高于 1000 小时".

它们表示同一个意思, 只是讲法不同. 根据实际需要选用不同的分位数. 譬如从广告效应来看, "有 90% 的轴承寿命高于 1000 小时" 更能显示其产品质量高, 故商家常喜欢用上侧分位数. 又如, 报载 2004 年中国人口中超过 60 岁的老人占 11%, 它表示 2004 年中国人口年龄分布的 0.11 上侧分位数 $x'_{0.11} = 60$.

为了适应统计中各种需要, 人们对常用分布编制了各种分位数表, 如 t

分布分位数表(附表4)，χ^2 分布分位数表(附表5) 和 F 分布分位数表(附表6). 但是有的书上只附上侧分位数表，这时我们一要注意两种分位数的差别，二要掌握两种分位数间的转换关系.

* 2.5.7　众数

定义 2.5.8　假如 X 是离散随机变量，则 X 最可能取的值(即使概率 $P(X=x)$ 达到最大的 x 值)称为 X 分布的众数. 假如 X 是连续随机变量，则使其密度函数 $p(x)$ 达到最大的 x 值称为 **X 的众数**，X 的众数常记为 $\mathrm{Mod}(X)$.

众数也是随机变量的一种位置特征数. 在单峰分布场合，众数附近常是随机变量最可能取值的区域，故众数及其附近区域是受到人们特别重视的. 譬如，生产服装、鞋、帽等工厂很重视最普遍、最众多的尺码，生产这种尺码给他们带来的利润最大，这种最普遍、最众多的尺码就是众数.

例 2.5.7　寻求二项分布 $b(n,p)$ 的众数.

解　设 $X \sim b(n,p)$，记

$$b(x) = \binom{n}{x} p^x (1-p)^{n-x}, \quad x = 0,1,\cdots,n.$$

先比较相邻两个概率：

$$\frac{b(x)}{b(x-1)} = \frac{(n-x+1)p}{x(1-p)} = 1 + \frac{(n+1)p-x}{x(1-p)}.$$

当 $x<(n+1)p$ 时，上述比值大于1，故 $b(x)$ 增加；当 $x>(n+1)p$ 时，上述比值小于1，故 $b(x)$ 减少，可见 $b(x)$ 在 $(n+1)p$ 附近达到最大.

当 $x=(n+1)p=m$ 为整数时，$b(m)=b(m-1)$，且为最大，这时二项分布 $b(n,p)$ 有两个众数，它们是 $(n+1)p$ 和 $(n+1)p-1$.

当 $(n+1)p$ 不为整数时，必存在一个整数 m，使得

$$(n+1)p-1 < m < (n+1)p.$$

这时 $b(m)$ 达到最大，此 m 就是 $(n+1)p$ 中的整数部分，可记为

$$m = [(n+1)p].$$

综合上述，二项分布 $b(n,p)$ 的众数为

$$\mathrm{Mod}(X) = \begin{cases} (n+1)p \text{ 和 } (n+1)p-1, & \text{当} (n+1)p \text{ 为整数,} \\ [(n+1)p], & \text{当} (n+1)p \text{ 不为整数.} \end{cases}$$

譬如，二项分布 $b(6,0.9)$ 的众数

$$\mathrm{Mod}(X) = [(6+1) \times 0.9] = 6;$$

二项分布 $b(6,0.5)$ 的众数

$$\mathrm{Mod}(X) = [(6+1) \times 0.5] = 3.$$

最后，二项分布 $b(7,0.5)$ 的众数有两个：$\mathrm{Mod}(X)=3$ 和 4，因为这时
$$(n+1)p=(7+1)\times 0.5=4.0$$
为整数.

例 2.5.8 寻求伽玛分布 $\mathrm{Ga}(\alpha,\lambda)$ 的众数，其中 $\alpha>1$.

解 在 $\alpha>1$ 场合，伽玛密度函数 $p(x)=\dfrac{\lambda^{\alpha}}{\Gamma(\alpha)}x^{\alpha-1}\mathrm{e}^{-\lambda x}$ 在 $x>0$ 上是单峰函数. 为求最大值，可令其导数为零，即得
$$\frac{\mathrm{d}p(x)}{\mathrm{d}x}=\frac{\lambda^{\alpha}}{\Gamma(\alpha)}x^{\alpha-2}\mathrm{e}^{-\lambda x}\big[(\alpha-1)-\lambda x\big]=0,$$

$x=\dfrac{\alpha-1}{\lambda}\ (\alpha>1)$ 是极值点. 又其二阶导数 $\dfrac{\mathrm{d}^2 p(x)}{\mathrm{d}x^2}\bigg|_{x=\frac{\alpha-1}{\lambda}}<0$, 故 $x=\dfrac{\alpha-1}{\lambda}$ 是极大值点，也即为众数.

习 题 2.5

1. 设随机变量 X 的密度函数为
$$p(x)=x\mathrm{e}^{-\frac{x^2}{2}},\quad x>0.$$
(1) 求 k 阶原点矩 $E(X^k)$，其中 k 为正整数；
(2) 计算前 4 阶中心矩 ν_k，$k=1,2,3,4$；
(3) 计算偏度 β_s 与峰度 β_k.

2. 设随机变量 $X\sim N(\mu,\sigma^2)$，利用中心矩与原点矩之间的关系求 $E(X^3)$ 和 $E(X^4)$.

3. 设随机变量 $X\sim \mathrm{Exp}(\lambda)$.
(1) 求变异系数 C_v；
(2) 求 $\mu_3=E(X^3)$，$\nu_3=E(X-E(X))^3$ 和偏度 β_s；
(3) 求 $\mu_4=E(X^4)$，$\nu_4=E(X-E(X))^4$ 和峰度 β_k.

4. 求贝塔分布 $\mathrm{Be}(1/2,1/2)$ 的偏度与峰度.

5. 设随机变量 $X\sim U(a,b)$.
(1) 求 $\mu_3=E(X^3)$，$\nu_3=E(X-E(X))^3$ 和偏度 β_s；
(2) 求 $\mu_4=E(X^4)$，$\nu_4=E(X-E(X))^4$ 和峰度 β_k.

6. 分布函数为 $F(x)=1-\exp\left\{-\left(\dfrac{x}{\eta}\right)^m\right\}$ 的分布称为**双参数威布尔分布**，其中 $\eta>0$ 和 $m>0$ 是两个参数.
(1) 写出该分布的 p 分位数 x_p 的表达式；
(2) 设 $m=1.5$，$\eta=1\,000$，求 $x_{0.1},x_{0.5},x_{0.8}$；

(3) 若 $x_{0.1}=1\,500$，$x_{0.5}=4\,000$，求 m 与 η.

7. 设 $X \sim N(10,3^2)$，求 $x_{0.2}$ 和 $x_{0.8}$.

8. 某种绝缘材料的使用寿命 T（单位：小时）服从对数正态分布 $LN(\mu,\sigma^2)$.

(1) 若 $\mu=10$，$\sigma=2$，求 0.1 的分位数；

(2) 若 $t_{0.2}=5\,000$ 小时，$t_{0.8}=65\,000$ 小时，求 μ 与 σ.

9. 自由度为 2 的 χ^2 分布的密度函数为

$$p(x)=\frac{1}{2}\mathrm{e}^{-\frac{x}{2}}, \quad x>0.$$

(1) 写出其分布函数 $F(x)$，并求分位数 $x_{0.1},x_{0.5},x_{0.8}$；

(2) 从附表 5 查出 $x_{0.1},x_{0.5},x_{0.8}$.

10. 设 X 服从自由度为 8 的 χ^2 分布.

(1) 求（下侧）分位数 $x_{0.2},x_{0.5},x_{0.9}$；

(2) 求上侧分位数 $x'_{0.5},x'_{0.1}$.

11. 求贝塔分布 $Be(a,b)$ 的众数，其中 $a>1$ 与 $b>1$.

12. 某厂决定按过去生产状况对月生产额最高的 5% 的工人发放高产奖. 已知过去每人每月生产额 X（单位：kg）服从正态分布 $N(4\,000,60^2)$，试问高产奖发放标准应把月生产额定为多少？

13. 环境保护机构近年发明了一种机动车排放某些污染物质的监测仪器. 大量监测数据表明：某种机动车每公里排放的氧化氮（某种污染物质）的重量 X（单位：g/km）服从正态分布 $N(1.6,0.4^2)$. 试确定 C 值，使这种机动车中 99% 在每公里内排放的氧化氮低于 C.

14. 设某产品的维修时间 X 服从指数分布 $Exp(\lambda)$，其平均维修时间 $E(T)=80$（分钟）. 求中位维修时间 $x_{0.5}$ 与 0.95 的维修时间 $x_{0.95}$.

15. 某公司设备故障的维修时间 T 服从对数正态分布 $LN(6,0.45^2)$. 求平均维修时间 $E(T)$、中位维修时间 $t_{0.5}$ 与 0.95 的维修时间 $t_{0.95}$.

第三章　多维随机变量

3.1　多维随机变量及其联合分布

3.1.1　多维随机变量

在有些随机现象中，每个样本点 ω 只用一个随机变量 $X_1(\omega)$ 去描述是不够的，而要用两个、三个或更多个随机变量 $X_1(\omega), X_2(\omega), \cdots, X_n(\omega)$ 去描述. 每个随机变量只描述样本点的一个侧面，样本点的多个侧面同时研究可使人们对样本点 ω 及其样本空间 $\Omega = \{\omega\}$ 的认识更为全面与深入. 譬如，一份血液（一个样本点 ω）的检验有十几个项目（见表 3-1），医生观察每个项目的检验结果是否在正常范围（表中参考值）内来诊断病因，从而给出治疗方案，这一过程就需要同时考查十几个随机变量. 这就引出多维随机变量的概念.

表 3-1

血液检验报告单(局部)

编号	项　目	结果	参　考　值
X111	白细胞	7.9	$4-10 \times 10^{-9}$
X101	红细胞	4.24	$3.5-5.5 \times 10^{-12}/L$
X102	血红蛋白	131	$110-160g/L$
	细胞比积	39.4	$37-49\%$
	RBC 平均容量	H 93.0	$82-92fl$
	RBC 平均血红量	31.0	$27-31pg$
	RBC 血红溶度	333	$320-360G/L$
X120	血小板	133	$130-350 \times 10^{9}/L$
X112	淋巴细胞百分比	26.9	$20.5-51.1\%$
X112	单核细胞百分比	9.3	$1.7-9.3\%$
X112	中性细胞百分比	63.8	$42.2-75.2\%$
	淋巴细胞绝对值	2.10	$0.7-4.9 \times 10^{-9}L$

定义 3.1.1 若随机变量 $X_1(\omega), X_2(\omega), \cdots, X_n(\omega)$ 定义在同一个样本空间 $\Omega = \{\omega\}$ 上,则称

$$\boldsymbol{X}(\omega) = (X_1(\omega), X_2(\omega), \cdots, X_n(\omega))$$

是一个 n 维随机变量,或称 n 维随机向量. 显然,一维随机变量就是前一章叙述的随机变量.

例 3.1.1 多维随机变量的例子.

(1) 在研究 4 岁至 6 岁儿童生长发育中,很注意每个儿童(样本点 ω)的身高 $X_1(\omega)$ 和体重 $X_2(\omega)$. 这里 $(X_1(\omega), X_2(\omega))$ 就是一个二维随机变量.

(2) 每个家庭(样本点 ω)的支出主要用在衣食住行四个方面. 假如用 $X_1(\omega), X_2(\omega), X_3(\omega), X_4(\omega)$ 分别表示每个家庭 ω 的衣食住行的花费(或占其总收入(按年计算)的百分比),则 (X_1, X_2, X_3, X_4) 就是很能引起经济学家兴趣的 4 维随机变量.

(3) 从一批产品中随机抽取 n 件,一等品、二等品、三等品和不合格品的件数分别记为 X_1, X_2, X_3, X_4,则 (X_1, X_2, X_3, X_4) 就是人们很关心的 4 维随机变量,这里基本结果 ω 可以用长为 n 的由 1,2,3,4 等四个数字组成的序列表示,其中 1,2,3 分别表示一等品、二等品、三等品,4 表示不合格品.

(4) 炮弹的着落点的位置 (X, Y) 就是指挥官关心的二维随机变量.

(5) 遗传学家很关心儿子的身高 X 与父亲的身高 Y 之间的关系,这里 (X, Y) 就是一个二维随机变量.

一般说来,若需要同时研究个体的多个方面,就会遇到多维随机变量.

3.1.2 联合分布

多维随机变量与一维随机变量相比增加了
- 多个随机变量间的独立性与相依性;
- 两个随机变量间的协方差与相关系数.

这些信息都包含在它们的联合分布之中. 多维随机变量的联合分布有多种形式,它们各有各的用处.
- 一般场合有(累积概率)联合分布函数;
- 离散场合有联合(概率)分布列;
- 连续场合有联合(概率)密度函数.

一维概率分布与二维联合概率分布间的差异较大. 二维联合概率分布与三维或更高维联合概率分布已无本质差异,因此本章把重点放在二维概率分布的叙述上. 弄清它与一维概率分布的差别就可掌握二维概率分布,从而认识三维和三维以上的概率分布. 下面从联合分布函数开始逐步展开.

定义 3.1.2 设 $\boldsymbol{X} = (X_1, X_2, \cdots, X_n)$ 是 n 维随机变量,对任意 n 个实数

$x_1, x_2, \cdots, x_n$ 所组成的 n 个事件 "$X_1 \leqslant x_1$", "$X_2 \leqslant x_2$", $\cdots$, "$X_n \leqslant x_n$" 同时发生的概率

$$F(x_1, x_2, \cdots, x_n) = P(X_1 \leqslant x_1, \ X_2 \leqslant x_2, \ \cdots, \ X_n \leqslant x_n) \quad (3.1.1)$$

称为 n 维随机变量 **X** 的**联合分布函数**.

下面对二维联合分布函数

$$F(x, y) = P(X \leqslant x, Y \leqslant y)$$

作一些重点讨论. $F(x, y)$ 是两事件 "$X \leqslant x$" 和 "$Y \leqslant y$" 的交(同时发生)的概率. 若用 x 轴表示 X 的可能取值范围,y 轴表示 Y 的可能取值范围,那么事件 "$X \leqslant x$" 在坐标平面上是 "左半平面",事件 "$Y \leqslant y$" 在坐标平面上是 "下半平面". 这两个半平面的交就是直角 xAy 所张的 1/4 区域(以下简称直角区域,见图 3-1),$F(x, y)$ 是在这个直角区域上取值的概率. 当直角顶点 (x, y) 在平面上移动时,其上的概率也随之变化,这就形成二维分布函数.

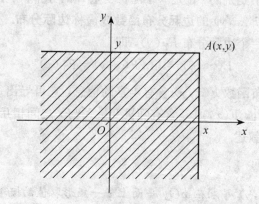

图 3-1 $F(x, y)$ 是直角区域 xAy 上的概率

从图 3-1 上可以看出二维联合分布函数的一些性质:

性质1 $F(x, y)$ 是每个分量的非减函数.

譬如当 x 增加时,直角区域在扩大,故在其上的概率不会减少. 类似对 y 的讨论可得相同结论.

性质2 当 x 与 y 同时趋向 ∞ 时,直角区域扩大到整个 xOy 平面,形成必然事件,故有 $F(\infty, \infty) = \lim\limits_{\substack{x \to \infty \\ y \to \infty}} F(x, y) = 1$.

性质3 当 x 与 y 中至少有一个趋向 $-\infty$ 时,直角区域缩小为空集 $\varnothing$,它不含 xOy 平面上任何点,故其概率为 0,这可用如下式子表示:

$$F(x, -\infty) = \lim_{y \to -\infty} F(x,y) = 0,$$

$$F(-\infty, y) = \lim_{x \to -\infty} F(x,y) = 0,$$

$$F(-\infty, -\infty) = \lim_{\substack{x \to -\infty \\ y \to -\infty}} F(x,y) = 0.$$

性质4   当固定 x，让 y 趋向 ∞，这时直角区域扩大到左半平面，该区域可用 "$X \leqslant x$" 表示，即

$$\text{"}X \leqslant x, Y < \infty\text{"} = \text{"}X \leqslant x\text{"},$$

而其上的概率

$$F(x, \infty) = \lim_{y \to \infty} P(X \leqslant x, Y \leqslant y) = P(X \leqslant x, Y < \infty)$$

$$= P(X \leqslant x) = F_X(x). \tag{3.1.2a}$$

最后的结果不是别的，正是一维随机变量 X 的分布，今后称 $F_X(x)$ 为二维联合分布函数 $F(x,y)$ 的**边际分布函数**或简称**边际分布**. 类似地，还可导出 $F(x,y)$ 的另一个边际分布 $F_Y(y)$，即

$$F(\infty, y) = \lim_{x \to \infty} F(x,y) = F_Y(y). \tag{3.1.2b}$$

这表明：二维分布函数 $F(x,y)$ 含有丰富的信息，它可导出每一个分量的边际分布. 除此以外，$F(x,y)$ 还含有随机变量 X 与 Y 之间相互关系的信息，这将在以后几节中叙述.

最后指出

性质5   用 $F(x,y)$ 寻求在 xOy 平面上任一矩形取值的概率公式：

$$P(a < X \leqslant b, c < Y \leqslant d) = F(b,d) - F(a,d) - F(b,c) + F(a,c).$$

为了证明这个等式，我们记"矩形区域 $FGHI$"为事件 A，见图 3-2，即

$$A = \{a < X \leqslant b, c < Y \leqslant d\} = \text{矩形区域 } FGHI.$$

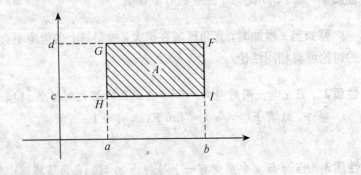

图 3-2   矩形区域

又记若干事件为

$$B = \{X \leqslant b, Y \leqslant d\} = 直角区域\ bFd,$$
$$C = \{X \leqslant a, Y \leqslant d\} = 直角区域\ aGd,$$
$$D = \{X \leqslant b, Y \leqslant c\} = 直角区域\ bIc,$$
$$E = \{X \leqslant a, Y \leqslant c\} = 直角区域\ aHc,$$

显然，$B \supset C$，$B \supset D$，$E = C \cap D$，且其概率分别为

$$P(B) = F(b,d), \ P(C) = F(a,d), \ P(D) = F(b,c), \ P(E) = F(a,c).$$

从图 3-2 上可以看出上述诸事件之间有如下关系：

$$A = B - (C \cup D), \quad 且\ B \supset C \cup D,$$

故有

$$
\begin{aligned}
P(A) &= P(B) - P(C \cup D) \\
&= P(B) - (P(C) + P(D) - P(CD)) \\
&= P(B) - P(C) - P(D) + P(E) \\
&= F(b,d) - F(a,d) - F(b,c) + F(a,c).
\end{aligned}
$$

以上 5 条性质中，除性质 5 是二维联合分布函数特有的外，其余 4 条性质都可推广到三维或更高维联合分布场合.

例 3.1.2 设二维随机变量 (X,Y) 的联合分布函数为

$$F(x,y) = \begin{cases} 1 - e^{-x} - e^{-y} + e^{-x-y-\lambda xy}, & x > 0,\ y > 0, \\ 0, & 其他, \end{cases}$$

其中 $\lambda \geqslant 0$，这个分布称为**二维指数分布**.

利用 (3.1.2a) 与 (3.1.2b) 容易得到 X 与 Y 的边际分布：

$$F_X(x) = F(x, \infty) = \begin{cases} 1 - e^{-x}, & x > 0, \\ 0, & x \leqslant 0, \end{cases} \tag{3.1.3a}$$

$$F_Y(y) = F(\infty, y) = \begin{cases} 1 - e^{-y}, & y > 0, \\ 0, & y \leqslant 0, \end{cases} \tag{3.1.3b}$$

它们都是一维指数分布，且都与参数 λ 无关. 不同的 λ 对应不同的二维指数分布，而它们的两个边际分布不变. 这一现象表明：$F(x,y)$ 不仅含有每个分量的概率分布的信息，而且还含有两个变量 X 与 Y 之间关系的信息，这正是引起人们研究多维随机变量的重要原因.

若取定参数 $\lambda = 1$，可以计算有关事件的概率. 譬如：

$$P(X \leqslant 0.5, Y \leqslant 1.3)$$
$$= F(0.5, 1.3) = 1 - e^{-0.5} - e^{-1.3} + e^{-2.45} = 0.2072,$$
$$P(X \leqslant 0.5, 0.3 < Y \leqslant 1.3)$$
$$= P(-\infty < X \leqslant 0.5, 0.3 < Y \leqslant 1.3)$$
$$= F(0.5, 1.3) - F(-\infty, 1.3) - F(0.5, 0.3) + F(-\infty, 0.3)$$

$$=0.207\,2-(1-e^{-0.5}-e^{-0.3}+e^{-0.95})$$
$$=0.207\,2-0.039\,4=0.167\,8.$$

3.1.3 随机变量间的独立性

在多维随机变量中,各分量的取值有时会相互影响,有时会毫无影响.譬如在研究父子身高中,父亲的身高 X 往往会影响儿子的身高 Y. 假如让父子各掷一颗骰子,那么各出现的点数 X_1 与 Y_1 相互间就看不出有任何影响.这种相互之间没有任何影响的随机变量称为相互独立的随机变量. 随机变量间是否有相互独立性可从其联合分布函数及其边际分布之间关系给出明确定义.

定义 3.1.3 设 $X_1, X_2, \cdots, X_n$ 是 n 维随机变量. 若对任意 n 个实数 x_1, $x_2, \cdots, x_n$ 所组成的 n 个事件 "$X_1 \leqslant x_1$" ," $X_2 \leqslant x_2$" ,$\cdots$," $X_n \leqslant x_n$" 相互独立,即有

$$P(X_1 \leqslant x_1, X_2 \leqslant x_2, \cdots, X_n \leqslant x_n)$$
$$=P(X_1 \leqslant x_1)P(X_2 \leqslant x_2)\cdots P(X_n \leqslant x_n)$$

或

$$F(x_1, x_2, \cdots, x_n)=F_1(x_1)F_2(x_2)\cdots F_n(x_n), \qquad (3.1.4)$$

则称 n 个随机变量 $X_1, X_2, \cdots, X_n$ **相互独立**,否则称 $X_1, X_2, \cdots, X_n$ **不相互独立**,或称**相依的**,其中 $F(x_1, x_2, \cdots, x_n)$ 为 $(X_1, X_2, \cdots, X_n)$ 的联合分布函数,$F_1(x_1), F_2(x_2), \cdots, F_n(x_n)$ 分别是 $X_1, X_2, \cdots, X_n$ 的边际分布函数.

例 3.1.2 续 在例 3.1.2 中已给出二维指数分布函数

$$F(x,y)=\begin{cases} 1-e^{-x}-e^{-y}+e^{-x-y-\lambda xy}, & x>0, y>0, \\ 0, & \text{其他}, \end{cases}$$

其中 $\lambda \geqslant 0$. 它的两个边际分布函数如(3.1.3a) 和(3.1.3b) 所示. 由于两个边际分布函数都不含参数 λ,故在 $\lambda \neq 0$ 时,总有

$$F(x,y) \neq F_1(x)F_2(y),$$

这时 X 与 Y 不是相互独立的随机变量. 而 $\lambda=0$ 时,有

$$F(x,y)=F_1(x)F_2(y),$$

这时 X 与 Y 是相互独立的随机变量.

判断多个随机变量间的相互独立性可依据定义 3.1.3 进行,但更多的是从经验事实作出判断. 譬如,两只灯泡寿命 X 与 Y 可看做两个相互独立的随机变量.

关于随机变量函数的独立性有一些明显的事实,现罗列如下:

(1) X 与 Y 是两个相互独立的随机变量,则 $f(X)$ 与 $g(Y)$ 亦相互独立,其中 $f(\cdot)$ 与 $g(\cdot)$ 是两个函数.

譬如，若 X 与 Y 相互独立，则 X^2 与 Y^2 亦相互独立；设 a 与 b 是两个常数，则 $aX+b$ 与 e^Y 相互独立；若 X 与 Y 还是正值随机变量，则 $\ln X$ 与 $\ln Y$ 亦相互独立.

(2) 常数 c 与任一随机变量相互独立.

(3) 设 $X_1, \cdots, X_r, X_{r+1}, \cdots, X_n$ 是 n 个相互独立的随机变量，其中 $1 < r < n$，则其部分 $\{X_1, \cdots, X_r\}$ 与 $\{X_{r+1}, \cdots, X_n\}$ 相互独立，它们的函数 $f(X_1, \cdots, X_r)$ 与 $g(X_{r+1}, \cdots, X_n)$ 亦相互独立.

譬如，当 $X_1, \cdots, X_r, X_{r+1}, \cdots, X_n$ 相互独立，则有

- $\dfrac{1}{r}(X_1 + \cdots + X_r)$ 与 $\dfrac{1}{n-r}(X_{r+1} + \cdots + X_n)$ 相互独立；

- $X_1^2 + \cdots + X_r^2$ 与 $X_{r+1}^2 + \cdots + X_n^2$ 相互独立；

- $\dfrac{1}{r}(X_1 + \cdots + X_r)$ 与 $(X_{r+1}^2 + \cdots + X_n^2)^{\frac{1}{2}}$ 相互独立.

3.1.4 多维离散随机变量

像一维随机变量那样，多维随机变量也有离散与连续两类，这里先研究二维离散随机变量. 多维离散随机变量的研究亦可类似进行.

定义 3.1.4 假如二维随机变量 (X, Y) 的每个分量都是一维离散随机变量，则称 (X, Y) 为二维离散随机变量. 若设 $\{x_1, x_2, \cdots\}$ 和 $\{y_1, y_2, \cdots\}$ 分别为 X 和 Y 的全部可能取值，则概率

$$P(X=x_i, Y=y_j) = p_{ij}, \quad i=1,2,\cdots, \ j=1,2,\cdots$$

全体称为 (X, Y) 的概率分布，简称二维离散分布.

显然，作为二维离散分布 $\{p_{ij}\}$ 应满足如下非负性与正则性两个条件：

(1) 非负性：$p_{ij} \geqslant 0, \ i=1,2,\cdots, \ j=1,2,\cdots$；

(2) 正则性：$\sum\limits_i \sum\limits_j p_{ij} = 1.$

若记

$$p_{i\cdot} = \sum_j p_{ij}, \quad p_{\cdot j} = \sum_i p_{ij},$$

则 (X, Y) 的两个边际分布分别为

$$P(X=x_i) = P(X=x_i, Y<\infty) = \sum_j P(X=x_i, Y=y_j)$$

$$= \sum_j p_{ij} = p_{i\cdot}, \quad i=1,2,\cdots,$$

$$P(Y=y_j) = \sum_i p_{ij} = p_{\cdot j}, \quad j=1,2,\cdots.$$

由两个边际分布可分别算得每个分量的期望与方差，如

$$E(X) = \sum_i x_i p_i, \quad \mathrm{Var}(Y) = \sum_j (y_j - E(Y))^2 p_{\cdot j}.$$

在多维离散随机变量场合,可以证明:独立性条件(3.1.4)等价于下述条件:对任意 n 个实数 $x_1, x_2, \cdots, x_n$,都有

$$P(X_1 = x_1, X_2 = x_2, \cdots, X_n = x_n)$$
$$= P(X_1 = x_1) P(X_2 = x_2) \cdots P(X_n = x_n). \tag{3.1.5}$$

在二维场合有

$$P(X = x_i, Y = y_j) = P(X = x_i) P(Y = y_j), \quad i, j = 1, 2, \cdots.$$

例 3.1.3 掷两颗骰子,记 $X_i (i = 1, 2)$ 为"第 i 颗骰子出现的点数",则 (X_1, X_2) 是一个二维随机变量,其样本空间为

$$\Omega = \{(i, j): i, j = 1, 2, \cdots, 6\},$$

含有 36 个等可能的样本点. 故其二维分布列为

$$P(X_1 = i, X_2 = j) = \frac{1}{36}, \quad i, j = 1, 2, \cdots, 6.$$

X_1 的边际分布

$$P(X_1 = i) = \sum_{j=1}^{6} P(X_1 = i, X_2 = j) = 6 \times \frac{1}{36} = \frac{1}{6}, \quad i = 1, 2, \cdots, 6,$$

这是在 $\{1, 2, 3, 4, 5, 6\}$ 上的离散均匀分布. 类似地,X_2 的边际分布也是这个分布. 由于有

$$P(X_1 = i, X_2 = j) = P(X_1 = i) P(X_2 = j), \quad i, j = 1, 2, \cdots, 6,$$

故 X_1 与 X_2 相互独立,这与经验事实是一致的.

现在这个样本空间 Ω 上再定义两个随机变量

$$U = \max\{X_1, X_2\}, \quad V = \min\{X_1, X_2\},$$

这两个随机变量就不相互独立了. 为了说明这一点需要考查二维随机变量 (U, V) 的联合分布列. 由 U 与 V 的定义可知,"$V > U$"是不可能事件,故当 $i < j$ 时,有

$$P(U = i, V = j) = 0, \quad i < j.$$

而当 $U = V = i$ 时,有

$$P(U = i, V = i) = P(X_1 = i, X_2 = i) = \frac{1}{36}, \quad i = 1, 2, \cdots, 6;$$

当 $U > V$ 时,有

$$P(U = i, V = j) = \frac{2}{36}, \quad i > j.$$

譬如

$$P(U = 2, V = 1) = P(X_1 = 1, X_2 = 2) + P(X_1 = 2, X_2 = 1) = \frac{2}{36}.$$

综上所述,可得二维随机变量 (U, V) 的联合分布列(见表 3-2). 表 3-2 的右

边与下边分别是 U 与 V 的边际分布. U 与 V 不相互独立只要从一对取值就可看出,如

$$P(U=1, V=1) = \frac{1}{36} \neq \frac{1}{36} \times \frac{11}{36} = P(U=1)P(V=1).$$

表 3-2 (U,V) 的联合分布列(表中数字除以 36 后才为概率)

p_{ij} $\diagdown$ V U	1	2	3	4	5	6	$P(U=i)$
1	1	0	0	0	0	0	1
2	2	1	0	0	0	0	3
3	2	2	1	0	0	0	5
4	2	2	2	1	0	0	7
5	2	2	2	2	1	0	9
6	2	2	2	2	2	1	11
$P(V=j)$	11	9	7	5	3	1	$\frac{36}{36}$

最后,由两个边际分布不难算得它们各自的期望与方差,

$$E(U) = 4.472, \quad \mathrm{Var}(U) = 17.500, \quad \sigma(U) = 4.183;$$
$$E(U) = 2.528, \quad \mathrm{Var}(V) = 2.220, \quad \sigma(V) = 1.490.$$

至于 U 与 V 的相依性将在后面叙述.

例 3.1.4(多项分布)   多项分布是最重要的多维离散分布,它是二项分布的推广. 大家知道,二项分布产生于 n 次独立重复伯努利试验,其中每次试验仅有两个可能结果:成功与失败. 如今多项分布产生于 n 次独立重复试验,其中每次试验有多于两个结果. 譬如把制造的产品分为一等品、二等品、三等品和不合格品四种状态;学生考试成绩被评为 A,B,C,D 和 E 五个等级;一项试验被判为成功、失败和无确定结果等三种可能. 一般,当把一个总体按某种属性分成几类时,就会产生多项分布,现把多项分布产生的条件叙述如下:

(1)   每次试验可能有 r 种互不相容的结果:$A_1,A_2,\cdots,A_r$,且

$$\bigcup_{i=1}^{r} A_i = \Omega.$$

(2)   第 i 种结果 A_i 发生的概率为 p_i,$i=1,2,\cdots,r$,且

$$p_1 + p_2 + \cdots + p_r = 1.$$

(3)   对上述试验独立地重复 n 次,这 n 次试验的结果可用某些 A_i 组成(允许重复)的序列(长为 n)表示,譬如,下面的序列就是 n 次重复试验的一个结果:

$$\underbrace{A_1 A_1 \cdots A_1}_{n_1 \uparrow} \underbrace{A_2 A_2 \cdots A_2}_{n_2 \uparrow} \cdots \underbrace{A_r A_r \cdots A_r}_{n_r \uparrow}, \qquad (3.1.6)$$

其中诸 n_i 为非负整数,且 $n_1 + n_2 + \cdots + n_r = n$. 由于独立性,这个结果发生的概率为 $p_1^{n_1} p_2^{n_2} \cdots p_r^{n_r}$.

容易看出,若在序列(3.1.6)中各 A_i 出现个数不变,而把它们次序打乱后重新排成一列,不同的排列共有

$$\frac{n!}{n_1! n_2! \cdots n_r!}$$

个,并且每个序列的概率仍为 $p_1^{n_1} p_2^{n_2} \cdots p_r^{n_r}$.

(4) 在上述 n 次试验中以 X_1 表示"A_1 出现的次数",X_2 表示"A_2 出现的次数"……X_r 表示"A_r 出现的次数",则 $(X_1, X_2, \cdots, X_r)$ 是 r 维随机变量,并且事件 $X_1 = n_1$,$X_2 = n_2$,$\cdots$,$X_r = n_r$ 同时发生的概率为

$$P(X_1 = n_1,\ X_2 = n_2,\ \cdots,\ X_r = n_r) = \frac{n!}{n_1! n_2! \cdots n_r!} p_1^{n_1} p_2^{n_2} \cdots p_r^{n_r},$$

$$(3.1.7)$$

其中诸 n_i 为非负整数,且 $n_1 + n_2 + \cdots + n_r = n$. 这就是**多项分布**,记为 $M(n, p_1, p_2, \cdots, p_r)$. 由多项式 n 次幂的展开式可知

$$(p_1 + p_2 + \cdots + p_r)^n = \sum_{n_1 + n_2 + \cdots + n_r = n} \frac{n!}{n_1! n_2! \cdots n_r!} p_1^{n_1} p_2^{n_2} \cdots p_r^{n_r} = 1.$$

$$(3.1.8)$$

所有形如(3.1.7)所示的概率组成了一个多维离散分布,多项分布的名称也由此而来.

当 $r = 2$ 时,多项分布就退化为二项分布,即 $M(n, p_1, p_2) = b(n, p_1)$,其中 $p_1 + p_2 = 1$.

多项分布有广泛应用. 譬如,把产品分为一等品(A_1),二等品(A_2),三等品(A_3) 和不合格品(A_4) 四类,并设

$$P(A_1) = 0.15,\ P(A_2) = 0.60,\ P(A_3) = 0.20,\ P(A_4) = 0.05.$$

如今从一大批产品中随机取出 10 个,其中一等品有 2 个,二等品有 6 个,三等品有 2 个,且没有不合格品的概率为

$$P(X_1 = 2,\ X_2 = 6,\ X_3 = 2,\ X_4 = 0)$$

$$= \frac{10!}{2!\, 6!\, 2!\, 0!} (0.15)^2 (0.60)^6 (0.20)^2 (0.50)^0$$

$$= 0.0529,$$

其中 X_1, X_2, X_3, X_4 分别表示 10 个产品中一、二、三等品和不合格品的个数.

可以证明:多项分布 $M(n, p_1, p_2, \cdots, p_r)$ 中任意一个分量的边际分布是

二项分布. 以 X_1 为例, X_1 可以取 $0,1,2,\cdots,n$ 个值中任意一个. 由边际分布定义可知

$$P(X_1 = n_1) = \sum_{n_2 + \cdots + n_r = n - n_1} \frac{n!}{n_1! n_2! \cdots n_r!} p_1^{n_1} p_2^{n_2} \cdots p_r^{n_r},$$

其中 $n_2, \cdots, n_r$ 分别是 $X_2, \cdots, X_r$ 的取值, 都是非负整数, 其和必为 $n - n_1$. 若令

$$p_2' = \frac{p_2}{1 - p_1}, \quad \cdots, \quad p_r' = \frac{p_r}{1 - p_1},$$

则 $p_2' + \cdots + p_r' = \dfrac{p_2 + \cdots + p_r}{1 - p_1} = 1$. 若把上式改写为

$$P(X_1 = n_1) = \left(\sum_{n_2 + \cdots + n_r = n - n_1} \frac{(n - n_1)!}{n_2! \cdots n_r!} {p_2'}^{n_2} \cdots {p_r'}^{n_r} \right)$$

$$\cdot \left(\frac{n!}{n_1!(n - n_1)!} p_1^{n_1} (1 - p_1)^{n - n_1} \right),$$

利用(3.1.8)式, 上式右端第一个括号为 1, 于是得到

$$P(X_1 = n_1) = \binom{n}{n_1} p_1^{n_1} (1 - p_1)^{n - n_1}, \quad n_1 = 0, 1, \cdots, n.$$

这正是二项分布 $b(n, p_1)$, 即 n 次独立重复试验(每次试验只有两种可能 A_1 和 $\overline{A_1} = A_2 \bigcup A_3 \bigcup \cdots \bigcup A_r$)中 A_1 出现 n_1 次的概率. 类似地可写出 X_2 的边际分布为 $b(n, p_2)$ 等.

3.1.5 多维连续随机变量

为简单起见, 以下叙述仅对二维连续随机变量进行. 读者不难把它推广到三维和更高维场合.

定义 3.1.5 设二维随机变量 (X,Y) 的分布函数为 $F(x,y)$. 假如各分量 X 和 Y 都是一维连续随机变量, 并存在定义在平面上的非负函数 $p(x,y)$, 使得

$$F(x,y) = \int_{-\infty}^{x} \int_{-\infty}^{y} p(x,y) \mathrm{d}x \, \mathrm{d}y, \tag{3.1.9}$$

则称 (X,Y) 为二维连续随机变量, $p(x,y)$ 称为 (X,Y) 的**联合概率密度函数**, 或简称**联合密度**.

在这个定义中特别强调, 只有具有联合密度 $p(x,y)$ 的二维随机变量才能称为二维连续随机变量. 在给出联合密度 $p(x,y)$ 后, 与 (X,Y) 有关的事件"$(X,Y) \in S$"(见图 3-3 (a))的概率都可用二重积分表示, 然后设法化为累次积分计算. 譬如

$$P((X,Y) \in S) = \iint\limits_{S} p(x,y) \mathrm{d}x \, \mathrm{d}y = \int_{a}^{b} \int_{\varphi_1(x)}^{\varphi_2(x)} p(x,y) \mathrm{d}y \, \mathrm{d}x,$$

它是联合密度 $p(x,y)$ 在区域 S 上的体积. 当 S 为长方形(见图 3-3 (b))时，可直接用累次积分计算：

$$P(a<X<b,\ c<Y<d)=\int_a^b\int_c^d p(x,y)\mathrm{d}y\,\mathrm{d}x, \qquad (3.1.10)$$

其中不等号改为"$\leqslant$"，(3.1.9) 仍然成立，因为一个面的体积总为零.

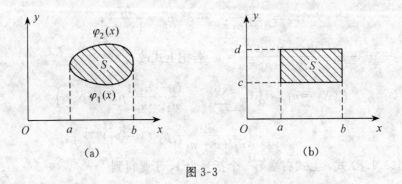

图 3-3

实际中，很多二维连续随机变量的概率分布都是用联合密度 $p(x,y)$ 给出的，其中 $p(x,y)$ 应满足如下非负性与正则性两个条件：

$$p(x,y)\geqslant 0,$$

$$\int_{-\infty}^{\infty}\int_{-\infty}^{\infty}p(x,y)\mathrm{d}x\,\mathrm{d}y=1.$$

若二维连续分布是用分布函数 $F(x,y)$ 给出的，则由(3.1.9) 可知，在 $F(x,y)$ 的偏导数存在的点上可写出其联合密度

$$p(x,y)=\frac{\partial^2}{\partial x\,\partial y}F(x,y). \qquad (3.1.11)$$

而在 $F(x,y)$ 的偏导数不存在的点上 $p(x,y)$ 的值可用任意一个常数给出，这不会影响以后有关事件概率的计算结果. 因为这类点组成的集合发生的概率为零.

由联合密度 $p(x,y)$ 不难求出各个分量的概率密度. 譬如 X 的分布函数可改写为

$$F_X(x)=P(X\leqslant x,\ Y<\infty)=\int_{-\infty}^{x}\left(\int_{-\infty}^{\infty}p(x,y)\mathrm{d}y\right)\mathrm{d}x$$

$$=\int_{-\infty}^{x}p_X(x)\mathrm{d}x,$$

其中

$$p_X(x)=\int_{-\infty}^{\infty}p(x,y)\mathrm{d}y \qquad (3.1.12\mathrm{a})$$

是 X 的概率密度函数. 类似可得 Y 的概率密度函数

$$p_Y(y) = \int_{-\infty}^{\infty} p(x,y)\mathrm{d}x. \qquad (3.1.12\text{b})$$

$p_X(x)$ 和 $p_Y(y)$ 又称为 (X,Y) 的(或 $p(x,y)$ 的)**边际密度函数**.

在多维连续随机变量场合,独立性条件 (3.1.4) 等价于下述条件:对任意 n 个实数 $x_1, x_2, \cdots, x_n$ 几乎处处都有

$$p(x_1, x_2, \cdots, x_n) = p_1(x_1)p_2(x_2)\cdots p_n(x_n), \qquad (3.1.13)$$

其中 $p(x_1, x_2, \cdots, x_n)$ 为 $(X_1, X_2, \cdots, X_n)$ 的联合密度函数,$p_1(x_1)$,$p_2(x_2), \cdots, p_n(x_n)$ 分别为其 n 个边际密度函数. 下面对 $n=2$ 给出等价性的证明.

若 (3.1.4) 成立,即 $F(x,y) = F_1(x)F_2(y)$,对其两端分别对 x 和 y 求导,可得

$$p(x,y) = \frac{\partial^2 F(x,y)}{\partial x \partial y} = \frac{\partial F_1(x)}{\partial x} \cdot \frac{\partial F_2(y)}{\partial y} = p_1(x)p_2(y).$$

这个等式对 F_1 和 F_2 不可导点可能不成立,但这些点的全体发生的概率为零,这意味着 (3.1.13) 几乎处处成立. 反之,若 (3.1.13) 几乎处处成立,则有

$$F(x,y) = \int_{-\infty}^{x}\int_{-\infty}^{y} p(x,y)\mathrm{d}x\,\mathrm{d}y = \int_{-\infty}^{x}\int_{-\infty}^{y} p_1(x)p_2(y)\mathrm{d}x\,\mathrm{d}y$$

$$= \int_{-\infty}^{x} p_1(x)\mathrm{d}x \cdot \int_{-\infty}^{y} p_2(y)\mathrm{d}y = F_1(x)F_2(y),$$

即 (3.1.4) 成立.

二维均匀分布与二维正态分布是两种常用的多维连续分布. 下面作为例子来说明二维连续分布的一些概念和计算.

例 3.1.5(二维均匀分布) 向半径为 r 的圆内随机投点,落在圆内面积相等的不同区域(如图 3-4 上圆内两个正方形)内是等可能的. 若把坐标原点放在圆心,在坐标 (x,y) 处的联合密度函数为

$$p(x,y) = \begin{cases} c, & x^2 + y^2 \leqslant r^2, \\ 0, & x^2 + y^2 > r^2, \end{cases}$$

$$(3.1.14)$$

其中 c 为某一待定常数. 这个二维分布称为**在圆上的均匀分布**. 类似可定义长方形上的均匀分布、椭圆上的均匀分布以及平面上任一有限区域上的均匀分布.

(1) 确定 c 的值.

(2) 求 (X,Y) 的边际密度函数,并讨论 X 与 Y 的独立性.

(3) 计算落点 (X,Y) 到原点的距离

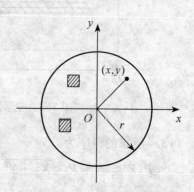

图 3-4 二维均匀分布区域

$Z=\sqrt{X^2+Y^2}$ 不大于 a 的概率 $(0<a<r)$.

解 (1) 由正则性条件可知

$$c\iint\limits_{x^2+y^2\leqslant r^2}\mathrm{d}x\,\mathrm{d}y=1.$$

上述二重积分表示圆的面积，故等于 πr^2. 从而有 $c=\dfrac{1}{\pi r^2}$.

(2) 先求 X 的边际密度函数. 当 $x^2\leqslant r^2$ 时，有

$$p_X(x)=\int_{-\infty}^{\infty}p(x,y)\mathrm{d}y=\frac{1}{\pi r^2}\int_{x^2+y^2\leqslant r^2}\mathrm{d}y$$

$$=\frac{1}{\pi r^2}\int_{-\sqrt{r^2-x^2}}^{\sqrt{r^2-x^2}}\mathrm{d}y=\frac{2}{\pi r^2}\sqrt{r^2-x^2}.$$

而当 $x^2>r^2$ 时，$p_X(x)=0$. 类似地可求出 Y 的边际密度函数

$$p_Y(y)=\begin{cases}\dfrac{2}{\pi r^2}\sqrt{r^2-y^2}, & y^2\leqslant r^2,\\[2mm] 0, & y^2>r^2.\end{cases}$$

由于在圆 $x^2+y^2\leqslant r^2$ 内，$p(x,y)\neq p_X(x)p_Y(y)$，故 X 与 Y 同分布，但不独立，这是由于 (X,Y) 在圆内均匀分布. 若设 (X,Y) 在矩形区域

$$\{(x,y):a\leqslant x\leqslant b,c\leqslant y\leqslant d\}$$

上均匀分布(见图 3-5)，则 X 与 Y 就相互独立了. 因为此时

$$p(x,y)=\frac{1}{(b-a)(d-c)},\quad a\leqslant x\leqslant b,c\leqslant y\leqslant d,$$

而其边际分布分别为 $U(a,b)$ 和 $U(c,d)$，即有 $p(x,y)=p_1(x)p_2(y)$.

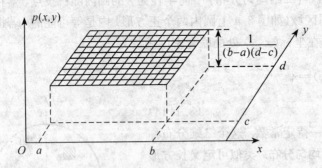

图 3-5 矩形区域上的二维均匀分布

(3) 所求的概率为

$$P(Z\leqslant a)=P(\sqrt{X^2+Y^2}\leqslant a)=P(X^2+Y^2\leqslant a^2)$$

$$=\iint\limits_{x^2+y^2\leqslant a^2}p(x,y)\mathrm{d}x\,\mathrm{d}y=\frac{1}{\pi r^2}\iint\limits_{x^2+y^2\leqslant a^2}\mathrm{d}x\,\mathrm{d}y=\frac{a^2}{r^2}.$$

例 3.1.6（二维正态分布） 联合密度函数为

$$p(x,y) = \frac{1}{2\pi\sigma_1\sigma_2\sqrt{1-\rho^2}}\exp\left\{-\frac{1}{2(1-\rho^2)}\left[\frac{(x-\mu_1)^2}{\sigma_1^2}\right.\right.$$
$$\left.\left.-\frac{2\rho(x-\mu_1)(y-\mu_2)}{\sigma_1\sigma_2}+\frac{(y-\mu_2)^2}{\sigma_2^2}\right]\right\},$$
$$-\infty < x,y < \infty \qquad (3.1.15)$$

的二维分布称为**二维正态分布**，它是最重要的二维连续分布. 它含有 5 个参数 $\mu_1,\mu_2,\sigma_1,\sigma_2$ 和 ρ，其取值范围分别为

$$-\infty < \mu_1 < \infty,\ -\infty < \mu_2 < \infty,\ \sigma_1 > 0,\ \sigma_2 > 0,\ -1 \leqslant \rho \leqslant 1.$$

常把这个分布记为 $N(\mu_1,\mu_2,\sigma_1^2,\sigma_2^2,\rho)$. 这个密度函数在 xOy 平面上的图形很像一顶四周无限延伸的草帽（见图 3-6），其中心在点 (μ_1,μ_2) 处.

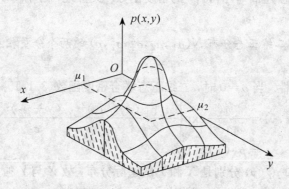

图 3-6　二维正态密度函数

下面证明两个重要结论：

（1）二维正态分布的边际分布是一维正态分布，即若 $(X,Y) \sim N(\mu_1,\mu_2,\sigma_1^2,\sigma_2^2,\rho)$，则 $X \sim N(\mu_1,\sigma_1^2)$，$Y \sim N(\mu_2,\sigma_2^2)$.

为证此结论，先把二维正态密度函数 $p(x,y)$ 的指数部分（见(3.1.15)）改写为

$$-\frac{1}{2}\cdot\frac{1}{1-\rho^2}\left[\frac{(x-\mu_1)^2}{\sigma_1^2}-\frac{2\rho(x-\mu_1)(y-\mu_2)}{\sigma_1\sigma_2}+\frac{(y-\mu_2)^2}{\sigma_2^2}\right]$$
$$=-\frac{1}{2}\left(\rho\frac{x-\mu_1}{\sigma_1\sqrt{1-\rho^2}}-\frac{y-\mu_2}{\sigma_2\sqrt{1-\rho^2}}\right)^2-\frac{(x-\mu_1)^2}{2\sigma_1^2}.$$

于是 X 的边际密度函数为

$$p_X(x) = \int_{-\infty}^{\infty} p(x,y)\mathrm{d}y$$

$$=\frac{\exp\left\{-\dfrac{(x-\mu_1)^2}{2\sigma_1^2}\right\}}{2\pi\sigma_1\sigma_2\sqrt{1-\rho^2}}\int_{-\infty}^{\infty}\exp\left\{-\frac{1}{2}\left(\rho\frac{x-\mu_1}{\sigma_1\sqrt{1-\rho^2}}-\frac{y-\mu_2}{\sigma_2\sqrt{1-\rho^2}}\right)^2\right\}\mathrm{d}y.$$

然后对积分变量 y 作如下变换(注意把 x 看做常量):

$$t = \rho \, \frac{x - \mu_1}{\sigma_1 \sqrt{1 - \rho^2}} - \frac{y - \mu_2}{\sigma_2 \sqrt{1 - \rho^2}},$$

则上式可化为

$$p_X(x) = \frac{\exp\left\{ -\dfrac{(x - \mu_1)^2}{2\sigma_1^2} \right\}}{2\pi\sigma_1\sigma_2 \sqrt{1 - \rho^2}} \int_{-\infty}^{\infty} e^{-\frac{t^2}{2}} \, dt \cdot \sigma_2 \sqrt{1 - \rho^2}.$$

注意到上式中的积分恰好等于 $\sqrt{2\pi}$,故有

$$p_X(x) = \frac{1}{\sqrt{2\pi}\,\sigma_1} \exp\left\{ -\frac{(x - \mu_1)^2}{2\sigma_1^2} \right\}.$$

这正是一维正态分布 $N(\mu_1, \sigma_1^2)$ 的密度函数. 类似地,可求得 Y 的边际分布是 $N(\mu_2, \sigma_2^2)$.

(2) 服从二维正态分布 $N(\mu_1, \mu_2, \sigma_1^2, \sigma_2^2, \rho)$ 的两个分量相互独立的充要条件是 $\rho = 0$.

先证充分性. 当 $\rho = 0$ 时,二维正态联合密度函数(3.1.15)为

$$p(x, y) = \frac{1}{2\pi\sigma_1\sigma_2} \exp\left\{ -\frac{1}{2} \left[\frac{(x - \mu_1)^2}{\sigma_1^2} + \frac{(y - \mu_2)^2}{\sigma_2^2} \right] \right\}$$
$$= p_X(x)p_Y(y),$$

其中 $p_X(x)$ 和 $p_Y(y)$ 分别是 X 和 Y 的边际分布,故 X 与 Y 独立,这就是充分性. 反之,若 X 与 Y 独立,则对一切 x 与 y 应有

$$p(x, y) = p_X(x)p_Y(y).$$

当然在 $x = \mu_1$, $y = \mu_2$ 也有 $p(\mu_1, \mu_2) = p_X(\mu_1)p_Y(\mu_2)$,由此得 $\rho = 0$,这就是必要性.

从这个例子还可看出一个重要的结论:由二维联合分布可以唯一决定其每个分量的边际分布,但反过来不成立,即知道 X 与 Y 的边际分布,也不足以决定其联合分布. 譬如考虑两个二维正态分布: $N(0, 0, 1, 1, 1/2)$ 和 $N(0, 0, 1, 1, 1/3)$. 它们的任一边际分布都是标准正态分布 $N(0, 1)$. 但这两个二维正态分布是不同的分布,因为其参数 ρ 的数值不同. 引起这个现象的原因是:二维联合分布不仅含有每个分量的边际信息,而且还含有两个变量 X 与 Y 之间关系的信息.

在什么场合下,联合分布可由边际分布唯一确定呢? 回答是在独立场合. 若能从问题的实际背景判断两个(或更多个)随机变量之间的取值无任何相互影响,就认定它们之间相互独立,而把它们的分布连乘就可获得联合分布,从而可以计算有关多维随机变量事件的概率. 下面例子可说明独立性的应用.

例 3.1.7 设 X 与 Y 是两个相互独立且分布相同的随机变量,其共同分布由下列密度函数给出:

$$p(x) = \begin{cases} 2x, & 0 \leqslant x \leqslant 1, \\ 0, & \text{其他.} \end{cases}$$

现要求计算 $P(X+Y \leqslant 1)$.

解 要求概率 $P(X+Y \leqslant 1)$,必须先知道 (X,Y) 的联合分布,如今已知 X 与 Y 相互独立,故其联合密度函数为

$$p(x,y) = p(x)p(y) = \begin{cases} 4xy, & 0 \leqslant x, y \leqslant 1, \\ 0, & \text{其他.} \end{cases}$$

于是要求的概率是

$$P(X+Y \leqslant 1) = \iint\limits_{x+y \leqslant 1} p(x,y)\mathrm{d}x\,\mathrm{d}y = \int_0^1 \int_0^{1-x} 4xy\,\mathrm{d}y\,\mathrm{d}x$$
$$= \int_0^1 2x(1-x)^2\,\mathrm{d}x = \frac{1}{6}.$$

习 题 3.1

1. 设二维随机变量 (X,Y) 的联合分布函数为

$$F(x,y) = \begin{cases} 1, & x \geqslant 1 \text{ 或 } y \geqslant 1, \\ \dfrac{xy}{2}(4-x-y), & 0 < x, y < 1, \\ 0, & x \leqslant 0 \text{ 或 } y \leqslant 0. \end{cases}$$

求概率 $P(0.2 < X < 0.9, \ 0.1 < Y < 0.5)$.

2. 设二维随机变量 (X,Y) 的联合分布列为

X \ Y	0	1	2	3
1	0.15	0.05	0.1	0
2	0.1	0.2	0.1	0.1
3	0.1	0.05	0	0.05

(1) 求下列概率:$P(X=1, Y=2)$,$P(X \leqslant 1, Y \leqslant 2)$,$P(X>1, Y<2)$,$P(X=0, Y=2)$,$P(X \leqslant 2)$,$P(Y \leqslant 2)$,$P(X+Y \leqslant 2)$,$P(XY \leqslant 2)$;

(2) 求 X 与 Y 的边际分布;

(3) 写出 $Z=X+Y$ 的分布.

3. 一个袋中装有 2 个红球、3 个白球和 4 个黑球,从袋中随机取出 3 个球. 设 X 和 Y 分别表示取出的红球数与白球数. 这时,X 可能取 0,1,2 等三

个值，Y 可能取 $0,1,2,3$ 等四个值. 从而二维离散随机变量 (X,Y) 可能取 12 种不同数对. 请用古典方法计算这 12 种不同数对出现的概率，然后写出 (X,Y) 的二维离散分布及其两个边际分布.

4. 某人进行连续射击，设每次击中目标的概率为 p $(0 < p < 1)$. 若以 X 和 Y 分别表示第一次击中目标和第二次击中目标时所射击的次数，求

(1) (X,Y) 的联合分布列；

(2) X 与 Y 的边际分布.

5. 设二维随机变量 (X,Y) 的联合密度函数为

$$p(x,y) = \begin{cases} 4xy, & 0 < x, y < 1, \\ 0, & \text{其他.} \end{cases}$$

(1) 写出二维联合分布函数；

(2) 写出两个分量的边际分布函数，并判断其独立性；

(3) 求概率 $P(0 < X < 0.5, 0.25 < Y < 1)$；

(4) 求概率 $P(X = Y)$ 与 $P(X < Y)$.

6. 设二维随机变量 (X,Y) 的联合密度函数为

$$p(x,y) = \begin{cases} \dfrac{1}{4x^2 y^3}, & x > \dfrac{1}{2}, y > \dfrac{1}{2}, \\ 0, & \text{其他.} \end{cases}$$

(1) 求概率 $P(XY < 1)$；

(2) 写出联合分布函数及其边际分布函数，并判断 X 与 Y 的独立性；

(3) 求概率 $P(1 < X < 3)$；

(4) 求 Y 的边际分布的中位数.

7. 一台机器制造直径为 X 的轴，另一台机器制造内径为 Y 的轴套. 设二维随机变量 (X,Y) 的联合密度函数为

$$p(x,y) = \begin{cases} 2\,500, & 0.49 < x < 0.51, 0.51 < y < 0.53, \\ 0, & \text{其他.} \end{cases}$$

若轴套的内径比轴的直径大 0.004，但不大于 0.036，则两者就能配合成套. 现随机地取一个轴和一个轴套，问两者能配合成套的概率是多少？

8. 一台仪表由两个部件组成. 以 X 和 Y 分别表示这两个部件的寿命（单位：小时）. 设 (X,Y) 的分布函数为

$$F(x,y) = \begin{cases} 1 - \mathrm{e}^{-0.01x} - \mathrm{e}^{-0.01y} + \mathrm{e}^{-0.01(x+y)}, & x > 0, y > 0, \\ 0, & \text{其他.} \end{cases}$$

求两个部件的寿命同时超过 120 小时的概率.

9. 请写出下列二维正态分布中的 5 个参数：

(1) $p(x,y) = \dfrac{1}{12\pi} \exp\left\{ -\dfrac{25}{18}\left[\dfrac{(x-20)^2}{25} - \dfrac{4(x-20)(y-10)}{25} + \dfrac{(y-10)^2}{4} \right] \right\}$；

(2) $p(x,y)=\dfrac{1}{\pi}\exp\{-(x^2-2xy+2y^2)\}$;

(3) $p(x,y)=\dfrac{1}{\sqrt{3}\,\pi}\exp\left\{-\dfrac{2}{3}[x^2-x(y-5)+(y-5)^2]\right\}$;

(4) $p(x,y)=\dfrac{1}{2\pi}\exp\left\{-\dfrac{1}{2}(x^2+y^2)\right\}$.

10. 设 (X,Y) 的联合密度函数为

$$p(x,y)=\begin{cases}6\,\mathrm{e}^{-2x-3y}, & x>0,\ y>0,\\ 0, & \text{其他.}\end{cases}$$

(1) 求概率 $P(X<1,Y>1)$;

(2) 求 $P(X>Y)$;

(3) 判断 X 与 Y 的独立性.

11. 设三维随机变量 (X,Y,Z) 的联合密度函数为

$$p(x,y,z)=\begin{cases}\dfrac{6}{(1+x+y+z)^4}, & 0<x,y,z<\infty,\\ 0, & \text{其他.}\end{cases}$$

求 $U=X+Y+Z$ 的分布函数.

12. 设二维离散随机变量 (X,Y) 有如下联合分布:

Y \ X	1	2	3
1	a	$\dfrac{1}{9}$	c
2	$\dfrac{1}{9}$	b	$\dfrac{1}{3}$

13. 检验两个随机变量 X,Y 是否相互独立,假设其联合密度函数如下所示:

(1) $p(x,y)=\begin{cases}6xy^2, & 0<x,y<1,\\ 0, & \text{其他};\end{cases}$

(2) $p(x,y)=\begin{cases}\dfrac{2\mathrm{e}^{1-y}}{x^3}, & 1<x,y<\infty,\\ 0, & \text{其他};\end{cases}$

(3) $p(x,y)=\begin{cases}12y^2, & 0\leqslant y\leqslant x\leqslant 1,\\ 0, & \text{其他};\end{cases}$

(4) $p(x,y)=\begin{cases}6\exp\{-2x-3y\}, & x>0,\ y>0,\\ 0, & \text{其他};\end{cases}$

(5) $p(x,y)=\begin{cases} x^2+\dfrac{xy}{3}, & 0<x<1,\ 0<y<2, \\ 0, & \text{其他.} \end{cases}$

14. 设 X 和 Y 是两个相互独立的离散随机变量,其中 X 可取三个值 $0,1,$ 3,相应概率为 $1/2,3/8,1/8$;Y 可取两个值 $0,1$,相应概率为 $1/3,2/3.$

(1) 写出 (X,Y) 的联合分布;

(2) 计算 $Z=X+Y$ 的分布.

15. 向顶点为 $(0,0),(0,1),(1,0),(1,1)$ 的正方形内随机投点 (X,Y),其中 X 和 Y 是相互独立同分布的随机变量,且其分布为区间 $(0,1)$ 上的均匀分布. 计算下列概率:

(1) $P(|X-Y|<z)$;   (2) $P(XY<z)$;

(3) $P\left(\dfrac{1}{2}(X+Y)<z\right)$.

16. 某项调查表明:在市区驾驶小汽车每加仑汽油平均行驶低于 22 里的汽车占 40%,行驶在 $22\sim25$ 里间的汽车占 40%,行驶高于 25 里的汽车占 20%. 如今有这样的小汽车 12 辆,其中有 4 辆低于 22 里/加仑,6 辆在 $22\sim$ 25 里/加仑,2 辆高于 25 里/加仑的概率是多少?

3.2   多维随机变量函数的分布与期望

3.2.1   最大值与最小值的分布

1. 离散场合

这一小节我们将分离散与连续两种场合,致力于寻求若干个相互独立随机变量的最大值与最小值的分布. 在离散场合主要是把所有取值情况罗列出来,然后将最大值或最小值综合起来即可. 这个方法在 3.1.4 小节用过,这里再用一个例子说明其想法.

例 3.2.1   设随机变量 X_1 与 X_2 相互独立,其中 X_1 以等可能取 0 与 1 两个值,X_2 以等可能取 $0,1,2$ 三个值,也就是说,X_1 与 X_2 的分布分别为

X_1	0	1		X_2	0	1	2
P	$\dfrac{1}{2}$	$\dfrac{1}{2}$		P	$\dfrac{1}{3}$	$\dfrac{1}{3}$	$\dfrac{1}{3}$

现把 (X_1,X_2) 看做一个二维随机变量,它的取值是数对 (i,j),$i=0,1$,$j=0,$

1,2,共有 6 种可能. 由于独立性的假设,这 6 种可能数对也是等可能的,因为

$$P(X_1 = i, \ X_2 = j) = P(X_1 = i)P(X_2 = j) = \frac{1}{6}.$$

这两个随机变量 X_1 与 X_2 的最大值与最小值可记为

$$Y = \max\{X_1, X_2\}, \quad Z = \min\{X_1, X_2\}.$$

每当 X_1 取值 i,X_2 取值 j 时,Y 的相应取值为 $\max\{i,j\}$,Z 的相应取值为 $\min\{i,j\}$. 由此可见,Y 与 Z 都是 X_1 与 X_2 的函数,并且这个函数不能用初等函数表示. 求它们的分布要从它们各自的定义出发,由于 (X_1, X_2) 的取值只有 6 种可能,我们把它罗列出来,相应 Y 与 Z 的取值也可罗列出来,详见表 3-3.

表 3-3 $\qquad\qquad\qquad$ $(X_1, X_2), Y, Z$ 的取值

(X_1, X_2)	$(0,0)$	$(0,1)$	$(0,2)$	$(1,0)$	$(1,1)$	$(1,2)$
Y	0	1	2	1	1	2
Z	0	0	0	0	1	1

从表 3-3 中可立刻看出 Y 只可能取 $0,1,2$ 三个值,Z 只可能取 $0,1$ 两个值,但都不是等可能的,而是如下分布:

Y	0	1	2
P	$\frac{1}{6}$	$\frac{3}{6}$	$\frac{2}{6}$

Z	0	1
P	$\frac{4}{6}$	$\frac{2}{6}$

这两个分布列也可看做二维随机变量 (Y, Z) 的边际分布列,而 (Y, Z) 的联合分布列可从表 3-3 上得到,具体如下:

Z \ Y	0	1	2	$P(Z = z)$
0	$\frac{1}{6}$	$\frac{2}{6}$	$\frac{1}{6}$	$\frac{4}{6}$
1	0	$\frac{1}{6}$	$\frac{1}{6}$	$\frac{2}{6}$
$P(Y = y)$	$\frac{1}{6}$	$\frac{3}{6}$	$\frac{2}{6}$	1

它的两个边际分布与前面得到的完全一样. 从上述联合分布列上看出,Y 与 Z 是不独立的.

2. 连续场合

设 $X_1, X_2, \cdots, X_n$ 是相互独立同分布的 n 个随机变量，它们共同的分布函数为 $F_X(x)$，共同的密度函数为 $p_X(x)$，现要寻求它们的最大值 Y 与最小值 Z 的分布，其中

$$Y = \max\{X_1, X_2, \cdots, X_n\}, \quad Z = \min\{X_1, X_2, \cdots, X_n\}.$$

先考查 Y 的分布函数

$$F_Y(y) = P(Y \leqslant y) = P(\max\{X_1, X_2, \cdots, X_n\} \leqslant y),$$

其中事件"$\max\{X_1, X_2, \cdots, X_n\} \leqslant y$"等价于事件

$$"X_1 \leqslant y, \ X_2 \leqslant y, \ \cdots, \ X_n \leqslant y",$$

因为 n 个随机变量的最大值不超过 y 必导致其中每一个都不超过 y；反之，若 n 个随机变量中每个都不超过 y 必导致其最大值不超过 y. 考虑到独立性，立即可得

$$\begin{aligned}
F_Y(y) &= P(X_1 \leqslant y, \ X_2 \leqslant y, \ \cdots, \ X_n \leqslant y) \\
&= P(X_1 \leqslant y) P(X_2 \leqslant y) \cdots P(X_n \leqslant y) \\
&= (F_X(y))^n.
\end{aligned}$$

这就是最大值 Y 的分布函数，对其求导后即可得 Y 的密度函数

$$p_Y(y) = n(F_X(y))^{n-1} p_X(y).$$

再考查 Z 的分布函数，

$$\begin{aligned}
F_Z(z) &= P(Z \leqslant z) = P(\min\{X_1, X_2, \cdots, X_n\} \leqslant z) \\
&= 1 - P(\min\{X_1, X_2, \cdots, X_n\} > z) \\
&= 1 - P(X_1 > z, \ X_2 > z, \ \cdots, \ X_n > z) \\
&= 1 - P(X_1 > z) P(X_2 > z) \cdots P(X_n > z) \\
&= 1 - (1 - F_X(z))^n,
\end{aligned}$$

这就是最小值 Z 的分布函数. 对其求导，可得 Z 的密度函数

$$p_Z(z) = n(1 - F_X(z))^{n-1} p_X(z).$$

综上所述，可得如下定理.

定理 3.2.1 设 $X_1, X_2, \cdots, X_n$ 是 n 个相互独立同分布随机变量，$F_X(x)$ 和 $p_X(x)$ 是它们的分布函数与密度函数，则其最大值 $Y = \max\{X_1, X_2, \cdots, X_n\}$ 的分布函数与密度函数分别为

$$F_Y(y) = (F_X(y))^n, \tag{3.2.1}$$

$$p_Y(y) = n(F_X(y))^{n-1} p_X(y), \tag{3.2.2}$$

而其最小值 $Z = \min\{X_1, X_2, \cdots, X_n\}$ 的分布函数与密度函数分别为

$$F_Z(z) = 1 - (1 - F_X(z))^n, \tag{3.2.3}$$

$$p_Z(z) = n(1 - F_X(z))^{n-1} p_X(z). \tag{3.2.4}$$

例 3.2.2 设 $X_1, X_2, \cdots, X_n$ 为 n 个相互独立且都服从均匀分布 $U(0,1)$ 的随机变量，则诸 X_i 的分布函数与密度函数分别为

$$F_X(x) = \begin{cases} 0, & x \leqslant 0, \\ x, & 0 < x < 1, \\ 1, & x \geqslant 1, \end{cases} \quad p_X(x) = \begin{cases} 1, & 0 < x < 1, \\ 0, & \text{其他}. \end{cases}$$

于是最大值 Y 与最小值 Z 的密度函数可从 (3.2.2) 和 (3.2.4) 获得，

$$p_Y(y) = \begin{cases} ny^{n-1}, & 0 < y < 1, \\ 0, & \text{其他}, \end{cases}$$

$$p_Z(z) = \begin{cases} n(1-z)^{n-1}, & 0 < z < 1, \\ 0, & \text{其他}. \end{cases}$$

不难看出，$p_Y(y)$ 是贝塔分布 $\text{Be}(n,1)$ 的密度函数；$p_Z(z)$ 是贝塔分布 $\text{Be}(1,n)$ 的密度函数.

利用贝塔分布的期望与方差的公式（见表 2-4）可算得 Y 与 Z 的期望与方差分别为

$$E(Y) = \frac{n}{n+1}, \quad E(Z) = \frac{1}{n+1},$$

$$\text{Var}(Y) = \text{Var}(Z) = \frac{n}{(n+1)^2(n+2)}.$$

3.2.2 卷积公式

当随机变量 X 与 Y 相互独立时，如何由 X, Y 的分布求出 $X+Y$ 的分布在实际中是很重要的问题. 在离散和连续场合寻求 $X+Y$ 的分布都各有一个简便的卷积公式，下面我们分别来叙述.

1. 离散场合

定理 3.2.2（泊松分布的卷积） 设 $X \sim P(\lambda_1)$，$Y \sim P(\lambda_2)$，且 X 与 Y 独立，则 $X+Y \sim P(\lambda_1 + \lambda_2)$.

这个定理告诉我们，两个相互独立的泊松变量之和仍为泊松变量.

证 由于泊松变量 X 与 Y 可取所有非负整数，故其和 $X+Y$ 也只可取所有非负整数. 因为对任一非负整数 k，事件"$X+Y=k$"可以写成如下 $k+1$ 个互不相容事件之并：

"$X=0, Y=k$"，"$X=1, Y=k-1$"，$\cdots$，"$X=k, Y=0$".

考虑到独立性，可得

$$P(X+Y=k) = \sum_{i=0}^{k} P(X=i, Y=k-i)$$

$$= \sum_{i=0}^{k} P(X=i)P(Y=k-i). \qquad (3.2.5)$$

这就是离散形式的卷积公式. 把泊松概率代入上式, 可得

$$P(X+Y=k) = \sum_{i=0}^{k} \left(\frac{\lambda_1^i}{i!} \mathrm{e}^{-\lambda_1} \right) \left(\frac{\lambda_2^{k-i}}{(k-i)!} \mathrm{e}^{-\lambda_2} \right)$$

$$= \left(\sum_{i=0}^{k} \frac{k!}{i!(k-i)!} \lambda_1^i \lambda_2^{k-i} \right) \frac{\mathrm{e}^{-(\lambda_1+\lambda_2)}}{k!}.$$

由于上式中的括号内的量恰好等于$(\lambda_1+\lambda_2)^k$, 所以

$$P(X+Y=k) = \frac{(\lambda_1+\lambda_2)^k}{k!} \mathrm{e}^{-(\lambda_1+\lambda_2)}, \quad k=0,1,\cdots.$$

这就是参数为$\lambda_1+\lambda_2$的泊松分布, 即$X+Y \sim P(\lambda_1+\lambda_2)$. ∎

在概率论中把寻求独立随机变量和的分布的运算称为**卷积运算**, 并以符号"$*$"表示. 上述结果可表示为

$$P(\lambda_1) * P(\lambda_2) = P(\lambda_1+\lambda_2). \qquad (3.2.6)$$

这一简明表示便于我们推广. 譬如三个相互独立的泊松变量之和的分布为

$$P(\lambda_1) * P(\lambda_2) * P(\lambda_3) = P(\lambda_1+\lambda_2+\lambda_3).$$

又如n个独立同分布的泊松变量之和的分布为

$$\underbrace{P(\lambda) * P(\lambda) * \cdots * P(\lambda)}_{n \uparrow} = P(n\lambda). \qquad (3.2.7)$$

这些重要推广是很容易看出的.

定理 3.2.3 (二点分布的卷积) 设$X_i \sim b(1,p)$, $i=1,2,\cdots,n$, 且诸X_i间相互独立, 则其和$Y_n = X_1+X_2+\cdots+X_n \sim b(n,p)$. 此结论用卷积运算符可表示为

$$\underbrace{b(1,p) * b(1,p) * \cdots * b(1,p)}_{n \uparrow} = b(n,p). \qquad (3.2.8)$$

证 用数学归纳法, 先证在$n=2$时该命题成立. 为此设X_1与X_2的分布列分别为

X_1	0	1
P	$1-p$	p

X_2	0	1
P	$1-p$	p

则其和$Y_2 = X_1+X_2$是仅可取$0,1,2$三个值的随机变量. 利用独立性可知

$$P(Y_2 = 0) = P(X_1 + X_2 = 0) = P(X_1 = 0, \ X_2 = 0)$$
$$= P(X_1 = 0)P(X_2 = 0) = (1-p)^2,$$
$$P(Y_2 = 1) = P(X_1 + X_2 = 1)$$
$$= P(X_1 = 0, \ X_2 = 1) + P(X_1 = 1, \ X_2 = 0)$$
$$= P(X_1 = 0)P(X_2 = 1) + P(X_1 = 1)P(X_2 = 0)$$
$$= 2p(1-p),$$
$$P(Y_2 = 2) = P(X_1 + X_2 = 2) = P(X_1 = 1, \ X_2 = 1)$$
$$= P(X_1 = 1)P(X_2 = 1) = p^2.$$

综上所述,可得 Y_2 的分布列如下:

Y_2	0	1	2
P	$(1-p)^2$	$2p(1-p)$	p^2

这个分布列即为 $n=2$ 时的二项分布 $b(2,p)$.

现转入下一步. 若命题对 n 成立,要证该命题对 $n+1$ 也成立. 若设 $Y_{n+1} = Y_n + Y_1$,其中 $Y_n \sim b(n,p)$, $Y_1 \sim b(1,p)$, 即

$$P(Y_n = k) = \binom{n}{k} p^k (1-p)^{n-k}, \quad k = 0, 1, \cdots, n,$$

$$P(Y_1 = i) = p^i (1-p)^{1-i}, \quad i = 0, 1.$$

则对 $l = 0, 1, \cdots, n+1$ 有

$$P(Y_{n+1} = l) = P(Y_n = l, \ Y_1 = 0) + P(Y_n = l-1, \ Y_1 = 1)$$
$$= P(Y_n = l)P(Y_1 = 0) + P(Y_n = l-1)P(Y_1 = 1)$$
$$= \binom{n}{l} p^l (1-p)^{n-l} \cdot (1-p)$$
$$\quad + \binom{n}{l-1} p^{l-1} (1-p)^{n-l+1} \cdot p$$
$$= \left(\binom{n}{l} + \binom{n}{l-1} \right) p^l (1-p)^{n-l+1}.$$

由于 $\binom{n}{l} + \binom{n}{l-1} = \binom{n+1}{l}$,故得

$$P(Y_{n+1} = l) = \binom{n+1}{l} p^l (1-p)^{n-l+1}, \quad l = 0, 1, \cdots, n+1,$$

这表明 $Y_{n+1} \sim b(n+1, p)$. 综上所述,定理 3.2.3 对自然数 $n \geqslant 2$ 都成立. ∎

定理 3.2.4 设 $X \sim b(n,p)$，$Y \sim b(m,p)$，且 X 与 Y 独立，则 $X+Y \sim b(n+m,p)$，即

$$b(n,p) * b(m,p) = b(n+m,p). \tag{3.2.9}$$

证 $X \sim b(n,p)$，这意味着 X 是 n 重伯努利试验中成功的次数. 若记 X_i 为"其中第 i 次伯努利试验中成功的次数"，则有

$$X = X_1 + X_2 + \cdots + X_n.$$

类似地，可把服从 $b(m,p)$ 的随机变量 Y 进行如下分解：

$$Y = Y_1 + Y_2 + \cdots + Y_m,$$

其中 Y_j 是"m 重伯努利试验中第 j 次试验成功出现的次数". 由于 X 与 Y 相互独立，所以 $X_1, X_2, \cdots, X_n, Y_1, Y_2, \cdots, Y_m$ 是 $n+m$ 个独立同分布随机变量，其共同分布为 $b(1,p)$. 由定理 3.2.3 知

$$X+Y = X_1 + X_2 + \cdots + X_n + Y_1 + Y_2 + \cdots + Y_m \sim b(n+m,p).$$

这就完成定理 3.2.4 的证明. ∎

2. 连续场合

在连续随机变量场合，寻求独立随机变量和的密度函数有如下的一个连续形式卷积公式：

定理 3.2.5（卷积公式） 设 X 与 Y 为两个相互独立的连续随机变量，其密度函数分别为 $p_X(x)$ 和 $p_Y(y)$，则其和 $Z = X+Y$ 的密度函数为

$$p_Z(z) = \int_{-\infty}^{\infty} p_X(z-y) p_Y(y) \mathrm{d}y. \tag{3.2.10}$$

证 $Z = X+Y$ 的分布函数为

$$F_Z(z) = P(X+Y \leqslant z) = \iint_{x+y \leqslant z} p_X(x) p_Y(y) \mathrm{d}x \, \mathrm{d}y$$

$$= \int_{-\infty}^{\infty} \left(\int_{-\infty}^{z-y} p_X(x) \mathrm{d}x \right) p_Y(y) \mathrm{d}y$$

$$= \int_{-\infty}^{\infty} F_X(z-y) p_Y(y) \mathrm{d}y,$$

其中 F_X 为 X 的分布函数. 上式对 Z 求导，可得 Z 的密度函数

$$p_Z(z) = \int_{-\infty}^{\infty} \frac{\mathrm{d}}{\mathrm{d}z} F_X(z-y) p_Y(y) \mathrm{d}y$$

$$= \int_{-\infty}^{\infty} p_X(z-y) p_Y(y) \mathrm{d}y.$$

这就是连续随机变量场合下的卷积公式 (3.2.10). ∎

下面对正态分布和伽玛分布使用这个公式.

定理 3.2.6（正态分布的卷积） 设 $X \sim N(\mu_1,\sigma_1^2)$，$Y \sim N(\mu_2,\sigma_2^2)$，且 X 与 Y 独立，则 $X+Y \sim N(\mu_1+\mu_2,\sigma_1^2+\sigma_2^2)$.

证 由于 X 与 Y 都在整个实数轴上取值，故其和 $Z=X+Y$ 也在整个实数轴上取值．利用卷积公式（3.2.10）可得 Z 的密度函数．按卷积公式应先把 X 的密度函数 $p_X(x)$ 中的 x 用 $z-y$ 代替，而 Y 的密度函数 $p_Y(y)$ 不变，代入卷积公式后，即得

$$p_Z(z) = \int_{-\infty}^{\infty} \frac{1}{\sqrt{2\pi}\,\sigma_1} \exp\left\{-\frac{(z-y-\mu_1)^2}{2\sigma_1^2}\right\} \cdot \frac{1}{\sqrt{2\pi}\,\sigma_2} \exp\left\{-\frac{(y-\mu_2)^2}{2\sigma_2^2}\right\} \mathrm{d}y$$

$$= \frac{1}{2\pi\sigma_1\sigma_2} \int_{-\infty}^{\infty} \exp\left\{-\frac{1}{2}\left[\frac{(z-y-\mu_1)^2}{\sigma_1^2} + \frac{(y-\mu_2)^2}{\sigma_2^2}\right]\right\} \mathrm{d}y.$$

经过一些代数运算，不难得到

$$\frac{(z-y-\mu_1)^2}{\sigma_1^2} + \frac{(y-\mu_2)^2}{\sigma_2^2} = \frac{(z-\mu_1-\mu_2)^2}{\sigma_1^2+\sigma_2^2} + A\left(y-\frac{B}{A}\right)^2,$$

其中 $A = \frac{1}{\sigma_1^2} + \frac{1}{\sigma_2^2}$，$B = \frac{z-\mu_1}{\sigma_1^2} + \frac{\mu_2}{\sigma_2^2}$. 代回原式，可得

$$p_Z(z) = \frac{1}{2\pi\sigma_1\sigma_2} \exp\left\{-\frac{1}{2}\frac{(z-\mu_1-\mu_2)^2}{\sigma_1^2+\sigma_2^2}\right\} \int_{-\infty}^{\infty} \exp\left\{-\frac{A}{2}\left(y-\frac{B}{A}\right)^2\right\} \mathrm{d}y.$$

利用正态分布性质，上式中的积分等于 $(2\pi/A)^{\frac{1}{2}}$，于是

$$p_Z(z) = \frac{1}{\sqrt{2\pi}\cdot\sqrt{\sigma_1^2+\sigma_2^2}} \exp\left\{-\frac{1}{2}\frac{(z-\mu_1-\mu_2)^2}{\sigma_1^2+\sigma_2^2}\right\}$$

$$(-\infty < z < \infty),$$

这正是均值为 $\mu_1+\mu_2$，方差为 $\sigma_1^2+\sigma_2^2$ 的正态分布.

这表明：两个独立的正态变量之和仍为正态变量，其参数对应相加，即

$$N(\mu_1,\sigma_1^2) * N(\mu_2,\sigma_2^2) = N(\mu_1+\mu_2,\sigma_1^2+\sigma_2^2). \tag{3.2.11}$$

这一简明表示便于我们推广上述结果．譬如三个相互独立的正态变量之和的分布为

$$N(\mu_1,\sigma_1^2) * N(\mu_2,\sigma_2^2) * N(\mu_3,\sigma_3^2) = N(\mu_1+\mu_2+\mu_3,\sigma_1^2+\sigma_2^2+\sigma_3^2).$$

例 3.2.3 设 $X_1,X_2,\cdots,X_n$ 为相互独立同分布的正态变量，其共同分布为 $N(\mu,\sigma^2)$，现要求其算术平均数 $\overline{X} = \dfrac{X_1+X_2+\cdots+X_n}{n}$ 的分布.

解 由正态分布的卷积公式可知

$$X_1 + X_2 + \cdots + X_n \sim N(n\mu, n\sigma^2).$$

再利用正态变量的线性变换（见例 2.2.12 (1)）可知

$$\overline{X} = \frac{1}{n}(X_1+X_2+\cdots+X_n) \sim N\left(\mu, \frac{\sigma^2}{n}\right). \tag{3.2.12}$$

由此可见, 算术平均数 $\overline{X}$ 仍服从正态分布, 其均值与 X_1 的均值 μ 相同, 但其方差缩小了 n 倍, 为 σ^2/n, 其标准差缩小了 $\sqrt{n}$ 倍, 为 $\sigma/\sqrt{n}$. 这表明: $\overline{X}$ 的分布更显集中趋势, 图 3-7 示意了这种变化.

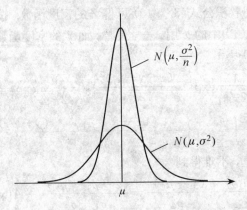

图 3-7　$N(\mu,\sigma^2)$ 与 $N(\mu,\sigma^2/n)$ 的密度曲线

多个独立同分布的随机变量的算术平均值 $\overline{X}$ 在统计学中被称为**样本均值**. 由于 $\overline{X}$ 的标准差可减小 $\sqrt{n}$ 倍, 而常被采用. 使用 $\overline{X}$ 可使测量值减少误差, 在工作中也可减小风险.

定理 3.2.7 (伽玛分布的卷积)　设 $X \sim \mathrm{Ga}(\alpha_1,\lambda)$, $Y \sim \mathrm{Ga}(\alpha_2,\lambda)$, 且 X 与 Y 独立, 则 $X+Y \sim \mathrm{Ga}(\alpha_1+\alpha_2,\lambda)$.

证　由于 X 与 Y 的取值均为正实数, 其和 $Z=X+Y$ 的取值也为正实数, 故当 $z \leqslant 0$ 时, 有 $p_Z(z)=0$; 而当 $z>0$ 时, 可应用卷积公式 (3.2.10) 确定 $p_Z(z)$. 要使被积函数 $p_X(z-y)p_Y(y)>0$, 必须 $z-y>0$ 和 $y>0$ 同时成立, 这就意味着积分变量 y 应在 0 到 z 之间变化, 即

$$p_Z(z)=\int_0^z p_X(z-y)p_Y(y)\mathrm{d}y$$

$$=\int_0^z \frac{\lambda^{\alpha_1}}{\Gamma(\alpha_1)}(z-y)^{\alpha_1-1}\mathrm{e}^{-\lambda(z-y)} \cdot \frac{\lambda^{\alpha_2}}{\Gamma(\alpha_2)}y^{\alpha_2-1}\mathrm{e}^{-\lambda y}\mathrm{d}y$$

$$=\frac{\lambda^{\alpha_1+\alpha_2}}{\Gamma(\alpha_1)\Gamma(\alpha_2)}\mathrm{e}^{-\lambda z}\int_0^z(z-y)^{\alpha_1-1}y^{\alpha_2-1}\mathrm{d}y.$$

若取变换 $y=zu$, $\mathrm{d}y=z\,\mathrm{d}u$, 上述积分可化为贝塔函数, 即

$$\int_0^z(z-y)^{\alpha_1-1}y^{\alpha_2-1}\mathrm{d}y=z^{\alpha_1+\alpha_2-1}\int_0^1(1-u)^{\alpha_1-1}u^{\alpha_2-1}\mathrm{d}u$$

$$=z^{\alpha_1+\alpha_2-1}\frac{\Gamma(\alpha_1)\Gamma(\alpha_2)}{\Gamma(\alpha_1+\alpha_2)}.$$

代回原式即得

$$p_Z(z) = \frac{\lambda^{\alpha_1+\alpha_2}}{\Gamma(\alpha_1+\alpha_2)} z^{\alpha_1+\alpha_2-1} e^{-\lambda z}, \quad z > 0.$$

这是形状参数为 $\alpha_1+\alpha_2$、尺度参数仍为 λ 的伽玛分布. ■

这个结果可用卷积运算符号表示为

$$\text{Ga}(\alpha_1,\lambda) * \text{Ga}(\alpha_2,\lambda) = \text{Ga}(\alpha_1+\alpha_2,\lambda). \tag{3.2.13}$$

这表明：尺度参数相同的两个独立的伽玛变量之和仍是伽玛变量，其形状参数为两个形状参数之和，尺度参数不变. 但对尺度参数不同的两个独立的伽玛变量之和没有上述简明结果，这如同单位不同不宜相加.

上述结果可以推广到有限个伽玛变量场合. 譬如，有

$$\text{Ga}(1,\lambda) * \text{Ga}(1,\lambda) * \cdots * \text{Ga}(1,\lambda) = \text{Ga}(n,\lambda), \tag{3.2.14}$$

其中 $\text{Ga}(1,\lambda)$ 是参数为 λ 的指数分布. 上式表明：参数相同的 n 个相互独立的指数变量之和仍是伽玛变量，其形状参数为 n，尺度参数不变.

例 3.2.4 (χ^2 分布的由来) 设 $X_1, X_2, \cdots, X_n$ 是 n 个相互独立同分布的随机变量，其共同分布为标准正态分布 $N(0,1)$，则 $Y = X_1^2 + X_2^2 + \cdots + X_n^2$ 服从自由度为 n 的 χ^2 分布，记为 $\chi^2(n)$. 下面来导出 χ^2 分布的密度函数.

解 首先求 $Z = X_1^2$ 的分布. 由于 Z 非负，故当 $z \leqslant 0$ 时，$P(Z \leqslant z) = 0$，而当 $z > 0$ 时，Z 的分布函数为

$$P(Z \leqslant z) = P(X_1^2 \leqslant z) = P(-\sqrt{z} \leqslant X_1 \leqslant \sqrt{z})$$
$$= F_{X_1}(\sqrt{z}) - F_{X_1}(-\sqrt{z}).$$

对 z 求导数，得 Z 的密度函数

$$p_Z(z) = \frac{1}{2} z^{-\frac{1}{2}} (p_{X_1}(\sqrt{z}) + p_{X_1}(-\sqrt{z})),$$

其中 $p_{X_1}(x) = \frac{1}{\sqrt{2\pi}} \exp\left\{-\frac{x^2}{2}\right\}$ 为标准正态密度函数. 代入上式，可得

$$p_Z(z) = \begin{cases} \dfrac{1}{\sqrt{2\pi}} z^{-\frac{1}{2}} e^{-\frac{z}{2}}, & z > 0, \\ 0, & z \leqslant 0. \end{cases}$$

这正是伽玛分布 $\text{Ga}(1/2, 1/2)$，即形状参数与尺度参数皆为 $1/2$ 的伽玛分布.

由于 $X_1, X_2, \cdots, X_n$ 独立同分布，故 $X_1^2, X_2^2, \cdots, X_n^2$ 亦为独立同分布，其公共分布为 $\text{Ga}(1/2, 1/2)$. 再由伽玛分布的卷积公式 (3.2.13) 可得 $Y = X_1^2 + X_2^2 + \cdots + X_n^2$ 的分布 $\text{Ga}(n/2, 1/2)$，也就是 $\chi^2(n)$ 分布，其密度函数为 (见 (2.1.9))

$$p_n(y) = \begin{cases} \dfrac{1}{2^{\frac{n}{2}} \Gamma\left(\dfrac{n}{2}\right)} y^{\frac{n}{2}-1} e^{-\frac{y}{2}}, & y > 0, \\ 0, & y \leqslant 0. \end{cases}$$

χ^2 分布中的唯一参数 n 就是独立正态变量个数,故称 n 为**自由度**.

3.2.3 多维随机变量函数的数学期望

二维随机变量 (X,Y) 的每个分量的数学期望 $E(X)$ 与 $E(Y)$、方差 $\mathrm{Var}(X)$ 与 $\mathrm{Var}(Y)$ 都可通过各自的边际分布求得,而其函数 $g(X,Y)$ 的数学期望可按如下定理算得.

定理 3.2.8 设 (X,Y) 是二维随机变量,则其函数 $g(X,Y)$ 的数学期望为

$$E(g(X,Y))=\begin{cases} \sum_i \sum_j g(x_i,y_j)P(X=x_i,\ Y=y_j), \\ \qquad \text{当}(X,Y)\text{为二维离散随机变量}, \\ \int_{-\infty}^{\infty}\int_{-\infty}^{\infty} g(x,y)p(x,y)\mathrm{d}x\,\mathrm{d}y, \\ \qquad \text{当}(X,Y)\text{为二维连续随机变量}, \end{cases}$$

$$(3.2.15)$$

其中 $P(X=x_i,\ Y=y_j)$, $i=1,2,\cdots$, $j=1,2,\cdots$ 为二维离散分布,$p(x,y)$ 为二维联合密度函数.

这个定理的证明超出本书范围,故省略. 下面看它的两个特殊场合.

(1) 若 $g(X,Y)=X$,则在二维连续随机变量场合有(在离散场合亦有)

$$E(X)=\int_{-\infty}^{\infty}\int_{-\infty}^{\infty} x\,p(x,y)\mathrm{d}x\,\mathrm{d}y=\int_{-\infty}^{\infty} x\left(\int_{-\infty}^{\infty} p(x,y)\mathrm{d}y\right)\mathrm{d}x$$

$$=\int_{-\infty}^{\infty} x\,p_X(x)\mathrm{d}x.$$

(2) 若 $g(X,Y)=(X-EX)^2$,则在二维连续随机变量场合有(在离散场合亦有)

$$E(X-EX)^2=\int_{-\infty}^{\infty}\int_{-\infty}^{\infty}(x-EX)^2 p(x,y)\mathrm{d}x\,\mathrm{d}y$$

$$=\int_{-\infty}^{\infty}(x-EX)^2 p_X(x)\mathrm{d}x=\mathrm{Var}(X).$$

这表明:定理 3.2.8 保证用边际分布计算各分量的数学期望与方差是合理的. 下面仍用定理 3.2.8 说明:在某些场合用边际分布算得的各分量的期望与方差可发挥更大作用.

定理 3.2.9 设 (X,Y) 为二维随机变量,则有

$$E(c_1 X+c_2 Y)=c_1 E(X)+c_2 E(Y),$$

其中 c_1 和 c_2 为任意常数.

证 在连续场合,在(3.2.15)中令 $g(X,Y)=c_1X+c_2Y$,则有

$$E(c_1X+c_2Y)=\int_{-\infty}^{\infty}\int_{-\infty}^{\infty}(c_1x+c_2y)p(x,y)\mathrm{d}x\,\mathrm{d}y$$

$$=\int_{-\infty}^{\infty}\int_{-\infty}^{\infty}c_1xp(x,y)\mathrm{d}x\,\mathrm{d}y+\int_{-\infty}^{\infty}\int_{-\infty}^{\infty}c_2yp(x,y)\mathrm{d}x\,\mathrm{d}y$$

$$=c_1\int_{-\infty}^{\infty}xp_X(x)\mathrm{d}x+c_2\int_{-\infty}^{\infty}yp_Y(y)\mathrm{d}y$$

$$=c_1E(X)+c_2E(Y).$$

在离散场合亦可类似证得.

这个性质可以简单叙述为"线性组合的期望等于期望的线性组合". 该性质还可推广到 n 个随机变量场合,即

$$E(c_1X_1+c_2X_2+\cdots+c_nX_n)=c_1E(X_1)+c_2E(X_2)+\cdots+c_nE(X_n).$$

定理 3.2.10 设 (X,Y) 为二维独立随机变量,则有

$$E(XY)=E(X)E(Y),$$

其中 $E(XY)$ 称为 X 与 Y 的乘积矩.

证 在连续场合,由 X 与 Y 独立可知 $p(x,y)=p_X(x)p_Y(y)$. 在 (3.2.15) 中令 $g(X,Y)=XY$,则有

$$E(XY)=\int_{-\infty}^{\infty}\int_{-\infty}^{\infty}xyp(x,y)\mathrm{d}x\,\mathrm{d}y$$

$$=\int_{-\infty}^{\infty}\int_{-\infty}^{\infty}xyp_X(x)p_Y(y)\mathrm{d}x\,\mathrm{d}y$$

$$=\int_{-\infty}^{\infty}xp_X(x)\mathrm{d}x\cdot\int_{-\infty}^{\infty}yp_Y(y)\mathrm{d}y$$

$$=E(X)E(Y).$$

在离散场合亦可类似证得.

这个性质可以叙述为"独立随机变量积的期望等于期望之积",在这里独立性条件是不能忽略的. 此定理也可推广到更高维场合,若 $X_1,X_2,\cdots,X_n$ 相互独立,则有

$$E(X_1X_2\cdots X_n)=E(X_1)E(X_2)\cdots E(X_n).$$

定理 3.2.11 设 (X,Y) 为二维独立随机变量,则有

$$\mathrm{Var}(c_1X\pm c_2Y)=c_1^2\mathrm{Var}(X)+c_2^2\mathrm{Var}(Y),$$

其中 c_1 和 c_2 为任意常数.

证 由方差定义可知

$$\begin{aligned}
\mathrm{Var}(c_1 X \pm c_2 Y) &= E\big[(c_1 X \pm c_2 Y) - E(c_1 X \pm c_2 Y)\big]^2 \\
&= E\big[c_1(X - EX) \pm c_2(Y - EY)\big]^2 \\
&= c_1^2 E(X - EX)^2 + c_2^2 E(Y - EY)^2 \\
&\quad \pm 2c_1 c_2 E(X - EX)(Y - EY).
\end{aligned}$$

由于 X 与 Y 相互独立, 故 $X - EX$ 与 $Y - EY$ 也相互独立, 由定理 3.2.10 知

$$E(X - EX)(Y - EY) = E(X - EX)E(Y - EY) = 0.$$

代入原式, 即得定理 3.2.11.

这个性质的特例也可叙述为"独立随机变量代数和的方差等于方差之和", 该性质也可推广到 n 个独立随机变量 $X_1, X_2, \cdots, X_n$ 场合, 即

$$\mathrm{Var}(c_1 X_1 \pm c_2 X_2 \pm \cdots \pm c_n X_n)$$

$$= c_1^2 \mathrm{Var}(X_1) + c_2^2 \mathrm{Var}(X_2) + \cdots + c_n^2 \mathrm{Var}(X_n).$$

例 3.2.5 设 X_1, X_2, X_3 为相互独立随机变量, 它们的期望依次为 10, 4, 7, 标准差依次为 3, 1, 2. 求 $Y = 2X_1 + 7X_2 - 3X_3$ 的期望、方差与标准差.

解 应用定理 3.2.9 可得 Y 的期望

$$\begin{aligned}
EY &= 2E(X_1) + 7E(X_2) - 3E(X_3) \\
&= 2 \times 10 + 7 \times 4 - 3 \times 7 = 27.
\end{aligned}$$

应用定理 3.2.11 可得 Y 的方差与标准差:

$$\begin{aligned}
\mathrm{Var}(Y) &= 4\mathrm{Var}(X_1) + 49\mathrm{Var}(X_2) + 9\mathrm{Var}(X_3) \\
&= 4 \times 3^2 + 49 \times 1^2 + 9 \times 2^2 = 121,
\end{aligned}$$

$$\sigma(Y) = \sqrt{121} = 11.$$

例 3.2.6 试求自由度为 n 的 χ^2 变量的数学期望与方差.

解 由例 3.2.4 知, $\chi^2 = X_1^2 + X_2^2 + \cdots + X_n^2$, 其中诸 X_i 相互独立, 且皆为标准正态变量. 由例 2.5.1 知

$$E(X_1^2) = 1, \quad E(X_1^4) = 3, \quad \mathrm{Var}(X_1^2) = 2.$$

从而可得

$$E(\chi^2) = E(X_1^2) + E(X_2^2) + \cdots + E(X_n^2) = n,$$

$$\mathrm{Var}(\chi^2) = \mathrm{Var}(X_1^2) + \mathrm{Var}(X_2^2) + \cdots + \mathrm{Var}(X_n^2) = 2n.$$

可见, χ^2 变量的数学期望就是其自由度, 方差是其自由度的 2 倍.

例 3.2.7 设二维随机变量 (X, Y) 的联合密度函数为

$$p(x, y) = \begin{cases} 12y^2, & 0 < y < x < 1, \\ 0, & \text{其他}. \end{cases}$$

试求 $E(X + Y), E(XY)$ 和 $\mathrm{Var}(X + Y)$.

解 首先考查 X 与 Y 的独立性, 看计算能否简化. 为此需要两个分量的边际密度函数. 从 $p(x, y)$ 的非零区域可得

$$p_X(x) = \int_0^x 12y^2 \, \mathrm{d}y = 4x^3, \quad 0 < x < 1,$$

$$p_Y(y) = \int_y^1 12y^2 \, \mathrm{d}x = 12y^2(1-y), \quad 0 < y < 1.$$

容易看出，这两个分布都是贝塔分布，即 $X \sim \mathrm{Be}(4,1)$，$Y \sim \mathrm{Be}(3,2)$，且 X 与 Y 不独立. 由贝塔分布 $\mathrm{Be}(a,b)$ 的期望与方差的公式（见表 2-4）可以算得

$$E(X) = \frac{4}{5}, \quad \mathrm{Var}(X) = \frac{2}{75},$$

$$E(Y) = \frac{3}{5}, \quad \mathrm{Var}(Y) = \frac{1}{25}.$$

(1) 无论 X 与 Y 是否独立，$E(X+Y) = E(X) + E(Y)$ 总是成立的，于是

$$E(X+Y) = \frac{4}{5} + \frac{3}{5} = \frac{7}{5}.$$

(2) 由于 X 与 Y 不独立，不能用公式 $E(XY) = E(X)E(Y)$ 计算 $E(XY)$，只能用定理 3.2.8 算得，即用二重积分计算，

$$E(XY) = \iint\limits_{0<y<x<1} xy \cdot 12y^2 \, \mathrm{d}x \, \mathrm{d}y.$$

该积分区域是在第一象限内的一个直角三角形内，见图 3-8. 在这个区域上二重积分容易化为累次积分，具体如下：

$$E(XY) = \int_0^1 \int_0^x 12xy^3 \, \mathrm{d}y \, \mathrm{d}x$$
$$= \int_0^1 3x^5 \, \mathrm{d}x = \frac{1}{2}.$$

这个结果与

$$E(X)E(Y) = \frac{4}{5} \times \frac{3}{5} = \frac{12}{25}$$

不同.

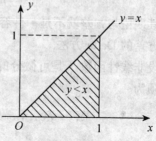

图 3-8 $p(x,y)$ 的非零区域

(3) 最后，方差 $\mathrm{Var}(X+Y)$ 也不能用简便公式计算，因为 X 与 Y 不独立，因此只能从方差定义出发来计算. 具体如下：

$$\mathrm{Var}(X+Y) = E[(X+Y) - (EX+EY)]^2$$
$$= E(X+Y)^2 - (EX+EY)^2$$
$$= EX^2 + EY^2 + 2E(XY) - \left(\frac{7}{5}\right)^2,$$

其中

$$EX^2 = \mathrm{Var}(X) + (EX)^2 = \frac{2}{75} + \frac{16}{25} = \frac{50}{75}.$$

类似可算得 $EY^2 = \frac{10}{25}$，而 $E(XY) = \frac{1}{2}$. 把这些代回原式，可得

$$\mathrm{Var}(X+Y) = \frac{50}{75} + \frac{10}{25} + 1 - \left(\frac{7}{5}\right)^2 = \frac{8}{75}.$$

这个结果也与 $\mathrm{Var}(X) + \mathrm{Var}(Y) = \frac{2}{75} + \frac{1}{25} = \frac{5}{75}$ 不同.

这个例子说明: 当 X 与 Y 不独立时, 不能使用定理 3.2.10 与定理 3.2.11 来计算 $E(XY)$ 和 $\mathrm{Var}(X+Y)$.

3.2.4 Delta 方法

上一节主要讨论多个相互独立随机变量线性函数的期望与方差. 若 X_1, $X_2, \cdots, X_n$ 为相互独立的随机变量, 其期望与方差分别为 μ_i 与 σ_i^2, $i = 1$, $2, \cdots, n$, 则其线性组合

$$Y = c_1 X_1 + c_2 X_2 + \cdots + c_n X_n$$

的期望与方差分别为

$$\mu_Y = c_1 \mu_1 + c_2 \mu_2 + \cdots + c_n \mu_n,$$
$$\sigma_Y^2 = c_1^2 \sigma_1^2 + c_2^2 \sigma_2^2 + \cdots + c_n^2 \sigma_n^2.$$

若诸 X_i 都服从正态分布, 则 Y 还服从正态分布 $N(\mu_Y, \sigma_Y^2)$.

若该函数为非线性函数

$$Y = f(X_1, X_2, \cdots, X_n),$$

寻求其期望与方差就不是一件容易的事. 这里介绍一种寻求 Y 的近似期望和近似方差的 Delta 方法.

设非线性函数 f 是可微分的, 则其在 $(\mu_1, \mu_2, \cdots, \mu_n)$ 处的泰勒展开式的一次项为

$$Y \approx f(\mu_1, \mu_2, \cdots, \mu_n) + \frac{\partial f}{\partial X_1}(X_1 - \mu_1)$$
$$+ \frac{\partial f}{\partial X_2}(X_2 - \mu_2) + \cdots + \frac{\partial f}{\partial X_n}(X_n - \mu_n).$$

这样就把非线性函数 f 用近似的线性函数来代替. 其中诸偏导数 $\partial f / \partial X_i$ 是其在 $(\mu_1, \mu_2, \cdots, \mu_n)$ 处的值, $i = 1, 2, \cdots, n$, 它们都是常数, 用线性函数方法就可得 $E(Y)$ 与 $\mathrm{Var}(Y)$ 的近似值.

$$E(Y) = f(\mu_1, \mu_2, \cdots, \mu_n),$$
$$\mathrm{Var}(Y) = \sum_{i=1}^{n} \left(\frac{\partial f}{\partial X_i}\right)^2 \sigma_i^2,$$

其中 μ_i 与 σ_i^2 分别是 X_i 的期望与方差, $i = 1, 2, \cdots, n$.

若认为近似程度不够满意, 还可把 f 展开到二次项后再求期望与方差, 这时独立性仍可简化计算, 但必须知道诸 X_i 的 4 阶矩. 这也是够麻烦的. 一般场合只用泰勒展开式的一次项计算近似的 $E(Y)$ 与 $\mathrm{Var}(Y)$.

例 3.2.8 设电阻 R_1 和 R_2 是相互独立的随机变量，且

$$E(R_1) = 20 \ (\Omega), \quad \mathrm{Var}(R_1) = 0.5 \ (\Omega^2),$$

$$E(R_2) = 50 \ (\Omega), \quad \mathrm{Var}(R_2) = 1 \ (\Omega^2).$$

现要求其并联电阻 R 的期望与方差，其中

$$\frac{1}{R} = \frac{1}{R_1} + \frac{1}{R_2} \quad \text{或} \quad R = \frac{R_1 R_2}{R_1 + R_2}.$$

解 据 Delta 方法，总电阻的期望近似为

$$E(R) \approx \frac{20 \times 50}{20 + 50} = 14.29 \ (\Omega).$$

为求 R 的近似方差，需要 R 对 R_1 及 R_2 的偏导数及其在 $R_1 = 20, R_2 = 50$ 的值，即

$$\frac{\partial R}{\partial R_1} = \left(\frac{R_2}{R_1 + R_2}\right)^2 = \left(\frac{50}{20 + 50}\right)^2 = 0.510\,2,$$

$$\frac{\partial R}{\partial R_2} = \left(\frac{R_1}{R_1 + R_2}\right)^2 = \left(\frac{20}{20 + 50}\right)^2 = 0.081\,6.$$

再用 Delta 方法，可得 R 的方差与标准差的近似值：

$$\mathrm{Var}(R) = \left(\frac{\partial R}{\partial R_1}\right)^2 \mathrm{Var}(R_1) + \left(\frac{\partial R}{\partial R_2}\right)^2 \mathrm{Var}(R_2)$$

$$= (0.510\,2)^2 \times 0.5 + 0.081\,6 \times 1$$

$$= 0.136\,8 \ (\Omega^2),$$

$$\sigma(R) = \sqrt{0.136\,8} = 0.37 \ (\Omega).$$

习 题 3.2

1. 设二维随机变量 (X,Y) 的联合分布列如下：

X \ Y	1	2	3
1	0.1	0.15	0.05
2	0.05	0.2	0.15
3	0.05	0.5	0.1

(1) 设 $U = \max\{X, Y\}$，$V = \min\{X, Y\}$，求 (U, V) 的联合分布列；

(2) 求 U 与 V 的边际分布及其期望与方差；

(3) 求 $W = U + V$ 的分布及其期望与方差.

2. 设 $X \sim \mathrm{Exp}(\lambda_1)$，$Y \sim \mathrm{Exp}(\lambda_2)$，且 X 与 Y 相互独立.

(1) 求最大值 $U = \max\{X, Y\}$ 的分布与期望;

(2) 求最小值 $V = \min\{X, Y\}$ 的分布与期望.

3. 设 X 与 Y 都服从贝塔分布 $\mathrm{Be}(2, 2)$,且 X 与 Y 独立.

(1) 求 $U = \max\{X, Y\}$ 的分布和期望;

(2) 求 $V = \min\{X, Y\}$ 的分布和期望.

4. 设 $X \sim N(6, 1)$,$Y \sim N(7, 1)$,且 X 与 Y 独立.

(1) 求 $X + Y$ 的分布,并计算 $P(11 < X + Y < 15)$;

(2) 求 $\dfrac{1}{2}(X + Y)$ 的分布,并计算 $P\left(\left|\dfrac{1}{2}(X + Y) - 6.5\right| < \dfrac{1}{2}\right)$.

5. 设随机变量 X_1 与 X_2 相互独立,且 $X_i \sim N(\mu_i, \sigma_i^2)$,$i = 1, 2$,求 $Y = k_1 X_1 + k_2 X_2$ 的分布,其中 k_1 和 k_2 为任意常数.

6. 设随机变量 X 与 Y 相互独立,且都服从均匀分布 $U(0, 1)$,求 $Z = X + Y$ 的分布.

7. 设 $X \sim \mathrm{Exp}(\lambda_1)$,$Y \sim \mathrm{Exp}(\lambda_2)$,且 X 与 Y 独立,求 $Z = X + Y$ 的密度函数.

8. 设 $X_1, X_2, \cdots, X_n$ 为 n 个独立同分布的随机变量,其共同分布为均匀分布 $U(0, \theta)$.

(1) 求 $U = \max\{X_1, X_2, \cdots, X_n\}$ 的分布及期望;

(2) 求 $V = \min\{X_1, X_2, \cdots, X_n\}$ 的分布及期望.

9. 设独立随机变量 X_1, X_2, X_3 的数学期望分别为 $2, 1, 4$,方差分别为 9,$20, 12$.

(1) 计算 $2X_1 + 3X_2 + X_3$ 的数学期望与方差;

(2) 计算 $X_1 - 2X_2 + 5X_3$ 的数学期望与方差.

10. 设二维离散随机变量 (X, Y) 的联合概率分布如下所示:

X \ Y	1	2	3	4
-2	0.10	0.05	0.05	0.10
0	0.05	0	0.10	0.20
2	0.10	0.15	0.05	0.05

求 $E(X)$,$E(Y)$ 与 $E(XY)$.

11. 设二维随机变量 (X, Y) 的联合密度函数为

$$p(x, y) = \begin{cases} xy, & 0 < x < 1,\ 0 < y < 2, \\ 0, & \text{其他.} \end{cases}$$

(1) 考查 X 与 Y 的独立性;

(2) 计算 $E(X+Y)$,$E(XY)$,$\mathrm{Var}(X+Y)$.

12. 设二维随机变量(X,Y)的联合密度函数为

$$p(x,y)=\begin{cases}x\,\mathrm{e}^{-(x+y)}, & x>0,\ y>0,\\ 0, & \text{其他}.\end{cases}$$

(1) 考查 X 与 Y 的独立性;

(2) 计算 $E(2X-3Y)$,$\mathrm{Var}(2X-3Y)$,$E(6XY)$.

13. 设二维连续随机变量(X,Y)的联合密度函数为

$$p(x,y)=\begin{cases}8xy, & 0<x\leqslant y<1,\\ 0, & \text{其他}.\end{cases}$$

(1) 考查 X 与 Y 的独立性;

(2) 计算 $E(X+Y)$,$E(XY)$,$\mathrm{Var}(X+Y)$.

14. 设随机变量 X 与 Y 相互独立,且 $E(X)=2$, $E(Y)=1$, $\mathrm{Var}(X)=1$, $\mathrm{Var}(Y)=4$. 求下列随机变量的数学期望与方差:

(1) $Z_1=X-2Y$;　　　　　(2) $Z_2=2X-Y$.

15. 若抛 n 颗均匀骰子,求 n 颗骰子出现点数之和的数学期望与方差.

16. 证明: 假如 n 个正的随机变量 $X_1,X_2,\cdots,X_n$ 相互独立同分布,则在 $k<n$ 时有

$$E\left(\frac{X_1+X_2+\cdots+X_k}{X_1+X_2+\cdots+X_n}\right)=\frac{k}{n}.$$

17. U 形部件由满足下列条件的 A,B,C 三部分组成:

A 的长度是均值、标准差分别为 $\mu_A=10$, $\sigma_A=0.1$ 的正态分布;

B 的厚度是均值、标准差分别为 $\mu_B=2$, $\sigma_B=0.05$ 的正态分布;

C 的厚度是均值、标准差分别为 $\mu_C=2$, $\sigma_C=0.1$ 的正态分布,

其单位均为 mm. 若设上述尺寸都是相互独立的,

(1) 计算缺口 D 的长度的均值和标准差;

(2) 缺口 D 的长度小于或等于 5.9 mm 的概率是多少?

18. 电路中被电阻 R 消耗的功率 P 可用下面公式表示:

$$P=I^2R,$$

其中 I 为电流(A), R 为电阻(Ω), P 为功率(W). 若知电流 I 与电阻 R 独立,且其期望与标准差分别为

$$\mu_I=20\ (\mathrm{A}),\quad \sigma_I=0.1\ (\mathrm{A}),\quad \mu_R=80\ (\Omega),\quad \sigma_R=2\ (\Omega),$$

求功率 P 的近似期望与近似标准差.

19. 某长方体的长 L、宽 W、高 H 的测量值的标准差 σ 均为 0.2 (cm),而均值分别为(单位: cm) $\mu_L=4$, $\mu_W=3$, $\mu_H=2$. 求其体积 $V=LWH$ 的均值与标准差的近似值.

3.3 多维随机变量间的相依性

多维随机变量间相依性的表述可分为两类.

(1) 构造多维随机变量的特征数来表述随机变量间的相依性. 较为成功并已广泛使用的是基于乘积矩 $E(XY)$ 而构造的协方差与相关系数.

(2) 用一个随机变量的取值对另一个随机变量取值的影响大小来表述两个随机变量间的相依性. 仿照条件概率的构思引出一族条件分布与条件期望去表述随机变量间的相依性.

本节将分别叙述协方差、相关系数、条件分布与条件期望.

3.3.1 协方差

1. 协方差概念

定义 3.3.1 设二维随机变量 (X,Y) 的两个方差都存在,则称 X 的偏差 $(X-EX)$ 与 Y 的偏差 $(Y-EY)$ 乘积的数学期望为 X 与 Y 的**协方差**,记为

$$\mathrm{Cov}(X,Y) = E(X-EX)(Y-EY). \qquad (3.3.1)$$

特别, $\mathrm{Cov}(X,X) = \mathrm{Var}(X)$.

定义中要求两个方差存在是为了保证协方差存在.

从这个定义可以看出: 由于偏差 $X-EX$ 与 $Y-EY$ 可正可负,故协方差 $\mathrm{Cov}(X,Y)$ 亦可正可负,还可以为 0. 具体表现如下:

(1) 当 $\mathrm{Cov}(X,Y) > 0$ 时,称 X 与 Y 为**正相关**. 这时对 (X,Y) 的任意取值 (x,y) 的两个偏差 $x-EX$ 与 $y-EY$ 同时为正或同时为负的机会多,或者说,随着 X 的取值 x 的增加(或减少), Y 的取值 y 有增加(或减少)的趋势,这就是正相关的含义.

(2) 当 $\mathrm{Cov}(X,Y) < 0$ 时,称 X 与 Y 为**负相关**. 这时随着 X 的取值 x 的增加(或减少), Y 的取值 y 有减少(或增加)的趋势,这样才会使两个偏差 $x-EX$ 与 $y-EY$ 出现异号的机会多,这就是负相关的含义.

(3) 当 $\mathrm{Cov}(X,Y) = 0$ 时,称 X 与 Y 为**不相关**. 这时两个偏差 $x-EX$ 与 $y-EY$ 间没有明显的趋势可言,或正相关部分与负相关部分相互抵消,这就是不相关的含义. 以下还要进一步说明,"不相关"与"独立"是有差别的两个概念.

2. 协方差与方差的运算性质

性质 1 $\mathrm{Cov}(X,Y)$ 与 X,Y 的次序无关,即 $\mathrm{Cov}(X,Y) = \mathrm{Cov}(Y,X)$.

证 可从定义 3.3.1 看出. ∎

性质 2 对任意实数 a,b,c 与 d 有
$$\mathrm{Cov}(aX+b,cY+d)=ac\,\mathrm{Cov}(X,Y).$$

证 由定义 3.3.1 知
$$
\begin{aligned}
\mathrm{Cov}(aX+b,cY+d)&=E(aX+b-E(aX+b))(cY+d-E(cY+d))\\
&=E(aX-aEX)(cY-cEY)\\
&=ac\,\mathrm{Cov}(X,Y).
\end{aligned}
$$
∎

性质 3 $\mathrm{Cov}(X_1+X_2,Y)=\mathrm{Cov}(X_1,Y)+\mathrm{Cov}(X_2,Y).$

证 由定义 3.3.1 知
$$
\begin{aligned}
\mathrm{Cov}(X_1+X_2,Y)&=E(X_1+X_2-E(X_1+X_2))(Y-EY)\\
&=E(X_1-EX_1)(Y-EY)+E(X_2-EX_2)(Y-EY)\\
&=\mathrm{Cov}(X_1,Y)+\mathrm{Cov}(X_2,Y).
\end{aligned}
$$
∎

性质 4 $\mathrm{Cov}(X,Y)=E(XY)-E(X)E(Y).$

这是计算协方差的简化公式.
证 由定义 3.3.1 知
$$
\begin{aligned}
\mathrm{Cov}(X,Y)&=E(X-EX)(Y-EY)\\
&=E(XY-XEY-YEX+EX\cdot EY)\\
&=E(XY)-E(X)E(Y).
\end{aligned}
$$
∎

性质 5 若 X 与 Y 独立, 则 $\mathrm{Cov}(X,Y)=0$, 反之不然.

证 在 X 与 Y 独立场合总有 $E(XY)=E(X)E(Y)$, 故 $\mathrm{Cov}(X,Y)=0$.
"反之不然"可见下面反例. ∎

例 3.3.1 设 $X\sim N(0,\sigma^2)$, 则其奇数阶原点矩均为零,
$$E(X)=0,\quad E(X^2)=\sigma^2,\quad E(X^3)=0.$$
再设 $Y=X^2$, 显见 X 与 Y 函数相依, 而其协方差
$$\mathrm{Cov}(X,Y)=\mathrm{Cov}(X,X^2)=E(X^3)-E(X)E(X^2)=0.$$
这表明 X 与 Y 不相关, 但 X 与 Y 间确有函数关系, 不能说 X 与 Y 独立. 这就
说明了性质 5 中"反之不然".

性质 5 说明: 两个随机变量间的独立与不相关是两个不同概念. "不相
关"只说明两个随机变量之间没有线性关系, 而"独立"说明两个随机变量之
间既无线性关系, 也无非线性关系, 所以"独立"必导致"不相关", 反之不然.

图 3-9 独立与不相关的逻辑关系

这两个概念在逻辑上的关系如图 3-9 所示.

但有一点例外,在二维正态分布场合,不相关与独立等价,详见后面定理 3.3.4.

性质 6 对任意常数 c, 有
$$\mathrm{Cov}(X,c)=0.$$

这是因为随机变量 X 与任意常数 c 间总是独立之故.

协方差概念的引入还可以完善随机变量之和的方差的计算. 请看下面性质 7.

性质 7 对任意二维随机变量 (X,Y), 有
$$\mathrm{Var}(X\pm Y)=\mathrm{Var}(X)+\mathrm{Var}(Y)\pm 2\mathrm{Cov}(X,Y).$$

证 由方差定义知
$$
\begin{aligned}
\mathrm{Var}(X\pm Y)&=E\big[(X\pm Y)-E(X\pm Y)\big]^2\\
&=E\big[(X-EX)\pm(Y-EY)\big]^2\\
&=E(X-EX)^2+E(Y-EY)^2\\
&\quad \pm 2E(X-EX)(Y-EY)\\
&=\mathrm{Var}(X)+\mathrm{Var}(Y)\pm 2\mathrm{Cov}(X,Y).
\end{aligned}
$$

性质 7 表明:

- 当 X 与 Y 正相关时, $\mathrm{Var}(X+Y)>\mathrm{Var}(X)+\mathrm{Var}(Y)$;
- 当 X 与 Y 负相关时, $\mathrm{Var}(X+Y)<\mathrm{Var}(X)+\mathrm{Var}(Y)$;
- 当 X 与 Y 不相关时, $\mathrm{Var}(X+Y)=\mathrm{Var}(X)+\mathrm{Var}(Y)$.

性质 7 还可以推广到任意有限个随机变量之和的场合, 即对任意 n 个随机变量 $X_1,X_2,\cdots,X_n$, 有
$$\mathrm{Var}\Big(\sum_{i=1}^{n}X_i\Big)=\sum_{i=1}^{n}\mathrm{Var}(X_i)+2\sum_{i<j}\mathrm{Cov}(X_i,X_j).$$

其证明类似于上式.

例 3.3.2 设二维随机变量 (X,Y) 的联合密度函数为
$$
p(x,y)=
\begin{cases}
\dfrac{1}{3}(x+y), & 0<x<1,\,0<y<2,\\
0, & \text{其他.}
\end{cases}
$$

(1) 计算协方差 $\mathrm{Cov}(X,Y)$;

(2) 计算协方差 $\mathrm{Cov}(3X-4Y,2X+2)$;

(3) 计算方差 $\mathrm{Var}(2X-3Y+8)$.

解 (1) 为计算协方差 $\mathrm{Cov}(X,Y)$ 需要先计算边际分布及其期望与方差. 先计算 X 的边际分布：

$$p_X(x)=\int_0^2 \frac{1}{3}(x+y)\mathrm{d}y=\frac{2}{3}(x+1), \quad 0\leqslant x\leqslant 1.$$

由此可算得 $EX=\frac{5}{9}$, $EX^2=\frac{7}{18}$, 从而 $\mathrm{Var}(X)=\frac{13}{162}$. 类似可算得 Y 的边际分布

$$p_Y(y)=\int_0^1 \frac{1}{3}(x+y)\mathrm{d}x=\frac{1}{3}\left(\frac{1}{2}+y\right), \quad 0\leqslant y\leqslant 2.$$

由此又可算得 $EY=\frac{11}{9}$, $EY^2=\frac{16}{9}$, 从而 $\mathrm{Var}(Y)=\frac{23}{81}$. 最后我们来计算 $E(XY)$, 有

$$E(XY)=\frac{1}{3}\int_0^1\int_0^2 xy(x+y)\mathrm{d}y\,\mathrm{d}x=\frac{1}{3}\int_0^1\left(2x^2+\frac{8}{3}x\right)\mathrm{d}x=\frac{2}{3}.$$

于是可得协方差

$$\mathrm{Cov}(X,Y)=\frac{2}{3}-\frac{5}{9}\times\frac{11}{9}=-\frac{1}{81}.$$

(2) $\mathrm{Cov}(3X-4Y,2X+2)=\mathrm{Cov}(3X-4Y,2X)$

$$=6\,\mathrm{Var}(X)-8\,\mathrm{Cov}(Y,X)$$

$$=6\times\frac{13}{162}-8\times\left(-\frac{1}{81}\right)=\frac{47}{81}.$$

(3) $\mathrm{Var}(2X-3Y+8)=\mathrm{Var}(2X-3Y)$

$$=4\,\mathrm{Var}(X)+9\,\mathrm{Var}(Y)-2\cdot 2\cdot 3\,\mathrm{Cov}(X,Y)$$

$$=4\times\frac{13}{162}+9\times\frac{23}{81}-12\times\left(-\frac{1}{81}\right)=\frac{245}{81}.$$

3. n 维随机向量的数学期望向量与协方差阵

以下我们用矩阵形式给出 n 维随机向量的数学期望向量与协方差阵.

定义 3.3.2 记 n 维随机向量为 $\boldsymbol{X}=(X_1,X_2,\cdots,X_n)'$. 若其每个分量的期望与方差都存在, 则称

$$E(\boldsymbol{X})=(E(X_1),E(X_2),\cdots,E(X_n))'$$

为 n 维随机向量 $\boldsymbol{X}$ 的**数学期望向量**, 简称为 $\boldsymbol{X}$ 的**数学期望**；而称

$$E((\boldsymbol{X}-E\boldsymbol{X})(\boldsymbol{X}-E\boldsymbol{X})')$$

$$=\begin{pmatrix} \mathrm{Var}(X_1) & \mathrm{Cov}(X_1,X_2) & \cdots & \mathrm{Cov}(X_1,X_n) \\ \mathrm{Cov}(X_2,X_1) & \mathrm{Var}(X_2) & \cdots & \mathrm{Cov}(X_2,X_n) \\ \vdots & \vdots & & \vdots \\ \mathrm{Cov}(X_n,X_1) & \mathrm{Cov}(X_n,X_2) & \cdots & \mathrm{Var}(X_n) \end{pmatrix}$$

为该随机向量的**方差－协方差阵**，简称**协方差阵**，记为 $\mathrm{Cov}(\boldsymbol{X})$.

至此我们可以看出，n 维随机向量的数学期望是各分量的数学期望组成的向量. 而其协方差阵就是由各分量的方差与协方差组成的矩阵，其对角线上的元素就是方差，非对角线上的元素为协方差. 协方差阵为对称矩阵.

例 3.3.3（n **维正态分布**） 设 n 维随机变量 $\boldsymbol{X}=(X_1,X_2,\cdots,X_n)'$ 的协方差阵为 $\boldsymbol{B}=\mathrm{Cov}(\boldsymbol{X})$，且逆阵 $\boldsymbol{B}^{-1}$ 存在，数学期望向量为 $\boldsymbol{a}=(a_1,a_2,\cdots,a_n)'$. 又记 $\boldsymbol{x}=(x_1,x_2,\cdots,x_n)'$，则由密度函数

$$p(x_1,x_2,\cdots,x_n)=p(\boldsymbol{x})=\frac{1}{(2\pi)^{\frac{n}{2}}|\boldsymbol{B}|^{\frac{1}{2}}}\exp\left\{-\frac{1}{2}(\boldsymbol{x}-\boldsymbol{a})'\boldsymbol{B}^{-1}(\boldsymbol{x}-\boldsymbol{a})\right\}$$

$$(3.3.1)$$

定义的分布称为 n **维正态分布**，记为 $\boldsymbol{X}\sim N(\boldsymbol{a},\boldsymbol{B})$，其中 $|\boldsymbol{B}|$ 表示 $\boldsymbol{B}$ 的行列式，$\boldsymbol{B}^{-1}$ 是 $\boldsymbol{B}$ 的逆阵，$(\boldsymbol{x}-\boldsymbol{a})'$ 表示向量 $\boldsymbol{x}-\boldsymbol{a}$ 的转置.

若在 $n=2$ 场合取数学期望向量和协方差矩阵分别为

$$\boldsymbol{a}=\begin{bmatrix}\mu_1\\\mu_2\end{bmatrix},\quad \boldsymbol{B}=\begin{bmatrix}\sigma_1^2 & \sigma_1\sigma_2\rho\\\sigma_1\sigma_2\rho & \sigma_2^2\end{bmatrix},$$

则有

$$|\boldsymbol{B}|=\sigma_1^2\sigma_2^2(1-\rho^2),\quad |\boldsymbol{B}|^{\frac{1}{2}}=\sigma_1\sigma_2\sqrt{1-\rho^2},$$

且 $\boldsymbol{B}$ 的逆矩阵及指数上的二次型分别为

$$\boldsymbol{B}^{-1}=\frac{1}{|\boldsymbol{B}|}\begin{bmatrix}\sigma_2^2 & -\sigma_1\sigma_2\rho\\-\sigma_1\sigma_2\rho & \sigma_1^2\end{bmatrix},$$

$$(\boldsymbol{x}-\boldsymbol{a})'\boldsymbol{B}^{-1}(\boldsymbol{x}-\boldsymbol{a})$$

$$=\frac{1}{|\boldsymbol{B}|}(x_1-\mu_1,x_2-\mu_2)\begin{bmatrix}\sigma_2^2 & -\sigma_1\sigma_2\rho\\-\sigma_1\sigma_2\rho & \sigma_1^2\end{bmatrix}\begin{bmatrix}x_1-\mu_1\\x_2-\mu_2\end{bmatrix}$$

$$=\frac{1}{1-\rho^2}\left[\frac{(x_1-\mu_1)^2}{\sigma_1^2}-\frac{2\rho(x_1-\mu_1)(x_2-\mu_2)}{\sigma_1\sigma_2}+\frac{(x_2-\mu_2)^2}{\sigma_2^2}\right].$$

把以上诸式代回原式可得二维正态分布的密度函数：

$$p(x_1,x_2)=\frac{1}{2\pi\sigma_1\sigma_2\sqrt{1-\rho^2}}\exp\left\{-\frac{1}{2(1-\rho^2)}\left[\frac{(x_1-\mu_1)^2}{\sigma_1^2}\right.\right.$$

$$\left.\left.-\frac{2\rho(x_1-\mu_1)(x_2-\mu_2)}{\sigma_1\sigma_2}+\frac{(x_2-\mu_2)^2}{\sigma_2^2}\right]\right\}.$$

这与 (3.1.15) 表示的密度函数完全一致.

3.3.2 相关系数

协方差 $\mathrm{Cov}(X,Y)$ 是有量纲的量. 譬如 X 表示儿童的身高，单位是 m，

Y 表示儿童的体重,单位是 kg,则协方差 $\mathrm{Cov}(X,Y)$ 具有量纲 m·kg. 为了消除量纲的影响,若对协方差除以两个分量的标准差的乘积 $\sigma_X\sigma_Y$,就可得到一个无量纲的量 —— 相关系数,它是用来刻画两个变量间线性相关程度的特征数,在多变量场合广为使用.

定义 3.3.3 设 (X,Y) 为二维随机变量,它的两个方差 σ_X^2 和 σ_Y^2 都存在,且都为正,则称 $\mathrm{Cov}(X,Y)/\sigma_X\sigma_Y$ 为 X 与 Y 的线性相关系数,简称相关系数,记为

$$\mathrm{Corr}(X,Y)=\frac{\mathrm{Cov}(X,Y)}{\sigma_X\sigma_Y}. \qquad (3.3.2)$$

从以上定义中可看出:相关系数 $\mathrm{Corr}(X,Y)$ 与协方差 $\mathrm{Cov}(X,Y)$ 是同符号的,即同为正,或同为负,或同为零. 这说明,从相关系数的取值也可反映出 X 与 Y 的正相关、负相关和不相关.

相关系数的另一个解释是:它是相应标准化变量的协方差. 若记 X 与 Y 的数学期望分别为 μ_X,μ_Y,其标准化变量为

$$X^*=\frac{X-\mu_X}{\sigma_X}, \quad Y^*=\frac{Y-\mu_Y}{\sigma_Y},$$

则有

$$\mathrm{Cov}(X^*,Y^*)=\mathrm{Cov}\Big(\frac{X-\mu_X}{\sigma_X},\frac{Y-\mu_Y}{\sigma_Y}\Big)=\frac{\mathrm{Cov}(X,Y)}{\sigma_X\sigma_Y}=\mathrm{Corr}(X,Y).$$

例 3.3.4 (二维正态分布的相关系数) 设 $(X,Y)\sim N(\mu_1,\mu_2,\sigma_1^2,\sigma_2^2,\rho)$,现在来验证:二维正态分布中的第五个参数 ρ 就是 X 与 Y 的相关系数,即

$$\mathrm{Corr}(X,Y)=\rho.$$

验证 关键是要算得协方差. 由二维正态联合密度函数 (3.1.15) 可知
$$\mathrm{Cov}(X,Y)=E(X-\mu_1)(Y-\mu_2)$$

$$=\frac{1}{2\pi\sigma_1\sigma_2\sqrt{1-\rho^2}}\int_{-\infty}^{\infty}\int_{-\infty}^{\infty}(x-\mu_1)(y-\mu_2)$$

$$\cdot\exp\Big\{-\frac{1}{2(1-\rho^2)}\Big[\frac{(x-\mu_1)^2}{\sigma_1^2}-2\rho\frac{(x-\mu_1)(y-\mu_2)}{\sigma_1\sigma_2}$$
$$+\frac{(y-\mu_2)^2}{\sigma_2^2}\Big]\Big\}\mathrm{d}x\,\mathrm{d}y.$$

注意上式中方括号内的量,
$$\frac{(x-\mu_1)^2}{\sigma_1^2}-2\rho\frac{(x-\mu_1)(y-\mu_2)}{\sigma_1\sigma_2}+\frac{(y-\mu_2)^2}{\sigma_2^2}$$
$$=\Big(\frac{x-\mu_1}{\sigma_1}-\rho\frac{y-\mu_2}{\sigma_2}\Big)^2+\Big(\sqrt{1-\rho^2}\,\frac{y-\mu_2}{\sigma_2}\Big)^2.$$

作变量替换

$$\begin{cases} u = \dfrac{1}{\sqrt{1-\rho^2}}\left(\dfrac{x-\mu_1}{\sigma_1} - \rho\dfrac{y-\mu_2}{\sigma_2}\right), \\ v = \dfrac{y-\mu_2}{\sigma_2}, \end{cases}$$

由此可得

$$\begin{cases} x - \mu_1 = \sigma_1(u\sqrt{1-\rho^2} + \rho v), \\ y - \mu_2 = \sigma_2 v, \end{cases}$$

$$\mathrm{d}x\,\mathrm{d}y = \sigma_1\sigma_2\sqrt{1-\rho^2}\,\mathrm{d}u\,\mathrm{d}v.$$

从而

$$\mathrm{Cov}(X,Y) = \frac{\sigma_1\sigma_2}{2\pi}\int_{-\infty}^{\infty}\int_{-\infty}^{\infty}(uv\sqrt{1-\rho^2}+\rho v^2)\mathrm{e}^{-\frac{1}{2}(u^2+v^2)}\,\mathrm{d}u\,\mathrm{d}v.$$

上式右端重积分可分为两个重积分, 其中

$$\int_{-\infty}^{\infty}\int_{-\infty}^{\infty}uv\,\mathrm{e}^{-\frac{1}{2}(u^2+v^2)}\mathrm{d}u\,\mathrm{d}v = \int_{-\infty}^{\infty}u\mathrm{e}^{-\frac{u^2}{2}}\mathrm{d}u\cdot\int_{-\infty}^{\infty}v\mathrm{e}^{-\frac{v^2}{2}}\mathrm{d}v = 0,$$

$$\int_{-\infty}^{\infty}\int_{-\infty}^{\infty}v^2\mathrm{e}^{-\frac{1}{2}(u^2+v^2)}\mathrm{d}u\,\mathrm{d}v = \int_{-\infty}^{\infty}\mathrm{e}^{-\frac{u^2}{2}}\mathrm{d}u\cdot\int_{-\infty}^{\infty}v^2\mathrm{e}^{-\frac{v^2}{2}}\mathrm{d}v = 2\pi.$$

代回原式, 即得

$$\mathrm{Cov}(X,Y) = \frac{\sigma_1\sigma_2}{2\pi}\cdot\rho\cdot 2\pi = \rho\sigma_1\sigma_2,$$

$$\mathrm{Corr}(X,Y) = \frac{\mathrm{Cov}(X,Y)}{\sigma_1\sigma_2} = \rho.$$

可见二维正态分布中第五个参数 ρ 就是其相关系数.

下面来研究相关系数的性质, 通过这些性质, 可以更深刻地理解相关系数的含义. 以下研究都是在方差 σ_X^2 和 σ_Y^2 存在且都不为零的假设下进行的, 即相关系数存在的条件下进行的, 以后不再重复叙述这一点.

定理 3.3.1 记 $\mathrm{Var}(X)=\sigma_X^2$, $\mathrm{Var}(Y)=\sigma_Y^2$, 则有
$$(\mathrm{Cov}(X,Y))^2 \leqslant \sigma_X^2\sigma_Y^2. \tag{3.3.3}$$

证 不妨设 $\sigma_X^2 > 0$. 因为当 $\sigma_X^2 = 0$ 时, 由定理 2.4.5 知, X 几乎处处为常数, 而常数与 Y 的协方差必为零, 这意味着 (3.3.3) 两端皆为零, 故 (3.3.3) 成立. 在 $\sigma_X^2 > 0$ 成立下, 考虑 t 的如下二次函数:
$$E[t(X-EX)+(Y-EY)]^2 = t^2\sigma_X^2 + 2t\,\mathrm{Cov}(X,Y) + \sigma_Y^2 \geqslant 0.$$
上述 t 的二次三项式非负, 平方项系数 σ_X^2 为正, 故其判别式非正, 即
$$(2\,\mathrm{Cov}(X,Y))^2 - 4\sigma_X^2\sigma_Y^2 \leqslant 0.$$

移项后即得(3.3.3). ∎

定理 3.3.2 $$-1 \leqslant \text{Corr}(X,Y) \leqslant 1. \qquad (3.3.4)$$

证   这可从定理 3.3.1 得到. ∎

定理 3.3.3 $\text{Corr}(X,Y) = \pm 1$ 的充要条件是在 X 与 Y 间几乎处处有线性关系.

证   充分性. 若 $Y = aX + b$ ($X = cY + d$ 也一样),则
$$\text{Corr}(X,Y) = \pm 1.$$
事实上,当 $Y = aX + b$ 时,$\sigma_Y^2 = a^2 \sigma_X^2$,
$$\text{Cov}(X,Y) = \text{Cov}(X, aX + b) = a\,\text{Cov}(X,X) = a\sigma_X^2,$$
代入相关系数定义,可得
$$\text{Corr}(X,Y) = \frac{\text{Cov}(X,Y)}{\sigma_X \sigma_Y} = \frac{a\sigma_X^2}{|a|\sigma_X^2} = \begin{cases} 1, & a > 0, \\ -1, & a < 0. \end{cases}$$
这就证明了充分性.

必要性. 若 $\text{Corr}(X,Y) = \pm 1$,则几乎处处有 $Y = aX + b$. 为证明此点,我们来考查如下方差:
$$\text{Var}\left(\frac{X}{\sigma_X} \pm \frac{Y}{\sigma_Y}\right) = 2(1 \pm \text{Corr}(X,Y)).$$
当 $\text{Corr}(X,Y) = 1$ 时,$\text{Var}\left(\dfrac{X}{\sigma_X} - \dfrac{Y}{\sigma_Y}\right) = 0$,而方差为零的变量必几乎处处为常数,即
$$P\left(\frac{X}{\sigma_X} - \frac{Y}{\sigma_Y} = c\right) = 1 \quad \text{或} \quad P\left(Y = \frac{\sigma_Y}{\sigma_X}X - c\sigma_Y\right) = 1.$$
这正说明在 X 与 Y 间几乎处处有线性关系,且斜率 σ_Y/σ_X 为正. 类似地,当 $\text{Corr}(X,Y) = -1$ 时,有
$$P\left(\frac{X}{\sigma_X} + \frac{Y}{\sigma_Y} = c\right) = 1 \quad \text{或} \quad P\left(Y = -\frac{\sigma_Y}{\sigma_X}X + c\sigma_Y\right) = 1.$$
这正说明在 X 与 Y 间几乎处处有线性关系,且斜率 $-\sigma_Y/\sigma_X$ 为负. 这样就证明了必要性. ∎

对于这个性质可作以下几点说明:

• 相关系数 $\text{Corr}(X,Y)$ 刻画了 X 与 Y 之间的线性关系,因此也常称其为"**线性相关系数**".

• 若 $\text{Corr}(X,Y) = 0$,则称 X 与 Y **不相关**. 不相关是指 X 与 Y 之间没有线性关系,但 X 与 Y 之间可能有其他的函数关系,譬如平方关系、对数关系等,但也可能 X 与 Y 无任何函数关系.

• 若 $\mathrm{Corr}(X,Y)=1$，则称 X 与 Y **完全正相关**；若 $\mathrm{Corr}(X,Y)=-1$，则称 X 与 Y **完全负相关**.

• 若 $0<|\mathrm{Corr}(X,Y)|<1$，则称 X 与 Y 有"一定程度"的线性关系. $|\mathrm{Corr}(X,Y)|$ 越接近于 1，则线性相关程度越高；$|\mathrm{Corr}(X,Y)|$ 越接近于 0，则线性相关程度越低. 而协方差看不出这一点. 若协方差很小，且其两个标准差 σ_X 和 σ_Y 也很小，则其比值就不一定很小，这可从下面例 3.3.5 看出.

例 3.3.5 已知随机向量 (X,Y) 的联合密度函数为

$$p(x,y)=\begin{cases}\dfrac{8}{3}, & 0<x-y<0.5,\ 0<x,y<1,\\[2mm] 0, & \text{其他}.\end{cases}$$

求 X,Y 的协方差 $\mathrm{Cov}(X,Y)$ 和相关系数 $\mathrm{Corr}(X,Y)$.

解 先计算两个边际密度函数，为此要考查 $p(x,y)$ 的非零区域（见图 3-10），因此 X 的边际密度要分两段求出.

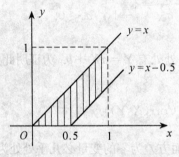

图 3-10　$p(x,y)$ 的非零区域

当 $0<x<0.5$ 时，

$$p_X(x)=\int_{-\infty}^{\infty}p(x,y)\mathrm{d}y$$
$$=\int_0^x\frac{8}{3}\mathrm{d}y=\frac{8}{3}x;$$

当 $0.5<x<1$ 时，

$$p_X(x)=\int_{-\infty}^{\infty}p(x,y)\mathrm{d}y=\int_{x-0.5}^{x}\frac{8}{3}\mathrm{d}y=\frac{4}{3}.$$

所以 X 的边际密度函数（见图 3-11 (a)）为

$$p_X(x)=\begin{cases}\dfrac{8}{3}x, & 0<x<0.5,\\[2mm] \dfrac{4}{3}, & 0.5<x<1,\\[2mm] 0, & \text{其他}.\end{cases}$$

当 $0<y<0.5$ 时，

$$p_Y(y)=\int_{-\infty}^{\infty}p(x,y)\mathrm{d}x=\int_y^{y+0.5}\frac{8}{3}\mathrm{d}x=\frac{4}{3};$$

当 $0.5<y<1$ 时，

$$p_Y(y)=\int_{-\infty}^{\infty}p(x,y)\mathrm{d}x=\int_y^{1}\frac{8}{3}\mathrm{d}x=\frac{8}{3}(1-y).$$

所以 Y 的边际密度函数（见图 3-11 (b)）为

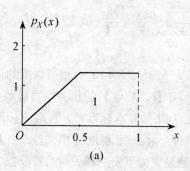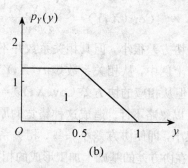

图 3-11　两个边际密度函数

$$p_Y(y) = \begin{cases} \dfrac{4}{3}, & 0 < y < 0.5, \\[2mm] \dfrac{8}{3}(1-y), & 0.5 < y < 1, \\[2mm] 0, & \text{其他.} \end{cases}$$

然后分别计算 X 与 Y 的一、二阶矩：

$$E(X) = \int_0^{0.5} \frac{8}{3} x^2 \, \mathrm{d}x + \int_{0.5}^1 \frac{4}{3} x \, \mathrm{d}x = \frac{11}{18},$$

$$E(Y) = \int_0^{0.5} \frac{4}{3} y \, \mathrm{d}y + \int_{0.5}^1 \frac{8}{3} y(1-y) \, \mathrm{d}y = \frac{7}{18},$$

$$E(X^2) = \int_0^{0.5} \frac{8}{3} x^3 \, \mathrm{d}x + \int_{0.5}^1 \frac{4}{3} x^2 \, \mathrm{d}x = \frac{31}{72},$$

$$E(Y^2) = \int_0^{0.5} \frac{4}{3} y^2 \, \mathrm{d}y + \int_{0.5}^1 \frac{8}{3} y^2(1-y) \, \mathrm{d}y = \frac{15}{72}.$$

由此可得 X 与 Y 各自的方差：

$$\mathrm{Var}(X) = \frac{31}{72} - \left(\frac{11}{18}\right)^2 = \frac{37}{648},$$

$$\mathrm{Var}(Y) = \frac{15}{72} - \left(\frac{7}{18}\right)^2 = \frac{37}{648}.$$

最后还需要计算 $E(XY)$，它只能从联合密度函数导出.

$$E(XY) = \int_0^{0.5} \int_0^x \frac{8}{3} xy \, \mathrm{d}y \, \mathrm{d}x + \int_{0.5}^1 \int_{x-0.5}^x \frac{8}{3} xy \, \mathrm{d}y \, \mathrm{d}x$$

$$= \int_0^{0.5} \frac{4}{3} x^3 \, \mathrm{d}x + \int_{0.5}^1 \frac{4}{3} x\left(x - \frac{1}{4}\right) \mathrm{d}x$$

$$= \frac{1}{48} + \frac{7}{18} - \frac{1}{8} = \frac{41}{144}.$$

最后得协方差和相关系数为

$$\mathrm{Cov}(X, Y) = \frac{41}{144} - \frac{11}{18} \times \frac{7}{18} = \frac{61}{1\,296} = 0.047\,1,$$

$$\mathrm{Corr}(X,Y)=\frac{\mathrm{Cov}(X,Y)}{\sigma_X\sigma_Y}=\frac{61}{1\,296}\times\frac{648}{37}=\frac{61}{74}=0.824\,3.$$

这个协方差很小，但其相关系数并不小.

上例中，从相关系数 $\mathrm{Corr}(X,Y)=0.824\,3$ 看，X 与 Y 有相当程度的正相关；但从相应的协方差 $\mathrm{Cov}(X,Y)=0.047\,1$ 看，X 与 Y 的相关性很微弱，几乎可以忽略不计. 造成这种错觉的原因在于没有考虑标准差，若两个标准差都很小，即使协方差小一些，相关系数也能显示一定程度的相关性. 由此可见，在协方差的基础上加工形成的相关系数是更为重要的相关性的特征数.

在一般场合，独立必导致不相关，但不相关推不出独立. 但也有例外，下面的定理指出了这个例外.

定理 3.3.4 在二维正态分布 $N(\mu_1,\mu_2,\sigma_1^2,\sigma_2^2,\rho)$ 场合，不相关与独立是等价的.

证 由例 3.3.4 知，二维正态分布 $N(\mu_1,\mu_2,\sigma_1^2,\sigma_2^2,\rho)$ 的相关系数是 ρ，因此我们只需证 $\rho=0$ 与独立是等价的. 因为二维正态分布 $N(\mu_1,\mu_2,\sigma_1^2,\sigma_2^2,\rho)$ 的两个边际分布为 $N(\mu_1,\sigma_1^2)$ 和 $N(\mu_2,\sigma_2^2)$，所以记其联合密度函数为 $p(x,y)$，边际密度函数为 $p_X(x)$ 与 $p_Y(y)$.

当 $\rho=0$ 时，可从正态密度函数的表达式中看出
$$p(x,y)=p_X(x)p_Y(y),$$
即 X 与 Y 相互独立.

反之，若 X 与 Y 相互独立，即对一切 x 与 y 有 $p(x,y)=p_X(x)p_Y(y)$，若令 $x=\mu_1$，$y=\mu_2$，则可得
$$\frac{1}{\sqrt{1-\rho^2}}=1,$$
从而有 $\rho=0$. 结论得证. ∎

例 3.3.6 (投资风险组合) 设有一笔资金，总量记为 1 (可以是 1 万元，也可以是 100 万元等)，如今要投资甲、乙两种证券. 若将资金 x_1 投资于甲证券，将余下的资金 $1-x_1=x_2$ 投资于乙证券，于是 (x_1,x_2) 就形成了一个投资组合. 记 X 为"投资甲证券的收益率"，Y 为"投资乙证券的收益率"，它们都是随机变量. 如果已知 X 和 Y 的均值(代表平均收益)分别为 μ_1 和 μ_2，方差(代表风险)分别为 σ_1^2 和 σ_2^2，X 和 Y 间的相关系数为 ρ. 试求该投资组合的平均收益与风险(方差)，并求使投资风险最小的 x_1 是多少.

解 因为组合收益为
$$Z=x_1X+x_2Y=x_1X+(1-x_1)Y,$$
所以该组合的平均收益为

$$E(Z) = x_1 E(X) + (1 - x_1) E(Y) = x_1 \mu_1 + (1 - x_1) \mu_2.$$

而该组合的风险(方差)为

$$\begin{aligned}
\mathrm{Var}(Z) &= \mathrm{Var}[x_1 X + (1 - x_1) Y] \\
&= x_1^2 \mathrm{Var}(X) + (1 - x_1)^2 \mathrm{Var}(Y) + 2 x_1 (1 - x_1) \mathrm{Cov}(X, Y) \\
&= x_1^2 \sigma_1^2 + (1 - x_1)^2 \sigma_2^2 + 2 x_1 (1 - x_1) \rho \sigma_1 \sigma_2.
\end{aligned}$$

求最小组合风险,即求 $\mathrm{Var}(Z)$ 关于 x_1 的极小点. 为此令

$$\frac{\mathrm{d}\,\mathrm{Var}(Z)}{\mathrm{d}x_1} = 2 x_1 \sigma_1^2 - 2(1 - x_1) \sigma_2^2 + 2 \rho \sigma_1 \sigma_2 - 4 x_1 \rho \sigma_1 \sigma_2 = 0,$$

从中解得

$$x_1^* = \frac{\sigma_2^2 - \rho \sigma_1 \sigma_2}{\sigma_1^2 + \sigma_2^2 - 2 \rho \sigma_1 \sigma_2}.$$

它与 μ_1, μ_2 无关. 又因为 $\mathrm{Var}(Z)$ 中 x_1^2 的系数为正,所以以上的 x_1^* 可使组合风险达到最小.

譬如,$\sigma_1^2 = 0.3$,$\sigma_2^2 = 0.5$,$\rho = 0.4$,则

$$x_1^* = \frac{0.5 - 0.4\sqrt{0.3 \times 0.5}}{0.3 + 0.5 - 2 \times 0.4\sqrt{0.3 \times 0.5}} = 0.704.$$

这说明应把全部资金的 70% 投资于甲证券,而把余下的 30% 资金投向乙证券,这样的投资组合风险最小.

3.3.3 条件分布

1. 条件分布概念

假如两个随机变量 X 与 Y 不独立,则 X 与 Y 间就有一定的相依性. 由于 X 与 Y 取值的随机性,它们之间一般不会呈现出一种确定性函数关系,但对随机现象的大量观察就会发现它们之间隐含着某种趋势. 为了把这种趋势揭示出来,最有用的工具是条件分布与条件期望. 下面例子会给我们一些启发.

例3.3.7 在一个地区或一个国家中父亲的身高 X 和儿子(成年人)的身高 Y 是一个二维随机变量 (X, Y). 从遗传学上看,或从人们生活经历上看,这两个随机变量不会是相互独立的,父高 X 会影响儿子的身高 Y,看到父亲很高就会想到他的儿子(若有的话)不会很低;看到小个子的男青年也会想到他父亲亦不会很高. 但也不是绝对的,可能有例外. 大多数场合下,上述的经验事实是经常出现的,所以父高 X 与儿高 Y 之间是相依的两个随机变量.

如何研究这种相依性呢? 首先把父亲的身高固定在一个水平上,譬如

固定在 $x_1 = 1.50$ (m) 处. 这些身高为 1.5 m 的父辈们的儿子身高不会是相同的, 有高有低, 在有些高度上人多一些, 在另一些高度上人少一些, 呈现出一定的分布, 这是父高为 1.5 m 条件下, 儿子身高 Y 的分布. 若以概率密度函数表示, 可记为 $p(y \mid X = x_1)$, 它就是条件密度函数(见图 3-12).

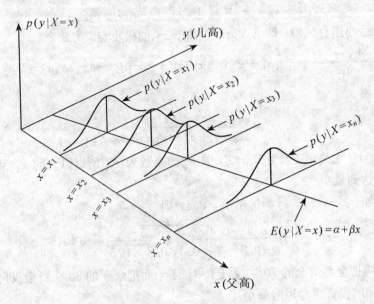

图 3-12　条件分布与条件期望示意图

当条件改变时, 譬如父高固定在 $x_2 = 1.6$ (m) 处, 其子身高 Y 也有一个条件密度函数 $p(y \mid X = x_2)$. 类似地, 可写出不同条件下(父高固定在不同水平上) Y 的条件密度函数(见图 3-12):

$$p(y \mid X = x_1),\ p(y \mid X = x_2),\ p(y \mid X = x_3),\ \cdots,\ p(y \mid X = x_n)$$

等. 从这些条件密度函数的位置看, 其位置随着 X 的取值增加而显示增大的趋势. 假如用条件密度的均值(就是条件期望, 记为 $E(Y \mid X = x)$)表示分布位置, 则 $E(Y \mid X = x)$ 将随着 x 增加而增加. 在这个例子中呈线性增加, 而在其他场合可能是某个函数 $f(x)$. 进一步要研究的是: $E(Y \mid X = x)$ 关于 x 的具体函数形式是什么? 这是回归分析要研究的问题, 这里就不再深入下去了. 本节以后篇幅将把研究重点放在条件分布及其条件期望上, 致力于把这些概念和所涉及的一些计算弄明白.

2. 离散随机变量的条件分布

对于任意两事件 A 和 B, 当 $P(B) > 0$ 时, 在 B 已发生条件下, 事件 A 发生的条件概率定义为

$$P(A \mid B) = \frac{P(AB)}{P(B)}.$$

如果 (X, Y) 是二维离散随机变量, 其联合分布为

$$P(X = x_i, Y = y_j) = p_{ij}, \quad i = 1, 2, \cdots, \ j = 1, 2, \cdots,$$

那么对一切使 $P(Y = y_j) > 0$ 的 y_i 可以定义"**给定 $Y = y_j$ 下 X 的条件分布**"为

$$P(X = x_i \mid Y = y_j) = \frac{P(X = x_i, Y = y_j)}{P(Y = y_j)} = \frac{p_{ij}}{p_{\cdot j}}, \quad i = 1, 2, \cdots,$$

$$(3.3.5)$$

其中 $p_{\cdot j} = P(Y = y_j) = \sum_i p_{ij}$. 在这个条件分布中, Y 固定在 y_j 上, 而让 X 随机取值. 类似地, 对一切使 $P(X = x_i) > 0$ 的 x_i 可定义"**给定 $X = x_i$ 下 Y 的条件分布**"为

$$P(Y = y_j \mid X = x_i) = \frac{P(X = x_i, Y = y_j)}{P(X = x_i)} = \frac{p_{ij}}{p_{i \cdot}}, \quad j = 1, 2, \cdots,$$

$$(3.3.6)$$

其中 $p_{i \cdot} = P(X = x_i) = \sum_j p_{ij}$.

例 3.3.8 设二维离散概率分布如下表示:

X \ Y	1	2	3	$p_{i \cdot}$ (行和)
1	0.1	0.3	0.2	0.6
2	0.2	0.05	0.15	0.4
$p_{\cdot j}$ (列和)	0.3	0.35	0.35	1.00

诸 $p_{i \cdot}$ (行和) 与 $p_{\cdot j}$ (列和) 已求得, 也列在上表中.

按公式 (3.3.6), "给定 $X = 1$ 下 Y 的条件分布"用第一行上的三个概率 (指 0.1, 0.3 和 0.2) 分别除以第一行的行和 $p_1 = 0.6$ 就可得到, 具体如下:

$$P(Y = 1 \mid X = 1) = \frac{0.1}{0.6} = \frac{1}{6},$$

$$P(Y = 2 \mid X = 1) = \frac{0.3}{0.6} = \frac{1}{2},$$

$$P(Y = 3 \mid X = 1) = \frac{0.2}{0.6} = \frac{1}{3}.$$

把它们合在一起写, 可记为

$$P(Y = j \mid X = 1) = \begin{cases} 1/6, & j = 1, \\ 1/2, & j = 2, \\ 1/3, & j = 3. \end{cases}$$

类似地，"给定 $X=2$ 下，Y 的条件分布"亦可类似求得：

$$P(Y=j \mid X=2)=\begin{cases} 1/2, & j=1, \\ 1/8, & j=2, \\ 3/8, & j=3. \end{cases}$$

由于 X 只可能取两个值，故在 X 给定下 Y 的条件分布只有这两个. 而给定 Y 下 X 的条件分布有三个，它们是

$$P(X=i \mid Y=1)=\begin{cases} 1/3, & i=1, \\ 2/3, & i=2, \end{cases}$$

$$P(X=i \mid Y=2)=\begin{cases} 6/7, & i=1, \\ 1/7, & i=2, \end{cases}$$

$$P(X=i \mid Y=3)=\begin{cases} 4/7, & i=1, \\ 3/7, & i=2. \end{cases}$$

在这个例子中共有 5 个不同的条件分布，在实际问题中可能遇到的条件分布会更多，但其计算方法都按 (3.3.5) 和 (3.3.6) 两个公式进行.

3. 连续随机变量的条件分布

设 (X,Y) 是二维连续随机变量，$p(x,y)$ 是其联合密度函数，$p_X(x)$ 和 $p_Y(y)$ 是其边际密度函数. 由于在连续场合，$P(X=x)=0$，$P(Y=y)=0$，故在 $P(y \leqslant Y \leqslant y+\Delta y) > 0$ 时，改为考虑如下条件概率：

$$P(X \leqslant x \mid y \leqslant Y \leqslant y+\Delta y)$$

$$=\frac{P(X \leqslant x, \, y \leqslant Y \leqslant y+\Delta y)}{P(y \leqslant Y \leqslant y+\Delta y)}$$

$$=\frac{\displaystyle\int_{-\infty}^{x}\int_{y}^{y+\Delta y} p(x,y)\mathrm{d}y\,\mathrm{d}x}{\displaystyle\int_{y}^{y+\Delta y} p_Y(y)\mathrm{d}y}$$

$$=\frac{\displaystyle\int_{-\infty}^{x}\left(\frac{1}{\Delta y}\int_{y}^{y+\Delta y} p(x,y)\mathrm{d}y\right)\mathrm{d}x}{\displaystyle\frac{1}{\Delta y}\int_{y}^{y+\Delta y} p_Y(y)\mathrm{d}y}.$$

当 $\Delta y \to 0$ 时，上式左端为 $P(X \leqslant x \mid Y=y)$，它是在给定 $Y=y$ 下，$X \leqslant x$ 的条件概率. 这个就是在给定 $Y=y$ 下，X 的**条件分布函数** $F(x \mid y)$. 而在上式右端的分母与分子中，只要 $p_Y(y)$ 和 $p(x,y)$ 在 y 处连续，则由积分中值定理可得

$$\lim_{\Delta y \to 0} \frac{1}{\Delta y}\int_{y}^{y+\Delta y} p_Y(y)\mathrm{d}y = p_Y(y),$$

$$\lim_{\Delta y \to 0} \frac{1}{\Delta y}\int_{y}^{y+\Delta y} p(x,y)\mathrm{d}y = p(x,y).$$

于是当 $p_Y(y) > 0$ 时，在给定 $Y = y$ 下 X 的条件分布函数可表示为

$$F(x \mid y) = \int_{-\infty}^{x} \frac{p(x,y)}{p_Y(y)} \mathrm{d}x.$$

这表明 $p(x,y)/p_Y(y)$ 是**在给定 $Y = y$ 下 X 的条件密度函数**，记它为 $p(x \mid y)$，即

$$p(x \mid y) = \frac{p(x,y)}{p_Y(y)}. \tag{3.3.7}$$

类似地，当 $p_X(x) > 0$ 时，可得**在给定 $X = x$ 下 Y 的条件密度函数**为

$$p(y \mid x) = \frac{p(x,y)}{p_X(x)}. \tag{3.3.8}$$

在连续场合，常用上述两个公式计算条件密度函数.

例 3.3.9 设 $(X,Y) \sim N(\mu_1, \mu_2, \sigma_1^2, \sigma_2^2, \rho)$，试求其两个条件密度函数.

解 在例 3.1.6 中已算出 X 与 Y 的边际分布分别为 $N(\mu_1, \sigma_1^2)$ 与 $N(\mu_2, \sigma_2^2)$，于是有

$$p(x \mid y) = \frac{p(x,y)}{p_Y(y)}$$

$$= \frac{1}{2\pi\sigma_1\sigma_2\sqrt{1-\rho^2}} \exp\left\{ -\frac{1}{2(1-\rho^2)}\left[\frac{(x-\mu_1)^2}{\sigma_1^2} - 2\rho\frac{(x-\mu_1)(y-\mu_2)}{\sigma_1\sigma_2} \right.\right.$$

$$\left.\left. + \frac{(y-\mu_2)^2}{\sigma_2^2} \right]\right\} \Big/ \frac{1}{\sqrt{2\pi}\,\sigma_2}\exp\left\{ -\frac{(y-\mu_2)^2}{2\sigma_2^2} \right\}$$

$$= \frac{1}{\sqrt{2\pi}\,\sigma_1\sqrt{1-\rho^2}} \exp\left\{ -\frac{1}{2(1-\rho^2)}\left[\frac{(x-\mu_1)^2}{\sigma_1^2} \right.\right.$$

$$\left.\left. - 2\rho\frac{(x-\mu_1)(y-\mu_2)}{\sigma_1\sigma_2} + \rho^2\frac{(y-\mu_2)^2}{\sigma_2^2} \right]\right\}$$

$$= \frac{1}{\sqrt{2\pi}\,\sigma_1\sqrt{1-\rho^2}} \exp\left\{ -\frac{1}{2(1-\rho^2)\sigma_1^2}\left[x - \left(\mu_1 + \rho\frac{\sigma_1}{\sigma_2}(y-\mu_2)\right) \right]^2 \right\}.$$

这正好是正态分布 $N\left(\mu_1 + \rho\frac{\sigma_1}{\sigma_2}(y-\mu_2), \sigma_1^2(1-\rho^2)\right)$. 类似地，可求得在给定 $X = x$ 下 Y 的条件分布为

$$N\left(\mu_2 + \rho\frac{\sigma_2}{\sigma_1}(x-\mu_1), \sigma_2^2(1-\rho^2)\right).$$

因此，二维正态变量的条件分布仍为正态分布，这是正态分布的又一个重要性质.

例 3.3.10 设二维连续随机变量 (X,Y) 的联合密度函数为

$$p(x,y)=\begin{cases}\dfrac{e^{-\frac{x}{y}}e^{-y}}{y}, & 0<x,y<\infty,\\ 0, & \text{其他场合.}\end{cases}$$

求 $P(X>1\mid Y=y)$.

解 先在给定 $Y=y>0$ 下求得 X 的条件密度

$$p(x\mid y)=\frac{p(x,y)}{p_Y(y)}=\frac{\dfrac{e^{-\frac{x}{y}}e^{-y}}{y}}{\dfrac{e^{-y}}{y}\displaystyle\int_0^\infty e^{-\frac{x}{y}}dx}=\frac{e^{-\frac{x}{y}}}{y},\quad x>0.$$

因此在 $y>0$ 时,有

$$P(X>1\mid Y=y)=\int_1^\infty p(x\mid y)dx=\int_1^\infty \frac{e^{-\frac{x}{y}}}{y}dx=e^{-\frac{1}{y}}.$$

在条件"$Y=y$"没有具体给定时,上述条件概率也不能完全确定,只能用 y 的函数表示出来,一旦给定"$Y=1$",则有

$$P(X>1\mid Y=1)=e^{-1}=0.3679.$$

上述条件概率也就随之确定.

例 3.3.11 设 $X\sim U(0,1)$,x 是其一个观察值. 又设在 $X=x$ 下 Y 的条件分布是 $U(x,1)$. 这两个均匀分布的密度函数分别为

$$p_X(x)=\begin{cases}1, & 0<x<1,\\ 0, & \text{其他,}\end{cases}$$

$$p(y\mid x)=\begin{cases}\dfrac{1}{1-x}, & 0<x<y<1,\\ 0, & \text{其他.}\end{cases}$$

由此可得 (X,Y) 的联合密度函数

$$p(x,y)=\begin{cases}\dfrac{1}{1-x}, & 0<x<y<1,\\ 0, & \text{其他.}\end{cases}$$

其不为零的区域如图 3-13 的斜线部分. 而 Y 的边际密度 $p_Y(y)$ 在区间 $(0,1)$ 外为零,且当 $0<y<1$ 时,有

$$p_Y(y)=\int_{-\infty}^\infty p(x,y)dx=\int_0^y \frac{1}{1-x}dx=-\ln(1-y)=\ln\frac{1}{1-y}.$$

它的图形如图 3-14 所示,可见 $p_Y(y)$ 是一个无界函数,但在 $(0,1)$ 上的积分为 1.

现在来求 $Y>0.5$ 的概率,这可利用上述 $p_Y(y)$ 的表达式,

$$P(Y>0.5)=-\int_{0.5}^1 \ln(1-y)\,dy=-\int_0^{0.5}\ln u\,du.$$

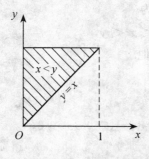
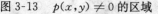
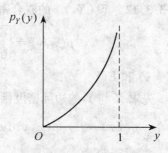

图 3-13　$p(x,y) \neq 0$ 的区域　　　　图 3-14　$p_Y(y)$ 的图形

最后一个等式是利用变换 $u = 1 - y$ 得到的. $\ln u$ 的原函数为 $u \ln u - u$, 故

$$P(Y > 0.5) = -(u \ln u - u) \Big|_0^{0.5} = 0.5 \ln 2 + 0.5 = 0.846\,6.$$

3.3.4　条件期望

　　定义 3.3.4　条件分布的数学期望称为**条件期望**, 它可用条件分布算得:

$$E(X \mid y) = \begin{cases} \sum_i x_i P(X = x_i \mid Y = y), & \text{当}(X,Y) \text{为二维离散随机变量,} \\ \int_{-\infty}^{\infty} x p(x \mid y) \mathrm{d}x, & \text{当}(X,Y) \text{为二维连续随机变量,} \end{cases}$$

$$(3.3.9)$$

其中 $P(X = x_i \mid Y = y)$ 为在给定 $Y = y$ 下 X 的条件分布, $p(x \mid y)$ 为在给定 $Y = y$ 下 X 的条件密度函数. 上述数学期望都假设存在.

　　注意条件期望 $E(X \mid y)$ 与 (无条件) 期望 $E(X)$ 的区别. 它们不仅在计算公式上有重要差别, 含义也决然不同. 譬如, 若 X 表示 "中国人的年收入", 则 $E(X)$ 表示中国人的平均年收入. 若用 Y 表示 "中国人受教育的年限", 则 $E(X \mid y)$ 表示受过 y 年教育的中国人群中的平均年收入. $E(X)$ 只有一个, 可 $E(X \mid y)$ 有很多个. 当 Y 取不同值时, 如 $Y = 0, 1, 2, \cdots$, $E(X \mid y)$ 值是不同的. 一般来说, $E(X \mid y)$ 是 y 的某个函数, 这个函数刻画了 X 的条件期望如何随 Y 的取值 y 变化而变化的趋势. 又如 X 表示 "中国成年人的身高", 则 $E(X)$ 表示中国成年人的平均身高. 若用 Y 表示 "中国成年人的足长" (脚趾到脚跟的长度), 则 $E(X \mid y)$ 表示足长为 y 的中国成年人的平均身高. 我国公安部门研究获得

$$E(X \mid y) = 6.876y.$$

一案犯在保险柜前面留下足印, 测得 25.3 cm, 代入上式算得, 此案犯身高大约在 174 cm 左右. 这一信息对刻画案犯外形有重要作用.

例 3. 3. 12 设 (X,Y) 的联合密度函数为

$$p(x,y)=\begin{cases}e^{-y}, & 0<x<y,\\ 0, & \text{其他}.\end{cases}$$

求 $E(X\mid y)$ 和 $E(Y\mid x)$.

解 先求 X 与 Y 的边际密度函数:

$$p_X(x)=\int_{-\infty}^{\infty}p(x,y)\mathrm{d}y=\int_x^{\infty}e^{-y}\mathrm{d}y=e^{-x}, \quad x>0,$$

$$p_Y(y)=\int_{-\infty}^{\infty}p(x,y)\mathrm{d}x=\int_0^y e^{-y}\mathrm{d}x=ye^{-y}, \quad y>0.$$

而当 $x\leqslant0$ 时,有 $p_X(x)=0$;当 $y\leqslant0$ 时,亦有 $p_Y(y)=0$.

再求条件分布. 在 $y>0$ 时, $p_Y(y)>0$, 故有

$$p(x\mid y)=\frac{p(x,y)}{p_Y(y)}=\begin{cases}\dfrac{1}{y}, & 0<x<y<\infty,\\[2mm] 0, & \text{其他}.\end{cases}$$

在 $x>0$ 时 $p_X(x)>0$, 故有

$$p(y\mid x)=\frac{p(x,y)}{p_X(x)}=\begin{cases}e^{x-y}, & 0<x<y<\infty,\\ 0, & \text{其他}.\end{cases}$$

最后求条件期望:

$$E(X\mid y)=\int_0^y x\cdot\frac{1}{y}\mathrm{d}x=\frac{y}{2}, \quad y>0.$$

在条件"$Y=y$"尚未具体给定时,上述条件期望也不能定下,只能表示为 y 的函数. 假如给定"$Y=4$",立即可得 $E(X\mid y)=2$. 类似地,

$$E(Y\mid x)=\int_x^{\infty}y\cdot e^{x-y}\mathrm{d}y=e^x\int_x^{\infty}ye^{-y}\mathrm{d}y$$

$$=e^x\left[-e^{-y}(1+y)\right]\Big|_x^{\infty}=1+x, \quad x>0.$$

一般场合下,条件期望 $E(Y\mid x)$ 总是条件 x 的函数,只有当条件给定时,才能求出具体期望值. 如 $X=1$ 时, $E(Y\mid X=1)=2$.

例 3. 3. 13 设 $(X,Y)\sim N(\mu_1,\mu_2,\sigma_1^2,\sigma_2^2,\rho)$,在例 3.3.7 中已求得在给定 $Y=y$ 下 X 的条件分布为一维正态分布,即

$$(X\mid Y=y)\sim N\left(\mu_1+\rho\frac{\sigma_1}{\sigma_2}(y-\mu_2),\sigma_1^2(1-\rho^2)\right).$$

由正态分布性质可知,其条件期望

$$E(X\mid y)=\mu_1+\rho\frac{\sigma_1}{\sigma_2}(y-\mu_2). \tag{3.3.10}$$

它是 y 的线性函数. 由于 σ_1 与 σ_2 均为正数,故当相关系数 $\rho>0$ 时, $E(X\mid y)$ 随 y 增加而按线性增加,这就是以前提及的"正相关";当 $\rho<0$ 时, $E(X\mid y)$

随 y 增加而按线性减少，这就是"负相关"；当 $\rho=0$ 时，X 与 Y 独立，$E(X\mid y)$ 当然与 y 无关，就等于 $E(X)$.

譬如，在二维正态分布 $N(5,6,2^2,3^2,0.84)$ 中已知

$$\mu_1=5,\ \mu_2=6,\ \sigma_1^2=2^2,\ \sigma_2^2=3^2,\ \rho=0.84,$$

可以写出给定 y 时 X 的条件期望

$$E(X\mid y)=5+0.84\cdot\frac{2}{3}(y-6)=0.56y+1.64.$$

类似可写出给定 x 时 Y 的条件期望

$$E(Y\mid x)=6+0.84\cdot\frac{3}{2}(x-5)=1.26x-0.30.$$

条件期望是条件分布的数学期望，故它具有数学期望的一切性质. 譬如：

(1) $E(a_1X_1+a_2X_2\mid y)=a_1E(X_1\mid y)+a_2E(X_2\mid y)$；

(2) 对任一函数 $g(X)$，有

$$E(g(X)\mid y)=\begin{cases}\displaystyle\sum_i g(x_i)P(X=x_i\mid Y=y), & \text{在离散场合,}\\[2mm]\displaystyle\int_{-\infty}^{\infty}g(x)p(x\mid y)\mathrm{d}x, & \text{在连续场合.}\end{cases}$$

此外，条件期望还有一个重要性质.

定理3.3.5   条件期望的期望就是(无条件)期望，即

$$E(E(X\mid Y))=E(X),$$

其中内层期望 $E(X\mid Y)$ 用条件分布 $p(x\mid y)$ 计算，外层期望用 Y 分布 $p(y)$ 计算，为标明此点，上式可改写为

$$E^y(E^{x\mid y}(X\mid Y))=E^x(X).$$

证   先在连续场合证明. 由(3.3.7)可得

$$\begin{aligned}E(X)&=\int_{-\infty}^{\infty}\int_{-\infty}^{\infty}xp(x,y)\mathrm{d}x\,\mathrm{d}y\\&=\int_{-\infty}^{\infty}\int_{-\infty}^{\infty}xp(x\mid y)p_Y(y)\mathrm{d}x\,\mathrm{d}y\\&=\int_{-\infty}^{\infty}\left(\int_{-\infty}^{\infty}xp(x\mid y)\mathrm{d}x\right)p_Y(y)\mathrm{d}y\\&=\int_{-\infty}^{\infty}E(X\mid y)p_Y(y)\mathrm{d}y.\end{aligned}$$

由于条件期望 $E(X\mid y)$ 是 y 的函数，记为 $g(y)$. 则上式就是随机变量函数 $g(Y)$ 的期望值，即

$$E(X)=E(g(Y))=E(E(X\mid Y)).$$

类似地,亦可在离散场合证明上式成立.

这个命题不仅在概率论中是一个较深刻的命题,而且在实际中很有用. 在不少场合,直接计算 $E(X)$ 是困难的,而在限定变量 Y(与 X 有关系的量)的值 y 之后,计算条件期望 $E(X \mid y)$ 则较为容易. 因此可分两步走:第一步,借助条件分布 $p(x \mid y)$ 和固定的 y 值算得条件期望 $E(X \mid y)$;第二步,再把 y 看做 Y 的取值,$E(X \mid y)$ 看做 $Y = y$ 时 X 取值的平均,借助 Y 的分布 $p_Y(y)$ 再求一次期望,先后两次期望即得 $E(X)$. 更直观一些说,你可以把 $E(X)$ 看做在一个很大范围上求平均,然后找一个与 X 有关的量 Y,用 Y 的不同值把上述大范围划分为若干个小区域. 先在每个小区域上求平均,再对此类平均求加权平均,即可获得大范围上的平均 $E(X)$. 譬如要求全校学生的平均年龄,可先求出每个班级学生的平均年龄,然后再对各班平均年龄求加权平均,其中权就是班级人数在全校学生中所占的比例.

例 3.3.14 一矿工被困在有三个门的矿井里. 第一个门通一坑道,沿此坑道走 3 小时可使他到达安全地点;第二个门可使他走 5 小时后又回到原处;第三个门可使他走 7 小时后也回到原地. 如设此矿工在任何时刻都等可能地选定其中一个门,试问他到达安全地点平均要用多长时间?

解 设 X 为"该矿工到达安全地点所需时间"(单位:小时),Y 为"他所选的门",则由定理 3.3.5 可得

$$E(X) = E(X \mid Y = 1)P(Y = 1) + E(X \mid Y = 2)P(Y = 2)$$
$$+ E(X \mid Y = 3)P(Y = 3),$$

其中 $P(Y=1) = P(Y=2) = P(Y=3) = \dfrac{1}{3}$,$E(X \mid Y = 1) = 3$. 而 $E(X \mid Y = 2)$ 为矿工从第二个门出去要到达安全地点所需平均时间. 而他沿此坑道走 5 小时又转回原地,而一旦返回原地,问题就与当初他还没有进第二个门之前一样,因此他要到达安全地点平均还需再用 $E(X)$ 小时,故

$$E(X \mid Y = 2) = 5 + E(X).$$

类似地,有

$$E(X \mid Y = 3) = 7 + E(X).$$

代回原式,可得

$$E(X) = \frac{1}{3}(3 + 5 + E(X) + 7 + E(X)),$$

解得 $E(X) = 15$(小时). 故该矿工到达安全地点平均需要 15 小时.

例 3.3.15 设走进某百货商店的顾客数是均值为 35 000 的随机变量. 又设这些顾客所花的钱数是相互独立、均值为 52 元的随机变量. 再设任一顾客所花的钱数和进入该商店的总人数相互独立. 试问该商店一天的平均营业额是多少?

解 令 N 表示走进该商店的顾客数，X_i 表示"第 i 位顾客所花的钱数"，则 N 位顾客所花的总钱数 $\sum_{i=1}^{N} X_i$ 就是该商店一天的营业额. 由于

$$E\left[\sum_{i=1}^{N} X_i\right] = E\left[E\left(\sum_{i=1}^{N} X_i \mid N\right)\right],$$

其中

$$E\left[\sum_{i=1}^{N} X_i \mid N = n\right] = E\left[\sum_{i=1}^{n} X_i\right] = nE(X_1),$$

上式最后的等式成立是由于诸 X_i 与 N 独立，从而条件期望就是无条件期望，

$$E\left[\sum_{i=1}^{N} X_i \mid N\right] = NE(X_1).$$

从而

$$E\left[\sum_{i=1}^{N} X_i\right] = E(NE(X_1)) = E(N)E(X_1).$$

在我们的问题中，$E(N) = 35\,000$（人），$E(X_1) = 52$（元），故该商店一天的平均营业额为 $35\,000 \times 52 = 1.82$ 百万元.

这是一个寻求个数为随机的独立随机变量和的数学期望问题. 这类问题很多，譬如，一只昆虫一次产卵数 N 为随机的，每只卵成活的概率为 p，假如 N 服从参数为 λ 的泊松分布，则一只昆虫一次产卵能成活的平均数为 λp. 又如，一兽类的个数 N 为随机的，如果每只野兽掉入人们设置陷阱的概率为 p，则被捕获的野兽的平均数为 $E(N)E(X_1)$，其中 $X_1 \sim b(1,p)$.

习 题 3.3

1. 设二维随机变量 (X,Y) 的联合分布列为

X \ Y	-1	0	1
0	0.07	0.18	0.15
1	0.08	0.32	0.20

求协方差 $\text{Cov}(X,Y)$ 与 $\text{Cov}(X^2,Y^2)$.

2. 将一枚硬币重复掷几次，以 X 和 Y 分别表示正面向上和反面向上的次数，试求 X 与 Y 的协方差与相关系数.

3. 设二维随机变量 (X,Y) 的 $\text{Var}(X) = 1$, $\text{Var}(Y) = 4$, $\text{Cov}(X,Y) = 1$, 求

(1) $\mathrm{Cov}(X+Y,Y)$ 与 $\mathrm{Corr}(X+Y,Y)$;

(2) $\mathrm{Cov}(X+Y,X-Y)$ 与 $\mathrm{Corr}(X+Y,X-Y)$.

4. 设三维随机变量 (X,Y,Z) 的期望、方差与乘积矩分别为

$$E(X)=1, \qquad E(Y)=2, \quad E(Z)=3,$$
$$\mathrm{Var}(X)=9, \quad \mathrm{Var}(Y)=4, \quad \mathrm{Var}(Z)=1,$$
$$E(XY)=1, \quad E(XZ)=0.5, \quad E(YZ)=-0.5.$$

求 $E(X+Y+Z)$, $\mathrm{Var}(X+Y+Z)$.

5. 设二维随机变量 (X,Y) 的分布列为

X \ Y	0	1	2	3
1	0	$\frac{3}{8}$	$\frac{3}{8}$	0
3	$\frac{1}{8}$	0	0	$\frac{1}{8}$

验证: X 与 Y 不相关, 也不独立.

6. 设随机变量 X 和 Y 独立同分布, 共同分布是参数为 λ 的泊松分布. 求 $U=2X+Y$ 与 $V=2X-Y$ 的相关系数.

7. 设随机变量 X 和 Y 的期望分别为 -2 与 2, 方差分别为 1 与 4, 它们的相关系数为 -0.5. 试用切比雪夫不等式估计概率 $P(|X+Y|\geqslant 6)$ 的上限.

8. 设二维随机变量 (X,Y) 的联合密度函数为

$$p(x,y)=\begin{cases} 3x, & 0<y<x<1, \\ 0, & \text{其他}. \end{cases}$$

求 $\mathrm{Cov}(X,Y)$ 与 $\mathrm{Corr}(X,Y)$.

9. 设二维随机变量 (X,Y) 的联合密度函数为

$$p(x,y)=\begin{cases} 2-x-y, & 0<x,y<1, \\ 0, & \text{其他}. \end{cases}$$

求相关系数 $\mathrm{Corr}(X,Y)$.

10. 对任意实数 a,b,c,d, 证明: 当 a 与 c 同号时,

$$\mathrm{Corr}(aX+b,cY+d)=\mathrm{Corr}(X,Y).$$

这表明: 任意的线性变换 $(ac>0)$ 不会改变相关系数.

11. 设随机变量 X 与 Y 相互独立, 且都服从正态分布 $N(\mu,\sigma^2)$. 求 $Z_1=\alpha X+\beta Y$ 与 $Z_2=\alpha X-\beta Y$ 的相关系数, 其中 α,β 为任意非零常数.

12. 设 $X_1,X_2,\cdots,X_n$ 是 n 个相互独立、同分布的随机变量, 它们的方差都为 σ^2. 又设 $\overline{X}=\dfrac{X_1+X_2+\cdots+X_n}{n}$. 证明: 对任意 i 与 j $(1\leqslant i<j\leqslant n)$,

$X_i - \overline{X}$ 与 $X_j - \overline{X}$ 的相关系数为 $-1/(n-1)$.

13. 设 (X,Y) 的联合分布列 $P(X=i, Y=j)=p_{ij}$ 如下:

p_{ij} $\diagdown$ j i	1	2	3
1	0.01	0.03	0.09
2	0.04	0.07	0.13
3	0.03	0.09	0.17
4	0.02	0.01	0.31

请写出有关的 7 个条件分布列.

14. 设 X 与 Y 是两个相互独立同分布的随机变量,其共同分布为二项分布 $b(n,p)$. 证明:已知 $X+Y=m$ 条件下,X 的条件分布是超几何分布.

15. 设二维随机变量 (X,Y) 的联合密度函数为

$$p(x,y)=\begin{cases}24y(1-x-y), & x+y\leqslant 1, \ x\geqslant 0, \\ 0, & \text{其他}.\end{cases}$$

(1) 求 $p(x\mid y)$ 和 $p\left(x\big|Y=\dfrac{1}{2}\right)$;

(2) 求 $p(y\mid x)$ 和 $p\left(y\big|X=\dfrac{1}{2}\right)$.

16. 已知随机变量 Y 的密度函数为

$$p(y)=\begin{cases}5y^4, & 0<y<1, \\ 0, & \text{其他}.\end{cases}$$

又知在给定 $Y=y$ 下,另一随机变量 X 的条件密度函数为

$$p(x\mid y)=\begin{cases}\dfrac{3x^2}{y^3}, & 0<x<y<1, \\ 0, & \text{其他}.\end{cases}$$

求概率 $P\left(X>\dfrac{1}{2}\right)$ 之值.

17. 一囚犯在有三个门的密室中. 第一个门通到地道,沿此地道行走两天后,结果他又转回原地;第二个门使他行走 4 天后也转回原地;第三个门通到使他行走 1 天后能得到自由的地道. 设该囚犯始终以概率 0.5,0.3,0.2 分别选择第一、第二、第三个门. 试问该囚犯走出地道获得自由时平均需要多少天?

18. 在某地区每周平均发生 5 次工伤事故,每次事故中,受伤的人数是相互独立的随机变量,且有相同的均值2.5. 如果在每次事故中,受伤的工人人数与事故发生次数独立,试求一周内平均受伤人数.

3.4 中心极限定理

正态分布处于概率论的中心地位，概率论中很多问题的研究都是围绕正态分布而展开的. 中心极限定理是研究：在什么条件下多个相互独立（或某种相依）的随机变量之和的分布可用正态分布近似. 在这些条件下，随机变量的个数无限增多时，其和以正态分布为极限分布. 先看两个例子所显示的重要现象.

3.4.1 一个重要现象

例 3.4.1 一颗均匀的骰子连掷 n 次，其点数之和 Y_n 是 n 个相互独立同分布的随机变量之和，即 $Y_n = X_1 + X_2 + \cdots + X_n$，其中诸 X_i 的共同的概率分布为

X_1	1	2	3	4	5	6
P	$\frac{1}{6}$	$\frac{1}{6}$	$\frac{1}{6}$	$\frac{1}{6}$	$\frac{1}{6}$	$\frac{1}{6}$

这也是 Y_1 的概率分布，其概率直方图（图 3-15（a））是平顶的.

当 $n=2$ 时，$Y_2 = X_1 + X_2$ 的概率分布可用离散形式的卷积公式（3.2.5）求得：

$Y_2 = X_1 + X_2$	2	3	4	5	6	7	8	9	10	11	12
P	$\frac{1}{36}$	$\frac{2}{36}$	$\frac{3}{36}$	$\frac{4}{36}$	$\frac{5}{36}$	$\frac{6}{36}$	$\frac{5}{36}$	$\frac{4}{36}$	$\frac{3}{36}$	$\frac{2}{36}$	$\frac{1}{36}$

它的概率直方图（图 3-15（b））呈单峰对称的阶梯形，且阶梯的每阶高度相等.

当 $n=3$ 和 4 时，$Y_3 = X_1 + (X_2 + X_3)$ 的概率分布和 $Y_4 = (X_1 + X_2) + (X_3 + X_4)$ 的概率分布都可用卷积公式求得. 它们的概率直方图（图 3-15（c）与（d））仍呈单峰对称的阶梯形，但台阶增多，每个台阶高度不等，中间台阶高度要比两侧台阶高度略低一点，从图 3-15（c）和（d）上已显现出正态分布的轮廓.

当 n 再增大时，可以想象，$Y = X_1 + X_2 + \cdots + X_n$ 的概率直方图的轮廓线与正态密度曲线更为接近，只是分布中心 $E(Y_n)$ 将随着 n 的增加不断地向右移动，而标准差 $\sigma(Y_n)$ 不断增大，可见和的分布也随着变化. 为了使和的

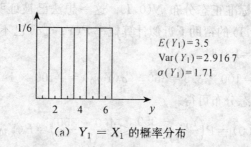

$E(Y_1) = 3.5$
$\mathrm{Var}(Y_1) = 2.916\,7$
$\sigma(Y_1) = 1.71$

(a) $Y_1 = X_1$ 的概率分布

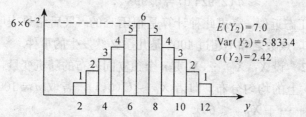

$E(Y_2) = 7.0$
$\mathrm{Var}(Y_2) = 5.833\,4$
$\sigma(Y_2) = 2.42$

(b) $Y_2 = X_1 + X_2$ 的概率分布(矩形顶端数字 $\div 6^2 =$ 矩形面积)

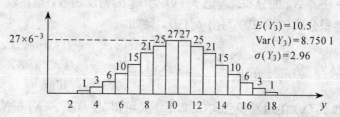

$E(Y_3) = 10.5$
$\mathrm{Var}(Y_3) = 8.750\,1$
$\sigma(Y_3) = 2.96$

(c) $Y_3 = X_1 + X_2 + X_3$ 的概率分布(矩形顶端数字 $\div 6^3 =$ 矩形面积)

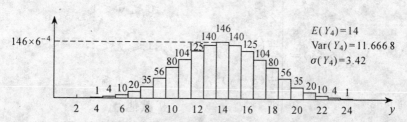

$E(Y_4) = 14$
$\mathrm{Var}(Y_4) = 11.666\,8$
$\sigma(Y_4) = 3.42$

(d) $Y_4 = X_1 + X_2 + X_3 + X_4$ 的概率分布(矩形顶端数字 $\div 6^4 =$ 矩形面积)

图 3-15　多次掷骰子，点数之和的概率分布

分布逐渐稳定，可对 Y_n 施行标准化变换，所得

$$Y_n^* = \frac{Y_n - E(Y_n)}{\sigma(Y_n)} = \frac{X_1 + X_2 + \cdots + X_n - E(X_1 + X_2 + \cdots + X_n)}{\sqrt{\mathrm{Var}(X_1 + X_2 + \cdots + X_n)}}$$

$$= \frac{X_1 + X_2 + \cdots + X_n - nE(X_1)}{\sqrt{n}\,\sigma(Y_1)}$$

的分布有望接近标准正态分布 $N(0,1)$. 这一想法已被证明是正确的. 在标准正态分布 $N(0,1)$ 的帮助下近似计算概率 $P(Y_n < a)$ 已不是很困难的事了.

譬如, 当 $n = 100$ 时,
$$E(Y_{100}) = 100 \times 3.5 = 350, \quad \sigma(Y_{100}) = \sqrt{100} \times 1.71 = 17.1,$$
于是利用标准正态分布可得
$$P(Y_{100} \leqslant 400) = P\left(\frac{Y_{100} - 350}{17.1} \leqslant \frac{400 - 350}{17.1}\right) = P(Y_{100}^* \leqslant 2.924\,0)$$
$$\approx \Phi(2.924\,0) = 0.998\,2.$$

假如不利用正态近似, 完成此种计算是很困难的. 最后结果表明: 连续 100 次掷骰子, 其"点数之和不超过 400"是几乎必然发生的事件.

例 3.4.2 设 $X_1, X_2, \cdots, X_n$ 是 n 个独立同分布的随机变量, 其共同分布为区间 $(0,1)$ 上的均匀分布, 即诸 $X_i \sim U(0,1)$. 若取 $n = 100$, 试求概率 $P(X_1 + X_2 + \cdots + X_{100} \leqslant 60)$.

要精确地求出上述概率, 就要寻求 n 个独立同分布随机变量和 $Y_n = X_1 + X_2 + \cdots + X_n$ 的分布. 若记 $p_n(y)$ 为 Y_n 的密度函数, 则在较小的 n 场合尚能用卷积公式 (3.2.10) 写出 $p_n(y)$, 譬如

$$p_1(y) = \begin{cases} 1, & 0 < y < 1, \\ 0, & \text{其他}, \end{cases} \qquad p_2(y) = \begin{cases} y, & 0 < y < 1, \\ 2 - y, & 1 \leqslant y < 2, \\ 0, & \text{其他}. \end{cases}$$

对 $p_2(y)$ 和 $p_1(y)$ 使用卷积公式 (3.2.10) 又可得 $Y_3 = X_1 + X_2 + X_3$ 的密度函数

$$p_3(y) = \begin{cases} \dfrac{1}{2} y^2, & 0 < y < 1, \\ -\left(y - \dfrac{3}{2}\right)^2 + \dfrac{3}{4}, & 1 \leqslant y < 2, \\ \dfrac{1}{2}(3 - y)^2, & 2 \leqslant y < 3, \\ 0, & \text{其他}. \end{cases}$$

这是一个连续函数, 它的非零部分是由 3 段二次曲线相连(见图 3-16).

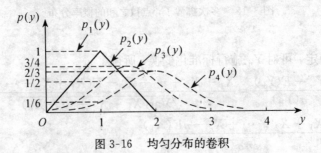

图 3-16 均匀分布的卷积

类似地,可求出 $Y_4 = X_1 + X_2 + X_3 + X_4$ 的密度函数

$$p_4(y) = \begin{cases} \dfrac{1}{6}y^3, & 0 < y < 1, \\[2mm] \dfrac{1}{6}\big[y^3 - 4(y-1)^3\big], & 1 \leqslant y < 2, \\[2mm] \dfrac{1}{6}\big[(4-y)^3 - 4(3-y)^3\big], & 2 \leqslant y < 3, \\[2mm] \dfrac{1}{6}(4-y)^3, & 3 \leqslant y < 4, \\[2mm] 0, & \text{其他.} \end{cases}$$

这也是一个连续的函数(见图 3-16),它的非零部分是由 4 段三次曲线相连,并且连接处较为光滑. 照此下去,可以看出,Y_n 的密度函数 $p_n(y)$ 是一个连续函数,它的非零部分是由 n 段 $n-1$ 次曲线相连. 但是要具体写出 $p_n(y)$ 的表达式决非易事. 即使写出表达式,使用起来也很不方便. 这样一来,要精确计算概率 $P(X_1 + X_2 + \cdots + X_n \leqslant 60)$ 就发生困难. 图 3-16 给人们提供了一条解决这个问题的思路:随着 n 增加,$p_n(y)$ 的图形愈来愈接近正态曲线,并且光滑程度也愈来愈接近正态密度曲线的光滑程度.

如例 3.4.1 一样,当 n 增大时 Y_n 的密度函数 $p_n(y)$ 中的 $E(Y_n)$ 右移,标准差 $\sigma(Y_n)$ 增大. 为了克服这些障碍,使用标准化技术就可使极限分布稳定于标准正态分布 $N(0,1)$,用此极限分布计算上述概率已不是很难的事了.

由于均匀分布 $U(0,1)$ 的期望与标准差分别为

$$E(X_1) = 0.5, \quad \sigma(X_1) = \sqrt{\frac{1}{12}} = 0.288\,7,$$

当 $n = 100$ 时,

$$E(Y_{100}) = 100 \times 0.5 = 50, \quad \sigma(Y_n) = \sqrt{100} \times 0.288\,7 = 2.887.$$

于是

$$P(X_1 + X_2 + \cdots + X_{100} \leqslant 60)$$
$$= P\left(\frac{X_1 + X_2 + \cdots + X_{100} - 50}{2.887} \leqslant \frac{60 - 50}{2.887}\right)$$
$$\approx \Phi(3.464) = 0.999\,7.$$

这个概率很接近于 1,说明事件"$X_1 + X_2 + \cdots + X_{100} \leqslant 60$"几乎是必然要发生的.

3.4.2　独立同分布下的中心极限定理

上面两个例子出现并非偶然,事实上有下面定理保证.

定理 3.4.1 (林德伯格 - 列维中心极限定理)　设 $\{X_n\}$ 是独立同分布随机变量序列，其 $E(X_1) = \mu$，$\mathrm{Var}(X_1) = \sigma^2$. 假如方差 σ^2 有限，且不为零 $(0 < \sigma^2 < \infty)$，则前 n 个变量之和的标准化变量

$$Y_n^* = \frac{X_1 + X_2 + \cdots + X_n - n\mu}{\sqrt{n}\,\sigma} \tag{3.4.1}$$

的分布函数将随着 $n \to \infty$ 而收敛于标准正态分布函数 $\Phi(y)$，即对任意实数 y，

$$\lim_{n \to \infty} P(Y_n^* \leqslant y) = \Phi(y). \tag{3.4.2}$$

这个定理的证明需要更多的数学工具，这里就省略了. 这个中心极限定理是由林德伯格和列维分别独立地在 1920 年获得的. 这个定理告诉我们，对独立同分布随机变量序列，其共同分布可以是离散分布，也可以是连续分布，可以是正态分布，也可以是非正态分布，只要其共同分布的方差存在，且不为零，就可使用该定理的结论 (3.4.2). 由于掷一颗骰子出现点数的方差为 2.9167，均匀分布 $U(0,1)$ 的方差为 $1/12$，它们都有限，且不为零，所以例 3.4.1 和例 3.4.2 的计算全部有效.

定理 3.4.1 的结论告诉我们，只有当 n 充分大时，Y_n^* 才近似服从标准正态分布 $N(0,1)$. 而当 n 较小时，此种近似不能保证. 在概率论中，常把只在 n 充分大时才具有的近似性质称为**渐近性质**，而在统计中称为**大样本性质**. 这样一来，定理 3.4.1 的结论可叙述为：Y_n^* 渐近服从标准正态分布 $N(0,1)$，或者说，Y_n^* 的渐近分布是标准正态分布 $N(0,1)$，记为

$$Y_n^* \sim \mathrm{AN}(0,1) \quad \text{或} \quad Y_n^* \overset{\cdot}{\sim} N(0,1). \tag{3.4.3}$$

这种符号表明，Y_n^* 的真实分布不是 $N(0,1)$，只是在 n 充分大时，Y_n^* 的真实分布与 $N(0,1)$ 近似，并且 n 越大，此种近似程度越好. 所以只有在 n 较大时，可用 $N(0,1)$ 近似计算与 Y_n^* 有关事件的概率，而 n 较小时，此种计算的近似程度是得不到保障的.

当 (3.4.3) 成立时，由 (3.4.1) 表达式不难获得

$$\sum_{i=1}^{n} X_i \overset{\cdot}{\sim} N(n\mu, n\sigma^2),$$

$$\overline{X} \overset{\cdot}{\sim} N\left(\mu, \frac{\sigma^2}{n}\right). \tag{3.4.4}$$

这个渐近结果在统计中常用到.

这表明：当 n 较大时，n 个相互独立同分布随机变量的算术平均值 $\overline{X}$ 的分布可将正态分布 $N(\mu, \sigma^2/n)$ 作近似分布使用，其正态均值就是共同分布的均值 $E(X_1)$，其正态方差就是共同分布的方差缩小 n 倍，即 $\mathrm{Var}(X_1)/n$. 表

3-4 列出了一些常见的情况.

表 3-4 　　　　　　n 个独立同分布随机变量均值的分布

共同分布	均值	方差	均值的近似分布
二点分布 $b(1,p)$	p	$p(1-p)$	$N\left(p,\dfrac{p(1-p)}{n}\right)$
泊松分布 $p(\lambda)$	λ	λ	$N\left(\lambda,\dfrac{\lambda}{n}\right)$
均匀分布 $U(a,b)$	$\dfrac{a+b}{2}$	$\dfrac{(b-a)^2}{12}$	$N\left(\dfrac{a+b}{2},\dfrac{(b-a)^2}{12n}\right)$
指数分布 $\mathrm{Exp}(\lambda)$	$\dfrac{1}{\lambda}$	$\dfrac{1}{\lambda^2}$	$N\left(\dfrac{1}{\lambda},\dfrac{1}{n\lambda^2}\right)$
正态分布 $N(\mu,\sigma^2)$	μ	σ^2	$N\left(\mu,\dfrac{\sigma^2}{n}\right)$（精确分布）

下面一个例子说明 $\overline{X}$ 渐近分布的一项应用.

例 3.4.3 为确定某市成年男子中吸烟比例 p 常进行抽样调查. 若在该市内随机向 n 个成年男子进行"是否吸烟"的调查，其中有 m 个人回答"吸烟"，则频率 m/n 就是 p 的一个很好估计，但缺乏误差与保证概率. 一项好的抽样调查设计应能回答下述问题：样本量 n 为多大时才能使频率 m/n 与概率 p 的绝对误差小于 0.005 的保证概率不小于 0.99？ 即要求 n，使得

$$P\left(\left|\frac{m}{n}-p\right|<0.005\right)\geqslant 0.99.$$

下面来讨论这个问题.

解 设 X_i 是"第 i 个被调查成年人回答吸烟人数"，即

$$X_i=\begin{cases}1, & \text{回答吸烟,}\\ 0, & \text{回答不吸烟.}\end{cases}$$

显然 $X_i\sim b(1,p)$，其中 $E(X_i)=p$, $\mathrm{Var}(X_i)=p(1-p)$, $i=1,2,\cdots,n$. 这样一来，和 $X_1+X_2+\cdots+X_n$ 就是 n 个被调查成年人中吸烟人数 m，而其平均数

$$\overline{X}=\frac{X_1+X_2+\cdots+X_n}{n}=\frac{m}{n}.$$

根据林德伯格 - 列维中心极限定理知

$$\overline{X}=\frac{m}{n}\sim \mathrm{AN}\left(p,\frac{p(1-p)}{n}\right).$$

利用这一结果可以计算如下概率：

$$P\left(\left|\frac{m}{n}-p\right|<0.005\right)=P\left(\frac{|m/n-p|}{\sqrt{p(1-p)/n}}<\frac{0.005}{\sqrt{p(1-p)/n}}\right)$$

$$\approx 2\Phi\left(\frac{0.005}{\sqrt{p(1-p)/n}}\right)-1.$$

由此可列出如下概率不等式:

$$2\Phi\left(\frac{0.005\sqrt{n}}{\sqrt{p(1-p)}}\right)-1\geqslant 0.99 \quad 或 \quad \Phi\left(\frac{0.005\sqrt{n}}{\sqrt{p(1-p)}}\right)\geqslant 0.995.$$

利用标准正态分布分位数表(见附表 3)可查得 $u_{0.995}=2.575$. 从而可得

$$\frac{0.005\sqrt{n}}{\sqrt{p(1-p)}}\geqslant 2.575 \quad 或 \quad n\geqslant\left(\frac{2.575}{0.005}\right)^2 p(1-p),$$

其中 $p(1-p)$ 尚不知. 由于 $p(1-p)\leqslant\frac{1}{4}$, 故用 $\frac{1}{4}$ 代替 $p(1-p)$, 只会增

大样本量,不会减小保证概率. 故所需样本量

$$n\geqslant\left(\frac{2.575}{0.005}\right)^2\times\frac{1}{4}=66\,306.25,$$

即需在该市调查 66 307 位成年人的"吸烟与否",才能使频率与概率的绝对误
差小于 0.005 的保证概率不小于 0.99.

　　若认为调查经费过大,或调查时间过长,或两者皆有之,这时需要减少
样本量,这可从减小保证概率或放大绝对误差两方面去减少样本量. 譬如,
把保证概率从 0.99 减少到 0.90,这时有如下不等式:

$$\Phi\left(\frac{0.005}{\sqrt{p(1-p)/n}}\right)\geqslant\frac{1+0.90}{2}=0.95.$$

利用标准正态分布分位数 $u_{0.95}=1.645$,可把上述不等式改写为

$$\frac{0.005}{\sqrt{p(1-p)/n}}\geqslant 1.645.$$

从而可得

$$n\geqslant\left(\frac{1.645}{0.005}\right)^2 p(1-p)\leqslant\left(\frac{1.645}{0.005}\right)^2\times\frac{1}{4}=27\,060.25.$$

故可取 $n=27\,061$,这比 66 306 减少了 60% 样本量.

　　若把绝对误差再从 0.005 放大到 0.01,这时

$$n\geqslant\left(\frac{1.645}{0.01}\right)^2\times\frac{1}{4}=6\,765.06.$$

可取 $n=6\,766$,这比 27 061 又减少了 75% 样本量.

　　若还认为样本量仍较大,还可在上述两方面降低要求,总之要把样本量
调整到经费和时间能承受的状态. 一个可行的抽样调查方案总在多次调整后
才能获得.

3.4.3 二项分布的正态近似

现在让我们来研究一个特殊场合 —— 相互独立的伯努利试验序列. 大家知道, 一次伯努利试验仅可能有两个结果: 成功(记为 1) 和失败(记为 0). 若设成功概率为 $p > 0$, 则一次伯努利试验结果可用一个服从二点分布 $b(1,p)$ 的随机变量 X_1 表示:

$$P(X_1=1)=p, \quad P(X_1=0)=1-p.$$

它的期望与方差分别为 $E(X_1)=p$, $\mathrm{Var}(X_1)=p(1-p)$. 这样一来, 独立的伯努利试验序列对应一个相互独立同分布(皆为 $b(1,p)$) 的随机变量序列 $\{X_k\}$.

该序列 $\{X_k\}$ 前 n 项之和 $Y_n=X_1+X_2+\cdots+X_n$ 是服从二项分布 $b(n,p)$ 的随机变量, 其中 Y_n 为 n 重伯努利试验中成功出现的次数. 由于该序列中的共同分布的方差有限, 且不为零, 故满足定理 3.4.1 的条件. 从而可得如下定理:

定理 3.4.2 (棣莫弗 - 拉普拉斯定理) 设随机变量 $Y_n \sim b(n,p)$, 则其标准化随机变量 $Y_n^* = \dfrac{Y_n-np}{\sqrt{np(1-p)}}$ 的分布函数的极限为

$$\lim_{n\to\infty} P\left(\frac{Y_n-np}{\sqrt{np(1-p)}} \leqslant y\right) = \Phi(y), \tag{3.4.5}$$

其中 $\Phi(y)$ 为标准正态分布 $N(0,1)$ 的分布函数.

这个定理是最早的中心极限定理. 大约在 1733 年棣莫弗对 $p=\dfrac{1}{2}$ 证明了上述定理, 后来拉普拉斯把它推广到 p 是任意一个小于 1 的正数上.

这个定理的实质是用正态分布对二项分布作近似计算, 常称为"二项分布的正态近似", 它与"二项分布的泊松近似(见定理 2.1.1)"都要求 n 很大, 但在实际使用中为获得更好的近似, 对 p 还是各有一个最佳适用范围.

* 当 p 很小, 譬如 $p \leqslant 0.1$, 且 np 不太大时, 用泊松近似.
* 当 $np \geqslant 5$ 和 $n(1-p) \geqslant 5$ 都成立时用正态近似.

譬如, 当 $n=25$, $p=0.4$ 时, $np=10$ 和 $n(1-p)=15$ 都大于 5, 这时用正态近似为好(见图 3-17 (a)); 当 $n=25$, $p=0.1$ 时, $np=2.5<5$, 这时用正态近似误差会大一些(见图 3-17 (b)), 而用泊松近似为好.

* 使用"二项分布的正态近似"(即定理 3.4.2) 时还有一项修正, 在图 3-17 (a) 上画出了二项分布 $b(25,0.4)$ 的概率直方图, 图上长条矩形(底长为 1) 面积表示二项概率

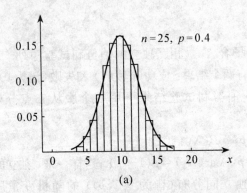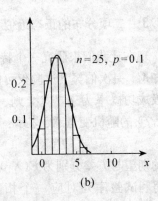

图 3-17   二项分布的正态近似

$$P(Y_n = k) = \binom{n}{k} p^k (1-p)^{1-k},$$

其中 k 位于矩形底部的中点. 若要计算 Y_n 在 $[5,15]$ 的概率, 使用正态近似应把区间修改为 $\left[5 - \dfrac{1}{2}, 15 + \dfrac{1}{2}\right]$, 这种合理的修正可提高近似程度. 譬如, 二项分布 $b(25, 0.4)$ 与正态分布 $N(10, 6)$ 很接近, 且数学期望 $np = 10$ 相同, 方差 $np(1-p) = 6$ 也相同. 这时要计算 Y_n 在 $[5,15]$ 内的概率, 若使用正态近似最好把区间修改为 $\left[5 - \dfrac{1}{2}, 15 + \dfrac{1}{2}\right]$, 这样可以提高精度.

$$
\begin{aligned}
P(5 \leqslant Y_n \leqslant 15) &= P\left(5 - \frac{1}{2} < Y_n < 15 + \frac{1}{2}\right) \\
&= P\left(\frac{4.5 - 10}{\sqrt{6}} < Y_n^* < \frac{15.5 - 10}{\sqrt{6}}\right) \\
&= P(-2.245 < Y_n^* < 2.245) \\
&\approx \Phi(2.245) - \Phi(-2.245) = 2\Phi(2.245) - 1 \\
&= 2 \times 0.9877 - 1 = 0.9754,
\end{aligned}
$$

这时与精确值 0.9780 较为接近. 若不作此修正, 可得

$$
\begin{aligned}
P(5 \leqslant Y_n \leqslant 15) &= P\left(\frac{5 - 10}{\sqrt{6}} < Y_n^* < \frac{15 - 10}{\sqrt{6}}\right) \\
&\approx 2\Phi(2.041) - 1 = 2 \times 0.9794 - 1 \\
&= 0.9588,
\end{aligned}
$$

这与精确值 0.9780 相差较大. 综合上述, 棣莫弗 - 拉普拉斯定理的实际使用公式是: 设 $Y_n \sim b(n, p)$, 假如 n 和 p 满足

$$np \geqslant 5 \text{ 和 } n(1-p) \geqslant 5,$$

则二项分布的正态近似的计算公式是

$$P(a \leqslant Y_n \leqslant b) \approx \Phi\left(\frac{b+\frac{1}{2}-np}{\sqrt{np(1-p)}}\right) - \Phi\left(\frac{a-\frac{1}{2}-np}{\sqrt{np(1-p)}}\right), \quad (3.4.6)$$

$$P(Y_n \leqslant b) \approx \Phi\left(\frac{b+\frac{1}{2}-np}{\sqrt{np(1-p)}}\right), \quad (3.4.7)$$

$$P(Y_n \geqslant a) \approx 1 - \Phi\left(\frac{a-\frac{1}{2}-np}{\sqrt{np(1-p)}}\right). \quad (3.4.8)$$

例 3.4.4   提前三周以上诞生的婴儿称为早产婴儿,某国新闻周报 (1988 年 5 月 16 日)报道,该国早产婴儿占 10%. 假如随机选出 250 个婴儿, 其中早产婴儿数记为 X,要求概率 $P(15 \leqslant X \leqslant 30)$ 和 $P(X < 20)$.

解   这里 $n=250$,$p=0.1$,由于

$$np = 25 > 5, \quad n(1-p) = 225 > 5,$$

故可用正态分布作近似计算,其 $np = 25$,$\sqrt{np(1-p)} = 4.743$,

$$P(15 \leqslant X \leqslant 30) = P\left(\frac{14.5-25}{4.743} < X^* < \frac{30.5-25}{4.743}\right)$$

$$= P(-2.21 < X^* < 1.16)$$

$$\approx \Phi(1.16) - (1 - \Phi(2.21))$$

$$= 0.8770 - 1 + 0.9864 = 0.8634,$$

$$P(X < 20) = P(X \leqslant 19) = P\left(X^* < \frac{19.5-25}{4.743}\right)$$

$$= P(X^* < -1.16) \approx 1 - \Phi(1.16) = 0.1366.$$

上述近似计算的示意图可见图 3-18 (a) 与(b).

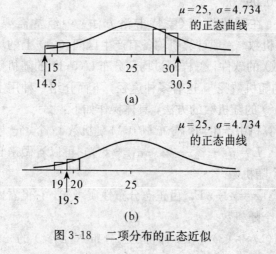

图 3-18   二项分布的正态近似

例 3.4.5 某保险公司有 10 000 个同龄又同阶层的人参加人寿保险. 已知该类人在一年内死亡的概率为 0.006. 每个参加保险的人在年初付 1 200 元保险费, 而在死亡时家属可从保险公司领得 10 万元. 问在此项业务活动中,

(1) 保险公司亏本的概率是多少?

(2) 保险公司获得利润(暂不计管理费)不少于 400 万元的概率是多少?

解 在人寿保险中把第 i 个人在一年内死亡记为 "$X_i = 1$", 一年内仍活着记为 "$X_i = 0$". 则 X_i 是一个服从二点分布 $b(1, 0.006)$ 的随机变量, 其和 $X_1 + X_2 + \cdots + X_{10\,000}$ 表示一年内总死亡人数. 另一方面, 保险公司在该项保险业务中每年共收入 $10\,000 \times 1\,200 = 12 \times 10^6$ 元, 故仅当每年死亡人数多于 120 人时公司才会亏本; 仅当每年死亡人数不超过 80 人时公司获利不少于 400 万元. 由此可知, 所要求的概率分别为 $P(X_1 + X_2 + \cdots + X_{10\,000} > 120)$ 和 $P(X_1 + X_2 + \cdots + X_{10\,000} \leqslant 80)$.

由于诸 X_i 是独立同分布随机变量, $E(X_i) = 0.006$,
$$\mathrm{Var}(X_i) = 0.006(1 - 0.006) = 0.005\,964.$$
由棣莫弗 - 拉普拉斯定理和 (3.4.7), (3.4.8) 知
$$P(X_1 + X_2 + \cdots + X_{10\,000} > 120)$$
$$= P\left(\frac{X_1 + X_2 + \cdots + X_{10\,000} - 60}{\sqrt{59.64}} > \frac{120 + 0.5 - 60}{\sqrt{59.64}} \right)$$
$$\approx 1 - \Phi(7.834\,1) = 0,$$
$$P(X_1 + X_2 + \cdots + X_{10\,000} \leqslant 80)$$
$$\approx \Phi\left(\frac{80 + 0.5 - 60}{\sqrt{59.64}} \right) = \Phi(2.654\,5) = 0.996\,0.$$
可见该公司在这项保险业务中亏本的概率近似于 0, 而得利不少于 400 万元的概率近似于 0.996 0.

例 3.4.6 在随机模拟(蒙特卡洛方法)中经常需要产生正态分布 $N(\mu, \sigma^2)$ 的随机数. 一般计算机均备有产生区间 $(0,1)$ 上的均匀分布随机数(常称伪随机数)的软件, 怎样通过均匀分布 $U(0,1)$ 的随机数来产生正态分布 $N(\mu, \sigma^2)$ 的随机数呢? 这有多种途径, 下面介绍一种用上述中心极限定理获得 $N(\mu, \sigma^2)$ 的随机数的方法, 具体操作如下:

(1) 从计算机中产生均匀分布 $U(0,1)$ 随机数 12 个, 记为 $u_1, u_2, \cdots, u_{12}$.

(2) 计算: $E = u_1 + u_2 + \cdots + u_{12} - 6$. 它可以看做来自标准正态分布 $N(0,1)$ 的一个随机数.

(3) 计算: $x = \mu + \sigma E$. 由正态分布性质可知, 它可看做来自正态分布 $N(\mu, \sigma^2)$ 的一个随机数.

(4) 重复 (1) ~ (3) n 次, 即得正态分布 $N(\mu, \sigma^2)$ 的 n 个随机数.

实际使用表明,上述产生的正态分布随机数能满足实际需要,它的关键在于(2),它由中心极限定理得以保证.

例 3. 4. 7 实际计算中,任何实数 x 都只能用一定位数的小数 x' 近似,如 $\pi = 3.141\,592\,654\cdots$ 和 $e = 2.718\,281\,828\cdots$ 在计算中取 5 位小数,则其近似数为 $\pi' = 3.141\,59$, $e' = 2.718\,28$. 它们的第 6 位以后的小数都用四舍五入方法舍去,这时就会产生误差 $\varepsilon = x - x'$. 假如在市场调查中(如水位观察或物理测量中)获得 10 000 个用 5 位小数表示的近似数,那么其和的误差是多少呢?

这是一个误差分析问题. 当用一个 5 位小数 x' 近似表示一个实数 x 时,其误差 $\varepsilon = x - x'$ 可看做是区间 $(-0.000\,005, 0.000\,005)$ 上的均匀分布. 其均值、方差和标准差分别为

$$E(\varepsilon) = 0, \quad \mathrm{Var}(\varepsilon) = \frac{10^{-10}}{12}, \quad \sigma(\varepsilon) = 0.288\,7 \times 10^{-5},$$

那么 10 000 个近似数之和的总误差应为 $\varepsilon_1 + \varepsilon_2 + \cdots + \varepsilon_{10\,000}$,其中诸 ε_i 可看做是独立同分布随机变量,其共同分布就是上述均匀分布 $U(-0.000\,005, 0.000\,005)$. 这 10 000 个误差之和的均值、方差和标准差分别为

$$E(\varepsilon_1 + \varepsilon_2 + \cdots + \varepsilon_{10\,000}) = 0,$$

$$\mathrm{Var}(\varepsilon_1 + \varepsilon_2 + \cdots + \varepsilon_{10\,000}) = \frac{10\,000 \times 10^{-10}}{12} = \frac{10^{-6}}{12},$$

$$\sigma(\varepsilon_1 + \varepsilon_2 + \cdots + \varepsilon_{10\,000}) = \frac{10^{-3}}{\sqrt{12}} = 0.000\,288\,7.$$

由林德伯格 - 列维中心极限定理可知,$(\varepsilon_1 + \varepsilon_2 + \cdots + \varepsilon_{10\,000})/0.000\,288\,7$ 近似服从标准正态分布 $N(0,1)$,故对给定的 k,有

$$P\left(\left| \sum_{i=1}^{10\,000} \varepsilon_i \right| < k \cdot 0.000\,288\,7 \right) = \Phi(k) - \Phi(-k) = 2\Phi(k) - 1.$$

若取 $k = 3$,则上式右端为 $0.997\,4$,因此我们能以 99.74% 的概率断言:10 000 个 5 位小数之和的总误差的绝对值不超过 $3 \times 0.000\,288\,7 = 0.000\,866\,1$,即不超过万分之 9.

3. 4. 4 独立不同分布下的中心极限定理

现在我们转入讨论独立但不同分布的随机变量序列场合下的中心极限定理.

设 $\{X_n\}$ 是独立随机变量序列,又设其期望与方差分别为

$$E(X_n) = \mu_n, \quad \mathrm{Var}(X_n) = \sigma_n^2, \quad n = 1, 2, \cdots.$$

依据独立性,该序列前 n 个随机变量之和 $Y_n = X_1 + X_2 + \cdots + X_n$ 的期望、方差与标准差分别为

$$E(Y_n) = \mu_1 + \mu_2 + \cdots + \mu_n,$$

$$\mathrm{Var}(Y_n) = \sigma_1^2 + \sigma_2^2 + \cdots + \sigma_n^2,$$

$$\sigma(Y_n) = \sqrt{\mathrm{Var}(Y_n)} = \sqrt{\sigma_1^2 + \sigma_2^2 + \cdots + \sigma_n^2}.$$

特别记 $\sigma(Y_n) = B_n$. 这样一来 Y_n 的标准化变量为

$$Y_n^* = \frac{Y_n - (\mu_1 + \mu_2 + \cdots + \mu_n)}{B_n} = \sum_{i=1}^{n} \frac{X_i - \mu_i}{B_n}.$$

我们要研究的问题是: 在什么条件下, 对任意实数 y, 有

$$\lim P(Y_n^* \leqslant y) = \Phi(y),$$

其中 $\Phi(y)$ 为标准正态分布函数.

为了获得启示, 我们先考查一个反例.

例 3.4.8　设 $\{X_n\}$ 是这样一个独立随机变量序列, 其中除 X_1 以外, 其余的 $X_2, X_3, \cdots$ 均为常数. 由于常数的均值就是它自己, 常数的方差为零, 故对 $i = 2, 3, \cdots$ 有

$$X_i - \mu_i = 0, \quad \sigma_i^2 = 0.$$

于是我们有 $B_n^2 = \sigma_1^2 + \sigma_2^2 + \cdots + \sigma_n^2 = \sigma_1^2$,

$$Y_n^* = \sum_{i=1}^{n} \frac{X_i - \mu_i}{B_n} = \frac{X_1 - \mu_1}{\sigma_1}.$$

如果 X_1 不是正态分布, 那么 Y_n^* 的极限分布无论如何不会是标准正态分布.

这个极端的例子告诉我们, 当和 Y_n^* 中只有一项在起突出作用时, 则从 Y_n^* 很难得到什么有意义的结果, 或者说, 要使中心极限定理成立, 在和 Y_n^* 中不应有起突出作用的项, 或者说, Y_n^* 中每一项都要在概率意义下均匀地小. 这说明: 在不同分布场合下, 不是任一个相互独立的随机变量序列都可使中心极限定理成立, 而需对独立随机变量序列加上一些条件. 不少概率论学者研究这个问题, 提出各种使中心极限定理成立的条件. 其中有的条件很弱, 如林德伯格 (Lindeberg) 在 1922 年提出的林德伯格条件, 但该条件较难验证, 不便使用. 早先, 李雅普诺夫 (Liapunov) 在 1900 年给出较强的条件, 但易于验证. 下面我们来叙述这个结论, 由于工具限制, 证明就省略了.

定理 3.4.3 (李雅普诺夫中心极限定理)　设 $\{X_n\}$ 为独立随机变量序列. 如果该序列中每个随机变量的三阶绝对中心矩有限, 即

$$E(|X_i - \mu_i|^3) < \infty, \quad i = 1, 2, \cdots, \tag{3.4.9}$$

并且还有如下极限:

$$\lim_{n \to \infty} \frac{1}{B_n^3} \sum_{i=1}^{n} E(|X_i - \mu_i|^3) = 0, \tag{3.4.10}$$

则对一切实数 y, 有

$$\lim_{n\to\infty} P\Big(\frac{1}{B_n}\sum_{i=1}^{n}(X_i-\mu_i)\leqslant y\Big)=\Phi(y), \qquad (3.4.11)$$

其中 μ_i 与 B_n 如前所述.

例 3.4.9 一份考卷由 99 个题目组成, 并按由易到难顺次排列. 某学生答对第 1 题的概率是 0.99; 答对第 2 题的概率是 0.98; 一般地, 他答对第 i 题的概率是 $1-\dfrac{i}{100}$, $i=1,2,\cdots,99$. 假如该学生回答各问题是相互独立的, 并且要正确回答其中 60 个问题以上(包括 60) 才算通过考试. 试计算该学生通过考试的概率.

解 设

$$X_i=\begin{cases}1, & \text{若学生答对第 } i \text{ 题}, \\ 0, & \text{若学生答错第 } i \text{ 题},\end{cases} \quad i=1,2,\cdots,99.$$

于是 X_i 是二点分布:

$$P(X_i=1)=p_i, \quad P(X_i=0)=1-p_i,$$

其中 $p_i=1-\dfrac{i}{100}$. 因此

$$E(X_i)=p_i, \quad \mathrm{Var}(X_i)=p_i(1-p_i).$$

为了使其成为随机变量序列, 我们规定从 X_{100} 开始都与 X_{99} 同分布, 且相互独立, 于是

$$B_n^2=\sum_{i=1}^{n}\mathrm{Var}(X_i)=\sum_{i=1}^{n}p_i(1-p_i)\to\infty \quad (n\to\infty).$$

另一方面, 上述独立随机变量序列 $\{X_n\}$ 满足李雅普诺夫条件(3.4.9) 和 (3.4.10). 因为

$$\begin{aligned}E(|X_i-p_i|^3)&=p_i(1-p_i)^3+p_i^3(1-p_i)\\&=p_i(1-p_i)[p_i^2+(1-p_i)^2]\\&\leqslant p_i(1-p_i)<\infty,\end{aligned}$$

于是

$$\frac{1}{B_n^3}\sum_{i=1}^{n}E(|X_i-p_i|^3)\leqslant\frac{1}{\Big[\sum\limits_{i=1}^{n}p_i(1-p_i)\Big]^{\frac{1}{2}}}\to 0 \quad (n\to\infty).$$

故对该序列 $\{X_n\}$ 可以使用中心极限定理. 另外, 可算得

$$\sum_{i=1}^{99}E(X_i)=\sum_{i=1}^{99}\Big(1-\frac{i}{100}\Big)=99-\frac{1}{100}\times\frac{99\times100}{2}=49.5,$$

$$B_{99}^2=\sum_{i=1}^{99}\mathrm{Var}(X_i)=\sum_{i=1}^{99}\Big(1-\frac{i}{100}\Big)\frac{i}{100}$$

$$=49.5 - \frac{1}{100^2} \times \frac{99 \times 100 \times 199}{6} = 16.665.$$

而该学生通过考试的概率应为

$$P\Big(\sum_{i=1}^{99} X_i \geqslant 60\Big) = P\left(\frac{\sum_{i=1}^{99} X_i - 49.5}{\sqrt{16.665}} \geqslant \frac{60 - 49.5}{\sqrt{16.665}}\right)$$

$$\approx 1 - \Phi(2.5735) = 0.0050.$$

此学生通过考试的可能性很小, 大约只有千分之 5 的可能性.

例 3.4.10 一位操作者在机床上加工机械轴, 使其直径 X 符合规格要求, 但在加工中会受到一些因素的影响, 譬如:

在机床方面有零件的磨损与老化的影响;

在刀具方面有装配与磨损的影响;

在材料方面有硬度、成分、产地的影响;

在操作者方面有精力集中程度和当天的情绪的影响;

在测量方面有量具的误差、感觉误差和心理等影响;

在环境方面有车间的温度、湿度、光线、电源电压等影响;

在具体场合还可列出一些有影响的因素。

这些因素的影响最后都集中体现在测量值上, 所以测量误差可看做诸多因素之和. 由于这些因素很多, 每个对测量值的影响都是很微小的, 每个因素的出现都是人们无法控制的, 是随机的, 有时出现, 有时不出现, 出现时也可能或正或负. 这些因素的影响使每个加工轴直径的测量值是不同的, 但一组测量值就会呈现正态分布. 在生产处于正常状态时, 上午 8:00, 10:00, 12:00 和下午 2:00 所呈现出的分布不会随时间而变, 见图 3-19. 当上述诸因素中有一个或两个对加工起突出作用, 譬如刀具磨损严重、或电源电压有较

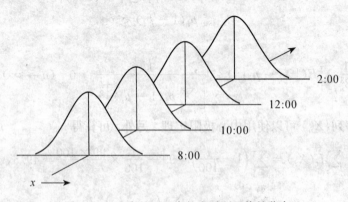

图 3-19　生产处于正常状态时测量值的分布

大偏差以致影响车床转速,此时测量值的正态性立即受到影响(见图 3-20).
这时就要设法寻找出这一两个异常因素,找出后并加以纠正,生产过程又恢
复正态分布. 中心极限定理为这个加工过程中所发生的现象提供了理论依
据.

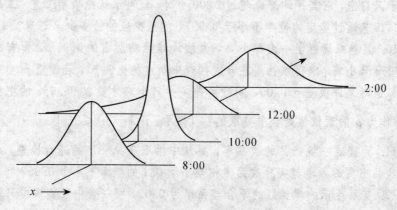

图 3-20　生产处于不正常状态时测量值的分布

习　题　3.4

1. 设 $X_1, X_2, \cdots, X_{100}$ 是独立同分布随机变量,其共同分布为均匀分布
$U(0,1)$. 求如下概率:$P(45 \leqslant X_1 + X_2 + \cdots + X_{100} \leqslant 55)$.

2. 设 $X_1, X_2, \cdots, X_{20}$ 是独立同分布的随机变量,其共同分布是均值为 1
的泊松分布,求 $P(X_1 + X_2 + \cdots + X_{20} > 15)$ 的近似值.

3. 掷 10 颗均匀骰子,求掷出点数之和在 30 与 40 之间的概率.

4. 射手打靶得 10 分的概率为 0.5,得 9 分的概率为 0.3,得 8 分、7 分和
6 分的概率分别为 0.1,0.05 和 0.05. 若此射手进行 100 次射击,至少可得 950
分的概率是多少?

5. 已知生男婴的概率为 0.515,求在 10 000 个婴儿中男孩不多于女孩的
概率.

6. 某书共有 1 000 000 个印刷符号,排版时每个符号被排错的概率为
0.000 1,校对时错误被发现并改正的概率为 0.9. 求在校对后错误符号不多
于 15 个的概率.

7. 某产品的不合格率为 0.005,任取 10 000 件中不合格品不多于 70 个的
概率为多少?

8. 某单位有 200 台分机电话,每台使用外线通话的概率为 15%. 若每台

分机是否使用外线是相互独立的，问该单位电话总机至少需要安装多少条外线，才能以 0.95 的概率保证每台分机能随时接通外线电话？

9. 某厂生产的灯泡的平均寿命为 2 000 小时，改进工艺后，平均寿命提高到 2 250 小时，标准差仍为 250 小时．为鉴定此项新工艺，特规定：任意抽取若干只灯泡，若其平均寿命超过 2 200 小时，就可承认此项新工艺．工厂为使此项工艺通过鉴定的概率不小于 0.997，问至少应抽检多少只灯泡？

10. 某养鸡场孵出一大群小鸡，为估计雄性鸡所占的比例 p，作有放回地抽查 n 只小鸡．求得雄性鸡在 n 次抽查中所占的比例 p'，若希望 p' 作为 p 的近似值时允许误差 ± 0.05，问应抽查多少只小鸡才能以 95.6% 的把握确认 p' 作为 p 的近似值是合乎要求的？$\left(\text{提示：} p(1-p) \leqslant \dfrac{1}{4}\right)$

11. 为确定一批产品的次品率，要从中抽取多少个产品进行检查，才能使其次品出现的频率与实际次品率相差小于 0.1 的概率不小于 0.95？

12. 某厂生产的螺丝钉的不合格品率为 0.01，问一盒中应装多少只螺丝钉才能使盒中含有 100 只合格品的概率不小于 0.95？

13. 掷硬币 1000 次，已知出现正面的次数在 400 到 k 之间的概率为 0.5，问 k 为何值？

第四章　统计量与估计量

前三章的研究属于概率论范畴，主要研究概率和分布的性质. 特别给出了一些常用分布，它们是二项、泊松、超几何、均匀、正态、对数正态、指数、伽玛、贝塔等分布. 一个分布就是一个概率模型，它能描述一类随机现象的统计规律性. 脑子里多装几个分布，在今后的研究与应用中就会主动一些.

从这一章开始将转入统计学的研究. 它从一组数据（样本）的采集开始，然后通过对数据的分析与推断去寻找隐藏在数据后面的统计规律性.

譬如，某地环境保护法规定：倾入河流的废水中一种有毒物质的平均含量不得超过 3 ppm（1 ppm = 10^{-6}）. 该地区环保组织对某厂倾入河流的废水中该物质含量连续 15 天进行测定，记录 15 个数据（单位：ppm）：

$$x_1, x_2, \cdots, x_{15}.$$

现要用这 15 个数据作如下推断：

- 该有毒物质含量 X 的分布是否为正态分布？
- 若是正态分布 $N(\mu, \sigma^2)$，其参数 μ 与 σ^2 如何估计？
- 对命题"$\mu \leqslant 3.0$"（符合排放标准）作出判断：是或否.

基于一个样本（若干个数据组成）所作出的结论会存在不确定性. 若对数据适当地指定一个概率分布后，不确定性的程度就能被量化，还可能通过选择或修正样本量来得到不确定性的容许水平. 可见概率论为数据处理提供了理论基础，但具体操作要按统计学的原理和方法去进行，已有的结论不够用时，还需要去创新.（数理）统计学就是围绕数据的收集、分析、推断而发展起来的一门学科.

4.1　总体与样本

4.1.1　总体与个体

在一个统计问题中，我们把研究对象的全体称为**总体**（也称为**母体**），构成总体的每个成员称为**个体**.

　　总体中的个体都是实在的人或物，每个人或物都有很多侧面. 譬如研究学龄前儿童这个总体，每个 3 岁至 6 岁的儿童就是一个个体，每个个体有很多侧面，如身高、体重，血色素、年龄、性别等. 若我们只限于研究儿童的身高，其他特性暂不考虑，这样一来，一个个体（儿童）对应一个数. 假如撇开实际背景，那么总体就是一堆数，这一堆数中有大有小，有的出现机会多，有的出现机会少，因此用概率分布 $F(x)$ 去归纳它是恰当的，服从此分布 $F(x)$ 的随机变量 X 就是相应的数量指标. 由此可见，总体可以用一个分布 $F(x)$ 表示，也可以用一个随机变量 X 表示. 今后称"从某总体中抽样"，也可称"从某分布中抽样".

　　例 4.1.1　考察某厂产品的质量，将其产品分为合格品与不合格品. 若以 0 表示合格品，以 1 表示不合格品，那么

　　　　总体 = ｛该厂生产的所有产品｝= ｛由 0 与 1 组成的一堆数｝.

　　若以 p 记这堆数中 1 所占的比例（不合格品率），则该总体可以用一个二点分布 $b(1, p)$ 表示：

X	0	1
P	$1-p$	p

其中不同的 p 表示不同总体间的差异. 譬如两个生产同类产品的工厂，所形成的两个总体可用如下两个分布表示：

X_1	0	1		X_2	0	1
P	0.99	0.01		P	0.90	0.10

从这两个分布可以看出，第一个工厂的产品质量优于第二个工厂的产品质量，因为第一个工厂的不合格品率低.

　　例 4.1.2　SONY 牌彩电有两个产地：日本与美国，两地的工厂是按同一设计方案和相同的生产线生产同一牌号 SONY 电视机，连使用说明书和检验合格的标准也都是相同的. 譬如彩电的彩色浓度 Y 的目标值为 m，公差（允许的波动）为 ± 5，当 Y 在公差范围 $[m-5, m+5]$ 内时该彩电的彩色浓度为合格，否则判为不合格.

　　两地产的 SONY 牌彩电在美国市场中都能买到，到 20 世纪 70 年代后期，美国消费者购买日本产 SONY 彩电的热情高于购买美国产 SONY 彩电. 这是什么原因呢？1979 年 4 月 17 日日本《朝日新闻》刊登了这一问题的调查报告，报告指出：日产的彩色浓度 Y_1 服从正态分布 $N(m, (5/3)^2)$，而美产的彩色浓度 Y_2 为均匀分布 $U(m-5, m+5)$（见图 4-1）. 这两个不同分布表示着

两个不同总体. 这两个总体的均值相同，都为 m，但方差不同.

$$\text{Var}(Y_1) = \left(\frac{5}{3}\right)^2 = 2.78, \quad \sigma(Y_1) = 1.67,$$

$$\text{Var}(Y_2) = \frac{10^2}{12} = 8.33, \quad \sigma(Y_2) = 2.89.$$

可见，日产的彩色浓度的方差小于美产的彩色浓度的方差，从而在 I 级品数量上日产 SONY 是美产 SONY 的两倍，Ⅲ 级品和 Ⅳ 级品的数量美产 SONY 是日产 SONY 的 7 倍以上. 这就是美国消费者乐于购买日产 SONY 的主要原因.

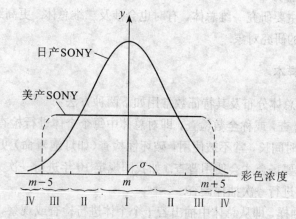

各等级彩电的比率

等级	I	II	Ⅲ	Ⅳ
美产	33.3%	33.3%	33.3%	0
日产	68.3%	27.1%	4.3%	0.3%

图 4-1　SONY 电视机彩色浓度分布图

为什么两个工厂按同一设计方案、相同设备生产同一种电视机，其彩色浓度会有不同的分布呢？ 关键在于管理者，美国 SONY 生产厂的管理者按彩色浓度合格范围 $[m-5, m+5]$ 要求操作. 在他们看来，只要彩色浓度在此区间内，不管它在区间内什么位置都认为合格，操作者也按此认定，因而造成彩电浓度落在这个区间内任一相同长度小区间内的机会是相同的，从而形成均匀分布. 但日产 SONY 的管理者认为，彩色浓度的最佳位置在 m 点上，他们要求操作者把彩色浓度尽量向 m 靠近. 这样一来，彩色浓度在 m 周围的机会就多，而远离 m 的机会就少，最后的总体呈正态分布.

关于总体还有两点说明.

(1) 总体可分为有限总体与无限总体, 本书主要研究无限总体. 在现实世界里总体都是有限的, 当总体中个体数很多以至于很难数清时, 可把该总体看做是无限的. 这给研究和应用带来很多方便. 譬如某型号电视机总体可看做无限总体, 它包括已生产的、正在生产的、将要生产的电视机, 不仅数量大且不宜数清, 可把该总体看做无限总体.

(2) 总体还有一维总体、二维总体和多维总体之分. 譬如在同时研究学龄前儿童的身高 X_1 与体重 X_2 时, 每个儿童对应一个二维数组 (x_1, x_2), 此种二维数组(成对数据)全体就组成二维总体. 它可用二维随机变量 (X_1, X_2) 或二维联合分布 $F(x_1, x_2)$ 来描述. 若再增加血色素 X_3, 那就会涉及三维总体. 本书主要研究一维总体, 有时也会涉及二维总体. 更高维的总体将是"多元分析" 的研究对象.

4.1.2 样本

研究总体分布及其特征数常用如下两种方法:

• 普查, 或称全数检查, 即对总体中每个个体进行检查或观察. 因普查费用高、时间长, 常不被使用, 破坏性检查(如灯泡寿命) 更不会使用, 只有在少数重要场合才会使用普查. 如我国规定 10 年进行一次人口普查, 其他 9 年中每年进行一次抽样调查.

• 抽样, 即从总体中抽出若干个个体进行检查或观察, 用获得的数据对总体进行推断, 这一过程可用图 4-2 示意. 由于抽样费用低、时间短, 在实际中使用频繁. 若按规定抽样, 抽样时应避免人为干扰, 加以合理推断. 本书将在简单随机抽样基础上研究各种合理推断方法, 这是统计学的基本内容. 应该说: 没有抽样就没有统计学.

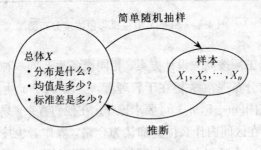

图 4-2　总体与样本

从总体中抽出的部分个体组成的集合称为**样本**(也称**子样**), 样本中所含的个体称为**样品**, 样本中样品的个数称为**样本容量**(也称**样本量**).

在样本中常用 n 表示样本容量, 从总体中抽出的容量为 n 的样本记为

$X = (X_1, X_2, \cdots, X_n)$，这里每个 X_i 都看成是随机变量，因为第 i 个被抽到的个体具有随机性，在观察前是不知其值的. 样本的观察值记为 $x = (x_1, x_2, \cdots, x_n)$，这就是我们常说的数据. 有时为方便起见，不分大写与小写，样本及其观察值都用小写字母 $x_1, x_2, \cdots, x_n$ 表示，今后将采用这一表示方法. 下面例子中给出的都是样本的观察值.

例 4.1.3 样本的一些例子.

(1) 某食品厂用自动装罐机生产净重为 345 g 的午餐肉罐头，由于随机性，每个罐头的净重都有差别. 现在从生产线上随机抽取 10 个罐头，称其净重，得如下结果：

　　　　344　336　345　342　340　338　344　343　344　343

这是一个容量为 10 的样本的观察值，它是来自该生产线罐头净重这一总体的一个样本的观察值.

(2) 对某型号的 20 辆汽车记录每加仑汽油各自行驶的里程数(单位：km) 如下：

29.8　27.6　28.3　28.7　27.9　30.1　29.9　28.0　28.7　27.9
28.5　29.5　27.2　26.9　28.4　27.8　28.0　30.0　29.6　29.1

这是一个容量为 20 的样本的观察值，对应的总体是该型号汽车每加仑汽油行驶的里程.

(3) 对 363 个零售商店调查月零售额(单位：万元) 的结果如表 4-1 所示.

表 4-1　　　　　　**363 个零售商店的月零售额(单位：万元)**

零售额	≤ 10	(10,15]	(15,20]	(20,25]	(25,50]
商店数	61	135	110	42	15

这是一个容量为 363 的样本的观察值，对应的总体是该地区所有零售店的月零售额. 不过这里没有给出每一个样品的具体的观察值，而是给出了样本观察值所在的区间，这是由于涉及抽税额，零售商不会轻易地把他精确的月零售额告诉别人. 这种只给观察值所在区间的样本称为**分组样本的观察值**. 这样一来当然会损失一些信息，这是分组样本的缺点，其优点表现在样本量较大时，这种经过整理的数据更能使人们对总体有一个大致的印象. 这种数据整理方法将在本节后面经常使用.

(4) 对 110 只某种电子元件进行寿命试验，其失效时间经过分组整理后如表 4-2 所示.

表 4-2   110 只电子元件的寿命的分组样本

组号	失效时间范围(小时)	失效个数
1	0 ～ 400	6
2	400 ～ 800	28
3	800 ～ 1 200	37
4	1 200 ～ 1 600	23
5	1 600 ～ 2 000	9
6	2 000 ～ 2 400	5
7	2 400 ～ 2 800	1
8	2 800 ～ 3 200	1

这是一个容量为 110 的样本观察值,对应的总体是某电子元件的寿命. 这也是一个分组样本,在分组中习惯上包括组的右端点,而不包括左端点, 譬如 400 ～ 800 为半开区间(400,800].

我们抽取样本的目的是为了对总体进行推断. 为使推断结果可信,对抽样要有如下两点要求:

第一,要有随机性,即要求每一个体都有同等机会被选入样本. 这意味着每一样品 X_i 与总体 X 有相同的分布,这样的样本具有代表性.

第二,要有独立性,即要求样本中每一样品取什么值不受其他样品取值的影响,这意味着 $X_1, X_2, \cdots, X_n$ 相互独立.

这样得到的样本称为**独立同分布样本(iid 样本)**,又称为**简单随机样本**, 简称**样本**. 如何才能获得简单随机样本呢?

例 4.1.4(获得简单随机样本的几种抽样方法) 设一批灯泡有 600 只, 现要从中抽出 6 只作寿命试验,这 6 只灯泡如何从 600 只灯泡中抽出呢? 此例中介绍几种简单随机抽样方法.

方案一 设计一个随机试验,先对这 600 只灯泡逐一编号,从 000 号到 599 号. 然后准备 600 张纸质与大小相同的纸片,在纸片上依次写上 000 到 599,并把它们放入一个不透明的袋子里,充分搅乱. 最后从中不返回地抽出 6 张纸片,其上 6 个号码就是要抽出的 6 只灯泡组成的样本. 对这 6 只灯泡进行寿命试验,所得 6 个数据就是该样本的观察值.

方案二 利用"随机数表",本书附表 14 是一大本随机数表中的一页. 我们可从该表任意位置开始读数. 仍假定要从 600 个灯泡中抽出 6 个,先把灯泡编号 000 ～ 599,设从该表的第一行第一列开始,以三列为一个数,从上往下读出:

537,633,358,634,982,026,645,850,585,358,039,626,084,….

凡其值大于 600 的便跳过（数下画"一"），如出现的数与前面重复的也跳过（数下画"="），直到选出 6 个不超过 600 的不同的数为止. 现可将编号为 537,358,026,585,039,084 的 6 个灯泡取出测定其寿命.

方案三 可利用计算机产生 6 个 000～599 间的不同的随机整数，譬如产生的随机整数为 80,568,341,107,57,166，那么取出这些编号对应的灯泡进行试验，测定其寿命.

方案四 用扑克牌设计一个随机试验，从一副扑克牌中剔除 K,Q,J 各 4 张，余下 40 张牌不分花色都作数字用，其中 A 代表 1，10 代表 0，其他数字直接引用. 在这些准备下，可从 40 张牌中进行有返回地抽取三张. 每次抽取前洗牌要充分，抽取要随机. 第一张牌上数字为个位数，第二张牌上数字为十位数，第三张牌上数字为百位数. 若第三张数字为 6～9 时则剔去重抽，直到第三张牌上数字 ≤ 5 为止. 如此得到的三位数（如 239）就是第一个样品号. 类似地重复上述抽样过程可得另 5 个样品号，这时停止抽样，按已得的 6 个样品号（如 239,582,073,503,145,366）取得样品进行寿命试验.

这里介绍多个抽样方法说明简单随机样本并不难获得，困难在于排除"人为干扰"，纠正"怕麻烦"和"想偷懒"思想. 因为很多事例表明，推断出问题常表现在抽样阶段，下面就是一例.

例 4.1.5 1924 年美国太阳报报道，耶鲁大学毕业生的年平均工资为 25 111 美元. 这个在当年是大得出奇的平均数轰动了美国教育界. 当年美国人的统计知识还不普及，相信的人不少，很多家庭要把自己的儿女送到耶鲁大学深造，将来不愁吃和穿. 统计学家对此平均数表示怀疑，询问该数据是如何得到的. 该大学校长办公室回应，是用通信调查方法通过毕业生本人获得他（她）们的年收入数据.

试想，谁愿意提供工资数据呢？ 应该是老板、经理、名人或万事相通的人，这些人的地址校方较容易获得.

是谁不愿意提供工资数据呢？ 应该是雇员、技工、流浪汉、失业者或有失体面的人……

统计学家指出，校方如此获得的样本是有偏性的样本，它不是从该校全部毕业生中用机会均等的方法随机抽取的样本，从而所得平均数不是耶鲁大学全体毕业生的平均工资，而是当年比较得意的一个子群体的平均工资，校方有意或无意地用有偏样本在编制说谎的平均数.

这是几十年前的一个实例，取自《怎样用统计说谎》（该书已译成中文，中国统计出版社，1983 年）. 该书作者表示，我不是教大家去用统计说谎，而是揭露一些人的说谎手法，让大家能识别，不受其骗. 如今这类用统计说谎的事例在我国也时有出现. 2005 年 5 月 20 日晚 10:45 中央电视台的"央视论坛"节目就揭露了这样一件用统计说谎的事例. 一网站发布了一条信息："北京 15% 的爸爸在为别人养小孩"，引起一片哗然. 后经调查，事情是这样的：北京有 600 人要求作亲子鉴定，结果其中 90 人的 DNA 说明其所养小孩与自己没有血缘关系. $15\% = \dfrac{90}{600}$ 就是这样产生的. 在此问题中，总体已不是北京所有小孩的男子，而是对自己小孩发生疑问的男子，是北京有小孩男子的子群体. 揭露了这一点，这条信息再无市场了，背后的商业操作（每次鉴定需几千元）也化为泡影.

4.1.3　从样本去认识总体的图表方法

样本来自总体，样本必含有总体信息. 若抽样是按随机性和独立性要求进行的，所得简单随机样本就能很好地反映实际总体. 图 4-3 显示了三个不同的总体，图上用虚线画出的曲线是三个未知总体，若按随机性与独立性要求进行抽样，则机会大的地方（概率密度值大）被抽出的样品就多；而机会少的地方（概率密度值小）被抽出的样品就少. 分布越分散，样本越分散；分布越集中，样本也相对集中；分布越偏，样本中多数样品偏在一侧.

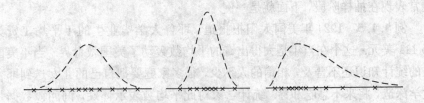

图 4-3　总体分布（虚线）与样本（用 × 表示）

样本含有总体信息，如何从样本中把这些有用信息挖掘出来？ 这需要使用统计技术. 样本中的数据常显得杂乱无章，需要整理与加工才能显示出规律来. 对样本进行整理与加工的方法有图表法与统计量. 图 4-3 上的打点图就是其中之一. 用"×"或用"·"在数轴上把样本中的数据标出来就是**打点图**. 众多数据一眼看不出多少信息，可打点图一画，正态与偏态、集中与分散等信息就进入脑中，这就是图的"效应". 本节将再介绍几种常用的图表法，统计量将在下一节讨论.

1. 频数频率表

把样本整理为分组样本可获得频数频率表，它可显示出样本中数据的分布情况. 下面通过一个例子来详述此种整理过程.

例 4.1.6　食品厂用自动装罐机生产罐头食品，从一批罐头中随机抽取 100 个进行称量，获得罐头的净重数据如下：

342	352	346	344	343	339	336	342	347	340
340	350	347	336	341	349	346	348	342	346
347	346	346	345	344	350	348	352	340	356
339	348	338	342	347	347	344	343	349	341
348	341	340	347	342	337	344	340	344	346
342	344	345	338	351	348	345	339	343	345
346	344	344	344	343	345	345	350	353	345
352	350	345	343	347	354	350	343	350	344
351	348	352	344	345	349	332	343	340	346
342	335	349	348	344	347	341	346	341	342

为了从这组数据中挖掘有用信息，常对数据进行分组，获得频数频率表，即分组样本.

（1）找出这组数据中的最大值 $x_{\max}$ 及最小值 $x_{\min}$，计算它们的差：

$$R = x_{\max} - x_{\min},$$

R 称为**极差**，也就是这组数据的取值范围. 在本例中 $x_{\max} = 356$，$x_{\min} = 332$，从而 $R = 356 - 332 = 24$.

（2）根据样本容量 n，确定分组数 k. 这里有一个推荐公式：

$$k = 1 + 3.322 \lg n.$$

也可按表 4-3 选择 k. 注意：组数不宜过多，但也不能太少. 经验表明，分 $5 \sim 20$ 组较为适宜.

表 4-3   **分组数的选择**

n	< 50	$50 \sim 100$	$100 \sim 250$	> 250
k	$5 \sim 6$	$6 \sim 10$	$7 \sim 12$	$10 \sim 20$

本例中，$n = 100$，拟分 $6 \sim 10$ 组，现取 $k = 9$.

（3）确定各组端点 $a_0 < a_1 < \cdots < a_k$，通常 $a_0 < x_1$，$a_k > x_n$，分组可以等间隔亦可不等间隔，但等间隔用得较多. 在等间隔分组时，组距 $d \approx \dfrac{R}{k}$，一般取 d 为数据的最小测量单位的整数倍.

在本例中，取 $a_0 = 331.5$，$d = \dfrac{21}{8} \approx 3$，则 $a_i = a_{i-1} + 3$，$i = 1, 2, \cdots, 9$.

（4）用唱票法统计落在每一区间 $(a_{i-1}, a_i]$，$i = 1, 2, \cdots, k$ 中的频数 n_i，并计算频率 $f_i = \dfrac{n_i}{n}$，将它们列成分组统计的频数频率表（见表 4-4）. 表中组中值 $x_i = \dfrac{1}{2}(a_{i-1} + a_i)$ 是为以后计算样本矩作准备的.

表 4-4　　　　　　　　　　　　　　　**频数频率表**

组号	区间	组中值 x_i	频数统计	频数 n_i	频率 f_i
1	(331.5,334.5]	333	一	1	0.01
2	(334.5,337.5]	336	正	4	0.04
3	(337.5,340.5]	339	正正一	11	0.11
4	(340.5,343.5]	342	正正正正	20	0.20
5	(343.5,346.5]	345	正正正正正正	30	0.30
6	(346.5,349.5]	348	正正正正	19	0.19
7	(349.5,352.5]	351	正正丁	12	0.12
8	(352.5,355.5]	354	丁	2	0.02
9	(355.5,358.5]	357	一	1	0.01
合计				100	1.00

从表 4-4 中可看出,样本中的数据在每个小区间上的频数 n_i、频率 f_i 及其分布状态都综合在这张表上. 更细致的信息,如大多数数据集中在 345 附近,在 340.5 到 349.5 之间含有 69% 的数据都可从表上读出. 为使这些信息直观表达出来,可在频数频率表基础上画出直方图.

2. 直方图

我们将以频数频率表(见表 4-4)为基础讲述构造样本直方图(简称直方图)的方法.

在横坐标轴上标出各小区间端点 $a_1, a_2, \cdots, a_K$,并以小区间 $(a_{i-1}, a_i]$ 为底画一个高为频数 n_i 的矩形,对每个 $i = 1, 2, \cdots, K$ 都如此处理就形成一张**频数直方图**,详见图 4-4. 若把矩形高度由频数 n_i 改为频率 / 组距(f_i / d),即得

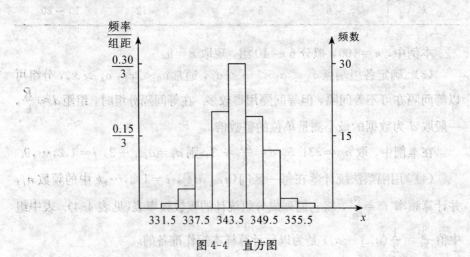

图 4-4　直方图

一张频率直方图，见图 4-4. 在各小区间长度都相等的场合，这两张直方图完全一样，区别在纵坐标的刻度上，且频率直方图上各矩形面积之和为 1.

    直方图的优点是能把样本中的数据用图形显示出来，如果是等距直方图，解释信息就较为容易. 在样本量较大的场合，直方图常是总体分布的影子. 如图 4-4 的直方图是中间高、两边低、左右基本对称，这很可能是罐装食品净重为正态分布的影子. 又如图 4-5 的两个直方图是不对称的，是有偏的，其相应总体可能是偏态的，其中　个是右偏分布，另一个是左偏分布. 如今直方图在实际中已为公众熟悉，并被广泛使用，各种统计软件都有画直方图的功能.

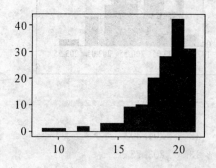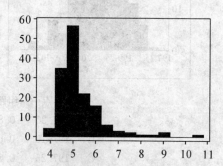

图 4-5   非对称的直方图，左偏的与右偏的

    直方图的缺点是不稳定，它依赖于组距与**组数**，且直方图对组距与组数的选择有时很敏感. 图 4-6 中 4 张直方图是用同一个样本绘制的，只是组距与组数略有不同，可其直方图有较大差异. 所以用直方图确认总体分布类型要慎重，最好与其他统计方法结合使用.

    直方图常对连续数据绘制，故其相邻矩形间没有空隙，是相互连着的，若有空隙，那意味着样本在这一段内无数据.

    直方图也可对离散数据绘制，这时要对每个离散值（孤立点）统计其频数和频率，并在每个离散值上作矩形，其高为频数或频率，而矩形间留有一点空隙，以示离散.

    例 4.1.7   调查 100 户家庭中拥有的电视机台数如表 4-5 所示. 其中家庭数就是频数，再除以家庭总数即得频率，也列在表 4-5 中. 这是仅取 0,1,2,3 的样本数据，其直方图如图 4-7 所示.

    3. 茎叶图

    茎叶图是用图形整理数据的另一种方法，图形很像直方图，但图上还保留着原始数据的信息，从而为人们提供有关总体的更多信息. 下面结合例子叙述构造茎叶图的步骤.

例 4.1.8 表 4-6 列出某种新型铝锂合金 80 个样品的压力强度数据,单位是磅 / 平方英寸(psi). 表中数据是按检验顺序记录下来的,时大时小,杂乱无章. 该样本虽含有压力强度总体的很多信息,但一些问题并不容易回答,如压力强度总体的分布可能是什么类型? 在 120 psi 以下的样品的比例是多少? 对这批数据可用茎叶图进行整理,以便回答一些问题.

表 4-6　　　　　　　　　**80 个铝锂合金样品的压力强度**

105	221	183	186	121	181	180	143
97	154	153	174	120	168	167	141
245	228	174	199	181	158	176	110
163	131	154	115	160	208	158	133
207	180	190	193	194	133	156	123
134	178	76	167	184	135	229	146
218	157	101	171	165	172	158	169
199	151	142	163	145	171	148	158
160	175	149	87	160	237	150	135
196	201	200	176	150	170	118	149

构造茎叶图的步骤如下:

(1) 把每个数字 x_i(至少二位数)分为两部分:高位部分称为"茎",低位部分称为"叶". 为此先要考察数据,发现该样本中的数据在 76 ~ 245 之间,因此可选百位数与十位数为茎,个位数为叶,以第一个数据为例:

$$数据 \quad 分开 \quad 茎与叶$$
$$105 \rightarrow 10 \mid 5 \rightarrow 10 \ 与 \ 5$$

(2) 画出垂线,左侧放茎,右侧放叶. 通常选择茎的个数要比样本量少一些,最好选择 5 ~ 20 个茎.

(3) 在茎的一侧(按在数据集里出现的顺序)列出相应的叶,用软件画茎叶图时还把叶从小到大排列. 这种图常称为**有序茎叶图**. 手工绘制茎叶图时通常不排序,因为这太耗时了.

(4) 在叶的一侧加一列,写上这个茎上的叶的频数,需要时可在茎与叶旁加上单位.

这就完成了一张茎叶图的构造,本例中 80 个压力强度数据的茎叶图见图 4-8. 从图中马上可知:此 80 个数据很可能来自某正态总体的样本,82.5% 的数据在 120 ~ 210 psi 之间;而低于 120 psi 的数据有 8 个,占 10%;中心值在 150 ~ 160 psi 之间. 这些结论在原数据表中是看不出来的.

茎	叶	频数
7	6	1
8	7	1
9	7	1
10	5 1	2
11	5 8 0	3
12	1 0 3	3
13	4 1 3 5 3 5	6
14	2 9 5 8 3 1 6 9	8
15	4 7 1 3 4 0 8 8 6 8 0 8	12
16	3 0 7 3 0 5 0 8 7 9	10
17	8 5 4 4 1 6 2 1 0 6	10
18	0 3 6 1 4 1 0	7
19	9 6 0 9 3 4	6
20	7 1 0 8	4
21	8	1
22	1 8 9	3
23	7	1
24	3	1

图 4-8   表 4-6 中压力强度数据的茎叶图

在比较同性质的两个样本时,还可以采用背靠背的茎叶图,它是一个简单直观的比较方法. 此时将茎放在中间,左右两边分别是各自样本的叶. 下面便是一个例子.

例 4.1.9   某厂有两个车间生产同种零件,某天两个车间各 40 名员工生产的产品数量如表 4-7 所示.

表 4-7   **两个车间各 40 名员工生产的产品数量**

一车间								二车间							
50	64	67	76	83	86	100	100	56	72	75	78	83	86	93	95
92	85	76	68	65	52	56	65	87	83	79	76	72	66	67	74
71	77	87	86	103	61	65	72	76	80	84	87	98	67	75	76
77	88	93	105	93	90	78	74	81	84	88	107	68	75	76	81
67	61	67	74	82	91	97		84	92	92	86	83	78	75	68

画背靠背的茎叶图(见图 4-9).

从图 4-9 上可以看出,一车间的叶靠上部的较多,二车间的叶靠中部为多,因此二车间的平均产量高于一车间,并且一车间的产量波动比二车间要大.

频数	一车间			二车间	频数
3	6 2 0	5	6		1
11	8 7 7 7 5 5 5 4 2 1 1	6	6 7 7 8 8		5
9	8 7 7 6 6 4 4 2 1	7	2 2 4 5 5 5 5 6 6 6 6 8 8 9		14
7	8 7 6 6 5 3 2	8	0 1 1 3 3 3 4 4 4 6 6 7 7 8		14
6	7 3 3 2 1 0	9	2 2 3 5 8		5
4	5 3 0 0	10	7		1

茎的单位 = 10, 叶的单位 = 1

图 4-9　两个车间产量的背靠背茎叶图

4.1.4　正态概率图

　　人们如何来判断一组数据(样本)是来自正态总体呢？ 如今已有多种方法：图方法和各种数值方法. 国家标准 GB/T4882-2001《正态性检验》上规定了几种方法. 该标准首推正态概率图方法.

　　正态概率图是设法把样本中的数据点到正态概率纸上完成的. 正态概率纸是一种特殊刻度的坐标纸(见图 4-10), 其横坐标是普通的等间隔刻度, 纵坐标是标准正态分布 $N(0,1)$ 的 p 分位数 u_p 的刻度, 但标以累计概率 $100p\%$, 并省去 %. 如在分位数处,

$$u_{0.1} = -1.282, \quad u_{0.5} = 0, \quad u_{0.9} = 1.282.$$

不标以 $-1.280, 0, 1.282$, 而标以 $10(\%), 50(\%), 90(\%)$. 其刻度是中间密、两头疏、上下对称.

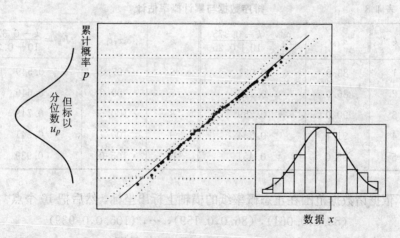

图 4-10　正态概率纸(图)

正态概率纸的用途有三处, 以下分而述之.

(1) 判断一组数据(样本)$x_1,x_2,\cdots,x_n$ 是否来自正态分布,具体操作如下:

(i) 把 n 个数据从小到大排序,常称有序样本,记为

$$x_{(1)} \leqslant x_{(2)} \leqslant \cdots \leqslant x_{(n)}.$$

(ii) 在点 $x_{(k)}$ 处的累计概率

$$F(x_{(k)}) = P(X \leqslant x_{(k)})$$

可用频率 k/n 估计,其中 $k=$"样本中不超过 $x_{(k)}$ 的样品数". 后经研究发现,用修正频率比频率更合理. 国家标准 GB/T4882 推荐使用的修正频率为 $\hat{F}_k = \dfrac{k-3/8}{n+1/4}$ 或 $\dfrac{k}{n+1}$,可避免出现 $\dfrac{n}{n}=1$.

(iii) 在正态概率纸上描出 n 个点:

$$\left(x_{(k)}, \frac{k-0.375}{n+0.25}\right), \quad k=1,2,\cdots,n,$$

其中横坐标要自己在横轴上添加. 这就形成正态概率图.

(iv) 判断:

• 若 n 个点近似在一直线附近,则认为该样本是来自某正态分布;

• 若 n 个点明显不位于一直线附近,则认为该样本不是来自正态分布.

例 4.1.10 从一批零件中随机取出 10 只,测得其直径与标准尺寸的偏差如下:(单位: 1 丝 $=10^{-4}$m)

100.5, 90.0, 100.7, 97.0, 99.0, 105.0, 95.0, 86.0, 91.7, 83.

考察该样本是否来自正态分布.

解 10 个数据排序及其累计概率的估计值 $\hat{F}_k$ 列于表 4-8 中.

表 4-8 **排序数据与累计概率估计**

k	$x_{(k)}$	$\hat{F}_k = \dfrac{k-0.375}{10+0.25}$	k	$x_{(k)}$	$\hat{F}_k = \dfrac{k-0.375}{10+0.25}$
1	83.0	0.061	6	97.0	0.549
2	86.0	0.159	7	99.0	0.646
3	90.0	0.259	8	100.5	0.743
4	91.7	0.354	9	100.7	0.841
5	95.0	0.451	10	105.0	0.939

依据诸数据范围在正态概率纸的横轴上标出坐标,然后把 10 个点

$$(83.0,0.061), (86.0,0.159), \cdots, (105.0,0.939)$$

描在正态概率纸上,从而形成正态概率图,具体见图 4-11.

从图 4-11 上看出:10 个点都位于一上升直线附近,可认为这 10 个偏差的样本是来自某正态分布.

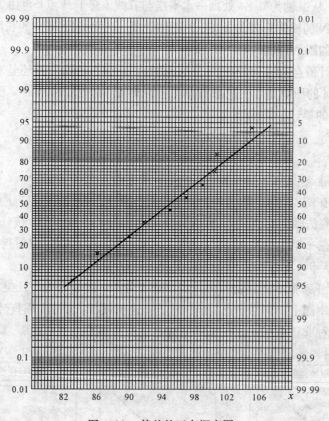

图 4-11　偏差的正态概率图

　　(2)　在确认样本来自正态分布后，可在正态概率图上作出正态均值 μ 与正态标准差 σ 的**图估计值**. 具体操作如下(参照图 4-12)：

　　(i)　在图上用目测法画出一条较为靠近各点的直线 l.

　　(ii)　从纵轴为 0.5 处画一水平线与直线 l 交于 A 点，再由 A 点落下垂线，垂足 M 的横坐标便是正态均值 μ 的图估计值.

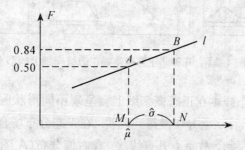

图 4-12　μ 与 σ 的图估计示意图

(iii) 从纵轴为 0.84 处画一水平线与直线 l 交于 B 点,再由 B 点落下垂线,垂足 N 的横坐标便是 $\mu + \sigma$ 的图估计值,从而线段 MN 的长度就是正态标准差 σ 的图估计值.

图估计值会因人而异(因 l 是目测的),但作为初始估计还是有参考价值的. 图估计的原理是:在正态概率图上纵轴是累计概率 $F(x)$,而正态分布 $N(\mu, \sigma^2)$ 的累计分布函数为

$$F(x) = \Phi\left(\frac{x-\mu}{\sigma}\right) = \begin{cases} 0.5, & x = \mu, \\ 0.841\,3, & x = \mu + \sigma, \end{cases}$$

故在 F 尺上刻度 0.5 与 0.841 3 对应 x 尺上的 μ 与 $\mu + \sigma$.

譬如在例 4.1.10 中,10 个偏差在正态概率图(见图 4-11)上已呈现为一直线,目测法画出此直线 l,然后从 F 尺上读出 0.5 与 0.84,按(ii)和(iii)作图,最后在 x 轴上读出 M 与 N 的坐标:$M = 95$,$N = 103$,故可得 μ 与 σ 的图估计值 $\hat{\mu} = 95$,$\hat{\sigma} = 103 - 95 = 8$(见图 4-11).

(3) 正态概率图还能区分几类非正态分布,这是因为有几类非正态样本在正态概率图上会展示自己特有的形态,这就便于人们去识别它们. 图 4-13 上列出几种非正态样本在正态概率纸上呈现的形态.

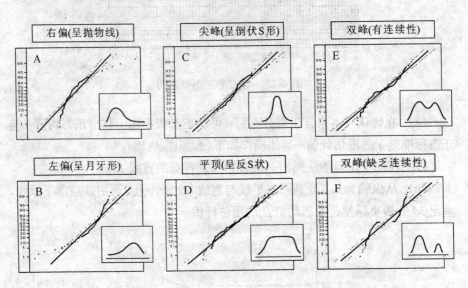

图 4-13 几种非正态样本在正态概率纸上的形态

为什么非正态样本在正态概率纸上会呈现不同形状呢? 这可从累计概率 $F(x) = P(X \leqslant x)$ 上升快慢得到说明. 在正态分布场合高密度区在中部,而概率纸在中部很密,故呈上升直线状. 在右偏分布(A 图)场合,其高密度区域在左侧,故其累计概率开始就随 x 增加(比正态分布)而上升很快,然后

再随 x 增加上升就减慢了，最后上升就愈来愈小. 对其他的图亦可作类似解释. 在 E 图与 F 图上显示的都是双峰分布，多峰分布也类似显示. 双峰和多峰有多种形态，它们的特征是图的中部有一个或几个低密度区域.

(4) 在确认样本来自非正态分布后，可对数据 x_i 作变换(如 $y_i = \ln x_i$, $y_i = \sqrt{x_i}$, $y_i = x_i^{-1}$ 等)后，再在正态概率纸上描点，若变换后诸点近似在一直线附近，则可认为变换后的数据来自某正态分布，请看下面例子.

例 4.1.11 金属疲劳弯曲 15 个数据按从小到大排列在表 4-9 中.

表 4-9 金属疲劳弯曲数据及其对数

k	$\hat{F}_k = \dfrac{k-3/8}{n+1/4}$	$x_{(k)}$	$y_{(k)} = \lg(10x_{(k)})$
1	0.041	0.200	0.301
2	0.107	0.330	0.519
3	0.172	0.445	0.648
4	0.238	0.490	0.690
5	0.303	0.780	0.892
6	0.369	0.920	0.964
7	0.434	0.950	0.978
8	0.500	0.970	0.987
9	0.566	1.040	1.017
10	0.631	1.710	1.233
11	0.697	2.220	1.346
12	0.762	2.275	1.357
13	0.828	3.650	1.562
14	0.893	7.000	1.845
15	0.959	8.800	1.944

为了考查这 15 个弯曲数据的合适分布，概率图是很有用的工具. 首先用表 4-9 中的数据 $(x_{(k)}, \hat{F}_k)$，$k = 1, 2, \cdots, 15$ 在正态概率纸上描点，图 4-14 显示此 15 个点不在直线附近，而呈抛物线状. 若对数据作对数变换后再作正态概率图，以观效果.

为避免出现负数($\lg 0.2 < 0$)，先把诸 $x_{(k)}$ 扩大 10 倍后再取对数，然后用诸 $\lg(10x_{(k)})$ 代替 $x_{(k)}$，与累计概率估计 $\hat{F}_k$ 结合在正态概率上描点，图 4-15 上显示 15 个点在一直线附近的看法是可以接受的. 所以观测值的对数来自正态分布的认识是适当的，即 $\lg X \sim N(\mu, \sigma^2)$. 或者说，"观测值来自对数正态分布"是适当的，即 $X \sim \mathrm{LN}(\mu, \sigma^2)$.

(5) 假如对数变换仍不能说明："变换后的数据来自正态分布"，可以改

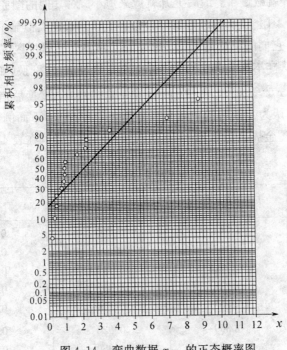

图 4-14　弯曲数据 $x_{(k)}$ 的正态概率图

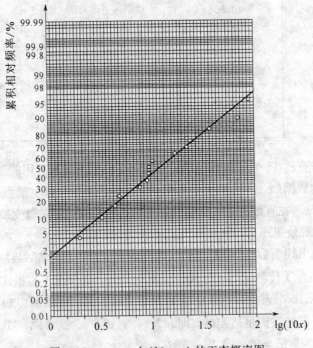

图 4-15　$y_{(k)} = \lg(10x_{(k)})$ 的正态概率图

用另一个变换再试一试，如平方根变换 $y=\sqrt{x}$，或倒数变换 $y=\dfrac{1}{x}$ 等. 无论用什么变换，正态概率图（或其他概率图，如威布尔概率图等）在确定数据的合适分布时是很有用的.

习 题 4.1

若以下习题中遇到大样本$(n\geqslant 30)$，可用统计软件（如 Minitab）在计算机上完成.

1. 某公司对随机抽取的 250 名职工在上班路程上所花时间进行了调查（单位：分钟），结果如下表所示：

所花时间	$(0,10]$	$(10,20]$	$(20,30]$	$(30,40]$	$(40,50]$
频数	25	60	85	45	35

请画样本直方图.

2. 一组工人合作完成某一部件的装配工序所需的时间（单位：分钟）分别如下：

35	38	44	33	44	43	48	40	45	30
45	32	42	39	49	37	45	37	36	42
31	41	45	46	34	30	43	37	44	49
36	46	32	36	37	37	45	36	46	42
38	43	34	38	47	35	29	41	40	41

(1) 将上述数据整理成组距为 3 的频数表，第一组以 27.5 为起点.
(2) 绘制样本直方图.

3. 调查 350 位成年人中拥有手机数的情况如下表所示：

手机数	0	1	2	3	4
人数	21	233	79	15	2

请绘制离散数据直方图.

4. 有两个教学班，各有 50 名学生，甲班试用新的方法组织教学，乙班采用传统的方法组织教学. 现得期末考试成绩如下表所示（已排序）：

甲班	44	57	59	60	61	61	62	63	63	65	66	66	67	69	70	70	71
	72	73	73	73	74	74	74	75	75	75	75	75	76	76	77	77	77
	78	78	79	80	80	82	85	85	86	86	90	92	92	92	93	96	
乙班	35	39	40	44	44	48	51	52	52	54	55	56	56	57	57	57	58
	59	59	60	61	61	62	63	64	66	68	68	70	70	71	71	73	74
	74	79	81	82	83	83	84	85	90	91	91	94	96	100	100	100	

试作背靠背的茎叶图,从图上你能得到哪些信息?

5. 某型号的 20 辆汽车记录了各自每加仑汽油行驶的里程数(单位:km)如下:

| 29.8 | 27.6 | 28.3 | 28.7 | 27.9 | 30.1 | 29.9 | 28.0 | 28.7 | 27.9 |
| 28.5 | 29.5 | 27.2 | 26.9 | 28.4 | 27.9 | 28.0 | 30.0 | 29.6 | 29.1 |

用正态概率图判断它是否来自正态分布,若是,用正态概率图估计分布的期望与标准差.

6. 白炽灯泡的光通量(单位:流明)是其重要的性能指标,现从 220 V 25 W 的白炽灯泡中随机抽取了 120 个,测得其光通量如下:

216	203	197	208	206	209	206	208	202	203
206	213	218	207	208	202	194	203	213	211
193	213	208	208	204	206	204	206	208	209
213	203	206	207	196	201	208	207	213	208
210	208	211	211	214	226	211	223	216	224
211	209	218	214	219	211	208	221	211	218
218	190	219	211	208	199	214	207	207	214
206	217	214	201	212	213	211	212	216	206
210	216	204	221	208	209	214	214	199	204
211	201	216	211	208	209	202	211	207
202	205	206	216	206	213	206	207	200	198
200	202	203	208	216	206	222	213	209	219

(1) 以 189.5 为第一组的左端点,以 3 为组距,列出频数频率分布表.

(2) 用正态概率图判断该样本是否来自正态分布,若是,由正态概率图估计分布的期望与标准差.

7. 某地区 50 个乡镇的年财政收入(单位:万元)如下:

1 030	870	1 010	1 160	1 180	1 410	1 250	1 310	810	1 080
1 050	1 100	1 070	800	1 200	1 630	1 350	1 360	1 370	1 420
1 140	1 180	1 050	1 150	1 100	1 170	1 270	1 260	1 380	1 510
1 010	860	1 270	1 130	1 250	1 190	1 260	1 210	930	1 420
1 580	880	1 230	1 250	1 380	1 320	1 460	1 080	1 170	1 230

试对上述数据进行加工:

(1) 作 50 个乡镇年财政收入的频数频率分布表;

(2) 作样本直方图;

(3) 用正态概率图检验其正态性.

8. 记录一项操作时间(单位:分钟) 20 个如下:

5.15	0.30	6.66	3.76	4.29	9.54	4.38	0.60	7.06	4.34
0.80	5.12	3.69	5.94	3.18	4.47	4.65	8.93	4.70	1.04

请研究,哪一个分布更适合这些数据.

9. 30 个电子元件参加寿命试验,其失效时间如下:

1.9	4.6	6.6	20.7	1.9	1.3	3.0	5.1	0.5	11.9
4.0	2.9	6.3	1.9	2.1	0.4	3.8	1.2	8.3	4.1
1.2	2.3	0.9	2.5	1.6	10.9	0.8	5.3	9.0	4.4

请研究,哪一个分布更适合这批数据.

4.2 统计量、估计量与抽样分布

4.2.1 统计量与估计量

除统计图表外,对样本进行整理加工的另一种有效方法是构造样本函数 $T = T(x_1, x_2, \cdots, x_n)$,它可把分散在样本中的总体信息按人们的意愿(某种统计思想)集中在一个函数上,这使人们从样本到总体进行推理成为可能. 因此人们十分关心构造样本函数. 若样本函数中不含任何未知参数,那么由样本观察值立即可算得样本函数值,使用也很方便,这就形成了统计量.

定义 4.2.1 不含任何未知参数的样本函数称为**统计量**.

从样本到总体的推理称为**统计推断**. 统计推断主要分为两大类:参数估

计(点估计与区间估计)和假设检验(参数检验与非参数检验). 为进行这两大
类统计推断, 人们已构造出各种各样的统计量, 并在实际使用中收到很好的
效果. 区间估计与假设检验将在以后章节中介绍, 这里将结合参数的点估计
叙述多种统计量.

这里的参数常指如下几种:

- 分布中所含的未知参数;
- 分布(总体)的期望、方差、标准差、分位数等特征数;
- 某事件的概率等.

定义 4.2.2 用于估计未知参数的统计量称为**点估计(量)**, 或称为**估计**
(量). 参数 θ 的估计量常用 $\hat{\theta} = \hat{\theta}(x_1, x_2, \cdots, x_n)$ 表示. 参数 θ 的可能取值范
围称为**参数空间**, 记为 $\Theta = \{\theta\}$.

例 4.2.1 三个常用统计量是

- 样本均值 $\overline{x} = \dfrac{1}{n} \sum_{i=1}^{n} x_i$;

- 样本方差 $s^2 = \dfrac{1}{n-1} \sum_{i=1}^{n} (x_i - \overline{x})^2$;

- 样本标准差 $s = \sqrt{s^2}$,

其中 $x_1, x_2, \cdots, x_n$ 是来自某总体的一个样本. 无论总体是连续的还是离散
的, 是正态的还是非正态的, 这三个统计量在其统计推断中都是重要的和常
用的. 譬如, 在点估计中它们分别是总体均值 μ、总体方差 σ^2、总体标准差 σ
很好的估计. 下面对此作一些说明.

(1) 样本均值 $\overline{x}$ 总位于样本的中部. 图 4-16 上 8 个点标明 8 个电池的寿
命数据(单位: 小时):

$$173, 186, 189, 193, 198, 202, 211, 224.$$

其样本均值 $\overline{x} = 197$ 在其中部. 若把相同重量的物体分别放在每个观察值的
位置上, 则 $\overline{x}$ 就是重心, 即平衡点. 这与总体均值的物理解释是一致的(见图
2-30), 因此 $\overline{x}$ 是总体均值 μ 的很好估计, 即 $\hat{\mu} = \overline{x}$.

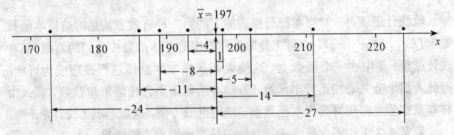

图 4-16 8 个电池寿命数据的点图及其 $\overline{x}$ 与诸 $x_i - \overline{x}$

(2) x_i 对 $\bar{x}$ 的**偏差** $x_i - \bar{x}$ 可正可负(见图 4-16),其和恒为零,即

$$\sum_{i=1}^{n}(x_i - \bar{x}) = 0.$$

(3) 为了能把这些偏差积累起来而采用**偏差平方和**

$$Q = \sum_{i=1}^{n}(x_i - \bar{x})^2,$$

它表征了样本的分散程度. 这个样本的偏差平方和还有两个简便的计算公式:

$$Q = \sum_{i=1}^{n} x_i^2 - \frac{1}{n}\left(\sum_{i=1}^{n} x_i\right)^2 = \sum_{i=1}^{n} x_i^2 - n\bar{x}^2.$$

这样的 Q 将随着样本量 n 的增加而增大,为克服这个缺点改用**平均偏差平方和**

$$s_n^2 = \frac{Q}{n} = \frac{1}{n}\sum_{i=1}^{n}(x_i - \bar{x})^2$$

去估计总体方差 σ^2 是一个很好的想法.

(4) 用 s_n^2 去估计 σ^2 往往偏小,这个缺点在小样本场合更为明显. 方差就是风险,低估风险有时会使人们忽视风险,这是危险的. 产生这个现象的原因是偏差平方和 Q 在同类偏差平方和中是最小的,即对任意的实数 μ,总有

$$\sum_{i=1}^{n}(x_i - \mu)^2 \geqslant \sum_{i=1}^{n}(x_i - \bar{x})^2.$$

若记

$$Q(\mu) = \sum_{i=1}^{n}(x_i - \mu)^2 = \sum_{i=1}^{n} x_i^2 - 2\mu\sum_{i=1}^{n} x_i + n\mu^2,$$

则由

$$\frac{\mathrm{d}Q(\mu)}{\mathrm{d}\mu} = -2\sum_{i=1}^{n} x_i + 2n\mu = 0$$

可得 $\mu = \bar{x}$ 使 $Q(\mu)$ 达到最小. 经过研究,人们提出不用样本量 n 对 Q 作平均,而用其自由度 f 作平均可得无偏估计(见后面的例 4.2.7).

(5) 偏差平方和 Q 的**自由度** f 是指独立偏差个数. Q 虽含有 n 个偏差 $x_1 - \bar{x}, x_2 - \bar{x}, \cdots, x_n - \bar{x}$,由于其和恒为零,其独立偏差个数为 $n-1$,故 Q 的自由度 $f = n-1$. 以后会发现,自由度是偏差平方和的固有特性,要加以注意.

(6) **样本方差**

$$s^2 = \frac{1}{n-1}\sum_{i=1}^{n}(x_i - \bar{x})$$

是总体方差 σ^2 的最好估计,即 $\hat{\sigma}^2 = s^2$. 在小样本场合,s_n^2 与 s^2 相差显著,而在大样本场合,s_n^2 与 s^2 相差不大.

(7) 样本标准差 $s=\sqrt{s^2}$ 是总体标准差 σ 的很好估计. 在正态总体场合对 s 作一些修正可得更好的估计.

(8) 在分组样本场合, 样本均值 $\overline{x}$ 与样本方差 s^2 的近似值为

$$\overline{x}=\frac{1}{n}\sum_{i=1}^{k}n_i x_i, \quad s^2=\frac{1}{n-1}\sum_{i=1}^{k}n_i(x_i-\overline{x})^2.$$

它们可用来作总体均值与总体方差的估计. 其中 k 为分组样本中的组数, x_i 与 n_i 分别为第 i 组的组中值与样品个数, 且 $n=\sum\limits_{i=1}^{k}n_i$.

例 4.2.2　某厂大批量地生产一种零件, 从中随机抽取 500 只检测其长度(单位: cm), 数据分组统计见表 4-10. 试计算其样本均值 $\overline{x}$、样本方差 s^2 与样本标准差 s 的近似值.

表 4-10　　　　　　　　　零件长度的分组数据(单位: cm)

组号 i	区间	组中值 x_i	频数 n_i
1	$[9.6,9.7)$	9.65	6
2	$[9.7,9.8)$	9.75	25
3	$[9.8,9.9)$	9.85	72
4	$[9.9,10.0)$	9.95	133
5	$[10.0,10.1)$	10.05	120
6	$[10.1,10.2)$	10.15	88
7	$[10.2,10.3)$	10.25	46
8	$[10.3,10.4)$	10.35	10
合计			500

解　按分组样本均值、方差的近似公式有

$$\overline{x}=\frac{1}{500}\sum_{i=1}^{8}n_i x_i=10.016\,8 \text{ (cm)},$$

$$s^2=\frac{1}{499}\sum_{i=1}^{8}n_i(x_i-\overline{x})^2=0.210\,2 \text{ (cm}^2),$$

$$s=\sqrt{0.210\,2}=0.458\,5 \text{ (cm)}.$$

若用 s_n^2 作为 σ^2 的估计, 则有

$$s_n^2=\frac{1}{500}\sum_{i=1}^{8}n_i(x_i-\overline{x})^2=0.209\,8 \text{ (cm}^2),$$

$$s_n=\sqrt{0.209\,8}=0.458\,0 \text{ (cm)}.$$

在大样本场合，s_n^2 与 s^2 相差不大，但仍有 $s_n^2 \leqslant s^2$.

例 4.2.3 有一个容量为 5 的样本：

$$97, 104, 102, 99, 103.$$

计算其样本均值$\bar{x}$ 与样本方差.

解 比较如下两种计算方法：

(1) 直接计算，

$$\bar{x} = \frac{1}{5}(97 + 104 + 102 + 99 + 103) = \frac{505}{5} = 101,$$

$$Q = (97^2 + 104^2 + 102^2 + 99^2 + 103^2) - \frac{505^2}{5}$$

$$= 51\,039 - 51\,005 = 34,$$

$$s^2 = \frac{Q}{n-1} = \frac{34}{4} = 8.5.$$

(2) 平移变换法，把各数减去 100 后得

$$-3, 4, 2, -1, 3.$$

数字减小了，其和为 5，均值为 1. 再加上减去的 100，得$\bar{x} = 101$.

$$Q = (9 + 16 + 4 + 1 + 9) - \frac{5^2}{5} = 39 - 5 = 34,$$

$$s^2 = \frac{34}{4} = 8.5.$$

两种方法计算结果完全一样，这是因为对数据作**平移变换**不会改变数据间的相对距离，从而其散布程度（样本方差）也不会改变. 平移变换会改变样本均值，再加上（或减去）平移量也可恢复到原样本均值. 一般场合可用如下代数式说明.

设原样本为 $x_1, x_2, \cdots, x_n$，经平移变换后得

$$y_i = x_i + a, \quad i = 1, 2, \cdots, n,$$

其中 a 为任一实数，这时变换后的样本均值$\bar{y}$、偏差平方和 Q_Y 分别为

$$\bar{y} = \frac{1}{n} \sum_{i=1}^{n} y_i = \frac{1}{n} \sum_{i=1}^{n} (x_i + a) = \bar{x} + a,$$

$$Q_Y = \sum_{i=1}^{n} (y_i - \bar{y})^2 = \sum_{i=1}^{n} [x_i + a - (\bar{x} + a)]^2$$

$$= \sum_{i=1}^{n} (x_i - \bar{x})^2 = Q_X,$$

故 $s_Y^2 = s_X^2$.

例 4.2.4 从某一总体获得了 k 个样本，第 i 个样本的样本容量为 n_i，样本均值为 $\bar{x}_i$，样本方差为 s_i^2，记 $n = \sum_{i=1}^{k} n_i$. 将这 k 个样本合并成一个容量为

n 的合样本，求此合样本的均值与方差.

解 记第 i 个样本的观察值为 $x_{i1}, x_{i2}, \cdots, x_{in_i}$，则已知的是

$$\bar{x}_i = \frac{1}{n_i} \sum_{j=1}^{n_i} x_{ij}, \quad s_i^2 = \frac{1}{n_i - 1} \sum_{j=1}^{n_i} (x_{ij} - \bar{x}_i)^2.$$

于是合样本的均值 $\bar{\bar{x}}$ 与方差 s^2 分别为

$$\bar{\bar{x}} = \frac{1}{n} \sum_{i=1}^{k} \sum_{j=1}^{n_i} x_{ij} = \frac{1}{n} \sum_{i=1}^{k} n_i \bar{x}_i,$$

$$s^2 = \frac{1}{n-1} \sum_{i=1}^{k} \sum_{j=1}^{n_i} (x_{ij} - \bar{\bar{x}})^2$$

$$= \frac{1}{n-1} \sum_{i=1}^{k} \sum_{j=1}^{n_i} (x_{ij} - \bar{x}_i + \bar{x}_i - \bar{\bar{x}})^2$$

$$= \frac{1}{n-1} \left[\sum_{i=1}^{k} \sum_{j=1}^{n_i} (x_{ij} - \bar{x}_i)^2 + \sum_{i=1}^{k} \sum_{j=1}^{n_i} (\bar{x}_i - \bar{\bar{x}})^2 \right]$$

$$= \frac{1}{n-1} \left[\sum_{i=1}^{k} (n_i - 1) s_i^2 + \sum_{i=1}^{k} n_i (\bar{x}_i - \bar{\bar{x}})^2 \right].$$

这里用到恒等式

$$\sum_{j=1}^{n_i} (x_{ij} - \bar{x}_i) = 0, \quad i = 1, 2, \cdots, k.$$

下面用这些公式对一组数据作具体计算.

加工某金属轴，直径 x 为其质量特征(单位：cm)，质量检查员在四批产品中先后共抽查 390 件. 当时对各批产品分别计算样本均值 $\bar{x}_i$ 和样本标准差 s_i，并存储在他的计算机内. 现要求合样本的均值与标准差. 为此先把存储的数据读出，具体如下：

批号	样本量 n_i	样本均值 $\bar{x}_i$	样本标准差 s_i
1	80	10.148	0.018 6
2	100	10.173	0.011 7
3	90	10.156	0.015 9
4	120	10.139	0.016 3

首先计算合样本的均值

$$\bar{\bar{x}} = \frac{1}{n} \sum_{i=1}^{4} n_i \bar{x}_i$$

$$= \frac{1}{390} (80 \times 10.148 + 100 \times 10.173 + 90 \times 10.156 + 120 \times 10.139)$$

$$= 10.153.$$

其次计算其平方和 $Q = Q_1 + Q_2$，其中

$$Q_1 = \sum_{i=1}^{4} (n_i - 1) s_i^2$$

$$= 79 \times 0.018\,6^2 + 99 \times 0.011\,7^2 + 89 \times 0.015\,9^2$$

$$+ 119 \times 0.016\,3^2$$

$$= 0.095\,00,$$

$$Q_2 = \sum_{i=1}^{4} n_i (\overline{x}_i - \overline{\overline{x}})^2$$

$$= 80 \times (10.148 - 10.153)^2 + 100 \times (10.173 - 10.153)^2$$

$$+ 90 \times (10.156 - 10.153)^2 + 120 \times (10.139 - 10.153)^2$$

$$= 0.066\,33.$$

最后可算得合样本的标准差

$$s = \sqrt{\frac{Q}{n-1}} = \sqrt{\frac{0.095\,00 + 0.066\,33}{389}} = 0.020\,4.$$

注意：这里算得的 s 都大于每批的 s_i，这是因为长期数据（如四批组成的合样本）受到的各种干扰要比短期数据（如一批数据）多，故其标准差 s 大一些是合理的. 由此可见，用 4 个短期标准差作简单平均算得的

$$\overline{s} = \frac{s_1 + s_2 + s_3 + s_4}{4} = 0.015\,6$$

作为长期标准差是错误的.

4.2.2 抽样分布

定义 4.2.3 统计量的概率分布称为**抽样分布**.

为了说明抽样分布源于总体分布，但与总体分布有别，我们先考察下面的例子.

例 4.2.5 图 4-17 左侧有一个由 20 个数组成的总体 X，该总体分布如下：

X	8	9	10	11	12	13
P	$\frac{4}{20}$	$\frac{3}{20}$	$\frac{4}{20}$	$\frac{5}{20}$	$\frac{2}{20}$	$\frac{2}{20}$

总体均值 μ、总体方差 σ^2 与总体标准差分别为

$$\mu = 10.2, \quad \sigma^2 = 2.46, \quad \sigma = 1.57.$$

现从该总体进行有返回的随机抽样，每次从中抽取样本量为 5 的样本，算其样本均值 $\overline{x}$，并把它写在一张小纸条上，放入一个袋中，图 4-17 上显示出 4 个样本及其样本均值；

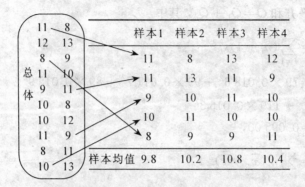

图 4-17   总体及其 4 个样本的样本均值

$$\overline{x}_1 = 9.8, \quad \overline{x}_2 = 10.2, \quad \overline{x}_3 = 10.8, \quad \overline{x}_4 = 10.4.$$

由于抽样的随机性,它们不全相同. 若取更多样本,袋中的样本均值更多,甚至袋子不够装. 这时袋中的一堆数构成一个新的总体,它们不全是 8 到 13 的整数,更多的是小数,其中有些数相等,有些数不等,有些数出现的机会大,有些数出现的机会小. 这一堆数有一个分布,它就是样本均值

$$\overline{x} = \frac{x_1 + x_2 + x_3 + x_4 + x_5}{5}$$

的抽样分布. 图 4-18 是前 500 个样本均值的直方图.

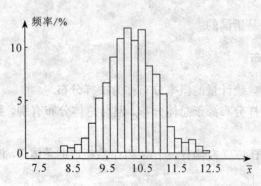

图 4-18   500 个样本均值形成的直方图

从图 4-18 上看出,此样本均值 $\overline{x}$ 的抽样分布很像正态分布. 这一过程可在计算机上实现.

中心极限定理(见 3.4.2 小节)告诉我们,该抽样分布近似于正态分布 $N(\mu, \sigma^2/n)$,其中

$$\mu_{\overline{x}} = \mu = 10.2, \quad \sigma_{\overline{x}} = \frac{\sigma}{\sqrt{5}} = \frac{1.57}{\sqrt{5}} = 0.70.$$

再由正态分布性质知,样本均值 $\bar{x}$ 的 99.73% 的取值位于区间

$$(\mu_{\bar{X}} - 3\sigma_{\bar{X}}, \mu_{\bar{X}} + 3\sigma_{\bar{X}}) = (8.1, 12.3).$$

这与图 4-18 上的显示是完全一致的. 上述实践与理论都说明:无论总体分布是什么,其样本均值 $\bar{x}$ 的抽样分布可用正态分布 $N(\mu, \sigma^2/n)$ 近似,样本量 n 越大,此种近似越好.

从上面例子可以看出,研究统计量的性质,评价统计量的好坏都要涉及其抽样分布. 所以寻求统计量的抽样分布亦是统计推断的一项基础性工作. 至今已对许多统计量导出一批抽样分布,它们可以分为如下三类:

(1) **精确(抽样)分布**　当总体 X 的分布已知时,如果对任一自然数 n 都能导出统计量 $T(x_1, x_2, \cdots, x_n)$ 分布的显式表达式,这样的抽样分布称为精确抽样分布. 它对样本量 n 较小的统计推断问题(**小样本问题**)特别有用. 目前的精确抽样分布大多是在正态总体下得到的,如将要介绍的 t 分布、χ^2 分布和 F 分布等.

(2) **渐近(抽样)分布**　在大多数场合,精确抽样分布不易导出,或导出的精确分布过于复杂而难以应用,这时人们往往借助于极限工具,寻求在样本量 n 无限大时统计量 $T(x_1, x_2, \cdots, x_n)$ 的极限分布. 若此种极限分布能求出,那么当样本量 n 较大时可用此极限分布当做抽样分布的一种近似,这种分布称为渐近分布. 它在样本量 n 较大的统计推断问题(**大样本问题**)中使用. 如例 4.2.4 中样本均值 $\bar{x}$ 的渐近分布为 $N(\mu, \sigma^2/n)$.

(3) **近似(抽样)分布**　在精确分布和渐近分布都难以导出,或导出来的分布难以使用等场合,人们用各种方法去获得统计量 $T(x_1, x_2, \cdots, x_n)$ 的近似分布,使用时要注意获得近似分布时的条件. 如用统计量 T 的前二阶矩当做正态分布的前二阶矩而获得的正态近似. 又如用随机模拟法获得统计量 T 的近似分布等.

下面从正态总体导出几个常用统计量的精确抽样分布.

(1) 样本均值的抽样分布

定理 4.2.1　设 $x_1, x_2, \cdots, x_n$ 是来自某个总体的样本,$\bar{x}$ 为样本均值.

(1) 若总体分布为 $N(\mu, \sigma^2)$,则 $\bar{x}$ 的**精确分布**为 $N(\mu, \sigma^2/n)$;

(2) 若总休分布未知或不是正态分布,但 $E(x) = \mu$,$\mathrm{Var}(x) = \sigma^2$ 存在,则 n 较大时 $\bar{x}$ 的**渐近分布**为 $N(\mu, \sigma^2/n)$,常记为 $\bar{x} \stackrel{.}{\sim} N(\mu, \sigma^2/n)$. 这里渐近分布是指 n 较大时的近似分布.

证　样本是独立同分布随机变量,其和在正态总体下服从正态分布 $N(n\mu, n\sigma^2)$,再除以 n 后即得 $\bar{x} \sim N(\mu, \sigma^2/n)$,这就证明了(1). (2) 本身就是中心极限定理的结论. ∎

例 4.2.6 图 4-19 给出三个不同总体样本均值的分布. 三个总体分别是：① 均匀分布，② 倒三角分布，③ 指数分布. 随着样本量的增加，样本均值 $\bar{x}$ 的抽样分布逐渐向正态分布逼近，它们均值保持不变，而方差则缩小为原来的 $1/n$. 当样本量为 30 时，我们看到三个抽样分布都近似于正态分布. 下面对之进行具体说明.

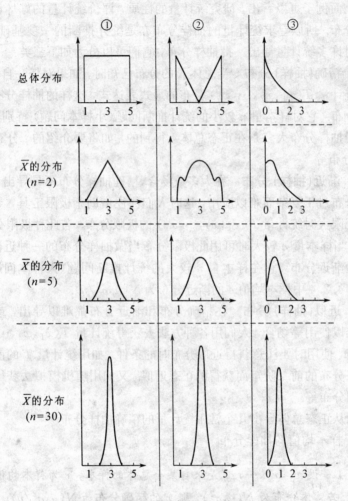

图 4-19　不同总体样本均值的分布

① 的总体分布为均匀分布 $U(1,5)$，该总体的均值和方差分别为 3 和 $4/3$. 若从该总体抽取样本容量为 30 的样本，则其样本均值的渐近分布为

$$\bar{x}_1 \stackrel{\cdot}{\sim} N\left(3, \frac{4}{3 \times 30}\right) = N(3, 0.21^2).$$

② 的总体分布的概率密度函数为

$$p(x) = \begin{cases} \dfrac{1}{4}(3-x), & 1 \leqslant x < 3, \\[2mm] \dfrac{1}{4}(x-3), & 3 \leqslant x \leqslant 5, \\[2mm] 0, & \text{其他}. \end{cases}$$

这是一个倒三角分布,可以算得其均值与方差分别为 3 和 2. 若从该总体抽取样本容量为 30 的样本,则其样本均值的渐近分布为

$$\bar{x}_2 \stackrel{\cdot}{\sim} N\left(3, \frac{2}{30}\right) = N(3, 0.26^2).$$

③ 的总体分布为指数分布 Exp(1),其均值与方差都等于 1. 若从该总体抽取样本容量为 30 的样本,则其样本均值 $\bar{x}_3$ 的分布近似为

$$\bar{x}_3 \stackrel{\cdot}{\sim} N\left(1, \frac{1}{30}\right) = N(1, 0.18^2).$$

这三个总体都不是正态分布,但其样本均值的分布均近似于正态分布,差别表现在均值与标准差上. 图 4-19 所示曲线既展示了它们的共同之处,又显示了它们之间的差别.

(2) 样本方差的抽样分布

定理 4.2.2 设 $x_1, x_2, \cdots, x_n$ 是来自正态总体 $N(\mu, \sigma^2)$ 的一个样本,则

$$\frac{1}{\sigma^2}\sum_{i=1}^{n}(x_i - \bar{x})^2 = \frac{(n-1)s^2}{\sigma^2} \sim \chi^2(n-1).$$

这个定理的证明在此省略了. 但要记住:在正态总体场合样本的偏差平方和 $Q = \sum_{i=1}^{n}(x_i - \bar{x})^2$ 除以正态方差 σ^2 后称为 χ^2(**卡方**)变量,其分布称为**自由度**为 $n-1$ 的 χ^2 **分布**,其中自由度 $n-1$ 是随着偏差平方和进入 χ^2 分布的. 自由度为 $n-1$ 的 χ^2 分布的密度函数为

$$p(y) = \frac{\left(\frac{1}{2}\right)^{\frac{n-1}{2}}}{\Gamma\left(\frac{n-1}{2}\right)} y^{\frac{n-1}{2}-1} e^{-\frac{y}{2}}, \quad y > 0.$$

该密度函数的图形(见图 4-20)是一个只取非负值的偏态(右偏)分布. 它的期望等于其自由度,即 $E(\chi^2(n-1)) = n-1$. 它的方差等于其自由度的 2 倍,即 $\text{Var}(\chi^2(n-1)) = 2(n-1)$.

自由度为 $k = n-1$ 的 χ^2 分布还可从 k 个相互独立同分布的标准正态变量之和产生. 若 $u_1, u_2, \cdots, u_k$ 是来自标准正态分布 $N(0,1)$ 的一个样本,则其平方和 $u_1^2 + u_2^2 + \cdots + u_k^2$ 服从自由度为 k 的 χ^2 分布,即

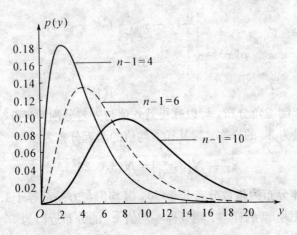

图 4-20 $\chi^2(n)$ 分布的密度函数

$$\chi^2 = u_1^2 + u_2^2 + \cdots + u_k^2 \sim \chi^2(k).$$

这里因为 $u_i^2 \sim \chi^2(1)$，$i = 1, 2, \cdots, k$，再由 χ^2 分布的可加性即得上面结果. 这里自由度 k 又从平方和 $\displaystyle\sum_{i=1}^{k} u_i^2$ 中独立变量个数得到解释.

　　自由度为 k 的 χ^2 分布的 α 分位数 ($0 < \alpha < 1$) 用 $\chi_\alpha^2(k)$ 表示 (见图 4-21)，它可从附表 7 上查得. 如 $k = 10$，$\alpha = 0.05$，可从附表 7 上查得其 α 分位数与 $1 - \alpha$ 分位数，具体是

$$\chi_\alpha^2(k) = \chi_{0.05}^2(10) = 3.94, \quad \chi_{1-\alpha}^2(k) = \chi_{0.95}^2(10) = 18.31.$$

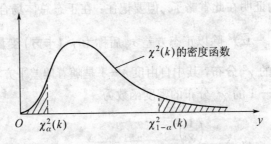

图 4-21 $\chi^2(k)$ 分布的分位数示意图

　　(3)　t 分布

定理 4.2.3　设 $x_1, x_2, \cdots, x_n$ 是来自正态分布 $N(\mu, \sigma^2)$ 的一个样本，$\bar{x}$ 与 s^2 分别为其样本均值与样本方差，则如下 $\bar{x}$ 与 s 的函数

$$t = \frac{\sqrt{n}\,(\bar{x} - \mu)}{s}$$

称为 t **变量**，其分布称为**自由度为** $n - 1$ 的 t **分布**，其密度函数为

$$p(t) = \frac{\Gamma\left(\frac{n}{2}\right)}{\sqrt{(n-1)\pi}\,\Gamma\left(\frac{n-1}{2}\right)}\left(1+\frac{t^2}{n-1}\right)^{-\frac{n}{2}}, \quad -\infty < t < \infty.$$

这个定理的证明在此省略了. 下面对 t 分布作一些说明.

首先要记住 t 变量的结构，它是来自正态总体的样本均值 $\bar{x}$ 与样本标准差 s 的特定函数，自由度 $n-1$ 是随着偏差平方和 $Q = \sum\limits_{i=1}^{n}(x_i - \bar{x})^2$ 进入 t 分布的.

其次，t 分布的密度函数的图像是一个关于纵轴对称的分布(图 4-22)，与标准正态分布的密度函数形状类似，只是峰比标准正态分布低一些，尾部的概率比标准正态分布的大一些.

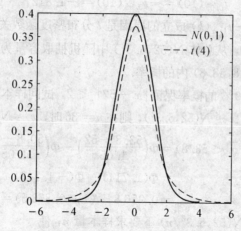

图 4-22　t 分布与 $N(0,1)$ 的密度函数

- 自由度为 1 的 t 分布就是标准柯西分布，它的均值不存在；
- $n > 1$ 时，t 分布的数学期望存在且为 0；
- $n > 2$ 时，t 分布的方差存在，且为 $n/(n-2)$；
- 当自由度较大(如 $n \geqslant 30$)时，t 分布可以用 $N(0,1)$ 分布近似.

最后指出，t 分布是统计学中的一类重要分布，它与标准正态分布的微小差别是由英国统计学家哥塞特(Gosset)发现的. 哥塞特年轻时在牛津大学学习数学和化学，1899 年开始在一家酿酒厂担任酿酒化学技师，从事试验和数据分析工作. 由于哥塞特接触的样本量都较小，只有 4 个到 5 个. 通过大量实验数据的积累，他发现 $t = \dfrac{\sqrt{n}\,(\bar{x}-\mu)}{s}$ 的分布与标准正态分布 $N(0,1)$ 不同，特别尾部概率相差较大(见表 4-11).

表 4-11 $N(0,1)$ 与 $t(4)$ 的尾部概率 $P(|X| \geqslant c)$

分布	$c = 2$	$c = 2.5$	$c = 3$	$c = 3.5$
$X \sim N(0,1)$	0.045 5	0.012 4	0.002 7	0.000 465
$X \sim t(4)$	0.116 1	0.066 8	0.039 9	0.024 9

由此哥塞特怀疑是否有另一个分布族存在. 通过深入研究, 哥塞特于 1908 年以"Student"笔名发表发现 t 分布的研究成果, 故后人也称 t 分布为 "学生氏分布". t 分布的发现在统计学史上有重要意义, 它打破了正态分布一统天下的局面, 开创了小样本统计推断的新纪元.

自由度为 k 的 t 分布的 α $(0 < \alpha < 1)$ 分位数记为 $t_\alpha(k)$, 它可以从附表 5 中查得. 譬如, $k = 10$, $\alpha = 0.05$ 的分位数

$$t_{0.05}(10) = -t_{0.95}(10) = -1.812,$$

其中等式 $t_\alpha(k) = -t_{1-\alpha}(k)$ 成立的原因是 t 分布密度函数关于原点对称.

例 4.2.7 (1) 从总体 $N(52, 6.3^2)$ 中随机抽取容量为 36 的样本, 求样本均值 $\overline{x}$ 落在 $(50.8, 53.8)$ 内的概率.

(2) 若要以 99% 的概率保证 $|\overline{x} - 52| < 2$, 试问样本容量应取多少?

解 (1) 由于 $x \sim N(52, 6.3^2)$, 则在 $n = 36$ 时, $\overline{x} \sim N(52, 1.05^2)$, 从而

$$P(50.8 < \overline{x} < 53.8) = \Phi\left(\frac{53.8 - 52}{1.05}\right) - \Phi\left(\frac{50.8 - 52}{1.05}\right)$$

$$= \Phi(1.714) - \Phi(-1.143)$$

$$= 0.956\ 8 - (1 - 0.873\ 5) = 0.830\ 3.$$

(2) 在 $\overline{x} \sim N(52, 6.3^2/n)$ 下要求样本量 n, 使

$$P(|\overline{x} - 52| < 2) = 0.99.$$

由于 $\overline{x}$ 的标准差为 $6.3/\sqrt{n}$, 故上式可改写为

$$2\Phi\left(\frac{2\sqrt{n}}{6.3}\right) - 1 = 0.99 \quad \text{或} \quad \Phi\left(\frac{2\sqrt{n}}{6.3}\right) = 0.995.$$

用标准正态分布的分位数改写上式, 可得

$$\frac{2\sqrt{n}}{6.3} = u_{0.995} = 2.575\ 8.$$

从而 $n = 65.83$, 故取 $n = 66$ 可保证概率 $P(|\overline{x} - 52| < 2) \geqslant 0.99$.

4.2.3 点估计的评价标准

参数 θ 的点估计可能有多个, 比如 θ 有两个点估计量 $\hat{\theta}_1$ 与 $\hat{\theta}_2$, 这时如何选择呢? 这就涉及点估计的评价标准问题. 这一节里将给出 4 个常用的评价

标准. 它们是

- 无偏性；   • 有效性；
- 均方误差准则；   • 相合性.

下面将逐一介绍这些评价标准.

1. 无偏性

定义 4.2.4 设 $\hat{\theta}=\hat{\theta}(x_1,x_2,\cdots,x_n)$ 是 θ 的估计，Θ 是 θ 的参数空间. 若对任意的 $\theta\in\Theta$，有

$$E(\hat{\theta})=\theta \quad \text{或} \quad E(\hat{\theta}-\theta)=0,$$

则称 $\hat{\theta}$ 是 θ 的**无偏估计**，否则称为**有偏估计**.

上述定义表明：当我们使用无偏估计 $\hat{\theta}$ 估计 θ 时，由于样本的随机性，$\hat{\theta}$ 与 θ 间的偏差 $\hat{\theta}-\theta$ 总是存在的，且时大时小，时正时负，只是把这些偏差平均起来其值为 0. 这表明：无偏估计是指无**系统偏差**. 若估计 $\hat{\theta}$ 不具有无偏性，则偏差 $\hat{\theta}-\theta$ 出现正的比负的机会大或相反，这时无论使用多少次，其均值 $E(\hat{\theta})$ 与 θ 总有一段距离，这个距离就是系统偏差（见图 4-23）.

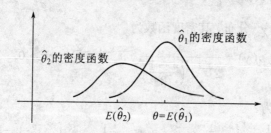

图 4-23 θ 的无偏估计 $\hat{\theta}_1$ 与有偏估计 $\hat{\theta}_2$ 的示意图

例 4.2.8 对任何一个总体，只要其均值 μ 与方差 σ^2 存在，总有

- 样本均值 $\overline{x}=\dfrac{1}{n}\sum_{i=1}^{n}x_i$ 是总体均值 μ 的无偏估计；

- 样本方差 $s^2=\dfrac{Q}{n-1}=\dfrac{1}{n-1}\sum_{i=1}^{n}(x_i-\overline{x})^2$ 是总体方差 σ^2 的无偏估计.

解 已知 $E(x_i)=\mu$，$\mathrm{Var}(x_i)=\sigma^2$，$i=1,2,\cdots,n$，则有

$$E(\overline{x})=\frac{1}{n}\sum_{i=1}^{n}E(x_i)=\frac{1}{n}(n\mu)=\mu.$$

这表明：无论总体是什么，样本均值 $\overline{x}$ 总是总体均值 μ 的无偏估计. 另外，由

$$E(x_i^2)=\mathrm{Var}(x_i)+(Ex_i)^2=\sigma^2+\mu^2,$$

可算得

$$E(\overline{x}^2)=\frac{1}{n^2}E(x_1+x_2+\cdots+x_n)^2=\frac{1}{n^2}E\Big(\sum_{i=1}^{n}x_i^2+\sum_{i<j}2x_ix_j\Big)$$

$$=\frac{1}{n^2}[n(\sigma^2+\mu^2)+n(n-1)\mu^2]$$

$$=\frac{1}{n}[\sigma^2+\mu^2+(n-1)\mu^2]=\mu^2+\frac{\sigma^2}{n}.$$

从而可得

$$E(Q)=E\Big(\sum_{i=1}^n x_i^2-n\overline{x}^2\Big)=n(\sigma^2+\mu^2)-n\Big(\mu^2+\frac{\sigma^2}{n}\Big)=(n-1)\sigma^2.$$

由此可知

$$E(s^2)=E\Big(\frac{Q}{n-1}\Big)=\sigma^2.$$

这表明：无论总体是什么，样本方差 s^2 总是总体方差 σ^2 的无偏估计.

例 4.2.9 在正态总体 $N(\mu,\sigma^2)$ 下，样本标准差 s 是正态标准差 σ 的有偏估计.

解 设 $x_1,x_2,\cdots,x_n$ 是来自正态总体 $N(\mu,\sigma^2)$ 的一个样本，$Q=\sum_{i=1}^n(x_i-\overline{x})^2$ 为其偏差平方和. 由定理 4.2.2 知，$Y=\frac{Q}{\sigma^2}=\frac{(n-1)s^2}{\sigma^2}$ 服从自由度为 $n-1$ 的 χ^2 分布，其密度函数为

$$p(y)=\frac{1}{2^{\frac{n-1}{2}}\Gamma\big(\frac{n-1}{2}\big)}y^{\frac{n-1}{2}-1}e^{-\frac{y}{2}},\quad y>0.$$

从而 $\sqrt{y}$ 的期望为

$$E(Y^{\frac{1}{2}})=\int_0^\infty y^{\frac{1}{2}}p(y)dy=\frac{1}{2^{\frac{n-1}{2}}\Gamma\big(\frac{n-1}{2}\big)}\int_0^\infty y^{\frac{n}{2}-1}e^{-\frac{y}{2}}dy$$

$$=\frac{2^{\frac{n}{2}}\Gamma\big(\frac{n}{2}\big)}{2^{\frac{n-1}{2}}\Gamma\big(\frac{n-1}{2}\big)}=\sqrt{2}\cdot\frac{\Gamma\big(\frac{n}{2}\big)}{\Gamma\big(\frac{n-1}{2}\big)}.$$

另一方面，$E(Y^{\frac{1}{2}})=\frac{\sqrt{n-1}\,E(s)}{\sigma}$，故有

$$E(s)=\frac{\sigma}{\sqrt{n-1}}E(Y^{\frac{1}{2}})=\sqrt{\frac{2}{n-1}}\cdot\frac{\Gamma\big(\frac{n}{2}\big)}{\Gamma\big(\frac{n-1}{2}\big)}\sigma=\frac{\sigma}{c_n},$$

其中

$$c_n=\sqrt{\frac{n-1}{2}}\cdot\frac{\Gamma\big(\frac{n-1}{2}\big)}{\Gamma\big(\frac{n}{2}\big)}.$$

可以证明：$\lim\limits_{n\to\infty} c_n = 1$，且 $c_n > 1$（见表 4-12）. 故有

$$E(s) < \sigma, \quad 但 \lim\limits_{n\to\infty} E(s) = \sigma.$$

这表明：在正态总体下，用 s 估计 σ 总是偏小，但其系统偏差将随着 n 增大而缩小，最后趋于 0. 此时有如下两种策略：

• 当样本量 n 较大时就用 s 作为 σ 的估计，即 $\hat{\sigma}_n = s$，此种 $\hat{\sigma}_n$ 称为 σ 的**渐近无偏估计**.

• 当样本量 n 较小时，如 $n \leqslant 30$，此时偏差较大，可对 s 作一修正，构造 σ 的无偏估计：

$$\hat{\sigma}_s = c_n s,$$

其中 c_n 称为无偏系数，见表 4-12.

表 4-12   **正态标准差的无偏系数表**

n	c_n	n	c_n	n	c_n
2	1.253 3	12	1.022 9	22	1.011 9
3	1.128 4	13	1.021 0	23	1.011 4
4	1.085 4	14	1.019 4	24	1.010 9
5	1.063 8	15	1.018 0	25	1.010 5
6	1.051 0	16	1.016 8	26	1.010 0
7	1.042 3	17	1.015 7	27	1.009 7
8	1.036 3	18	1.014 8	28	1.009 3
9	1.031 7	19	1.014 0	29	1.009 0
10	1.028 1	20	1.013 3	30	1.008 7
11	1.025 2	21	1.012 6		

譬如，在正态总体场合，若某样本的容量 $n = 100$，算得其样本标准差 $s = 3.57$，这时可用 $\hat{\sigma} = s = 3.57$ 作为 σ 的点估计. 若另一样本的容量 $n = 10$，算得其样本标准差 $s = 1.82$，这时应用 $c_{10} = 1.028\ 1$ 对 s 作修偏，并用 $\hat{\sigma}_s = 1.028\ 1 \times 1.82 = 1.87$ 作为 σ 的点估计.

2. 有效性

在实际使用中，人们很关心无偏估计. 若参数 θ 有不止一个无偏估计时，如何进一步作出评价标准呢？

估计 $\hat{\theta}$ 的无偏性只涉及 $\hat{\theta}$ 的抽样分布的一阶矩（期望），它只考查 $\hat{\theta}$ 的位置特征. 进一步评价标准需要考查其二阶矩（方差），这涉及 $\hat{\theta}$ 的散布特征. 图 4-24 上显示了 θ 的两个无偏估计 $\hat{\theta}_1$ 与 $\hat{\theta}_2$ 及其密度函数曲线. 从图上看，估计量 $\hat{\theta}_1$ 的取值比 $\hat{\theta}_2$ 的取值较为集中一些，即 $\mathrm{Var}(\hat{\theta}_1) < \mathrm{Var}(\hat{\theta}_2)$. 因而我们

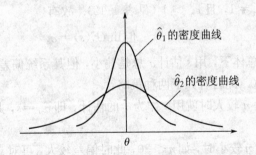

图 4-24 θ 的两个无偏估计的密度函数示意图

可以用估计量的方差去衡量两个无偏估计的好坏,从而引入无偏估计有效性的标准.

定义 4.2.5 设 $\hat{\theta}_1 = \hat{\theta}_1(X_1, X_2, \cdots, X_n)$ 与 $\hat{\theta}_2 = \hat{\theta}_2(X_1, X_2, \cdots, X_n)$ 都是参数 θ 的无偏估计. 如果

$$\mathrm{Var}(\hat{\theta}_1) \leqslant \mathrm{Var}(\hat{\theta}_2), \quad \theta \in \Theta, \tag{4.2.1}$$

且至少对一个 $\theta_0 \in \Theta$ 有严格不等号成立,则称 $\hat{\theta}_1$ **比** $\hat{\theta}_2$ **有效**.

例 4.2.10 设 $X_1, X_2, \cdots, X_n$ 是取自总体 X 的样本,且 $EX = \mu$,则

$$\hat{\mu}_1 = \overline{X}, \quad \hat{\mu}_2 = X_1$$

都是 μ 的无偏估计,但

$$\mathrm{Var}(\hat{\mu}_1) = \frac{\sigma^2}{n}, \quad \mathrm{Var}(\hat{\mu}_2) = \sigma^2,$$

故当 $n \geqslant 2$ 时, $\mathrm{Var}(\hat{\mu}_1) < \mathrm{Var}(\hat{\mu}_2)$,因而 $\hat{\mu}_1$ 比 $\hat{\mu}_2$ 有效.

从这一例子可见,尽量用样本中所有数据的平均去估计总体均值,不要用部分数据去估计总体均值,这样可提高估计的有效性.

3. 均方误差准则

无偏性是估计的一种优良性质,对无偏估计可以进一步通过其方差进行有效性比较,但不能由此认为:有偏估计一定是不好的估计.

在有些场合,有偏估计并不比无偏估计差,这就涉及有偏估计的评价标准. 一般而言,在样本量一定时,评价一个点估计 $\hat{\theta}$ 好坏要看其与参数真值 θ 的距离的函数,最常用的函数是距离的平方,由于 $\hat{\theta}$ 具有随机性,应对该函数求期望,这就引出如下的均方误差准则.

定义 4.2.6 设 $\hat{\theta}_1$ 与 $\hat{\theta}_2$ 是参数 θ 的两个估计量. 如果

$$E(\hat{\theta}_1 - \theta)^2 \leqslant E(\hat{\theta}_2 - \theta)^2, \quad \theta \in \Theta,$$

且至少对一个 $\theta_0 \in \Theta$ 有严格不等式成立,则称在均方误差意义下, $\hat{\theta}_1$ 优于 $\hat{\theta}_2$,其中 $E(\hat{\theta}_i - \theta)^2$ 称为 $\hat{\theta}_i$ 的**均方误差**,常记为 $\mathrm{MSE}(\hat{\theta}_i)$.

若 $\hat{\theta}$ 是 θ 的无偏估计，则其均方误差即为方差，即

$$\text{MSE}(\hat{\theta}) = \text{Var}(\hat{\theta}).$$

均方误差还有如下一种分解：设 $\hat{\theta}$ 是 θ 的任一估计，则有

$$\text{MSE}(\hat{\theta}) = E(\hat{\theta} - \theta)^2 = E[(\hat{\theta} - E\hat{\theta}) + (E\hat{\theta} - \theta)]^2$$
$$= E(\hat{\theta} - E\hat{\theta})^2 + (E\hat{\theta} - \theta)^2$$
$$= \text{Var}(\hat{\theta}) + \delta^2,$$

其中 $\delta = |E\hat{\theta} - \theta|$ 称为**(绝对) 偏差**. 由上式可见，均方误差是由方差 $\text{Var}(\hat{\theta})$ 和偏差 δ 的平方组成的. 无偏估计可使 $\delta = 0$，有效性要求方差 $\text{Var}(\hat{\theta})$ 尽量地小，而均方误差准则要求两者(方差和偏差平方) 之和愈小愈好. 下面的例子说明均方误差准则下，有些有偏估计优于无偏估计.

例 4.2.11 设 $X_1, X_2, \cdots, X_n$ 是来自正态总体 $N(\mu, \sigma^2)$ 的一个样本，利用 χ^2 分布的性质可知其偏差平方和 $Q = \sum_{i=1}^{n} (X_i - \overline{X})^2$ 的期望与方差分别为

$$E(Q) = (n-1)\sigma^2, \quad \text{Var}(Q) = 2(n-1)\sigma^4.$$

现构造如下三个估计：

$$s^2 = \frac{Q}{n-1}, \quad s_n^2 = \frac{Q}{n}, \quad s_{n+1}^2 = \frac{Q}{n+1}.$$

这三个估计的偏差平方 δ^2、方差 $\text{Var}(\cdot)$ 和均方误差 $\text{MSE}(\cdot)$ 很容易从 Q 的期望与方差算得，现列于表 4-13 中，该表上半部是一般结果，该表下半部是在 $n = 10$ 时算得的值. 从下半部看：

表 4-13   三个估计的偏差平方、方差与均方误差

	s^2	s_n^2	s_{n+1}^2
$\dfrac{\delta^2}{\sigma^4}$	0	$\dfrac{1}{n^2}$	$\dfrac{4}{(n+1)^2}$
$\dfrac{\text{Var}(\cdot)}{\sigma^4}$	$\dfrac{2}{n-1}$	$\dfrac{2(n-1)}{n^2}$	$\dfrac{2(n-1)}{(n+1)^2}$
$\dfrac{\text{MSE}(\cdot)}{\sigma^4}$	$\dfrac{2}{n-1}$	$\dfrac{2n-1}{n^2}$	$\dfrac{2}{n+1}$

以下数据是在 $n = 10$ 时算得的：

	s^2	s_n^2	s_{n+1}^2
$\dfrac{\delta^2}{\sigma^4}$	0	0.01	0.033 0
$\dfrac{\text{Var}(\cdot)}{\sigma^4}$	0.222 2	0.180 0	0.148 8
$\dfrac{\text{MSE}(\cdot)}{\sigma^4}$	0.222 2	0.190 0	0.181 8

- s^2 虽是 σ^2 的无偏估计，但方差(也是它的均方误差) 0.222 2 并不小，故从均方误差准则看它并不优良.

- s_n^2 和 s_{n+1}^2 都不是 σ^2 的无偏估计，但在均方误差准则下，

$$\frac{\mathrm{MSE}(s_n^2)}{\sigma^2}=0.190\,0, \quad \frac{\mathrm{MSE}(s_{n+1}^2)}{\sigma^2}=0.181\,8,$$

它们都比 0.222 2 要小，故在均方误差准则下，s_n^2 与 s_{n+1}^2 都优于 s^2.

- 理论上可以证明：在正态方差 σ^2 的形如 cQ (c 是常数) 的估计类中，s_{n+1}^2 的均方误差最小(见习题 4.2 第 14 题).

所以从不同侧面去考查估计量的好坏会得出不同的结论. 因此我们在讨论估计量的好坏时，必须明确我们所遵循的准则是什么. 至于具体采用哪个准则则需要根据实际问题来定.

4. 相合性

随着样本容量的增大，一个好的估计 $\hat{\theta}$ 应该越来越靠近其真值 θ，使偏差 $|\hat{\theta}-\theta|$ 大的概率越来越小. 这一性质称为**相合性**.

定义 4.2.7 设对每个自然数 n，$\hat{\theta}_n=\hat{\theta}_n(X_1,X_2,\cdots,X_n)$ 是 θ 的一个估计量. 如果对任意 $\varepsilon>0$，当 $n\to\infty$ 时，有

$$P(|\hat{\theta}_n-\theta|\geqslant\varepsilon)\to0,$$

则称 $\hat{\theta}_n$ 是 θ 的相合估计.

相合性被认为是估计量的一个最基本的要求. 如果一个估计量在样本容量 n 不断增大时都不能在概率意义下达到被估参数，那么这种估计量在小样本(n 较小) 时会更差，所以不满足相合性的估计量人们对它是不会感兴趣的，更不会去使用它. 这里"在概率意义下"是指大偏差$\{|\hat{\theta}_n-\theta|>\varepsilon\}$发生的可能性将随着样本量 n 的增大而愈来愈小，直至为 0.

证明一个估计量的相合性可以从定义出发，考察大偏差发生的概率是否趋于 0，也可以用大数定律来证明. 下面先介绍并证明一个常用的大数定律.

定理 4.2.4 (切比雪夫大数定律) 设 $X_1,X_2,\cdots,X_n,\cdots$ 是一列独立同分布的随机变量，其数学期望为 μ，方差为 $\sigma^2<\infty$，则对任意给定的 $\varepsilon>0$，有

$$P\Big(\Big|\frac{1}{n}\sum_{i=1}^{n}X_i-\mu\Big|>\varepsilon\Big)\to0 \quad (n\to\infty).$$

证 由于诸 X_i 独立同分布，故有

$$E\Big(\frac{1}{n}\sum_{i=1}^{n}X_i\Big)=\mu, \quad \mathrm{Var}\Big(\frac{1}{n}\sum_{i=1}^{n}X_i\Big)=\frac{\sigma^2}{n}.$$

由切比雪夫不等式(2.4.3 小节)可知

$$P\left(\left|\frac{1}{n}\sum_{i=1}^{n}X_i-\mu\right|>\varepsilon\right)\leqslant\frac{\mathrm{Var}\left(\frac{1}{n}\sum_{i=1}^{n}X_i\right)}{\varepsilon^2}=\frac{\sigma^2}{n\varepsilon^2}.$$

上式中 ε 与 σ^2 是给定的常量,当 $n\to\infty$ 时,上式趋于 0,这就证明了切比雪夫大人数定律.

下面不加证明再给出两个定理,这两个定理可帮助我们扩大相合性的应用范围,由于证明涉及另外一些知识,这里就省略了.

定理 4.2.5(辛钦大数定律) 设 $X_1,X_2,\cdots,X_n,\cdots$ 是一列独立同分布随机变量序列. 若其具有有限的数学期望为 μ,则对任意给定的 $\varepsilon>0$,有

$$P\left(\left|\frac{1}{n}\sum_{i=1}^{n}X_i-\mu\right|>\varepsilon\right)\to0 \quad (n\to\infty).$$

定理 4.2.6 设 $\hat{\theta}_1,\hat{\theta}_2,\cdots,\hat{\theta}_k$ 分别是 $\theta_1,\theta_2,\cdots,\theta_k$ 的相合估计. 若 $g(\theta_1,\theta_2,\cdots,\theta_k)$ 为 k 元连续函数,则 $g(\hat{\theta}_1,\hat{\theta}_2,\cdots,\hat{\theta}_k)$ 是 $g(\theta_1,\theta_2,\cdots,\theta_k)$ 的相合估计.

例 4.2.12 对任意总体 X,只要其期望 μ 与方差 σ^2 存在,则其样本均值 $\bar{x}$ 与样本方差 s^2 分别是 μ 与 σ^2 的相合估计.

解 记总体 X 的前二阶矩为 $\mu_1=E(X)$,$\mu_2=E(X^2)$,它们总存在,则总体方差 $\sigma^2=\mu_2-\mu_1^2=g_1(\mu_1,\mu_2)$ 是 μ_1 与 μ_2 的连续函数. 由辛钦大数定律知:

- $\bar{x}=\dfrac{1}{n}\sum_{i=1}^{n}x_i$ 是 μ_1 的相合估计.

- $\overline{x^2}=\dfrac{1}{n}\sum_{i=1}^{n}x_i^2$ 是 μ_2 的相合估计.

再由定理 4.2.6 知:

- $g_1(\bar{x},\overline{x^2})=\dfrac{1}{n}\sum_{i=1}^{n}(x_i-\bar{x})^2=s_n^2$ 是 $g_1(\mu_1,\mu_2)=\sigma^2$ 的相合估计.

- $g_2(\bar{x},\overline{x^2})=\dfrac{n}{n-1}g_1(\bar{x},x^2)=\dfrac{1}{n-1}\sum_{i=1}^{n}(x_i-\bar{x})^2=s^2$ 仍是 σ^2 的相合估计,因为 $\dfrac{n}{n-1}\to1\ (n\to\infty)$. 可见 σ^2 的相合估计不止一个,这里列出两个,还可列出更多个. 类似地还有

- $g_3(\bar{x},\overline{x^2})=\sqrt{s_n^2}=s_n$ 与 $g_4(\bar{x},\overline{x^2})=\sqrt{s^2}=s$ 都是 σ 的相合估计.

从上述点估计的 4 项评价标准来看，样本均值 $\bar{x}$ 与样本方差 s^2 不仅分别是总体均值 μ 与总体方差 σ^2 的无偏估计、相合估计，还可证明：它们在各自的无偏估计类中方差最小，即 $\bar{x}$ 是 μ 的最小方差无偏估计，s^2 是 σ^2 的最小方差无偏估计。它们在小样本推断或大样本推断中常被选用。在实际应用中同时具备多种优良性的点估计不多，通常具有一项或两项最优性已是很好的点估计了。

习 题 4.2

1. 从均值为 μ、方差为 σ^2 的总体中随机抽取容量为 n 的样本 $x_1, x_2, \cdots, x_n$，其中 μ 与 σ^2 均未知。指出下列样本函数中哪些是统计量：

$$T_1 = x_1 + x_2, \quad T_2 = x_1 + x_2 - 2\mu,$$

$$T_3 = \frac{x_1 - \mu}{\sigma}, \quad T_4 = \max\{x_1, x_2, \cdots, x_n\},$$

$$T_5 = \frac{\bar{x} - 10}{s}, \quad T_6 = \frac{1}{n} \sum_{i=1}^{n} (x_i - x)^3,$$

其中 $\bar{x}$ 与 s 分别是样本均值与样本标准差。

2. 以下是某厂在抽样调查中得到的 10 名工人一周内各自生产的产品数：

$$149 \quad 156 \quad 160 \quad 138 \quad 148$$
$$153 \quad 153 \quad 169 \quad 156 \quad 156$$

试求其样本均值与样本标准差。

3. 求下列分组样本的样本均值与样本标准差的近似值：

组 号	1	2	3	4	5
分组区间	(38,48]	(48,58]	(58,68]	(68,78]	(78,88]
频 数	3	10	49	11	4

4. 两个检验员分别检查同一批产品。甲抽检了 80 件，得 $\bar{x}_1 = 10.15$，$s_1 = 0.019$；乙抽检了 100 件，得 $\bar{x}_2 = 10.17$，$s_2 = 0.012$。试求此 180 件产品的样本均值、样本方差与样本标准差。

5. 设 $\bar{x}$ 与 s^2 分别是容量为 n 的样本均值与样本方差。如今又获得一个样品观察值 x_{n+1}，将它加入到原样本中去便得到容量为 $n+1$ 的样本。证明：新样本的样本均值 $\bar{x}_{+1}$ 与样本方差 s_{+1}^2 分别为

$$\bar{x}_{+1} = \frac{n\bar{x}_n + x_{n+1}}{n+1}, \quad s_{+1}^2 = \frac{n-1}{n} s^2 + \frac{1}{n+1} (x_{n+1} - \bar{x})^2$$

如设 $n=15$, $\bar{x}=168$, $s=11.43$, $x_{n+1}=170$, 试求 $\bar{x}_{+1}$ 与 s_{+1}^2.

6. 设 $x_1,x_2,\cdots,x_n$ 是一个样本的观察值, 其样本均值为 $\bar{x}$, 样本方差为 s_x^2.

(1) 作变换 $y_i=x_i+a$, $i=1,2,\cdots,n$, 求 $\bar{y}$ 与 s_y^2;

(2) 作变换 $z_i=bx_i$, $i=1,2,\cdots,n$, 求 $\bar{z}$ 与 s_z^2;

(3) 作变换 $w_i=a+bx_i$, $i=1,2,\cdots,n$, 求 $\bar{w}$ 与 s_w^2,

其中 a 与 b 为任意常数, 但 $b\neq 0$.

7. 一批滚珠直径 X (单位: mm) 服从正态分布 $N(2,0.05^2)$. 如今从中随机抽取 25 个滚珠, 测其直径.

(1) 求平均直径 $\bar{x}$ 的分布;

(2) 计算平均直径 $\bar{x}$ 落在区间 $[1.99,2.02]$ 上的概率;

(3) 求样本量 n, 可以 99% 的概率保证 $|\bar{x}-2|<0.05$ 成立.

8. 某药 100 片的平均重量 $\bar{x}$ (单位: mg) 服从正态分布 $N(20,0.15^2)$. 若每片重量 x (单位: mg) 也服从正态分布 $N(\mu_x,\sigma_x^2)$, 则 μ_x 与 σ_x 各为多少?

9. 设 $x_1,x_2,\cdots,x_n$ 是来自正态分布 $N(\mu,\sigma^2)$ 的一个样本, 试用 χ^2 分布求 $E(s^2)$ 与 $\mathrm{Var}(s^2)$, 其中 s^2 为样本方差.

10. 写出自由度为 4 的 t 分布的密度函数 $p(t)$, 并指出其峰值、期望与方差.

11. 从期望为 μ、方差为 σ^2 的总体 X 中抽取两个相互独立的样本: $(x_{11},x_{12},\cdots,x_{1n})$ 与 $(x_{21},x_{22},\cdots,x_{2m})$, 其样本均值记为 $\bar{x}_1$ 与 $\bar{x}_2$, 证明:

$$s^2=\frac{1}{n+m-2}\left[\sum_{i=1}^{n}(x_{1i}-\bar{x}_1)^2+\sum_{i=1}^{m}(x_{2i}-\bar{x}_2)^2\right]$$

是 σ^2 的无偏估计.

12. 设 x_1,x_2,x_3 是取自某总体容量为 3 的样本. 在总体均值 μ 存在时, 证明下列三个估计都是 μ 的无偏估计:

$$\hat{\mu}_1=\frac{1}{2}x_1+\frac{1}{3}x_2+\frac{1}{6}x_3,$$

$$\hat{\mu}_2=\frac{1}{3}x_1+\frac{1}{3}x_2+\frac{1}{3}x_3,$$

$$\hat{\mu}_3=\frac{1}{6}x_1+\frac{1}{6}x_2+\frac{2}{3}x_3,$$

并指出在总体方差 σ^2 存在时哪一个估计最有效.

13. 设 $x_1,x_2,\cdots,x_n$ 是从均匀总体 $U(0,\theta)$ 中抽取的随机样本, 记 $x_{(1)}=\min\{x_1,x_2,\cdots,x_n\}$, $\bar{x}$ 为样本均值. 证明: 估计

$$\hat{\theta}_1 = 2\,\overline{x}, \quad \hat{\theta}_2 = \frac{n}{n+1}x_{(1)}$$

都是 θ 的无偏估计,并考查哪一个更有效.

14. 设 $x_1, x_2, \cdots, x_n$ 是来自正态总体 $N(\mu, \sigma^2)$ 的一个样本,$Q = \sum_{i=1}^{n}(x_i - \overline{x})^2$ 为样本的偏差平方和. 求 c 使 cQ 在均方误差准则下是 σ^2 的最优估计.

15. 设 $x_1, x_2, \cdots, x_n$ 是来自正态总体 $N(\mu, \sigma^2)$ 的一个样本. 求 c 使 $T = c \sum_{i=1}^{n-1}(x_{i+1} - x_i)^2$ 为 σ^2 的无偏估计.

16. 设 $x_1, x_2, \cdots, x_n$ 是来自正态总体 $N(\mu_1, 1)$ 的一个样本,又设 $y_1, y_2, \cdots, y_m$ 是来自另一个正态总体 $N(\mu_2, 4)$ 的一个样本,且两个样本独立.

(1) 寻求 $\mu = \mu_1 - \mu_2$ 的无偏估计 $\hat{\mu}$;

(2) 若 $n+m=N$ 固定,试问 n 与 m 如何配置才能使 $\hat{\mu}$ 的方差达到最小?(其中 $n > 0$, $m > 0$)

17. 设 $x_1, x_2, \cdots, x_n$ 是来自如下指数分布的一个样本:

$$p(x) = \frac{1}{\theta}\mathrm{e}^{-\frac{x}{\theta}}, \quad x \geqslant 0.$$

试证:样本均值 $\overline{x}$ 是 θ 的无偏估计与相合估计.

18. 设 $\hat{\theta}_1$ 与 $\hat{\theta}_2$ 是参数 θ 的两个无偏估计,其方差分别为 $\mathrm{Var}(\hat{\theta}_1) = \sigma_1^2$,$\mathrm{Var}(\hat{\theta}_2) = \sigma_2^2$.

(1) 对任意 α $(0 < \alpha < 1)$,证明:$\hat{\theta}_\alpha = \alpha\hat{\theta}_1 + (1-\alpha)\hat{\theta}_2$ 是 θ 的无偏估计;

(2) α 为何值时,可使 $\hat{\theta}_\alpha$ 的方差最小?

4.3 点估计方法

获得未知参数 θ 的估计方法有多种,这里讨论其中最常用的方法:矩法估计与极大似然估计.

4.3.1 样本的经验分布函数与样本矩

设总体 X 的分布函数为 $F(x)$,从中抽取容量为 n 的简单随机样本,对其观察值 $x_1, x_2, \cdots, x_n$ 没有理由偏爱其中哪一个值,因此可以把这 n 个值看做某个离散随机变量(暂记为 X_n^*)等可能取的值. 这样就得到如下一个离散分布:

X_n^*	x_1	x_2	$\cdots$	x_n
P	$\dfrac{1}{n}$	$\dfrac{1}{n}$	$\cdots$	$\dfrac{1}{n}$

称该分布为**样本的经验分布**，它的各阶矩都存在，如

$$A_k = \frac{1}{n}\sum_{i=1}^{n} x_i^k \text{ 称为样本的 } k \text{ 阶(原点)矩}, \quad k=1,2,\cdots;$$

$$B_k = \frac{1}{n}\sum_{i=1}^{n}(x_i - \bar{x})^k \text{ 称为样本的 } k \text{ 阶中心矩}, \quad k=1,2,\cdots,$$

其中 $A_1 = \bar{x}$, $B_2 = s_n^2$.

这些样本矩都是统计量，将是构造矩估计的"原材料". 另外，为叙述样本经验分布一个重要的大样本性质，首先引入样本的经验分布函数这一概念.

定义 4.3.1 设总体 X 的分布函数为 $F(x)$，从中获得的样本观测值为 $x_1, x_2, \cdots, x_n$，将它们从小到大排列成 $x_{(1)} \leqslant x_{(2)} \leqslant \cdots \leqslant x_{(n)}$，令

$$F_n(x) = \begin{cases} 0, & x < x_{(1)}, \\ \dfrac{k}{n}, & x_{(k)} \leqslant x < x_{(k+1)}, k=1,2,\cdots,n-1, \\ 1, & x \geqslant x_{(n)}, \end{cases} \quad (4.1.1)$$

则称 $F_n(x)$ 为该样本的**经验分布函数**.

经验分布函数 $F_n(x)$ 在点 x 处的函数值 $P(X_n^* \leqslant x)$ 就是 n 个观测值 x_1, $x_2, \cdots, x_n$ 中小于或等于 x 的频率. 它与一般离散随机变量的分布函数一样，是非降的阶梯函数，且 $0 \leqslant F_n(x) \leqslant 1$.

例 4.3.1 某食品厂的自动装罐机生产净重 345 g 的午餐肉罐头. 现从生产线上随机抽取 10 罐，称其净重，得如下 10 个观测值，并得如下经验分布：

X_{10}^*	344	336	345	342	340	338	344	343	344	343
P	$\dfrac{1}{10}$	$\dfrac{1}{10}$	$\dfrac{1}{10}$	$\dfrac{1}{10}$	$\dfrac{1}{10}$	$\dfrac{1}{10}$	$\dfrac{1}{10}$	$\dfrac{1}{10}$	$\dfrac{1}{10}$	$\dfrac{1}{10}$

若把 n 个观测值从小到大排列，相同值合并可得如下等价分布：

X_n^*	336	338	340	342	343	344	345
P	$\dfrac{1}{10}$	$\dfrac{1}{10}$	$\dfrac{1}{10}$	$\dfrac{1}{10}$	$\dfrac{2}{10}$	$\dfrac{3}{10}$	$\dfrac{1}{10}$
$F_n(x)$	$\dfrac{1}{10}$	$\dfrac{2}{10}$	$\dfrac{3}{10}$	$\dfrac{4}{10}$	$\dfrac{6}{10}$	$\dfrac{9}{10}$	$\dfrac{10}{10}$

它的经验分布函数为

$$F_n(x) = \begin{cases} 0, & x < 336, \\ 0.1, & 336 \leqslant x < 338, \\ 0.2, & 338 \leqslant x < 340, \\ 0.3, & 340 \leqslant x < 342, \\ 0.4, & 342 \leqslant x < 343, \\ 0.6, & 343 \leqslant x < 344, \\ 0.9, & 344 \leqslant x < 345, \\ 1, & x \geqslant 345. \end{cases}$$

该经验分布函数 $F_n(x)$ 的图形如图 4-25 所示.

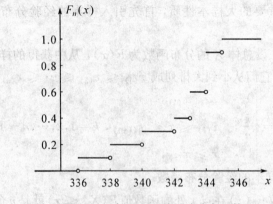

图 4-25　例 4.3.1 的经验分布函数

注意：对同一总体，若样本观测值不同，经验分布函数 $F_n(x)$ 也不同. 但只要增大样本容量 n，那么 $F_n(x)$ 将在概率意义下越来越"靠近"总体分布函数 $F(x)$，对此不加证明地给出如下定理.

定理4.3.1（格里汶科定理）　对任给的自然数 n，设 $x_1, x_2, \cdots, x_n$ 是取自总体分布函数 $F(x)$ 的一个样本的观测值，$F_n(x)$ 为其经验分布函数，又记

$$D_n = \sup_{-\infty < x < \infty} |F_n(x) - F(x)|,$$

则有 $P(\lim_{n \to \infty} D_n = 0) = 1$.

这一定理中的 D_n 是衡量 $F_n(x)$ 与 $F(x)$ 在 x 的一切值上的最大差异. 定理表明随着 n 逐渐增大，对一切 x，$F_n(x)$ 与 $F(x)$ 之差的最大绝对值趋于 0 这一事件发生的概率等于 1.

直观地说，这一定理表明，只要样本量足够大，经验分布函数 $F_n(x)$ 会很接近总体分布函数 $F(x)$，从而可得样本各阶矩亦很接近总体的各阶矩，

样本 p 分位数亦很接近总体 p 分位数 x_p，等等. 这些信息是人们构造更好估计量的理论基础. 如何确定样本 p 分位数将在下一节给出.

4.3.2　矩法估计

1. 替代思想

矩法估计的基本点是"替代"思想，具体是

- 用样本矩估计总体矩；
- 用样本矩的相应函数估计总体矩的函数.

这里矩可以是各阶原点矩，也可以是各阶中心矩. 这一思想是英国统计学家 K. Pearson 在 1900 年提出的.

例4.3.2　设 $x_1, x_2, \cdots, x_n$ 是来自某总体 X 的一个样本. 不论总体分布已知或未知，只要其各阶矩都存在，都可找到相应的矩法估计. 如

总体均值 $\mu = E(X)$ 的矩法估计为 $\hat{\mu} = \overline{x}$；

总体方差 $\sigma^2 = E(X - \mu)^2$ 的矩法估计为

$$\hat{\sigma}^2 = s_n = \frac{1}{n} \sum_{i=1}^{n} (x_i - \overline{x})^2,$$

它不是无偏估计，但经适当修正可获得 σ^2 的无偏估计 $s^2 = \frac{n}{n-1} s_n^2$；

总体标准差 $\sigma = \sqrt{\sigma^2}$ 是总体方差的函数，故其矩法估计亦可用相应函数估计，即 $\hat{\sigma} = \sqrt{s_n^2} = s_n$，这不是 σ 的无偏估计，但可证明：s_n 是 σ 的渐近无偏估计；

总体偏度 $\beta_s = \dfrac{\nu_3}{\nu_2^{3/2}}$ 的矩法估计 $\hat{\beta}_s = \dfrac{B_3}{B_2^{3/2}}$；

总体峰度 $\beta_k = \dfrac{\nu_4}{\nu_2^2} - 3$ 的矩法估计 $\hat{\beta}_k = \dfrac{B_4}{B_2^2} - 3$,

上述 $\nu_k = E(X - \mu)^k$ 为总体 k 阶中心矩，$B_k = \dfrac{1}{n} \sum_{i=1}^{n} (x_i - \overline{x})^k$ 为样本 k 阶中心矩. 当有样本观测值后就可对总体的前 4 阶矩作出矩法估计.

譬如，某厂设备维修时间（单位：分钟）在某月内有 132 次记录，据此 132 个维修时间可算得样本均值 $\overline{x} = 37$ 和前几阶样本中心矩

$$B_2 = 193.23, \quad B_3 = 3\,652.82, \quad B_4 = 192\,289.92.$$

由此可对该厂设备维修时间总体的均值、方差、偏度和峰度作出矩估计. 具体可算得这些矩估计分别为

$$\hat{\mu} = \overline{x} = 37 \text{（分）},$$

$$\hat{\sigma}^2 = B_2 = 193.23, \quad \hat{\sigma} = 13.9 \text{（分）},$$

$$\hat{\beta}_s = \frac{B_3}{B_2^{3/2}} = \frac{3\,652.32}{(193.23)^{3/2}} = 1.36,$$

$$\hat{\beta}_k = \frac{B_4}{B_2^2} - 3 = \frac{192\,289.82}{(193.23)^2} - 3 = 2.15.$$

这些矩估计值表明：该厂设备的平均维修时间约为37分钟，标准差约为13.9分钟，该总体不对称，呈正偏状，即右尾较长，峰度比正态分布较陡.

2. 分布中未知参数的矩法估计

当总体分布类型已知，但含有未知参数时，也可用矩法获得未知参数的估计.

设总体 X 的分布函数中含有 k 个未知参数 $\theta_1, \theta_2, \cdots, \theta_k$，且分布的前 k 阶矩存在，它们都是 $\theta_1, \theta_2, \cdots, \theta_k$ 的函数，此时求 $\theta_j(j=1,2,\cdots,k)$ 的矩法估计的具体步骤如下：

(1) 先求总体的前 k 阶矩，记 $E(X^j) = \mu_j$，$j=1,2,\cdots,k$，并假定

$$\mu_j = g_j(\theta_1, \theta_2, \cdots, \theta_k), \quad j=1,2,\cdots,k. \tag{4.3.1}$$

(2) 解方程组(4.3.1)得

$$\theta_i = h_i(\mu_1, \mu_2, \cdots, \mu_k), \quad i=1,2,\cdots,k. \tag{4.3.2}$$

(如果可能求解的话)

(3) 在(4.3.2)中，用样本矩 A_j 代替总体矩 μ_j，$j=1,2,\cdots,k$，则得 θ_1, $\theta_2,\cdots,\theta_k$ 的矩法估计为

$$\hat{\theta}_i = h_i(A_1, A_2, \cdots, A_k), \quad i=1,2,\cdots,k. \tag{4.3.3}$$

(4) 如果有样本观察值，则将它们代入(4.3.3)得 $\theta_1, \theta_2, \cdots, \theta_k$ 的估计值.

有时为方便起见，在(4.3.1)或(4.3.2)中会出现总体的中心矩 ν_j 等，这时可用 B_j 代替 ν_j.

例 4.3.3 设 $X_1, X_2, \cdots, X_n$ 是来自均匀分布 $U(a,b)$ 的一个样本，试求 a,b 的矩法估计.

解 (1) 由于总体 $X \sim U(a,b)$，则

$$\mu_1 = E(X) = \frac{a+b}{2}, \quad \nu_2 = \mathrm{Var}(X) = \frac{(b-a)^2}{12}.$$

(2) 从上面两个方程可解得 a 与 b，由

$$\begin{cases} a+b = 2\mu_1, \\ b-a = \sqrt{12\nu_2}, \end{cases}$$

得

$$\begin{cases} a = \mu_1 - \sqrt{3\nu_2}, \\ b = \mu_1 + \sqrt{3\nu_2}. \end{cases}$$

(3) 用 $A_1 = \bar{x}$ 与 $B_2 = s_n^2$ 分别替换 μ_1 与 ν_2，则得 a 与 b 的矩法估计为

$$\begin{cases} \hat{a} = \bar{x} - \sqrt{3s_n^2} = \bar{x} - \sqrt{3}\,s_n, \\ \hat{b} = \bar{x} + \sqrt{3s_n^2} = \bar{x} + \sqrt{3}\,s_n. \end{cases}$$

若从均匀总体 $U(a,b)$ 获得如下一个容量为 5 的样本：

$$4.5,\ 5.0,\ 4.7,\ 4.0,\ 4.2,$$

经计算有 $\bar{x} = 4.48$，$s_n = 0.354\,2$，于是可得 a 与 b 的矩法估计为

$$\hat{a} = 4.48 - 0.354\,2\sqrt{3} = 3.87,$$
$$\hat{b} = 4.48 + 0.354\,2\sqrt{3} = 5.09.$$

例 4.3.4 设样本 $X_1, X_2, \cdots, X_n$ 来自 $N(\mu, \sigma^2)$，μ 与 σ 未知，求 $p = P(X < 1)$ 的估计.

解 (1) 对正态分布来讲，

$$\mu = E(X) = \mu_1, \quad \sigma^2 = \mathrm{Var}(X) = \nu_2.$$

(2) μ 与 σ 的矩法估计分别是 $\hat{\mu} = \bar{x}$，$\hat{\sigma}^2 = s_n^2$.

(3) $p = P(X < 1) = \Phi\left(\dfrac{1 - \mu}{\sigma}\right)$，其矩法估计为 $\hat{p} = \Phi\left(\dfrac{1 - \bar{x}}{s_n}\right)$.

譬如，我们从正态总体中获得一个容量 $n = 25$ 的样本，由样本观测值得到样本均值与样本标准差分别为 $\bar{x} = 0.95$，$s_n = 0.04$，则 $p = P(X < 1)$ 的估计为

$$\hat{p} = \Phi\left(\frac{1 - \bar{x}}{s_n}\right) = \Phi\left(\frac{1 - 0.95}{0.04}\right) = \Phi(1.25) = 0.894\,4.$$

矩法估计的**优点**是其统计思想简单明确，易为人们接受，且在总体分布未知场合也可使用. 它的**缺点**是不唯一，譬如泊松分布 $P(\lambda)$，由于其均值和方差都是 λ，因而可以用 $\bar{x}$ 去估计 λ，也可以用 s_n^2 去估计 λ，此时尽量使用样本低阶矩，即用 $\bar{x}$ 去估计 λ，而不用 s_n^2 去估计 λ；此外样本各阶矩的观测值受异常值(离群值)影响较大，从而不够稳健.

3. 矩法估计的相合性

在大样本场合，矩法估计一般都具有相合性，这是矩法估计的另一个优点.

大家知道，简单随机样本 $x_1, x_2, \cdots, x_n$ 是 n 个独立同分布随机变量，故 $x_1^k, x_2^k, \cdots, x_n^k$ 也是独立同分布随机变量. 只要总体 k 阶矩 $\mu_k = E(x^k)$ 存在，则由辛钦大数定律(定理 4.2.5)可知，样本 k 阶矩 $A_k = \dfrac{1}{n}\sum_{i=1}^{n} x_i^k$ 是总体 k 阶矩 μ_k 的相合估计，即对任意 $\varepsilon > 0$，总有

$$P(|A_k - \mu_k| \geqslant \varepsilon) \to 0 \quad (n \to \infty).$$

另外，总体 k 阶中心矩 $\nu_k = E(x-\mu)^k$ 可展开成低于或等于 k 阶矩 μ_1，$\mu_2,\cdots,\mu_k$ 的函数 $g(\mu_1,\mu_2,\cdots,\mu_k)$，由定理 4.2.6 立即可知，样本 k 阶中心矩 $B_k = \dfrac{1}{n}\sum_{i=1}^{n}(x_i-\overline{x})^k$ 是总体 k 阶中心矩 ν_k 的相合估计，即对任意 $\varepsilon > 0$，总有

$$P(|B_k-\nu_k| \geqslant \varepsilon) \to 0 \quad (n\to\infty).$$

类似地还有，样本偏度 $\hat{\beta}_s$ 与样本峰度 $\hat{\beta}_k$ 分别是总体偏度 β_s 与总体峰度 β_k 的相合估计.

注意：相合性是大样本性质. 在小样本场合，矩法估计不一定很好，其无偏性都不一定具有. 在诸样本观测值 $x_i > 1$ 的场合，x_i^k 比 x_i 要放大很多倍，故其方差也会随着增大，即使矩法估计仍具有相合性，但 $|A_k-\mu_k| \geqslant \varepsilon$ 的概率趋向于零的速度会相当慢，故矩法估计在 $k > 4$ 的场合很少使用.

4.3.3 极大似然估计

1. 极大似然估计的思想

当总体分布类型已知时，极大似然估计是一种常用的估计方法. 极大似然估计常用 MLE 表示. 它是寻求点估计最重要的方法，使用广泛.

为了解这一方法的思想，先看一个例子.

例 4.3.5 设有甲、乙两个口袋，袋中各装有 4 个同样大小的球，球上分别涂有白色或黑色，已知在甲袋中黑球数为 1，乙袋中黑球数为 3.

(1) 现任取一袋，再从该袋中任取一球，发现是黑球，试问该球最可能取自哪一袋？

(2) 现任取一袋，再从该袋中有返回地任取三个球，其中有一个黑球，试问此时最可能取自哪一袋？

解 (1) 直观想来，取自乙袋的可能大. 这可从概率上加以解释. 设 p 为抽到黑球的概率，从甲袋中抽一球是黑球的概率为 $p_甲 = \dfrac{1}{4}$，从乙袋中抽一球是黑球的概率为 $p_乙 = \dfrac{3}{4}$. 由于 $p_乙 > p_甲$，这便意味着此黑球来自乙袋的可能性比来自甲袋的可能性大. 因而我们会判断该球更可能是来自乙袋.

(2) 这里要作直观判断较困难，但我们仍可如 (1) 那样通过计算概率来加以判断. 设 X 是抽取三个球中黑球的个数，又设 p 为袋中黑球所占的比例，则 $X \sim b(3,p)$，而黑球数为 1 ($X=1$) 的概率为

$$P(X=1) = \binom{3}{1}p(1-p)^2,$$

其中 p 依赖从什么袋中取球，若从甲袋取，则 $p_甲 = \dfrac{1}{4}$；若从乙袋取，则

$p_乙 = \dfrac{3}{4}$，于是上述概率分别为

$$P_甲(X=1) = 3 \times \frac{1}{4} \times \left(\frac{3}{4}\right)^2 = \frac{27}{64},$$

$$P_乙(X=1) = 3 \times \frac{3}{4} \times \left(\frac{1}{4}\right)^2 = \frac{9}{64}.$$

由于 $P_甲(X=1) > P_乙(X=1)$，因而我们判断：此三球更可能是取自甲袋.

在上面的例子中，p 是分布中的参数，它只能取两个值：$p_甲$ 与 $p_乙$，需要通过抽取样本来决定分布中参数究竟是 $p_甲$ 还是 $p_乙$. 在给定了样本观测值后用 $p_甲$，$p_乙$ 分别去计算该样本出现的概率，p 更可能取值于使该样本出现概率更大的场合.

极大似然估计的基本思想就是根据上述想法引申出来的. 设总体含有待估参数 θ，它可以取很多值，我们要在 θ 的一切可能取值之中选出一个使样本观测值出现的概率为最大的 θ 值 (记为 $\hat{\theta}$) 作为 θ 的估计，并称 $\hat{\theta}$ 为 θ 的**极大似然估计**.

2. 似然函数

寻求参数 θ 的极大似然估计的关键是建立似然函数，下面分离散分布与连续分布场合分别建立似然函数.

(1) 离散分布下的似然函数

设总体 X 有如下离散分布：

$$P(X=a_i) = p(a_i;\theta), \quad i=1,2,\cdots, \theta \in \Theta,$$

其中 θ 为未知参数，Θ 为参数空间. 现从该总体抽取容量为 n 的样本 x_1, $x_2,\cdots,x_n$，这里诸 x_i 可为 $a_1,a_2,\cdots$ 中的某个值. 显然，该样本出现的概率为

$$L(x_1,x_2,\cdots,x_n;\theta) = \prod_{i=1}^{n} p(x_i;\theta).$$

它既是样本 $x_1,x_2,\cdots,x_n$ 的函数，又是未知参数 θ 的函数. 当获得了样本观测值后，L 仅是 θ 的函数，即

$$L(\theta) = \prod_{i=1}^{n} p(x_i;\theta), \quad \theta \in \Theta. \tag{4.3.4}$$

其函数值仍是概率，它表征参数 θ 出现的可能性大小. 如 $L(\theta_1) > L(\theta_2)$，则说在同一样本观测值下，出现 θ_1 比出现 θ_2 的可能性大. 如此定义在参数空间 Θ 上的函数 $L(\theta)$ 称为**似然函数**. 它是度量 θ 出现可能性大小的测度.

(2) 连续分布下的似然函数

当总体 X 有连续分布时，其密度函数 $p(x;\theta)$ 的值虽不是概率，但是与概

率成正比例的值,故其样本 $x_1,x_2,\cdots,x_n$ 出现的概率可用联合密度 $\prod\limits_{i=1}^{n}p(x_i;\theta)$

度量大小. 它亦是样本 $x_1,x_2,\cdots,x_n$ 和 θ 的函数,当获得样本观测值后,它仅是 θ 的函数,仍记为

$$L(\theta)=\prod_{i=1}^{n}p(x_i;\theta),\quad \theta\in\Theta. \tag{4.3.5}$$

它亦是度量 θ 出现可能性大小的测度. 如此定义在参数空间 Θ 上的函数 $L(\theta)$ 亦称为似然函数.

3. 极大似然估计

在参数空间 Θ 内,若存在这样的 $\hat{\theta}$ 可使似然函数 $L(\hat{\theta})$ 达到最大,即

$$L(\hat{\theta})=\max_{\theta\in\Theta}L(\theta), \tag{4.3.6}$$

则称 $\hat{\theta}$ 为在样本观察值 $x_1,x_2,\cdots,x_n$ 下 θ 的**极大似然估计**(MLE).

在 Θ 内寻求 θ 的极大似然估计 $\hat{\theta}$ 可直接从定义(4.3.6)出发. 为方便计算,更多场合是对似然函数的对数(称为**对数似然函数**)

$$l(\theta)=\ln L(\theta)$$

施行微分法,并求其极大点. 具体步骤用下面例子说明.

例 4.3.6 设某工序生产的产品不合格品率为 p,p 未知. 现抽 n 个产品作检验,发现有 T 个不合格. 试求 p 的极大似然估计.

解 设 X 是抽查一个产品时的不合格品个数,则 X 服从参数为 p 的二点分布 $b(1,p)$. 抽查 n 个产品,则得样本观察值 $x_1,x_2,\cdots,x_n$,其中诸 x_i 非 0 即 1. 如今样本中有 T 个不合格,即 $T=x_1+x_2+\cdots+x_n$. 为求 p 的极大似然估计,可按如下步骤进行:

(1) 写出似然函数,

$$L(p)=\prod_{i=1}^{n}p^{x_i}(1-p)^{1-x_i}.$$

(2) 对 $L(p)$ 取对数,得对数似然函数

$$l(p)=\sum_{i=1}^{n}\left[x_i\ln p+(1-x_i)\ln(1-p)\right]$$

$$=n\ln(1-p)+\sum_{i=1}^{n}x_i(\ln p-\ln(1-p)).$$

(3) 由于 $l(p)$ 对 p 的导数存在,故将 $l(p)$ 对 p 求导,令其为 0,得似然方程:

$$\frac{\mathrm{d}l(p)}{\mathrm{d}p}=-\frac{n}{1-p}+\sum_{i=1}^{n}x_i\left(\frac{1}{p}+\frac{1}{1-p}\right)=-\frac{n}{1-p}+\frac{T}{p(1-p)}.$$

（4）解似然方程得 $\hat{p} = \dfrac{T}{n} = \bar{x}$.

（5）经验证，在 $\hat{p} = \bar{x}$ 处，$\dfrac{\mathrm{d}^2 l(p)}{\mathrm{d}p^2} < 0$，这表明 $\hat{p} = \bar{x}$ 可使似然函数达到最大.

（6）上述叙述对任一样本观测值都成立，故用样本代替观测值便得 p 的极大似然估计为 $\hat{p} = \bar{x}$.

例 4.3.7　设某机床加工的轴的直径与图纸规定的尺寸的偏差服从 $N(\mu, \sigma^2)$，其中 μ, σ^2 未知. 为估计 μ 与 σ^2，从中随机抽取 $n = 100$ 根轴，测得其偏差为 $x_1, x_2, \cdots, x_{100}$. 试求 μ, σ^2 的极大似然估计.

解　（1）写出似然函数，

$$L(\mu, \sigma^2) = \prod_{i=1}^{n} \frac{1}{\sqrt{2\pi}\,\sigma} \mathrm{e}^{-\frac{(x_i - \mu)^2}{2\sigma^2}} = (2\pi\sigma^2)^{-\frac{n}{2}} \mathrm{e}^{-\frac{\sum\limits_{i=1}^{n}(x_i - \mu)^2}{2\sigma^2}}.$$

（2）写出对数似然函数，

$$l(\mu, \sigma^2) = -\frac{n}{2}\ln(2\pi\sigma^2) - \frac{1}{2\sigma^2}\sum_{i=1}^{n}(x_i - \mu)^2.$$

（3）将 $l(\mu, \sigma^2)$ 分别对 μ 与 σ^2 求偏导，并令它们都为 0，得似然方程组为

$$\begin{cases} \dfrac{\partial l(\mu, \sigma^2)}{\partial \mu} = \dfrac{1}{\sigma^2}\sum\limits_{i=1}^{n}(x_i - \mu) = 0, \\[2mm] \dfrac{\partial l(\mu, \sigma^2)}{\partial \sigma^2} = -\dfrac{n}{2\sigma^2} + \dfrac{1}{2\sigma^4}\sum\limits_{i=1}^{n}(x_i - \mu)^2 = 0. \end{cases}$$

（4）解似然方程组得

$$\hat{\mu} = \bar{x}, \quad \hat{\sigma}^2 = \frac{1}{n}\sum_{i=1}^{n}(x_i - \bar{x})^2.$$

（5）经验证，$\hat{\mu}, \hat{\sigma}^2$ 使 $l(\mu, \sigma^2)$ 达到极大.

（6）上述叙述对一切样本观测值成立，故用样本代替观测值，便得 μ 与 σ^2 的极大似然估计分别为

$$\hat{\mu} = \bar{x}, \quad \hat{\sigma}^2 = \frac{1}{n}\sum_{i=1}^{n}(x_i - \bar{x})^2 = s_n^2.$$

如果由 100 个样本观测值求得 $\sum\limits_{i=1}^{100} x_i = 26$（单位：mm），$\sum\limits_{i=1}^{100} x_i^2 = 7.04$，则可求得 μ 与 σ^2 的极大似然估计值：

$$\hat{\mu} = \frac{1}{100}\sum_{i=1}^{100} x_i = 0.26,$$

$$s_n^2 = \frac{1}{100}\left[\sum_{i=1}^{100} x_i^2 - \frac{1}{100}\left(\sum_{i=1}^{100} x_i\right)^2\right] = \frac{7.04 - 26^2/100}{100}$$

$$= 0.002\,8.$$

从前一节的讨论可知 $\hat{\mu} = \bar{x}$ 是 μ 的无偏估计,但 $\hat{\sigma}^2 = s_n^2$ 不是 σ^2 的无偏估计,所以未知参数的极大似然估计不一定具有无偏性.

例 4.3.8 设总体 X 服从均匀分布 $U(0,\theta)$,其中 θ 未知,从中获得容量为 n 的样本 $x_1, x_2, \cdots, x_n$,试求 θ 的 MLE.

解 首先写出似然函数,

$$L(\theta) = \begin{cases} \theta^{-n}, & 0 \leqslant x_{(1)} \leqslant x_{(n)} \leqslant \theta, \\ 0, & \text{其他}, \end{cases}$$

其中 $x_{(1)}$ 与 $x_{(n)}$ 分别表示样本中的最小值与最大值. 还要注意,这里由于 $L(\theta)$ 的非零区域与 θ 有关,因而无法用求导方法来获得 θ 的 MLE,从而转向由定义直接求 $L(\theta)$ 的极大值.

为使 $L(\theta)$ 达到极大,必须使 θ 尽可能小,但是 θ 不能小于 $x_{(n)}$,因而 θ 取 $x_{(n)}$ 时便使 $L(\theta)$ 达到了极大,故 θ 的 MLE 为

$$\hat{\theta} = x_{(n)}.$$

下面来讨论上述估计是否具有无偏性,为此要从总体分布寻求样本极大值的分布.

由于总体 $X \sim U(0,\theta)$,其密度函数与分布函数分别为

$$p(x) = \begin{cases} \dfrac{1}{\theta}, & 0 < x < \theta, \\ 0, & \text{其他}, \end{cases}$$

$$F(x) = \begin{cases} 0, & x \leqslant 0, \\ \dfrac{x}{\theta}, & 0 < x < \theta, \\ 1, & x \geqslant \theta. \end{cases}$$

从而 $\hat{\theta} = x_{(n)}$ 的概率密度函数为(见 3.2 节定理 3.2.1)

$$p_{\hat{\theta}}(y) = n(F(y))^{n-1} p(y) = \frac{ny^{n-1}}{\theta^n}, \quad 0 < y < \theta,$$

$$E(\hat{\theta}) = E(x_{(n)}) = \int_0^\theta y p_{\hat{\theta}}(y)\,\mathrm{d}y = \int_0^\theta \frac{ny^n}{\theta^n}\,\mathrm{d}y = \frac{n}{n+1}\theta \neq \theta.$$

这说明 θ 的极大似然估计 $\hat{\theta} = x_{(n)}$ 不是 θ 的无偏估计,但对 $\hat{\theta}$ 作一修正可得 θ 的无偏估计为

$$\hat{\theta}_1 = \frac{n+1}{n} x_{(n)}.$$

通过修正获得未知参数的无偏估计是一种常用的方法. 在第二次世界大战中, 从战场上缴获的纳粹德国的枪支上都有一个编号, 对最大编号作一修正便获得了德国枪支生产能力的无偏估计.

4. 极大似然估计的不变原则

求未知参数 θ 的某种函数 $g(\theta)$ 的极大似然估计可用下面所述的极大似然估计的不变原则, 它的证明这里省略了.

定理 4.3.2 (不变原则) 设 $\hat{\theta}$ 是 θ 的极大似然估计, $g(\theta)$ 是 θ 的连续函数, 则 $g(\theta)$ 的极大似然估计为 $g(\hat{\theta})$.

例 4.3.9 设某元件失效时间服从参数为 λ 的指数分布, 其密度函数为
$$p(x;\lambda)=\lambda e^{-\lambda x}, \quad x\geqslant 0,$$
λ 未知. 现从中抽取了 n 个元件测得其失效时间为 $x_1,x_2,\cdots,x_n$, 试求 λ 及平均寿命的 MLE.

解 先求 λ 的 MLE.

(1) 写出似然函数,
$$L(\lambda)=\prod_{i=1}^{n}\lambda e^{-\lambda x_i}=\lambda^n\exp\left\{-\lambda\sum_{i=1}^{n}x_i\right\}.$$

(2) 取对数得对数似然函数
$$l(\lambda)=n\ln\lambda-\lambda\sum_{i=1}^{n}x_i.$$

(3) 将 $l(\lambda)$ 对 λ 求导得似然方程为
$$\frac{\mathrm{d}l(\lambda)}{\mathrm{d}\lambda}=\frac{n}{\lambda}-\sum_{i=1}^{n}x_i=0.$$

(4) 解似然方程得
$$\hat{\lambda}=\frac{n}{\sum_{i=1}^{n}x_i}=\frac{1}{\bar{x}}.$$

经验证它使 $l(\lambda)$ 达到最大. 由于上述过程对一切样本观测值成立, 故 λ 的 MLE 是 $\hat{\lambda}=\frac{1}{\bar{x}}$.

元件的平均寿命即为 X 的期望值. 在指数分布场合, 有 $E(X)=\frac{1}{\lambda}$, 它是 λ 的函数, 其极大似然估计可用不变原则求得, 即用 λ 的 MLE $\hat{\lambda}$ 代入便得 $E(X)$ 的 MLE 为 $E(X)=\frac{1}{\hat{\lambda}}=\bar{x}$. 由于 $\bar{x}$ 也是 $E(X)$ 的矩法估计, 故 $\bar{x}$ 是 $E(X)$ 的无偏相合估计.

5. 极大似然估计的渐近正态性

在分布类型已知的场合,极大似然估计受人们重视的原因除了上面例 4.3.6 所提到的符合人们的经验外,还由于极大似然估计具有渐近正态性与相合性. 下面仅就单参数连续分布的场合不加证明地给出这一定理.

定理 4.3.3 设总体 X 具有密度函数 $p(x;\theta)$,未知参数 $\theta \in \Theta$,Θ 是一个非退化区间,并假定

(1) 对一切 $\theta \in \Theta$,偏导数 $\dfrac{\partial \ln p}{\partial \theta}, \dfrac{\partial^2 \ln p}{\partial \theta^2}, \dfrac{\partial^3 \ln p}{\partial \theta^3}$ 存在;

(2) 对一切 $\theta \in \Theta$,有

$$\left|\frac{\partial p}{\partial \theta}\right| < F_1(x), \quad \left|\frac{\partial^2 p}{\partial \theta^2}\right| < F_2(x), \quad \left|\frac{\partial^3 p}{\partial \theta^3}\right| < F_3(x),$$

其中函数 $F_1(x), F_2(x)$ 在 $(-\infty, \infty)$ 上可积,而函数 $F_3(x)$ 满足

$$\int_{-\infty}^{\infty} F_3(x) p(x;\theta) \mathrm{d}x < M,$$

其中 M 与 θ 无关;

(3) 对一切 $\theta \in \Theta$,有

$$0 < E\left(\frac{\partial \ln p}{\partial \theta}\right)^2 = \int_{-\infty}^{\infty} \left(\frac{\partial \ln p}{\partial \theta}\right)^2 p(x;\theta)\mathrm{d}x < \infty,$$

则在分布参数 θ 的真值 θ_0 为 Θ 的一个内点的情况下,其似然方程 $\dfrac{\partial \ln L}{\partial \theta} = 0$ 有一个解 $\hat{\theta}$ 存在,并对任给 $\varepsilon > 0$,随着 $n \to \infty$,有

$$P(|\hat{\theta} - \theta_0| > \varepsilon) \to 0,$$

且 $\hat{\theta}$ 渐近服从正态分布 $N\left(\theta_0, \left[nE\left(\dfrac{\partial \ln p}{\partial \theta}\right)^2\right]_{\theta=\theta_0}^{-1}\right)$.

该定理对单参数离散分布场合也成立,只要把定理中的密度函数 $p(x;\theta)$ 看成是概率函数,将积分改为求和即可.

例 4.3.10 设 $x_1, x_2, \cdots, x_n$ 是来自 $N(\mu, \sigma^2)$ 的一个样本. 可以验证

$$p(x;\mu,\sigma^2) = \frac{1}{\sqrt{2\pi}\,\sigma} e^{-\frac{(x-\mu)^2}{2\sigma^2}}$$

在 σ^2 已知时或在 μ 已知时均满足定理 4.3.3 中三个条件.

(1) 在 σ^2 已知时,μ 的 MLE 为 $\hat{\mu} = \overline{X}$,则由定理 4.3.3 知 $\hat{\mu}$ 渐近服从正态分布 $N\left(\mu, \left[nE\left(\dfrac{\partial \ln p}{\partial \mu}\right)^2\right]^{-1}\right)$. 由于

$$\ln p(x) = -\ln\sqrt{2\pi} - \frac{1}{2}\ln\sigma^2 - \frac{(x-\mu)^2}{2\sigma^2},$$

$$\frac{\partial \ln p}{\partial \mu} = \frac{x-\mu}{\sigma^2},$$

$$E\left(\frac{\partial \ln p}{\partial \mu}\right)^2 = E\left(\frac{X-\mu}{\sigma^2}\right)^2 = \frac{1}{\sigma^2},$$

从而 $\hat\mu$ 渐近服从 $N(\mu,\sigma^2/n)$，这与 $\overline{X}$ 的精确分布相同.

(2) 在 μ 已知时，σ^2 的 MLE 为 $\hat\sigma^2 = \frac{1}{n}\sum_{i=1}^n (X_i-\mu)^2$，则由定理 4.3.3

知，$\hat\sigma^2$ 渐近服从 $N\left(\sigma^2,\left[nE\left(\frac{\partial \ln p}{\partial \sigma^2}\right)^2\right]^{-1}\right)$. 由于

$$\frac{\partial \ln p^2}{\partial \sigma^2} = -\frac{1}{2\sigma^2} + \frac{1}{2\sigma^4}(x-\mu)^2 = \frac{(x-\mu)^2-\sigma^2}{2\sigma^4},$$

$$E\left(\frac{\partial \ln p}{\partial \sigma^2}\right)^2 = E\left[\frac{(X-\mu)^2-\sigma^2}{2\sigma^4}\right]^2$$

$$= \frac{1}{4\sigma^8}\left[E(X-\mu)^4 - 2\sigma^2 E(X-\mu)^2 + \sigma^4\right] = \frac{1}{2\sigma^4},$$

从而 $\hat\sigma^2$ 的渐近分布为 $N(\sigma^2,2\sigma^4/n)$.

极大似然估计的渐近正态性，为今后在大样本情况下讨论参数的区间估计及假设检验提供了依据.

习 题 4.3

1. 设样本 $x_1,x_2,\cdots,x_n$ 来自服从几何分布的总体 X，其分布列为
$$P(X=k)=p(1-p)^{k-1}, \quad k=1,2,\cdots,$$
其中 p 未知，$0<p<1$，试求 p 的矩法估计.

2. 设样本 $x_1,x_2,\cdots,x_n$ 来自总体 X，其分布列为
$$P(X=k)=\frac{1}{N}, \quad k=1,2,\cdots,N,$$
其中 N 是正整数，为未知参数，试给出 N 的矩法估计.

3. 设总体 X 的密度函数为
$$p(X)=\begin{cases} \frac{2}{a^2}(a-x), & 0<x<a, \\ 0, & \text{其他.} \end{cases}$$
从中获得样本 $x_1,x_2,\cdots,x_n$，试求参数 a 的矩法估计.

4. 设 $x_1,x_2,\cdots,x_n$ 是来自均匀分布 $U(0,\theta)$ 的一个样本，试求参数 θ 的矩法估计.

5. 设 $x_1,x_2,\cdots,x_n$ 是来自伽玛分布 $Ga(\alpha,\lambda)$ 的一个样本，试求参数 α 与

λ 的矩法估计.

6. 甲、乙两个校对员彼此独立校对同一本书的样稿. 校完后,甲发现了 A 个错字,乙发现了 B 个错字,其中共同发现的错字有 C 个. 试用矩法估计给出总的错字个数及未被发现的错字个数的估计.

7. 设总体 X 是用无线电测距仪测量距离的误差,它服从 (a,b) 上的均匀分布. 在 200 次测量中,误差为 x_i 的有 n_i 次,具体见下表:

x_i	3	5	7	9	11	13	15	17	19	21
n_i	21	16	15	26	22	14	21	22	18	25

求 a,b 的矩法估计. (注:这里的测量误差为 x_i,是指测量误差在 $(x_i-1,$ $x_i+1]$ 间的代表值)

8. 设总体 X 服从参数为 λ 的泊松分布,从中抽取样本 $x_1,x_2,\cdots,x_n$,求 λ 的极大似然估计.

9. 设总体 X 的密度函数为
$$p(x;\beta)=(\beta+1)x^{\beta},\quad 0<x<1,$$
其中未知参数 $\beta>-1$. 从中获得样本 $x_1,x_2,\cdots,x_n$,求参数 β 的极大似然估计与矩法估计,它们是否相同? 今获得样本观测值为
$$0.30\quad 0.80\quad 0.47\quad 0.35\quad 0.62\quad 0.55$$
试分别求出 β 的两个估计值.

10. 设总体 X 具有密度函数(拉普拉斯分布)
$$p(x;\sigma)=\frac{1}{2\sigma}\mathrm{e}^{-\frac{|x|}{\sigma}},\quad -\infty<x<\infty.$$
从中获得样本 $x_1,x_2,\cdots,x_n$,其中未知参数 $\sigma>0$,求参数 σ 的极大似然估计.

11. 设 $x_1,x_2,\cdots,x_n$ 与 $y_1,y_2,\cdots,y_m$ 分别是来自 $N(\mu_1,\sigma^2)$ 与 $N(\mu_2,\sigma^2)$ 的两个独立样本,试求 μ_1,μ_2,σ^2 的极大似然估计.

12. 设二维总体 (X,Y) 服从二元正态分布 $N(0,0,\sigma^2,\sigma^2,\rho)$,从中取出样本 $(x_1,y_1),(x_2,y_2),\cdots,(x_n,y_n)$,求 σ^2,ρ 的极大似然估计.

13. 设总体 X 具有概率密度(双参数指数分布)
$$p(x;\theta_1,\theta_2)=\begin{cases}\dfrac{1}{\theta_2}\exp\left\{-\dfrac{x-\theta_1}{\theta_2}\right\},&x>\theta_1,\\[2mm]0,&\text{其他},\end{cases}$$
其中未知参数的取值范围分别是:$-\infty<\theta_1<\infty$,$\theta_2>0$. 从中获得样本 $x_1,x_2,\cdots,x_n$,试求 θ_1,θ_2 的极大似然估计.

14. 设总体 X 服从几何分布

$$P(X=k)=p(1-p)^{k-1}, \quad k=1,2,\cdots,$$

其中 $0<p<1$ 是未知参数,从中获得样本 $x_1,x_2,\cdots,x_n$. 求 p 与 $E(X)$ 的极大似然估计.

15. 设总体 X 服从 $N(\mu,\sigma^2)$,从中获得样本 $x_1,x_2,\cdots,x_n$.

(1) 求使 $P(X>A)=0.05$ 的点 A 的极大似然估计;

(2) 求 $\theta=P(X\geqslant 2)$ 的极大似然估计.

16. 设 $X_1,X_2,\cdots,X_n$ 是来自 $N(\mu,\sigma^2)$ 的样本. 在 μ 已知时,试求 σ 的极大似然估计 $\hat\sigma$ 及 $\hat\sigma$ 的渐近分布.

17. 设总体 X 服从伽玛分布 $Ga(\alpha,\lambda)$,其概率密度函数为

$$p(x)=\frac{\lambda^\alpha}{\Gamma(\alpha)}x^{\alpha-1}e^{-\lambda x}, \quad x>0,$$

从中获得样本 $x_1,x_2,\cdots,x_n$. 在 α 已知时,此分布满足定理 4.3.3 的三个条件,试求 λ 的极大似然估计及其渐近分布.

4.4 次序统计量

除了矩统计量外,另一类常见统计量是次序统计量. 样本 $x_1,x_2,\cdots,x_n$ 的大小次序亦是重要信息,统计学很重视这类信息,并努力从样本中寻找其统计规律性以供各种统计推断使用. 如样本中位数、样本 p 分位数、样本极差等都是次序统计量或其函数. 本节将叙述次序统计量概念及其应用.

4.4.1 次序统计量概念

定义 4.4.1 设 $x_1,x_2,\cdots,x_n$ 是取自总体 X 的样本,$x_{(i)}$ 称为该样本的**第 i 个次序统计量**,假如它的取值是将样本观测值由小到大排列后得到的第 i 个观测值,并称 $x_{(1)},x_{(2)},\cdots,x_{(n)}$ 为该样本的**次序统计量**,其中 $x_{(1)}=\min\{x_1,x_2,\cdots,x_n\}$ 称为该样本的**最小次序统计量**,$x_{(n)}=\max\{x_1,x_2,\cdots,x_n\}$ 称为该样本的**最大次序统计量**.

我们知道,在一个(简单随机)样本中,$x_1,x_2,\cdots,x_n$ 是独立同分布的,而次序统计量 $x_{(1)},x_{(2)},\cdots,x_{(n)}$ 则既不独立,分布也不相同,如下例.

例 4.4.1 设总体 X 的分布为仅取 $0,1,2$ 的离散均匀分布,分布列为

X	0	1	2
P	$\frac{1}{3}$	$\frac{1}{3}$	$\frac{1}{3}$

现从中抽取容量为 3 的样本,其一切可能取值有 $3^3 = 27$ 种,现将它们列在表 4-14 的左侧,而它们相应的次序统计量的取值列在表 4-14 的右侧.

表 4-14   样本 x_1, x_2, x_3 及次序统计量 $x_{(1)}, x_{(2)}, x_{(3)}$ 的取值

x_1	x_2	x_3	$x_{(1)}$	$x_{(2)}$	$x_{(3)}$
0	0	0	0	0	0
0	0	1	0	0	1
0	1	0	0	0	1
1	0	0	0	0	1
0	0	2	0	0	2
0	2	0	0	0	2
2	0	0	0	0	2
0	1	1	0	1	1
1	0	1	0	1	1
1	1	0	0	1	1
0	1	2	0	1	2
0	2	1	0	1	2
1	0	2	0	1	2
2	0	1	0	1	2
1	2	0	0	1	2
2	1	0	0	1	2
0	2	2	0	2	2
2	0	2	0	2	2
2	2	0	0	2	2
1	1	2	1	1	2
1	2	1	1	1	2
2	1	1	1	1	2
1	2	2	1	2	2
2	1	2	1	2	2
2	2	1	1	2	2
1	1	1	1	1	1
2	2	2	2	2	2

由表 4-14 可见,次序统计量 $(x_{(1)}, x_{(2)}, x_{(3)})$ 与样本 (x_1, x_2, x_3) 完全不相同,具体表现在以下几个方面:

(1) $x_{(1)}, x_{(2)}, x_{(3)}$ 的分布不同.

$x_{(1)}$	0	1	2
P	$\frac{19}{27}$	$\frac{7}{27}$	$\frac{1}{27}$

$x_{(2)}$	0	1	2
P	$\frac{7}{27}$	$\frac{13}{27}$	$\frac{7}{27}$

$x_{(3)}$	0	1	2
P	$\frac{1}{27}$	$\frac{7}{27}$	$\frac{19}{27}$

(2) 任意两个次序统计量的联合分布不相同.

$x_{(1)}$ \ $x_{(2)}$	0	1	2
0	$\frac{7}{27}$	0	0
1	$\frac{9}{27}$	$\frac{4}{27}$	0
2	$\frac{3}{27}$	$\frac{3}{27}$	$\frac{1}{27}$

$x_{(1)}$ \ $x_{(3)}$	0	1	2
0	$\frac{1}{27}$	0	0
1	$\frac{6}{27}$	$\frac{1}{27}$	0
2	$\frac{12}{27}$	$\frac{6}{27}$	$\frac{1}{27}$

$x_{(2)}$ \ $x_{(3)}$	0	1	2
0	$\frac{1}{27}$	0	0
1	$\frac{3}{27}$	$\frac{4}{27}$	0
2	$\frac{3}{27}$	$\frac{9}{27}$	$\frac{7}{27}$

(3) 任意两个次序统计量不独立,例如:

$$P(x_{(1)}=0,\ x_{(2)}=1)=\frac{9}{27}\neq\frac{19}{27}\times\frac{13}{27}=P(x_{(1)}=0)P(x_{(2)}=1).$$

我们要注意次序统计量 $x_{(1)},x_{(2)},\cdots,x_{(n)}$ 与样本 $x_1,x_2,\cdots,x_n$ 间的差别.

4.4.2 次序统计量的分布

由于次序统计量常在连续总体场合使用,下面仅讨论连续型总体 X 第 k 个次序统计量的抽样分布.

定理 4.4.1 设总体 X 的密度函数为 $p(x)$,分布函数为 $F(x)$,$x_1,x_2,\cdots,$ x_n 为样本,则第 k 个次序统计量 $x_{(k)}$ 的密度函数为

$$p_k(x)=\frac{n!}{(k-1)!(n-k)!}(F(x))^{k-1}(1-F(x))^{n-k}p(x). \quad (4.4.1)$$

证 对任意的实数 x,考虑次序统计量 $x_{(k)}$ 取值落在小区间 $(x,x+\Delta x]$ 内这一事件,它等价于"样本容量为 n 的样本中有 1 个观测值落在 $(x,x+\Delta x]$ 之间,而有 $k-1$ 个观测值小于或等于 x,有 $n-k$ 个观测值大于 $x+\Delta x$",其直观示意图见图 4-26.

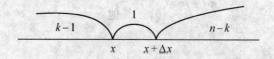

图 4-26 $x_{(k)}$ 取值的示意图

样本的每一个分量小于或等于 x 的概率为 $F(x)$,落入区间 $(x,x+\Delta x]$ 的概率为 $F(x+\Delta x)-F(x)$,大于 $x+\Delta x$ 的概率为 $1-F(x+\Delta x)$. 将 n 个分量分成这样的三组,总的分法有

$$\frac{n!}{(k-1)!1!(n-k)!}$$

种. 于是, 若以 $F_k(x)$ 记 $x_{(k)}$ 的分布函数, 则由多项分布可得

$$F_k(x+\Delta x) - F_k(x) \approx \frac{n!}{(k-1)!(n-k)!}(F(x))^{k-1}(F(x+\Delta x)$$
$$- F(x))(1-F(x+\Delta x))^{n-k}.$$

两边除以 Δx, 并令 $\Delta x \to 0$, 即有

$$p_k(x) = \lim_{\Delta x \to 0} \frac{F_k(x+\Delta x) - F_k(x)}{\Delta x}$$
$$= \frac{n!}{(k-1)!(n-k)!}(F(x))^{k-1}p(x)(1-F(x))^{n-k}.$$

这就完成定理 4.4.1 的证明. ■

为求样本最大次序统计量 $X_{(n)}$ 的概率密度函数, 只要在 (4.4.1) 中取 $k=n$ 即得

$$p_n(x) = np(x)(F(x))^{n-1}, \tag{4.4.2}$$

其分布函数为

$$F_n(x) = (F(x))^n. \tag{4.4.3}$$

为求样本最小次序统计量 $X_{(1)}$ 的概率密度函数, 只要在 (4.4.1) 中取 $k=1$ 即得

$$p_1(x) = np(x)(1-F(x))^{n-1}, \tag{4.4.4}$$

其分布函数为

$$F_1(x) = 1-(1-F(x))^n. \tag{4.4.5}$$

这些结果与 3.2.1 小节的结果完全一样.

例 4.4.2 设 $x_{(1)}, x_{(2)}, \cdots, x_{(n)}$ 是取自 $[0,1]$ 上均匀分布的样本, 求第 k 个次序统计量 $x_{(k)}$ 的期望, 其中 $1 \leqslant k \leqslant n$.

解 先求 $x_{(k)}$ 的概率密度函数. 由于总体 $X \sim U(0,1)$, 因此总体的密度函数为

$$p(x) = \begin{cases} 1, & 0 \leqslant x \leqslant 1, \\ 0, & \text{其他}, \end{cases}$$

其分布函数为

$$F(x) = \begin{cases} 0, & x < 0, \\ x, & 0 \leqslant x \leqslant 1, \\ 1, & x > 1. \end{cases}$$

由 (4.4.1) 可知 $x_{(k)}$ 的密度函数为

$$p_k(x) = \frac{n!}{(k-1)!(n-k)!}x^{k-1}(1-x)^{n-k}, \quad 0 \leqslant x \leqslant 1.$$

这是贝塔分布 $Be(k, n-k+1)$ 的密度函数，故其期望为

$$E(x_{(k)}) = \frac{k}{n+1}, \quad k = 1, 2, \cdots, n.$$

例 4.4.3 设 $x_1, x_2, \cdots, x_n$ 是取自如下指数分布的样本：

$$F(x) = 1 - e^{-\lambda x}, \quad x > 0.$$

求 $P(x_{(1)} > a)$ 与 $P(x_{(n)} < b)$，其中 a, b 为给定的正数.

解 为求概率 $P(x_{(1)} > a)$ 与 $P(x_{(n)} < b)$，可先求 $x_{(1)}$ 与 $x_{(n)}$ 的分布.
由 (4.4.5) 知，$x_{(1)}$ 的分布函数为

$$F_1(x) = 1 - (1 - F(x))^n = 1 - e^{-n\lambda x}, \quad x > 0.$$

从而

$$P(x_{(1)} > a) = 1 - F_1(a) = e^{-n\lambda a}.$$

由 (4.4.3) 知，$x_{(n)}$ 的分布函数为

$$F_n(x) = (F(x))^n = (1 - e^{-\lambda x})^n, \quad x > 0.$$

故

$$P(x_{(n)} < b) = F_n(b) = (1 - e^{-\lambda b})^n.$$

譬如，某公司购买 5 台新设备，若这些新设备都服从参数 $\lambda = 0.0005$ 的指数分布，其分布函数为

$$F(x) = 1 - e^{-\lambda x}, \quad x > 0, \lambda = 0.0005,$$

故其失效时间 $x_1, x_2, \cdots, x_5$ 就是从该分布抽取的容量为 5 的样本. $x_{(1)}$，$x_{(2)}, \cdots, x_{(5)}$ 为其次序统计量. 现要求这 5 台设备中，

(1) 到 1000 小时没有一台发生故障的概率 p_1，这等价于这 5 台设备中最小的寿命 $x_{(1)} > 1000$ 的概率，由上述结果可知

$$p_1 = P(x_{(1)} > 1000) = e^{-5 \times 0.0005 \times 1000} = 0.0821;$$

(2) 到 1000 小时全部发生故障的概率 p_2，这等价于这 5 台设备中最长的寿命 $x_{(5)} < 1000$ 的概率，由上述结果可知

$$p_2 = P(x_{(5)} < 1000) = (1 - e^{-0.0005 \times 1000})^5 = 0.00943.$$

4.4.3 样本极差

定义 4.4.2 容量为 n 的样本最大次序统计量 $x_{(n)}$ 与样本最小次序统计量 $x_{(1)}$ 之差称为**样本极差**，简称**极差**，常用 $R = x_{(n)} - x_{(1)}$ 表示.

关于极差要注意它的如下两个方面：

• 极差含有总体标准差的信息. 因为极差表示样本取值范围的大小，也反映总体取值分散与集中的程度. 一般说来，若总体的标准差 σ 较大，从中取出的样本的极差会大一些；若总体的标准差 σ 较小，那么从中取出的样本的极差也会小一些. 反过来也如此，若样本极差较大，表明总体取值较分散，

那么相应总体的标准差较大；若样本极差较小，则总体取值相对集中一些，从而该总体的标准差较小. 图 4-27 显示了这一现象.

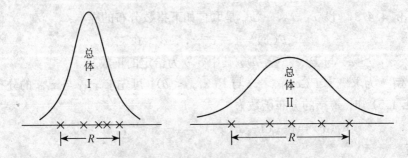

图 4-27　样本(用×表示)极差反映总体分散程度

● 极差受样本量影响较大. 一般说来，样本量越大，极差越大. 在实际中极差常在小样本$(n \leqslant 10)$的场合使用，而在大样本场合很少使用. 这是因为极差仅使用了样本中两个极端点的信息，而把中间的信息都丢弃了，样本容量越大，丢弃的信息越多，从而留下的信息过少，其使用价值就不大了.

综合上述特点，统计学家建议：在正态总体场合，对小样本的极差 R 作修正可得正态标准差 σ 的无偏估计：

$$\hat{\sigma}_R = \frac{R}{d_n}, \tag{4.4.6}$$

其中修偏系数 d_n 可据正态分布与样本量 n 算得，见表 4-15.

表 4-15　　　　　　　　　　　**参数 d_n 的数值表**

n	d_n	n	d_n	n	d_n
2	1.128	10	3.078	18	3.640
3	1.693	11	3.173	19	3.689
4	2.059	12	3.258	20	3.735
5	2.326	13	3.336	21	3.778
6	2.534	14	3.407	22	3.879
7	2.704	15	3.472	23	3.858
8	2.847	16	3.532	24	3.895
9	2.970	17	3.588	25	3.931

例 4.4.4　甲、乙、丙三厂生产同一零件，订货方希望了解各厂生产的零件强度的差异，以便从中选择订货的工厂. 现从市场上各购买 4 个零件，

测其强度，测得的数据如表 4-16 左侧所示. 强度服从正态分布已为过去的试验数据所证实.

表 4-16 **三个厂的零件强度数据及基本统计量**

工厂	零件强度				平均强度 $\bar{x}$	极差 R	σ 的估计 $\hat{\sigma}_R$
甲	115	116	98	83	103	33	16.0
乙	103	107	118	116	111	15	7.3
丙	73	89	85	97	86	24	11.7

根据表 4-16 左侧的数据，可求得甲厂的平均强度与极差分别为

$$\bar{x} = \frac{1}{4}(115 + 116 + 98 + 83) = 103,$$

$$R = 116 - 83 = 33.$$

利用公式 (4.4.6) 可求得 σ 的估计值，由表 4-15 查得 $n=4$ 时 $d_n = 2.059$，故

$$\hat{\sigma}_R = \frac{33}{2.059} = 16.0.$$

对乙厂和丙厂的强度数据亦可类似计算，所有计算结果都列在表 4-16 右侧三列.

从计算结果看，乙厂的平均强度最高 ($\bar{x} = 111$)，而标准差最小 ($\hat{\sigma}_R = 7.3$). 另两个厂的零件强度都不理想，甲厂的零件强度的标准差过大，表明该厂生产不稳定，这从它的 4 个强度数据很分散即可看出，丙厂的零件强度的平均值过小. 相比之下，甲厂与丙厂的零件质量较差，不宜订货.

从表 4-16 右侧所列的三个基本统计量（平均强度 $\bar{x}$，极差 R，σ 的估计 $\hat{\sigma}_R$）可以清楚地看出三个厂生产的零件的优劣，这便是统计量的作用.

从上面的例子可见，用 (4.4.6) 从极差去估算标准差很方便. 但极差也有缺点，即它极易受个别异常值（又称离群值）的干扰.

例 4.4.5 砖的抗压强度（单位：MPa）服从正态分布已被证实，对一批将交付客户的砖，从中随机抽取 10 个样品，测得砖的抗压强度为（已排序）

　　 4.7　5.4　6.0　6.5　7.3　7.7　8.2　9.0　10.1　17.2

可求得这个样本的极差

$$R = 17.2 - 4.7 = 12.5.$$

从而标准差的估计为

$$\hat{\sigma}_R = \frac{12.5}{3.078} = 4.06.$$

后经检查发现，样本中的异常值 17.2 属抄录之误，原始记录为 11.2，把 17.2 改正为 11.2 后，新数据对应的极差与标准差的估计分别为

$$R = 11.2 - 4.7 = 6.5, \quad \hat{\sigma}_R = \frac{6.5}{3.078} = 2.11.$$

这时极差与标准差都缩小了将近一半,可见个别异常值对极差的影响是很大的. 这是样本极差这一统计量的缺点 —— 易受异常值的干扰,因此在使用中要加以注意.

4.4.4 样本中位数与样本 p 分位数

样本中位数与样本 p 分位数都是由次序统计量派生出的一类常用的统计量. 这里先讲样本中位数.

定义 4.4.3 设 $x_1, x_2, \cdots, x_n$ 是来自某总体的一个样本,其次序统计量为 $x_{(1)} \leqslant x_{(2)} \leqslant \cdots \leqslant x_{(n)}$,则该样本中位数 m_d 是如下统计量:

$$m_d = \begin{cases} x_{\left(\frac{n+1}{2}\right)}, & n \text{ 为奇数}, \\ \frac{1}{2}\left(x_{\left(\frac{n}{2}\right)} + x_{\left(\frac{n}{2}+1\right)}\right), & n \text{ 为偶数}. \end{cases} \tag{4.4.7}$$

例 4.4.6 设容量为 5 的样本观察值为 3,5,7,9,11,则样本中位数 $m_d = 7$. 如果增加一个样本观察值 15,那么样本中位数

$$m_d = \frac{1}{2}(7+9) = 8.$$

样本中位数的一个优点是受异常值的影响较小. 譬如在例 4.4.5 中,无论最大值是 17.2 还是 11.2,其中位数都是

$$m_d = \frac{1}{2}(7.3 + 7.7) = 7.5,$$

而其均值分别为 8.21 与 7.61,两者相差 0.6. 可见,当样本中含有异常值时,使用中位数比使用均值更好,中位数的这种抗干扰性在统计学中称为具有**稳健性**.

样本中位数 m_d 表示在样本中有一半数据小于 m_d,另一半数据大于 m_d. 譬如,某班级有 50 位同学,如果告诉我们该班学生身高的中位数是 1.69 m,那么可知该班级中一半学生的身高高于 1.69 m,另一半学生的身高低于 1.69 m. 样本中位数反映了总体中位数的信息.

我们知道总体的数学期望 μ 与中位数 $x_{0.5}$ 都反映了总体的位置特征. 当分布对称时,譬如正态分布,则 $\mu = x_{0.5}$,但对偏态分布来讲,右偏的有 $\mu > x_{0.5}$,左偏的有 $\mu < x_{0.5}$. 有了样本均值与样本中位数后,也可大致了解分布的形态. 如果 $\bar{x} \approx m_d$,则总体分布可能比较对称;如果 $\bar{x} > m_d$,那么总体分布可能为右偏的;而 $\bar{x} < m_d$ 时,总体分布可能为左偏的.

例 4.4.7 有位顾客要买房子,当地房地产经销商向他介绍房子时煞费

苦心地告知:"这一带居民的平均年收入约为 15 000 美元."可能就是这一点使该顾客下了决心买下房子,住到这里,并记住了这个迷人的数字.一段时间后,周围居民向当局申请公共汽车费不要涨价,理由是:这一带居民的平均年收入只有 3 500 美元,提高以后支付不起.他听到这个数字后,大吃一惊:"啊呀!哪个数字是真实的呢?"为此,该顾客作了些调查,惊讶地发现,这两个数字都是合法地计算出来的,两个数字所代表的都是同样的人同样的收入.那么误解是怎么产生的呢?问题就在于有些生意人在不同时机采用不同的平均数."平均数"这个词的词义很广,它可以是均值,也可以是中位数.当地有一半居民年收入低于 3 500 美元,另一半居民年收入高于 3 500 美元,特别是该地有三户是回来度周末的百万富翁,就是这几户使算术平均数大幅度上升.当你想要高数字时,就用 15 000 美元,这是当地居民收入的算术平均数,而当你要小数字时,就用 3 500 美元,这是当地居民收入的中位数.正因为居民年收入的分布不是对称的,而是右偏的,高收入部分的尾巴较长造成了算术平均数偏大(此例摘自 R. Huff《怎能利用统计撒谎》,中国统计出版社,1989).

上面例子告诉我们,在人们告知"平均数"时应该搞清楚它指的究竟是什么.当总体分布对称时,样本均值与样本中位数差不多,而当分布不对称时,必须搞清楚它指的是样本均值还是样本中位数.

比样本中位数更一般的概念是样本 p 分位数.它的定义如下:

定义 4.4.4 设 $x_{(1)} \leqslant x_{(2)} \leqslant \cdots \leqslant x_{(n)}$ 是容量为 n 的样本次序统计量,对给定的 p $(0 < p < 1)$,样本 p 分位数 m_p 是指如下统计量:

$$m_p = \begin{cases} \dfrac{1}{2}(x_{([np])} + x_{([np+1])}), & \text{若 } np \text{ 是整数,} \\ x_{([np+1])}, & \text{若 } np \text{ 不是整数,} \end{cases}$$

其中如下三个分位数还有另外称呼,它们是

- 0.25 分位数 $m_{0.25}$ 称为第一四分位数,常记为 Q_1;
- 0.5 分位数 $m_{0.5}$ 就是中位数 m_d,又称第二四分位数;
- 0.75 分位数 $m_{7.5}$ 称为第三四分位数,常记为 Q_3.

这里符号 $[x]$ 是指 x 的整数部分,如 $[15.35] = 15$,$[27] = 27$ 等.

例 4.4.8 设某样本容量 $n = 78$,求第一、第二、第三四分位数.

解 由于 $\dfrac{78}{4} = 19.5$,$\dfrac{78}{2} = 39$,$3 \times \dfrac{78}{4} = 58.5$,故有

$$Q_1 = m_{0.25} = x_{(20)},$$

$$m_d = \frac{1}{2}(x_{(39)} + x_{(40)}),$$

$$Q_3 = m_{0.75} = x_{(59)}.$$

对多数总体而言，要给出样本 p 分位数的精确分布通常不是一件容易的事. 幸运的是当 $n \to +\infty$ 时样本 p 分位数的渐近分布有比较简单的表达式，我们这里不加证明地给出如下定理：

定理4.4.2 设总体密度函数为 $p(x)$，x_p 为其 p 分位数，$p(x)$ 在 x_p 处连续且 $p(x_p) > 0$，则当 $n \to +\infty$ 时样本 p 分位数 m_p 的渐近分布为

$$m_p \overset{\cdot}{\sim} N\Big(x_p, \frac{p(1-p)}{np^2(x_p)}\Big).$$

特别，对样本中位数，当 $n \to +\infty$ 时近似地有

$$m_{0.5} \overset{\cdot}{\sim} N\Big(x_{0.5}, \frac{1}{4np^2(x_{0.5})}\Big).$$

例4.4.9 设总体为柯西分布，密度函数为

$$p(x;\theta) = \frac{1}{\pi[1+(x-\theta)^2]}, \quad -\infty < x < +\infty,$$

其分布函数为

$$F(x;\theta) = \frac{1}{2} + \frac{1}{\pi}\arctan(x-\theta).$$

不难看出 θ 是该总体的中位数，即 $x_{0.5} = \theta$. 设 $x_1, x_2, \cdots, x_n$ 是来自该总体的样本，当样本量 n 较大时，样本中位数 $m_{0.5}$ 的渐近分布为

$$m_{0.5} \overset{\cdot}{\sim} N\Big(\theta, \frac{\pi^2}{4n}\Big).$$

4.4.5　五数概括及其箱线图

样本的次序统计量不仅把样本观察值从小到大排序，而且保留每个观察值的大小. 若我们想把样本全部观察值分为 4 段，每段观察值个数大致相等，则可用如下 5 个次序统计量：

$$x_{(1)}, \, Q_1, \, m_d, \, Q_3, \, x_{(n)}.$$

从这 5 个数在数轴上的位置大致能看出样本观察值的分布状态，从中也反映出总体分布的一些信息，特别在样本量 n 较大的场合，反映的信息更为可信. 对不同的样本，这 5 个数所概括出的信息有些差别，这一过程称为**五数概括**，其图形称为**箱线图**，该图由一个箱子和两条线段联结而成，具体见图 4-28.

例4.4.10 表 4-17 是某厂 160 名销售人员某月销售量数据的有序样本. 为画出其箱线图需从表 4-17 上读出 5 个关键数，其中

$$x_{(1)} = 45, \quad x_{(160)} = 319$$

立即可得，另三个数可由 $n/4, n/2, 3n/4$ 算得 $40, 80, 120$. 再由定义得

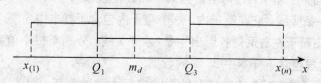

图 4-28　箱线图的示意图

表 4-17　　　　　某厂 160 名销售员的月销售量的有序样本

45	74	76	80	87	91	92	93	95	96
98	99	104	106	111	113	117	120	122	122
124	126	127	127	129	129	130	131	131	133
134	134	135	136	137	137	139	141	141	143
145	148	149	149	149	150	150	153	153	153
153	154	157	160	160	162	163	163	165	165
167	167	168	170	171	172	173	174	175	175
176	178	178	178	179	179	179	180	181	181
181	182	182	185	185	186	186	187	188	188
188	189	189	191	191	191	192	192	194	194
194	194	195	196	197	197	198	198	198	199
200	201	202	204	204	205	205	206	207	210
214	214	215	215	216	217	218	219	219	221
221	221	221	221	222	223	223	224	227	227
228	229	232	234	234	238	240	242	242	242
244	246	253	253	255	258	282	290	314	319

$$Q_1 = \frac{1}{2}(x_{(40)} + x_{(41)}) = \frac{1}{2}(143 + 145) = 144,$$

$$m_d = \frac{1}{2}(x_{(80)} + x_{(81)}) = \frac{1}{2}(181 + 181) = 181,$$

$$Q_3 = \frac{1}{2}(x_{(120)} + x_{(121)}) = \frac{1}{2}(210 + 214) = 212.$$

该样本的箱线图如图 4-29 所示，具体作法如下：

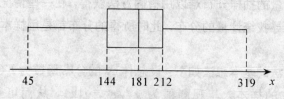

图 4-29　月销售量数据的箱线图

　(1) 画一个箱子，其两侧恰为第一四分位数和第三四分位数，在中位数位置上画一条竖线，它在箱子内. 这个箱子内包含了样本中 50% 的数据.

　(2) 在箱子左右两侧各引出一条（水平）线，分别至最小值和最大值为止. 每条线段包含了样本中 25% 的数据.

　箱线图可用来对总体的分布的形状进行大致的判断. 图 4-30 给出了三种常见的箱线图，分别对应对称分布、左偏分布和右偏分布.

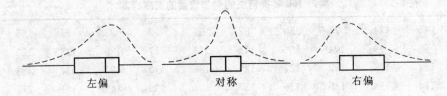

图 4-30　三种常见的箱线图及其对应的分布轮廓

　如果我们要对几批数据进行比较，则可以在一张纸上同时画出每批数据的箱线图. 图 4-31 是某厂 20 天生产的某种产品的直径数据画成的箱线图，从图中可以清楚地看出，第 18 天的产品出现了异常.

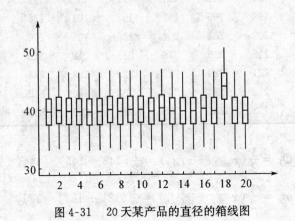

图 4-31　20 天某产品的直径的箱线图

4.4.6　用随机模拟法寻找统计量的近似分布

　有些统计量的抽样分布难以用精确方法获得，在一些情况中可以用随机模拟的方法来寻找统计量的分布，此时所得的分布都是用样本分位数来表示的.

　随机模拟法的基本想法如下：设总体 X 的分布函数为 $F(x)$，从中抽取一个容量为 n 的样本，其观测值为 $x_1, x_2, \cdots, x_n$，从而可得统计量 $T = T(x_1, x_2, \cdots, x_n)$ 的一个观测值 t. 将上述过程重复 N 次，则可得 T 的 N 个观

测值 $t_1, t_2, \cdots, t_N$. 只要 N 充分大, 那么样本分位数的观测值便是 T 分布的分位数的一个近似值, 并且 N 越大, 近似程度越好, 因而可将它作为 T 的分位数. 当改变样本容量 n 时, 则可得到不同容量 n 下 T 分布的分位数.

利用随机模拟法研究统计量的分布的关键在于如何产生分布 $F(x)$ 的容量为 n 的样本. 这一点并不是在任何分布场合都能做到的, 即使可能, 也视 $F(x)$ 的具体形式而定, 下面的例子会给我们启发.

例 4.4.11 用随机模拟方法求来自正态总体 $N(\mu, \sigma^2)$ 的样本峰度 $\hat{\beta}_k$ 的分布.

理论上已经证明 $\hat{\beta}_k$ 的渐近分布是 $N(0, 24)$, 由于其收敛速度很慢, 要对很大的 n 才能应用, 因而这一渐近分布的应用价值不大. 下面用随机模拟方法求不同 n 下 $\hat{\beta}_k$ 分布的分位数. 为此需要作两项准备工作.

进行随机模拟的首要问题是要产生 $\hat{\beta}_k$ 的 N 个观测值. 由于总体 $N(\mu, \sigma^2)$ 中含未知参数 μ 与 σ^2, 因而无法产生 $N(\mu, \sigma^2)$ 的随机数, 这时需要借用分布的性质, 首先把问题转化为可以大量产生随机数的分布. 这里可以转化为标准正态分布.

当 $X^* \sim N(0, 1)$ 时, 记其样本峰度为 $\hat{\beta}_k^*$, 可以证明 $\hat{\beta}_k^* = \beta_k$. 这是因为若令 $x_i^* = \dfrac{x_i - \mu}{\sigma}$, $i = 1, 2, \cdots, n$, 则有

$$\overline{x}^* = \frac{1}{n} \sum_{i=1}^{n} \frac{x_i - \mu}{\sigma} = \frac{\overline{x} - \mu}{\sigma}.$$

故

$$x_i^* - \overline{x}^* = \frac{x_i - \mu}{\sigma} - \frac{\overline{x} - \mu}{\sigma} = \frac{x_i - \overline{x}}{\sigma},$$

从而

$$\hat{\beta}_k^* = \frac{\dfrac{1}{n} \sum\limits_{i=1}^{n} (x_i^* - \overline{x}^*)^4}{\left[\dfrac{1}{n} \sum\limits_{i=1}^{n} (x_i^* - \overline{x}^*)^2 \right]^2} - 3 = \frac{\dfrac{1}{n} \sum\limits_{i=1}^{n} \left(\dfrac{x_i - \overline{x}}{\sigma} \right)^4}{\left[\dfrac{1}{n} \sum\limits_{i=1}^{n} \left(\dfrac{x_i - \overline{x}}{\sigma} \right)^2 \right]^2} - 3$$

$$= \frac{\dfrac{1}{n} \sum\limits_{i=1}^{n} (x_i - \overline{x})^4}{\left[\dfrac{1}{n} \sum\limits_{i=1}^{n} (x_i - \overline{x})^2 \right]^2} - 3 = \hat{\beta}_k.$$

因而求 $\hat{\beta}_k$ 的观察值时可利用标准正态分布 $N(0, 1)$ 的随机数.

此外, 为产生 $N(0, 1)$ 的观测值(称为随机数), 可利用 $(0, 1)$ 上均匀分布的随机数 u. 设 $U_1, U_2, \cdots, U_{12}$ 是取自 $(0, 1)$ 上均匀分布的容量为 12 的样本, 则

$$E\Big(\sum_{i=1}^{12}U_i-6\Big)=0,\quad \mathrm{Var}\Big(\sum_{i=1}^{12}U_i-6\Big)=1.$$

由中心极限定理知,$\sum\limits_{i=1}^{12}U_i-6$ 近似服从 $N(0,1)$ 分布,故设 $u_1,u_2,\cdots,u_{12}$ 是 $(0,1)$ 上均匀分布的随机数时,将 $\sum\limits_{i=1}^{12}u_i-6$ 作为 $N(0,1)$ 的一个观察值. 其实产生 $N(0,1)$ 随机数还有许多方法,有兴趣的读者可参看徐钟济编著的《蒙特卡罗方法》一书.

有了上述两项准备,用随机模拟法求 $\hat{\beta}_k$ 的分位数的步骤如下:

(1) 产生 12 个 $(0,1)$ 上均匀分布的随机数 $u_1,u_2,\cdots,u_{12}$,令

$$x=\sum_{i=1}^{12}u_i-6.$$

(2) 将上述过程 (1) 重复 n 次,则产生 n 个 $N(0,1)$ 的随机数 $x_1,x_2,\cdots,x_n$.

(3) 计算

$$\hat{\beta}_k=\frac{\dfrac{1}{n}\sum\limits_{i=1}^{n}(x_i-\overline{x})^4}{\Big[\dfrac{1}{n}\sum\limits_{i=1}^{n}(x_i-\overline{x})^2\Big]^2}-3,$$

则得到 $\hat{\beta}_k$ 的一个观测值,记为 $\hat{\beta}_{k,1}$.

(4) 重复 (1)～(3) N 次,可得 $\hat{\beta}_k$ 的 N 个观察值

$$\hat{\beta}_{k,1},\ \hat{\beta}_{k,2},\ \cdots,\ \hat{\beta}_{k,N},$$

这里 N 是一个相当大的值,最好在 10 000 以上.

(5) 将 $\hat{\beta}_k$ 的 N 个值排序,找出 $p=0.01,0.05,0.10,\cdots$ 的分位数.

(6) 改变样本容量 n,重复上述过程 (1)～(5),可得不同 n 下 $\hat{\beta}_k$ 的各种分位数.

表 4-18 列出了 $N=10\ 000$,样本容量 n 为 $15,20,25$ 时 $\hat{\beta}_k$ 的分位数.

表 4-18   正态总体样本峰度 $\hat{\beta}_k$ 的分位数($N = 10\ 000$ 的模拟结果)

概率 p ＼ 样本容量 n	15	20	25
0.01	−1.468	−1.360	−1.272
0.05	−1.278	−1.164	−1.081
0.10	−1.158	−1.045	−0.962
0.90	0.629	0.668	0.651
0.95	1.124	1.131	1.106
0.99	2.247	2.306	2.318

表 4-18 中的随机模拟结果表现出很强的规律性,是可信的.

习 题 4.4

1. 设总体 X 以等概率取 4 个值 $0,1,2,3$,现从中获得一个容量为 3 的样本.

(1) 分别求 $X_{(1)},X_{(3)}$ 的分布列;

(2) 求 $(X_{(1)},X_{(3)})$ 的联合分布列;

(3) $X_{(1)}$ 与 $X_{(3)}$ 相互独立吗?

2. 设总体 X 的概率密度函数为

$$p(x)=3x^2,\quad 0\leqslant x\leqslant 1,$$

从中获得一个容量为 5 的样本 $X_1,X_2,\cdots,X_5$,试分别求 $X_{(1)},X_{(5)}$ 的概率密度函数.

3. 设总体 X 服从二参数威布尔分布,其分布函数为

$$F(x)=1-\mathrm{e}^{-\left(\frac{x}{\eta}\right)^m},\quad x>0,$$

其中 $m>0$ 为形状参数,$\eta>0$ 为尺度参数. 从中获得样本 $X_1,X_2,\cdots,X_n$,试证:$Y=\min\{X_1,X_2,\cdots,X_n\}$ 仍服从二参数威布尔分布,并指出其形状参数和尺度参数.

4. 设某电子元件寿命服从参数 $\lambda=0.0015$ 的指数分布,其分布函数为

$$F(x)=1-\mathrm{e}^{-\lambda x},\quad x>0.$$

今从中随机抽取 6 个元件,测得其寿命 $X_1,X_2,\cdots,X_6$,试求下列事件的概率:

(1) 到 800 小时没有一个元件失效;

(2) 到 3000 小时所有元件都失效.

5. 设从某正态总体 $N(\mu,\sigma^2)$ 抽取的容量为 10 的样本的观察值为

344　336　345　342　340　338　344　343　344　343

求其样本极差 R 和标准差的估计 $\hat{\sigma}_R$.

6. 一组工人合作完成某一部件的装配工序所需的时间(单位:分钟)如下:

35	38	44	33	44	43	48	40	45	30
45	32	42	39	49	37	45	37	36	42
31	41	45	46	34	30	43	37	44	49
36	46	32	36	37	37	45	36	46	42
38	43	34	38	47	35	29	41	40	41

试作箱线图.

7. 某轴的尺寸规定为 $\phi 50^{+0.035}_{-0.000}$ mm,即该轴的标准尺寸为 50 mm,允许范围为 $50.000\sim50.035$ mm 之间. 现从所加工的轴中随机抽取 100 根,测

定其与 50 之差,结果如下:(单位:0.001 mm)

$$
\begin{array}{cccccccccc}
23 & 16 & 14 & 20 & 27 & 19 & 17 & 17 & 16 & 17 \\
14 & 9 & 11 & 14 & 11 & 17 & 13 & 19 & 17 & 20 \\
20 & 16 & 16 & 11 & 24 & 21 & 27 & 5 & 17 & 20 \\
16 & 17 & 16 & 16 & 14 & 22 & 13 & 14 & 26 & 19 \\
20 & 16 & 15 & 9 & 17 & 8 & 19 & 14 & 8 & 19 \\
22 & 21 & 0 & 9 & 3 & 20 & 14 & 6 & 11 & 12 \\
20 & 9 & 12 & 20 & 10 & 16 & 10 & 19 & 13 & 15 \\
14 & 13 & 25 & 14 & 9 & 16 & 8 & 16 & 7 & 8 \\
5 & 13 & 9 & 16 & 19 & 14 & 29 & 18 & 14 & 18 \\
12 & 10 & 26 & 17 & 8 & 16 & 27 & 7 & 15 & 13
\end{array}
$$

试作箱线图.

8. 用 4 种不同的方法测量某种纸的光滑度,数据如下表所示:

方法	光滑度							
A	38.7	41.5	43.8	44.5	45.5	46.0	47.7	58.0
B	39.3	39.3	39.7	41.4	41.8	42.9	43.3	45.8
C	34.0	35.0	39.0	40.0	43.0	43.0	44.0	45.0
D	34.0	34.8	34.8	35.4	37.2	37.8	41.2	42.8

请在同一坐标系中作 4 个箱线图,从中可以看出什么?

9. 用随机模拟方法求来自总体 $N(\mu,\sigma^2)$ 的容量为 $n=20$ 的样本偏度 $\hat{\beta}_S$ 的 0.10 与 0.90 分位数,写出模拟计算的步骤.

10. 设总体分布为 $N(\mu,\sigma^2)$,从中抽取容量为 n 的样本 $X_1,X_2,\cdots,X_n$, 记统计量

$$
G = \frac{X_{(n)} - \overline{X}}{S},
$$

其中 $\overline{X} = \frac{1}{n}\sum_{i=1}^{n} X_i$, $S = \sqrt{\frac{1}{n-1}\sum_{i=1}^{n}(X_i - \overline{X})^2}$. 拟用随机模拟方法求 $n=10$ 时 G 的 $p=0.95$ 的分位数. 设随机模拟次数为 10 000 次,写出模拟计算的步骤.

11. 正态总体 $N(\mu,\sigma^2)$ 的中位数 $x_{0.5} = \mu$. 设 $x_1,x_2,\cdots,x_n$ 是来自正态 总体 $N(\mu,\sigma^2)$ 的一个样本,求其样本中位数 m_d 的渐近分布.

12. 指数分布 $\text{Exp}(\lambda)$ 的中位数 $x_{0.5} = \frac{\ln 2}{\lambda}$. 设 $x_1,x_2,\cdots,x_n$ 是来自指数 分布 $\text{Exp}(\lambda)$ 的一个样本,求其样本中位数 m_d 的渐近分布.

第五章 单样本推断

由样本到总体的推理称为**统计推断**. 英国统计学家 R. A. Fisher 认为统计推断有三种基本形式,它们是

- 抽样分布;
- 参数估计,又可分为点估计与区间估计;
- 假设检验,又可分为参数检验与非参数检验.

其中抽样分布与点估计在第四章已有叙述,今后还会不断补充. 从这一章开始将叙述假设检验与区间估计,它们之间有一定的联系,重点应放在假设检验上.

假设检验是统计学中最具特色的部分,其统计味甚浓. 从建立假设,寻找检验统计量,构造拒绝域(或计算 p 值),直到最后作出判断等各个步骤上都能体现统计思想的亮点. 假设检验的思维方式也独具一格,从其他数学分支学不到这种判断问题的思路. 不犯错误、不冒风险的判断是不存在的,问题在于设法控制犯错误的概率. 我们要努力学会假设检验的思维模式,这是精华.

假设检验按所涉及的样本个数又可分为单样本问题、双样本问题和多样本问题. 这里先从单样本推断开始.

5.1 假设检验的概念与步骤

5.1.1 假设检验问题

假设检验是研究什么样的问题? 请看下面例子.

例 5.1.1 某厂生产的化纤长度 X 服从正态分布 $N(\mu, 0.04^2)$,其中正态均值 μ 的设计值为 1.40. 每天都要对"$\mu = 1.40$"作例行检验,以观察生产是否正常运行. 若不正常,需对生产设备进行调整和再检验,直到正常为止.

某日从生产线上随机抽取 25 根化纤,测得其长度值为 $x_1, x_2, \cdots, x_n$ ($n = 25$),算得其平均长度 $\bar{x} = 1.38$,问当日生产是否正常?

几点评论:

- 这不是一个参数估计问题.
- 这里要对命题"$\mu = 1.40$"给出回答:"是"或"否".
- 若把此命题看做一个假设,并记为"$H_0: \mu = 1.40$",对命题的判断转化为假设 H_0 的检验,此类问题称为(统计)假设检验问题.
- 假设检验问题在生产实际和科学研究中常会遇到,如新药是否有效? 新工艺是否可减少不合格品率? 不同质料鞋底的耐磨性是否有显著差异? 这类问题都可归结为假设检验问题.

5.1.2 假设检验的步骤

假设检验的基本思想是:根据所获样本,运用统计分析方法对总体 X 的某种假设 H_0 作出判断. 具体进行假设检验时应按如下 4 个步骤. 下面结合例 5.1.1 来叙述这 4 个步骤.

1. 建立假设

一般假设检验问题需要建立两个假设:

原假设 $\qquad\qquad H_0: \mu = 1.40,$

备择假设 $\qquad\qquad H_1: \mu \neq 1.40.$ $\qquad\qquad$ (5.1.1)

其中原假设 H_0 是我们要检验的假设,在这里 H_0 的含义是:"与设计值一致"或"当日生产正常". 要使当日生产化纤的平均长度与 1.40 丝毫不差是办不到的,因为随机误差到处都有. 若差异仅是由随机误差引起的,则可认为 H_0 为真. 若差异是由其他异常原因(如原料变化、设备退化、操作不当等系统误差) 引起的,则可认为 H_0 为假,从而拒绝 H_0. 如何区分系统误差与随机误差将在下面指出.

备择假设 H_1 是在原假设被拒绝时而应接受的假设. 在例 5.1.1 中,化纤平均长度过长或过短都是不合适的,故应选用"$H_1: \mu \neq 1.40$"作为备择假设是适当的. 假如平均长度允许过长,不允许过短,或者反过来,则还可建立如下两对假设:

$$H_0: \mu = 1.40, \quad H_1': \mu > 1.40; \qquad (5.1.2)$$

$$H_0: \mu = 1.40, \quad H_1'': \mu < 1.40. \qquad (5.1.3)$$

这表明:备择假设的设置有多种选择,需根据实际情况确定.

在参数假设检验中,假设(原假设或备择假设)都是参数空间 Θ 内的一个非空子集. 在例 5.1.1 中平均长度 μ 的参数空间为 $\Theta = \{\mu: -\infty < \mu < \infty\}$,其原假设 $H_0: \mu \in \Theta_0$,其中 $\Theta_0 = \{\mu: \mu = 1.40\}$ 是单元素集,又称为**简单假设**. 备择假设 $H_1: \mu \in \Theta_1$,其中 $\Theta_1 = \{\mu: \mu \neq 1.40\}$ 是多元素集,又称为**复**

杂假设. 它们都是参数空间 Θ 的两个子集,并且互不相交. 一般说来,参数空间 Θ 中任意两个不相交的非空子集都可组成一个参数假设检验问题.

对备择假设还有一点要说明:假如备择假设 H_1 位于原假设的右侧(如(5.1.2))或左侧(如(5.1.3)),则称该检验问题为**单侧检验问题**. 假如备择假设 H_1 位于原假设 H_0 的两侧(如(5.1.1)),则称其为**双侧检验问题**. 如此区分是因为:不同的备择假设会影响后面拒绝域的位置.

2. 选择检验统计量,确定拒绝域的形式

在 H_0 对 H_1 的检验问题中涉及正态均值 μ,样本均值 $\overline{x}$ 是 μ 的最好估计,且 $\overline{x} \sim N(\mu, \sigma^2/n)$. 由于 $\overline{x}$ 的方差 σ^2/n 比 x 的方差 σ^2 缩小 n 倍,使用 $\overline{x}$ 的分布更容易把 $\overline{x}$ 与 $\mu_0 = 1.40$ 区分开来(见图 5-1).

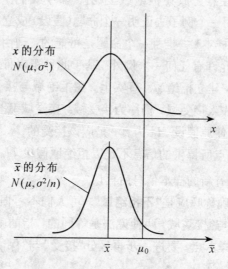

图 5-1 x 与 $\overline{x}$ 的分布

在 σ 已知为 σ_0 和原假设 $H_0: \mu = \mu_0$ 为真的情况下,经标准化变换可得

$$u = \frac{\overline{x} - \mu_0}{\sigma_0/\sqrt{n}} \sim N(0,1). \tag{5.1.4}$$

这里的 u 就是今后使用的**检验统计量**,其分子的绝对值 $|\overline{x} - \mu_0|$ 是样本均值 $\overline{x}$ 与总体均值 μ_0 的距离,其大小表征系统误差大小;而分母 $\sigma_0/\sqrt{n}$ 是随机误差大小;两者的比值 $|u|$ 表征系统误差是随机误差的倍数. 在随机误差给定的情况下,$|u|$ 越大,系统误差越大,$\overline{x}$ 远离 μ_0,这时应倾向于拒绝 H_0;相反,若 $|u|$ 越小,系统误差越小,$\overline{x}$ 越接近 μ_0,这时应倾向于不拒绝 H_0. 这表明:$|u|$ 的大小可以用来判断是否拒绝 H_0,即

$|u|$ 越大,应倾向于拒绝 H_0;

$|u|$ 越小，应倾向于不拒绝 H_0.

为便于区分拒绝 H_0 与不拒绝 H_0，需要在 u 轴上找一个临界值 c，使得

当 $|u| \geqslant c$ 时，拒绝 H_0；

当 $|u| < c$ 时，不拒绝 H_0.

并称 u 轴上的区域 $\{u : |u| \geqslant c\} = \{|u| \geqslant c\}$ 为该双侧检验问题的**拒绝域**，记为 W. 其中 u 如 (5.1.4) 所示，它可由样本观察值 $(x_1, x_2, \cdots, x_n)$ 算得，故此拒绝域 $W = \{|u| \geqslant c\}$ 仍是样本空间中的一个子集，是一个随机事件，即

$$W = \{(x_1, x_2, \cdots, x_n) : |u(x_1, x_2, \cdots, x_n)| \geqslant c\}$$
$$= \{u : |u| \geqslant c\} = \{|u| \geqslant c\},$$

其中临界值 c 将在下面用控制犯错误概率确定之.

我们为什么把注意力放在拒绝域上呢？ 如今我们手上只有一个样本，相当于一个例子，用一个例子去证明一个命题(假设)成立的理由是不会充分的，但用一个例子(样本)去推翻一个命题是可能的，理由也是充足的，因为一个正确的命题不允许有任何一个例外. 基于此种逻辑推理，我们应把注意力放在拒绝域方面，建立拒绝域. 事实上，在拒绝域与接受域之间还有一个模糊域，如今把它并入接受域，仍称为接受域. 接受域 $\overline{W}$ 中有两类样本点：

• 一类样本点使原假设 H_0 为真，是应该接受的；

• 另一类样本点所提供的信息不足以拒绝原假设 H_0，不宜列入 W，只能保留在 $\overline{W}$ 内，待有新的样本信息后再议.

因此，$\overline{W}$ 的准确称呼应是"**不拒绝域**"，可人们不习惯此种说法. 本书中约定："不拒绝域"与"接受域"两种说法是等同的，指的就是 $\overline{W}$，它含有"接受"与"保留"两类样本点，要进一步再区分"接受"与"保留"已无法由一个样本来确定.

这一判断过程很像法庭法官判案过程. 法官办案的逻辑是这样的，他首先建立假设 H_0："被告无罪"，谁说被告有罪谁要拿出证据来. 原告拿出一次贪污，或一次盗窃，或一次贩毒的证据(相当于一个样本)后，若证据确凿，经双方陈述和辩论，若法官认定罪行成立，就拒绝假设 H_0，并立即判刑入狱. 若法官认为证据不足，则不会定罪. 如此判案在法律界称为"无罪推定". 这样一来，监狱里的人几乎都是有罪的，但也要看到，监狱外的人不全是无罪的人. 国内外多年实践表明，这样判案是合理的，合乎逻辑的. 对监狱外的人再区分"好"与"不好"比区别"有罪"与"无罪"不知要难上几百倍.

这就是我们在假设检验中把注意力放在确定"拒绝域"的理由.

3. 给出显著性水平 α，定出临界值

要对原假设 H_0 作判断是会犯错误的，因为原假设 H_0 是正确还是错误

不可能准确知道,除非检查整个总体. 而在绝大多数的实际问题中检查整个总体是不可能的. 因此在进行假设检验过程中要允许犯错误. 我们的任务是努力控制犯错误的概率,使其在尽量小的范围内波动.

在假设检验中可能犯的错误有如下两类(见图 5-2):

第 Ⅰ 类错误(拒真错误) 原假设 H_0 为真,但由于抽样的随机性,样本落在拒绝域 W 内,从而导致拒绝 H_0,其发生概率记为 α,又称为**显著性水平**.

第 Ⅱ 类错误(取伪错误) 原假设 H_0 不真,但由于抽样的随机性,样本落在 $\overline{W}$ 内,从而导致接受 H_0,其发生概率为 β.

真实情况

	H_0 成立	H_1 成立
接受 H_0	判断正确	第 Ⅱ 类错误(发生概率为 β)
拒绝 H_0	第 Ⅰ 类错误(发生概率为 α)	判断正确

图 5-2 统计判断所犯的二类错误

例 5.1.2 在例 5.1.1 的双侧检验问题(5.1.1)中犯二类错误的概率 α 与 β 是可以算出的. 先计算 α.

$$\alpha = P(犯第 Ⅰ 类错误) = P(当 H_0 为真时而拒绝 H_0).$$

这个概率应是在 $H_0: \mu = \mu_0$ 成立下(即在 $N(\mu_0, \sigma_0^2)$ 下)计算拒绝域 $W = \{|u| \geqslant c\}$ 的概率(见图 5-3 (a)),此时 $u = \dfrac{\sqrt{n}(\bar{x} - \mu_0)}{\sigma_0} \sim N(0,1)$,故

$$\alpha = P_{\mu_0}(|u| \geqslant c) = 2(1 - \Phi(c)), \tag{5.1.5}$$

其中 $\Phi(\cdot)$ 为标准正态分布函数. 由上式知,α 是临界值 c 的严减函数,或者说,α 越小,拒绝域 W 也越小.

现转入计算 β.

$$\beta = P(犯第 Ⅱ 类错误) = P(当 H_0 为假时而接受 H_0).$$

这个概率应在 $H_1: \mu \neq \mu_0$ 下计算接受域 $\overline{W} = \{|u| < c\}$ 的概率(见图 5-3 (b)),此时 $u = \dfrac{\sqrt{n}(\bar{x} - \mu)}{\sigma_0}$ 已不服从 $N(0,1)$,而 $\dfrac{\sqrt{n}(\bar{x} - \mu_0)}{\sigma_0}$ 才服从 $N(0,1)$. 由此可知

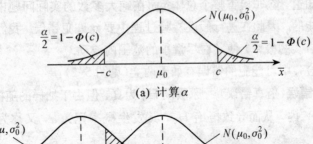

(a) 计算 α

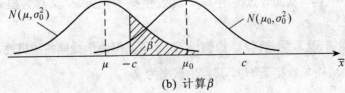

(b) 计算 β

图 5-3 计算犯二类错误的概率示意图

$$\beta = P_\mu(|u| < c) = P_\mu\left(-c < \frac{\overline{x} - \mu_0}{\sigma_0/\sqrt{n}} < c\right).$$

这里 P_μ 表示在分布 $N(\mu, \sigma_0^2)$ 下计算概率,为此要改写上式,具体如下:

$$\beta = P_\mu\left(-c < \frac{\overline{x} - \mu}{\sigma_0/\sqrt{n}} + \frac{\mu - \mu_0}{\sigma_0/\sqrt{n}} < c\right)$$

$$= \Phi\left(c + \frac{\mu_0 - \mu}{\sigma_0/\sqrt{n}}\right) - \Phi\left(-c + \frac{\mu_0 - \mu}{\sigma_0/\sqrt{n}}\right).$$

在 $\mu_0 = 1.40$, $\sigma_0 = 0.04$, $n = 25$ 下仍算不出 β, β 不仅依赖于临界值 c,还依赖于总体均值 μ,故 β 是 μ 的函数 $\beta = \beta(\mu)$,其中 $\mu \neq \mu_0$. 若取 $\mu = 1.38$,则

$$\frac{\sqrt{n}(\mu_0 - 1.38)}{\sigma_0} = 2.5,$$

$$\beta(1.38) = \Phi(c + 2.5) - \Phi(-c + 2.5). \qquad (5.1.6)$$

由上式可知,$\beta(1.38)$ 是临界值 c 的严增函数.

当给定临界值 c 后可由 $(5.1.5)$ 与 $(5.1.6)$ 算得 α 与 β,如 $c = 1$ 时,

$$\alpha = 2(1 - \Phi(1)) = 2(1 - 0.841\,3) = 0.317\,4,$$

$$\beta(1.38) = \Phi(3.5) - \Phi(1.5) = 0.999\,76 - 0.933\,2 = 0.066\,6.$$

对 $c = 1.5, 2, 2.5$ 等值算出的 α 与 $\beta(1.38)$ 列于表 5-1 中.

表 5-1　　　　　　例 5.1.1 中犯二类错误的概率 α 与 β

c	0.5	1.0	1.5	2.0	2.5	3.0
α	0.617 0	0.317 4	0.133 6	0.045 4	0.012 4	0.002 7
$\beta(1.38)$	0.021 4	0.066 6	0.158 7	0.308 5	0.500 0	0.841 3

从表 5-1 中可以看出，随着 α 的减少，β 在增加，有时增加还很快. 当 α 从 0.05 减少到 0.01 时，β 确由 0.3 增加到 0.5 左右，若 α 减少到 0.001 时 β 要增加到 0.84 以上. 这种现象在假设检验中普遍存在，只在程度上有所差别而已.

一般理论研究表明：

- 在固定样本量 n 下，要减小 α 必导致增大 β；
- 在固定样本量 n 下，要减小 β 必导致增大 α；
- 要使 α 与 β 皆小，只有不断增大样本量 n 才能实现，这在实际中常不可行.

如何处理 α 与 β 之间不易调和的矛盾呢？ 很多统计学家根据实际使用情况提出如下建议：

(1) 在样本量 n 已固定的场合，主要控制犯第 I 类错误的概率，并构造出"水平为 α 的检验"，它的具体定义如下.

定义 5.1.1 在一个假设检验问题中，先选定一个数 α ($0 < \alpha < 1$)，若一个检验犯第 I 类错误的概率不超过 α，即

$$P(犯第 \text{ I } 类错误) \leqslant \alpha,$$

则称该检验为**水平为 α 的检验**，其中 α 称为**显著性水平**.

在构造水平为 α 的检验中显著性水平 α 不宜定得过小，α 过小会导致 β 过大，这是不可取的. 所以在确定 α 时不要忘记："用 α 来制约 β". 故在实际中常选 $\alpha = 0.05$，有时也用 $\alpha = 0.10$ 或 $\alpha = 0.01$.

(2) 在有需要和可能的场合，适当选择样本量 n 去控制犯第 II 类错误的概率. 这一点将在 5.4 节和其他几节中展开.

现在回到例 5.1.1，在那里对双侧检验问题 (5.1.1) 中已定出拒绝域形式 $W = \{|u| \geqslant c\}$. 在原假设 $H_0: \mu = \mu_0$ 为真的场合，由于抽样的随机性，样本点落入拒绝域的概率为 $P(W)$. 为构造水平为 α 的检验，需从

$$P(W) = P(|u| \geqslant c) \leqslant \alpha$$

定出临界值 c. 这里概率用连续分布 $N(\mu_0, \sigma_0^2)$ 计算. 为用足 α，使 W 更大一些，常使用等式定出临界值，即

$$P(|u| \geqslant c) = \alpha \quad 或 \quad P(|u| < c) = 1 - \alpha.$$

利用标准正态分布分位数可得 $c = u_{1-\alpha/2}$. 由此定出该水平为 α 的检验的拒绝域为

$$W = \{|u| \geqslant u_{1-\alpha/2}\}. \tag{5.1.7}$$

若取 $\alpha = 0.05$，则 $u_{1-\alpha/2} = u_{0.975} = 1.96$，即 $W = \{|u| \geqslant 1.96\}$.

4. 判断

上述双侧检验问题的判断法则如下：

• 当根据样本计算的检验统计量落入拒绝域 W 内，则拒绝 H_0，即接受 H_1.

• 当根据样本计算的检验统计量未落入拒绝域 W 内，则接受 H_0.

根据上述判断法则，我们来完成例 5.1.1 的判断. 如今已知 $\mu_0 = 1.40$，$\sigma_0 = 0.04$，$n = 25$ 和样本均值 $\bar{x} = 1.38$. 由此可算得检验统计量 u 的值

$$u_0 = \frac{\bar{x} - \mu_0}{\sigma_0 / \sqrt{n}} = \frac{1.38 - 1.40}{0.04 / \sqrt{25}} = -2.5.$$

由于 $|u_0| = 2.5 > 1.96 = u_{1-\alpha/2}$，样本点落入拒绝域 W 内，故应拒绝 H_0，改为接受 H_1，即在显著性水平 $\alpha = 0.05$ 下，当日平均长度 μ 与设计值 1.40 间有显著差异. 这样差异不能用随机误差来解释，而应从原料到生产过程中去找原因. 然后加以纠正，使生产恢复正常.

综上所述，进行假设检验都要经过上述四步程序，即

(1) 建立假设：原假设 H_0 与备择假设 H_1；

(2) 选择检验统计量，确定拒绝域 W 的形式；

(3) 给出显著性水平 α，定出临界值；

(4) 判断：是拒绝 H_0 还是接受 H_0.

提出和使用上述四步程序是强调正确进行假设检验的方法. 当熟悉了这种方法后，有些步骤并不总是需要. 但是在初步学习假设检验时，上述四步程序是一个很有帮助的框架.

下面再看一个离散总体场合下的假设检验问题.

例 5.1.3 某厂制造的产品长期以来不合格品率不超过 0.01. 某天开工后，为检验生产过程是否稳定，随机抽检了 100 件产品，发现其中有 2 件不合格品. 试在 0.10 水平上判断该天生产是否稳定.

解 我们按上面所述步骤来进行.

(1) 建立假设.

设总体 X 为抽检一件产品中不合格品的件数，则 X 服从二点分布 $b(1, \theta)$，其中 θ 是产品的不合格品率，$0 < \theta < 1$. 当生产稳定时 $\theta \leqslant 0.01$，而生产不稳定时 $\theta > 0.01$. 因此判断该天生产是否稳定可以转化为一个假设检验问题，其假设可如下设置：

$$H_0: \theta \leqslant 0.01, \quad H_1: \theta > 0.01.$$

这是一个离散总体参数的单边检验问题.

(2) 选择检验统计量，根据备择假设确定拒绝域的形式.

检验用统计量通常从参数的点估计出发去寻找，现在 θ 的点估计为 $\bar{x} = \frac{1}{n}\sum_{i=1}^{n} x_i$，可以用它作为检验的统计量. 在样本量 n 确定时，用 $T = \sum_{i=1}^{n} x_i$ 作

为检验的统计量更为方便, 因为其分布是二项分布 $b(n,p)$. 现在我们采用 T 作为检验统计量. 在 H_0 为真时, T 不应过大, 而当 H_0 为假(即 H_1 为真) 时, T 应较大, 所以拒绝域的形式应取为 $W=\{T \geqslant c\}$.

(3) 选择显著性水平 $\alpha=0.10$, 定出临界值 c.

为确定临界值 c, 要利用 T 的分布(二项分布). 由二项分布 $b(n,\theta)$ 和拒绝域的形式 $W=\{T \geqslant c\}$ 可写出犯二类错误的概率 α 与 β:

$$\alpha(\theta)=P_\theta(T \geqslant c)$$
$$=\sum_{j=c}^{100}\binom{100}{j}\theta^j(1-\theta)^{100-j}, \quad 0<\theta \leqslant 0.01 \text{ (原假设)},$$
$$\beta(\theta)=P_\theta(T<c)$$
$$=\sum_{j=0}^{c-1}\binom{100}{j}\theta^j(1-\theta)^{100-j}, \quad 0.01<\theta<1 \text{ (备择假设)}.$$

由上两式可见, α 与 β 都是 θ 的函数, 这是因为原假设 H_0 与备择假设 H_1 所涉及的参数都不是单元素集之故. 考虑到 T 是离散分布, 在这里寻找水平为 α 的检验就是要找这样的临界值 c, 使得

$$\alpha(\theta)=P_\theta(T \geqslant c) \leqslant 0.1, \quad \theta \leqslant 0.01.$$

为此, 我们对若干个 θ 值和 c 值分别计算 α 与 β, 计算结果列于表 5-2 中.

表 5-2 　　　　　　　　对不同 c 值给出的若干 $\alpha(\theta), \beta(\theta)$

c	1	2	3	4	5	6	⋯
$\alpha(0.005)$	0.394	0.090	0.014	0.002	0.000 2	0.000 01	⋯
$\alpha(0.01)$	0.634	0.264	0.079	0.018	0.003	0.000 5	⋯
$\beta(0.04)$	0.017	0.087	0.232	0.429	0.629	0.788	⋯
$\beta(0.08)$	0.000 2	0.002	0.011	0.037	0.090	0.180	⋯

• 从表的前两行可以看出, 无论 c 为何值, 总有 $\alpha(0.005)<\alpha(0.01)$. 一般还可证明: $\alpha(\theta)$ 是 θ 的增函数, 这表明只要 $\alpha(0.01) \leqslant 0.1$ 就可使 $\alpha(\theta)$ 在 $\theta \leqslant 0.01$ 时都不超过 0.1.

• 从表的第二行还可以看出, $c=3,4,5,6,\cdots$ 值时都可以使 $\alpha(0.01) \leqslant$ 0.1, 所以 c 值可在 $3,4,5,6,\cdots$ 值中选取.

• 从表的后两行可以看出, 无论 θ 为何值, $\beta(\theta)$ 是 c 的增函数, 这表明 c 越大可导致犯第 II 类错误的概率越大. 为了使 $\beta(\theta)$ 尽量小, 应该取 $c=3$.

综上我们应该选取 $\alpha(0.01) \leqslant 0.1$ 又最靠近 0.1 的那个 c 值, 以控制犯第 II 类错误的概率. 所以我们在 $\alpha=0.10$ 时选取临界值 $c=3$, 即拒绝域为

$$W=\{T \geqslant 3\}.$$

(4) 根据样本作出判断.

现在由样本得到 $T=2$, 未落入拒绝域, 故接受原假设, 认为该天生产稳定.

5.1.3 标准差在假设检验中的作用

我们对例 5.1.1 继续作一些讨论, 让已知参数 σ_0 与 n 作一些变化, 然后考察它们对检验结果的影响.

在例 5.1.1 中提出一个双侧检验问题:

$$H_0: \mu = \mu_0 = 1.40, \quad H_1: \mu \neq \mu_0.$$

从正态总体 $N(\mu_0, \sigma_0^2)$ 中随机抽取容量为 n 的一个样本, $\overline{x}$ 为样本均值. 由此可得检验统计量

$$u = \frac{\overline{x} - \mu_0}{\sigma_0/\sqrt{n}} \sim N(0,1).$$

当选择显著性水平 $\alpha = 0.05$ 时, 其拒绝域 $W = \{|u| \geqslant 1.96\}$. 在 $\overline{x} = 1.38$ 和 $\sigma_0 = 0.04$, $n = 25$ 的场合, 算得 $u_0 = -2.5$, 故应拒绝 H_0.

(1) 假如把标准差 σ_0 从 0.04 增加到 0.06, 其他参数不变, 这时

$$u_0 = \frac{\overline{x} - \mu_0}{\sigma_0/\sqrt{n}} = \frac{1.38 - 1.40}{0.06/\sqrt{25}} = -1.67.$$

由于 $|u_0| = 1.67 < 1.96$ (临界值), 样本没落入拒绝域 W, 故应接受 H_0: $\mu = 1.40$, 即当日生产正常. 这表明: 改变标准差 σ_0 会影响假设检验的判断结果. 标准差大小表示随机误差大小, 标准差越大, 小的偏差(系统误差)

$$\overline{x} - \mu_0 = 1.38 - 1.40 = -0.02$$

就不易被发现; 标准差越小, 即使很小的偏差也能识别出来.

(2) 假如把样本量 n 由 25 缩小到 9, 其他参数不变, 这时

$$u_0 = \frac{\overline{x} - \mu_0}{\sigma_0/\sqrt{n}} = \frac{1.38 - 1.40}{0.04/\sqrt{9}} = -1.5.$$

由于 $|u_0| = 1.5 < 1.96$ (临界值), 样本没有落入拒绝域 W, 故应接受 H_0: $\mu = 1.40$, 即当日生产正常. 这表明: 改变样本量 n 就是改变样本均值 $\overline{x}$ 的标准差

$$\sigma_{\overline{x}} = \frac{\sigma_0}{\sqrt{n}}.$$

若 n 增大, 则 $\sigma_{\overline{x}}$ 减小, 从而能识别小的偏差; 若 n 减小, 则 $\sigma_{\overline{x}}$ 反而增大, 这时小的偏差就不易被发现, 识别能力减弱.

上述两点都说明标准差(σ_0 或 $\sigma_{\overline{x}}$)大小对检验结果是有影响的. 减少标准差会增加检验的识别能力, 增大标准差会减弱检验的识别能力.

习 题 5.1

1. 某糖厂用自动包装机将糖进行包装，每包糖的标准重量为 50 kg，据以往经验，每包糖重 X（单位：kg）服从正态分布 $N(\mu,0.6^2)$. 某日开工后，抽检 4 包，其平均重量为 50.5 kg. 在显著性水平 $\alpha=0.05$ 下，当日包装机工作是否正常？

2. 设样本 $x_1,x_2,\cdots,x_{25}$ 来自总体 $N(\mu,9)$，其中 μ 为未知参数. 对检验问题

$$H_0:\mu=\mu_0, \quad H_1:\mu\neq\mu_0,$$

取如下拒绝域：$W=\{|\bar{x}-\mu_0|\geqslant c\}$，其中 $\bar{x}$ 为样本均值.

(1) 求 c，使该检验的显著性水平为 0.05；

(2) 求 $\mu=\mu_1$ 时犯第 Ⅱ 类错误的概率，这里 $\mu_1\neq\mu_0$.

3. 某纺织厂正在研究一种新纱线，其伸长力（单位：kg）服从正态分布 $N(\mu,0.3^2)$，其 μ 的设计值为 14 kg. 当 $\mu<14$ 时被认为不合格，并予以拒绝. 如今从试验样品中随机抽取 5 个，测得平均伸长力为 13.7. 若取显著性水平 $\alpha=0.05$，请给出该检验问题的水平为 α 的检验的拒绝域，并作出判断.

4. 每克水泥混合物释放的热量 X（单位：卡路里）近似服从正态分布 $N(\mu,2^2)$，现用 $n=9$ 的样本来检验 $H_0:\mu=100$ 对 $H_1:\mu\neq100$.

(1) 若取 $\alpha=0.05$，请写出拒绝域；

(2) 若 $\bar{x}=101.2$，请作出判断；

(3) 在 $\mu=103$ 处计算犯第 Ⅱ 类错误的概率.

5. 设样本 $x_1,x_2,\cdots,x_n$ 来自均匀分布 $U(0,\theta)$，其中未知参数 $\theta>0$. 设 $x_{(n)}=\max\{x_1,x_2,\cdots,x_n\}$，对检验问题

$$H_0:\theta\geqslant2, \quad H_1:\theta<2,$$

若取拒绝域为 $W=\{x_{(n)}\leqslant1.5\}$，

(1) 求犯第 Ⅰ 类错误的概率的最大值；

(2) 若要(1)中所得最大值不超过 0.05，n 至少应取多大？

6. 设 $x_1,x_2,\cdots,x_{20}$ 是来自二点分布 $b(1,p)$ 的样本，记 $T=\sum_{i=1}^{20}x_i$，对检验问题

$$H_0:p=0.2, \quad H_1:p=0.4,$$

取拒绝域为 $W=\{T\geqslant8\}$，求该检验犯二类错误的概率.

7. 设 $x_1,x_2,\cdots,x_n$ 是来自正态分布 $N(\mu,1)$ 的一个样本，考虑如下检验问题：

$$H_0 : \mu = 2, \quad H_1 : \mu = 3,$$

若检验由拒绝域 $W = \{\overline{x} \geqslant 2.6\}$ 确定，证明当 $n \to \infty$ 时，犯二类错误的概率 $\alpha \to 0$ 及 $\beta \to 0$.

5.2 正态均值的检验

正态分布 $N(\mu, \sigma^2)$ 是最常用的分布，正态均值 μ 的检验也是实际中常常会遇到的检验问题. 本节将讨论这个问题.

设 $x_1, x_2, \cdots, x_n$ 是来自正态总体 $N(\mu, \sigma^2)$ 的一个样本，关于正态均值 μ 的检验问题常有如下三种形式：

I. $H_0 : \mu \leqslant \mu_0, \quad H_1 : \mu > \mu_0$;   (5.2.1)

II. $H_0 : \mu \geqslant \mu_0, \quad H_1 : \mu < \mu_0$;   (5.2.2)

III. $H_0 : \mu = \mu_0, \quad H_1 : \mu \neq \mu_0$,   (5.2.3)

其中 μ_0 是一个已知常数. 由于正态方差 σ^2 已知与否对选择 μ 的检验有影响，故要分两种情况讨论，具体是

- σ 已知时，用 u 检验；
- σ 未知时，用 t 检验.

5.2.1 正态均值 μ 的 u 检验(σ 已知)

这里有上述三个检验问题需要考察. 其中检验问题 III 已在 5.1 节中的例 5.1.1 作为导引的例子详细地作了考察. 回忆全过程，上述考察中有几个关键点，具体是

- 根据原假设 $H_0 : \mu = \mu_0$，选择检验统计量 u，并确定其分布，即

$$u = \frac{\overline{x} - \mu_0}{\sigma_0 / \sqrt{n}} = \frac{\sqrt{n}\,(\overline{x} - \mu_0)}{\sigma_0} \sim N(0,1). \quad (5.2.4)$$

- 确定拒绝域的形式只与备择假设 $H_1 : \mu \neq \mu_0$ 有关，即

$$W_{III} = \{|u| \geqslant c\}.$$

- 获得水平为 α 的检验，只要求犯第 I 类错误概率不超过 α_0，即在原假设 $H_0 : \mu = \mu_0$ 为真的条件下，作出拒绝 H_0 的概率

$$P_{\mu_0}(W_{III}) = P_{\mu_0}(|u| \geqslant c) \leqslant \alpha,$$

并由此得临界值 $c = u_{1-\alpha/2}$，其中 $u_{1-\alpha/2}$ 是标准正态分布 $N(0,1)$ 的 $1 - \dfrac{\alpha}{2}$ 分位数.

现按此思路来研究检验问题 I 与 II. 我们的研究分两步进行，第一步先

研究如下两个检验问题:

$\quad$ I′. $H_0': \mu = \mu_0$, $\quad H_1: \mu > \mu_0$; $\hfill$ (5.2.5)

$\quad$ II′. $H_0': \mu = \mu_0$, $\quad H_1: \mu < \mu_0$, $\hfill$ (5.2.6)

其中 μ_0 为已知. 这两个检验问题的原假设与检验问题 III 的原假设相同, 只是备择假设不同, 故其检验统计量仍可使用(5.2.4)确定的 u 统计量. 依据备择假设不同, 检验问题 I′ 与 II′ 的拒绝域形式分别为

$$W_{\text{I}'} = \{u > c_1\}, \quad W_{\text{II}'} = \{u < c_2\}.$$

对给定的显著性水平 α, 其临界值 c_1 与 c_2 分别满足

$$P_{\mu_0}(u > c_1) = \alpha, \ \text{或} \ c_1 = u_{1-\alpha}, \ \text{拒绝域} \ W_{\text{I}'} = \{u > u_{1-\alpha}\},$$

$$P_{\mu_0}(u < c_2) = \alpha, \ \text{或} \ c_2 = u_\alpha, \ \text{拒绝域} \ W_{\text{II}'} = \{u < u_\alpha\},$$

其中 P_{μ_0} 表示用分布 $N(\mu_0, \sigma_0^2)$ 计算括号中的概率, 如此确定的拒绝域 $W_{\text{I}'}$ 与 $W_{\text{II}'}$ 分别是检验问题 I′ 与 II′ 的水平为 α 的检验的拒绝域.

$\quad$ 现进行第一步, 先比较检验问题 I 与 I′, 从中可以看到:

$\bullet$ I 与 I′ 的备择假设相同, 故其拒绝域也相同, 即

$$W_{\text{I}} = W_{\text{I}'} = \{u > u_{1-\alpha}\}.$$

$\bullet$ I 比 I′ 的原假设扩大了, I′ 的原假设仅含一个点 μ_0, 是简单假设, 而 I 的原假设含有无穷多个 μ, 即 $\mu \in (-\infty, \mu_0]$. 但犯第 I 类错误概率不会增加, 仍 $\leqslant \alpha$, 下面来证明这一点.

$\quad$ 当 $\mu \leqslant \mu_0$ 时, $\bar{x} \sim N(\mu, \sigma_0^2/n)$, 故当原假设 $H_0: \mu \leqslant \mu_0$ 为真时而拒绝 H_0 的概率(犯第 I 类错误的概率)记为 $\alpha(\mu)$, 可以算得

$$\alpha_{\text{I}}(\mu) = P_\mu(u > u_{1-\alpha}) = P_\mu\left(\frac{\bar{x} - \mu_0}{\sigma_0/\sqrt{n}} > u_{1-\alpha}\right)$$

$$= P_\mu\left(\frac{\bar{x} - \mu + \mu - \mu_0}{\sigma_0/\sqrt{n}} > 1 - \alpha\right)$$

$$= P_\mu\left(\frac{\bar{x} - \mu}{\sigma_0/\sqrt{n}} > u_{1-\alpha} + \frac{\mu_0 - \mu}{\sigma_0/\sqrt{n}}\right)$$

$$= 1 - \Phi\left(u_{1-\alpha} + \frac{\mu_0 - \mu}{\sigma_0/\sqrt{n}}\right)$$

$$\leqslant 1 - \Phi(u_{1-\alpha}) = 1 - (1 - u) - \alpha,$$

其中用到 $\dfrac{\sqrt{n}\,(\mu_0 - \mu)}{\sigma_0} > 0$ 和标准正态分布函数 $\Phi(\cdot)$ 是严增函数. 从上述过程中可看到: $\alpha_{\text{I}}(\mu)$ 是 μ 的严增函数, 且在 $\mu = \mu_0$ 处达到最大值 α (见图 5-4 (a)). 因此, 只要在 $\mu = \mu_0$ 处把犯第 I 类错误概率控制在 α, 就可使在 $(-\infty, \mu_0]$ 中任一 μ 处犯第 I 类错误的概率不超过 α, 即当 $\mu \leqslant \mu_0$ 时,

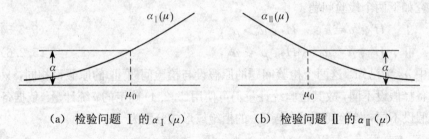

(a) 检验问题 I 的 $\alpha_I(\mu)$ (b) 检验问题 II 的 $\alpha_{II}(\mu)$

图 5-4 犯第 I 类错误概率 $\alpha(\mu)$ 的示意图

$\alpha(\mu) \leqslant \alpha$. 这表明拒绝域 W_I 确是检验问题 I 的水平为 α 的检验的拒绝域.

类似地比较检验问题 II 与 II′. 它们的备择假设相同, 故其拒绝域也相同, 即 $W_{II} = W_{II'} = \{u < u_\alpha\}$. 而 II 比 II′ 的原假设扩大了, 但这也不会增加犯第 I 类错误概率 α, 这是因为在 $\mu \geqslant \mu_0$ 时有

$$\alpha_{II}(\mu) = P_\mu(u < u_\alpha) = P_\mu\left(\frac{\overline{x} - \mu_0}{\sigma_0/\sqrt{n}} < u_\alpha\right)$$

$$= P_\mu\left(\frac{\overline{x} - \mu}{\sigma_0/\sqrt{n}} < u_\alpha - \frac{\mu - \mu_0}{\sigma_0/\sqrt{n}}\right)$$

$$= \Phi\left(u_\alpha - \frac{\mu - \mu_0}{\sigma_0/\sqrt{n}}\right) \leqslant \Phi(u_\alpha) = \alpha,$$

最后的不等式成立是因为 $\mu - \mu_0 \geqslant 0$. 这表明 $\alpha_{II}(\mu)$ 是 μ 的严减函数, 且在 $\mu = \mu_0$ 处达到最大值 (见图 5-4(b)), 拒绝域 W_{II} 确是检验问题 II 的水平为 α 的检验的拒绝域.

综合上述, 本节开始提出的三个检验问题 (5.2.1)~(5.2.3) 的水平为 α 的检验的拒绝域分别为 (见图 5-5).

$$W_I = \{u \geqslant u_{1-\alpha}\}, \quad W_{II} = \{u \leqslant u_\alpha\}, \quad W_{III} = \{|u| \geqslant u_{1-\alpha/2}\},$$

并且检验问题 I′ 与 II′ 的拒绝域与检验问题 I 与 II 的拒绝域分别对应相同. 这一类检验统称为 u 检验.

例 5.2.1 微波炉在炉门关闭时的辐射量是一个重要的质量指标. 某厂该指标服从正态分布 $N(\mu, \sigma^2)$, 长期以来 $\sigma = 0.1$, 且均值都符合要求不超过 0.12. 为检查近期产品的质量, 抽查了 25 台, 得其炉门关闭时辐射量的均值 $\overline{x} = 0.1203$. 试问在 $\alpha = 0.05$ 水平上该厂炉门关闭时辐射量是否升高了?

解 首先建立假设. 由于长期以来该厂 $\mu \leqslant 0.12$, 故将其作为原假设, 有

$$H_0: \mu \leqslant 0.12, \quad H_1: \mu > 0.12.$$

在 $\alpha = 0.05$ 时, $u_{0.95} = 1.645$, 拒绝域应为 $\{u \geqslant 1.645\}$. 现由观测值求得

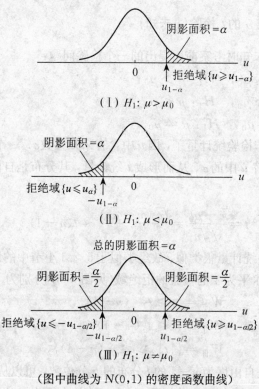

（图中曲线为 $N(0,1)$ 的密度函数曲线）

图 5-5　备择假设、拒绝域和显著性水平

$$u=\frac{0.120\ 3-0.12}{0.1/\sqrt{25}}=0.015<1.645.$$

因而在 $\alpha=0.05$ 水平下，不能拒绝 H_0，即认为当前生产的微波炉关门时的辐射量无明显升高.

例 5.2.2　某厂生产需用玻璃纸做包装，按规定供应商供应的玻璃纸的横向延伸率不应低于 65. 已知该指标服从正态分布 $N(\mu,\sigma^2)$，σ 一直稳定于 5.5. 从近期来货中抽查了 100 个样品，得样本均值 $\overline{x}=55.06$，试问在 $\alpha=0.05$ 水平上能否接收这批玻璃纸？

解　由于若不接收这批玻璃纸需作退货处理，这必须慎重，故取 $\mu<65$ 作为备择假设，从而所建立的假设为

$$H_0:\mu\geqslant 65,\quad H_1:\mu<65.$$

在 $\alpha=0.05$ 时，$u_\alpha=-1.645$，拒绝域应取作 $\{u\leqslant-1.645\}$. 现由样本求得

$$u=\frac{55.06-65}{5.5/\sqrt{100}}=-18.07<-1.645.$$

故应拒绝 H_0，不能接收这批玻璃纸.

5.2.2 正态均值 μ 的 t 检验(σ 未知)

这里将在 σ 未知时考察前面提出的三个检验问题:

Ⅰ. $H_0: \mu \leqslant \mu_0,\quad H_1: \mu > \mu_0$;

Ⅱ. $H_0: \mu \geqslant \mu_0,\quad H_1: \mu < \mu_0$;

Ⅲ. $H_0: \mu = \mu_0,\quad H_1: \mu \neq \mu_0$.

如今不能再用 u 作检验统计量了,因 u 中含有未知参数 σ. 一个自然想法是用样本标准差去代替 u 中的 σ,从而形成 t 统计量,其分布是自由度为 $n-1$ 的 t 分布,即

$$t = \frac{\overline{x} - \mu_0}{s/\sqrt{n}} = \frac{\sqrt{n}\,(\overline{x} - \mu_0)}{s} \sim t(n-1). \tag{5.2.7}$$

由于 t 统计量与 u 统计量很类似,故经类似于 5.2.1 小节中的讨论可知,上述三个检验问题的水平为 α 的检验的拒绝域(见图 5-6)分别为

$$W_{\text{I}} = \{t \geqslant t_{1-\alpha}(n-1)\},$$
$$W_{\text{II}} = \{t \leqslant t_{\alpha}(n-1)\},$$
$$W_{\text{III}} = \{|t| \geqslant t_{1-\alpha/2}(n-1)\},$$

其中 $t_p(n-1)$ 是自由度为 $n-1$ 的 t 分布的 p 分位数,可以从附表 5 中查得.

其中 W_{I} 与 W_{II} 还是如下检验问题 Ⅰ′ 与 Ⅱ′ 的水平为 α 的检验的拒绝域:

Ⅰ′. $H_0: \mu = \mu_0,\quad H_1: \mu > \mu_0$;

Ⅱ′. $H_0: \mu = \mu_0,\quad H_1: \mu < \mu_0$.

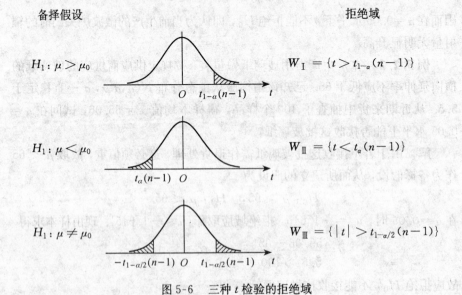

图 5-6　三种 t 检验的拒绝域

上述的这些检验统称为(单样本) t 检验. 由于标准差 σ 未知场合是常见的, 故 t 检验更为常用.

例 5.2.3 根据某地环境保护法规定, 倾入河流的废水中某种有毒化学物质的平均含量不得超过 3 ppm ($1\ \text{ppm}=10^{-6}=$百万分之一). 该地区环保组织对沿河各厂进行检查, 测定每日倾入河流的废水中该物质的含量(单位: ppm). 某厂连日的记录为

$$3.1\quad 3.2\quad 3.3\quad 2.9\quad 3.5\quad 3.4\quad 2.5\quad 4.3\quad 3.0\quad 3.4$$
$$2.9\quad 3.6\quad 3.2\quad 3.0\quad 2.7\quad 3.5\quad 2.9\quad 3.2\quad 3.3\quad 3.1$$

试在显著性水平 $\alpha=0.05$ 上判断该厂是否符合环保规定(假定废水中有毒物质含量 $X \sim N(\mu,\sigma^2)$).

解 为判断是否符合环保规定, 可建立如下假设:

$$H_0: \mu \leqslant 3, \quad H_1: \mu > 3.$$

由于这里 σ 未知, 故采用 t 检验. 现在 $n=20$, 在 $\alpha=0.05$ 时 $t_{0.95}(19)=1.729\,1$, 故拒绝域为

$$\{t \geqslant 1.729\,1\}.$$

现根据样本求得 $\bar{x}=3.2$, $s=0.381\,1$, 从而有

$$t = \frac{3.2-3}{0.381\,1/\sqrt{20}} = 2.347\,0 > 1.729\,1.$$

样本落入拒绝域, 因此在 $\alpha=0.05$ 水平上认为该厂废水中有毒物质含量超标, 不符合环保规定, 应采取措施来降低废水中有毒物质的含量.

综上, 将关于正态总体均值检验的有关结果列在表 5-3 中以便查找.

表 5-3 　　　　　　　 **正态总体均值的假设检验**

(显著性水平为 α)

检验法	条件	H_0	H_1	检验统计量	拒绝域
u 检验	σ 已知	$\mu \leqslant \mu_0$ $\mu \geqslant \mu_0$ $\mu = \mu_0$	$\mu > \mu_0$ $\mu < \mu_0$ $\mu \neq \mu_0$	$u = \dfrac{\bar{x}-\mu_0}{\sigma/\sqrt{n}}$	$\{u \geqslant u_{1-\alpha}\}$ $\{u \leqslant u_{\alpha}\}$ $\{\lvert u \rvert \geqslant u_{1-\alpha/2}\}$
t 检验	σ 未知	$\mu \leqslant \mu_0$ $\mu \geqslant \mu_0$ $\mu = \mu_0$	$\mu > \mu_0$ $\mu < \mu_0$ $\mu \neq \mu_0$	$t = \dfrac{\bar{x}-\mu_0}{s/\sqrt{n}}$	$\{t \geqslant t_{1-\alpha}(n-1)\}$ $\{t \leqslant t_{\alpha}(n-1)\}$ $\{\lvert t \rvert \geqslant t_{1-\alpha/2}(n-1)\}$

5.2.3 用 p 值作判断

在一个假设检验问题中选择不同的显著性水平有时会导致不同的结论,

而显著性水平的选择又带有些人为因素,因此对判断的结果不宜解释得过死.为使这种解释有一个宽松的余地,统计学家提出"p 值"的概念,并用它来代替拒绝域作判断.这一想法随着计算机的普及越来越受到人们的关注.下面用一个例子来说明这一过程.

例 5.2.4 一支香烟中的尼古丁含量 X 服从正态分布 $N(\mu, 1)$,合格标准规定 μ 不能超过 1.5 mg.为对一批香烟的尼古丁含量是否合格作判断,则可建立如下假设:

$$H_0: \mu \leqslant 1.5, \quad H_1: \mu > 1.5.$$

这是在方差已知情况下对正态分布的均值作单边检验,所用的检验统计量为

$$u = \frac{\overline{x} - 1.5}{1/\sqrt{n}},$$

拒绝域是

$$W = \{u \geqslant u_{1-\alpha}\}.$$

现随机抽取一盒(20 支)香烟,测得平均每支香烟的尼古丁含量为 $\overline{x} = 1.97$ mg,则可求得检验统计量的值为 $u_0 = 2.10$.表 5-4 对 4 个不同的显著性水平 α 分别列出相应的拒绝域和所下的结论.

表 5-4   例 5.2.4 中不同 α 的拒绝域与结论

显著性水平 α	拒绝域	$u_0 = 2.10$ 时的结论
0.05	$\{u \geqslant 1.645\}$	拒绝 H_0
0.025	$\{u \geqslant 1.96\}$	拒绝 H_0
0.01	$\{u \geqslant 2.33\}$	接受 H_0
0.005	$\{u \geqslant 2.58\}$	接受 H_0

从表 5-4 中可看出,随着 α 的减少,临界值 $u_{1-\alpha}$ 在增加,致使判断结论由拒绝 H_0 转到接受 H_0.可见,不同的 α 会得到不同的结论.在这过程中不变的是检验统计量的观察值 $u_0 = 2.10$,它与临界值 $u_{1-\alpha}$ 的位置谁左谁右(即谁大谁小)决定了对原假设 H_0 是拒绝还是接受.$u_{1-\alpha}$ 与 u_0 的比较等价于如下两个尾部概率的比较:

• $\alpha = P(u \geqslant u_{1-\alpha})$,即显著性水平 α 是检验统计量 u 的分布 $N(0,1)$ 的尾部概率.

• $p = P(u \geqslant u_0)$,这也是一个尾部概率,也可用 $N(0,1)$ 算出.在 $u_0 = 2.10$ 时,$p = P(u \geqslant 2.10) = 1 - \Phi(2.10) = 0.0179$(见图 5-7(a)).

这两个尾部概率在分布的同一端,是可比的.

当 $\alpha > p = 0.0179$(见图 5-7(b))时,$u_0 = 2.10$ 在拒绝域内,从而拒绝 H_0.

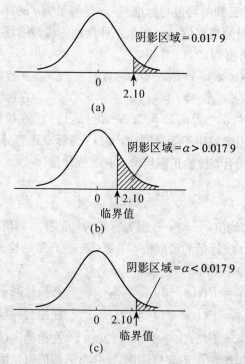

图 5-7 α 与尾部概率间的关系

当 $\alpha < p = 0.0179$（见图 5-7 (c)）时，$u_0 = 2.10$ 在拒绝域外，从而保留 H_0.

当 $\alpha = p = 0.0179$ 时，$u_0 = 2.10$ 在拒绝域边界上，也拒绝 H_0，可见 p 是拒绝原假设 H_0 的最小显著性水平. 这个 $p = 0.0179$ 就是将要介绍的该检验的 p 值.

这个例子中讨论的尾部概率具有一般性，借此可给出一般场合下 p 值的定义，以及另一个判断法则.

定义 5.2.1 在一个假设检验问题中，拒绝假设 H_0 的最小显著性水平称为 p 值.

利用 p 值和给定的显著性水平 α 可以建立如下判断法则：

· 若 $\alpha \geqslant p$ 值，则拒绝原假设 H_0；

· 若 $\alpha < p$ 值，则保留原假设 H_0.

例 5.2.5 任一检验问题的 p 值都可用相应检验统计量的分布（如标准正态分布、t 分布等）算得. 譬如

在 σ 已知场合，检验正态均值 μ 是用 u 统计量

$$u = \frac{\overline{x} - \mu_0}{\sigma_0 / \sqrt{n}} \sim N(0,1),$$

其中 μ_0 与 σ_0 是已知的均值与标准差，$\bar{x}$ 是容量为 n 的样本均值. 若由上述诸值算得 u 统计量的观察值 u_0，那么三种典型的检验问题 I，II，III（见 5.2.1 小节）的 p 值可由 $N(0,1)$ 算得，

$$p_I = P(u \geqslant u_0) = 1 - \Phi(u_0), \qquad \text{在检验问题 I 中，}$$
$$p_{II} = P(u \leqslant u_0) = \Phi(u_0), \qquad \text{在检验问题 II 中，}$$
$$p_{III} = P(|u| \geqslant |u_0|) = 2(1 - \Phi(|u_0|)), \quad \text{在检验问题 III 中，}$$

其中不等号与拒绝域中不等号同向，$\Phi(\cdot)$ 为标准正态分布函数.

在 σ 未知场合，检验正态均值 μ 用 t 统计量

$$t = \frac{\bar{x} - \mu_0}{s/\sqrt{n}} \sim t(n-1),$$

其中 μ_0 是已知均值，$\bar{x}$ 与 s 分别为容量为 n 的样本均值与样本标准差. 若由上述诸值算得 t 统计量的观察值 t_0，那么三种典型的检验问题 I，II，III 的 p 值可由 $t(n-1)$ 算得，

$$p_I = P(t(n-1) \geqslant t_0), \qquad \text{在检验问题 I 中，}$$
$$p_{II} = P(t(n-1) \leqslant t_0), \qquad \text{在检验问题 II 中，}$$
$$p_{III} = P(|t(n-1)| \geqslant |t_0|), \quad \text{在检验问题 III 中，}$$

其中不等号与拒绝域中不等号同向，t 分布函数值可从附表 4 中查得. 譬如，在例 5.2.3 中关于 $H_0: \mu \leqslant 3$ 对 $H_1: \mu > 3$ 的检验问题中，已算得 $t_0 = 2.3470$，由此可得 p 值

$$p = P(t \geqslant t_0) = 1 - P(t < 2.3470) = 1 - 0.982 = 0.018.$$

由于 p 值较小，且远离 0.05，故有充足理由拒绝原假设 H_0，即废水中该有毒物质超过该地区环保法的规定值. 这与例 5.2.3 的结论是一致的.

关于这个新的判断法则（指用 p 值作判断）有以下几点评论：

• 新判断法则与原判断法则（见 5.1.2 小节）是等价的.

• 新判断法则跳过拒绝域，简化了判断过程，但要计算检验的 p 值.

• 任一检验问题的 p 值都可用相应检验统计量的分布（如标准正态分布、t 分布、χ^2 分布等）算得. 很多统计软件都有此功能，在一个检验问题的输出中给出相应的 p 值. 此时把 p 值与自己主观确定的 α 进行比较，即可作出判断. 譬如，在正常情况下，当 p 值很小（如 $p < 0.01$）或 p 值较大（如 $p > 0.1$）时可分别作出"拒绝原假设 H_0"或"接受原假设 H_0"的判断，在其他场合还需与 α 比较后再作判断.

例 5.2.6 某厂制造的产品长期以来不合格品率不超过 0.01，某天开工后随机抽检了 100 件产品，发现其中有 2 件不合格品，试在 0.10 水平上判断该天生产是否正常？

解 设 θ 为该厂产品的不合格品率，它是二点分布 $b(1,\theta)$ 中的参数. 本

例要检验的假设是

$$H_0: \theta \leqslant 0.01, \quad H_1: \theta > 0.01.$$

这是一个离散总体的单边检验问题.

设 $x_1, x_2, \cdots, x_n$ 是从二点分布 $b(1,\theta)$ 中抽取的样本,样本和 $T = x_1 + x_2 + \cdots + x_{100}$ 服从二项分布 $b(100, \theta)$. 这里可用 T 作为检验统计量,则在原假设 H_0 下,$T \sim b(100, 0.01)$. 如今 T 的观察值 $t_0 = 2$,由备择假设 H_1 知,此检验的 p 值为

$$p = P(T \geqslant 2) = 1 - P(T=0) - P(T=1)$$
$$= 1 - (0.99)^{100} - 100 \times 0.01 \times (0.99)^{99}$$
$$= 1 - 0.366 - 0.370 = 0.264.$$

由于 $p > \alpha = 0.1$,故应作"保留原假设"的判断,即当日生产正常.

这个例子就是例 5.1.3,在那里为构造拒绝域花较多精力,这里用 p 值作判断简单不少.

5.2.4 假设检验的一些解释

1. 大样本下的 u 检验

在 5.2.1 小节中讨论的"在 σ 已知下正态均值 μ 的 u 检验"可在大样本(如 $n > 30$) 扩大其使用范围.

• 首先解除"正态性"约束. 由中心极限定理知,无论总体是正态或非正态,其样本均值 $\bar{x}$ 在大样本场合近似于正态分布,即

$$\bar{x} \overset{\cdot}{\sim} N\left(\mu, \frac{\sigma^2}{n}\right) \quad \text{或} \quad u = \frac{\bar{x} - \mu}{\sigma / \sqrt{n}} \overset{\cdot}{\sim} N(0, 1).$$

在总体方差 σ^2 已知下,可用统计量 u 对原假设 $H_0: \mu = \mu_0$ 作出检验. 所以 u 检验在大样本场合可对任意总体均值 μ 作出检验.

• 其次还可解除对"已知 σ"限制,因为在大样本场合,样本方差 s^2 与总体方差 σ^2 已很接近,故在 σ 未知下,用 s 代替 σ 对总体分布没有多大影响,实际上,在大样本场合 $(n > 30)$,$t(n-1)$ 分布与标准正态分布已很接近,故在 σ 未知下,$t = \dfrac{\bar{x} - \mu}{s / \sqrt{n}} \overset{\cdot}{\sim} N(0, 1)$,故 u 检验仍可使用.

从上述两点可知:u 检验还是一个大样本检验,无论 σ 已知或未知都可使用.

例 5.2.7 某市 2009 年每户每月平均花费在食品上的费用不超过 600 元,该市为了解今年此种费用是否有变化,特委托该市某市场调查公司作抽样调查. 该公司对该市 100 户作了调查,算得此项花费平均为 642 元,标准差为 141 元. 试问该市今年此项平均花费与 2009 年是否有显著差异?

解 该市每户每月花费在食品上费用的分布不详，但调查的样本量 $n=100$ 户较大，可用 u 统计量对如下检验问题

$$H_0: \mu \leqslant 600, \quad H_1: \mu > 600$$

作出检验. 由于 $\bar{x}=642$，$s=141$，可得 u 统计量的观察值

$$u = \frac{\bar{x} - \mu_0}{s/\sqrt{n}} = \frac{642-600}{141/\sqrt{100}} = 2.98.$$

用 p 值作判断. 在该单侧检验问题中 p 值为

$$p = P(u > 2.98) = 1 - \Phi(2.98) = 0.001\,4.$$

由于 p 值较小，应拒绝原假设 $H: \mu \leqslant 600$，这意味着该市今年每户每月用于食品的平均花费超过 600 元，比 2009 年有所增加.

2. 注意区别统计显著性与实际显著性

先看一个例子.

例 5.2.8 一位汽车制造商声称，某型号轿车在高速公路上每加仑汽油燃料平均可行驶 35 英里. 一消费者组织试验了 39 辆此种型号的轿车，发现燃料消耗的平均值为 34.5 英里/加仑. 他在正态分布 $N(\mu, 1.5^2)$ 假设下对如下单侧检验问题

$$H_0: \mu = 35, \quad H_1: \mu < 35$$

进行 u 检验，其拒绝域为 $W = \{u < u_\alpha\}$. 若取 $\alpha = 0.05$，$u_\alpha = -1.96$，故拒绝域 $W = \{u < -1.96\}$. 另一方面，可算得 u 统计量的观察值

$$u_0 = \frac{\bar{x} - \mu_0}{\sigma_0/\sqrt{n}} = \frac{34.5-35}{1.5/\sqrt{39}} = -2.08.$$

由于 $-2.08 < -1.96$，故应拒绝原假设 H_0，可认为 $34.5 \sim 35$ 之间在统计上有显著差异，但实际工作者都认为这二者之间没有实际显著性.

一个被拒绝的原假设意味着有统计显著性，但未必意味着都有实际显著性. 特别在大样本场合或精确测量场合常有这种情况发生，即使与原假设之间的微小差别都将被认为有统计显著性，但未必有实际显著性. 历史上这个现象有一个有趣例子. Kaplar 的行星运行第一定律表明，行星的轨道都是椭圆. 当时这个模型与实测数据吻合得很好. 但用一百年后的测量数据再作检验，"轨道是椭圆的"原假设被拒绝了. 这是由于科学发展了，测量仪器更精确了，行星之间的交互作用引起的行星沿着椭圆轨道左右摄动也被测量出来了. 显然，椭圆轨道模型基本上是正确的，由摄动引起的误差是次要的. 如果人们不考虑现实中的差异大小而盲目地使用统计显著性，那么一个基本上正确的模型可能被太精确的数据所拒绝.

3. 显著性水平 α 的选择

选择 α 要注意如下两个方面：

• α 应是较小的数，但不易过小. 这是为了控制犯第 Ⅰ 类错误（弃真错误）的概率和制约犯第 Ⅱ 类错误（取伪错误）的概率.

• 另一方面也要注意，α 的选择与判断发生错误时要付出的代价大小有关. 如"实际没有差异而判断有显著差异"，导致要付出很大代价，譬如要投资 350 万元购置新设备，这时要慎重，可把 α 定得小一些，从 0.05 降到 0.03 或 0.01；如"实际存在显著差异而没有被发现"的代价很高，如药品毒性、飞机的强度等，一出事故就会涉及人们的健康与生命，这时也要慎重，可把 α 增大一些，从 0.05 增加到 0.08 或 0.1. 这两种极端情况即使在用 p 值作判断时也要慎重. 从这个意义上说，α 的选择与其说是统计问题，还不如说是经营决策问题.

习 题 5.2

1. 某自动装罐机灌装净重 500 g 的洗洁精，据以往经验，知其净重服从 $N(\mu, 5^2)$. 为保证净重的均值为 500 g，需每天对生产过程进行例行检查，以判断灌装线工作是否正常. 某日从灌装线上随机抽取 25 瓶称其净重，得 25 个数据，其均值 $\overline{x} = 496$ g. 若取 $\alpha = 0.05$，问当天灌装线工作是否正常？

2. 某纤维的强力服从正态分布 $N(\mu, 1.19^2)$，原设计的平均强力为 6 g. 现经过工艺改进后，某天测得 100 个强力数据，其均值为 6.35. 假定标准差不变，试问均值的提高是否工艺改进的结果？（取 $\alpha = 0.05$）

3. 某印刷厂旧机器每台每周的开工成本（单位：元）服从正态分布 $N(100, 25^2)$. 现安装了一台新机器，观察了 9 周，平均每周的开工成本 $\overline{x} = 75$ 元. 假定标准差不变，试用 p 值检验每周开工的平均成本是否有所下降？

4. 若矩形的宽与长之比为 0.618 将给人们一个良好的感觉. 某工艺品厂的矩形工艺品框架的宽与长之比服从正态分布，现随机抽取 20 个测得其比值为

$$0.699 \quad 0.749 \quad 0.645 \quad 0.670 \quad 0.612 \quad 0.672 \quad 0.615$$
$$0.606 \quad 0.690 \quad 0.628 \quad 0.668 \quad 0.611 \quad 0.606 \quad 0.609$$
$$0.601 \quad 0.553 \quad 0.570 \quad 0.844 \quad 0.576 \quad 0.933$$

能否认为其均值为 0.618？（取 $\alpha = 0.05$）

5. 某厂生产乐器用的一种镍合金弦线，长期以来这种弦线的测量数据表明其抗拉强度 X 服从正态分布，其均值 $\mu_0 = 1035.6$ MPa. 今生产一种新弦线，从中随机抽取 10 根做试验，测得其抗拉强度为

$$1030.9 \quad 1042.0 \quad 1046.0 \quad 1034.0 \quad 1056.8$$
$$1050.0 \quad 1035.3 \quad 1037.6 \quad 1046.0 \quad 1046.4$$

试问在 $\alpha = 0.05$ 水平上这批弦线的抗拉强度是否比以往生产的弦线有显著提高？

6. 某医院用一种中药治疗高血压，记录了 50 例治疗前后病人舒张压数据之差，得到其均值为 16.28，样本标准差为 10.58. 假定舒张压之差服从正态分布，试问在 $\alpha = 0.05$ 水平上该中药对治疗高血压是否有效？

7. 有一批枪弹出厂时，其初速（单位：m/s）服从 $N(950,100)$. 经过一段时间的储存后，取 9 发进行测试，得初速的样本观察值如下：

$$914 \quad 920 \quad 910 \quad 934 \quad 953 \quad 945 \quad 912 \quad 924 \quad 940$$

据经验，枪弹经储存后其初速仍然服从正态分布，能否认为这批枪弹的初速有显著降低？请用 p 值作检验.

8. 在一个检验问题中采用 u 检验，其拒绝域为 $\{|u| \geqslant 1.96\}$，据样本求得 $u_0 = -1.25$，求检验的 p 值.

9. 在一个检验问题中采用 u 检验，其拒绝域为 $\{u \geqslant 1.645\}$，据样本求得 $u_0 = 2.94$，求检验的 p 值.

10. 在一个检验问题中采用 t 检验，其拒绝域为 $\{t \leqslant -2.33\}$. 若 $n = 10$，又据样本求得 $t_0 = -3$，求检验的 p 值.

5.3 正态均值的区间估计

参数估计有两种形式. 点估计值能给人们一个明确的数量，估计出未知参数 θ 是多少，但不能给出精度. 为了弥补这种不足，统计学家又提出区间估计概念. 点估计与区间估计互为补充，各有各的用途. 下面先给出有关概念.

5.3.1 置信区间

1. 置信区间的概念

定义 5.3.1 设 θ 是总体的一个参数，其参数空间为 Θ，又设 $x_1, x_2, \cdots,$ x_n 是来自该总体的一个样本，对给定的 α（$0 < \alpha < 1$），确定两个统计量 $\theta_L = \theta_L(x_1, x_2, \cdots, x_n)$ 与 $\theta_U = \theta_U(x_1, x_2, \cdots, x_n)$. 若对任意 $\theta \in \Theta$，有

$$P(\theta_L \leqslant \theta \leqslant \theta_U) \geqslant 1 - \alpha, \quad \forall \theta \in \Theta, \tag{5.3.1}$$

则称随机区间 $[\theta_L, \theta_U]$ 是 θ 的置信水平为 $1 - \alpha$ 的置信区间，或简称 $[\theta_L, \theta_U]$ 是 θ 的 $1 - \alpha$ 置信区间，θ_L 与 θ_U 分别称为 $1 - \alpha$ 的置信区间的(双侧)置信下限与(双侧)置信上限.

置信水平 $1 - \alpha$ 的含义是：设法构造一个随机区间 $[\theta_L, \theta_U]$，它能盖住未

知参数 θ 的概率为 $1-\alpha$. 这个区间会随着样本观察值的不同而不同, 但 100 次运用这个区间估计, 约有 $100(1-\alpha)$ 个区间能盖住 θ, 或者说约有 $100(1-\alpha)$ 个区间含有 θ, 言下之意, 大约还有 100α 个区间不含有 θ. 如图 5-8 上一条竖线表示由容量为 4 的一个样本按给定的 $\theta_L(x_1, x_2, \cdots, x_n), \theta_U(x_1, x_2, \cdots, x_n)$ 算得的一个区间, 重复使用 100 次, 得 100 个这种区间. 在(a)中, 100 个区间有 51 个包含真正参数 $\theta = 50\,000$, 这对 50% 置信区间 $(\alpha = 0.5)$ 来说是一个合埋的偏离. 在(b)中, 100 个区间有 90 个包含真实参数 $\theta = 50\,000$, 这与 90% 置信区间一致.

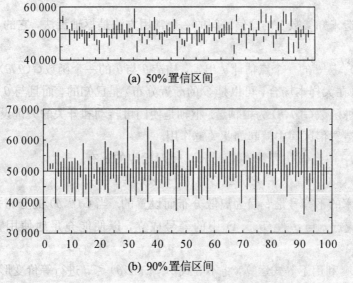

(a) 50% 置信区间

(b) 90% 置信区间

图 5-8　对从 $\mu = 50\,000$, $\sigma = 5\,000$ 的正态总体中随机取出
100 个容量为 4 的样本计算得到的置信区间

2. 单侧置信限的概念

在一些实际问题中, 我们往往关心某些未知参数的上限或下限. 例如对某种合金钢的强度来讲, 人们总希望其强度越大越好(又称望大特性), 这时平均强度的"下限"是一个很重要的指标. 而对某种药物的毒性来讲, 人们总希望其毒性越小越好(又称望小特性), 这时药物平均毒性的"上限"便成了一个重要的指标. 这些问题都可以归结为寻求未知参数的单侧置信限问题.

定义 5.3.2　设 θ 是总体的某一未知参数, 对给定的 α $(0 < \alpha < 1)$, 由来自该总体的样本 $x_1, x_2, \cdots, x_n$ 确定的统计量 $\theta_L = \theta_L(x_1, x_2, \cdots, x_n)$ 满足

$$P(\theta \geqslant \theta_L) \geqslant 1-\alpha, \tag{5.3.2}$$

则称 θ_L 为置信水平是 $1-\alpha$ 的单侧置信下限，简称 $1-\alpha$ 单侧置信下限. 又若由样本确定的统计量 $\theta_U = \theta_U(x_1, x_2, \cdots, x_n)$ 满足

$$P(\theta \leqslant \theta_U) \geqslant 1-\alpha, \tag{5.3.3}$$

则称 θ_U 为置信水平是 $1-\alpha$ 的单侧置信上限，简称 $1-\alpha$ 单侧置信上限.

这里置信水平 $1-\alpha$ 的解释与置信区间场合相同. 寻求单侧置信限与寻求置信区间的方法也相同. 实际上，单侧置信限 θ_L 或 θ_U 是特殊的置信区间 $[\theta_L, \infty)$ 或 $(-\infty, \theta_U]$，它们的一端是明显可确定的.

5.3.2　枢轴量法

构造未知参数 θ 的置信区间的一个常用方法是枢轴量法，它的具体步骤是：

(1) 从 θ 的一个点估计 $\hat{\theta}$ 出发，构造 $\hat{\theta}$ 与 θ 的一个函数 $G(\hat{\theta}, \theta)$，使得 G 的分布(在大样本场合，可以是 G 的渐近分布)是已知的，而且与 θ 无关. 通常称这种函数 $G(\hat{\theta}, \theta)$ 为**枢轴量**. 枢轴是使门可转动和开关的关键设备，枢轴量在构造置信区间中就起如此关键作用.

(2) 适当选取两个常数 c 与 d，使对给定的 α 有

$$P(c \leqslant G(\hat{\theta}, \theta) \leqslant d) \geqslant 1-\alpha. \tag{5.3.4}$$

这里概率的不等号是专门为离散分布而设置的. 当 $G(\hat{\theta}, \theta)$ 的分布是连续分布时，应选 c 与 d 使(5.3.4)中的等号成立，以便能充足地使用置信水平 $1-\alpha$.

(3) 利用不等式运算，将不等式 $c \leqslant G(\hat{\theta}, \theta) \leqslant d$ 进行等价变形，使得最后能得到形如 $\theta_L \leqslant \theta \leqslant \theta_U$ 的不等式. 若这一切可能，则 $[\theta_L, \theta_U]$ 就是 θ 的 $1-\alpha$ 置信区间. 因为这时有

$$P(\theta_L \leqslant \theta \leqslant \theta_U) = P(c \leqslant G(\hat{\theta}, \theta) \leqslant d) \geqslant 1-\alpha.$$

上述三步中，关键是第一步，构造枢轴量 $G(\hat{\theta}, \theta)$，为了使后面两步可行，G 的分布不能含有未知参数. 譬如标准正态分布 $N(0,1)$、t 分布等都不含未知参数. 因此在构造枢轴量时，首先要尽量使其分布为常用的一些分布. 第二步是如何确定 c 与 d. 在 G 的分布为单峰时常用如下两种方法确定：

第一种，当 G 的分布为对称时(如标准正态分布)，可取 d，使得

$$P(-d \leqslant G \leqslant d) = P(|G| \leqslant d) = 1-\alpha, \tag{5.3.5}$$

这时 $c = -d$，d 为 G 的分布的 $1-\alpha/2$ 分位数(见图 5-9 (a)). 这样获得的 $1-\alpha$ 置信区间最短.

第二种，当 G 的分布为非对称时(如 χ^2 分布)，可这样选取 c 与 d，使得分布左右两个尾部概率都为 $\alpha/2$，

$$P(G<c)=\frac{\alpha}{2}, \quad P(G>d)=\frac{\alpha}{2}, \qquad (5.3.6)$$

即取 c 为 G 的分布的 $\frac{\alpha}{2}$ 分位数，d 为 G 的分布的 $1-\frac{\alpha}{2}$ 分位数（见图 5-9 (b)）.
这样得到的置信区间称为**等尾置信区间**.

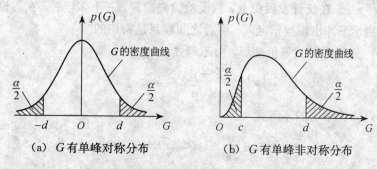

(a) G 有单峰对称分布   (b) G 有单峰非对称分布

图 5-9   枢轴量 G 的区间 $[c,d]$ 的确定

下面通过一个例子说明枢轴量法的使用，并注意它与假设检验的联系.

例 5.3.1   设一个物体的重量 μ 未知，为估计其重量可用天平去称量.
由于称量是有误差的，因而所得称量结果是一个随机变量，通常服从正态分
布，当天平称量的标准差为 0.1 g 时，可认为称量结果服从 $N(\mu,0.1^2)$. 现对
该物体称了 5 次，结果如下：（单位：g）

$$5.52 \quad 5.48 \quad 5.59 \quad 5.51 \quad 5.45$$

可将其看成来自该总体的一个容量为 5 的样本的观测值. 试对 μ 作置信水平
为 0.95 的区间估计.

解   (1)   由于 μ 是总体的均值，通常用 $\bar{x}$ 去估计它. 在正态总体场合，
$\bar{x} \sim N(\mu,\sigma^2/n)$，这里 $n=5$，$\sigma=0.1$ 均为已知. 从而

$$u=\frac{\bar{x}-\mu}{\sigma/\sqrt{n}} \sim N(0,1).$$

由于 u 是 $\bar{x}$ 与未知参数 μ 的函数，其分布 $N(0,1)$ 不含任何未知参数，故可将
u 作为枢轴量.

注意：上述枢轴量 u 在参数假设检验中称为检验统计量，因为它不含未
知参数，其中 μ 在原假设 $H_0:\mu-\mu_0$ 已给定. 而在置信区间中 μ 未被给定，
仍是未知参数，故不能再称其为统计量，故改称为枢轴量.

一般说来，假设检验中的检验统计量都有可能在置信区间中成为枢轴
量.

(2)   由于 $N(0,1)$ 是对称的连续分布，故对给定的置信水平 $1-\alpha$（$0<$
$\alpha<1$）可找到这样的 d，使

$$P(|u| \leqslant d) = 1 - \alpha,$$

其中 $d = u_{1-\alpha/2}$ 是标准正态分布的 $1 - \frac{\alpha}{2}$ 分位数.

注意: 在置信区间中 $1-\alpha$ 是置信水平, 其中 α 在假设检验中是显著性水平, 是犯第 I 类错误概率的最大值, 也是决定拒绝域 W 大小的关键参数, 因为 $P(W) = \alpha$. 在统计发展史上, 假设检验先出现, 三十多年后, 在假设检验理论的启示下才出现置信区间. 两者之间联系是密切的.

(3) 进行不等式等价变形, 由不等式

$$|u| = \frac{|\overline{x} - \mu|}{\sigma/\sqrt{n}} \leqslant u_{1-\alpha/2},$$

转化为以 μ 为中心的不等式

$$\overline{x} - u_{1-\alpha/2} \frac{\sigma}{\sqrt{n}} \leqslant \mu \leqslant \overline{x} + u_{1-\alpha/2} \frac{\sigma}{\sqrt{n}}.$$

这个不等式成立的概率仍为 $1-\alpha$. 这表明: μ 的 $1-\alpha$ 置信区间为

$$\left[\overline{x} - u_{1-\alpha/2} \frac{\sigma}{\sqrt{n}}, \overline{x} + u_{1-\alpha/2} \frac{\sigma}{\sqrt{n}} \right]. \tag{5.3.7}$$

由于区间对称, 故可记为 $\overline{x} \pm u_{1-\alpha/2} \frac{\sigma}{\sqrt{n}}$.

注意: μ 的这个 $1-\alpha$ 置信区间就是双侧检验问题:

$$H_0: \mu = \mu_0, \quad H_1: \mu \neq \mu_0$$

中水平为 α 的检验的接受域 $\overline{W}$, 只须把其中 μ_0 换为 μ 即可, 因 μ_0 与 μ 一样可以是任意实数. 这样一来, 我们在假设检验与置信区间之间建立了联系. 这种联系将在下一小节中作进一步探讨.

(4) 现在回到例 5.3.1 上来. 在该例中 $n = 5$, $\sigma = 0.1$, 在 $\alpha = 0.05$ 时, $u_{1-\alpha/2} = u_{0.975} = 1.96$, 再由给定的样本可算得 $\overline{x} = 5.51$, 将它们代入 (5.3.7) 可得 μ 的置信水平为 $1 - \alpha = 0.95$ 的一个具体的区间 $[5.422, 5.598]$.

如何解释这个置信区间呢? 认为"区间 $[5.422, 5.598]$ 含有 (或覆盖) μ 的真实值的概率为 0.95"的说法是不当的, 因为至今我们只得到一个样本, 算出一个置信区间 (实际中常是这样), 这个区间可能包含 μ 的真实值, 也可能不包含 μ 的真实值, 把一个概率 0.95 附加到一个具体区间上去是不合理的. 一个较为妥帖的说法是: "区间 $[5.422, 5.598]$ 以 95% 的信心 (主观概率) 包含 μ 的真实值." 这个说法的频率解释由如下两句话组成:

- 我们不知道区间 $[5.422, 5.598]$ 是否包含 μ 的真实值;
- 但用这种方法求出的区间包含 μ 的真实值的次数占总次数的 95%.

置信区间常被误解是由于置信区间理由尚不够完善而引起的.

5.3.3 假设检验与置信区间的联系

在上一小节我们通过一个例子(例 5.3.1)在假设检验与置信区间之间建立了联系,这种联系可综述如下:

正态总体 $N(\mu, \sigma^2)$ 的均值 μ 的如下双侧检验问题

$$H_0: \mu = \mu_0, \quad H_1: \mu \neq \mu_0$$

中,水平为 α 的检验的拒绝域为 $W = \{|u| \geqslant u_{1-\alpha/2}\}$,而其接受域 $\overline{W} = \{|u| \leqslant u_{1-\alpha/2}\}$ 可改写为均值 μ 的置信水平为 $1-\alpha$ 的置信区间. 其中等号发生的概率为零,可以不计. 假设检验使用的检验统计量与置信区间使用的枢轴量是相同的,但其注意力不同. 假设检验的注意力放在拒绝域上,置信区间的注意力放在接受域上.

上述例子中的思想普遍适用. 下面我们来进一步探讨它.

(1) 假设检验与置信区间之间的联系不是单向的,而是双向的. 假如 μ 的 $1-\alpha$ 置信区间为 $[\mu_L, \mu_U]$,则该区间为某双侧检验问题的接受域,而由一切不属于区间 $[\mu_L, \mu_U]$ 的样本点组成的集合就是该双侧检验的拒绝域.

(2) 正态总体 $N(\mu, \sigma^2)$ 均值 μ 的如下单侧检验问题

$$H_0: \mu \geqslant \mu_0, \quad H_1: \mu < \mu_0$$

中,水平为 α 的检验的拒绝域为 $W = \{u \leqslant u_\alpha\}$. 由完全类似的讨论可知,其接受域 $\overline{W} = \{u \geqslant u_\alpha\}$ 可改写为均值 μ 的置信水平为 $1-\alpha$ 的单侧置信上限 $\mu_U = \overline{x} - u_\alpha \dfrac{\sigma}{\sqrt{n}}$,因为

$$\{u \geqslant u_\alpha\} = \left\{ \frac{\overline{x} - \mu}{\sigma/\sqrt{n}} \geqslant u_\alpha \right\} = \left\{ \mu \leqslant \overline{x} - u_\alpha \frac{\sigma}{\sqrt{n}} \right\}, \qquad (5.3.8)$$

其中 $u_\alpha < 0$. 这个不等式成立的概率为 $1-\alpha$,其中等号发生的概率为零,可以不计.

(3) 正态总体 $N(\mu, \sigma^2)$ 均值 μ 的如下单侧检验问题

$$H_0: \mu \leqslant \mu_0, \quad H_1: \mu > \mu_0$$

中,水平为 α 的检验的拒绝域为 $W = \{u \geqslant u_{1-\alpha}\}$. 完全类似讨论可知,其接受域 $\overline{W} = \{u \leqslant u_{1-\alpha}\}$ 可以改写为均值 μ 的置信水平为 $1-\alpha$ 的单侧置信下限 $\mu_L = \overline{x} - u_{1-\alpha} \dfrac{\sigma}{\sqrt{n}}$,因为

$$\{u \leqslant u_{1-\alpha}\} = \left\{ \frac{\overline{x} - \mu}{\sigma/\sqrt{n}} \leqslant u_{1-\alpha} \right\} = \left\{ \mu \geqslant \overline{x} - u_{1-\alpha} \frac{\sigma}{\sqrt{n}} \right\}. \qquad (5.3.9)$$

这个不等式成立的概率为 $1-\alpha$,其中等号发生的概率为零,可以不计.

(4) 若把参数 μ 换为 σ^2,只要能找到正态方差 σ^2 的检验问题的检验统

计量，就可用其接受域获得 σ^2 的置信区间或单侧置信限. 一般说来，若在总体分布 $F(x;\theta)$ 中对未知参数 θ 建立水平 α 的检验，很快能获得 θ 的相应的 $1-\alpha$ 的置信区间或单侧置信限. 反之亦然，由 θ 的 $1-\alpha$ 置信区间(或单侧置信限)亦可构造 θ 的某个水平 α 的检验法则. 这样一来，很多置信区间(或单侧置信限)可从参数假设检验中获得. 以下将涉及一些.

(5) 在某些特定场合寻找参数的置信区间或单侧置信限还有一些特定方法，这里就不再详述了. 有兴趣的读者可参阅[18]的第三章.

5.3.4 正态均值 μ 的置信区间

正态均值 μ 的置信区间要分 σ 已知和 σ 未知两种情况讨论，下面分别叙述.

(1) 在 σ 已知场合，已在例 5.3.1 和 5.3.3 小节中作了讨论，在那里用枢轴量

$$u = \frac{\overline{x} - \mu}{\sigma/\sqrt{n}} \sim N(0,1)$$

从参数 μ 的三种典型的假设检验问题的接受域获得 μ 的置信区间或单侧置信限，现把这些结果汇集于表 5-5 中.

表 5-5 　　　　　　　**参数 μ 的假设检验与置信区间的联系**

假设检验	置信区间
双侧检验问题 　　$H_0: \mu = \mu_0,\quad H_1: \mu \neq \mu_0$ 水平为 α 的检验的拒绝域 $W = \{|u| \geqslant u_{1-\alpha/2}\}$	参数 μ 的 $1-\alpha$ 置信区间： $\overline{x} \pm u_{1-\alpha/2} \dfrac{\sigma}{\sqrt{n}}$
单侧检验问题 　　$H_0: \mu \geqslant \mu_0,\quad H_1: \mu < \mu_0$ 水平为 α 的检验的拒绝域 $W = \{u < u_\alpha\}$	参数 μ 的 $1-\alpha$ 单侧置信上限 $\mu_U = \overline{x} - u_\alpha \dfrac{\sigma}{\sqrt{n}}$
单侧检验问题 　　$H_0: \mu \leqslant \mu_0,\quad H_1: \mu > \mu_0$ 水平为 α 的检验的拒绝域 $W = \{u > u_{1-\alpha}\}$	参数 μ 的 $1-\alpha$ 单侧置信下限 $\mu_L = \overline{x} - u_{1-\alpha} \dfrac{\sigma}{\sqrt{n}}$

例 5.3.2 已知某种钢丝的折断强度 X（单位：kg）服从正态分布 $N(\mu,163)$. 现随机抽查 10 根钢丝，测得其平均折断强度 $\overline{x} = 574$ kg，试求 μ 的 0.95 单侧置信下限.

解 这是寻求正态均值 μ 的 0.95 单侧置信下限，由表 5-5 知该置信下限 $\mu_L = \overline{x} - u_{1-\alpha} \dfrac{\sigma}{\sqrt{n}}$. 如今已知

$$\overline{x}=574, \quad \sigma=\sqrt{163}, \quad n=10, \quad u_{1-\alpha}=u_{0.95}=1.645,$$

代入可算得

$$u_L=574-1.645\times\sqrt{\frac{163}{10}}=567.36 \text{ (kg)},$$

即该种钢丝的平均折断强度的 0.95 单侧置信下限为 567.36 kg.

(2) 当总体不是正态分布而总体标准差已知,那么在大样本场合($n\geqslant 30$),总体均值 μ 的置信区间仍可从表 5-5 中查得. 这是因为在大样本场合,样本均值 $\overline{x}$ 的渐近分布为 $N(\mu,\sigma^2/n)$,从而 $\dfrac{\overline{x}-\mu}{\sigma/\sqrt{n}}$ 近似服从标准正态分布.

例 5.3.3 20 世纪末,某高校对 50 名大学生的午餐费进行调查,得样本均值为 3.10 元. 假如总体的标准差为 1.75 元,试求总体均值(即该校大学生的平均午餐费) μ 的 0.95 的置信区间.

解 由于样本容量较大,因而可从表 5-5 中查得 μ 的 0.95 置信区间. 这里 $n=50, \sigma=1.75, \overline{x}=3.10$,在 $\alpha=0.05$ 时,$u_{0.975}=1.96$,故 μ 的 0.95 的置信区间为

$$\overline{x}\pm1.96\frac{\sigma}{\sqrt{n}}=3.10\pm1.96\times\frac{1.75}{\sqrt{50}}=3.10\pm0.49=[2.61,3.59].$$

故大学生平均午餐费在 2.61 元到 3.59 元之间的置信水平为 95%.

(3) 对给定的置信水平,置信区间的长度越短,估计的精度就越高. 如在已知 σ 场合,正态均值 μ 的 $1-\alpha$ 置信区间中,对给定的置信水平 $1-\alpha$,μ 的置信区间 $\overline{x}\pm u_{1-\alpha/2}\dfrac{\sigma}{\sqrt{n}}$ 的长度为

$$L=2u_{1-\alpha/2}\frac{\sigma}{\sqrt{n}}, \tag{5.3.10}$$

它不随样本观察值而变化. 在 $\alpha=0.05$ 时,$L=3.92\dfrac{\sigma}{\sqrt{n}}$. 在对称分布场合,用这种方法求得的置信区间是最短的. 其实 μ 的置信水平为 $1-\alpha$ 的置信区间可以有许多. 譬如从 $P(u_{0.04}\leqslant U\leqslant u_{0.99})=0.95$ 可得置信水平为 0.95 的置信区间为 $\left[\overline{x}-u_{0.99}\dfrac{\sigma}{\sqrt{n}},\overline{x}-u_{0.04}\dfrac{\sigma}{\sqrt{n}}\right]$,此时置信区间的长度为

$$L'=(u_{0.99}-u_{0.04})\frac{\sigma}{\sqrt{n}}=(2.33+1.75)\frac{\sigma}{\sqrt{n}}=4.08\frac{\sigma}{\sqrt{n}}>L.$$

图 5-10 给出了对称分布下 c,d 的两种不同取法对应的区间长度,从图中可见,当 $c=-d$ 时区间长度最短. 这是因为在区间内的点都有高密度值,在区间外的点都是低密度值.

对给定的 α,为了提高区间估计的精度,就需要减小区间估计的平均长

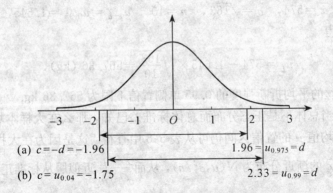

(a) $c=-d=-1.96$ $1.96=u_{0.975}=d$

(b) $c=u_{0.04}=-1.75$ $2.33=u_{0.99}=d$

图 5-10　对称分布下 c,d 不同取法对应的区间长度

度. 当 σ 已知时, 正态总体均值 μ 的 $1-\alpha$ 置信区间的长度 L 是样本容量 n 的函数, 且从 (5.3.10) 可知 L 是 n 的减函数, 因而可以通过增加样本容量 n 来达到提高精度的目的.

（4） 在 σ 未知场合, 正态均值 μ 的检验可用 t 统计量(见 5.2.2 小节)

$$t=\frac{\overline{x}-\mu}{s/\sqrt{n}}\sim t(n-1),$$

其中 $\overline{x}$ 与 s 分别为样本均值与样本标准差, n 为样本量. 在 μ 未知时统计量 t 可看做枢轴量, 所以在 σ 未知场合, 可从参数 μ 的三种典型的假设检验问题的接受域获得 μ 的置信区间或单侧置信限. 具体是

- 参数 μ 的 $1-\alpha$ 置信区间为

$$\overline{x}\pm t_{1-\alpha/2}(n-1)\frac{s}{\sqrt{n}};\qquad(5.3.11)$$

- 参数 μ 的 $1-\alpha$ 单侧置信上限为

$$\mu_U=\overline{x}-t_\alpha(n-1)\frac{s}{\sqrt{n}};\qquad(5.3.12)$$

- 参数 μ 的 $1-\alpha$ 单侧置信下限为

$$\mu_L=\overline{x}-t_{1-\alpha}(n-1)\frac{s}{\sqrt{n}},\qquad(5.3.13)$$

其中 $t_p(n-1)$ 是自由度为 $n-1$ 的 t 分布的 p 分位数, 可从附表5中查得. 它们与 σ 已知场合的置信区间或单侧置信限在形式上完全一样, 只不过这里用 s 代替 σ, 用 t 分布分位数代替标准正态分布的分位数而已.

例 5.3.4　2005 年某市某行业职工的月收入服从 $N(\mu,\sigma^2)$, 现随机抽取 30 名职工进行调查, 求得他们的月收入的平均值 $\overline{x}=2\,084$ 元, 标准差 $s=435$ 元, 试求 μ 的置信水平为 0.95 的置信区间.

解　在 σ 未知场合, 正态均值 μ 的 $1-\alpha$ 置信区间可由 (5.3.11) 获得, 即

为 $\overline{x} \pm t_{1-\alpha/2}(n-1)\dfrac{s}{\sqrt{n}}$. 如今已得知

$$n=30, \quad \overline{x}=2\,084, \quad s=435, \quad \alpha=0.05,$$
$$t_{1-\alpha/2}(n-1)=t_{0.975}(29)=2.045\,2.$$

把它们代入(5.3.11),可得

$$2\,084 \pm 2.045\,2 \times \frac{435}{\sqrt{30}} = 2\,084 \pm 162.4 = [1\,921.6, 2\,246.4].$$

故该行业职工的月平均收入在 $1\,921.6$ 元到 $2\,246.4$ 元之间的置信水平为 0.95.

例 5.3.5 为研究某种汽车轮胎的磨损特性,随机取 16 只轮胎实际使用. 记录其用到损坏时所行驶的路程(单位: km),算得 $\overline{x}=41\,116$, $s=6\,346$. 若设此样本来自正态总体 $N(\mu,\sigma^2)$,如今在 σ 未知情况下,要求该种轮胎平均行驶路程 μ 的 0.95 置信下限.

解 在 σ 未知场合,正态均值 μ 的 $1-\alpha$ 的单侧置信下限可由(5.3.13)获得,即 $\mu_L = \overline{x} - t_{1-\alpha}(n-1)\dfrac{s}{\sqrt{n}}$. 如今已得知

$$n=16, \quad \overline{x}=41\,116, \quad s=6\,346, \quad \alpha=0.05,$$
$$t_{1-\alpha}(n-1)=t_{0.95}(15)=1.753\,1.$$

把它们代入(5.3.13),可得

$$\mu_L = 41\,116 - 1.753\,1 \times \frac{6\,346}{\sqrt{n}} = 38\,334.7 \ (\text{km}).$$

故该种轮胎平均行驶里程 μ 的 0.95 单侧置信下限是 $38\,334.7$ km.

习 题 5.3

1. 某商店每天百元投资的利润率服从正态分布,均值为 μ,方差为 σ^2,长期以来 σ^2 稳定为 0.4. 现随机抽取 5 天的利润率分别为 $-0.2, 0.1, 0.8, -0.6, 0.9$,试求 μ 的置信水平为 0.95 的置信区间.

2. 某化纤强力长期以来标准差稳定在 $\sigma=1.19$,现抽取了一个容量 $n=100$ 的样本,求得样本均值 $\overline{x}=6.35$. 试求该化纤强力均值 μ 的置信水平为 0.95 的置信区间.

3. 用一仪表测量某物理量,假定测量结果服从正态分布,现在得到 9 次测量结果的平均值与标准差分别为 $\overline{x}=30.1$, $s=6$,试求该物理量真值的置信水平为 0.99 的置信区间.

4. 假定某商店中一种商品的月销售量服从正态分布 $N(\mu,\sigma^2)$,σ 未知.

为了确定该商品的进货量，需要对 μ 作估计，该商店前 7 个月的销售量分别为 $64,57,49,81,76,70,59$，试求 μ 的置信水平为 0.95 的置信区间.

5. 假定婴儿体重的分布为 $N(\mu,\sigma^2)$，从某医院随机抽取 4 个婴儿，他们出生时的平均体重为 $\bar{x}=3.3$ (kg)，体重的标准差为 $s=0.42$ (kg)，试求 μ 的置信水平为 0.95 的置信区间.

6. 某商店为了解居民对某种商品的需求，调查了 100 家住户，得出每户每月平均需要量为 5 kg，标准差为 1.5 kg. 试就一户对该种商品的平均月需求量 μ 求置信水平为 0.99 的置信区间. 如果这个商店要供应一万户，该种商品至少要准备多少才能以 0.99 的概率满足居民需要？

7. 设某公司制造的绳索的抗断强度服从正态分布. 现随机抽取 60 根绳索得到的平均抗断强度为 300 kg，标准差为 24 kg. 试求抗断强度均值的置信水平为 0.95 的单侧置信下限.

8. 设 $0.5,1.25,0.90,2.00$ 是取自对数正态总体 X 的样本，已知 $Y=\ln X$ 服从正态分布 $N(\mu_Y,1)$，求 $E(X)=\mu_X$ 的 0.90 单侧置信上限.

9. 某种清漆的 9 个样品的干燥时间（单位：小时）分别为

$$6.0 \quad 5.7 \quad 5.8 \quad 6.5 \quad 7.0 \quad 6.3 \quad 5.6 \quad 6.1 \quad 5.0$$

设干燥时间服从正态分布 $N(\mu,\sigma^2)$，求 μ 的 0.95 单侧置信上限.

5.4 样本量的确定

在进行统计推断前，人们常问：我们究竟要收集多少个数据为宜？ 一个永恒的原则是，样本量 n 愈大愈好，大样本可使统计推断的结论更可靠. 统计学就是从大样本推断中发生和发展起来的. 但样本量越大，各种花费也越大. 随着小样本推断的产生，样本量的确定就更显重要了. 很多研究表明：样本量的确定与要进行的统计推断问题类型有关，这里介绍在正态均值 μ 的推断中常用的两类方法：

一是用控制置信区间长度 $2d$（精度）来确定样本量 n，其中 d 为置信区间的半径.

二是用控制犯第 Ⅱ 类错误概率 β 来确定样本量 n.

下面就来分别介绍这两种方法.

5.4.1 控制置信区间的长度，确定样本量

分两种情况讨论：σ 已知与 σ 未知.

1. 标准差 σ 已知场合

在此场合正态均值 μ 的 $1-\alpha$ 置信区间为

$$\overline{x} \pm u_{1-\alpha/2}\frac{\sigma}{\sqrt{n}},$$

其中 $\overline{x}$ 为样本均值，n 为样本量，$u_{1-\alpha/2}$ 为标准正态分布的 $1-\frac{\alpha}{2}$ 分位数. 若要求该置信区间长度不超过 $2d$，则有

$$2u_{1-\alpha/2}\frac{\sigma}{\sqrt{n}} \leqslant 2d.$$

解此不等式，可得

$$n \geqslant \left(\frac{u_{1-\alpha/2}\sigma}{d}\right)^2. \tag{5.4.1}$$

可见，在此场合，最小样本量与总体方差 σ^2 成正比，与置信区间半径平方 d^2 成反比. 这表明：增大方差或缩短半径都会导致增大样本量. (5.4.1)右端是样本量下界，常不为整数，在实际应用时常取该下界后面一个整数，譬如算得的下界为 23.75，则取 $n=24$.

例 5.4.1 设一个物体的重量 μ 未知，为估计其重量，可以用天平去称，现在假定称重服从正态分布. 如果已知称量的误差的标准差为 0.1 g（这是根据天平的精度给出的），为使 μ 的 95% 的置信区间的长度不超过 0.2，那么至少应该称多少次？

解 已知 $\sigma=0.1$ 的场合，正态均值 μ 的 95% 的置信区间长度 $2d$ 不超过 0.2，所需的样本量 n 应该满足如下要求：

$$n \geqslant \left(\frac{0.1 \times 1.96}{0.1}\right)^2 = 3.84.$$

故取样本量 $n=4$ 即可满足要求. 若其他不变，把允许的置信区间半径改为 $d=0.05$，于是可类似算得

$$n \geqslant \left(\frac{0.1 \times 1.96}{0.05}\right)^2 = 15.37.$$

这时样本量上升为 16. 可见要求区间长度越短，即要求精度越高，则所需样本量就越大；反之，要求精度降低，则样本量下降很快，具体如何要依据需要和可能来平衡确定.

2. 标准差 σ 未知场合

在此场合，若有近期样本可用，可用其样本方差 s_0^2 去代替 σ^2，并用 t 统计量构造 μ 的 $1-\alpha$ 置信区间 $\overline{x} \pm t_{1-\alpha/2}(n_0-1)\frac{s_0^2}{\sqrt{n}}$，其中 n_0 为近期的样本容

量. 若要求该置信区间长不超过 $2d$, 则有

$$2t_{1-\alpha/2}(n_0-1)\frac{s_0}{\sqrt{n}} \leqslant 2d,$$

可得

$$n \geqslant \left(\frac{t_{\alpha/2}(n_0-1)s_0}{d}\right)^2. \tag{5.4.2}$$

上述样本量下界常不是整数, 应用时可取该下界后面的一个整数.

例 5.4.2 为了对垫圈总体的平均厚度做出估计, 我们所取的风险是允许在 100 次估计中有 5 次误差超过 0.02 cm, 近期从另一批产品中抽得一个容量为 10 的样本, 得到标准差的估计为 $s=0.035\,9$. 问现在应该取多少样品为宜?

解 这里的"风险"就是样本均值落在置信区间外的概率 α, 如今 $\alpha=0.05$. "估计的误差超过 0.02"表明 $d=0.02$, 现在 $s_0=0.035\,9$, 获得该估计的样本量 $n_0=10$, 故有 $t_{1-\alpha/2}(n_0-1)=t_{0.975}(9)=2.262$. 把这些值代入下界公式(5.4.2), 可得

$$n \geqslant \left(\frac{0.039\,5 \times 2.262}{0.02}\right)^2 = 16.49.$$

故应取 $n=17$. 这表明: 若从垫圈批量中抽取容量为 17 的样本, 其均值为 $\bar{x}$, 那么我们可以 95% 的置信水平断定区间 $[\bar{x}-0.02, \bar{x}+0.02]$ 将包含该批量的平均厚度.

3. Stein 的两步法

在缺少总体标准差 σ 的估计时, Stein 提出两步法来获得所需的样本量 n. 该方法的要点是把 n 分为两部分 n_1+n_2, 第一步确定第一样本量 n_1, 第二步确定第二样本量 n_2. 具体操作如下:

第一步 根据经验对 σ 作一推测, 譬如为 σ'. 根据此推测可用(5.4.1)的方法确定一个样本量 n', 即

$$n' = \left(\frac{\sigma' u_{1-\alpha/2}}{d}\right)^2.$$

选一个比 n' 小得多的整数 n_1 作为第一样本量. 选择 n_1 的一个粗略的规则是:

当 $n' \geqslant 60$ 时, 可取 $n_1 \geqslant 30$;

当 $n' < 60$ 时, 可取 $n_1 = 0.5n'$ 与 $0.7n'$ 中某个整数.

第二步 从总体中随机取出容量为 n_1 的样品, 并逐个测量, 获得 n_1 个数据, 由此可算得第一个样本的标准差 s_1, 自由度为 n_1-1. 对给定的 α, 可查得分位数 $t_{1-\alpha/2}(n_1-1)$, 然后算得

$$n \geqslant \left(\frac{s_1 t_{1-\alpha/2}(n_1-1)}{d}\right)^2. \tag{5.4.3}$$

这里也需要同前一样取为整数. 由此可得第二个样本量 $n_2 = n - n_1$. 这两个样本量之和便是我们所需要的样本量.

按此样本量进行抽样(前已经抽了 n_1 个, 现在再补抽 n_2 个), 获得的样本均值为 $\bar{x}$, 则可以断定: 区间 $[\bar{x} - d, \bar{x} + d]$ 将以置信水平 $1 - \alpha$ 包含总体均值 μ.

例 5.4.3 有一大批部件, 希望确定某特性的均值, 若允许此均值的估计值的误差不超过 4 个单位(即 $d = 4$), 问在 $\alpha = 0.05$ 下需要多少样本量?

解 用 Stein 的两步法. 首先从类似部件的资料获得 σ 的估计值 $\sigma' = 24$, 对 $\alpha = 0.05$, 可查表得到 $u_{0.975} = 1.96$, 由此可得

$$n' = \left(\frac{24 \times 1.96}{4}\right)^2 = 138.30.$$

据此选取第一样本量为 $n_1 = 50$.

随机抽取 50 个部件, 测其特性, 算得标准差 $s_1 = 20.35$. 利用 $d = 4$ 和 t 分布分位数 $t_{0.975}(49) = 2.01$, 可得

$$n = \left(\frac{20.35 \times 2.01}{4}\right)^2 = 104.57 \approx 105.$$

由此可知第二样本量 $n_2 = 105 - 50 = 55$, 这个问题所需样本量为 105.

5.4.2 控制犯第 II 类错误概率, 确定样本量

在 5.1.3 小节中曾指出, 要使犯第 I, II 类错误的概率 α 与 β 都小, 只有不断增大样本量才能实现. 这表明 α 与 β 都依赖于样本量 n. 在假设检验里, 人们可以直接选定 α, 这样一来, 只有 β 依赖于样本量 n, 故适当选定 β 就可确定样本量 n. 这里关键(也是困难)在于计算犯第 II 类错误的概率 β. 具体讨论仍要分标准差 σ 已知与未知两种情况分别进行.

1. 标准差 σ 已知场合

考察双侧检验问题

$$H_0: \mu = \mu_0, \quad H_1: \mu \neq \mu_0.$$

在原假设 H_0 为真时, 所用检验统计量为 u, 拒绝域为 $W = \{|u| \geqslant u_{1-\alpha/2}\}$, 其中

$$u = \frac{\bar{x} - \mu_0}{\sigma/\sqrt{n}} \sim N(0,1).$$

在原假设 H_0 为假时, 均值的真实值为 $\mu_1 = \mu_0 + \delta$. 若取 $\delta > 0$ ($\delta < 0$ 也可类似讨论), 检验统计量 u 已不服从 $N(0,1)$. 把 u 改写为

$$u = \frac{\bar{x} - \mu_0}{\sigma/\sqrt{n}} = \frac{\bar{x} - (\mu_0 + \delta)}{\sigma/\sqrt{n}} + \frac{\delta}{\sigma/\sqrt{n}}.$$

因此, 在 $\mu = \mu_1 = \mu_0 + \delta$ 时, u 的分布为 $N\left(\dfrac{\delta}{\sigma/\sqrt{n}}, 1\right)$. 这时犯第 II 类错误概

率 β 就是用上述分布计算 u 落在接受域 $\overline{W}=\{|u|<u_{1-\alpha/2}\}$ 的概率（见图 5-11），即

$$\beta=P_{\mu_1}(-u_{1-\alpha/2}<u<u_{1-\alpha/2})$$
$$=\Phi\Big(u_{1-\alpha/2}-\frac{\delta}{\sigma/\sqrt{n}}\Big)-\Phi\Big(-u_{1-\alpha/2}-\frac{\delta}{\sigma/\sqrt{n}}\Big). \qquad (5.4.4)$$

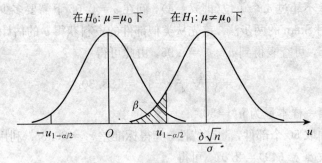

图 5-11 在 H_0 和在 H_1 下的 U 的分布（$\delta>0$）

在 $\delta>0$ 时，(5.4.4) 中第二项接近于 0；在 $\delta<0$ 时，(5.4.4) 中第一项接近于 1，于是 β 有如下近似表达式：

$$\beta\approx\begin{cases}\Phi\Big(u_{1-\alpha/2}-\dfrac{\delta\sqrt{n}}{\sigma}\Big), & \delta>0,\\[2mm] 1-\Phi\Big(-u_{1-\alpha/2}-\dfrac{\delta\sqrt{n}}{\sigma}\Big)=\Phi\Big(u_{1-\alpha/2}+\dfrac{\delta\sqrt{n}}{\sigma}\Big), & \delta<0\end{cases}$$
$$=\Phi\Big(u_{1-\alpha/2}-\frac{|\delta|\sqrt{n}}{\sigma}\Big).$$

若令 u_β 为标准正态分布的 β 分位数，从上式可得

$$u_{1-\alpha/2}-\frac{|\delta|\sqrt{n}}{\sigma}\approx u_\beta(=-u_{1-\beta}).$$

由此可得，在 σ 已知下，正态均值 μ 的双侧检验所需样本量为

$$n\approx\frac{(u_{1-\alpha/2}+u_{1-\beta})^2\sigma^2}{\delta^2}, \qquad (5.4.5)$$

其中 $\delta=|\mu_1-\mu_0|$. 可见所需样本量 n 依赖于 α 与 β，且与检测的两个均值差的平方成反比. (5.4.5) 右端不是整数时可取下一个整数.

对两种单侧检验问题：

Ⅰ. $H_0: \mu\leqslant\mu_0$, $H_1: \mu>\mu_0$;

Ⅱ. $H_0: \mu\geqslant\mu_0$, $H_1: \mu<\mu_0$,

只要在各自的备择假设 H_1 中各取定一点 μ_1，设 $\delta=|\mu_1-\mu_0|$，再给定犯第Ⅰ类错误概率 α 和在 $\mu=\mu_1$ 时犯第Ⅱ类错误概率为 β，就可类似地在 σ 已知时求得均值的单侧检验所需的样本量 n 为

$$n = \frac{(u_{1-\alpha} + u_{1-\beta})^2 \sigma^2}{\delta^2}. \tag{5.4.6}$$

上式与(5.4.5)的差别仅在分子上的 $u_{1-\alpha/2}$（双侧需要）换为 $u_{1-\alpha}$（单侧要求）. 另外，还要注意：(5.4.6)是精确等式，而(5.4.5)是近似式.

例 5.4.4 某厂生产的化纤纤度 X 服从正态分布 $N(\mu, 0.04^2)$，其中 μ 的设计值为 1.40. 每天都要对"$\mu = 1.40$"作例行检验，一旦均值变成 1.38，产品就发生了质量问题. 那么我们应该抽多少样品进行检验，才能保证在 $\mu = 1.40$ 时犯第 I 类错误的概率不超过 0.05，在 $\mu = 1.38$ 时犯第 II 类错误的概率不超过 0.10？

解 这个例子曾在例 5.1.3 中讨论过，在那里作为双侧检验问题

$$H_0: \mu = 1.40, \quad H_1: \mu \neq 1.40$$

用容量为 25 的样本作出拒绝原假设 H_0 的结论. 现继续用这个例子确定样本量，即

当 $\mu = 1.40$ 时，犯第 I 类错误概率不超过 0.05；

当 $\mu = 1.42$ 时，犯第 II 类错误概率不超过 0.10.

在这些要求下讨论需要多少样本量？ 分两种情况进行.

(1) 把 $\mu = 1.42$ 看做上述双侧检验中备择假设 $H_1: \mu \neq 1.40$ 中的一点. 这时按(5.4.5)可近似地算得需要的样本量.

$$n \approx \frac{(u_{1-\alpha/2} + u_{1-\beta})^2 \sigma^2}{\delta^2} = \frac{(u_{0.975} + u_{0.90})^2 \cdot 0.04^2}{(1.42 - 1.4)^2}$$

$$= \frac{(1.96 + 1.282)^2 \times 0.04^2}{0.02^2} = 42.04.$$

实际应用可取 $n = 43$. 在上述近似中忽略了(5.4.4)中的一项，这一项为

$$\Phi\left(-u_{1-\alpha/2} - \frac{\delta\sqrt{n}}{\sigma}\right) = \Phi\left(-u_{0.975} - \frac{0.02 \times \sqrt{43}}{0.04}\right) = \Phi\left(-1.96 - \frac{\sqrt{43}}{2}\right)$$

$$= \Phi(-5.24) \approx 0.$$

这说明上述近似程度还是很好的.

(2) 把 $\mu = 1.42$ 看做单侧检验问题

$$H_0: \mu \leqslant 1.40, \quad H_1: \mu > 1.40$$

中备择假设 H_1 中的一点，这时按(5.4.6)可算得需要的样本量：

$$n = \frac{(u_{1-\alpha} + u_{1-\beta})^2 \sigma^2}{(\mu_1 - \mu_0)^2} = \frac{(u_{0.95} + u_{0.90})^2 \cdot 0.04^2}{(1.42 - 1.40)^2}$$

$$= \frac{(1.645 + 1.282)^2 \times 0.04^2}{0.02^2} = 34.27.$$

实际应用可取 $n = 35$.

比较上述两个结果可见：在正态均值检验中，双侧检验所需样本量比单

侧检验所需样本量要大一些.

2. 标准差 σ 未知场合

在 σ 未知场合对正态均值进行如下三种假设检验问题

I. $H_0: \mu \leqslant \mu_0, \quad H_1: \mu > \mu_0$;

II. $H_0: \mu \geqslant \mu_0, \quad H_1: \mu < \mu_0$;

III. $H_0: \mu = \mu_0, \quad H_1: \mu \neq \mu_0$

时，各需要多少样本量？仍可用犯第 II 类错误概率 β 来确定样本量. 以单侧检验问题 I（II 类似）为例，这时 t 统计量为检验统计量，拒绝域 $W = \{t \geqslant t_{1-\alpha}\}$，因为在原假设 H_0 为真时有

$$t = \frac{\bar{x} - \mu_0}{s/\sqrt{n}} \sim t(n-1),$$

其中 $\bar{x}$ 与 s 分别为样本均值与样本标准差.

在原假设 H_0 为假，均值的真实值 $\mu_1 = \mu_0 + \delta$，若 $\delta > 0$，则统计量 t 可改写为

$$t = \frac{\bar{x} - \mu_0}{s/\sqrt{n}} = \frac{\bar{x} - \mu_1}{s/\sqrt{n}} + \frac{\delta}{s/\sqrt{n}} \quad (\delta = \mu_1 - \mu_0).$$

这表明此时的 t 已不服从 $t(n-1)$ 分布，而服从非中心 t 分布，它有两个参数，一个是自由度，仍为 $n-1$；另一个是非中心参数 $\Delta = \frac{\delta\sqrt{n}}{\sigma}$，它不仅依赖于两个均值的差值 δ，还依赖于总体标准差 σ. 在原假设 H_0 为假时而接受 H_0 就犯第 II 类错误，若设其概率为 β，可得如下概率等式（注意：此时接受域 $\overline{W} = \{t < t_{1-\alpha}(n-1)\}$）：

$$P_\Delta(t < t_{1-\alpha}(n-1)) = \beta, \tag{5.4.7}$$

其中 P_Δ 表示按非中心参数 Δ 的 t 分布计算. 从此等式求出的样本量 n 就是进行单侧检验所需样本量. 在单侧检验问题 II 中，亦可类似获得概率等式

$$P_\Delta(t > t_\alpha(n-1)) = \beta. \tag{5.4.8}$$

在双侧检验问题 III 中，亦可类似获得确定样本量的概率等式

$$P_\Delta(-t_{1-\alpha/2}(n-1) < t < t_{1-\alpha/2}(n-1)) = \beta. \tag{5.4.9}$$

要从等式 (5.4.7) 等中解出 n 并非易事，因为所涉及的非中心 t 分布的密度函数复杂，必须用数值积分才能计算概率，故在一般场合很难从式 (5.4.7) 等中求得 n，更无显式表示. 幸好这些复杂的运算有人做好，结果汇总在图 5-12 上的各条操作特性曲线上，图 5-12 (a) 是在 $\alpha = 0.05$ 时对单侧检验作的，图 5-12 (b) 是在 $\alpha = 0.05$ 时对双侧检验作的. 图上各曲线表示不同样本量 n 下参数 d 与 β 间的关系. 其中参数 d 的定义在不同假设检验问题中有所不同，具体如下：

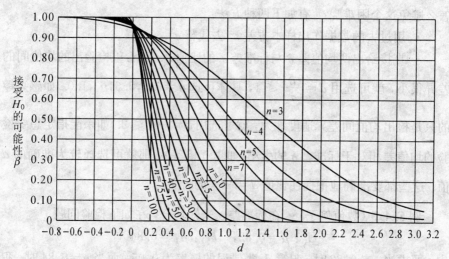

（a）显著性水平 $\alpha = 0.05$ 下，对不同 n 值的单侧 t 检验操作特性曲线

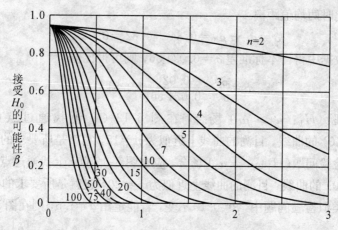

（b）显著性水平 $\alpha = 0.05$ 下，对不同 n 值的双侧 t 检验的操作特性曲线

注：图片翻印于"Operating Charateristics for the Common Statistical Tests of Significance"，C. L. Ferris, F. E. Grubbs and C. L. Weaver. Annals of Mathematical Statistical. June 1946.

图 5-12 t 检验的操作特性曲线

在检验问题 I 中，$d = \dfrac{\mu_1 - \mu_0}{\sigma} = \dfrac{\delta}{\sigma}$；

在检验问题 II 中，$d = \dfrac{\mu_0 - \mu_1}{\sigma} = \dfrac{\delta}{\sigma}$；

在检验问题 III 中，$d = \dfrac{|\mu_1 - \mu_0|}{\sigma} = \dfrac{|\delta|}{\sigma}$.

在实际使用时还会遇到困难，主要是参数 d 还依赖于未知的标准差 σ，

怎么避免这个困难呢? 有如下两种方法:

- 用过去的数据作出样本方差 s^2 去代替 σ^2.

- 直接给出两均值差 δ 与标准差 σ 的比值 d. 如希望检验出的均值间的差异很小,就可选用 $d = \dfrac{|\delta|}{\sigma} \leqslant 1$,具体可选 $d = 0.5, 0.6, \cdots, 1.0$. 如感兴趣的只是检出均值间差异适度地大,就可选用 $d = \dfrac{|\delta|}{\sigma} \leqslant 2$. 如果能指定想要检验的均值差相对于标准差 σ 的大小(如 1.5 倍等),那就可选择较为准确的 d 值. 这些都要准确地把握住比值 $d = \dfrac{|\delta|}{\sigma}$ 的含义.

例 5.4.5(数值例子) 在标准差 σ 未知场合,在如下检验问题

$$H_0: \mu = 0.82, \quad H_1: \mu_1 = 0.84$$

中,要求当 $\mu = 0.82$ 时,犯第 I 类错误的概率为 0.05,而当 $\mu = 0.84$ 时,犯第 II 类错误的概率为 0.10. 试求需要的样本量.

解 此时两均值距离

$$\delta = \mu_1 - \mu_0 = 0.84 - 0.82 = 0.02.$$

若从过去数据中得样本标准差 $\sigma = 0.024\,56$,则可得比值

$$d = \frac{\delta}{\sigma} = \frac{0.02}{0.024\,56} = 0.81.$$

在单侧检验($H_1: \mu > \mu_0$)场合,在图 5-12 (a) 上找通过点 $(d, \beta) = (0.81, 0.10)$ 的曲线,目测的曲线上近似为 $n = 15$,它就是所要求的样本量. 而在双侧检验问题($H_1: \mu \neq \mu_0$)场合,应在图 5-12 (b) 上找通过点 $(d, \beta) = (0.81, 0.10)$ 的曲线,目测的曲线上近似为 $n = 20$,它就是所要求的样本.

若在类似检验问题中,$\beta = 0.10$ 不变,若能定出 $d = 1.5$,则在图 5-12 (a) 上可找到 $n = 6$,在图 5-12 (b) 上可找到 $n = 7$. 可见,比值 $d = \dfrac{|\delta|}{\sigma}$ 越大要求的样本量越小. 这样定出的样本量都是近似数,模糊时可把 n 适当放大一些,以保证满足犯第 II 类错误概率不超过 β.

最后,还要指出,很多统计软件(如 Minitab 等)都设有确定样本量的栏目,在给定诸参数的情况下,软件会给出准确的样本量.

习 题 5.4

1. 用仪器测某物理量 μ,其测量结果服从正态分布,已知其标准差 $\sigma = 6$,要测量多少次才能使 0.99 置信区间的长度为 8?

2. 某公司每天百元投资的利润率服从正态分布 $N(\mu, \sigma^2)$,其中 $\sigma^2 = $

0.4, 为使 μ 的 0.95 置信区间长度不超过 0.4, 则应收集多少天的利润率数据才能达到呢?

3. 某化纤强力长期以来标准差稳定在 $\sigma = 1.19$, 在强力服从正态分布假设下, 要抽多大的样本才能使平均强力的 0.95 置信区间长度不超过 0.6?

4. 初生婴儿的体重(单位: kg)服从正态分布, 要使初生婴儿的平均体重的 0.95 置信区间长度不超过 0.8 kg, 应取多少样本量? 假如对 4 个初生婴儿体重测量得样本标准差 $s_0 = 0.42$ (kg).

5. 某种聚合物中的含氯量服从正态分布, 为使平均含氯量 μ 的 0.95 置信区间长度不超过 1, 需要抽多少样品进行测定? 假如过去曾测量类似样品 8 个, 算得样本标准差为 0.44.

6. 某种乐器上用的镍合金弦线的抗拉强度 X 服从正态分布, 现要求在 $\mu_0 = 1\,035$ MPa 时犯第 I 类错误概率不超过 $\alpha = 0.05$, 在 $\mu_1 = 1\,038$ MPa 时犯第 II 类错误概率不超过 0.2, 若历史上数据综合得 $s_0 = 3$ MPa, 要求在下列两种场合寻求需要的样本量:

(1) 单侧检验问题: $H_0: \mu = \mu_0$, $H_1: \mu > \mu_0$;

(2) 双侧检验问题: $H_0: \mu = \mu_0$, $H_1: \mu \neq \mu_0$.

5.5 正态方差的推断

有时需要对总体方差与标准差作假设检验与区间估计, 这一节将在正态总体假定下讨论这些统计推断问题.

5.5.1 正态方差 σ^2 的 χ^2 检验

设 $x_1, x_2, \cdots, x_n$ 是来自正态总体 $N(\mu, \sigma^2)$ 的一个样本, 关于正态方差 σ^2 的检验问题常有如下三种形式:

I. $H_0: \sigma^2 \leqslant \sigma_0^2$, $H_1: \sigma^2 > \sigma_0^2$;

II. $H_0: \sigma^2 \geqslant \sigma_0^2$, $H_1: \sigma^2 < \sigma_0^2$;

III. $H_0: \sigma^2 = \sigma_0^2$, $H_1: \sigma^2 \neq \sigma_0^2$,

其中 σ_0^2 是一个已知常数.

由于 σ^2 常用样本无偏方差 $s^2 = \dfrac{1}{n-1} \sum_{i=1}^{n} (x_i - \bar{x})^2$ 估计, 且有 $\dfrac{(n-1)s^2}{\sigma^2}$ $\sim \chi^2(n-1)$, 因此可取

$$\chi^2 = \frac{(n-1)s^2}{\sigma_0^2} \qquad (5.5.1)$$

作为上述三个检验问题的检验统计量.

先对检验问题 I 寻找拒绝域. 当原假设 $H_0: \sigma^2 \leqslant \sigma_0^2$ 为真时, $\dfrac{\sigma^2}{\sigma_0^2} \leqslant 1$, 故检验统计量 χ^2 不应过大, 若 χ^2 过大, 则被认为原假设 H_0 不真, 从而拒绝原假设 H_0. 所以检验问题 I 的拒绝域形式为 $W_{\mathrm{I}} = \{\chi^2 \geqslant c\}$, 其中临界值 c 待定. 此时犯第 I 类错误的概率为

$$\alpha(\sigma^2) = P_{\sigma^2}(\chi^2 \geqslant c), \quad \sigma^2 \leqslant \sigma_0^2.$$

若用 $F_{\chi^2(n-1)}(x)$ 记自由度为 $n-1$ 的 χ^2 分布的分布函数, 则上述概率可以表示为

$$\alpha(\sigma^2) = P_{\sigma^2}\left(\frac{(n-1)s^2}{\sigma_0^2} \geqslant c\right) = P_{\sigma^2}\left(\frac{(n-1)s^2}{\sigma^2} \geqslant c\,\frac{\sigma_0^2}{\sigma^2}\right)$$

$$= 1 - F_{\chi^2(n-1)}\left(c\,\frac{\sigma_0^2}{\sigma^2}\right).$$

由于分布函数 F 是严增函数, 所以在 $\sigma^2 \leqslant \sigma_0^2$ 时, $\alpha(\sigma^2)$ 是 σ^2 的严增函数, 故在 $\sigma^2 = \sigma_0^2$ 处 $\alpha(\sigma^2)$ 达到最大值 $\alpha(\sigma_0^2)$, 即

$$\alpha(\sigma^2) \leqslant \alpha(\sigma_0^2) = 1 - F_{\chi^2(n-1)}(c), \quad \sigma^2 \leqslant \sigma_0^2. \tag{5.5.2}$$

这表明: 对给定的显著性水平 α, 只要令 $\alpha(\sigma_0^2) = \alpha$, 那么当 $\sigma^2 \leqslant \sigma_0^2$ 时就有 $\alpha(\sigma^2) \leqslant \alpha$, 从而把犯第 I 类错误的概率控制在 α 或 α 以下, 这就是水平为 α 的检验.

最后, 由 $\alpha(\sigma_0^2) = \alpha$ 可得

$$F_{\chi^2(n-1)}(c) = 1 - \alpha, \quad \text{即} \quad c = \chi_{1-\alpha}^2(n-1),$$

其中 $\chi_{1-\alpha}^2(n-1)$ 是自由度为 $n-1$ 的 χ^2 分布的 $1-\alpha$ 分位数, 可在附表 7 中查得. 由此可得检验问题 I 的水平为 α 的检验的拒绝域(见图 5-13 (a))

$$W_{\mathrm{I}} = \{\chi^2 \geqslant \chi_{1-\alpha}^2(n-1)\}.$$

完全类似地讨论, 对单侧检验问题 II 和双侧检验问题 III 亦可分别得到其拒绝域为(见图 5-13 (b) 与(c))

$$W_{\mathrm{II}} = \{\chi^2 \leqslant \chi_{\alpha}^2(n-1)\},$$

$$W_{\mathrm{III}} = \{\chi^2 \leqslant \chi_{\alpha/2}^2(n-1) \text{ 或 } \chi^2 \geqslant \chi_{1-\alpha/2}^2(n-1)\}.$$

将关于正态总体方差检验的有关结果列于表 5-6 中, 以便查找.

几个注释:

(1) 上述三个检验都是水平为 α 的检验. 下面两个检验问题

IV. $H_0: \sigma^2 = \sigma_0^2$, $H_1: \sigma^2 > \sigma_0^2$;

V. $H_0: \sigma^2 = \sigma_0^2$, $H_1: \sigma^2 < \sigma_0^2$

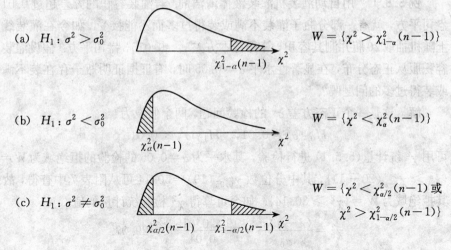

(a) $H_1: \sigma^2 > \sigma_0^2$ $W = \{\chi^2 > \chi_{1-\alpha}^2(n-1)\}$

(b) $H_1: \sigma^2 < \sigma_0^2$ $W = \{\chi^2 < \chi_\alpha^2(n-1)\}$

(c) $H_1: \sigma^2 \neq \sigma_0^2$ $W = \{\chi^2 < \chi_{\alpha/2}^2(n-1)$ 或 $\chi^2 > \chi_{1-\alpha/2}^2(n-1)\}$

图 5-13 χ^2 检验的拒绝域的确定

（图中曲线为 $\chi^2(n-1)$ 的密度函数曲线）

表 5-6   正态总体方差的假设检验

（显著性水平为 α）

检验法	条件	H_0	H_1	检验统计量	拒绝域
χ^2 检验	μ 未知	$\sigma^2 \leqslant \sigma_0^2$ $\sigma^2 \geqslant \sigma_0^2$ $\sigma^2 = \sigma_0^2$	$\sigma^2 > \sigma_0^2$ $\sigma^2 < \sigma_0^2$ $\sigma^2 \neq \sigma_0^2$	$\chi^2 = \dfrac{(n-1)s^2}{\sigma_0^2}$	$\{\chi^2 \geqslant \chi_{1-\alpha}^2(n-1)\}$ $\{\chi^2 \leqslant \chi_\alpha^2(n-1)\}$ $\{\chi^2 \leqslant \chi_{\alpha/2}^2(n-1)$ 或 $\chi^2 \geqslant \chi_{1-\alpha/2}^2(n-1)\}$

的拒绝域分别与检验问题 Ⅰ 与 Ⅱ 的拒绝域相同，且仍然是水平为 α 的检验，因为其犯第 Ⅰ 类错误（H_0 为真而被拒绝）的概率 $\alpha(\sigma_0^2)$ 恰好为 α，详见 (5.5.2).

（2） 上述所列的 5 个检验不仅用于正态方差检验，还可用于正态标准差检验，因为诸如假设 $H_0': \sigma \leqslant \sigma_0$ 与假设 $H_0: \sigma^2 \leqslant \sigma_0^2$ 是等价的，故其检验法则也是相同的.

（3） 上述诸检验的 p 值亦可类似算得. 若 χ_0^2 为据样本算得的检验统计量(5.5.1)的值，自由度 $f = n-1$，则有

检验问题 Ⅰ 与 Ⅳ 的 p 值 $= P(\chi_f^2 > \chi_0^2)$;

检验问题 Ⅱ 与 Ⅴ 的 p 值 $= P(\chi_f^2 < \chi_0^2)$;

检验问题 Ⅲ 的 p 值 $= 2P(\chi_f^2 > \chi_0^2)$.

（4） 上述 5 个检验统称为 χ^2 检验.

例 5.5.1   用自动灌装机灌装液体清洁剂. 若灌装容积的方差超过 0.01 盎司平方, 就有一部分瓶子灌装不满或装得过多而不能接受. 如今在灌装线上随机抽取 20 瓶并测其容积, 算得样本方差 $s^2 = 0.0153$ 盎司平方. 假设灌装容积服从正态分布, 在显著性水平 $\alpha = 0.05$ 时, 有证据证明瓶子存在装不满或装得过多的问题吗?

解   这是一个正态方差 σ^2 的检验问题, 两个假设为

$$H_0 : \sigma^2 = 0.01, \quad H_1 : \sigma^2 > 0.01.$$

可用 χ^2 统计量 (5.5.1) 进行检验, 其水平为 $\alpha = 0.05$ 的检验的拒绝域为 $W = \{\chi^2 \geqslant \chi^2_{1-\alpha}(20 - 1)\}$, 其中分位数 $\chi^2_{0.95}(19) = 30.14$ 可从附表 7 中查得, 故其拒绝域为 $W = \{\chi^2 \geqslant 30.14\}$. 如今可算得 χ^2 检验统计量的值

$$\chi^2_0 = \frac{(n-1)s^2}{\sigma^2_0} = \frac{19 \times 0.0153}{0.01} = 29.07.$$

由于 $29.07 < 30.14$, 故可得结论: 在显著性水平 $\alpha = 0.05$ 上, 没有显著证据说明容积的方差超过 0.01 盎司平方, 即灌装正常.

顺便指出这项检验的 p 值, 它可从 χ^2 分布函数表 (见附表 6) 上查得, 即在自由度 $f = 19$ 下有

$$p \text{ 值} = P(\chi^2_f \geqslant 29.07) = 0.0670.$$

由于它超过 $\alpha = 0.05$, 应接受原假设 H_0. 由于超过 α 不多, 还要注意观察灌装线的生产情况. 当然, 这个 p 值也可在统计软件上获得.

例 5.5.2   某种导线的电阻服从 $N(\mu, \sigma^2)$, μ 未知, 其中一个质量指标是电阻标准差不得大于 0.005 Ω. 现从中抽取了 9 根导线测其电阻, 测得样本标准差 $s = 0.0066$, 试问在 $\alpha = 0.05$ 水平上能否认为这批导线的电阻波动合格?

解   首先建立假设

$$H_0 : \sigma \leqslant 0.005, \quad H_1 : \sigma > 0.005.$$

这是一个单边检验, 在 $n = 9$, $\alpha = 0.05$ 时, $\chi^2_{0.95}(8) = 15.507$, 拒绝域为

$$W = \{\chi^2 \geqslant 15.507\}.$$

现由样本求得

$$\chi^2 = \frac{8 \times 0.0066^2}{0.005^2} = 13.94 < 15.507.$$

故不能拒绝原假设, 在 $\alpha = 0.05$ 水平上认为这批导线的电阻波动合格.

这项检验的 p 值 $= 0.0818$ 可从附表 6 中查得.

5.5.2   正态方差 σ^2 与标准差 σ 的置信区间

设 $x_1, x_2, \cdots, x_n$ 是来自正态总体 $N(\mu, \sigma^2)$ 的一个样本, $\bar{x}$ 与 s^2 分别为样

本均值与样本方差，s 为样本标准差. 现要求正态方差 σ^2 与标准差 σ 的 $1-\alpha$ 置信区间或 $1-\alpha$ 单侧置信限.

由 $1-\alpha$ 置信区间与水平为 α 的检验之间的关系（见 5.3.3 小节(4)）知，σ^2 的水平为 α 的检验的接受域 $\overline{W}$，经转换就可得 σ^2 的 $1-\alpha$ 置信区间或单侧置信限. 譬如 σ^2 的水平为 α 的双侧检验 Ⅲ 的接受域为

$$\overline{W} = \{\chi^2_{\alpha/2}(n-1) \leqslant \chi^2 \leqslant \chi^2_{1-\alpha/2}(n-1)\}$$

（见表 5-6），把 χ^2 检验统计量(5.5.1)代入，可得

$$\chi^2_{\alpha/2}(n-1) \leqslant \frac{(n-1)s^2}{\sigma^2} \leqslant \chi^2_{1-\alpha/2}(n-1).$$

经不等式等价变形，可得 σ^2 的 $1-\alpha$ 置信区间：

$$\frac{(n-1)s^2}{\chi^2_{1-\alpha/2}(n-1)} \leqslant \sigma^2 \leqslant \frac{(n-1)s^2}{\chi^2_{\alpha/2}(n-1)}.$$

由于在 $(0,\infty)$ 上，$\sigma = \sqrt{\sigma^2}$ 是 σ^2 的严增函数，故将上式区间两端开方即可得 σ 的 $1-\alpha$ 置信区间：

$$\frac{s\sqrt{n-1}}{\sqrt{\chi^2_{1-\alpha/2}(n-1)}} \leqslant \sigma \leqslant \frac{s\sqrt{n-1}}{\sqrt{\chi^2_{\alpha/2}(n-1)}}.$$

类似地，由单侧检验问题 Ⅰ 与 Ⅱ 的接受域 $\overline{W}$，经转换，可得 σ^2 与 σ 的 $1-\alpha$ 单侧置信限. 这些 $1-\alpha$ 置信区间与 $1-\alpha$ 单侧置信限都罗列在表 5-7 上，以备查用.

表 5-7 σ^2 与 σ 的置信区间与单侧置信限

接受域 $\overline{W}$	σ^2	σ
Ⅰ 的接受域 $\overline{W}_{\mathrm{I}} = \{\chi^2 \geqslant \chi^2_{1-\alpha}(n-1)\}$	$1-\alpha$ 单侧置信上限 $\sigma^2 \leqslant \dfrac{(n-1)s^2}{\chi^2_{1-\alpha}(n-1)}$	$1-\alpha$ 单侧置信下限 $\sigma \geqslant \dfrac{s\sqrt{n-1}}{\sqrt{\chi^2_{1-\alpha}(n-1)}}$
Ⅱ 的接受域 $\overline{W}_{\mathrm{II}} = \{\chi^2 \leqslant \chi^2_{\alpha}(n-1)\}$	$1-\alpha$ 单侧置信上限 $\sigma^2 \leqslant \dfrac{(n-1)s^2}{\chi^2_{\alpha}(n-1)}$	$1-\alpha$ 单侧置信下限 $\sigma \geqslant \dfrac{s\sqrt{n-1}}{\sqrt{\chi^2_{\alpha}(n-1)}}$
Ⅲ 的接受域 $\overline{W}_{\mathrm{III}} = \{\chi^2_{\alpha/2}(n-1) \leqslant \chi^2 \leqslant \chi^2_{1-\alpha/2}(n-1)\}$	$1-\alpha$ 双侧置信区间 $\dfrac{(n-1)s^2}{\chi^2_{1-\alpha/2}(n-1)} \leqslant \sigma^2 \leqslant \dfrac{(n-1)s^2}{\chi^2_{\alpha/2}(n-1)}$	$1-\alpha$ 双侧置信区间 $\dfrac{s\sqrt{n-1}}{\sqrt{\chi^2_{1-\alpha/2}(n-1)}} \leqslant \sigma \leqslant \dfrac{s\sqrt{n-1}}{\sqrt{\chi^2_{\alpha/2}(n-1)}}$

例 5.5.3 再次考察例 5.5.1 中的灌装清洁剂问题. 在那里随机抽取 20 瓶，测其容积并算容积的样本方差 $s^2 = 0.015\,3$ 盎司平方，现仍在容积服从正

态分布假设下寻求该容积方差 σ^2 的 0.95 单侧置信上限.

解 如今 $n=20$, $\alpha=0.05$, $s^2=0.0153$, 所求单侧置信上限可从表 5-7 上查得

$$\sigma^2 \leqslant \frac{(n-1)s^2}{\chi_\alpha^2(n-1)} = \frac{19 \times 0.0153}{10.12} = 0.0287 \text{ (盎司}^2\text{)},$$

其中 $\chi_{0.05}^2(19)=10.12$. 对上式两端施行开方, 可得 σ 的 0.95 单侧置信上限

$$\sigma \leqslant 0.17 \text{ (盎司)}.$$

这表明: 该容积标准差在 95% 置信水平下不会超过 0.17 盎司.

例 5.5.4 再次考察例 5.3.4 中某市某行业职工月平均收入问题, 在那里随机调查了 30 名职工, 他们的月平均收入的 $\bar{x}$ 与 s 分别为 $\bar{x}=2084$ 元, $s=435$ 元. 并且获得月平均收入 μ 的 0.95 置信区间. 如今要求 σ 的 0.90 置信区间.

解 这里 $n=30$, $s=435$, $\alpha=0.10$, 由附表 7 查得

$$\chi_{0.05}^2(29)=17.708, \quad \chi_{0.95}^2(29)=42.557.$$

从表 5-7 查得 σ 的 0.90 置信区间为

$$\left(\frac{\sqrt{29}\,s}{\sqrt{\chi_{0.95}^2(29)}}, \frac{\sqrt{29}\,s}{\sqrt{\chi_{0.05}^2(29)}} \right) = \left(\frac{\sqrt{29} \times 435}{\sqrt{42.557}}, \frac{\sqrt{29} \times 435}{\sqrt{17.708}} \right)$$

$$= (359.1, 556.7).$$

故该行业职工月平均收入的标准差 σ 在 359.1 元到 556.7 元之间. 其置信水平为 0.90.

讨论: 所得 σ 的 0.90 置信区间长度近 200, 较大. 若想把此置信区间缩小一半, 其他不变, 应取多少样本量为宜?

要使 σ 的 $1-\alpha$ 置信区间的长度等于事先给定的长度 $2d$ (d 为区间半径), 即

$$\frac{s\sqrt{n-1}}{\sqrt{\chi_{\alpha/2}^2(n-1)}} - \frac{s\sqrt{n-1}}{\sqrt{\chi_{1-\alpha/2}^2(n-1)}} = 2d(=100),$$

从中求解 n 是相当困难的, 因为 χ^2 分布的分位数中含有 n, 只能用试探法, 即让 $n=31, 32, \cdots$ 分别代入上式, 使其恰好等于 $2d$ 的 n 就是所求, 这是件困难的事. 幸好在大样本场合 χ^2 分布有一个近似公式(见附表 7 的脚注)

$$\chi_\alpha^2(n) = \frac{1}{2}(u_\alpha + \sqrt{2n-1})^2,$$

其中 u_α 为标准正态分布的 α 分位数. 在这个问题中所求的样本量 n 一定大于 30, 故可用上式近似公式. 代入后可得

$$\frac{s\sqrt{2(n-1)}}{u_{\alpha/2} + \sqrt{2n-3}} - \frac{s\sqrt{2(n-1)}}{u_{1-\alpha/2} + \sqrt{2n-3}} = 2d.$$

由于 $u_{\alpha/2} = -u_{1-\alpha/2}$，对上式左端施行通分后可得

$$2s\sqrt{2(n-1)}\,u_{1-\alpha/2} = 2d[(2n-3) - u_{1-\alpha/2}^2].$$

若设 $x = \sqrt{n-1}$，则上式可转换成 x 的二次方程

$$2dx^2 - \sqrt{2}\,su_{1-\alpha/2}x - d(1 + u_{1-\alpha/2}^2) = 0.$$

由于其判别式大于零，故有两个实根，其中一个根为负数，这不合题意，故其一个正根是要求的，其为

$$\sqrt{n-1} = \frac{\sqrt{2}\,su_{1-\alpha/2} + \sqrt{2s^2 u_{1-\alpha/2}^2 + 4 \cdot 2d \cdot d(1 + u_{1-\alpha/2}^2)}}{4d}$$

$$= \frac{\sqrt{2}\,u_{1-\alpha/2}}{4}\frac{s}{d} + \frac{1}{4}\sqrt{2\left(\frac{s}{d}\right)^2 u_{1-\alpha/2}^2 + 8(1 + u_{1-\alpha/2}^2)}.$$

现 $\alpha = 0.10$，$u_{1-\alpha/2} = u_{0.95} = 1.645$，仍用 $s = 435$，$d = 50$，于是 $\dfrac{s}{d} = 8.7$，把这些代入上式可算得

$$\sqrt{n-1} = \frac{\sqrt{2} \times 1.645}{4} \times 8.7 + \frac{1}{4}\sqrt{2 \times 8.7^2 \times 1.645^2 + 8 \times (1 + 1.645^2)}$$

$$= 5.0599 + 5.2399 = 10.2997,$$

$$n = 1 + 10.2997^2 = 107.0836.$$

取整后可得 $n = 108$，即要使 σ 的 0.90 置信区间长度缩短一半，则需样本量 108. 若还要把置信水平从 0.90 提高到 0.95，这时 $\alpha = 0.05$，$u_{1-\alpha/2} = u_{0.975} = 1.96$，在其他条件不变情况下可算得样本量 $n = 152$. 上述计算成为可能在于有大样本下的近似公式.

例 5.5.5 某光谱仪可测材料中各金属含量(百分含量)，为估计该台光谱仪的测量误差，特选出大小相同，金属含量不同的 5 个试块，设每一试块的测量值都服从方差相同的正态分布，其均值可不同. 如今对每一试块各重复独立地测量 5 次，分别计算各试块的样本标准差，它们是

$$s_1 = 0.09, \quad s_2 = 0.11, \quad s_3 = 0.14, \quad s_4 = 0.10, \quad s_5 = 0.11.$$

试求光谱仪测量值标准差 σ 的 0.95 置信区间.

解 在正态分布假定下，每个样本方差与总体方差之比

$$\frac{(5-1)s_i^2}{\sigma^2} \sim \chi^2(4), \quad i = 1, 2, \cdots, 5.$$

由测量值间的独立性知，5 个样本方差也相互独立，再由 χ^2 分布的可加性知

$$\sum_{i=1}^{5} \frac{4s_i^2}{\sigma^2} \sim \chi^2(20).$$

对给定的置信水平 $1 - \alpha = 0.95$，$\alpha = 0.05$，可得 $\chi^2(20)$ 的分位数

$$\chi^2_{0.025}(20) = 9.5908, \quad \chi^2_{0.975}(20) = 34.1696,$$

可得如下概率：

$$P\left(\chi^2_{0.025}(20) \leqslant \frac{4}{\sigma^2}\sum_{i=1}^{5}s_i^2 \leqslant \chi^2_{0.975}(20)\right) = 1-\alpha.$$

由此可得 σ^2 的 0.95 置信区间，

$$P\left[\frac{4\sum\limits_{i=1}^{5}s_i^2}{\chi^2_{0.975}(20)} \leqslant \sigma^2 \leqslant \frac{4\sum\limits_{i=1}^{5}s_i^2}{\chi^2_{0.025}(20)}\right] = 0.95,$$

其中 $\sum\limits_{i=1}^{5}s_i^2 = 0.0619$. 对上述不等式两端开方后，即得 σ 的 0.95 置信区间

$$\left[\frac{2\sqrt{0.0619}}{\sqrt{34.1696}}, \frac{2\sqrt{0.0619}}{\sqrt{9.5908}}\right] = [0.085, 0.161].$$

习　题　5.5

1. 新设计的一种测量膨胀系数的仪器，要求标准差不得超过 1 个单位才算合格. 现重定某标准件的膨胀系数 10 次算得样本方差 $s^2 = 1.34$. 若测量值服从正态分布，试问在 $\alpha = 0.05$ 水平上该仪器是否合格？

2. 某厂生产的汽车电池使用寿命服从正态分布，其说明书上写明其标准差不超过 0.9 年. 现随机抽取 10 个，得样本标准差为 1.2 年. 试在 $\alpha = 0.05$ 水平上检验厂方说明书上所写的标准差是否可信.

3. 新设计的某种化学天平，其测量误差服从正态分布，要求 99.7% 的测量误差不超过 ± 0.1 mg，现对 10 个标准件进行测量，得 10 个误差数据，并求得样本方差 $s^2 = 0.0009$. 试问在 $\alpha = 0.05$ 水平上能否认为该种新天平满足设计要求？

4. 已知某种木材的横纹抗压力服从 $N(\mu, \sigma^2)$，现对 10 个试件作横纹抗压力试验，得数据如下：（单位：kg/cm^2）

　　 482　493　457　471　510　446　435　418　394　469

(1) 求 μ 的置信水平为 0.95 的置信区间；

(2) 求 σ 的置信水平为 0.90 的置信区间.

5. 设某自动车床加工的零件尺寸的偏差 X 服从 $N(\mu, \sigma^2)$，现从加工的一批零件中随机抽出 10 个，其偏差分别为（单位：μm）

　　　 2　1　−2　3　2　4　−2　5　3　4

试求 μ, σ^2, σ 的置信水平为 0.90 的置信区间.

6. 设某种钢材的强度服从 $N(\mu, \sigma^2)$，现在从中获得容量为 10 的样本，求得样本均值 $\bar{x} = 41.3$，样本标准差为 $s = 1.05$.

(1) 求 μ 的置信水平为 0.95 的置信下限;

(2) 求 σ 的置信水平为 0.90 的置信上限.

7. 随机选取 9 发炮弹, 测得炮弹的炮口速度的样本标准差 $s=11$ m/s. 若炮弹的炮口速度服从 $N(\mu,\sigma^2)$, 求其标准差 σ 的 0.95 单侧置信上限.

8. 设 $x_1,x_2,\cdots,x_n$ 是来自正态分布 $N(\mu,\sigma^2)$ 的一个样本, 为使 $\dfrac{1}{4}\sqrt{\sum_{i=1}^{n}(x_i-\overline{x})^2}$ 是 σ 的 0.95 单侧置信上限, 样本量至少应取多少?

9. 随机抽取 51 个用于航空制造的零件, 测量了合金中钛的百分含量, 算得样本标准差 $s=0.37$. 试构造总体标准差 σ 的 95% 的置信区间, 并用此置信区间对 $H_0:\sigma=0.35$, $H_1:\sigma\neq0.35$ 作出检验判断. (注: 大样本下 χ^2 分位数可用附表 7 下脚注计算.)

10. 要把一个铆钉插入一个孔中. 如果孔直径的标准差超过 0.02 mm, 铆钉很可能不适合. 现随机抽取 15 个样品, 测其孔直径, 算其样本标准差 $s=0.016$ mm.

(1) 取 $\alpha=0.05$, 是否有证据说明孔直径的标准差超过 0.02 mm?

(2) 求出检验的 p 值.

(3) 构造 σ 的 95% 的置信下限.

(4) 用(3)中的单侧置信下限检验原假设.

11. 设有 5 个具有共同方差 σ^2 的正态总体, 现从中各取一个样本, 其样本量 n_j 及偏差平方和 $Q_j=\sum_{i=1}^{n_j}(x_{ij}-\overline{x}_j)^2$(这里 x_{ij} 是第 j 个总体的第 i 个观察值) 的值如下表所列($i=1,2,\cdots,5$):

n_j	6	4	3	7	8	$n=\sum_{j=1}^{5}n_j=28$
Q_j	40	30	20	42	50	$Q=\sum_{j=1}^{5}Q_j=182$

试求共同方差 σ^2 的 0.95 置信区间.

5.6 比率的推断

比率 p 是在实际中常遇到的一个参数, 如不合格品率、电视节目收视率、吸烟率、色盲率、某项政策的支持率等.

比率 p 可看做是某二点分布 $b(1,p)$ 中的一个参数，若 $X \sim b(1,p)$，则 X 仅可取 0 或 1 两个值，且 $E(X)=p$，$\mathrm{Var}(X)=p(1-p)$. 这一节将讨论有关 p 的各种推断问题.

5.6.1 比率 p 的假设检验

设 $x_1, x_2, \cdots, x_n$ 是来自二点分布 $b(1,p)$ 的一个样本. 其中参数 p 的检验问题常有如下三个类型：

I. $H_0: p \leqslant p_0$, $H_1: p > p_0$;

II. $H_0: p \geqslant p_0$, $H_1: p < p_0$;

III. $H_0: p = p_0$, $H_1: p \neq p_0$.

在样本量 n 给定时，样本之和（即累计频数）服从二项分布，即

$$Y = \sum_{i=1}^{n} x_i \sim b(n, p).$$

样本之和 Y 概括了样本中的主要信息，它等于样本中"1"的个数，$\bar{x} = \dfrac{Y}{n}$ 就是 "1"出现的频率，它是比率 p 的很好估计. 由于 $\bar{x}$ 的分布较难操作，而与 $\bar{x}$ 只差一个因子的样本之和 Y 较易操作，故常用 Y 作为检验统计量.

我们先讨论假设检验问题 I 的拒绝域. 由于 Y 与比率 p 的估计 $\bar{x}$ 成正比例. Y 较大，比率 p 也会较大，故在检验问题 I 中，Y 较大倾向于拒绝原假设 $H_0: p \leqslant p_0$. 故其拒绝域常有形式是 $W_{\mathrm{I}} = \{Y \geqslant c\}$，其中 c 是待定的临界值.

类似地，在检验问题 II 中，较小的 Y 倾向于拒绝原假设 $H_0: p \geqslant p_0$，故其拒绝域为 $W_{\mathrm{II}} = \{Y \leqslant c'\}$. 在检验问题 III 中，较大或较小都会倾向于拒绝原假设 $H_0: p = p_0$，故其拒绝域为 $W_{\mathrm{III}} = \{c_1 \leqslant Y \leqslant c_2\}$. 综合上述，上述三个检验问题的拒绝域形式分别为

$$W_{\mathrm{I}} = \{Y \geqslant c\},$$
$$W_{\mathrm{II}} = \{Y \leqslant c'\},$$
$$W_{\mathrm{III}} = \{Y \leqslant c_1 \text{ 或 } Y \geqslant c_2\}, \quad c_1 < c_2.$$

为获得水平为 α 的检验，就需要定出各自拒绝域中的临界值 c, c', c_1, c_2. 下面分小样本与大样本两种情况给出确定临界值的方法.

1. 小样本方法

在检验问题 I 中，犯第 I 类错误（拒真错误）概率可用二项分布计算，

$$\alpha(p) = P(Y \geqslant c) = \sum_{i=c}^{n} \binom{n}{i} p^i (1-p)^{n-i}, \quad p \leqslant p_0.$$

该概率是 p 的函数，在例 5.1.4 中曾用表 5-2 说明 $\alpha(p)$ 是 p 的增函数（见表 5-2)，在一般场合也是这样. 所以要使

$$\alpha(p) \leqslant \alpha,$$

只要在 $p = p_0$ 处达到即可，这表明，所求的临界值 c 是满足如下不等式的最小正整数：

$$P(Y \geqslant c) \leqslant \alpha \quad 或 \quad P(Y \leqslant c - 1) > 1 - \alpha, \qquad (5.6.1)$$

其中 $Y \sim b(n, p_0)$. 由于二项分布是离散分布，上述等号成立是罕见的.

类似地讨论可知，检验问题 II 的拒绝域 W_{II} 的临界值 c' 是满足如下不等式的最大正整数：

$$P(Y \leqslant c') = \sum_{i=0}^{c'} \binom{n}{i} p_0^i (1 - p_0)^{n-i} \leqslant \alpha. \qquad (5.6.2)$$

而检验问题 III 的拒绝域 W_{III} 的第一个临界值 c_1 是满足如下不等式的最大正整数：

$$P(Y \leqslant c_1) = \sum_{i=0}^{c_1} \binom{n}{i} p_0^i (1 - p_0)^{n-i} \leqslant \frac{\alpha}{2}. \qquad (5.6.3)$$

而第二个临界值 c_2 是满足如下不等式的最小正整数：

$$P(Y \geqslant c_2) = \sum_{i=c_2}^{n} \binom{n}{i} p_0^i (1 - p_0)^{n-i} \leqslant \frac{\alpha}{2}. \qquad (5.6.4)$$

在样本量不太大时，可以算得上述各临界值 c, c', c_1 和 c_2，详见下面例子.

例 5.6.1 在 $n = 12$，$p_0 = 0.4$ 场合，分别确定上述三个检验问题的拒绝域.

解 首先算出二项分布 $b(12, 0.4)$ 中 13 个点上的概率及累计概率，详见表 5-8.

表 5-8   二项分布 $b(12, 0.4)$ 表

k	$P(Y = k)$	$P(Y \leqslant k)$	k	$P(Y = k)$	$P(Y \leqslant k)$
0	0.002 2	0.002 2	7	0.100 9	0.942 7
1	0.017 4	0.019 6	8	0.042 0	0.984 7
2	0.063 8	0.083 4	9	0.012 5	0.997 2
3	0.141 9	0.225 3	10	0.002 5	0.999 7
4	0.212 9	0.438 2	11	0.000 3	1.000 0
5	0.227 0	0.665 2	12	0.000 0	1.000 0
6	0.176 6	0.841 8			

若取 $\alpha = 0.05$，从表 5-8 上可看出，

- 满足不等式 (5.6.1) 的最小正整数 $c = 9$，即 $W_I = \{Y \geqslant 9\}$；
- 满足不等式 (5.6.2) 的最大正整数 $c' = 1$，即 $W_{II} = \{Y \leqslant 1\}$；

- 满足不等式(5.6.3)的最大正整数 $c_1 = 1$;
- 满足不等式(5.6.4)的最小正整数 $c_2 = 10$, 即
$$W_{\text{III}} = \{Y \leqslant 1 \text{ 或 } Y \geqslant 10\}.$$

这三个拒绝域 $W_{\text{I}}, W_{\text{II}}, W_{\text{III}}$ 分别是检验问题 I, II, III 的水平为 $\alpha = 0.05$ 的检验的拒绝域. 譬如在 $n = 12$ 观察中, 事件 A 发生 6 次, 能否认为 $P(A) \leqslant 0.4$ 是适当的. 此即要对检验问题 I:

$$H_0: p \leqslant 0.4, \quad H_1: p > 0.4$$

作出判断. 由上述, 其拒绝域 $W_{\text{I}} = \{Y \geqslant 9\}$, 如今 Y 的观察值 Y_0 为 $Y_0 = 6$, 不在拒绝域内, 故没有理由拒绝原假设.

这类问题用 p 值作检验更为方便. 如在此问题中, p 值为

$$p = P(Y \geqslant 6) = 1 - P(Y \leqslant 5) = 1 - 0.665\,2 = 0.334\,8.$$

这个 p 值大于 0.05, 故不能拒绝原假设. 一般说来, 在离散总体用 p 值作检验更为简便, 它回避了构造拒绝域的复杂性. 若记 Y_0 为 Y 的实际观察值, 则三个检验问题的 p 值分别为

$$p_{\text{I}} = P(Y \geqslant Y_0),$$
$$p_{\text{II}} = P(Y \leqslant Y_0),$$
$$p_{\text{III}} = \begin{cases} 2P(Y \leqslant Y_0), & Y_0 \leqslant \dfrac{n}{2}, \\ 2P(Y \geqslant Y_0), & Y_0 > \dfrac{n}{2}. \end{cases}$$

2. 大样本方法

在大样本场合, 二项概率计算困难, 这时可用二项分布的正态近似(见 3.4.3 小节), 即当 $T \sim b(n,p)$, $E(X) = np$, $\text{Var}(X) = np(1-p)$, 按中心极限定理, 当样本量 n 较大时, 当 $p = p_0$ 时有

$$u = \frac{Y - np_0}{\sqrt{np_0(1-p_0)}} \stackrel{.}{\sim} N(0,1).$$

这样就把检验统计量 Y 转化为检验统计量 u. 由于 u 与 Y 是同增同减的量, 当用 u 代替 Y 时, 三个检验问题的拒绝域形式不变. 当给定显著性水平 α 后, 下述三个检验问题的水平为 α 检验的拒绝域分别为

$$W_{\text{I}} = \{u \geqslant u_{1-\alpha}\}, \text{ 其中 } u = \frac{Y - 0.5 - np_0}{\sqrt{np_0(1-p_0)}};$$

$$W_{\text{II}} = \{u \leqslant u_\alpha\}, \text{ 其中 } u = \frac{Y + 0.5 - np_0}{\sqrt{np_0(1-p_0)}};$$

$$W_{\text{III}} = \{|u| \leqslant u_{1-\alpha/2}\}, \text{ 其中 } u = \frac{Y + 0.5 - np_0}{\sqrt{np_0(1-p_0)}}.$$

上述诸式中修正项 ± 0.5 是使正态近似更精确,详见 3.4.3 小节.

在使用比率 p 的检验中所涉及数据都为成败型数据(成功与失败、合格与不合格等). 在很多场合可大量收集,花费也不大,故比率 p 的大样本 u 检验常被选用. 使用中还需注意:不仅要求样本量 n 较大,还要求 p 不要很靠近 0 或 1,且同时满足 $np \geqslant 5$ 和 $n(1-p) \geqslant 5$.

例 5.6.2 某厂的产品不合格品率不超过 3%,在一次例行检查中随机抽检 200 只,发现有 8 个不合格品,试问在 $\alpha = 0.05$ 下能否认为不合格品率不超过 3%?

解 这是关于不合格品率 p 的检验,其一对假设为

$$H_0: p \leqslant 0.03, \quad H_1: p > 0.03.$$

如今 $n = 200$,$p_0 = 0.03$,$np_0 = 6(>5)$,$n(1-p_0) = 194(>5)$,故可用大样本 u 检验. 在 $\alpha = 0.05$ 下,该检验的拒绝域为

$$W_{\mathrm{I}} = \{u \geqslant u_{1-\alpha}\} = \{u > 1.645\},$$

其中

$$u = \frac{Y - 0.5 - np_0}{\sqrt{np_0(1-p_0)}} = \frac{8 - 0.5 - 6}{\sqrt{6 \times 0.97}} = 0.622 (= u_0).$$

由于 $0.622 < 1.645$,故应接受原假设 H_0,即认为该产品的不合格品率没有超过 3%.

在大样本场合亦可用 p 值作检验. 在例 5.6.2 中,检验的 p 值为

$$p_{\mathrm{I}} = P(u \geqslant u_0) = P(u \geqslant 0.622) = 1 - \Phi(0.622)$$
$$= 1 - 0.7331 = 0.2669.$$

此 p 值较大,不应拒绝原假设.

其他场合的 p 值也可仿此作类似计算.

5.6.2 比率 p 的置信区间

设 $x_1, x_2, \cdots, x_n$ 是取自二点分布 $b(1, p)$ 的一个样本,样本之和

$$Y = \sum_{i=1}^{n} x_i \sim b(n, p).$$

为了寻找 p 的置信水平为 $1-\alpha$ 的置信区间 $[p_L, p_U]$,要分小样本和大样本两种情况讨论. 下面分别叙述之.

1. 小样本方法

在样本量 n 不太大的场合寻求 p 的置信区间与二项分布的分布函数的性质有关. 下面就从这里出发,逐步展开,最后获得用 F 分布分位数表示的置信区间.

(1) 设 $G(y; p)$ 是二项分布 $b(n, p)$ 的分布函数,即

$$G(y;p) = P(Y \leqslant y;p) = \sum_{x \leqslant y} \binom{n}{x} p^x (1-p)^{n-x}$$

$$= \sum_{x=0}^{k} \binom{n}{x} p^x (1-p)^{n-x},$$

其中 $k = [y]$（y 的整数部分）. 利用分部积分法可得如下等式：

$$\frac{\Gamma(n+1)}{\Gamma(k+1)\Gamma(n-k)} \int_0^p u^k (1-u)^{n-k-1} \mathrm{d}u$$

$$= \sum_{x=k+1}^{n} \binom{n}{x} p^x (1-p)^{n-x} \quad (0 < p < 1)$$

$$= 1 - G(y;p). \tag{5.6.5}$$

在 y 固定（即 k 固定）时，上式左端是参数为 $k+1$ 与 $n-k$ 的贝塔分布 $\mathrm{Be}(k+1, n-k)$ 的分布函数，它的变量是 p. 由于分布函数是变量 p 的增函数，从而 $1 - G(y;p)$ 是 p 的严增函数. 由此可知，二项分布函数 $G(y;p)$ 是 p 的严减函数.

（2）由此可知，二项分布函数 $G(y;p)$ 可看做一个变量 y 和一个参数 p 的函数，其中

• $G(y;p)$ 是变量 y 的阶梯函数，它跳跃上升，若 y 是跳跃点，则跳跃前一瞬间 y 的状态记为 $y - 0$（又称为 y 的左极限）；

• $G(y;p)$ 是参数 p 在 $(0,1)$ 上的连续严减函数.

为了利用 $G(y;p)$ 的上述性质构造 p 的置信区间和单侧置信限，需要如下的定理，其证明见[18]，这里就不给出了.

定理 5.6.1 设 $x_1, x_2, \cdots, x_n$ 是来自总体分布函数 $F(x;\theta)$ 的一个样本，$\hat{\theta}$ 是参数 θ 的一个估计，$\hat{\theta}$ 的分布函数为 $G(y;\theta)$. 假如 $G(y;\theta)$ 还是 θ 的连续严减函数，且

① θ_L 是关于 θ 的方程 $G(\hat{\theta}-0;\theta) = 1 - \alpha$ 的解；

② θ_U 是关于 θ 的方程 $G(\hat{\theta};\theta) = \alpha$ 的解，

则 $\hat{\theta}_L$ 是 θ 的 $1 - \alpha$ 单侧置信下限，$\hat{\theta}_U$ 是 θ 的 $1 - \alpha$ 单侧置信上限.

图 5-14 是上述两个函数方程解的示意图. 注意 $G(\hat{\theta}-0;\theta)$ 与 $G(\hat{\theta};\theta)$ 是 θ 的两个不同函数.

如今样本 $x_1, x_2, \cdots, x_n$ 来自二点分布 $b(1, p)$，$\bar{x} = \dfrac{1}{n} \sum_{i=1}^{n} x_i$ 是 p 的一个很好的估计，但 $\bar{x}$ 的分布使用不便，改用与 $\bar{x}$ 只差一常数因子的样本之和 $Y = \sum_{i=1}^{n} x_i$ 来讨论 p 的置信区间，Y 服从二项分布 $b(n, p)$，其分布函数 $G(y;p)$ 不

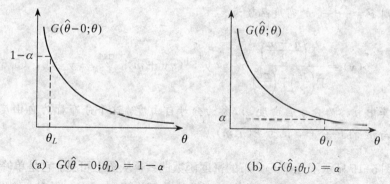

(a) $G(\hat{\theta}-0; \theta_L) = 1-\alpha$ (b) $G(\hat{\theta}; \theta_U) = \alpha$

图 5-14   参数 θ 的单侧置信限示意图(G 是 θ 的连续严减函数)

仅仍含有未知参数 p，而且已证明 G 是 θ 的连续严减函数. 至此定理 5.6.1 的条件都具备了.

由定理 5.6.1 知，在给定置信水平 $1-\alpha$ 情况下，

• p 的 $1-\alpha$ 单侧置信下限 p_L 是如下函数方程的解：
$$G(y-0; p_L) = 1-\alpha; \tag{5.6.6}$$

• p 的 $1-\alpha$ 单侧置信上限 p_U 是如下函数方程的解：
$$G(y; p_U) = \alpha; \tag{5.6.7}$$

• p 的 $1-\alpha$ 双侧置信区间 $[p_L, p_U]$ 的两个端点是如下两个函数方程的解：
$$G(y-0; p_L) = 1 - \frac{\alpha}{2}, \tag{5.6.8}$$

$$G(y; p_U) = \frac{\alpha}{2}, \tag{5.6.9}$$

其中，在 y 为非负整数 k 场合，即 $y=k$ 时有
$$G(y-0; p) = \sum_{x=0}^{k-1} \binom{n}{x} p^x (1-p)^{n-x}, \tag{5.6.10}$$

$$G(y; p) = \sum_{x=0}^{k} \binom{n}{x} p^x (1-p)^{n-x}. \tag{5.6.11}$$

如何解上述 4 个函数方程呢？在 (5.6.5) 中已建立二项分布函数 $G(y; p)$ 与贝塔分布 $Be(k+1, n-k)$ 的分布函数间的联系. 可惜，缺少贝塔分布函数的分位数表，上述诸函数方程仍无法解出. 下一步我们将致力于建立贝塔分布与 F 分布间的联系，因为 F 分布的分位数表已造出，见附表 8.

（3） F 分布是两个相互独立的卡方（χ^2）变量之商的分布，具体见下面定理.

定理 5.6.2   设随机变量 $X_1 \sim \chi^2(n)$，$X_2 \sim \chi^2(m)$，且 X_1 与 X_2 相互独立，

则 $F = \dfrac{X_1/n}{X_2/m}$ 的密度函数为

$$p(y) = \frac{\Gamma\left(\dfrac{n+m}{2}\right)}{\Gamma\left(\dfrac{n}{2}\right)\Gamma\left(\dfrac{m}{2}\right)} n^{\frac{n}{2}} m^{\frac{m}{2}} y^{\frac{n}{2}-1}(ny+m)^{-\frac{n+m}{2}}, \quad y \geqslant 0, \quad (5.6.12)$$

其中 n 称为分子自由度，m 称为分母自由度，这个分布称为自由度为 n 与 m 的 F 分布，记为 $F(n,m)$.

图 5-15 显示了几个 F 分布的密度函数曲线. 从图上可见，它是单峰右偏分布. 自由度为 n 与 m 的 F 分布的 p 分位数记为 $F_p(n,m)$. 附表 8 给出 $p = 0.90, 0.95, 0.975, 0.99$ 的 F 分位数表，当 $p = 0.10, 0.05, 0.025, 0.01$ 时 F 分位数也可通过如下一个简单变换 (5.6.13) 从附表 8 查出，

$$F_p(n,m) = \frac{1}{F_{1-p}(m,n)}. \quad (5.6.13)$$

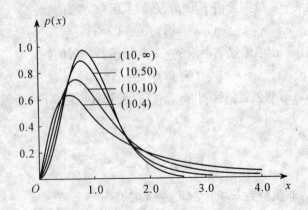

图 5-15　几种 F 分布的密度曲线

这是因为当 $X_1 \sim \chi^2(n)$, $X_2 \sim \chi^2(m)$，且 X_1 与 X_2 独立时，有

$$F = \frac{X_1/n}{X_2/m} \sim F(n,m), \quad \frac{1}{F} = \frac{X_2/m}{X_1/n} \sim F(m,n).$$

如果 $F_p(n,m)$ 是 F 的 p 分位数，则由分位数性质可知

$$P(F < F_p(n,m)) = p,$$

即 $P\left(\dfrac{1}{F} > \dfrac{1}{F_p(n,m)}\right) = p$. 从而

$$P\left(\frac{1}{F} \leqslant \frac{1}{F_p(n,m)}\right) = 1 - p.$$

这表明：$\dfrac{1}{F_p(n,m)}$ 是 $\dfrac{1}{F}$ 的 $1-p$ 分位数，即

$$\frac{1}{F_p(n,m)} = F_{1-p}(m,n),$$

故有(5.6.13).

    F 分布是统计中常用的概率分布之一. 它不仅在下面寻找比率 p 的置信区间起关键作用, 以后还在两个方差比的检验与置信区间以及方差分析等中常用到, 用到它的不是 F 分布的期望与方差等特征数, 而是 F 分布的分位数.

    (4) 现回到寻求上述诸函数方程的解上来. 在(5.6.5)中已在二项分布 $b(n,p)$ 与贝塔分布 $\mathrm{Be}(k+1, n-k)$ 之间建立如下关系:

$$\sum_{x=k+1}^{n} \binom{n}{x} p^x (1-p)^{n-x} = \frac{\Gamma(n+1)}{\Gamma(k+1)\Gamma(n-k)} \int_0^p u^k (1-u)^{n-k-1} \, \mathrm{d}u.$$

对右端积分作变换 $w = \dfrac{u}{1-u}$, 即 $u = \dfrac{w}{1+w}$, $\mathrm{d}u = \dfrac{\mathrm{d}w}{(1+w)^2}$, 则

$$右端 = \frac{\Gamma(n+1)}{\Gamma(k+1)\Gamma(n-k)} \int_0^{\frac{p}{1-p}} \frac{w^k \, \mathrm{d}w}{(1+w)^{n+1}}.$$

重新设置参数:

$$k+1 = \frac{\nu_1}{2}, \quad n-k = \frac{\nu_2}{2}, \quad n+1 = \frac{\nu_1 + \nu_2}{2},$$

并作新变换 $z = \dfrac{\nu_2}{\nu_1} w$ 后, 可得

$$\sum_{x=k+1}^{n} \binom{n}{x} p^x (1-p)^{n-x} = \frac{\Gamma\left(\frac{\nu_1 + \nu_2}{2}\right)}{\Gamma\left(\frac{\nu_1}{2}\right)\Gamma\left(\frac{\nu_2}{2}\right)} \nu_1^{\nu_1/2} \nu_2^{\nu_2/2} \int_0^{\frac{\nu_2}{\nu_1}\frac{p}{1-p}} \frac{z^{\frac{\nu_1}{2}-1} \, \mathrm{d}z}{(\nu_1 + \nu_2 z)^{\frac{\nu_1+\nu_2}{2}}}.$$

最后一个积分恰好是自由度为 ν_1 和 ν_2 的 F 分布函数在 $\dfrac{\nu_2}{\nu_1} \dfrac{p}{1-p}$ 处的值. 综合上述, 可得如下公式:

$$\sum_{x=k+1}^{n} \binom{n}{x} p^x (1-p)^{n-x} = F\left(\frac{\nu_2}{\nu_1} \frac{p}{1-p}; \nu_1, \nu_2\right). \qquad (5.6.14)$$

这就是用 F 分布计算二项分布的一般公式.

    (5) 等式(5.6.14)对解上述函数方程, 获得比率 p 的置信区间与单侧置信限十分方便, 下面逐一考察.

    • 由(5.6.7)知, p 的 $1-\alpha$ 单侧置信上限 p_U 满足如下等式:

$$G(y; p_U) = \alpha.$$

由(5.6.11)知, 它可以写为

$$\sum_{x=0}^{k} \binom{n}{x} p_U^x (1-p_U)^{n-x} = \alpha,$$

或

$$\sum_{x=k+1}^{n} \binom{n}{x} p_U^x (1-p_U)^{n-x} = 1-\alpha.$$

上式左端与(5.6.14)左端相同,故有

$$F\left(\frac{\nu_2}{\nu_1} \frac{p_U}{1-p_U}; \nu_1, \nu_2\right) = 1-\alpha.$$

利用 $F(\nu_1, \nu_2)$ 的 $1-\alpha$ 分位数可得如下等式:

$$\frac{\nu_2}{\nu_1} \frac{p_U}{1-p_U} = F_{1-\alpha}(\nu_1, \nu_2),$$

$$p_U = \frac{\nu_1 F_{1-\alpha}(\nu_1, \nu_2)}{\nu_2 + \nu_1 F_{1-\alpha}(\nu_1, \nu_2)}. \tag{5.6.15}$$

这样就获得 p 的 $1-\alpha$ 单侧置信上限,其中 $\nu_1 = 2(k+1)$, $\nu_2 = 2(n-k)$.

例 5.6.3 从一批产品中随机抽查 63 件,发现有 3 件是不合格品. 求这批产品的不合格品率 p 的 0.90 单侧置信上限.

解 如今已知 $n=63$, $k=3$, $1-\alpha=0.90$,故可写出两个自由度:

$$\nu_1 = 2(k+1) = 2(3+1) = 8,$$

$$\nu_2 = 2(n-k) = 2(63-3) = 120.$$

另外从附表 8 中查得

$$F_{1-\alpha}(\nu_1, \nu_2) = F_{0.90}(8, 120) = 1.72.$$

把上述数值代入(5.6.15)可得 p 的 0.90 的单侧置信上限为

$$p_U = \frac{8 \times 1.72}{120 + 8 \times 1.72} = 0.1029.$$

• 现转入求 p 的 $1-\alpha$ 单侧置信下限. 由(5.6.6)和(5.6.10)得

$$\sum_{x=0}^{k-1} \binom{n}{x} p_L^x (1-p_L)^{n-x} = 1-\alpha$$

或

$$\sum_{x=k}^{n} \binom{n}{x} p_L^x (1-p_L)^{n-x} = \alpha.$$

上式左端与(5.6.14)左端有差异,这只要在(5.6.14)中用 $k-1$ 代替 k,这样两个自由度也随着改变为 $\nu_1' = 2k$, $\nu_2' = 2(n-k-1)$. 由上式可得

$$F\left(\frac{\nu_2'}{\nu_1'} \frac{p_L}{1-p_L}; \nu_1', \nu_2'\right) = \alpha.$$

再用 $F(\nu_1', \nu_2')$ 的 α 分位数可得如下等式:

$$\frac{\nu_2'}{\nu_1'} \frac{p_L}{1-p_L} = F_\alpha(\nu_1', \nu_2').$$

解之,可得

$$p_L = \frac{\nu_2' F_\alpha(\nu_1', \nu_2')}{\nu_2' + \nu_1' F_\alpha(\nu_1', \nu_2')}. \tag{5.6.16}$$

这样就获得 p 的 $1-\alpha$ 单侧置信下限 p_L，其中 $\nu_1'=2k$，$\nu_2'=2(n-k-1)$.

例 5.6.4 在例 5.6.2 条件下，求不合格品率 p 的 0.90 单侧置信下限.

解 如今仍有 $n=63$，$k=3$，$1-\alpha=0.90$，可写出两个自由度：

$$\nu_1'=2k=2\times3=6,$$

$$\nu_2'=2(n-k-1)=2(63-3-1)=118.$$

另外，由 F 分布的分位数性质 (5.6.13) 知

$$F_{0.10}(6,118)=\frac{1}{F_{0.90}(118,6)}=\frac{1}{2.74}.$$

把上述数值代入 (5.6.16)，可得 p 的 0.90 的单侧置信下限为

$$p_L=\frac{6/2.74}{118+6/2.74}=0.01822.$$

• 最后，我们来寻求 p 的 $1-\alpha$ 置信区间. 由 (5.6.8),(5.6.9),(5.6.10) 和 (5.6.11) 可得

$$\begin{cases} \sum_{x=k}^n \binom{n}{x} p_L^x (1-p_L)^{n-x} = \frac{\alpha}{2}, \\ \sum_{x=k+1}^n \binom{n}{x} p_U^x (1-p_U)^{n-x} = 1-\frac{\alpha}{2}. \end{cases}$$

利用 (5.6.4)，可得

$$\begin{cases} F\left(\frac{\nu_2'}{\nu_1'}\frac{p_L}{1-p_L};\nu_1',\nu_2'\right) = \frac{\alpha}{2}, & \nu_1'=2k, \ \nu_2'=2(n-k+1), \\ F\left(\frac{\nu_2}{\nu_1}\frac{p_U}{1-p_U};\nu_1,\nu_2\right) = 1-\frac{\alpha}{2}, & \nu_1=2(k+1), \ \nu_2=2(n-k). \end{cases}$$

查 F 分布表可得

$$\begin{cases} \frac{\nu_2'}{\nu_1'}\frac{p_L}{1-p_L} = F_{\alpha/2}(\nu_1',\nu_2'), \\ \frac{\nu_2}{\nu_1}\frac{p_U}{1-p_U} = F_{1-\alpha/2}(\nu_1,\nu_2). \end{cases}$$

从中可得 p_L 与 p_U 的表达式：

$$\begin{cases} p_L = \frac{\nu_1' F_{\alpha/2}(\nu_1',\nu_2')}{\nu_2' + \nu_1' F_{\alpha/2}(\nu_1',\nu_2')}, & (5.6.17) \\ p_U = \frac{\nu_1 F_{1-\alpha/2}(\nu_1,\nu_2)}{\nu_2 + \nu_1 F_{1-\alpha/2}(\nu_1,\nu_2)}. & (5.6.18) \end{cases}$$

如此求出的区间 $[p_L, p_U]$ 就是 p 的 $1-\alpha$ 置信区间.

例 5.6.5 在例 5.6.2 条件下，求不合格品率 p 的 0.90 置信区间.

解 如今仍有 $n=63$，$k=3$，$1-\alpha=0.90$．先求 p 的置信上限，其两个自由度分别为

$$\nu_1 = 2(k+1) = 8, \quad \nu_2 = 2(n-k) = 120.$$

另外，从附表 8 查得 F 分布的 $1-\dfrac{\alpha}{2}=0.95$ 的分位数 $F_{0.95}(8,120)=2.02$．把上述数值代入 (5.6.18) 可得 p 的 0.90 置信区间的上限

$$p_U = \frac{8 \times 2.02}{120 + 8 \times 2.02} = 0.1187.$$

类似于例 5.6.3，其两个自由度有变化，它们分别为

$$\nu_1' = 2 \times 3 = 6, \quad \nu_2' = 2(63 - 3 - 1) = 118.$$

另外，由 F 分布的分位数性质 (5.6.13) 知

$$F_{0.05}(6,118) = \frac{1}{F_{0.95}(118,6)} = \frac{1}{3.70}.$$

把上述数值代入 (5.6.17)，可得 p 的 0.90 置信区间的下限

$$p_L = \frac{6/3.70}{118 + 6/3.70} = 0.01357.$$

这样求出的区间 $[0.01357, 0.1187]$ 就是这批产品的不合格品率 p 的 0.90 置信区间．

上述在小样本场合寻求置信限与置信区间的计算中要注意自由度上与分位数上的差别．

2. 大样本方法

当总体 $X \sim b(1,p)$ 时，用于估计 p 的样本较为容易获得，因此获得成百上千的大样本并不困难，这种大样本对 p 的估计精度的提高是很有好处的．在样本量 n 足够大时，根据中心极限定理，可以认为 $\bar{x}$ 渐近地服从正态分布．现在 $E\bar{x} = p$，$\mathrm{Var}(\bar{x}) = \dfrac{p(1-p)}{n}$，因而只要 n 足够大，就有

$$u = \frac{\bar{x} - p}{\sqrt{p(1-p)/n}} \overset{\cdot}{\sim} N(0,1).$$

所以可将 u 取为枢轴量对 p 作区间估计．由

$$P\left(\left| \frac{\bar{x} - p}{\sqrt{p(1-p)/n}} \right| \leqslant u_{1-\alpha/2} \right) = 1 - \alpha,$$

可以从

$$\left| \frac{\bar{x} - p}{\sqrt{p(1-p)/n}} \right| \leqslant u_{1-\alpha/2}$$

去解出 p 的范围．上式等价于

$$(\bar{x} - p)^2 \leqslant u_{1-\alpha/2}^2 \frac{p(1-p)}{n},$$

亦等价于

$$(n+u_{1-\alpha/2}^2)p^2-(2n\overline{x}+u_{1-\alpha/2}^2)p+n\overline{x}^2\leqslant 0.$$

记 $a=n+u_{1-\alpha/2}^2$，$b=-(2n\overline{x}+u_{1-\alpha/2}^2)$，$c=n\overline{x}^2$，则 $a>0$，

$$b^2-4ac=(2n\overline{x}+u_{1-\alpha/2}^2)^2-4(n+u_{1-\alpha/2}^2)\cdot n\overline{x}^2$$
$$=4n\overline{x}(1-\overline{x})u_{1-\alpha/2}^2+u_{1-\alpha/2}^4>0,$$

故二次三项式 ap^2+bp+c 开口向上，
有两个实根 p_L 与 p_U（见图 5-16），故
当 p 满足

$$p_L\leqslant p\leqslant p_U$$

时，可使 $ap^2+bp+c\leqslant 0$，其中

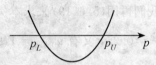

图 5-16　求 p_L, p_U 的示意图

$$p_L=\frac{-b-\sqrt{b^2-4ac}}{2a},\quad p_U=\frac{-b+\sqrt{b^2-4ac}}{2a}. \quad (5.6.19)$$

从而 p 的置信水平为 $1-\alpha$ 的置信区间为

$$[p_L,p_U],$$

其中 p_L,p_U 如(5.6.19)所示，当(5.6.19)中 $p_L<0$ 时，取 $p_L=0$；当 $p_U>1$ 时，取 $p_U=1$.

在大样本场合，实际中还可使用另一种更为简单的近似方法来获得 p 的 $1-\alpha$ 置信区间. 这一方法就是用来自 $b(1,p)$ 的样本均值 $\overline{x}$ 去估计 p，从而 $\overline{x}$ 的方差 $\text{Var}(\overline{x})=p(1-p)$ 的估计为

$$\hat{\text{Var}}(\overline{x})=\overline{x}(1-\overline{x}).$$

把它代入(5.6.6)，可得

$$\left|\frac{\overline{x}-p}{\sqrt{\overline{x}(1-\overline{x})/n}}\right|\leqslant u_{1-\alpha/2}.$$

从而可得 p 的 $1-\alpha$ 置信区间为

$$\overline{x}\pm u_{1-\alpha/2}\sqrt{\frac{\overline{x}(1-\overline{x})}{n}}. \quad (5.6.20)$$

当样本量充分大时，这个置信区间是相当好的.

例5.6.6　在某电视节目收视率调查中，调查了 400 人，其中有 100 人收看了该电视节目. 试求该节目收视率 p 置信水平为 0.95 的置信区间.

解　在本例中，$n=400$，当取 $\alpha=0.05$ 时，$u_{0.975}=1.96$，又由样本求得 $\overline{x}=\frac{100}{400}=0.25$，从而

$$a=400+1.96^2=403.8416,$$
$$b=-(2\times 400\times 0.25+1.96^2)=-203.8416,$$
$$c=400\times 0.25^2=25.$$

代入(5.6.7)，求得

$$p_L = \frac{203.841\,6 - 34.164\,9}{807.683\,2} = 0.210\,1,$$

$$p_U = \frac{203.841\,6 + 34.164\,9}{807.683\,2} = 0.294\,7.$$

从而 p 的置信水平为 0.95 的置信区间是 $[0.210\,1, 0.294\,7]$.

我们再用(5.6.19)来求本例 p 的 0.95 置信区间. 由 $n=400$, $k=100$, 故 $\overline{x} = \frac{k}{n} = 0.25$, 又有 $u_{0.975} = 1.96$, 由(5.6.8)可得 p 的 0.95 置信区间为

$$0.25 \pm 1.96\sqrt{\frac{0.25 \times (1-0.25)}{400}} = 0.25 \pm 0.042\,4 = [0.207\,6, 0.292\,4].$$

这与前面求得的结果较为接近，但是后者的计算要简单得多.

5.6.3 样本量的确定

1. 控制置信区间长度确定样本量

一个可行的而又常用的确定比率 p 所需样本量的方法是在大样本场合使用 p 的 $1-\alpha$ 置信区间

$$\overline{x} \pm u_{1-\alpha/2}\sqrt{\frac{\overline{x}(1-\overline{x})}{n}} \quad (\text{见}(5.6.20)).$$

若要把该区间长度控制在事先设定的 $2d$ 范围内，则可得如下不等式：

$$2u_{1-\alpha/2}\sqrt{\frac{\overline{x}(1-\overline{x})}{n}} \leqslant 2d.$$

由此可得样本量 n 至少为

$$n \geqslant \left(\frac{u_{1-\alpha/2}}{2d}\right)^2, \tag{5.6.21}$$

其中使用了 $\sqrt{\overline{x}(1-\overline{x})} \leqslant \frac{1}{4}$. 在这种场合，置信水平 $1-\alpha$ 又称为**保证概率**，区间半径 d 又称为**绝对误差**. 若保证概率为 0.99，这时 $\alpha = 0.01$, $u_{1-\alpha/2} = u_{0.995} = 2.575\,8$, 要使频率 $\overline{x}$ 与比率 p 的绝对误差不超过 0.01（即 $|\overline{x}-p| \leqslant 0.01$），所需样本量 n 为

$$n \geqslant \left(\frac{u_{0.995}}{2\times 0.01}\right)^2 = \left(\frac{2.575\,8}{2\times 0.01}\right)^2 = 16\,586.86,$$

即样本量至少应取 16 587.

表 5-9 上罗列了一些抽样方案，它们是在给定 $1-\alpha$ 与 d 后用公式(5.6.21)算得的. 从表上可见，随着保证概率 $1-\alpha$ 的降低和绝对误差 d 的放大，最小样本量 n 在迅速减少. 其中有些方案常被实际采用.

表 5-9 抽样方案表

方案号	保证概率 $1-\alpha$	绝对误差 d	最小样本量 n
1	0.999	0.001	2 706 848
2	0.995	0.001	1 974 025
3	0.995	0.005	78 961
4	0.99	0.005	66 347
5	0.99	0.01	16 587
6	0.95	0.01	9 604
7	0.95	0.02	2 401
8	0.90	0.02	1 692
9	0.90	0.025	1 082
10	0.90	0.03	752
11	0.85	0.03	575
12	0.85	0.05	207
13	0.80	0.05	165

例 5.6.7 要确定一片树叶的面积 S，可把它放在一个边长为 a 的正方形内（见图 5-17）. 然后向正方形内随机投点，使正方形内任一处都有同等机会落到点. 在投了 n 个点后得知有 m 个点落在树叶上，则树叶面积 S 近似为

$$a^2 \cdot \frac{m}{n},$$

且 n 越大其近似程度越好. 由于此种投点可在计算机上实现，可多投一些点，这时可选用 1 号方案，向正方形投 270 万 6 千多点就可使树叶面积 S 与 $a^2 m/n$ 的绝对误差小于千分之一，而保证概率不低于 99.9%.

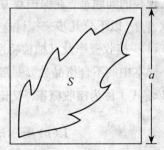

图 5-17 树叶的面积

又如美国每 4 年要在民主党与共和党中各推举一名候选人参加总统选举. 在正式选举前一些报刊和咨询机构都要用电话进行民意调查. 由于调查结果要在一、二天内公布，故其样本量不宜过大，以千人左右为宜，故常选用 9 号方案. 有时也用 8 号或 10 号方案. 若用 9 号方案，意味着调查结果的误差在正负 2.5 个百分点之内，而保证概率在 90% 以上.

2. 控制犯二类错误概率，制定不合格品率 p 的一次抽样检验方案

有一批产品，批量为 N，交易双方（生产方与使用方）关于其规格、质量与价格都已商定，余下的问题是"如何验收这批产品"？ 双方同意用检验不

合格品率 p 的**一次抽样验收方案** (n, A_c)，其中 n 为从这批产品随机抽取的样本量；A_c 为该批产品的**合格接收数**，即当 n 个样品中不合格品数 $d \leqslant A_c$ 就接收这批产品，若 $d > A_c$ 就拒收这批产品，详见框图5-18. 如一次抽样验收方案 $(10,1)$，它表示从产品批中随机抽取 10 个，若其中不合格数为 0 或 1 个，则接收这批产品，否则拒收这批产品.

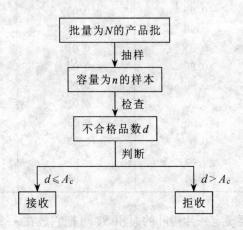

图 5-18　一次抽样检验方案 (n, A_c) 的程序框图

现在的问题是：在保护双方利益的情况下，如何确定样本量 n 和合格接收数 A_c？ 以下分几步来探讨这个问题.

（1）接收概率及其抽检特性（OC）曲线

样本中的不合格品数 d 是随机变量，故" $d \leqslant A_c$ "是随机事件，它的概率 $P(d \leqslant A_c)$ 称为**接收概率**. 又记为 $L(p)$，即

$$L(p) = P(d \leqslant A_c) = \sum_{k=0}^{A_c} P(d = k), \qquad (5.6.22)$$

其中 p 为批中产品的不合格品率. 当 $p = 0$ 时，批中全是合格品，这种批肯定被接收，即 $L(0) = 1$；当 $p = 1$ 时，批中全是不合格品，这种批肯定被拒收，即 $L(1) = 0$；当 p 较小时接收概率就大；当 p 较大时，接收概率就小. 所以接收概率 $L(p)$ 是 p 的减函数，其曲线称为**抽检特性曲线**，又称 **OC 曲线**. 图 5-19 显示了一条典型的抽检特性（OC）曲线. 任一抽检方案 (n, A_c) 都对应一条 OC 曲线，不同的抽检方案的 OC 曲线也是不同的，显示各自特性.

接收概率（即 OC 曲线）的计算要区分有限总体与无限总体. 在有限总体场合，批量为 N，不合格品率为 p，则批中不合格品数为 Np，合格品数为 $N(1 - p)$. 若从该批中随机抽取 n 个产品，其中不合格品数 d 服从超几何分布，这时接收概率为

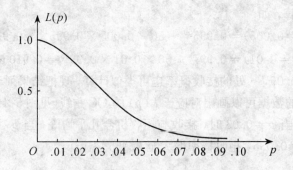

图 5-19　抽检方案(50,1) 的 OC 曲线

$$L(p) = \sum_{d=0}^{A_c} \frac{\binom{Np}{d} \binom{N(1-p)}{n-d}}{\binom{N}{n}}, \quad 0 \leqslant p \leqslant 1. \qquad (5.6.23)$$

这就是有限总体场合计算接收概率的公式.

例 5.6.8　今对批量为 50 的产品批作抽样验收,其中含有 3 件不合格品. 若采用抽样检验方案(5,1),接收概率应是多少?

解　这是有限总体问题,抽检方案(5,1) 表明抽出的 5 个产品中不合格品数 $d=0$ 或 $d=1$ 都应接收这批产品,故其接收概率为

$$L(p_0) = \frac{\binom{3}{0} \binom{47}{5}}{\binom{50}{5}} + \frac{\binom{3}{1} \binom{47}{4}}{\binom{50}{5}}$$

$$= 0.723\,0 + 0.252\,6 = 0.975\,6,$$

其中 $p_0 = \frac{3}{50} = 0.06$,故该批产品被接收的概率较大,达到 97.56%.

在无限总体(包含批量很大的批)场合,当批不合格品率为 p 时,抽样检验方案(n,A_c) 的接收概率可用二项分布 $b(n,p)$ 计算,即

$$L(p) = \sum_{d=0}^{A_c} \binom{n}{d} p^d (1-p)^{n-d}, \quad 0 \leqslant p \leqslant 1. \qquad (5.6.24)$$

这就是无限总体场合计算接收概率的公式,当样本量 n 与批量 N 之比 $\frac{n}{N} \leqslant 0.1$ 时也可用此公式计算接收概率.

例 5.6.9　设批量 $N=1000$,用抽检方案(50,1) 验收这批产品. 现要求该方案的抽检特性(OC) 函数 $L(p)$.

解　如今 $\frac{n}{N} = 0.05 < 0.1$,因此抽检方案(50,1) 的接收概率可用二项分

布 $b(n,p)$ 计算，如

$$L(p=0.005)=0.995^{50}+50\times0.005\times0.995^{49}=0.9739,$$

$$L(p=0.01)=0.99^{50}+50\times0.01\times0.99^{49}=0.9106,$$

对 $p=0.03,0.05,\cdots$ 处的接收概率也可类似计算，现把结果列于表 5-10 中.
按表 5-10 上的数据可以画出对应于 $L(p)$ 的 OC 曲线(见图 5-19). 从该图与
表都可看出，当 $p=0.03$ 时，接收与拒收机会几乎均等；当 $p\geqslant0.10$ 时，接
收概率已低于 0.035，拒收概率增大至 0.965 以上.

表 5-10　　　　　　　　抽检方案 $(50,1)$ 的接收概率

p	0	0.005	0.01	0.03	0.05	0.07	0.10	0.20
$L(p)$	1	0.9739	0.9106	0.5553	0.2794	0.1265	0.0337	0.0002

(2)　考察如下检验问题

$$H_0: p\leqslant p_0, \quad H_1: p\geqslant p_1, \tag{5.6.25}$$

其中 p_0 与 $p_1(p_0<p_1)$ 是双方商定的两个参数，具体如下：

• p_0 是双方都可接收的批不合格品率 p 的最大值，常称为接收质量限
(AQL). 当 $p\leqslant p_0$ 时，该批产品的不合格品率低，是高质量批，应以高概率
接收(见图 5-20).

• p_1 是双方都认为不可接收的批不合格品率的最小值，常称为极限质
量(LQ). 当 $p\geqslant p_1$ 时，该批产品的不合格品高，是低质量批，应以高概率拒
收或低概率接收(见图 5-20).

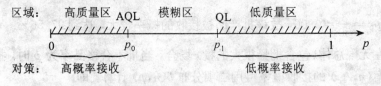

图 5-20　AQL 与 LQ 的示意图

(3)　犯二类错误概率(α 与 β)与接收概率 $L(p)$ 的关系

在检验问题(5.6.25)中两个参数 p_0(AQL)与 p_1(QL)把不合格品率 p
所在区间 $[0,1]$ 分为三个区域.

• 高质量区 $[0,p_0]$，这是交易双方都乐于看到的结果. 为保护生产方利
益，对 $p\leqslant p_0$ 的产品批应以高概率接收. 由于 α 是犯第 I 类错误(拒真)的
概率，即 α 是原假设 $H_0: p\leqslant p_0$ 为真而被拒收的概率，从而 $1-\alpha$ 就是原假
设 $H_0: p\leqslant p_0$ 为真而被接收的概率，即得

$$当\ p \leqslant p_0\ 时,\quad L(p) \geqslant 1-\alpha. \tag{5.6.26}$$

· 低质量区$[p_1,1]$,这是交易双方都不愿看到的结果. 生产方不愿生产低质量产品批,使用方更不愿接收低质量批. 但毕竟有可能发生这样的结果. 为保护使用方利益,对$p \geqslant p_1$的产品批应低概率接收. 由于β是犯第 II 类错误(取伪)的概率,即β是原假设$H_0:p \leqslant p_0$为假,而备择假设$H_1:p \geqslant p_1$为真时而被接收的概率,故有

$$当\ p \geqslant p_1\ 时,\quad L(p) \leqslant \beta. \tag{5.6.27}$$

这样就在α,β与接收概率$L(p)$间建立了两个重要关系.

· 模糊区(p_0,p_1),这是交易双方都难以分辨的区域,据抽样验收方案(n,A_c)判断结果,是接收还是拒收,双方都得承受. 好在所承受风险不会很大,因在$p_0<p<p_1$内,产品批不会很好,但也不会很差. 很好或很差的产品批都得到控制.

(4) 标准型抽样验收方案

考虑到接收概率$L(p)$是不合格品率的减函数,故只需在p_0和p_1两处控制住犯二类错误的概率,即当

$$\begin{cases} L(p_0)=1-\alpha, & (5.6.28) \\ L(p_1)=\beta & (5.6.29) \end{cases}$$

时就可使(5.6.26)和(5.6.27)两不等式成立(见图5-21).

图5-21上两点A与B分别表示方程(5.6.28)与(5.6.29). 现要在给定4个参数α,β,p_0,p_1条件下寻找一次抽样验收方案(n,A_c),使其接收概率$L(p)$通过A,B两点. 而接受概率可用超几何分布或二项分布算得.

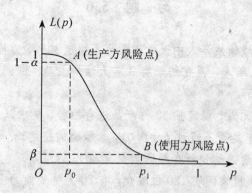

图 5-21 标准型抽样检验的控制点 A 与 B

解上述联立方程组是困难的,它无显式解,只能用搜索方法一个一个地获得,计算量很大,需专门计算人员才能完成. 如今国家标准化委员会组织人员计算,并参照国际标准制定了国家标准《不合格品百分数的计数标准型

一次抽样检验程序及抽样表》，编号为 GB/T13262-2008. 该抽样表篇幅很大，这里只能节选部分，详见附表 9.

例 5.6.10 某仪器厂向某电容厂购买电容器，每次购买量较大，至少2 000 只. 双方商定当电容器厂提供的产品批的不合格品率 $p \leqslant 1\%$ 时，仪器厂应以高概率 95% 接收；当产品批的不合格品率 $p \geqslant 2.4\%$ 时，仪器厂将以低于 10% 的概率接收. 对此要寻求标准型一次抽检方案 (n, A_c).

解 从商定中知：$p_0=1\%$, $p_1=2.4\%$, $\alpha=0.05$, $\beta=0.10$. 可从附表 9中找出

$p_0=1\%$ 属于 0.901~1.00 这一行，

$p_1=2.4\%$ 属于 2.25~2.50 这一列，

其交叉点所对应的抽检方案为 (650, 10). 电容器厂觉得抽检量过大，希望减少一些. 引起抽检量大的主要原因是 p_1 与 p_0 相距较近之故，若生产方希望使用方能提高极限质量，使用方考虑到生产方的电容器质量较稳定，同意把 p_1 由 2.4% 提高到 5%. 在附表 9 中 4.51~5.00 这一列上找到 $p_0=1\%$ 的抽检方案为 (130, 3)，这就把抽检量减少了 5 倍. 从假设检验理论也可以理解，区分较近 p_0 与 p_1 需要样本量大，而区分较远的 p_0 与 p_1 就可减少样本量. 而它们犯二类错误概率不变，α 仍为 0.05，β 仍为 0.10.

抽样验收又称抽样检验，是一种特殊的假设检验，它能为企业节约大量人力与物力，使用面很广，种类也很多，仅国家标准就有几十项之多，供实际部门选用.

习 题 5.6

1. 有人称某城镇成年人中大学毕业生人数达 30%，为检验这一假设，随机抽取了 15 名成年人，调查结果有 3 名大学毕业生. 试问该人看法是否合适？（取 $\alpha=0.05$）

2. 一批电子元件，规定抽 30 件产品进行检验，要求以显著性水平 0.05去检验不合格品率是否不超过 $p=0.01$，求检验的拒绝域.

3. 一名研究者声称他所在地区至少有 80% 的观众对电视剧中间插播广告表示厌烦. 现随机询问了 120 位观众，有 70 人赞成他的观点，在 $\alpha=0.05$水平上该样本是否支持这位研究者的观点？

4. 某厂的一种牙膏多年来的市场占有率为 20%. 当前市场发生了变化，该厂要了解牙膏市场占有率是否有变化，为此随机调查了 20 人，发现有 6 人使用该种牙膏. 根据此调查，在 $\alpha=0.05$ 水平上能否认为市场占有率发生了变化？

5. 某厂产品的不合格品率为 10%，在一次例行检查中，随机抽取 80 件，发现有 11 件不合格品，在 $\alpha=0.05$ 水平上能否认为不合格品率仍为 10%？

6. 在一批货物中，随机抽出 100 件，发现有 16 件次品，试求该批货物次品率的置信水平为 0.95 的置信区间.

7. 在某饮料厂的市场调查中，1 000 名被调查者中有 650 人喜欢含有酸味的饮料. 请对喜欢含有酸味饮料的人的比率作置信水平为 0.95 的区间估计.

8. 某公司对本公司生产的两种自行车型号 A,B 的销售情况进行调查，随机选取了 400 人询问他们对 A,B 的选择，其中 224 人喜欢 A. 试求顾客中喜欢 A 的人数的比例 p 的置信水平为 0.99 的区间估计.

9. 由一批产品中抽出 15 件进行检验，发现有一件不合格品，求该批产品的不合格品率 p 的 0.95 置信上限.

10. 某产品批由 10 件组成，试作出抽检方案(2,0)的抽检特性(OC)曲线.

11. 某批产品由 5 000 件组成，试作出抽检方案(100,2)的 OC 曲线.

12. 若 $p_0=0.5$，$p_1=2.0$，试在 $\alpha=0.05$，$\beta=0.10$ 场合寻找适合的抽检方案.

5.7　泊松参数 λ 的推断

泊松分布 $P(\lambda)$ 是常用离散分布之一，参数 λ 是泊松分布的均值. 单位产品上的缺陷数常服从泊松分布 $P(\lambda)$，其中 λ 就是单位产品上的平均缺陷数(DPU). 单位时间内发生的故障数也常服从泊松分布 $P(\lambda)$，其中 λ 就是单位时间内发生的平均故障数. 这一节将讨论泊松分布参数 λ 的有关假设检验问题和置信区间问题.

5.7.1　泊松参数 λ 的假设检验

设 $x_1,x_2,\cdots,x_n$ 是来自泊松分布 $P(\lambda)$ 的一个样本. 关于 λ 的检验问题也有如下三类：

Ⅰ. $H_0:\lambda\leqslant\lambda_0$，　$H_1:\lambda>\lambda_0$；

Ⅱ. $H_0:\lambda\geqslant\lambda_0$，　$H_1:\lambda<\lambda_0$；

Ⅲ. $H_0:\lambda=\lambda_0$，　$H_1:\lambda\neq\lambda_0$.

通常 λ 常用样本均值 $\bar{x}$ 作为点估计，但作 λ 的检验统计量时选用 $T=n\bar{x}$ 较为方便，因为

$$T = n\bar{x} = \sum_{i=1}^{n} x_i \sim P(n\lambda),$$

并且 T 大必导致 λ 也大，T 小也导致 λ 也小. 从而上述三个检验问题的拒绝域分别有如下形式：

$$W_{\mathrm{I}} = \{T \geqslant c\},$$
$$W_{\mathrm{II}} = \{T \leqslant c'\},$$
$$W_{\mathrm{III}} = \{T \leqslant c_1 \text{ 或 } T \geqslant c_2\},$$

其中诸临界值 c, c', c_1 与 c_2 将根据给定的显著性水平 α 确定.

下面分小样本与大样本分别讨论.

1. 小样本场合

在小样本场合不去确定临界值而直接用 p 值作检验是最为简便的. 根据拒绝域形式，上述三种检验问题的 p 值分别为

$$p_{\mathrm{I}} = P(T \geqslant T_0),$$
$$p_{\mathrm{II}} = P(T \leqslant T_0),$$
$$p_{\mathrm{III}} = \begin{cases} 2P(T \geqslant T_0), & \text{当 } T_0 \geqslant n\lambda_0, \\ 2P(T \leqslant T_0), & \text{当 } T_0 < n\lambda_0, \end{cases}$$

其中 T_0 是 T 的观察值，即 $T_0 = \sum_{i=1}^{n} x_i$. 上述概率大多可从泊松分布函数表（附表 1）中查得，查表时参数要用 $\lambda_1 = n\lambda_0$，因为这时 $T \sim P(n\lambda_0)$.

例 5.7.1 放射性物质在某固定长度的时间内放射的 α 粒子数 X 服从泊松分布. 现设每次观测时间长度为 90 分钟，共观测 15 次，记录观测到的 α 粒子数如下：

粒子数 a_i	0	1	2	3	4	合计
频数 n_i	4	7	2	1	1	15

试在 $\alpha = 0.1$ 水平上检验该泊松分布参数 λ 是否为 0.6.

解 此问题可归结为如下双侧检验问题：

$$H_0: \lambda = 0.6, \quad H_1: \lambda \neq 0.6.$$

由题设可知：$n = 15$，$\lambda_0 = 0.6$，所以 $\lambda_1 = n\lambda_0 = 9.0$. 另从样本知：$T_0 = \sum_{i=1}^{4} n_i x_i = 18$，故该检验的 p 值为

$$p = 2P(T \geqslant 18) = 2(1 - P(T < 18)) = 2(1 - 0.995) = 0.01,$$

其中 $P(T < 18) = P(T \leqslant 17) = 0.995$ 可从附表 1 在 $\lambda_1 = 9.0$ 栏目中查得.

由于 p 值 <0.1, 故应拒绝原假设 $H_0: \lambda = 0.6$, 即此种放射物质每90分钟平均只放射 0.6 个 α 粒子是与实际数据不符的.

2. 大样本场合

在大样本场合可使用正态近似. 当原假设 $H_0: \lambda = \lambda_0$ 为真时, $T = \sum_{i=1}^{n} x_i \sim P(n\lambda_0)$, 由中心极限定理知

$$u = \frac{T - n\lambda_0}{\sqrt{n\lambda_0}} \overset{\cdot}{\sim} N(0,1). \tag{5.7.1}$$

利用此正态近似可以算得上述三个检验问题的 p 值.

$$p_{\mathrm{I}} = P(T \geqslant T_0) \approx 1 - \Phi\left(\frac{T_0 - n\lambda_0}{\sqrt{n\lambda_0}}\right),$$

$$p_{\mathrm{II}} = P(T \leqslant T_0) \approx \Phi\left(\frac{T_0 - n\lambda_0}{\sqrt{n\lambda_0}}\right),$$

$$p_{\mathrm{III}} = \begin{cases} 2\left(1 - \Phi\left(\frac{T_0 - n\lambda_0}{\sqrt{n\lambda_0}}\right)\right), & \text{当 } T_0 \geqslant n\lambda_0, \\ 2\Phi\left(\frac{T_0 - n\lambda_0}{\sqrt{n\lambda_0}}\right), & \text{当 } T_0 < n\lambda_0, \end{cases}$$

其中 T_0 为 T 的观察值.

例 5.7.2 某种布每平方米上的疵点数服从泊松分布. 现检测该种布100平方米, 发现有126个疵点. 能否认为该种布每平方米上平均疵点数不超过1?

解 设该种布每平方米上疵点数 $X \sim P(\lambda)$. 如今要检验如下假设:

$$H_0: \lambda \leqslant 1, \quad H_1: \lambda > 1.$$

如今 $n = 100$, $\lambda_0 = 1$, 故 $n\lambda_0 = 100$. 又从观察值得 $T_0 = \sum_{i=1}^{100} x_i = 126$, 故该检验问题的 p 值为

$$p_{\mathrm{I}} = 1 - \Phi\left(\frac{126 - 100}{\sqrt{100}}\right) = 1 - \Phi(2.6) = 1 - 0.9953 = 0.0047.$$

由于该 p 值较小, 故应拒绝原假设 $H_0: \lambda \leqslant 1$, 即认为该种布每平方米上平均疵点数 λ 超过1.

5.7.2 泊松参数 λ 的置信区间

设 $x_1, x_2, \cdots, x_n$ 是取自泊松分布 $P(\lambda)$ 的一个样本, 样本之和

$$Y = \sum_{i=1}^{n} x_i \sim P(\lambda_1), \quad \lambda_1 = n\lambda.$$

下面分小样本与大样本情况分别讨论 λ 的置信区间.

1. 小样本方法

在样本量 n 不太大的场合, λ 的置信区间与 Y 的分布函数有关, 下面分几步讨论这个问题.

(1) 设 $G(y;\lambda_1)$ 是泊松分布 $P(\lambda_1)$ 的分布函数, 则 G 是 λ_1 的连续严减函数. 因为 $G(y;\lambda_1)$ 可表示为

$$G(y;\lambda_1)=P(Y\leqslant y;\lambda_1)=\sum_{x\leqslant y}\frac{\lambda_1^x}{x!}\mathrm{e}^{-\lambda_1}=\sum_{x=0}^{k}\frac{\lambda_1^x}{x!}\mathrm{e}^{-\lambda_1}, \quad (5.7.2)$$

其中 $k=[y]$ (y 的整数部分), 利用分部积分法可得如下等式:

$$1-G(y;\lambda_1)=\sum_{x=k+1}^{n}\frac{\lambda_1^x}{x!}\mathrm{e}^{-\lambda_1}=\frac{1}{\Gamma(k+1)}\int_0^{\lambda_1}t^k\mathrm{e}^{-t}\mathrm{d}t. \quad (5.7.3)$$

当 y 固定时, k 也随之固定, 这时 (5.7.3) 的右端可以看成是形状参数为 $k+1$, 尺度参数为 1 的伽玛分布的分布函数, 从而 $1-G(y;\lambda_1)$ 是 λ_1 的连续严增函数, 由此即知泊松分布的分布函数 $G(y;\lambda_1)$ 是 λ_1 的连续严减函数.

(2) 由定理 5.6.1 知, λ 的 $1-\alpha$ 置信区间 $[\lambda_L,\lambda_U]$ 的两个端点分别是如下两个函数方程的解:

$$G(y-0;n\lambda_L)=1-\frac{\alpha}{2}, \quad (5.7.4)$$

$$G(y;n\lambda_U)=\frac{\alpha}{2}, \quad (5.7.5)$$

其中

$$G(y-0;n\lambda_L)=\sum_{x=0}^{k-1}\frac{(n\lambda_L)^x}{x!}\mathrm{e}^{-n\lambda_L},$$

$$G(y;n\lambda_U)=\sum_{x=0}^{k}\frac{(n\lambda_U)^x}{x!}\mathrm{e}^{-n\lambda_U}.$$

(3) 我们将利用泊松分布函数与伽玛分布函数间的关系 (5.7.3) 来求解函数方程 (5.7.4) 与 (5.7.5). 为此在 (5.7.3) 右端积分中施行 $u=2t$ 变换, 把伽玛分布转化为 χ^2 分布, 可得

$$\sum_{t=k+1}^{\infty}\frac{\lambda_1^t}{t!}\mathrm{e}^{-\lambda_1}=\frac{\left(\frac{1}{2}\right)^{k+1}}{\Gamma(k+1)}\int_0^{2\lambda_1}u^k\mathrm{e}^{-\frac{u}{2}}\mathrm{d}u.$$

这是自由度为 $f=2(k+1)$ 的 χ^2 分布函数在 $2n\lambda$ 处的函数值, 记为 $k_{2(k+1)}(2n\lambda)$.

利用这一性质, 那么 (5.7.4) 与 (5.7.5) 可改写为

$$k_{2k}(2n\lambda_L)=\frac{\alpha}{2},$$

$$k_{2(k+1)}(2n\lambda_U)=1-\frac{\alpha}{2}.$$

用 χ^2 分布的分位数表示，得

$$2n\lambda_L = \chi^2_{\alpha/2}(2k),$$

$$2n\lambda_U = \chi^2_{1-\alpha/2}(2(k+1)).$$

从而得

$$\lambda_L = \frac{1}{2n}\chi^2_{\alpha/2}(2k), \tag{5.7.6}$$

$$\lambda_U = \frac{1}{2n}\chi^2_{1-\alpha/2}(2(k+1)). \tag{5.7.7}$$

如此求得的区间 $[\lambda_L, \lambda_U]$ 就是泊松分布参数 λ 的 $1-\alpha$ 的等尾置信区间.

(4) 类似可得 λ 的 $1-\alpha$ 单侧置信下限为

$$\lambda_L = \frac{1}{2n}\chi^2_{\alpha}(2k), \tag{5.7.8}$$

λ 的 $1-\alpha$ 单侧置信上限为

$$\lambda_U = \frac{1}{2n}\chi^2_{1-\alpha}(2(k+1)). \tag{5.7.9}$$

例 5.7.3 某公司一天内账务上的错误个数服从泊松分布，其参数 λ 未知. 现随机抽查 10 天，共发现有 6 个错误. 试求 λ 的 0.95 的置信区间.

解 这里 $n=10$，$k=6$，$2k=12$，$2(k+1)=14$，在 $\alpha=0.05$ 时，查 χ^2 分布表得

$$\chi^2_{0.025}(12) = 4.404, \quad \chi^2_{0.975}(14) = 26.119.$$

将它们代入 (5.7.6) 与 (5.7.7)，得

$$\lambda_L = \frac{4.404}{2 \times 10} = 0.22, \quad \lambda_U = \frac{26.119}{2 \times 10} = 1.31.$$

所以 λ 的置信水平为 0.95 的置信区间为 $[0.22, 1.31]$.

2. 大样本方法

设 $x_1, x_2, \cdots, x_n$ 是来自泊松分布 $P(\lambda)$ 的一个样本，其样本均值 $\overline{x}$ 的期望与方差分别为 $E(\overline{x}) = \lambda$，$\mathrm{Var}(\overline{x}) = \dfrac{\lambda}{n}$. 则由中心极限定理知 $\dfrac{\overline{x}-\lambda}{\sqrt{\lambda/n}}$ 近似服从 $N(0,1)$. 对给定的 α $(0 < \alpha < 1)$，利用标准正态分布分位数 $u_{1-\alpha/2}$，有

$$P\left(\left| \frac{\overline{x}-\lambda}{\sqrt{\lambda/n}} \right| \leqslant u_{1-\alpha/2} \right) = 1-\alpha.$$

从上述不等式可得 λ 的 $1-\alpha$ 置信区间. 上述不等式等价于 $(\overline{x}-\lambda)^2 \leqslant \dfrac{\lambda u^2_{1-\alpha/2}}{n}$，即

$$\lambda^2 - \left(2\overline{x} + \frac{u^2_{1-\alpha/2}}{n} \right)\lambda + \overline{x}^2 \leqslant 0.$$

记 $a=1$, $b=-\left(2\overline{x}+\dfrac{u_{1-\alpha/2}^2}{n}\right)$, $c=\overline{x}^2$. 由于 $a>0$, 故上式左端二次三项式开口向上, 又因为其判别式

$$b^2-4ac=\frac{4\overline{x}\,u_{1-\alpha/2}^2}{n}+\frac{u_{1-\alpha/2}^4}{n^2}>0,$$

故此二次三项式有两实根, 记为 λ_L 与 λ_U, 当 $\lambda_L\leqslant\lambda\leqslant\lambda_U$ 时上述二次三项式 $\leqslant0$, 这表明 $[\lambda_L,\lambda_U]$ 是 λ 的近似 $1-\alpha$ 的置信区间, 其中

$$\lambda_L=\frac{-b-\sqrt{b^2-4c}}{2},\quad \lambda_U=\frac{-b+\sqrt{b^2-4c}}{2},$$

并可证明 λ_L 的分子恒大于 0.

例 5.7.4 一批产品中不合格产品数 X 服从参数为 λ 的泊松分布, 现检查了 200 批此种产品, 其中不合格品数 x_i 记录如下:

不合格品数 x_i	0	1	2	3	4
批数	132	43	20	3	2

试求参数 λ 的点估计与 0.90 置信区间.

解 用上述样本均值作为 λ 的点估计值, 即

$$\hat{\lambda}=\overline{x}=\frac{132\times0+43\times1+20\times2+3\times3+2\times4}{200}=0.5.$$

这里 $n=200$ 比较大, 可用大样本方法寻求 λ 的 0.90 置信区间. 为此先算出一些中间结果, $u_{1-\alpha/2}=u_{0.95}=1.645$,

$$b=-\left(2\overline{x}+\frac{u_{1-\alpha/2}^2}{n}\right)=-1.013\,5,\quad c=\overline{x}^2=0.25.$$

从而有

$$\lambda_L=\frac{-b-\sqrt{b^2-4c}}{2}=\frac{1}{2}\left[1.013\,5-\sqrt{(-1.013\,5)^2-4\times0.25}\right]$$
$$=0.424\,3,$$
$$\lambda_U=\frac{-b+\sqrt{b^2-4c}}{2}=\frac{1}{2}\left[1.013\,5+\sqrt{(-1.013\,5)^2-4\times0.25}\right]$$
$$=0.589\,2.$$

故该批产品中平均不合格品数 λ 的 0.90 置信区间为 $[0.424\,3,0.589\,2]$.

习 题 5.7

1. 电话总机在单位时间内接到的呼唤次数服从泊松分布, 现观察了 40

个单位时间内接到的呼唤次数，结果如下：

接到的呼唤次数	0	1	2	3	4	5	$\geqslant 6$
观察到的频数	5	10	12	8	3	2	0

试问能否认为单位时间内平均呼唤次数不超过 1.8 次？（取 $\alpha=0.05$）

2. 在某细纱机上进行断头率测定，已知单位时间内断头次数服从泊松分布. 现观察了 440 次，得断头总次数为 292 次. 试问在 $\alpha=0.05$ 水平上能否认为平均断头次数不超过 0.6？

3. 某地区每年患某种特殊疾病的人数服从泊松分布 $P(\lambda_0)$，其中 $\lambda_0 = 2.3$（人），但是近 4 年内记录到的发病人数分别为 3,4,1,5. 问在 0.05 的显著性水平上，是否有明显证据表明年平均发病人数上升了？

4. 某商店单位时间内到来的顾客数服从参数为 λ 的泊松分布. 现对单位时间内到来的顾客数作了 100 次观察，共有 180 人来到，试求 λ 的置信水平为 0.90 的置信下限.

5. 某地记录了 201 天建筑工地的 150 次事故，其事故数的记录如下：

一天发生的事故数 x_i	0	1	2	3	4	5
天数 n_i	102	59	31	8	0	1

假定一天内发生事故数 X 服从参数为 λ 的泊松分布，试求 λ 的置信水平为 0.95 的置信区间.

6. 设纱锭每分钟断头次数 X 服从参数为 λ 的泊松分布. 一位纺织女工看 800 个锭子，抽查该女工 30 次，每次一分钟，共接头 50 次，试问每一锭子每分钟的平均断头次数的 0.95 置信区间是什么？

5.8 χ^2 拟合优度检验

χ^2 拟合优度检验是著名英国统计学家老皮尔逊（K. Pearson, 1857—1936）于 1900 年结合检验分类数据的需要而提出的，然后又用于分布的拟合检验与列联表的独立性检验，这些将在这一节内逐一叙述.

χ^2 拟合优度检验又简称 χ^2 检验，但它与 5.5 节中的正态方差 σ^2 的 χ^2 检验是不同的，虽然它们都是用 χ^2 分布去确定各自的拒绝域，但所用的检验统计量是不同的，在正态方差检验中主要用样本方差 s^2 构成检验统计量，在这里将主要用观察频数 O_i 与期望频数 E_i 之差的平方 $(O_i-E_i)^2$ 构成检验统计量.

5.8.1 总体可分为有限类，但其分布不含未知参数

先看一个遗传学的例子.

例5.8.1 19世纪，生物学家孟德尔(Mendel)按颜色与形状把豌豆分为 4 类：

$$A_1 = 黄而圆的, \qquad A_2 = 青而圆的,$$
$$A_3 = 黄而有角的, \qquad A_4 = 青而有角的.$$

孟德尔根据遗传学的理论指出，这 4 类豌豆个数之比为 9：3：3：1，这相当于说，任取一粒豌豆，它属于这 4 类的概率分别为

$$p_1 = \frac{9}{16}, \quad p_2 = \frac{3}{16}, \quad p_3 = \frac{3}{16}; \quad p_4 = \frac{1}{16}.$$

孟德尔在对 $n = 556$ 粒豌豆的观察中 4 类豌豆个数分别为

$$O_1 = 315, \quad O_2 = 108, \quad O_3 = 101, \quad O_4 = 32.$$

显然 $O_1 + O_2 + O_3 + O_4 = n$. 由于随机性的存在，诸观察数 O_i 不会恰好呈 9：3：3：1 的比例，因此需要根据这些观察数据对孟德尔的遗传学说进行统计检验. 孟德尔的实践向统计学家提出一个很有意义的问题，老皮尔逊研究了这个问题，提出了 χ^2 拟合优度检验，解决了这类问题. 后经英国统计学家费歇(R. A. Fisher, 1890—1962) 推广，这个检验更趋完善，这样统计学在实践的基础上逐渐得到发展.

上述分类数据的检验问题的一般提法如下.

设总体 X 可以分成 r 类，记为 $A_1, A_2, \cdots, A_r$, 如今要检验的假设为

$$H_0: P(A_i) = p_i, \quad i = 1, 2, \cdots, r,$$

其中各 p_i 已知，且 $p_i \geqslant 0$, $\sum\limits_{i=1}^{r} p_i = 1$. 现对总体作了 n 次观察，各类出现的观察频数分别为 $O_1, O_2, \cdots, O_r$, 且

$$\sum_{i=1}^{r} O_i = n.$$

若 H_0 为真，则各概率 p_i 与频率 O_i/n 应相差不大，或各观察频数 O_i 与期望频数 $E_i = np_i$ 应相差不大. 据此想法，英国统计学家 K. Pearson 提出了一个检验统计量

$$\chi^2 = \sum_{i=1}^{r} \frac{(O_i - E_i)^2}{E_i}, \tag{5.8.1}$$

并指出，当样本容量 n 充分大且 H_0 为真时，χ^2 近似服从自由度为 $r-1$ 的 χ^2 分布.

从 χ^2 统计量(5.8.1)的结构看，当 H_0 为真时，和式中每一项的分子 $(O_i - E_i)^2$ 都不应太大，从而总和也不会太大，若 χ^2 过大，人们就会认为原

假设 H_0 不真. 基于此想法, 检验的拒绝域应有如下形式:

$$W = \{\chi^2 \geqslant c\}.$$

对于给定的显著性水平 α, 由分布 $\chi^2(r-1)$ 可定出 $c = \chi^2_{1-\alpha}(r-1)$.

例 5.8.1 续 如今在例 5.8.1 中要检验的假设为

$$H_0: P(A_1) = \frac{9}{16}, \ P(A_2) = P(A_3) = \frac{3}{16}, \ P(A_4) = \frac{1}{16}.$$

如果孟德尔遗传学说 (H_0) 正确, 则在被观察的 556 粒豌豆中, 属于这 4 类的期望频数应分别为

$$E_1 = np_1 = 556 \times \frac{9}{16} = 312.75,$$

$$E_2 = np_2 = 556 \times \frac{3}{16} = 104.25,$$

$$E_3 = np_3 = 556 \times \frac{3}{16} = 104.25,$$

$$E_4 = np_4 = 556 \times \frac{1}{16} = 34.75.$$

它们与实际频数 315,108,101,32 对应之差的绝对值分别为 2.25, 3.75, 3.25, 2.75, 由此可算得 χ^2 统计量的值为

$$\chi^2 = \sum_{i=1}^{4} \frac{(O_i - E_i)^2}{E_i} = \frac{2.25^2}{312.75} + \frac{3.75^2}{104.25} + \frac{3.25^2}{104.25} + \frac{2.75}{34.75}$$
$$= 0.47.$$

若取显著性水平 $\alpha = 0.05$, 由于 $\chi^2_{1-\alpha}(r-1) = \chi^2_{0.95}(3) = 7.81$, 故拒绝域

$$W = \{\chi^2 \geqslant 7.81\}.$$

如今 $\chi^2 = 0.47$ 未落入拒绝域, 故应接受 H_0, 即孟德尔的遗传学说是可接受的.

上述计算可用统计软件完成, 也可列表进行(见表 5-11).

表 5-11　　孟德尔豌豆试验数据的 χ^2 检验计算表

i	O_i	p_i	$E_i = np_i$	$|O_i - E_i|$	$\frac{(O_i - E_i)^2}{E_i}$
1	315	$\frac{9}{16}$	312.75	2.25	0.016 2
2	108	$\frac{3}{16}$	104.25	3.75	0.134 9
3	101	$\frac{3}{16}$	104.25	3.25	0.101 3
4	32	$\frac{1}{16}$	34.75	2.75	0.217 6
和	556	1.00	556.00	/	0.470 0

例 5.8.2 在股票投资中有一个流行的说法：盈利、持平和亏损的比例为 $1:2:7$. 2003 年 2 月 8 日上海青年报第 16 版上发表了一个调查数据，在 1 270 位被调查的股民中盈利者 273 人，持平者 240 人，亏损者 757 人. 这些调查数据能否认可流行的说法：盈：平：亏 $=1:2:7$？ 这个问题归结为检验如下假设的问题：

$$H_0 : P(盈) = 0.1, \ P(平) = 0.2, \ P(亏) = 0.7.$$

若取显著性水平 $\alpha = 0.05$，该 χ^2 拟合优度检验的拒绝域为

$$W = \{\chi^2 \geqslant c\}, \quad 其中 c = \chi^2_{0.95}(2) = 5.99.$$

余下要计算 χ^2 统计量的值，具体计算在表 5-12 上完成. 由于 $\chi^2 = 185.92 > 5.99$，故应拒绝 H_0，即流行说法：盈：平：亏 $= 1:2:7$ 缺乏依据，不能接受.

表 5-12　　　　　　　　股民盈亏数据的 χ^2 检验计算表

i	O_i	p_i	$E_i = np_i$	$\lvert O_i - E_i \rvert$	$\dfrac{(O_i - E_i)^2}{E_i}$
1	273	0.1	127	145	165.55
2	240	0.2	254	14	0.77
3	757	0.7	889	132	19.60
和	1 270	1.0	1 270	/	185.92

　　如今又有人提出一个看法：盈：平：亏 $=1:1:3$. 我们再用上述数据对这个看法作 χ^2 检验，所涉及的原假设 H_0 为

$$H_0 : P(盈) = 0.2, \ P(平) = 0.2, \ P(亏) = 0.6.$$

若取 $\alpha = 0.05$，其拒绝域仍为 $W = \{\chi^2 \geqslant 5.99\}$. χ^2 值的计算见表 5-13.

表 5-13　　　　　　　　股民盈亏数据的 χ^2 检验计算表

i	O_i	p_i	$E_i = np_i$	$\lvert O_i - E_i \rvert$	$\dfrac{(O_i - E_i)^2}{E_i}$
1	273	0.2	254	19	1.42
2	240	0.2	254	14	0.82
3	757	0.6	762	5	0.032
和	1 270	1.0	1 270	/	2.272

　　由于 $\chi^2 = 2.272 < 5.99$，故不应拒绝原假设 H_0，即新的说法盈：平：亏 $= 1:1:3$ 受到上海青年报上数据的支持.

　　从这个例子的研究中可以看出，股民盈亏人数比例在各个时期可能是不

同的,股市呈牛市或熊市时股民盈亏人数比例肯定不同,但有一点可能是真实的,亏的人数总比盈利人数要多一些.

5.8.2 总体可分为有限类,但其分布含有未知参数

先看一个例子.

例5.8.3 在某交叉路口记录每15秒内通过的汽车数量,共观察了25分钟,得100个记录,经整理得表5-14.

表5-14 15秒内通过某交叉路口的汽车数

通过的汽车数量	0	1	2	3	4	5	6	7	8	9	10	11
频数 O_i	4	2	15	17	26	11	9	8	2	3	1	2

在 $\alpha=0.05$ 水平上检验如下假设:通过该交叉路口的汽车数量服从泊松分布 $P(\lambda)$.

在本例中,要检验总体是否服从泊松分布. 大家知道服从泊松分布的随机变量可取所有的非负整数,然而尽管它可取可数个值,但取大值的概率非常小,因而可以忽略不计. 另一方面,在对该随机变量进行实际观察时也只能观察到有限个不同值,譬如在本例中,只观察到 $0,1,\cdots,11$ 等12个值. 这相当于把总体分成12类,每一类出现的概率分别为

$$p_i(\lambda)=\frac{\lambda^i}{i!}\mathrm{e}^{-\lambda}, \quad i=0,1,\cdots,10,$$

$$p_{11}(\lambda)=\sum_{i=11}^{\infty}\frac{\lambda^i}{i!}\mathrm{e}^{-\lambda}. \tag{5.8.2}$$

从而把所要检验的原假设记为

$$H_0: P(A_i)=p_i(\lambda), \quad i=0,1,\cdots,11,$$

其中 A_i 表示15秒内通过交叉路口的汽车为 i 辆,$i=0,1,\cdots,10$,A_{11} 表示事件"15秒内通过交叉路口的汽车超过10辆",各 $p_i(\lambda)$ 如(5.8.2)所示.

这里还遇到另一个麻烦,即总体分布中含有未知参数 λ,当然这个 λ 可以用样本均值 $\bar{x}=4.28$ 去估计. 当时 K. Pearson 仍采用统计量(5.8.1),并认为其在 H_0 为真时服从 $\chi^2(r-1)$,直到1924年英国统计学家 R. A. Fisher 纠正了这一错误,他证明了在总体分布中含有 k 个独立的未知参数时,若这 k 个参数用极大似然估计代替,即(5.8.2)中的 $p_i(\lambda)$ 用 $\hat{p}_i=p_i(\hat{\lambda})$ 代替,则在样本容量 n 充分大时,

$$\chi^2=\sum_{i=1}^{r}\frac{(O_i-E_i)^2}{E_i} \tag{5.8.3}$$

近似服从自由度为 $r-k-1$ 的 χ^2 分布, 其中 $E_i=n\hat{p}_i$.

这项关键修正扩大了 χ^2 拟合优度检验使用范围, 因为各类出现概率 $P(A_i)$ 中常含有未知参数, 且未知参数个数 k 将会影响 χ^2 分布的自由度, 从而影响其分位数与拒绝域的大小.

另外, 在实际使用中还要注意每类中的期望频数 $E_i=np_i$ 不应过小, 若某些 E_i 过小会使检验统计量 χ^2 不能反映观察频数与期望频数间的偏离. 关于期望频数 E_i 最小值应是多少尚无共同意见, 大多数作者都建议 $E_i\geqslant 4$ 或 5, 本书建议取 $E_i\geqslant 5$ 为宜. 当其小于 5 时, 常将邻近的若干类合并, 这样就使分类数 r 减少, 从而极限分布(χ^2 分布) 的自由度减少, 最后也会影响拒绝域的临界值.

现在我们回到例 5.8.3 中. 首先用诸观察数据 O_i 获得泊松分布中未知参数 λ 的极大似然估计 $\hat{\lambda}=\bar{x}=4.28$, 从而获得诸 p_i 的估计,

$$\hat{p}_i=\frac{4.28^i \mathrm{e}^{-4.28}}{i!}, \quad i=0,1,\cdots,10,$$

$$\hat{p}_{11}=\sum_{i=11}^{\infty}\frac{4.28^i \mathrm{e}^{-4.28}}{i!},$$

其中 $\hat{p}_0=0.0138$, $\hat{p}_1=0.0592$. 在 $n=100$ 时,

$$n\hat{p}_0=1.38<5, \quad n\hat{p}_1=5.92,$$

故可把 $i=0$ 并入 $i=1$, 这样就减少一类. 类似地, 对 $i\geqslant 8$ 的各类, $E_i=n\hat{p}_i$ 都小于 5, 也应将它们合并. 这样一来, 总类数 $r=8$, 未知参数个数 $k=1$, 这时检验统计量 χ^2 的极限分布为 $\chi^2(8-1-1)=\chi^2(6)$. 若取显著性水平 $\alpha=0.05$, 可得拒绝域 $W=\{\chi^2\geqslant\chi^2_{0.95}(6)=12.592\}$.

检验统计量 χ^2 值的计算见表 5-15. 由于 $\chi^2=5.7897<12.592$, 故在 $\alpha=0.05$ 水平上可接受 H_0, 即可认为 15 秒内通过交叉路口的汽车数量服从泊松分布.

讨论: 若在上例中不按 $E_i\geqslant 5$ 的要求实行并类, 会发生什么结果呢? 表 5-16 按原始 12 类计算 χ^2 值.

在这种场合, 类数 $r=12$, 未知参数个数 $k=1$, 这时检验统计量 χ^2 的极限分布为 $\chi^2(12-1-1)=\chi^2(10)$. 若取 $\alpha=0.05$, 可得拒绝域

$$W_1=\{\chi^2\geqslant\chi^2_{0.95}(10)=18.31\}.$$

由于 $\chi^2_0=19.5974>18.31$, 故在 $\alpha=0.05$ 水平上应拒绝 H_0, 即 15 秒内通过交叉路口的汽车数量不服从泊松分布. 这与前面实行并类的结果不同. 什么原因呢? 从表 5-16 的最后一列可见最大的两项(第一项 4.9447, 最后一项 4.9602) 都是由于期望频数 E_i 过小致使偏离 $(O_i-E_i)^2/E_i$ 过大. 适当并类后, 表 5-15 上就没有这种现象. 适当并类可减少随机性的干扰.

表 5-15 χ^2 **值计算表**

i	O_i	$\hat{p}_i$	$E_i = n\hat{p}_i$	$\dfrac{(O_i - E_i)^2}{E_i}$
$\leqslant 1$	6	0.073 0	7.30	0.231 5
2	15	0.126 8	12.68	0.424 5
3	17	0.180 9	18.09	0.065 7
4	26	0.193 5	19.35	2.285 4
5	11	0.165 7	16.57	1.872 4
6	9	0.118 2	11.82	0.672 8
7	8	0.072 3	7.23	0.082 0
$\geqslant 8$	8	0.069 6	6.96	0.155 4
和	100	1.000 0	100.00	5.789 7

表 5-16 χ^2 **值计算表**

i	O_i	$\hat{p}_i$	$E_i = n\hat{p}_i$	$\dfrac{(O_i - E_i)^2}{E_i}$
0	4	0.013 84	1.384	4.944 7
1	2	0.059 24	5.924	2.599 2
2	15	0.126 8	12.68	0.424 5
3	17	0.180 9	18.09	0.065 7
4	26	0.193 5	19.35	2.285 4
5	11	0.165 7	16.57	1.872 4
6	9	0.118 2	11.82	0.672 8
7	8	0.072 3	7.23	0.082 0
8	2	0.038 66	3.866	0.900 7
9	3	0.018 36	1.836	0.738 0
10	1	0.007 868	0.786 8	0.057 8
$\geqslant 11$	2	0.004 712	0.471 2	4.960 2
和	100	1.000 0	100.00	$\chi_0^2 = 19.597\ 4$

5.8.3   连续分布的拟合检验

设 $x_1, x_2, \cdots, x_n$ 是来自连续总体 X 的一个样本,其总体分布未知,现想用一个已知分布函数 $F_0(x)$ 去拟合这批数据,不知是否妥当,故需要对如下假设作出检验:

$$H_0: X \text{ 服从分布 } F_0(x). \tag{5.8.4}$$

这类问题称为**连续分布的拟合检验问题**，实际中常会遇到. 这类问题常可转化为分类数据的 χ^2 检验，具体操作如下.

(1) 把 X 的取值范围分成 r 个区间，为确定起见，不妨设为

$$-\infty = a_0 < a_1 < a_2 < \cdots < a_{r-1} < a_r = \infty.$$

设各区间为 $A_1 = (a_0, a_1]$，$A_2 = (a_1, a_2]$，$\cdots$，$A_{r-1} = (a_{r-2}, a_{r-1}]$，$A_r = (a_{r-1}, a_r]$.

(2) 统计样本落入这 r 个区间的频数为 $O_1, O_2, \cdots, O_r$，并用 $F_0(x)$ 计算落入这 r 个区间内的概率 $p_1, p_2, \cdots, p_r$，其中

$$p_i = P\{a_{i-1} < X \leqslant a_i\} = F_0(a_i) - F_0(a_{i-1}), \quad i = 1, 2, \cdots, r.$$

(3) 若 $F_0(x)$ 还含有 k 个未知参数，则用样本作出这些未知参数的极大似然估计；若 $k = 0$，则 $F_0(x)$ 完全已知.

(4) 计算期望频数 $E_i = np_i$，若有 $E_i < 5$，则把相邻区间合并.

这样就把连续分布的拟合检验转化为分类数据的 χ^2 检验问题，以下就按 χ^2 拟合优度检验进行，具体见下面例子.

例 5.8.4　为研究混凝土抗压强度的分布，抽取了 200 件混凝土制件测定其抗压强度，经整理得频数分布表如表 5-17 所示. 试在 $\alpha = 0.05$ 水平上检验抗压强度的分布是否为正态分布.

表 5-17　　　　　　　　　抗压强度的频数分布表

抗压强度区间 $(a_{i-1}, a_i]$	观察频数 O_i
$(190, 200]$	10
$(200, 210]$	26
$(210, 220]$	56
$(220, 230]$	64
$(230, 240]$	30
$(240, 250]$	14
合计	200

解　若用 $F_0(x)$ 表示 $N(\mu, \sigma^2)$ 的分布函数，则本例便要检验假设

$$H_0: \text{抗压强度的分布为 } F_0(x).$$

又由于 $F_0(x)$ 中含有两个未知参数 μ 与 σ^2，因而需用它们的极大似然估计去替代. 这里仅给出了样本的分组数据，因此只能用组中值（即区间中点）去代替原始数据，然后求 μ 与 σ^2 的 MLE. 现在 6 个组中值分别为 $x_1 = 195$，$x_2 = 205$，$x_3 = 215$，$x_4 = 225$，$x_5 = 235$，$x_6 = 245$，于是

$$\hat{\mu} = \overline{x} = \frac{1}{200}\sum_{i=1}^{6}O_i x_i = 221,$$

$$\hat{\sigma}^2 = s_n^2 = \frac{1}{200}\sum_{i=1}^{6}O_i(x_i - \overline{x})^2 = 152, \quad \hat{\sigma} = s_n = 12.33.$$

在 $N(221,152)$ 分布下，求出落在区间 $(a_{i-1}, a_i]$ 内的概率的估计值

$$\hat{p}_i = \Phi\left(\frac{a_i - 221}{\sqrt{152}}\right) - \Phi\left(\frac{a_{i-1} - 221}{\sqrt{152}}\right), \quad i = 1, 2, \cdots, 6.$$

不过常将 a_0 定为 $-\infty$，将 a_r 定为 $+\infty$. 本例中 $r = 6$. 采用(5.8.1)作为检验统计量，在 $\alpha = 0.05$ 时，$\chi^2_{0.95}(6-2-1) = \chi^2_{0.95}(3) = 7.815$，因而拒绝域为 $W = \{\chi^2 \geqslant 7.815\}$.

由样本计算 χ^2 值的过程列于表 5-18 中. 由此可知 $\chi^2 = 1.332 < 7.815$，这表明样本落入接受域，可接受抗压强度服从正态分布的假定.

表 5-18 $\qquad\qquad\qquad\qquad$ χ^2 值计算表

区间	O_i	$\hat{p}_i$	$E_i = n\hat{p}_i$	$\dfrac{(O_i - E_i)^2}{E_i}$
$(-\infty, 200]$	10	0.045	9.0	0.111
$(200, 210]$	26	0.142	28.4	0.203
$(210, 220]$	56	0.281	56.2	0.001
$(220, 230]$	64	0.299	59.8	0.295
$(230, 240]$	30	0.171	34.2	0.516
$(240, \infty)$	14	0.062	12.4	0.206
合计	200	1.000	200.0	1.332

由本例可见，当 $F_0(x)$ 为连续分布时需将取值区间进行分组，从而检验结论依赖于分组，不同分组有可能得出不同的结论，这便是在连续分布场合 χ^2 拟合优度检验的不足之处.

5.8.4 列联表的独立性检验

在有些实际问题中，当我们抽取了一个容量为 n 的样本后，对样本中每一样品可按不同特性进行分类. 例如在进行失业人员情况调查时，对抽取的每一位失业人员可按其性别分类，也可按其年龄分类，当然还可按其他特征分类. 又如在工厂中调查某类产品的质量时，可按该产品的生产小组分类，也可按其是否合格分类，等等. 当我们用两特性对样品分类时，记这两个特性分别为 X_1 与 X_2，不妨设 X_1 有 r 个类别，X_2 有 c 个类别，则

可把被调查的 n 个样品按其所属类别进行分类,列成如表 5-19 所示的 $r\times c$ 的二维表,这张表也称为(二维)**列联表**.

表 5-19　　　　　　　$r\times c$ 二维观察频数表(二维列联表)

		X_2				行和
		B_1	B_2	$\cdots$	B_c	
X_1	A_1	O_{11}	O_{12}	$\cdots$	O_{1c}	$O_{1\cdot}$
	A_2	O_{21}	O_{22}	$\cdots$	O_{2c}	$O_{2\cdot}$
	$\vdots$	$\vdots$	$\vdots$		$\vdots$	$\vdots$
	A_r	O_{r1}	O_{r2}	$\cdots$	O_{rc}	$O_{r\cdot}$
列和		$O_{\cdot 1}$	$O_{\cdot 2}$	$\cdots$	$O_{\cdot c}$	n

表中 O_{ij} 表示特性 X_1 属 A_i 类,特性 X_2 属 B_j 类的样品数,即频数. 通常在二维表中还按行、按列分别求出其合计数

$$O_{i\cdot}=\sum_{j=1}^{c}O_{ij},\quad i=1,2,\cdots,r,$$

$$O_{\cdot j}=\sum_{i=1}^{r}O_{ij},\quad j=1,2,\cdots,c,$$

$$\sum_{i=1}^{r}O_{i\cdot}=\sum_{j=1}^{c}O_{\cdot j}=n.$$

在这种列联表中,人们关心的问题是两个特性 X_1 与 X_2 是否独立,称这类问题为**列联表的独立性检验**. 为明确写出检验问题,记总体为 X,它是二维变量 (X_1,X_2),这里 X_1 被分成 r 类:$A_1,A_2,\cdots,A_r$,X_2 被分成 c 类:$B_1,B_2,\cdots,B_c$,并设

$$P(X\in A_i\bigcap B_j)=P(``X_1\in A_i"\bigcap``X_2\in B_j")=p_{ij},$$

其中 $i=1,2,\cdots,r;j=1,2,\cdots,c$. 又记

$$p_{i\cdot}=P(X_1\in A_i)=\sum_{j=1}^{c}p_{ij},\quad i=1,2,\cdots,r,$$

$$p_{\cdot j}=P(X_2\in B_j)=\sum_{i=1}^{r}p_{ij},\quad j=1,2,\cdots,c.$$

(5.8.5)

这里必有 $\sum_{i=1}^{r}p_{i\cdot}=\sum_{j=1}^{c}p_{\cdot j}=1$. 那么当 X_1 与 X_2 两个特性独立时,应对一切 i,j 有

$$p_{ij}=p_{i\cdot}p_{\cdot j}.$$

因此我们要检验的假设为

$$H_0: p_{ij} = p_{i\cdot} \cdot p_{\cdot j},$$

$$H_1: \text{至少存在一对}(i,j), \text{使 } p_{ij} \neq p_{i\cdot} \cdot p_{\cdot j}. \tag{5.8.6}$$

这样就把二维列联表的独立性检验问题转化为分类数据中另一类问题的 χ^2 检验问题, 其中 rc 个观察频数 O_{ij} 如表 5-18 所示, 而期望频数 E_{ij} 如表 5-20 所示. 表中期望频数在原假设 H_0（见(5.8.6)）成立时

$$E_{ij} = np_{ij} = np_{i\cdot} \cdot p_{\cdot j}.$$

表 5-20 $r \times c$ 二维期望频数表

		X_2			
		B_1	B_2	$\cdots$	B_c
X_1	A_1	E_{11}	E_{12}	$\cdots$	E_{1c}
	A_2	E_{21}	E_{22}	$\cdots$	E_{2c}
	$\vdots$	$\vdots$	$\vdots$		$\vdots$
	A_r	E_{r1}	E_{r2}	$\cdots$	E_{rc}

在表 5-20 中诸期望频数 E_{ij} 中仍含有 $r+c$ 个未知参数, 它们是

$$p_{1\cdot}, p_{2\cdot}, \cdots, p_{r\cdot}; p_{\cdot 1}, p_{\cdot 2}, \cdots, p_{\cdot c}.$$

又由于它们间还有两个约束条件: $\sum_{i=1}^{r} p_{i\cdot} = 1, \sum_{j=1}^{c} p_{\cdot j} = 1$, 故只有 $r+c-2$ 个独立参数需要估计. 诸概率 $p_{i\cdot}$ 与 $p_{\cdot j}$ 的极大似然估计分别为

$$\hat{p}_{i\cdot} = \frac{O_{i\cdot}}{n}, i=1,2,\cdots,r; \quad \hat{p}_{\cdot j} = \frac{O_{\cdot j}}{n}, j=1,2,\cdots,c. \tag{5.8.7}$$

这时用 $\hat{p}_{i\cdot}$ 代替 $p_{i\cdot}$, 用 $\hat{p}_{\cdot j}$ 代替 $p_{\cdot j}$ 后, 期望频数 $E_{ij} = n\hat{p}_{i\cdot} \cdot \hat{p}_{\cdot j}$. 而检验假设 (5.8.6) 的 χ^2 统计量

$$\chi^2 = \sum_{i=1}^{r} \sum_{j=1}^{c} \frac{(O_{ij} - E_{ij})^2}{E_{ij}} \sim \chi^2((r-1)(c-1)), \tag{5.8.8}$$

其中自由度应是 $rc - (r+c-2) - 1 = (r-1)(c-1)$. 在给定显著性水平 α 后, 其拒绝域为

$$W = \{\chi^2 \geqslant \chi^2_{1-\alpha}((r-1)(c-1))\}.$$

这里仍要求诸 $E_{ij} \geqslant 5$, 若不能满足, 可把相邻类合并, 这时自由度也会相应减少.

例 5.8.5 某地调查了 3 000 名失业人员, 按性别与文化程度分类如表 5-21 所示. 试在 $\alpha = 0.05$ 水平上检验失业人员的性别与文化程度是否有关.

解 这是列联表的独立性检验问题. 在本例中 $r = 2$, $c = 4$, 在 $\alpha = 0.05$ 下, $\chi^2_{0.95}((r-1)(c-1)) = \chi^2_{0.95}(3) = 7.815$, 因而拒绝域为 $W = \{\chi^2 \geqslant 7.815\}$.

表 5-21   **例 5.8.5 的观察频数表**

文化程度 性别	大专以上	中专技校	高中	初中及以下	行和
男	40	138	620	1 043	1 841
女	20	72	442	625	1 159
列和	60	210	1 062	1 668	3 000

为了计算统计量(5.8.8),可先计算各 $E_{ij}=n\hat{p}_{i\cdot}\hat{p}_{\cdot j}=\dfrac{O_{i\cdot}O_{\cdot j}}{n}$,如表 5-22 所示. 从而得

$$\chi^2 = \frac{(40-36.8)^2}{36.8} + \frac{(20-23.2)^2}{23.2} + \cdots + \frac{(1\,043-1\,023.6)^2}{1\,023.6}$$

$$+ \frac{(625-644.4)^2}{644.4}$$

$$=7.326.$$

由于 $\chi^2=7.326<7.815$,从而在 $\alpha=0.05$ 水平上样本落入接受域,可认为失业人员的性别与文化程度无关.

表 5-22   **例 5.8.5 的期望频数表**

$E_{ij}=n\hat{p}_{i\cdot}\hat{p}_{\cdot j}$	大专以上	中专技校	高中	初中及以下	行和
男	36.8	128.9	651.7	1 023.6	1 841
女	23.2	81.1	410.3	644.4	1 159
列和	60	210	1 062	1 668	3 000

例 5.8.6   目前有的零售商店开展上门服务的业务,有的不开展此项业务. 为了解这项业务的开展与否与其月销售额是否有关,某地为此调查了 363 个商店,结果如表 5-23 所示. 试在 $\alpha=0.01$ 水平上检验服务方式与月销售额是否有关.

表 5-23   **例 5.8.6 的观察频数表**   单位:万元

月销售额 服务方式	$\leqslant 10$	$(10,15]$	$(15,20]$	$(20,25]$	>25	行和
上门服务	32	111	104	40	14	301
不上门服务	29	24	6	2	1	62
列和	61	135	110	42	15	363

解 这也是列联表的独立性检验问题. 在本例中 $r=2$, $c=5$, 在 $\alpha=0.01$ 时, $\chi^2_{0.99}(4)=13.277$, 故拒绝域为 $W=\{\chi^2 \geqslant 13.277\}$.

为计算统计量(5.8.8), 先计算各 $E_{ij}=n\hat{p}_{i\cdot}\cdot\hat{p}_{\cdot j}=\dfrac{O_{i\cdot}O_{\cdot j}}{n}$, 如表 5-24 所示.

表 5-24 　　　　　　　　例 5.8.6 的期望频数表

$E_{ij}=n\hat{p}_{i\cdot}\cdot\hat{p}_{\cdot j}$	$\leqslant 10$	$(10,15]$	$(15,20]$	$(20,25]$	>25	行和
上门服务	50.6	111.9	91.2	34.8	12.4	301
不上门服务	10.4	23.1	18.8	7.2	2.6	62
列和	61	135	110	42	15	363

由于在表 5-24 中有一个值小于 5, 故将列联表的最后两列合并, 重新计算 $E_{ij}=n\hat{p}_{i\cdot}\cdot\hat{p}_{\cdot j}$, 如表 5-25 所示.

表 5-25 　　　　　　　例 5.8.6 的期望频数表(并列后)

$n\hat{p}_{i\cdot}\cdot\hat{p}_{\cdot j}$	$\leqslant 10$	$(10,15]$	$(15,20]$	>20	行和
上门服务	50.6	111.9	91.2	47.3	301
不上门服务	10.4	23.1	18.8	9.7	62
列和	61	135	110	57	363

由此可得 $\chi^2=56.13$. 此时由于 $r=2$, $c=4$, 故在 $\alpha=0.01$ 时, 拒绝域变成 $W=\{\chi^2 \geqslant 11.345\}$.

样本落在拒绝域中, 这说明是否开展上门服务这项业务与月销售额有关. 从各 n_{ij} 与 $n\hat{p}_{i\cdot}\cdot\hat{p}_{\cdot j}$ 的比较中可见, 在月销售额超过 15 万元的情况下, 开展上门服务的实际频数 n_{ij} 高于理论频数 $n\hat{p}_{i\cdot}\cdot\hat{p}_{\cdot j}$, 这便说明上门服务有利于提高月销售额.

习　题　5.8

1. 一颗骰子掷了 100 次, 结果如下:

点数	1	2	3	4	5	6
出现次数	13	14	20	17	15	21

试在 $\alpha = 0.05$ 水平上检验这颗骰子是否均匀.

2. 在 π 的前 800 位数字中, $0, 1, \cdots, 9$ 相应地出现了 $74, 92, 83, 79, 80, 73,$ $77, 75, 76, 91$ 次, 试用 χ^2 检验法检验 $0, 1, \cdots, 9$ 这十个数字是等可能出现的假设. (取 $\alpha = 0.05$)

3. 某大公司人事部想了解公司职工病假是否在周一至周五上均匀分布, 以便合理安排工作. 如今抽取 100 名病假职工, 其病假日分布如下表所示:

工作日	周一	周二	周三	周四	周五
病假频数	17	27	10	28	18

试取 $\alpha = 0.05$ 检验病假人数是否在 5 个工作日上均匀分布.

4. 某行业有两个竞争对手: A 公司与 B 公司, 它们产品的市场占有率分别为 45% 与 40%. 该二公司同时开展广告宣传一段时间后, 随机抽查 200 名消费者, 其中 102 人准备购买 A 公司产品, 82 人准备购买 B 公司产品, 另外 16 人准备购买其他公司产品. 若取显著性水平 $\alpha = 0.05$, 试检验广告战前后各公司的市场占有率有无显著变化.

5. 卢瑟福观察了每 0.125 分钟内一放射性物质放射的粒子数, 共观察了 2 612 次, 结果如下:

粒子数	0	1	2	3	4	5	6	7	8	9	10	11
频数	57	203	383	525	532	408	273	139	49	27	10	6

试问在 $\alpha = 0.10$ 水平上上述观察数据与泊松分布是否相符?

6. 在 1965 年 1 月 1 日至 1971 年 2 月 9 日的 2 231 天中, 全世界记录到的里氏震级 4 级及以上的地震共 162 次, 相继两次地震间隔天数 X 如下:

X	频数	X	频数
$[0, 5)$	50	$[25, 30)$	8
$[5, 10)$	31	$[30, 35)$	6
$[10, 15)$	26	$[35, 40)$	6
$[15, 20)$	17	$\geqslant 40$	8
$[20, 25)$	10		

试在 $\alpha = 0.05$ 水平上检验相继两次地震间隔天数 X 是否服从如下指数分布:

$$p(x) = \frac{1}{\theta} e^{-\frac{x}{\theta}}, \quad x > 0.$$

7. 在使用仪器进行测量时, 最后一位数字是按仪器的最小刻度用眼睛估计的. 下表给出了 200 个测量数据中, 最后一位出现 $0, 1, \cdots, 9$ 的次数:

数字	0	1	2	3	4	5	6	7	8	9
次数	35	16	15	17	17	19	11	16	30	24

试问在 $\alpha = 0.05$ 下, 最后一位数字是否具有随机性?

8. 为判断驾驶员的年龄是否会对发生汽车交通事故的次数有所影响, 调查了 4 194 名不同年龄的驾驶员发生事故的次数, 整理如下表:

		年龄				
		$21 \sim 30$	$31 \sim 40$	$41 \sim 50$	$51 \sim 60$	$61 \sim 70$
事故次数	0	748	821	786	720	672
	1	74	60	51	66	50
	2	31	25	22	16	15
	>2	9	10	6	5	7

在 $\alpha = 0.01$ 水平上, 你有什么看法?

9. 对某种计算机产品进行用户市场调查, 请他们对产品的质量情况选择回答: 差、较差、较好、好. 随机抽取 70 人询问, 并发现其中 40 人接受过有关广告宣传, 另 30 人则不关心此类广告. 回答情况如下表:

	差	较差	较好	好
听过广告宣传	4	7	18	11
未听过广告宣传	4	6	13	7

广告与人们对产品质量的评价间有无关系? (取 $\alpha = 0.05$)

10. 某调查机构连续三年对某城市的居民进行热点调查, 要求被调查者在收入、物价、住房、交通四个问题中选择其中一个作为最关心的问题, 调查结果如下:

年份	收入	物价	住房	交通	行和
1997	155	232	87	50	524
1998	134	201	100	75	510
1999	176	114	165	61	516
列和	465	547	352	186	1 550

在 $\alpha=0.05$ 下,是否可以认为各年该城市居民对社会热点问题的看法保持不变?

11. 某单位调查了520名中年以上的脑力劳动者,其中136人有高血压史,其他384人无高血压史. 在有高血压史的136人中有48人有冠心病,在无高血压史的384人中有36人有冠心病. 试问在 $\alpha=0.01$ 水平上,高血压与冠心病有无联系?

12. 设按有无特性 A 与 B 将 n 个样品分成4类,组成 2×2 列联表,如下表所示:

	B	$\overline{B}$	行和
A	a	b	$a+b$
$\overline{A}$	c	d	$c+d$
列和	$a+c$	$b+d$	n

其中 $n=a+b+c+d$. 试证明此时列联表独立性检验的 χ^2 统计量可以表示成

$$\chi^2=\frac{n(ad-bc)^2}{(a+b)(c+d)(a+c)(b+d)}.$$

13. 用铸造与锻造两种方法制造某零件,从各自制造的零件中分别随机抽取100只,经检查发现铸造的有10个废品,锻造的有3个废品. 试在 $\alpha=0.05$ 水平上,能否认为废品率与制造方法有关?

14. 对下列维数的列联表给出 χ^2 检验的自由度:

(1) 2行5列;

(2) 4行6列;

(3) 5行3列.

5.9　正态性检验

专门用于判断总体分布是否为正态分布的检验称为**正态性检验**. 由于正态分布在实际中频繁使用,迫使统计学家去寻找专门的正态性检验,至今已有几十种正态检验方法. 国际标准化组织统计标准分委员会组织统计学家对这些正态性检验方法进行比较,最后认为 Wilk-Shapiro 的 W 检验和 Epps-Pulley 检验是最好的,它们犯第 II 类错误的概率最小,故该委员会向世界各国首推正态概率图法(见 4.1.4 小节),其次推荐这两个正态性检验. 我国统计方法标准化委员会经过研究和比较,接受此项建议,把这两个正态性检验列为国家标准,编号为 GB/T 4882-2001. 下面我们介绍这两个检验的操作方法. 其理论分析请参阅梁小筠[12]与[13].

5.9.1　小样本$(8 \leqslant n \leqslant 50)$ 场合的 W 检验

设从总体 X 中抽取了容量为 n 的样本 $x_1, x_2, \cdots, x_n$. 现要检验如下假设:

$$H_0: X 服从正态分布.$$

在 $8 \leqslant n \leqslant 50$ 时, Wilk 与 Shapiro 提出用如下的 W 统计量:

$$W = \frac{\left[\sum\limits_{i=1}^{n} (a_i - \bar{a})(x_{(i)} - \bar{x}) \right]^2}{\sum\limits_{i=1}^{n} (a_i - \bar{a})^2 \sum\limits_{i=1}^{n} (x_i - \bar{x})^2}. \tag{5.9.1}$$

它可以看成是数对$(a_i, x_{(i)})$, $i=1,2,\cdots,n$ 的相关系数的平方, 故统计量 W 在$[0,1]$上取值.

(5.9.1)中的系数 $a_1, a_2, \cdots, a_n$ 是为 W 检验而专门设计的, 具有如下性质:

(1) 对称性: $a_i = -a_{n+1-i}$, $i=1,2,\cdots,\left[\dfrac{n}{2}\right]$. 如 $n=8$ 时, 有 $a_1 = a_8$, $a_2 = a_7$, $a_3 = a_6$, $a_4 = a_5$; 又如 $n=9$ 时, 有 $a_1 = a_9$, $a_2 = a_8$, $a_3 = a_7$, $a_4 = a_6$, $a_5 = 0$.

(2) 诸 a_i 之和为 0: $\sum\limits_{i=1}^{n} a_i = 0$, 从而 $\bar{a} = \dfrac{1}{n}\sum\limits_{i=1}^{n} a_i = 0$.

(3) 诸 a_i 平方和为 1: $\sum\limits_{i=1}^{n} a_i^2 = 1$, 从而 $\sum\limits_{i=1}^{n} (a_i - \bar{a})^2 = 1$.

对不同的 n, 系数 $a_1, a_2, \cdots, a_n$ 已制成表格供查用(附表 10). 利用系数 a_i 的性质, 统计量(5.9.1)可简化为

$$W = \frac{\left[\sum\limits_{i=1}^{[n/2]} a_i (x_{(n+1-i)} - x_{(i)}) \right]^2}{\sum\limits_{i=1}^{n} (x_i - \bar{x})^2}. \tag{5.9.2}$$

可以证明[12], 在 H_0 为真时, W 的取值应接近于 1, 反之, W 越小越倾向于拒绝 H_0, 因而检验的拒绝域取下述形式是合理的:

$$\{W \leqslant c\}.$$

对给定的显著性水平 α, 在正态分布假定下, 使 $P(W \leqslant c) = \alpha$ 的临界值 c 可从附表 11 查得, 记 $c = W_\alpha$, 从而拒绝域为

$$\{W \leqslant W_\alpha\}. \tag{5.9.3}$$

例 5.9.1　抽查用克矽平治疗的矽肺患者 10 人, 得到他们治疗前后的血红蛋白差(单位: g%)如下:

2.7　　−1.2　　−1.0　　0　　0.7　　2.0　　3.7　　−0.6　　0.8　　−0.3

现要检验治疗前后血红蛋白差是否服从正态分布(取 $\alpha = 0.05$).

解 这里 $n = 10$,在 $\alpha = 0.05$ 时,查附表 11 知,$W_{0.05} = 0.842$,故用统计量(5.9.2)作正态性检验的拒绝域为 $\{W \leqslant 0.842\}$.

为计算统计量(5.9.2),常列成如表 5-26 的计算表,其中第二列 $x_{(i)}$ 为小的一半观测值按升序排列的,第三列 $x_{(n+1-i)}$ 为大的一半观测值按降序排列的,第五列 a_i 由附表 10 查得.

表 5-26　　　　　　　　　　**W 统计量的计算表**

i	$x_{(i)}$	$x_{(n+1-i)}$	$x_{(n+1-i)} - x_{(i)}$	a_i
1	−1.2	3.7	4.9	0.573 9
2	−1.0	2.7	3.7	0.329 1
3	−0.6	2.0	2.6	0.214 1
4	−0.3	0.8	1.1	0.122 4
5	0	0.7	0.7	0.039 9

$$\sum_{i=1}^{5} a_i(x_{(n+1-i)} - x_{(i)}) = 4.749\,01,$$

$$\sum_{i=1}^{10} (x_i - \overline{x})^2 = 24.376.$$

从而

$$W = \frac{4.749\,01^2}{24.376} = 0.925\,2 > 0.842.$$

由于样本落入接受域,故在 $\alpha = 0.05$ 水平上不拒绝正态性假设.

5.9.2 EP 检验

在国家标准中给出了 Epps-Pulley 检验,简称 EP 检验,在大样本场合 $(n > 50)$ 可以采用这一检验,它对于小样本 $(8 \leqslant n \leqslant 50)$ 也适用. 下面叙述这一检验的统计量及其拒绝域. 详细内容参阅梁小筠[13].

设样本的观察值为 $x_1, x_2, \cdots, x_n$,样本均值为 $\overline{x}$,记

$$m_2 = \frac{1}{n} \sum_{j=1}^{n} (x_j - \overline{x})^2,$$

则检验统计量为

$$T_{EP} = 1 + \frac{n}{\sqrt{3}} + \frac{2}{n} \sum_{k=2}^{n} \sum_{j=1}^{k-1} \exp\left\{-\frac{(x_j - x_k)^2}{2m_2}\right\} - \sqrt{2} \sum_{j=1}^{n} \exp\left\{-\frac{(x_j - \overline{x})^2}{4m_2}\right\}.$$

对给定的显著性水平 α，拒绝域为 $W=\{T_{EP}\geqslant T_{EP,1-\alpha}(n)\}$，临界值可以在附表 12 中查到.

此统计量的计算较为复杂，在大样本时可以通过编写程序来完成. 下面的步骤可帮助我们完成编程计算：

(1) 存储样本量 n 与样本观察值 $x_1,x_2,\cdots,x_n$；

(2) 计算并存储样本均值 $\overline{x}$ 与样本二阶中心矩 $m_2=\dfrac{1}{n}\sum\limits_{j=1}^{n}(x_j-\overline{x})^2$；

(3) 计算并存储 $A=\sum\limits_{j=1}^{n}\exp\left\{-\dfrac{(x_j-\overline{x})^2}{4m_2}\right\}$；

(4) 计算并存储 $B=\sum\limits_{k=2}^{n}\sum\limits_{j=1}^{k-1}\exp\left\{-\dfrac{(x_j-x_k)^2}{2m_2}\right\}$；

(5) 计算并输出 $T_{EP}=1+\dfrac{n}{\sqrt{3}}+\dfrac{2}{n}B-\sqrt{2}A$.

最后将输出的 T_{EP} 与查表所得的 $T_{EP,1-\alpha}(n)$ 比较给出结论.

例 5.9.2 上海中心气象台测定的上海市 1884—1982 年间的年降雨量数据如下：(单位：mm)

```
1 184.4  1 113.4  1 203.9  1 170.7    975.4  1 462.3    947.8  1 416.0
  709.2  1 147.5    935.0  1 016.3  1 031.6  1 105.7    849.9  1 233.4
1 008.6  1 063.8  1 004.9  1 086.2  1 022.5  1 330.9  1 439.4  1 236.5
1 088.1  1 288.7  1 115.8  1 217.5  1 320.7  1 078.1  1 203.4  1 480.0
1 269.9  1 049.2  1 318.4  1 192.0  1 016.0  1 508.2  1 159.6  1 021.3
  986.1    794.7  1 318.4  1 171.2  1 161.7    791.2  1 143.8  1 602.0
  951.4  1 003.2    840.4  1 061.4    958.0  1 025.2  1 265.0  1 196.5
1 120.7  1 659.3    942.7  1 123.3    910.2  1 398.5  1 208.6  1 305.5
1 242.6  1 572.3  1 416.9  1 256.1  1 285.9    984.8  1 390.3  1 062.2
1 287.3  1 477.0  1 017.9  1 217.7  1 197.1  1 143.0  1 018.8  1 243.7
  909.3  1 030.3  1 124.4    811.4    820.0  1 184.1  1 107.5    991.4
  901.7  1 176.5  1 113.5  1 272.9  1 200.3  1 508.7    772.3    813.0
1 392.3  1 006.2  1 108.8
```

试在 $\alpha=0.05$ 水平上检验年降雨量是否服从正态分布.

解 由于 $n=99$，故用 Epps-Pulley 检验，在 $\alpha=0.05$ 时，由附表 12 查得临界值为 0.376，故拒绝域是 $W=\{T_{EP}\geqslant 0.376\}$.

现通过简单的编程计算，得 $T_{EP}=0.154\,56$. 由于样本未落入拒绝域，故在 $\alpha=0.05$ 时可认为年降雨量服从正态分布.

习　题　5.9

1. 为检验一批煤灰砖中各砖块的抗压强度是否服从正态分布，从这批砖中随机取出 20 块，得抗压强度如下：(已按从小到大排列)

$$
\begin{array}{cccccccccc}
57 & 62 & 66 & 67 & 74 & 76 & 77 & 80 & 81 & 86 \\
87 & 89 & 91 & 94 & 95 & 96 & 97 & 103 & 109 & 122
\end{array}
$$

试用正态性检验统计量 W 作检验. (取 $\alpha = 0.05$)

2. 下面给出了 84 个 Etruscan 人男子头颅的最大宽度：(单位：mm)

$$
\begin{array}{cccccccccc}
141 & 148 & 132 & 138 & 154 & 142 & 150 & 146 & 155 & 158 \\
150 & 140 & 147 & 148 & 144 & 150 & 149 & 145 & 149 & 158 \\
143 & 141 & 144 & 144 & 126 & 140 & 144 & 142 & 141 & 140 \\
145 & 135 & 147 & 146 & 141 & 136 & 140 & 146 & 142 & 137 \\
148 & 154 & 137 & 139 & 143 & 140 & 131 & 143 & 141 & 149 \\
148 & 135 & 148 & 152 & 143 & 144 & 141 & 143 & 147 & 146 \\
150 & 132 & 142 & 142 & 143 & 153 & 149 & 146 & 149 & 138 \\
142 & 149 & 142 & 137 & 134 & 144 & 146 & 147 & 140 & 142 \\
140 & 137 & 152 & 145 & & & & & &
\end{array}
$$

试检验其是否服从正态分布. (取 $\alpha = 0.05$)

5.10　非参数方法

如果在一个统计问题中，我们事先有较多信息，并足以确定总体分布形式(如正态分布、二项分布等)，只是其中所含几个参数未知，需要作出统计推断，这样的统计问题称为参数统计问题，所采取的统计推断方法统称参数方法，前面所讨论的问题及推断方法大多是参数统计问题和参数方法.

当我们对总体分布知之甚少，譬如只知总体分布是连续的，或是对称的，或是一、二阶矩存在，或是中位数唯一等，但都不足以确知总体分布形式，这时再用参数方法进行统计推断就不合理了，所得结论也不可靠，而是需要有一种与总体分布形式无关的统计推断方法，这类方法统称为无分布(Free distribution)方法，或称分布自由的方法，又称为非参数方法. 本节将讨论这类方法中几个常用的非参数方法.

5.10.1 中位数符号检验

符号检验是最古老的非参数方法之一，它主要用来推断分布的位置. 在无分布场合，分布位置常用中位数表示，符号检验可用于中位数检验，还可用于一般的 p 分位数检验. 下面将介绍这些符号检验.

1. 中位数符号检验

先看一个例子.

例 5.10.1 某地 10 栋近似相同房屋的售出价格（单位：万元）分别为

$$56, 69, 86, 87, 90, 94, 96, 101, 118, 139.$$

问该地此类房屋的中间价格是否与当地人们心目中 85 万元的水平一致？

在这个例子中很难确定此类房屋售价的分布，只知其总体分布是连续的，要检验其中位数是否为 85 万元，对此可建立如下一对假设：

$$H_0 : x_{0.5} = 85, \quad H_1 : x_{0.5} \neq 85,$$

其中 $x_{0.5}$ 为总体中位数.

这是一个非参数检验问题. 这个问题的一般提法如下：设 $x_1, x_2, \cdots, x_n$ 是来自某分布 $F(x)$ 的一个样本，其中分布函数 $F(x)$ 的形式未知，只知 $F(x)$ 是连续函数，其中位数 $x_{0.5}$ 唯一. 现要对如下双侧检验问题作出判断：

$$H_0 : x_{0.5} = m, \quad H_1 : x_{0.5} \neq m, \tag{5.10.1}$$

其中 m 为某个已知常数，在 H_0 下有 $F(x_{0.5}) = F(m) = 0.5$. 下面来研究这个问题.

首先对样本中每个成员考察与 m 之差 $x_i - m$ 的正负号，并建立如下符号函数：

$$I(x_i) = \begin{cases} 1, & x_i - m > 0, \\ 0, & x_i - m \leqslant 0, \end{cases} \quad i = 1, 2, \cdots, n.$$

其和为样本中差 $x_i - m$ 的符号为正的个数，且记为 N^+，即

$$N^+ = \sum_{i=1}^{n} I(x_i). \tag{5.10.2}$$

按中位数定义，在原假设 $H_0 : x_{0.5} = m$ 成立时，N^+ 不宜过大，也不宜过小，若 N^+ 接近于 0 或接近于 n 就应拒绝 H_0，故可取 N^+ 作为检验统计量，检验问题 (5.10.1) 的拒绝域应为

$$W = \{ N^+ \leqslant c_1 \text{ 或 } N^+ \geqslant c_2 \}, \tag{5.10.3}$$

其中临界值 c_1 与 $c_2 (c_1 < c_2)$ 由下列两个尾部概率都不超过 $\alpha/2$ 来确定：

$$P(N^+ \leqslant c_1) \leqslant \frac{\alpha}{2}, \quad P(N^+ \geqslant c_2) \leqslant \frac{\alpha}{2}, \tag{5.10.4}$$

其中 α 为事先给定的显著性水平，这里用不等式是因为 N^+ 是离散随机变量，

等式出现是罕见的. 为确定 c_1 与 c_2, 需要检验统计量 N^+ 在原假设 H_0 成立下的抽样分布.

在 $x_{0.5} = m$ 场合, $I(x_1), I(x_2), \cdots, I(x_n)$ 是 n 个相互独立同分布的随机变量, 且共同分布为二点分布 $b(1, 0.5)$, 因为 $P(x_i \leqslant m) = 0.5$. 而其和

$$N^+ = \sum_{i=1}^{n} I(x_i)$$ 服从二项分布 $b(n, 0.5)$. 这样就可用二项分布 $b(n, 0.5)$ 和

(5.10.4) 定出 c_1 与 c_2, 具体是

$$c_1 \text{ 是满足} \sum_{i=0}^{c_1} \binom{n}{i} 0.5^n \leqslant \frac{\alpha}{2} \text{ 的最大整数}, \tag{5.10.5}$$

$$c_2 \text{ 是满足} \sum_{i=c_2}^{n} \binom{n}{i} 0.5^n \leqslant \frac{\alpha}{2} \text{ 的最小整数}. \tag{5.10.6}$$

这样得到的符号检验是水平为 α 的检验.

在例 5.10.1 中, $N^+ \sim b(10, 0.5)$, 其分布列可算出, 如下所示:

i	0	1	2	3	$\cdots$	7	8	9	10
$P(x=i)$	0.0010	0.0097	0.0440	0.1172	$\cdots$	0.1172	0.0440	0.0097	0.0010

若取 $\alpha = 0.05$, 即 $\frac{\alpha}{2} = 0.025$, 则满足 (5.10.5) 和 (5.10.6) 的 c_1 与 c_2 分别为 $c_1 = 1$, $c_2 = 9$. 故例 5.10.1 中的双侧检验问题的拒绝域为

$$W = \{N^+ \leqslant 1 \text{ 或 } N^+ \geqslant 9\}.$$

若设 N_0^+ 为样本中大于 m 的个数, 即 N_0^+ 是检验统计量 N^+ 的一次观察值. 在例 5.10.1 中 $N_0^+ = 8$, 它没有落入拒绝域 W 内, 故不应拒绝 H_0: $x_{0.5} = 85$.

类似地, 对如下两个单侧检验问题

Ⅰ. $H_0: x_{0.5} \leqslant m$, $H_1: x_{0.5} > m$;

Ⅱ. $H_0: x_{0.5} \geqslant m$, $H_1: x_{0.5} < m$

的拒绝域分别为 $W_{\mathrm{I}} = \{N^+ > c\}$, $W_{\mathrm{II}} = \{N^+ < c'\}$, 其中

$$c \text{ 是满足} \sum_{i=c}^{n} \binom{n}{i} 0.5^n \leqslant \alpha \text{ 的最小整数}, \tag{5.10.7}$$

$$c' \text{ 是满足} \sum_{i=0}^{c'} \binom{n}{i} 0.5^n \leqslant \alpha \text{ 的最大整数}. \tag{5.10.8}$$

这样得到的符号检验仍是水平为 α 的检验.

2. 用 p 值作检验

上述三个检验问题(双侧检验问题(5.10.1)记为 Ⅲ)的拒绝域的确定是

麻烦的,因为在离散分布场合从尾部概率不等式中获得 c_1, c_2, c 或 c' 只能用试探法. 下面我们跳过构造拒绝域,转用 p 值作检验. 根据备择假设 H_1 的设置,三个符号检验的 p 值分别为

$$p_{\mathrm{I}} = P(N^+ \geqslant N_0^+),$$

$$p_{\mathrm{II}} = P(N^+ \leqslant N_0^+),$$

$$p_{\mathrm{III}} = \begin{cases} 2P(N^+ \leqslant N_0^+), & \text{当 } N_0^+ \leqslant \dfrac{n}{2}, \\ 2P(N^+ \geqslant N_0^+), & \text{当 } N_0^+ \geqslant \dfrac{n}{2}, \end{cases}$$

其中 N_0^+ 为样本中大于 m 的个数,即 N_0^+ 是检验统计量 N^+ 的一次观察值. 譬如在例 5.10.1 中,$N_0^+ = 8 > \dfrac{10}{2} = 5$,故其 p 值为

$$\begin{aligned} p_{\mathrm{III}} &= 2P(N^+ \geqslant 8) \\ &= 2\big(P(N^+ = 8) + P(N^+ = 9) + P(N^+ = 10)\big) \\ &= 2(0.044\,0 + 0.009\,7 + 0.001\,0) \\ &= 2 \times 0.054\,7 = 0.109\,4. \end{aligned}$$

由于 $p_{\mathrm{III}} = 0.109\,4 > \alpha = 0.05$,故不应拒绝 H_0. 这里使用 p 值作检验是方便的. 一般说来,在离散场合使用 p 值作检验要比使用拒绝域作检验更方便一些.

3. 大样本场合

在样本量 n 较小时,符号检验的临界值或 p 值可用二项分布算得. 当 n 较大时,可根据二项分布的泊松近似与正态近似算得符号检验的临界值或 p 值,具体是(见 3.4.3 小节)

- 当 p 较小(如 $p \leqslant 0.1$),而 np 不太大时可用泊松近似;
- 当 $np \geqslant 5$ 和 $n(1-p) \geqslant 5$ 都成立时可用正态近似.

下面的例子告诉我们在大样本场合如何使用近似.

例 5.10.2 某种维尼纶的长度标准规定:总体中位数 $x_{0.5} = 1.40$ 为合格品. 如今从一批维尼纶随机抽取 100 根测其长度,测得 100 个数据如下所示:

长度 x	1.26	1.29	1.32	1.35	1.38	1.41	1.44	1.47	1.50	1.53
频数 n_i	1	4	7	22	23	25	10	6	1	1

若取 $\alpha = 0.05$,考察这批维尼纶长度的中位数是否为 1.40.

解 本例要求在显著性水平 $\alpha = 0.05$ 下,检验如下一对假设:

$$H_0: x_{0.5} = 1.40, \quad H_1: x_{0.5} \neq 1.40.$$

下面用符号检验考察上述双侧检验问题. 其拒绝域

$$W = \{N^+ \leqslant c_1, \text{ 或 } N^+ \geqslant c_2\},$$

其中 c_1 与 c_2 由 (5.10.4) 确定. 如 $N^+ \sim b(100, 0.5)$, 其 $np = n(1-p) = 50$, 故可使用正态近似确定 c_1 与 c_2. 譬如 c_1 由不等式

$$P(N^+ \leqslant c_1) \leqslant \frac{\alpha}{2} = 0.025$$

确定. 如今 $N^+ \sim b(100, 0.5)$, 有

$$E(N^+) = 100 \times 0.5 = 50, \quad \text{Var}(N^+) = 100 \times 0.5 \times 0.5 = 25,$$

故 $\sigma(N^+) = 5$. 从而

$$P(N^+ \leqslant c_1) = \Phi\left(\frac{c_1 + 0.5 - 50}{5}\right) = \Phi\left(\frac{c_1 - 49.5}{5}\right) \leqslant 0.025.$$

利用标准正态分布的 0.025 的分位数 $u_{0.025} = -1.96$ 可得

$$c_1 \leqslant 49.5 - 1.96 \times 5 = 39.7, \quad \text{应取 } c_1 = 39.$$

而 c_2 由 $P(N^+ \geqslant c_2) \leqslant 0.025$ 确定, 其中

$$P(N^+ \geqslant c_2) = 1 - \Phi\left(\frac{c_2 - 0.5 - 50}{5}\right) = 1 - \Phi\left(\frac{c_2 - 50.5}{5}\right) \leqslant 0.025$$

或 $\Phi\left(\dfrac{c_2 - 50.5}{5}\right) \geqslant 0.975$, 于是

$$c_2 \geqslant 50.5 + 1.96 \times 5 = 60.3, \quad \text{应取 } c_2 = 61.$$

综合上述, 可得拒绝域

$$W = \{N^+ \leqslant 39 \text{ 或 } N^+ \geqslant 61\}.$$

如今 $N_0^+ = 43$, 没有落入拒绝域, 故应接受原假设 $H_0 : x_{0.5} = 1.40$.

若用 p 值作符号检验, 仍可用正态近似算得 p 值,

$$p = 2P(N^+ \leqslant 43) = 2\Phi\left(\frac{43 + 0.5 - 50}{5}\right)$$

$$= 2\Phi(-1.3) = 0.1936.$$

因 p 值大于 0.05, 故应接受 H_0. 两种方法结论一致, 但用 p 值较为简便.

综合上述, 中位数符号检验是简单易行的, 但其统计思想也很朴素. 在非参数统计问题中, 由于总体分布未知, 故可用于构造检验统计量的总体信息甚少, 要构造如前的 u 统计量、t 统计量等已不可能, 更多地应把注意力放在从样本数据中挖掘信息. 符号检验中就用样本数据中超过假设的中位数 m 的个数 N^+ 作为检验统计量, 用 N^+ 的大小去分辨假设的真伪, 这个想法既直观又简单.

作为小结, 表 5-27 罗列了前几小段讨论的三种中位数符号检验, 以便查用, 其中 n 为样本量, N_0^+ 是 N^+ 的观察值.

表 5-27 中位数符号检验的拒绝域与 p 值

H_0	H_1	水平为 α 检验的拒绝域	p 值
I. $x_{0.5} \leqslant m$	$x_{0.5} > m$	$W_I = \{N^+ \geqslant c\}$，其中 c 满足(5.10.7)	$p_I = P(N^+ \geqslant N_0^+)$
II. $x_{0.5} \geqslant m$	$x_{0.5} < m$	$W_{II} = \{N^+ \leqslant c'\}$，其中 c' 满足(5.10.8)	$p_{II} = P(N^+ \leqslant N_0^+)$
III. $x_{0.5} = m$	$x_{0.5} \neq m$	$W_{III} = \{N^+ \leqslant c_1$ 或 $N^+ \geqslant c_2\}$，其中 c_1 满足(5.10.5)，c_2 满足(5.10.6)	$p_{III} = \begin{cases} 2P(N^+ \leqslant N_0^+), & N_0^+ \leqslant \frac{n}{2}, \\ 2P(N^+ \geqslant N_0^+), & N_0^+ > \frac{n}{2} \end{cases}$

细心的读者可能会发现：上述中位数符号检验的拒绝域与比率 p 的三种检验的拒绝域(见 5.5 节)是完全相同的，这是因为在诸符号函数 $I(x_i)$ 的设置上已把样本数据 $x_1, x_2, \cdots, x_n$ 完全转化为 0 或 1 的数据(成功与失败)，并且有

$$p = P(I(x_i) = 1) = P(x_i > m) = 1 - P(x_i \leqslant m)$$
$$= 1 - F(m) = 1 - 0.5 = 0.5,$$

即由"$x_{0.5} = m$"可推出"$p = 0.5$"，反之亦然. 这表明："假设 $x_{0.5} = m$"与"假设 $p = 0.5$"是等价的.

5.10.2 p 分位数的符号检验

先看一个例子.

例 5.10.3 过去的资料表明：圆钢硬度的 10% 分位数 $x_{0.10}$ 不小于 103 (kg/mm^2). 为检验这个结论是否仍然属实，随机抽取 20 根圆钢进行硬度试验，测得其硬度分别为

81, 86, 93, 98, 102, 113, 117, 119, 119, 122, 128,

131, 134, 137, 142, 144, 154, 158, 161, 165.

现要对如下一对 0.1 分位数 $x_{0.1}$ 假设作出判断：

$$H_0: x_{0.1} \geqslant 103, \quad H_1: x_{0.1} < 103.$$

这个问题的解决迟一点给出. 先进行更一般问题的叙述与研究. 设 $x_1, x_2, \cdots, x_n$ 是来自某分布 $F(x)$ 的一个样本，其中分布函数 $F(x)$ 的形式未知，只知 $F(x)$ 是连续函数，其 p 分位数 x_p 唯一，现要对如下三个检验问题作出判断：

I. $H_0: x_p \leqslant a, \quad H_1: x_p > a$;

II. $H_0: x_p \geqslant a, \quad H_1: x_p < a$;

Ⅲ. $H_0: x_p = a$, $\quad H_1: x_p \neq a$,

其中 a 是某个已知常数.

仿中位数符号检验,先对样本中每个成员 x_i 与 a 之差建立如下符号函数:

$$I_p(x_i) = \begin{cases} 1, & x_i - a > 0, \\ 0, & x_i - a \leqslant 0, \end{cases} \quad i = 1, 2, \cdots, n. \qquad (5.10.9)$$

这样就把样本 $x_1, x_2, \cdots, x_n$ 完全转化为 0 或 1 数据. 其和

$$N_p^+ = \sum_{i=1}^{n} I_p(x_i)$$

为样本中诸 x_i 超过 a 的个数. 下面将用 N^+ 作为检验统计量进行 p 分位数的符号检验.

在检验问题 Ⅲ 中,先导出 N^+ 在原假设 $H_0: x_p = a$ 下的抽样分布. 由符号函数 $I(x_i)$ 定义(见(5.10.9))知

$$P(I_p(x_i) = 1) = P(x_i > a) = 1 - P(x_i \leqslant a)$$
$$= 1 - F(a) = 1 - p.$$

这表明 $I_p(x_i)$ 服从二点分布 $b(1, 1-p)$. 考虑到 $I(x_i), I(x_2), \cdots, I(x_n)$ 是独立同分布随机变量,故其和服从二项分布 $b(n, 1-p)$,即

$$N_p^+ = \sum_{i=1}^{n} I_p(x_i) \sim b(n, 1-p).$$

利用这个分布可以构造检验问题 Ⅲ 的拒绝域

$$W_{\text{Ⅲ}} = \{N_p^+ \leqslant c_1 \text{ 或 } N_p^+ \geqslant c_2\},$$

其中

c_1 是满足 $\displaystyle\sum_{i=0}^{c_1} \binom{n}{i} (1-p)^i p^{n-i} \leqslant \frac{\alpha}{2}$ 的最大整数,

c_2 是满足 $\displaystyle\sum_{i=c_2}^{n} \binom{n}{i} (1-p)^i p^{n-i} \leqslant \frac{\alpha}{2}$ 的最小整数.

如此确定的 c_1 与 c_2 可使 $W_{\text{Ⅲ}}$ 是水平为 α 的检验的拒绝域. 当然如此确定 c_1 与 c_2 是麻烦的. 这时可改用 p 值作检验. 若记 $N_{p,0}^+$ 为样本中诸 x_i 超过 a 的实际个数,则此 p 值计算公式是

$$p_{\text{Ⅲ}} = \begin{cases} 2P(N_p^+ \leqslant N_{p,0}^+), & \text{当 } N_{p,0}^+ \leqslant \dfrac{n}{2}, \\[2mm] 2P(N_p^+ \geqslant N_{p,0}^+), & \text{当 } N_{p,0}^+ \geqslant \dfrac{n}{2}. \end{cases}$$

在检验问题 Ⅰ 和 Ⅱ 中亦可进行类似讨论,定出水平为 α 的检验的拒绝域 $W_{\text{Ⅰ}} = \{N_p^+ \geqslant c\}$ 和 $W_{\text{Ⅱ}} = \{N_p^+ \leqslant c'\}$. 若感到确定 c 与 c' 麻烦,可改用 p 值,

$$p_{\text{Ⅰ}} = P(N_p^+ \geqslant N_{p,0}^+), \quad p_{\text{Ⅱ}} = P(N_p^+ \leqslant N_{p,0}^+).$$

当 p_{I} 或 p_{II} 小于 $\alpha = 0.05$ 时就拒绝原假设 H_0，否则就接受 H_0.

回到例 5.10.3，这是检验问题 I，可用 p 值作检验. 在该例中样本中大于 103 的有 15 个，即 $N_{p,0}^+ = 15$，故其 p 值

$$p_{\mathrm{I}} = P(N_p^+ \leqslant 15) = 1 - P(N_p^+ \geqslant 16)$$

$$= 1 - \big(P(N_p^+ = 16) + P(N_p^+ = 17) + P(N_p^+ = 18)$$

$$+ P(N_p^+ = 19) + P(N_p^+ = 20) \big)$$

$$= 1 - \left(\binom{20}{16} 0.9^{16} \times 0.1^4 + \binom{20}{17} 0.9^{17} \times 0.1^3 + \cdots + \binom{20}{20} 0.9^{20} \right)$$

$$= 1 - (0.089\,8 + 0.190\,1 + 0.285\,2 + 0.270\,2 + 0.121\,6)$$

$$= 1 - 0.956\,9 = 0.043\,1.$$

由于 $p_{\mathrm{I}} < 0.05$，故应拒绝原假设 $H_0 : x_{0.1} \geqslant 103$，即圆钢硬度的 0.1 分位数不小于 103 的假设已不能接受.

当样本量较大时，可以用正态近似或泊松近似进行计算.

中位数符号检验是 p 分位数符号检验的特例 $(p = 0.5)$. 因此表 5-27 上的 N^+ 改为 N_p^+，N_0^+ 改为 $N_{p,0}^+$，$x_{0.5}$ 改为 x_p，m 改为 a，就成为 p 分位数符号检验用表.

5.10.3 中位数的非参数置信区间

在分布未知场合，总体中位数 $x_{0.5}$ 的估计可用样本的次序统计量 $x_{(1)} \leqslant x_{(2)} \leqslant \cdots \leqslant x_{(n)}$ 给出.

总体中位数 $x_{0.5}$ 的点估计可用样本中位数给出，即

$$\hat{x}_{0.5} = \begin{cases} x\left(\frac{n+1}{2}\right), & \text{当 } n \text{ 为奇数,} \\ \frac{1}{2}\left(x\left(\frac{n}{2}\right) + x\left(\frac{n}{2}+1\right)\right), & \text{当 } n \text{ 为偶数.} \end{cases}$$

总体中位数 $x_{0.5}$ 的置信区间可用两端的次序统计量给出. 若样本量为 n，则 $x_{0.5}$ 的置信区间有如下多种构成：

$[x_{(1)}, x_{(n)}]$ 称为 $x_{0.5}$ 的第 1 层置信区间；

$[x_{(2)}, x_{(n-1)}]$ 称为 $x_{0.5}$ 的第 2 层置信区间；

$[x_{(k)}, x_{(n-k+1)}]$ 称为 $x_{0.5}$ 的第 k 层置信区间，

其中 $k \leqslant \frac{n}{2}$. 它们的置信水平可依据次序统计量性质算出，譬如第 1 层置信区间 $[x_{(1)}, x_{(n)}]$ 的置信水平为

$$P(x_{(1)} \leqslant x_{0.5} \leqslant x_{(n)})$$

$$= 1 - P(x_{(1)} > x_{0.5}) - P(x_{(n)} < x_{0.5})$$

$$= 1 - (0.5)^n - (0.5)^n = 1 - (0.5)^{n-1}.$$

这是因为事件"$x_{(1)} > x_{0.5}$"等价于"n 个样本点全落在 $x_{0.5}$ 的右边",故其概率为 $(0.5)^n$；类似地，事件"$x_{(n)} < x_{0.5}$"等价于"n 个样本点全落在 $x_{0.5}$ 的左边",故其概率为 $(0.5)^n$. 而第 k 层置信区间 $[x_{(k)}, x_{(n-k+1)}]$ 的置信水平为

$$P(x_{(k)} \leqslant x_{0.5} \leqslant x_{(n-k+1)})$$

$$= 1 - P(x_{(k)} > x_{0.5}) - P(x_{(n-k+1)} < x_{0.5})$$

$$= 1 - \sum_{i=0}^{k-1} \binom{n}{i} (0.5)^n - \sum_{i=0}^{k-1} \binom{n}{i} (0.5)^n$$

$$= 1 - (0.5)^{n-1} \left(\binom{n}{0} + \binom{n}{1} + \cdots + \binom{n}{k} \right).$$

显然，层数 k 越大，置信区间长度越短，置信水平越低. 一般说来，对给定的置信水平 $1-\alpha$，选取尽可能大的层数 k，使得第 k 层置信区间的置信水平不小于 $1-\alpha$. 具体做法看下面例子.

例 5.10.4　企业的维修工都要经过一定时间的培训，考试合格后才可上岗. 某企业存有这样的资料，15 名维修工达到合格上岗所经历的培训天数（已排序）为

43, 44, 45, 46, 50, 52, 53, 54, 55, 58, 59, 60, 62, 63, 65.

若设培训天数为 x，其中位数为 $x_{0.5}$，则 $x_{0.5}$ 的点估计为样本中位数，即

$$\hat{x}_{0.5} = x_{(8)} = 54 \text{（天）}.$$

而 $x_{0.5}$ 的 0.95 置信区间不是立即可看出的，而要先算出各层置信区间及其置信水平（见表 5-28），然后从中选出适合的.

表 5-28　　　　　**维修工培训天数中位数 $x_{0.5}$ 的各层置信区间**

层数	置信区间	置信水平
1	[43, 65]	0.999 9
2	[44, 63]	0.999 0
3	[45, 62]	0.992 6
4	[46, 60]	0.964 8
5	[50, 59]	0.881 5

从表 5-28 可以找到 $x_{0.5}$ 的置信水平为 0.95 的置信区间为第 4 层 [46, 60]，其置信水平为 0.964 8.

寻求总体中位数 $x_{0.5}$ 的单侧置信限亦可仿上述方法获得. 譬如，可取 $x_{(k)}$ 为 $x_{0.5}$ 的第 k 层单侧置信下限，它的置信水平为

$$P(x_{(k)} \leqslant x_{0.5}) = 1 - P(x_{(k)} > x_{0.5}) = 1 - \sum_{i=0}^{k-1} \binom{n}{i} (0.5)^n.$$

可取 $x_{(n-k+1)}$ 为 $x_{0.5}$ 的第 k 层单侧置信上限,它的置信水平为

$$P(x_{(n-k+1)} \geqslant x_{0.5}) = 1 - P(x_{(n-k+1)} < x_{0.5}) = 1 - \sum_{i=0}^{k-1} \binom{n}{i} (0.5)^n.$$

譬如在例 5.10.4 中,15 名维修工合格上岗所需培训天数 X 的中位数 $x_{0.5}$ 的单侧置信上限有多种,具体是

$$P(x_{(15)} \geqslant x_{0.5}) = 1 - (0.5)^{15} = 0.999\ 969,$$

$$P(x_{(14)} \geqslant x_{0.5}) = 1 - (0.5)^{15}(1+15) = 0.999\ 5,$$

$$P(x_{(13)} \geqslant x_{0.5}) = 1 - (0.5)^{15}(1+15+105) = 0.996\ 3,$$

$$P(x_{(12)} \geqslant x_{0.5}) = 1 - (0.5)^{15}(1+15+105+455) = 0.982\ 4,$$

$$P(x_{(11)} \geqslant x_{0.5}) = 1 - (0.5)^{15}(1+15+105+455+1\ 365) = 0.940\ 8,$$

$$P(x_{(10)} \geqslant x_{0.5}) = 1 - (0.5)^{15}(1+15+105+455+1\ 365+3\ 003) = 0.849\ 1.$$

可见 $x_{0.5}$ 的 0.9 单侧置信上限是 $x_{(11)} = 59$ 天.

5.10.4 符号秩和检验

在总体分布未知场合,除了样本中每个观察值的符号可用外,还有一种信息可用,它就是样本中每个观察值在有序样本中的次序号,此种次序号称为秩(Rank),它在非参数统计中很有用. 由秩构成的统计量称为秩统计量,可用来作多种统计推断. 下面将从秩的定义开始,介绍可检验对称分布中心位置的符号秩和检验.

1. 秩的概念

设从某连续总体随机抽取的样本为 $x_1, x_2, \cdots, x_n$,将该样本从小到大排序可得有序样本:

$$x_{(1)} \leqslant x_{(2)} \leqslant \cdots \leqslant x_{(n)}.$$

定义 5.10.1 若样本观察值 x_i 在有序样本中占据第 R_i 个位置,即 $x_i = x_{(R_i)}$,则称 R_i 为 x_i 在样本 $x_1, x_2, \cdots, x_n$ 中的**秩**,简称 x_i 的秩为 R_i. 若样本中有几个观察值相等,则称样本有"**结**",结中相等观察值的秩规定为这几个观察值在样本中应有的秩的平均值.

例 5.10.5 有一个容量为 7 的样本:

$$\underset{x_1}{0.31},\ \underset{x_2}{0.45},\ \underset{x_3}{-0.21},\ \underset{x_4}{0.31},\ \underset{x_5}{-0.06},\ \underset{x_6}{0.17},\ \underset{x_7}{-0.38}.$$

按从小到大排序可得如下有序样本:

$$\underset{x_{(1)}}{-0.38},\ \underset{x_{(2)}}{-0.21},\ \underset{x_{(3)}}{-0.06},\ \underset{x_{(4)}}{0.17},\ \underset{x_{(5)}}{0.31},\ \underset{x_{(6)}}{0.31},\ \underset{x_{(7)}}{0.45}.$$

由此可得样本中 7 个观察值的秩：

0.31 的秩为 $R_1 = 5.5$,

0.45 的秩为 $R_2 = 7$,

-0.21 的秩为 $R_3 = 2$,

0.31 的秩为 $R_4 = 5.5$,

-0.06 的秩为 $R_5 = 3$,

0.17 的秩为 $R_6 = 4$,

-0.38 的秩为 $R_7 = 1$.

秩是数，但不是原来的观察值，而是观察值在有序样本中的次序号. 观察值大，其秩也大；观察值小，其秩也小. 在非参数统计中人们将用秩代替观察值去作统计推断.

2. 符号秩和检验

先看一个例子.

例 5.10.6 某型号汽车使用原有的节油器时，每公升汽油平均行驶 19.7 km. 现在 7 辆汽车上安装了新的节油器，并测得每公升汽油行驶的公里数如下：

$$18.8, 19.9, 20.9, 21.2, 21.7, 21.3, 21.9.$$

假定每公升汽油行驶里程 X 的分布是对称的，试问新节油器是否有效？

分析：如今总体分布未知，无法对总体均值进行检验. 在对称分布假定（常是合理的）下，总体均值、总体中位数、总体对称中心三者合一. 这就把总体均值的检验转化为对称中心的检验. 设连续分布的对称中心为 θ，则其概率密度函数 $p(x)$ 有如下等式（见图 5-22）：

$$p(\theta - x) = p(\theta + x).$$

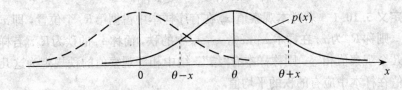

图 5-22   关于 θ 对称的密度函数

特别地，当对称中心在原点时，即 $\theta = 0$，有

$$p(-x) = p(x).$$

这只要对分布作平移变换就可把对称中心 θ 移到原点处.

如在例 5.10.6 中要检验的假设可设置为

$$H_0 : \theta = 19.7, \quad H_1 : \theta > 19.7.$$

若作变换 $y_i = x_i - 19.7$，上述检验问题就转化为对 $y_1, y_2, \cdots, y_n$ 作对称中心为原点的检验问题，即

$$H_0: \theta = 0, \quad H_1: \theta > 0, \quad (5.10.10)$$

这里 θ 应为 $\theta' = \theta - 19.7$，为减少符号仍用 θ 表示. 下面来寻找上述检验问题的检验统计量及其拒绝域. 分以下几步进行.

（1）建立符号秩

原样本观察值 $x_1, x_2, \cdots, x_n$ 全为正数，经位移变换 $y_i = x_i - \theta_0$（这里 $\theta_0 = 19.7$）后，诸观察值 $y_1, y_2, \cdots, y_n$ 可能不全为正数. 为了准确表达诸 y_i 与 $\theta_0 = 19.7$ 间的距离大小，先取绝对值，然后从小到大排序：

$$|y|_{(1)} \leqslant |y|_{(2)} \leqslant \cdots \leqslant |y|_{(n)},$$

最后计算其秩，此种秩称为**符号秩**. 表 5-29 给出了例 5.10.6 中样本观察值的符号秩.

表 5-29   **例 5.10.6 中样本观察值的符号秩计算表**

x_i	18.8	19.9	20.9	21.2	21.7	21.3	21.9
$y_i = x_i - 19.7$	−0.9	0.2	1.2	1.5	2.0	1.6	2.2
y_i 的符号	−	+	+	+	+	+	+
$\|y_i\|$	0.9	0.2	1.2	1.5	2.0	1.6	2.2
符号秩 R_i^+	2	1	3	4	6	5	7

（2）建立符号秩和统计量

像以前一样，对诸 y_i 建立符号函数：

$$I(y_i) = \begin{cases} 1, & y_i = x_i - \theta_0 > 0, \\ 0, & y_i = x_i - \theta_0 \leqslant 0. \end{cases} \quad (5.10.11)$$

它与相应的符号秩的乘积之和定义为**符号秩和统计量** S^+，即

$$S^+ = \sum_{i=1}^{n} I(y_i) R_i^+. \quad (5.10.12)$$

它表示 $y_1, y_2, \cdots, y_n$ 中 $y_i > 0$ 的秩之和，在例 5.10.6 中 S^+ 的取值为

$$S_0^+ = 1 + 3 + 4 + 6 + 5 + 7 = 26$$

（见表 5-29）. S^+ 含有较多信息，不仅含有诸 y_i 的正负号信息，还含有诸 y_i 大小的信息. S^+ 用处很多，这里将用于对称中心为原点的检验.

（3）给出拒绝域

在检验问题 (5.10.10) 中，若备择假设 $H_1: \theta > 0$ 成立，则总体分布关于

正数 θ 对称,如图 5-22 中密度函数的对称中心 $\theta > 0$. 这时有

$$P(Y > 0) > P(Y > \theta) = 0.5,$$
$$P(Y < 0) < P(Y < \theta) = 0.5.$$

这表明:$P(Y > 0) > P(Y < 0)$,即 Y 取正值的机会比取负值的机会大,这一点在样本上的反映是:诸观察值 y_i 中取正值的多于取负值的,从而符号秩之和 S^+ 也随之较大. 反之,若 S^+ 较大,则诸观察值 y_i 中取正值的一定较多,这表明分布的对称中心不会在原点,故应拒绝原假设 H_0. 检验问题 (5.10.10) 的拒绝域形式为

$$W = \{S^+ \geqslant c\}, \qquad (5.10.13)$$

其中临界值 c 可由 S^+ 的抽样分布与显著性水平 α 确定. 由于 S^+ 是离散随机变量,其分布不是常用的离散分布,需专门计算可得,这里对给定的 α 和 n 给出临界值 c 的表,详见表 5-30.

表 5-30 **符号秩和检验临界值 c 的表**

($c =$ 满足 $P(S^+ \geqslant c) \leqslant \alpha$ 的最小整数)

n \ α	0.05	0.025	0.01	0.005	n \ α	0.05	0.025	0.01	0.005
5	15	—	—	—	18	124	131	139	144
6	19	21	—	—	19	137	144	153	158
7	25	26	28	—	20	150	158	167	173
8	31	33	35	36	21	164	173	182	189
9	37	40	42	44	22	178	189	198	205
10	45	47	50	52	23	193	203	214	222
11	53	56	59	61	24	209	219	231	239
12	61	65	69	71	25	225	236	249	257
13	70	74	79	82	26	241	253	267	276
14	80	84	90	93	27	259	271	286	295
15	90	95	101	105	28	276	290	305	315
16	101	107	113	117	29	295	309	325	335
17	112	119	126	130	30	314	328	345	356

利用表 5-30,我们来完成例 5.10.6 的检验. 在前面已知 $n = 7$,若给定显著性水平 $\alpha = 0.05$,则从表 5.10.3 查得临界值 $c = 25$,这表明其单侧检验的拒绝域为

$$W = \{S^+ \geqslant 25\}.$$

在前面已根据观察值算得 $S_0^+ = 26$,它恰好落在拒绝域 W 中,故应拒绝原假设

H_0，即该分布中心 $\theta > 19.7$，这意味着新的节油器对节油效果是显著的.

3. 一类符号秩和检验问题

设 $y_1, y_2, \cdots, y_n$ 是来自某对称连续分布 $f(x-\theta)$ 的一个样本，关于对称中心 θ 有如下三类检验问题：

    Ⅰ. $H_0: \theta = 0$, $H_1: \theta > 0$;

    Ⅱ. $H_0: \theta = 0$, $H_1: \theta < 0$;

    Ⅲ. $H_0: \theta = 0$, $H_1: \theta \neq 0$,

其中检验问题 Ⅰ 已在前面(见(5.10.10))用符号秩和检验讨论过. 后两个检验问题亦可用符号秩和统计量 S^+ 给出拒绝域.

在检验问题 Ⅱ 中，若其备择假设 $H_1: \theta < 0$ 成立，则总体分布关于负数 θ 对称，从而有

$$P(Y > 0) < 0.5 < P(Y < 0)$$

(见图 5-23). 这表明：Y 取正值的机会比取负值的机会小. 这反映在样本上是：诸 y_i 中为正值的个数要少于为负值的个数，且负值的绝对值也较大，故其符号秩之和 S^+ 也较小. 反之，若 S^+ 较小，诸 y_i 中为负值的一定较多，这表明分布的对称中心 $\theta < 0$. 故应拒绝原假设 H_0，故检验问题 Ⅱ 的拒绝域为

$$W_{\text{Ⅱ}} = \{S^+ \leqslant c'\},$$

其中临界值 c' 可由给定的显著性水平 α 定出，具体是

    c' 是满足 $P(S^+ \leqslant c') \leqslant \alpha$ 的最大值.

这样的 c' 亦可由表 5-30 查得. 这要用到 S^+ 分布的对称性，具体见下面定理.

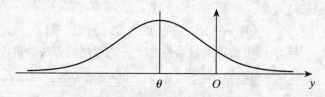

图 5-23   关于 $\theta \ (< 0)$ 对称的密度函数，$P(Y > 0) < P(Y < 0)$

定理 5.10.1   设 $y_1, y_2, \cdots, y_n$ 是来自关于原点对称分布的一个样本，则其符号秩和统计量 $S^+ = \sum\limits_{i=1}^{n} I(y_i) R_i^+$ 的分布也是对称的，其对称中心为 $0, 1, 2, \cdots, n(n+1)/2$ 的中点 $n(n+1)/4$.

这个定理的证明在此省略. 下面来解释这个定理. 符号秩和统计量 S^+ 可能取 $0, 1, 2, \cdots, n(n+1)/2$ 等非负整数值. 当 $y_1, y_2, \cdots, y_n$ 全为负数时，$S^+ = 0$；当 $y_1, y_2, \cdots, y_n$ 全为正数时，

$$S^+ = 1 + 2 + \cdots + n = \frac{n(n+1)}{2}.$$

S^+ 取这些值不是等可能的,如 $n=5$ 时,S^+ 的分布如下:

S^+	0	1	2	3	4	5	6	7	8	9	10	11	12	13	14	15
P	$\frac{1}{32}$	$\frac{1}{32}$	$\frac{1}{32}$	$\frac{2}{32}$	$\frac{2}{32}$	$\frac{3}{32}$	$\frac{3}{32}$	$\frac{3}{32}$	$\frac{3}{32}$	$\frac{3}{32}$	$\frac{3}{32}$	$\frac{2}{32}$	$\frac{2}{32}$	$\frac{1}{32}$	$\frac{1}{32}$	$\frac{1}{32}$

可见,S^+ 取上述 16 个值是对称的,即

$$P(S^+ = k) = P(S^+ = 15 - k), \quad k = 0, 1, \cdots, 7.$$

该分布的对称中点为 $\frac{5 \times (5+1)}{4} = 7.5$,即 S^+ 在与 7.5 两侧距离相等的两个

非负整数上的概率相等.

上述定理表明 S^+ 的对称分布在一般场合含义如下:

$$P(S^+ \leqslant k) = P\left(S^+ \geqslant \frac{n(n+1)}{2} - k\right), \quad k = 0, 1, 2, \cdots, \frac{n(n+1)}{2}.$$

这意味着检验问题 Ⅱ 的临界值 c' 可从检验问题 Ⅰ 的临界值 c 求得,即

$$c' = \frac{n(n+1)}{2} - c \quad \text{或} \quad c + c' = \frac{n(n+1)}{2}.$$

这样一来,c' 也可从表 5-30 上查得.

最后我们来研究检验问题 Ⅲ 的拒绝域. 这是一个双侧检验问题. 由于我们在 S^+ 较大时认为 $\theta > 0$;在 S^+ 较小时认为 $\theta < 0$,所以在备择假设 $H_1: \theta \neq 0$ 场合,在 S^+ 较大或较小时都应拒绝原假设 $H_0: \theta = 0$,故检验问题 Ⅲ 的拒绝域应为

$$W_{\text{Ⅲ}} = \{S^+ \leqslant c_1 \text{ 或 } S^+ \geqslant c_2\},$$

其中临界值 c_1 与 c_2 可由给定的显著性水平 α 的等尾的方法确定,具体是

$$c_1 \text{ 是满足 } P(S^+ \leqslant c_1) \leqslant \frac{\alpha}{2} \text{ 的最大值},$$

$$c_2 \text{ 是满足 } P(S^+ \geqslant c_2) \leqslant \frac{\alpha}{2} \text{ 的最小值},$$

其中 c_1 与 c_2 对 $\alpha = 0.05$ 和 0.01 时都可从表 5-30 上查得.

由上述三个检验问题的拒绝域,容易写出它们的 p 值计算公式:

$$p_{\text{Ⅰ}} = P(S^+ \geqslant S_0^+),$$

$$p_{\text{Ⅱ}} = P(S^+ \leqslant S_0^+),$$

$$p_{\text{Ⅲ}} = \begin{cases} 2P(S^+ \geqslant S_0^+), & \text{当 } S_0^+ \geqslant \frac{n(n+1)}{4}, \\ 2P(S^+ \leqslant S_0^+), & \text{当 } S_0^+ \leqslant \frac{n(n+1)}{4}, \end{cases}$$

其中 S_0^+ 为据符号秩和检验统计量 S^+ 算得的值.

例 5.10.7 有 12 个工人，每个工人都分别使用两种生产方式完成一项生产任务，而首先使用哪一种生产方式是随机挑选的. 表 5-31 是每个工人提供的一对完工时间（单位：min）的数据，以及每一对时间的差值、符号及符号秩. 试问：这些数据是否表明这两种生产方式在完工时间上有显著差异？

表 5-31　　用两种方式完成一项生产任务的完工时间及其差值等

工人	方式 1 x_i	方式 2 y_i	差值 $d_i = x_i - y_i$	符号	差的绝对值	绝对值的秩
1	20.3	18.0	2.3	+	2.3	10
2	23.5	21.7	1.8	+	1.8	7
3	22.0	22.5	−0.5	−	0.5	3
4	19.1	17.0	2.1	+	2.1	9
5	21.0	21.2	−0.2	−	0.2	2
6	24.7	24.8	−0.1	−	0.1	1
7	16.1	17.2	−1.1	−	1.1	5
8	18.5	14.9	3.6	+	3.6	12
9	21.9	20.0	1.9	+	1.9	8
10	24.2	21.1	3.1	+	3.1	11
11	23.4	22.7	0.7	+	0.7	4
12	25.0	23.7	1.3	+	1.3	6

解　这里假设诸差值 $d_1, d_2, \cdots, d_n$ 是独立同分布，其共同分布为关于点 θ 的对称分布，且

"$\theta = 0$" 意味着两种生产方式在完工时间上无差异；

"$\theta > 0$" 意味着生产方式 I 需要更多时间；

"$\theta < 0$" 意味着生产方式 II 需要更多时间.

在本例中需要检验的假设为

$$H_0: \theta = 0, \quad H_1: \theta \neq 0.$$

下面我们分别用符号检验统计量 N^+ 与符号秩和检验统计量 S^+ 对上述假设作出检验，然后做一些比较.

(1) 作符号检验（见 5.10.1 小节），在原假设 H_0 下，符号检验统计量 $N^+ \sim b(n, 0.5)$，在这里 $n = 12$，$N^+ = 8$，这时双侧检验的 p 值为

$$p = 2P(N^+ \geqslant 8) = 2 \times 0.073 = 0.146.$$

由于 $p > 0.05$，我们不能拒绝原假设 H_0，从而认为这两种生产方式在完工时间上没有显著差异.

(2) 作符号秩和检验,在原假设 H_0 下,由表5-31中"符号秩"一列上读出符号秩和检验统计量 S^+ 的值,

$$S_0^+ = 10 + 7 + 9 + 12 + 8 + 11 + 4 + 6 = 67.$$

由于 $S_0^+ = 67$ 大于中点 $\dfrac{n(n+1)}{4} = \dfrac{12 \times 13}{4} = 39$,故其 p 值为

$$p = 2P(S^+ \geqslant 67) < 2P(S^+ \geqslant 65) \leqslant 2 \times 0.025 = 0.05,$$

其中概率 $P(S^+ \geqslant 65) \leqslant 0.025$ 是由表5-30读出. 由于 $p < 0.05$,我们应拒绝原假设 H_0,从而认为这两种生产方式在完工时间上有显著差别,方式1需要更多时间,故方式1不如方式2.

两种检验的结论不同,原因是符号检验只用到样本观察值的正负号信息,在本例中12个观察值中有8个正数和4个负数,正数虽多但不足以到拒绝原假设 H_0 的程度,故不应拒绝 H_0. 而符号秩和检验不仅使用样本观察值的正负号信息,还用到观察值大小的信息. 在本例中不仅用到8个正数和4个负数的信息,还注意到4个负数的绝对值较小,而8个正数都较大,这两种信息汇总到符号秩和统计量 S^+ 中,致使其观察值 S_0^+ 较大,从而按符号秩和检验判断规则,应拒绝原假设 H_0. 两者相比,在本例中符号秩和检验比符号检验有效. 但要指出,使用符号秩和检验有条件,总体应是对称分布,而使用符号检验无须这个条件. 两种检验各有优缺点,不同场合使用不同检验,才能充分发挥各自优点.

5.10.5 大样本场合下的符号秩和检验

在大样本场合($n > 30$)符号秩和检验的诸临界值的确定要用到符号秩和统计量 S^+ 的渐近分布及 S^+ 的前几阶矩. 为此我们需要进一步研究统计量 S^+ 的性质. 下面定理给出与 S^+ 同分布的统计量 S,而用 S 去计算其前几阶矩就容易了.

定理5.10.2 设 $y_1, y_2, \cdots, y_n$ 是来自原点对称分布的一个样本,其符号秩和统计量 $S^+ = \sum_{i=1}^{n} I(y_i)R_i^+$. 若令

$$S = \sum_{i=1}^{n} iI(y_i'), \qquad (5.10.14)$$

则 S^+ 与 S 同分布,其中 $y_1', y_2', \cdots, y_n'$ 是按符号秩从小到大对 $y_1, y_2, \cdots, y_n$ 的重新排序.

这个定理的证明[11] 这里省略了. 下面对这个定理作一些说明,特别是 S 的含义. 在定理的条件下,

$$
\begin{array}{llll}
\text{样 本} & y_1 & y_2 & \cdots & y_n \\
\text{符 号} & I(y_1) & I(y_2) & \cdots & I(y_n) \\
\text{绝对值} & |y_1| & |y_2| & \cdots & |y_n| \\
\text{符号秩} & R_1^+ & R_2^+ & \cdots & R_n^+
\end{array}
$$

现把上述几列按符号秩从小到大重新排成 n 列,做法如下,对应 $R_i^+=1$ 的那个 y_i 改记为 y_1',对应 $R_i^+=2$ 的那个 y_i 改记为 y_2'……对应 $R_i^+=n$ 的那个 y_i 改记为 y_n',这样可得如下 n 列:

$$
\begin{array}{llll}
\text{样 本} & y_1' & y_2' & \cdots & y_n' \\
\text{符 号} & I(y_1') & I(y_2') & \cdots & I(y_n') \\
\text{绝对值} & |y_1'| \leqslant & |y_2'| \leqslant & \cdots \leqslant & |y_n'| \\
\text{符号秩} & 1 & 2 & \cdots & n
\end{array}
$$

这样得到的新样本 $y_1', y_2', \cdots, y_n'$ 与原样本 $y_1, y_2, \cdots, y_n$ 只在下标编号上有不同,致使新的符号秩 $R_i^+=i$,其他没有任何改变,因此其符号秩和也不会有变化,即

$$
S^+ = \sum_{i=1}^n I(y_i) R_i^+ = \sum_{i=1}^n i I(y_i') = S.
$$

下面的例子具体验证了上述想法.

例 5.10.8 表 5-32 给出 $n=10$ 个样本观察值. 按符号秩和统计量定义,可算得

$$
S^+ = \sum_{i=1}^{10} I(y_i) R_i^+ = 5 + 3 + 2 = 10.
$$

表 5-32   **10 个观察值和它们的符号、绝对值和符号秩**

观察值 y_i	−7.6	−5.5	4.3	2.7	−4.8	2.1	−1.2	−6.6	−3.3	−8.5
符号 $I(y_i)$	−	−	+	+	−	+	−	−	−	−
绝对值 $|y_i|$	7.6	5.5	4.3	2.7	4.8	2.1	1.2	6.6	3.3	8.5
符号秩 R_i^+	9	7	5	3	6	2	1	8	4	10

若按其符号秩从小到大重新排序,可得表 5-33,其符号秩和统计量

$$
S^+ = \sum_{i=1}^n i I(y_i') = 2 + 3 + 5 = S.
$$

两者计算结果相同.

下面转入 S^+ 的期望与方差的计算.

表 5-33   重新排序后的 10 个观察值及其符号、绝对值和符号秩

观察值 y_i'	−1.2	2.1	2.7	−3.3	4.3	−4.8	−5.5	−6.6	−7.6	−8.3
符号 $I(y_i')$	−	+	+	−	+	−	−	−	−	−
绝对值 $\lvert y_i' \rvert$	1.2	2.1	2.7	3.3	4.3	4.8	5.5	6.6	7.6	8.3
符号秩 i	1	2	3	4	5	6	7	8	9	10

定理 5.10.3   设 $y_1, y_2, \cdots, y_n$ 是来自原点对称分布的一个样本,则其符号秩和统计量 S^+ 的期望与方差分别为 $n(n+1)/4$ 与 $n(n+1)(2n+1)/24$.

证   设 $y_1', y_2', \cdots, y_n'$ 为 $y_1, y_2, \cdots, y_n$ 的符号秩从小到大的重新排列的样本. 若记 $I_i = I(y_i')$, $i=1,2,\cdots,n$, 则 $I_1, I_2, \cdots, I_n$ 为相互独立同分布的随机变量. 考虑到总体是关于原点对称的分布,故诸 I_i 的共同分布为二点分布 $b(1, 1/2)$. 其期望为 $1/2$, 方差为 $1/4$. 由此可得 S^+ 的期望与方差分别为

$$E(S^+) = E(S) = \frac{1}{2} \sum_{i=1}^{n} i = \frac{n(n+1)}{4}, \tag{5.10.15}$$

$$\mathrm{Var}(S^+) = \mathrm{Var}(S) = \frac{1}{4} \sum_{i=1}^{n} i^2 = \frac{n(n+1)(2n+1)}{24}. \tag{5.10.16}$$

这就证明了定理 5.10.3.   ■

为了获得 S^+ 的渐近正态分布,需要如下 Liapunov 中心极限定理.

定理 5.10.4 (Liapunov 中心极限定理)   设 $x_1, x_2, \cdots$ 为独立随机变量序列,且

$$E(x_i) = a_i, \; \mathrm{Var}(x_i) = \sigma_i^2, \quad i=1,2,\cdots.$$

若令 $S_n = \sum_{i=1}^{n} x_i$, 则有

$$E(S_n) = \sum_{i=1}^{n} a_i, \quad \mathrm{Var}(S_n) = \sum_{i=1}^{n} \sigma_i^2 = B_n^2.$$

则当

$$\frac{\sum_{i=1}^{n} E \lvert x_i - a_i \rvert^3}{B_n^{3/2}} \to 0 \quad (n \to \infty) \tag{5.10.17}$$

时,有 S_n 的标准化变量 $S_n^* = \dfrac{S_n - \sum_{i=1}^{n} a_i}{B_n}$ 渐近服从标准正态分布 $N(0,1)$.

　　这个定理的证明在很多概率论教科书上可以找到. 有兴趣的读者可参阅文献[1]. 利用这个定理可以得到符号秩和统计量 S^+ 的渐近正态分布.

定理 5.10.5　　在总体分布为关于原点对称分布时, 符号秩和统计量 S^+ 有如下渐近正态分布:

$$S^+ \overset{\cdot}{\sim} N\left(\frac{n(n+1)}{4}, \frac{n(n+1)(2n+1)}{24}\right).$$

　　证　S^+ 的期望与方差已在定理 5.10.3 中给出, 如今只要验证 (5.10.17) 给出的 Liapunov 条件即可. 为此令 $u_i = i I_i$, $S = \sum_{i=1}^{n} u_i$, 则有

$$E(u_i) = \frac{i}{2}, \quad E(S) = \frac{n(n+1)}{4},$$

$$\mathrm{Var}(u_i) = \frac{i^2}{4}, \quad \mathrm{Var}(S) = \frac{n(n+1)(2n+1)}{24} = B_n^2.$$

特别, u_i 的三阶绝对中心矩为

$$E\left|u_i - \frac{i}{2}\right|^3 = E\left|i I_i - \frac{i}{2}\right|^3 = i^3 E\left|I_i - \frac{1}{2}\right|^3 = \frac{i^3}{8}.$$

于是

$$\sum_{i=1}^{n} E\left|u_i - \frac{i}{2}\right|^3 = \frac{1}{8}\sum_{i=1}^{n} i^3 = \frac{n^2(n+1)^2}{32}.$$

验证 Liapunov 条件,

$$\frac{\sum_{i=1}^{n} E\left|u_i - \frac{i}{2}\right|^3}{B_n^{3/2}} = \frac{\dfrac{n^2(n+1)^2}{32}}{\left[\dfrac{n(n+1)(2n+1)}{24}\right]^{\frac{3}{2}}} \to 0 \quad (n \to \infty).$$

Liapunov 条件得以满足, 故 S 的标准化变量在 n 充分大时, 有

$$\frac{S^+ - \dfrac{n(n+1)}{4}}{\sqrt{\dfrac{n(n+1)(2n+1)}{24}}} \overset{\cdot}{\sim} N(0,1)$$

或 $S^+ \overset{\cdot}{\sim} N\left(\dfrac{n(n+1)}{4}, \dfrac{n(n+1)(2n+1)}{24}\right)$. 定理得证. ∎

　　上述正态近似在 $n > 30$ 时还是很接近实际值的, 见下面的例子.

　　例 5.10.9　设总体分布关于 θ 是对称的, 对检验问题

$$H_0 : \theta = 0, \quad H_1 : \theta > 0$$

可用符号秩和检验. 其拒绝域 $W = \{S^+ \geqslant c\}$ 中的临界值可由给定的显著性水平 α 确定, 即 c 是满足 $P(S^+ \geqslant c) \leqslant \alpha$ 的最小整数. 在样本量 n 较大时, 可用

S^+ 的正态近似确定. 具体如下:

$$P(S^+ \geqslant c) \leqslant \alpha, \quad P(S^+ < c) \geqslant 1-\alpha,$$

$$\Phi\left(\frac{c-E(S)}{\sqrt{\mathrm{Var}(S)}}\right) \geqslant 1-\alpha.$$

记标准正态分布的 $1-\alpha$ 分位数为 $u_{1-\alpha}$, 则有 $\dfrac{c-E(S)}{\sqrt{\mathrm{Var}(S)}} \geqslant u_{1-\alpha}$, 或

$$c \geqslant E(S) + \sqrt{\mathrm{Var}(S)}\, u_{1-\alpha}.$$

对给定的样本量 n 和显著性水平 α, 由 (5.10.15) 和 (5.10.16) 算得 $E(S)$ 与 $\mathrm{Var}(S)$, 最后算最小整数 c. 如对 $n=30$,

$$E(S) = \frac{n(n+1)}{4} = \frac{30 \times 31}{4} = 232.5,$$

$$\mathrm{Var}(S) = \frac{n(n+1)(2n+1)}{24} = \frac{30 \times 31 \times 61}{24} = 2\,363.25 = 48.62^2.$$

对给定 $\alpha = 0.05$ 时, $u_{1-\alpha} = u_{0.95} = 1.645$,

$$c \geqslant 232.5 + 48.62 \times 1.645 = 312.48 \approx 313.$$

这与表 5-30 给出的 $c=314$ 仅相差 1. 类似计算可把表 5-30 延伸, 见表 5-34.

表 5-34   符号秩和检验临界值 c 的表(续)

n \ c \ α	0.05	0.025	0.01	0.005
30	313	328	346	358
31	332	349	367	380
32	351	369	389	402
33	373	391	411	425
34	394	413	434	449
35	416	435	458	473

例 5.10.10 某地房产的中位数 $\theta_0 = 5\,500$ 元 $/\mathrm{m}^2$. 最近一月内售出 45 套房屋. 每平方米售价较为分散, 在总体分布关于 θ_0 对称的假设下, 希望对如下一对假设作出检验:

$$H_0: \theta = \theta_0 = 5\,500, \quad H_1: \theta > \theta_0.$$

解 对 45 套房屋单价 x_i 作变换 $y_i = x_i - 5\,500$, 这样检验问题就转化为对对称中心 $\theta' = 0$ 的检验问题

$$H_0: \theta' = 0, \quad H_1: \theta' > 0.$$

经计算可得符号秩和统计量 S^+ 的值 $S_0^+ = 680$. 该检验的 p 值为

$$p = P(S^+ \geqslant S_0^+),$$

可利用 S^+ 的正态近似算得 p 值. 先算出 S^+ 的期望与方差,

$$E(S^+) = \frac{45 \times 46}{4} = 517.5,$$

$$\mathrm{Var}(S^+) = \frac{45 \times 46 \times 91}{24} = 7\,848.75 = (88.59)^2.$$

由此, p 值为

$$p = 1 - \Phi\left(\frac{S_0^+ - E(S^+)}{\sqrt{\mathrm{Var}(S^+)}}\right) = 1 - \Phi\left(\frac{680 - 517.5}{88.59}\right)$$

$$= 1 - \Phi(1.834) = 1 - 0.966\,6 = 0.033\,4.$$

由于 $p = 0.033\,5 < 0.05$, 故可拒绝原假设 H_0, 即认为该地房屋单价比过去单价 5\,500 元 /m^2 有显著提高.

习 题 5.10

1. 某餐厅日营业额的中位数为 8\,500 元. 如今请了新的厨师, 改变菜单, 增加特色菜, 12 天的营业额分别为

$$6\,370 \quad 8\,615 \quad 10\,500 \quad 9\,320 \quad 8\,895 \quad 10\,050$$
$$9\,080 \quad 8\,170 \quad 7\,635 \quad 11\,250 \quad 12\,350 \quad 9\,580$$

试问:若取 $\alpha = 0.05$,新菜单的日营业额的中位数是否超过 8\,500 元? 并求 p 值.

2. 某公司轴承寿命指标用其寿命分布的 0.1 分位数 $x_{0.1}$ 大小来评定, 正常情况该公司的 $x_{0.1} = 1\,500$ 小时. 从最近一批轴承中随机抽取 9 套轴承作寿命试验, 只有两套轴承在 1\,150 小时和 1\,450 小时损坏, 其他 7 套轴承在 1\,500 小时都无损伤. 试用 p 值对"该公司轴承生产是否正常"作出判断.

3. 由往年调查数据知: 某地区 65 岁及以上的老年人口的比重为 9.4%. 今年的人口调查的样本量为 157\,860 人, 其中 65 岁及以上的老年人有 18\,154 人. 试问该地区年龄的 0.906 分位数是否超过了 65 岁?

4. 某市劳动和社会保障部门的资料说明, 1998 年高级技师的年收入的中位数为 41\,700 元. 该市某个行业有一个由 50 名高级技师组成的样本. 这些高级技师的年收入如下:

$$43\,072 \quad 44\,370 \quad 40\,327 \quad 44\,296 \quad 42\,256 \quad 39\,140 \quad 45\,669 \quad 42\,404$$
$$46\,744 \quad 46\,744 \quad 43\,406 \quad 40\,438 \quad 44\,890 \quad 44\,815 \quad 44\,556 \quad 38\,472$$
$$41\,514 \quad 42\,516 \quad 45\,112 \quad 43\,480 \quad 46\,522 \quad 44\,074 \quad 38\,064 \quad 42\,590$$
$$45\,261 \quad 41\,180 \quad 46\,188 \quad 41\,625 \quad 44\,333 \quad 43\,146 \quad 38\,324 \quad 33\,598$$
$$46\,040 \quad 40\,846 \quad 40\,438 \quad 39\,474 \quad 39\,214 \quad 43\,072 \quad 46\,744 \quad 43\,443$$
$$44\,630 \quad 46\,893 \quad 46\,485 \quad 38\,138 \quad 40\,179 \quad 46\,744 \quad 43\,554 \quad 45\,706$$
$$41\,588 \quad 37\,990$$

经计算，这 50 名高级技师年收入的中位数为 43 276 元，超过了全市高级技师年收入的中位数 41 700 元. 那么，在总体中该行业高级技师的年收入的中位数 $x_{0.5}$ 是否比全市高级技师的年收入的中位数 41 700 元高?

5. 某地区从事管理工作的职员的月收入的中位数是 6 500 元. 现有一个该地区从事管理工作的 40 个妇女组成的样本，她们的月收入数据如下:

6 200	5 100	6 300	4 900	7 100	5 700	4 900	5 200
6 600	7 200	6 500	6 900	5 500	5 800	6 400	7 000
3 900	5 100	7 500	6 300	5 400	6 000	6 700	6 000
4 800	5 800	7 200	6 200	7 100	6 900	6 000	7 300
6 600	6 300	6 800	6 200	5 500	6 300	5 400	4 800

(1) 使用样本数据检验：该地区从事管理工作的妇女的月收入的中位数是否低于 6 500 元；

(2) 使用样本数据给出该地区从事管理工作的妇女的月收入的中位数的(点)估计和 95% 的区间估计.

6. 据调查某地区新建住宅的房价中位数是 6 500 元 /m². 在一个由 70 所新建住宅组成的样本中，40 所住宅的房价超过 6 500 元 /m²，30 所住宅的房价低于 6 500 元 /m². 试问该地区新建住宅的房价中位数是否超过 6 500 元 /m². (取 $\alpha = 0.05$)

7. 为检验两种燃料添加剂对客车每加仑汽油行驶里程数的影响是否不同，随机挑选 12 辆车，让每一辆车都先后使用这两种添加剂. 12 辆车使用这两种添加剂每加仑汽油行驶里程数的检测结果如下:

车辆	添加剂		车辆	添加剂	
	1	2		1	2
1	22.32	21.25	7	18.36	19.40
2	25.76	23.97	8	20.75	17.18
3	24.23	24.77	9	24.07	22.23
4	21.35	19.26	10	26.43	23.35
5	23.43	23.12	11	25.41	24.98
6	26.97	26.00	12	27.22	25.90

试检验：这两种添加剂有没有差异.

第六章 双样本推断

上一章介绍了单个总体参数（均值 μ、方差 σ^2、比率 p、中位数 $x_{0.5}$ 等）的假设检验与置信区间. 本章将把这些结果拓展到两个独立总体场合.

图 6-1 显示了一般场合下两个独立总体和两个独立样本. 本章首先在两个独立的正态总体及其两个独立样本的基础上对两个正态均值 μ_1 与 μ_2、两个正态方差 σ_1^2 与 σ_2^2 分别作出比较. 大家知道两个正态均值 μ_1 与 μ_2 的比较常与其方差 σ_1^2 与 σ_2^2 是否相等有关. 总体标准差 σ 是度量总体分散程度的统计单位，样本标准差 s 是度量样本数据分散程度的统计单位，单位相同的量比较大小较容易实现，而单位不同的量比较大小就比较麻烦. 这里先从比较两个正态标准差开始讨论双样本推断.

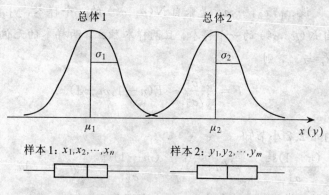

图 6-1　两个独立总体与两个独立样本及其箱线图

6.1　两正态方差比的推断

6.1.1　两正态方差比的检验

设 $x_1, x_2, \cdots, x_n$ 是来自正态总体 $N(\mu_1, \sigma_1^2)$ 的一个样本，$y_1, y_2, \cdots, y_m$ 是来自另一正态总体 $N(\mu_2, \sigma_2^2)$ 的一个样本，且两个样本独立.

在 μ_1 和 μ_2 均未知的场合，关于两个正态方差比常有如下三个检验问题：

I. $H_0: \sigma_1^2 \leqslant \sigma_2^2$,　$H_1: \sigma_1^2 > \sigma_2^2$;

II. $H_0: \sigma_1^2 \geqslant \sigma_2^2$,　$H_1: \sigma_1^2 < \sigma_2^2$;

III. $H_0: \sigma_1^2 = \sigma_2^2$,　$H_1: \sigma_1^2 \neq \sigma_2^2$.

这三个检验问题分别等价于如下三个检验：

I. $H_0: \dfrac{\sigma_1^2}{\sigma_2^2} \leqslant 1$,　$H_1: \dfrac{\sigma_1^2}{\sigma_2^2} > 1$;

II. $H_0: \dfrac{\sigma_1^2}{\sigma_2^2} \geqslant 1$,　$H_1: \dfrac{\sigma_1^2}{\sigma_2^2} < 1$;

III. $H_0: \dfrac{\sigma_1^2}{\sigma_2^2} = 1$,　$H_1: \dfrac{\sigma_1^2}{\sigma_2^2} \neq 1$.

两个正态方差 σ_1^2 与 σ_2^2 常用各自的样本无偏方差 s_x^2 与 s_y^2 去估计：

$$s_x^2 = \frac{1}{n-1} \sum_{i=1}^{n} (x_i - \overline{x})^2, \quad s_y^2 = \frac{1}{m-1} \sum_{i=1}^{m} (y_i - \overline{y})^2,$$

因此选用 $F = \dfrac{s_x^2}{s_y^2}$ 作为检验统计量是恰当的，其分布可由下面定理导出.

定理 6.1.1　设 $x_1, x_2, \cdots, x_n$ 是来自 $N(\mu_1, \sigma_1^2)$ 的一个样本，$y_1, y_2, \cdots, y_m$ 是来自 $N(\mu_2, \sigma_2^2)$ 的一个样本，且两样本独立，两样本的无偏方差分别记为 s_x^2 与 s_y^2，则

$$F = \frac{s_x^2 / \sigma_1^2}{s_y^2 / \sigma_2^2} \sim F(n-1, m-1).$$

证　由 4.2.2 小节知

$$\frac{(n-1)s_x^2}{\sigma_1^2} \sim \chi^2(n-1), \quad \frac{(m-1)s_y^2}{\sigma_2^2} \sim \chi^2(m-1).$$

由两样本的独立性知 s_x^2 与 s_y^2 独立，再由定理 5.6.2 知

$$F = \frac{\dfrac{(n-1)s_x^2}{\sigma_1^2} \Big/ (n-1)}{\dfrac{(m-1)s_y^2}{\sigma_2^2} \Big/ (m-1)} = \frac{s_x^2 / \sigma_1^2}{s_y^2 / \sigma_2^2} \sim F(n-1, m-1). \qquad \blacksquare$$

为寻找拒绝域形式，先考察检验问题 I. 当原假设 $H_0: \sigma_1^2 \leqslant \sigma_2^2$ 为真时，比值 $\dfrac{\sigma_1^2}{\sigma_2^2} \leqslant 1$，故检验统计量 F 不应过大，若 F 过大，则可认为原假设 H_0 不真，从而拒绝原假设 H_0. 因此检验问题 I 的拒绝域形式为 $W_1 = \{F \geqslant c\}$，其中 c 是待定的临界值. 此时犯第一类错误的概率为

$$\alpha\left(\frac{\sigma_1^2}{\sigma_2^2}\right) = P(F \geqslant c) = P\left(\frac{s_x^2}{s_y^2} \geqslant c\right) = P\left(\frac{s_x^2/\sigma_1^2}{s_y^2/\sigma_2^2} \geqslant c \cdot \frac{\sigma_2^2}{\sigma_1^2}\right)$$

$$= 1 - F\left(c \cdot \frac{\sigma_2^2}{\sigma_1^2}\right), \quad \sigma_1^2 \leqslant \sigma_2^2,$$

其中 $F(x)$ 是自由度为 $n-1$ 和 $m-1$ 的 F 分布的分布函数. 由于分布函数是严增函数, 故在 $\sigma_1^2 \leqslant \sigma_2^2$ 时, $\alpha\left(\frac{\sigma_1^2}{\sigma_2^2}\right)$ 是 $\frac{\sigma_1^2}{\sigma_2^2}$ 的严增函数, 并在 $\sigma_1^2 = \sigma_2^2$ 处达到最大值 $\alpha(1)$, 即

$$\alpha\left(\frac{\sigma_1^2}{\sigma_2^2}\right) \leqslant \alpha(1) = 1 - F(c), \quad \sigma_1^2 \leqslant \sigma_2^2.$$

对给定的显著性水平 α, 只要令 $\alpha(1) = \alpha$, 那么在 $\sigma_1^2 \leqslant \sigma_2^2$ 时就有 $\alpha\left(\frac{\sigma_1^2}{\sigma_2^2}\right) \leqslant \alpha$, 从而把犯第一类错误的概率控制在 α 或 α 以下, 这就是水平为 α 的检验.

由 $\alpha(1) = \alpha$ 可得 $1 - F(c) = \alpha$, 即

$$c = F_{1-\alpha}(n-1, m-1),$$

其中 $F_{1-\alpha}(n-1, m-1)$ 是自由度为 $n-1$ 和 $m-1$ 的 F 分布的 $1-\alpha$ 分位数, 可在附表 8 中查得. 由此可得检验问题 I 的水平为 α 的检验的拒绝域

$$W_I = \{F \geqslant F_{1-\alpha}(n-1, m-1)\}.$$

完全类似地讨论, 对单边检验问题 II 和双边检验问题 III 亦可分别得到其水平为 α 的检验的拒绝域为

$$W_{II} = \{F \leqslant F_\alpha(n-1, m-1)\},$$

$$W_{III} = \{F \leqslant F_{\alpha/2}(n-1) \text{ 或 } F \geqslant F_{1-\alpha/2}(n-1)\}.$$

这类检验称为 F 检验. 用于两个正态总体方差比的检验汇总在表 6-1 中.

表6-1 　　　　　　**两个正态总体方差的假设检验**

（μ_1, μ_2 未知, 显著性水平为 α）

检验法	H_0	H_1	检验统计量	拒绝域
F 检验	$\sigma_1^2 \leqslant \sigma_2^2$	$\sigma_1^2 > \sigma_2^2$	$F = \dfrac{s_x^2}{s_y^2}$	$\{F \geqslant F_{1-\alpha}(n-1, m-1)\}$
	$\sigma_1^2 \geqslant \sigma_2^2$	$\sigma_1^2 < \sigma_2^2$		$\{F \leqslant F_\alpha(n-1, m-1)\}$
	$\sigma_1^2 = \sigma_2^2$	$\sigma_1^2 \neq \sigma_2^2$		$\{F \leqslant F_{\alpha/2}(n-1, m-1)$ 或 $F \geqslant F_{1-\alpha/2}(n-1, m-1)\}$

例 6.1.1 甲、乙两台机床分别加工某种轴, 轴的直径分别服从正态分布 $N(\mu_1, \sigma_1^2)$ 与 $N(\mu_2, \sigma_2^2)$. 为比较两台机床的加工精度有无显著差异, 从各

自加工的轴中分别抽取若干根轴测其直径,结果如表6-2所示(取 $\alpha = 0.05$).

表6-2

总体	样本容量	直径							
X（机床甲）	8	20.5	19.8	19.7	20.4	20.1	20.0	19.0	19.9
Y（机床乙）	7	20.7	19.8	19.5	20.8	20.4	19.6	20.2	

解 首先建立假设

$$H_0: \sigma_1^2 = \sigma_2^2, \quad H_1: \sigma_1^2 \neq \sigma_2^2.$$

在 $n=8$, $m=7$, $\alpha = 0.05$ 时,由附表 8 可得

$$F_{0.025}(7,6) = \frac{1}{F_{0.975}(6,7)} = \frac{1}{5.12} = 0.195,$$

$$F_{0.975}(7,6) = 5.70.$$

故拒绝域为

$$\{F \leqslant 0.195 \text{ 或 } F \geqslant 5.70\}.$$

现由样本求得 $s_x^2 = 0.2164$, $s_y^2 = 0.2729$, 从而 $F = 0.793$, 在 $\alpha = 0.05$ 水平上样本未落入拒绝域,因而可认为两台机床加工精度一致.

6.1.2 两正态方差比的置信区间

两正态方差比 σ_1^2/σ_2^2 的 $1-\alpha$ 置信区间亦可由定理 6.1.1 获得. 先从 F 分布的分位数表(附表 8)查得自由度为 $n-1,m-1$ 与自由度为 $m-1,n-1$ 的两个 $1-\frac{\alpha}{2}$ 分位数

$$F_{1-\alpha/2}(n-1,m-1) \text{ 与 } F_{1-\alpha/2}(m-1,n-1).$$

再由 F 分布性质(见(5.6.13))知

$$F_{\alpha/2}(m-1,n-1) = \frac{1}{F_{1-\alpha/2}(n-1,m-1)}.$$

由定理 6.1.1 和等尾置信区间的构造可得

$$P\left(F_{\alpha/2}(n-1,m-1) \leqslant \frac{s_x^2/\sigma_1^2}{s_y^2/\sigma_2^2} \leqslant F_{1-\alpha/2}(n-1,m-1)\right) = 1-\alpha.$$

由此可得 σ_1^2/σ_2^2 的 $1-\alpha$ 置信区间为

$$\left[\frac{s_x^2}{s_y^2}\frac{1}{F_{1-\alpha/2}(n-1,m-1)}, \frac{s_x^2}{s_y^2}F_{1-\alpha/2}(m-1,n-1)\right].$$

两边开方后可得标准差之比 σ_1/σ_2 的 $1-\alpha$ 置信区间

$$\left[\frac{s_x}{s_y}\frac{1}{\sqrt{F_{1-\alpha/2}(n-1,m-1)}}, \frac{s_x}{s_y}\sqrt{F_{1-\alpha/2}(m-1,n-1)}\right].$$

　　类似地, 可求得 σ_1^2/σ_2^2 和 σ_1/σ_2 的 $1-\alpha$ 单侧置信上限和 $1-\alpha$ 单侧置信下限. 譬如 σ_1^2/σ_2^2 的 $1-\alpha$ 单侧置信上限为

$$\frac{s_x^2}{s_y^2}F_{1-\alpha}(m-1,n-1),$$

σ_1/σ_2 的 $1-\alpha$ 单侧置信下限为 $\dfrac{s_x}{s_y}\dfrac{1}{\sqrt{F_{1-\alpha}(n-1,m-1)}}$.

　　例 6.1.2　在例 6.1.1 中对甲、乙两台机床加工轴直径精度作检验, 其中样本量分别为 $n=8$, $m=7$; 样本方差分别为 $s_x^2=0.216\,4$, $s_y^2=0.272\,9$. 经方差相等检验得知, 两正态方差间无显著差异. 因此可把这两个样本方差合并使用. 由于样本量不等, 其合并的方差应按以下公式计算:

$$s_w^2=\frac{s_x^2(n-1)+s_y^2(m-1)}{n+m-2}=\frac{0.216\,4\times7+0.272\,9\times6}{13}=0.242\,5.$$

合并后的标准差 $s_w=\sqrt{0.242\,5}=0.492\,4$.

　　虽两正态方差间无显著差异, 但小的差异 (随机误差) 还是存在的. 现对两方差比 σ_1^2/σ_2^2 作 0.95 置信区间. 为此先从 F 分布分位数表 (附表 8) 中查得

$$F_{0.975}(8,7)=4.90, \quad F_{0.975}(7,8)=4.53.$$

由上述公式可算得 σ_1^2/σ_2^2 的 0.95 置信区间为

$$\left(\frac{0.793\,0}{4.90},0.793\,0\times4.53\right)=(0.161\,8,3.592\,3).$$

而两标准差比 σ_1/σ_2 的 0.95 置信区间为 $(0.402\,2,1.895\,3)$. 这两个置信区间都包含 1, 故可认为 σ_1^2 与 σ_2^2 间无显著差异. 这表明: 用置信区间也可作显著性检验.

习　题　6.1

　　1. 求下列 F 分布分位数:

　　(1)　$F_{0.05}(5,10)$;　　　　　　　(2)　$F_{0.95}(5,10)$;

　　(3)　$F_{0.10}(10,12)$;　　　　　　(4)　$F_{0.90}(10,12)$;

　　(5)　$F_{0.01}(20,10)$;　　　　　　(6)　$F_{0.99}(20,10)$.

　　2. 考察两种不同挤压机生产的钢棒直径. 各抽取了一个样本.

　　样本 1: 容量 $n_1=15$, 样本方差 $s_1^2=0.35$;

　　样本 2: 容量 $n_2=17$, 样本方差 $s_2^2=0.40$.

在正态分布的假设下,

　　(1)　判断两种钢棒直径的方差间有无显著差异 ($\alpha=0.05$);

　　(2)　作出 σ_1/σ_2 的 90% 的置信区间;

(3) 作出 σ_1/σ_2 的 90% 的单侧置信下限.

3. 设有两个化验员 A 与 B 独立地对某种聚合物中的含氯量用同一种方法各作 10 次测定,其测定值的方差分别为 $s_A^2 = 0.5419$,$s_B^2 = 0.6065$. 假定各自的测定值分别服从正态分布,方差分别为 σ_A^2 与 σ_B^2.

(1) 若取 $\alpha = 0.05$,试对两个方差有无显著差异作出检验;

(2) 作出 σ_A^2/σ_B^2 的 90% 的置信区间.

4. 假定 X_1, X_2, X_3, X_4 为取自 $N(\mu, \sigma^2)$ 的一个样本,求

$$P\left(\frac{(X_3 - X_4)^2}{(X_1 - X_2)^2} < 40\right).$$

5. 假定制造厂 A 生产的灯泡寿命(单位:小时)服从 $N(\mu_1, \sigma_1^2)$,从中随机抽取 100 个灯泡测定其寿命,得 $\overline{x} = 1190$,$s_A = 90$;制造厂 B 生产的同种灯泡寿命服从 $N(\mu_2, \sigma_2^2)$,从中随机抽取 75 个灯泡测定其寿命,得 $\overline{y} = 1230$,$s_B = 100$.

(1) 求 σ_1/σ_2 的置信水平为 0.95 的置信区间;

(2) 若上述置信区间含 1,则可以认为 $\sigma_1 = \sigma_2$,在此条件下求 $\mu_1 - \mu_2$ 的置信水平为 0.95 的置信区间.

6. 考察男性和女性在印好的电路板上组装电路所需时间的分散程度上是否有显著差异. 选取 25 位男性和 21 位女性两个样本,其样本标准差分别为 $s_{男} = 0.914$ 分钟,$s_{女} = 1.093$ 分钟. 试问在散布程度上男性低于女性吗($\alpha = 0.01$)?

7. 新设计的一种测量仪器用来重复测定某物体的膨胀系数 11 次,又用进口仪器重复测量同一物体 11 次,两样本的方差分别为 $s_1^2 = 1.263$,$s_2^2 = 3.789$. 假定测量值分别服从正态分布,试问在 $\alpha = 0.05$ 水平上,新设计的仪器的精度(方差的倒数)是否比进口仪器的精度显著为好?

8. 某公司经理听说他们生产的一种主要商品的价格波动甲地比乙地大,为此他对两地所售的本公司该种商品作了随机调查. 在甲地调查了 51 处,其价格标准差为 $s_1 = 8.5$,在乙地调查了 179 处,其价格标准差为 $s_2 = 6.75$. 假定两地的价格分别服从正态分布,试问在 $\alpha = 0.05$ 水平上能支持上述说法吗?

6.2 两正态均值差的推断(方差已知)

设 $x_1, x_2, \cdots, x_n$ 是来自正态总体 $N(\mu_1, \sigma_1^2)$ 的一个样本,$y_1, y_2, \cdots, y_m$ 是来自另一正态总体 $N(\mu_2, \sigma_2^2)$ 的一个样本,且两个样本独立,σ_1^2 与 σ_2^2 已知.

两个正态均值 μ_1 和 μ_2 的比较常有如下三个检验问题:

I. $H_0: \mu_1 \leqslant \mu_2$, $H_1: \mu_1 > \mu_2$;

II. $H_0: \mu_1 \geqslant \mu_2$, $H_1: \mu_1 < \mu_2$;

III. $H_0: \mu_1 = \mu_2$, $H_1: \mu_1 \neq \mu_2$.

由于两个正态均值 μ_1 与 μ_2 常用各自的样本均值 $\bar{x}$ 与 $\bar{y}$ 估计,其差的分布容易获得:

$$\bar{x} - \bar{y} \sim N\left(\mu_1 - \mu_2, \frac{\sigma_1^2}{n} + \frac{\sigma_2^2}{m}\right). \tag{6.2.1}$$

但该分布含有两个多余参数 σ_1^2 与 σ_2^2,给寻找水平为 α 的检验带来困难. 这是因为标准差是度量总体分散程度的统计单位,单位相同的量比较大小较为容易实现,而单位不同的量比较大小就较为麻烦. 目前在几种特殊场合寻找到水平为 α 的检验,在一般场合,至今只寻找到水平近似为 α 的检验,水平精确为 α 的检验至今尚未找到,这在统计发展史上就是有名的 Behrens-Fisher 问题.

对两正态均值的推断将分为两种情况进行讨论: (1) 方差 σ_1^2 与 σ_2^2 已知; (2) 方差 σ_1^2 与 σ_2^2 未知. 本节讨论(1),下节讨论(2).

6.2.1 两正态均值差的 u 检验(方差已知)

先考察如下检验问题:

$$H_0': \mu_1 = \mu_2, H_1: \mu_1 > \mu_2. \tag{6.2.2}$$

在 σ_1^2 与 σ_2^2 已知场合,在 H_0' 为真情况下,上述两样本均值差的分布为

$$\bar{x} - \bar{y} \sim N\left(0, \frac{\sigma_1^2}{n} + \frac{\sigma_2^2}{m}\right) \text{或} u = \frac{\bar{x} - \bar{y}}{\sqrt{\dfrac{\sigma_1^2}{n} + \dfrac{\sigma_2^2}{m}}} \sim N(0, 1).$$

因此可选用 u 作为检验统计量.

在原假设 H_0' 为真时,$\bar{x}$ 与 $\bar{y}$ 应较为接近,若 $\bar{x} \gg \bar{y}$(表示 $\bar{x}$ 远大于 $\bar{y}$),应拒绝 H_0',故此检验问题的拒绝域 $W = \{u \geqslant c\}$. 若用给定的显著性水平 α 来控制犯第 I 类错误的概率,可得

$$P(u \geqslant c) = \alpha \text{或} c = u_{1-\alpha}.$$

由此可得检验问题(6.2.2)的拒绝域 $W = \{u \geqslant u_{1-\alpha}\}$. 下面我们来拓广这个拒绝域的使用范围,使该拒绝域对检验问题 I 也是适当的.

当 $\mu_1 < \mu_2$ 时,利用(6.2.1)显示的分布可以算得第 I 类错误的概率,

$$\alpha(\mu_1 - \mu_2) = P(u \geqslant c) = P\left(\frac{\bar{x} \dot{-} \bar{y}}{\sqrt{\dfrac{\sigma_1^2}{n} + \dfrac{\sigma_2^2}{m}}} \geqslant c\right)$$

$$= P\left(\frac{(\bar{x} - \bar{y}) - (\mu_1 - \mu_2)}{\sqrt{\dfrac{\sigma_1^2}{n} + \dfrac{\sigma_2^2}{m}}} \geqslant c - \frac{\mu_1 - \mu_2}{\sqrt{\dfrac{\sigma_1^2}{n} + \dfrac{\sigma_2^2}{m}}} \right)$$

$$= 1 - \Phi\left(c - \frac{\mu_1 - \mu_2}{\sqrt{\dfrac{\sigma_1^2}{n} + \dfrac{\sigma_2^2}{m}}} \right).$$

由标准正态分布函数 $\Phi(\cdot)$ 的严增性质可知，$\alpha(\mu_1 - \mu_2)$ 是差 $\mu_1 - \mu_2$ 的严增函数，并在 $\mu_1 = \mu_2$ 处达到最大值，即

$$\alpha(\mu_1 - \mu_2) \leqslant \alpha(0) = 1 - \Phi(c).$$

故当 $c = \mu_{1-\alpha}$ 时，就有

$$\alpha(\mu_1 - \mu_2) \leqslant \alpha.$$

这表明：当 $\mu_1 < \mu_2$ 时，犯第 I 类错误概率不会超过 α. 所以上述拒绝域 $\{u \geqslant u_{1-\alpha}\}$ 也是检验问题 I 的拒绝域，即

$$W_{\text{I}} = \{u \geqslant u_{1-\alpha}\}.$$

完全类似讨论，可分别获得检验问题 II 与 III 的如下拒绝域：

$$W_{\text{II}} = \{u \leqslant u_\alpha\}, \quad W_{\text{III}} = \{|u| \geqslant u_{1-\alpha/2}\}.$$

例 6.2.1　某开发商对减少底漆的烘干时间非常感兴趣. 将选择两种配方的底漆：

配方 1 是原标准配方；

配方 2 是在原配方中增加干燥材料，以图减少烘干时间.

开发商选 20 个相同样品，其中 10 个涂上配方 1 的漆，另 10 个涂上配方 2 的漆. 这 20 个样品涂漆顺序是随机的，经试验，两个样本的平均烘干时间分别为 $\bar{x} = 121$ 分钟和 $\bar{y} = 112$ 分钟. 根据经验，烘干时间的标准差都是 8 分钟，不会受到新材料的影响. 现要在 $\alpha = 0.05$ 下对新配方能否减少烘干时间作出检验.

解　这里假设两种烘干时间都服从正态分布，且标准差相等，即

$$X \sim N(\mu_1, \sigma^2), \quad Y \sim N(\mu_2, \sigma^2),$$

其中 $\sigma = 8$. 要检验的假设是

$$H_0: \mu_1 = \mu_2, \quad H_1: \mu_1 > \mu_2.$$

如果新配方能减少平均烘干时间，那就应拒绝 H_0.

由于 $\bar{x} = 121$，$\bar{y} = 112$，$\sigma^2 = 8^2 = 64$，故检验统计量 u 的值 u_0 为

$$u_0 = \frac{\bar{x} - \bar{y}}{\sqrt{\dfrac{\sigma^2}{n} + \dfrac{\sigma^2}{m}}} = \frac{121 - 112}{\sqrt{\dfrac{64}{10} + \dfrac{64}{10}}} = 2.52.$$

如今 $\alpha = 0.05$，其拒绝域

$$W_1 = \{u \geqslant u_{1-\alpha}\} = \{u \geqslant 1.645\}.$$

由于 $u_0 > 1.645$，u_0 落入拒绝域，故应拒绝原假设 H_0，即新配方的平均烘干时间显著减少. 另外，我们可计算该检验问题的 p 值：

$$p = P(u \geqslant u_0) = P(u \geqslant 2.52) = 1 - \Phi(2.52) = 0.005\,9.$$

可见拒绝原假设 H_0 的理由还是充足的.

6.2.2 控制犯第 II 类错误概率 β，确定样本量

当原假设 $\mu_1 - \mu_2 = 0$ 是错误的，而两均值差的真实值 $\mu_1 - \mu_2 = \delta > 0$ 时，两样本均值差的真实分布为

$$\bar{x} - \bar{y} \sim N\left(\delta, \frac{\sigma_1^2}{n_1} + \frac{\sigma_2^2}{n_2}\right). \tag{6.2.3}$$

用这个分布计算前面用 α 确定的接收域 $\overline{W}$ 发生的概率就是犯第 II 类错误的概率 β. 在双侧检验问题 III 中，拒绝域 $W = \{|u| \geqslant u_{1-\alpha/2}\}$，故在上述情况下，犯第 II 类错误的概率为

$$\beta = P_\delta(|u| \leqslant u_{1-\alpha/2}) = P_\delta(-u_{1-\alpha/2} \leqslant u \leqslant u_{1-\alpha/2}),$$

其中 P_δ 表示用(6.2.3)的分布计算概率. 在两样本量相等下(此时只需求一个样本量，问题得以简化，也不影响使用)，检验统计量 u 可改写为

$$u = \frac{\bar{x} - \bar{y}}{\sqrt{(\sigma_1^2 + \sigma_2^2)/n}} = \frac{\bar{x} - \bar{y} - \delta}{\sqrt{(\sigma_1^2 + \sigma_2^2)/n}} + \frac{\delta}{\sqrt{(\sigma_1^2 + \sigma_2^2)/n}}.$$

代回原式，可得

$$\beta = \Phi\left(u_{1-\alpha/2} + \frac{\delta}{\sqrt{(\sigma_1^2 + \sigma_2^2)/n}}\right) - \Phi\left(-u_{1-\alpha/2} + \frac{\delta}{\sqrt{(\sigma_1^2 + \sigma_2^2)/n}}\right),$$

$$\tag{6.2.4}$$

其中因 $\delta > 0$，上式第一项很接近于 1. 再利用标准正态分布 $1-\beta$ 分位数 $u_{1-\beta}$ 可把上式改写为

$$-u_{1-\alpha/2} + \frac{\delta}{\sqrt{(\sigma_1^2 + \sigma_2^2)/n}} \approx u_{1-\beta}.$$

解之得(在 $n = m$ 下)

$$n \approx \frac{(u_{1-\alpha/2} + u_{1-\beta})^2 (\sigma_1^2 + \sigma_2^2)}{\delta^2}. \tag{6.2.5}$$

可见样本量 n 与两总体均值差 $\mu_1 - \mu_2 = \delta$ 的平方成反比. 两均值 μ_1 与 μ_2 相距越远所需样本量越少，这是符合人们的实际体验的.

类似地，在单侧检验问题 I 或 II 中，在给定犯第 II 类错误概率为 β 之下，所需的样本量($n = m$) 为

$$n \approx \frac{(u_{1-\alpha} + u_{1-\beta})^2(\sigma_1^2 + \sigma_2^2)}{\delta^2}. \tag{6.2.6}$$

例 6.2.2 为说明所需样本量的计算,我们继续考察例 6.2.1. 若两真实平均烘干时间差 $\delta = \mu_1 - \mu_2 = 10$ 分钟,希望以概率 0.9 下能检测出这差异,这时犯第 II 类错误概率 $\beta = 1 - 0.9 = 0.1$. 在单侧检验问题 I 下,若取 $\alpha = 0.05$,则所需样本量

$$n \approx \frac{(u_{0.95} + u_{0.90})^2(\sigma_1^2 + \sigma_2^2)}{\delta^2} = \frac{(1.645 + 1.282)^2(8^2 + 8^2)}{10^2}$$

$$= 10.97 \approx 11.$$

在上述诸条件下,要区分 μ_1 与 μ_2 间相距 10 分钟需要样本量 $n = m = 11$,两个样本共需 22 个样本. 若要区分 $\mu_1 - \mu_2 = 9$ 分钟,需要样本量为

$$n = \frac{(1.645 + 1.282)^2(8^2 + 8^2)}{9^2} = 13.54 \approx 14.$$

样本量增加了 3 个. 总样本量为 28,需增 6 个,这是因为要检验的两正态均值间距离缩小了的缘故.

6.2.3 两正态均值差的置信区间

1. 置信区间

两样本均值差 $\bar{x} - \bar{y}$ 是两正态均值差 $\mu_1 - \mu_2$ 的一个很好的点估计. 从 $\bar{x} - \bar{y}$ 的分布 $N\left(\mu_1 - \mu_2, \frac{\sigma_1^2}{n} + \frac{\sigma_2^2}{m}\right)$ 还可获得 $\mu_1 - \mu_2$ 的置信区间,这是因为

$$u = \frac{\bar{x} - \bar{y} - (\mu_1 - \mu_2)}{\sqrt{\frac{\sigma_1^2}{n} + \frac{\sigma_2^2}{m}}} \sim N(0,1).$$

在方差 σ_1^2 与 σ_2^2 都已知场合,u 是枢轴量,利用标准正态分布分位数 $u_{1-\alpha/2}$ 立即可得 $P(|u| \leqslant u_{1-\alpha/2}) = 1 - \alpha$. 改写其中的不等式即可得 $\mu_1 - \mu_2$ 的 $1 - \alpha$ 置信区间

$$\bar{x} - \bar{y} \pm u_{1-\alpha/2}\sqrt{\frac{\sigma_1^2}{n} + \frac{\sigma_2^2}{m}}. \tag{6.2.7}$$

2. 单侧置信限

类似地,可得 $\mu_1 - \mu_2$ 的 $1 - \alpha$ 单侧置信下限

$$\bar{x} - \bar{y} - u_{1-\alpha}\sqrt{\frac{\sigma_1^2}{n} + \frac{\sigma_2^2}{m}} \tag{6.2.8}$$

和 $1 - \alpha$ 单侧置信上限

$$\overline{x} - \overline{y} + u_{1-\alpha}\sqrt{\frac{\sigma_1^2}{n} + \frac{\sigma_2^2}{m}}. \tag{6.2.9}$$

3. 确定样本量

在两方差 σ_1^2 和 σ_2^2 已知,且两样本量相等即 $n=m$ 场合,在置信水平 $1-\alpha$ 下,用 $\overline{x} - \overline{y}$ 估计 $\mu_1 - \mu_2$ 的误差不超过 d,即 $1-\alpha$ 置信区间长度不超过 $2d$,即

$$2u_{1-\alpha/2}\sqrt{\frac{\sigma_1^2 + \sigma_2^2}{n}} \leqslant 2d.$$

解之得

$$n \geqslant \left(\frac{u_{1-\alpha/2}}{d}\right)^2 (\sigma_1^2 + \sigma_2^2). \tag{6.2.10}$$

例 6.2.3 某种飞机上用的铝制加强杆有两种类型,它们的抗拉强度 (kg/mm^2) 都服从正态分布. 由生产过程知其标准差分别为 $\sigma_1 = 1.2$ 与 $\sigma_2 = 1.5$. 现要求两类加强杆的平均抗拉强度之差 $\mu_1 - \mu_2$ 的 0.90 置信区间,使置信区间长度不超过 1.25 kg/mm^2 需要多少样本量.

解 (1) 设两类加强杆的样本量相等,且为 n. 如今 $\alpha = 0.10$,$u_{1-\alpha/2} = u_{0.95} = 1.645$. 故 0.90 置信区间长度不超过 $2d = 2.5$ 时所需样本量为

$$n \geqslant \left(\frac{1.645}{1.25}\right)^2 (1.2^2 + 1.5^2) = 6.39.$$

故取 $n = 7$.

(2) 对两类加强杆各随机抽取 7 根,分别测其抗拉强度,其样本均值分别为 $\overline{x} = 87.6$,$\overline{y} = 74.5$. 现求其均值差 $\mu_1 - \mu_2$ 的 0.90 置信区间:

$$(\overline{x} - \overline{y}) \pm u_{0.95}\sqrt{\frac{\sigma_1^2 + \sigma_2^2}{n}} = (87.6 - 74.5) \pm 1.645 \times \sqrt{\frac{1.2^2 + 1.5^2}{7}}$$

$$= 13.1 \pm 1.19 = [11.91, 14.29].$$

两种类型加强杆的平均强度之差的 90% 的置信区间为 $[11.91, 14.29]$. 由于该区间不含零,故两类加强杆的平均强度间有显著差异. 由于 $\overline{x} > \overline{y}$,故可认为第一类加强杆平均强度较大.

习 题 6.2

1. 某厂铸造车间为提高刚体的耐磨性试制了一种镍合金铸件以取代一种铜合金铸件. 现从两种铸件中各抽取一个样本进行硬度测试(代表耐磨性的一种考核指标),其结果如下:

含镍铸件 X 72.0   69.5   74.0   70.5   71.8

含铜铸件 Y 69.8   70.0   72.0   68.5   73.0   70.0

根据以往经验知, 硬度 $X \sim N(\mu_1, \sigma_1^2)$, $Y \sim N(\mu_2, \sigma_2^2)$, 且 $\sigma_1 = \sigma_2 = 2$. 试在 $\alpha = 0.05$ 水平上比较镍合金铸件比铜合金铸件的硬度有无显著提高.

2. 灌装某种液体有两条生产线, 规定每瓶装该液体 1 磅($=16$ 盎司), 其标准差分别为 $\sigma_1 = 0.020$ 盎司与 $\sigma_2 = 0.025$ 盎司. 现在两条生产线各抽取 10 瓶, 测得各瓶净装液体重量如下:

生产线 1		生产线 2	
16.03	16.01	16.02	16.03
16.04	15.96	15.97	16.04
15.98	16.05	16.02	15.96
16.05	16.02	16.01	16.01
16.02	15.99	15.99	16.00

若各瓶净装液体重量(盎司)服从正态分布, 请考察如下问题:

(1) 请对 $H_0: \mu_1 = \mu_2$, $H_1: \mu_1 \neq \mu_2$ 作出判断;

(2) 计算检验的 p 值;

(3) 给出 $\mu_1 - \mu_2$ 的 0.95 置信区间;

(4) 在样本量相等下, 要使真实差异 0.04 盎司下 $\beta = 0.01$, 需要的样本量至少是多少?

3. 某公司生产电子元件常年需使用某种塑料. 如今有一种新型塑料问世, 并声称其断裂强度有明显增大. 公司领导对此表示: 除非新型塑料比原塑料在平均断裂强度上超过 10 psi, 否则不会采用新型塑料. 公司质检部门从两种塑料中各取一个样本进行断裂强度试验, 试验情况与结果如下:

新型塑料	样本量 $n = 10$	样本均值 $\overline{x} = 162.7$	$\sigma_1 = 1$ psi (已知)
原塑料	样本量 $m = 12$	样本均值 $\overline{y} = 151.8$	$\sigma_2 = 1$ psi (已知)

在断裂强度服从正态分布假设下, 考察如下几个问题:

(1) 请对 $H_0: \mu_1 - \mu_2 \leqslant 10$, $H_1: \mu_1 - \mu_2 > 10$ 给出检验统计量及其拒绝域;

(2) 在 $\alpha = 0.05$ 时对两种塑料平均断裂强度之差是否超过 10 psi 作出判断;

(3) 给出 $\mu_1 - \mu_2$ 的 0.95 单侧置信下限.

6.3　两正态均值差的推断(方差未知)

设 $x_1, x_2, \cdots, x_n$ 是来自正态总体 $N(\mu_1, \sigma_1^2)$ 的一个样本，$y_1, y_2, \cdots, y_m$ 是来自另一正态总体 $N(\mu_2, \sigma_2^2)$ 的一个样本，且两个样本独立. 我们将在两个方差 σ_1^2 与 σ_2^2 均未知场合讨论如下三个均值差的检验问题及均值差的置信区间问题：

I. $H_0: \mu_1 - \mu_2 \leqslant 0,\ H_1: \mu_1 - \mu_2 > 0$;

II. $H_0: \mu_1 - \mu_2 \geqslant 0,\ H_1: \mu_1 - \mu_2 < 0$;

III. $H_0: \mu_1 - \mu_2 = 0,\ H_1: \mu_1 - \mu_2 \neq 0$.

6.3.1　两正态均值差的 t 检验(方差未知)

在两个方差 σ_1^2 与 σ_2^2 都未知场合，两正态均值差 $\mu_1 - \mu_2$ 的假设检验的研究要分几种情况讨论.

- 两正态方差未知但相等，即 $\sigma_1^2 = \sigma_2^2 = \sigma^2$.
- 两正态方差未知且不等，即 $\sigma_1^2 \neq \sigma_2^2$.
- 大样本场合.

下面将逐个讨论.

1. $\sigma_1^2 = \sigma_2^2 = \sigma^2$

若记两相互独立样本的样本均值分别为 $\overline{x}$ 与 $\overline{y}$，则其差

$$\overline{x} - \overline{y} \sim N\left(\mu_1 - \mu_2, \sigma^2\left(\frac{1}{n} + \frac{1}{m}\right)\right),$$

其中共同方差 σ^2 可用两个样本的合样本作出估计，具体如下.

记两个独立样本方差分别为 s_x^2 与 s_y^2，其偏差平方和

$$(n-1)s_x^2 = \sum_{i=1}^{n}(x_i - \overline{x})^2 \text{ 有自由度 } n-1,$$

$$(m-1)s_y^2 = \sum_{i=1}^{m}(y_i - \overline{y})^2 \text{ 有自由度 } m-1,$$

其合样本的偏差平方和

$$\sum_{i=1}^{n}(x_i - \overline{x})^2 + \sum_{i=1}^{m}(y_i - \overline{y})^2 = (n-1)s_x^2 + (m-1)s_y^2 \text{ 有自由度 } n+m-2.$$

据独立性的假设可知，该合样本的偏差平方和除以 σ^2 后服从卡方分布 $\chi^2(n+m-2)$. 由此可得 σ^2 的一个无偏估计

$$s_w^2 = \frac{(n-1)s_x^2 + (m-1)s_y^2}{n+m-2}. \tag{6.3.1}$$

考虑到如此的 s_w^2 还与 $\bar{x} - \bar{y}$ 相互独立，可得 t 变量

$$t = \frac{\bar{x} - \bar{y} - (\mu_1 - \mu_2)}{s_w\sqrt{\dfrac{1}{n} + \dfrac{1}{m}}} \sim t(n+m-2). \tag{6.3.2}$$

利用这个结论，与单样本情况类似可选用

$$t = \frac{\bar{x} - \bar{y}}{s_w\sqrt{\dfrac{1}{n} + \dfrac{1}{m}}} \tag{6.3.3}$$

作为检验统计量，对上述三个检验问题构造水平为 α 的检验，其拒绝域分别为

$$W_{\mathrm{I}} = \{t \geqslant t_{1-\alpha}(n+m-2)\},$$
$$W_{\mathrm{II}} = \{t \leqslant t_{\alpha}(n+m-2)\},$$
$$W_{\mathrm{III}} = \{|t| \geqslant t_{1-\alpha/2}(n+m-2)\}.$$

这些检验都称为**双样本** t 检验. 使用这些 t 检验要有两个前提：一是两个总体都要是正态或近似正态；二是方差相等. 这可用正态概率图（见 4.1.4 小节）或等方差检验（见 6.1.1 小节）来验证. 有一项研究成果值得参考，当来自两正态总体的两样本量相等($n=m$) 时，上述 t 检验对等方差的假设是很稳健的，或者说不很敏感，即两个方差略有相差，t 检验结果仍然是可信的. 故在比较两正态均值时尽量选择样本量相等去做.

例 6.3.1　某公司的生产中正在使用催化剂 A. 另一种更便宜的催化剂 B 问世. 公司认为：使用催化剂 B 不能使收益明显提高就继续使用催化剂 A. 公司收益大小可用回收率(%) 表示. 试验车间为此各选 8 个样品分别进行试验，其回收率如表 6-3 所示. 现要对两种催化剂平均回收率 μ_A 与 μ_B 是否相等作出检验.

表 6-3

编号	回 收 率	
	催化剂 A	催化剂 B
1	91.50	89.19
2	94.18	90.95
3	92.18	90.46
4	95.39	93.21
5	91.79	97.19
6	89.07	97.04
7	94.72	91.07
8	89.21	92.75
	$\bar{x}_A = 92.255, s_A = 2.39$	$\bar{x}_B = 92.733, s_B = 2.98$

解 为了把这个问题纳入两正态均值相等的 t 检验框架,首先要对这两个样本是否分别来自两个正态总体作出检验. 这可用两样本在正态概率纸上描点来检验(见图6-2),从正态概率图上看,正态性不成问题,两直线斜率亦相近. 可认为实行双样本 t 检验前提近似满足.

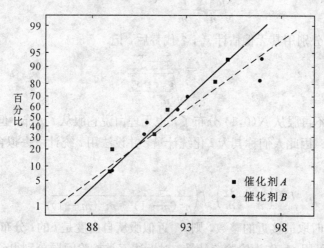

图 6-2　两种催化剂样本的正态概率图

下面转入双样本 t 检验. 为此先计算合样本的方差,

$$s_w^2 = \frac{7 \times 2.39^2 + 7 \times 2.99^2}{8 + 8 - 2} = 7.326\,1 = 2.71^2.$$

而双样本 t 检验统计量的值 t_0 为

$$t_0 = \frac{92.255 - 92.933}{2.71 \times \sqrt{\frac{1}{8} + \frac{1}{8}}} = -0.500\,4.$$

若取显著性水平 $\alpha = 0.05$,其拒绝域为

$$W = \{|t| \geqslant t_{1-\alpha/2}(n+m-2)\} = \{|t| \geqslant t_{0.975}(14)\}$$
$$= \{|t| \geqslant 2.148\,8\}.$$

可见 t_0 未落入拒绝域内,不能拒绝原假设 $H_0 : \mu_A = \mu_B$,即在显著性水平 $\alpha = 0.05$ 下,没有很强的证据能说明催化剂 B 能给公司带来更高的平均收益.

2. $\sigma_1^2 \neq \sigma_2^2$

当我们不能合理地假设未知方差 σ_1^2 与 σ_2^2 相等时,要检验两均值相等至今尚无精确方法,下面叙述的是一较好的近似检验.

若 $\bar{x} \sim N\left(\mu_1, \dfrac{\sigma_1^2}{n}\right)$, $\bar{y} \sim N\left(\mu_2, \dfrac{\sigma_2^2}{m}\right)$,且两者独立,则

$$\bar{x} - \bar{y} \sim N\left(\mu_1 - \mu_2, \frac{\sigma_1^2}{n} + \frac{\sigma_2^2}{m}\right),$$

故在 $\mu_1 = \mu_2$ 时,

$$\frac{\bar{x} - \bar{y}}{\sqrt{\frac{\sigma_1^2}{n} + \frac{\sigma_2^2}{m}}} \sim N(0,1).$$

当 σ_1^2 与 σ_2^2 分别用其无偏估计 s_x^2, s_y^2 代替后,记

$$t^* = \frac{\bar{x} - \bar{y}}{\sqrt{\frac{s_x^2}{n} + \frac{s_y^2}{m}}}. \tag{6.3.4}$$

这时 t^* 就不再服从 $N(0,1)$ 分布了,也无理由说它服从 t 分布,但其形式很像 t 统计量. 因此人们称其为 t 化统计量,并设法用 t 统计量去拟合,结果发现,取

$$l = \left(\frac{s_x^2}{n} + \frac{s_y^2}{m}\right)^2 \Big/ \left(\frac{s_x^4}{n^2(n-1)} + \frac{s_y^4}{m^2(m-1)}\right). \tag{6.3.5}$$

若 l 非整数时取最接近的整数,则 t^* 近似服从自由度是 l 的 t 分布,即 $t^* \stackrel{.}{\sim} t(l)$. 于是可用 t^* 作为检验统计量,对上述三类检验问题分别得到如下的拒绝域:

$$W_{\mathrm{I}} = \{t^* \geqslant t_{1-\alpha}(l)\},$$
$$W_{\mathrm{II}} = \{t^* \leqslant t_{\alpha}(l)\},$$
$$W_{\mathrm{III}} = \{|t^*| \geqslant t_{1-\alpha/2}(l)\}.$$

3. 大样本场合

当 n 与 m 都较大时,(6.3.5) 中的 l 也随之增大,譬如在 $n = m = 31$ 时,可算得 $l \geqslant 30$. 大家知道,当 $l \geqslant 30$ 时自由度为 l 的 t 分布就很近似标准正态分布 $N(0,1)$,故在 n 与 m 都较大时,可将(6.3.4) 中的 t^* 改记为 u,且 u 近似服从 $N(0,1)$. 从而可用双样本的 u 检验得到上述三类检验问题的拒绝域:

$$W_{\mathrm{I}} = \{u \geqslant u_{1-\alpha}\}, \quad W_{\mathrm{II}} = \{u \leqslant u_{\alpha}\}, \quad W_{\mathrm{III}} = \{|u| \geqslant u_{1-\alpha/2}\}.$$

例 6.3.2 设甲、乙两种矿石中含铁量分别服从 $N(\mu_1, \sigma_1^2)$ 与 $N(\mu_2, \sigma_2^2)$. 现分别从两种矿石中各取若干样品测其含铁量,其样本量、样本均值和样本无偏方差分别为

甲矿石: $n = 10, \bar{x} = 16.01, s_x^2 = 10.80$;

乙矿石: $m = 5, \bar{y} = 18.98, s_y^2 = 0.27$.

试在 $\alpha = 0.01$ 水平下检验下述假设:甲矿石含铁量不低于乙矿石的含铁量.

解 这里的检验问题为

$$H_0: \mu_1 \geqslant \mu_2, \quad H_1: \mu_1 < \mu_2.$$

由于这里 n, m 都不大,且 s_x^2 与 s_y^2 又相差甚大,故拟采用(6.3.4)中的 t^* 统计量作检验. 此时

$$l = \left(\frac{s_x^2}{n} + \frac{s_y^2}{m}\right)^2 \bigg/ \left[\frac{s_x^4}{n^2(n-1)} + \frac{s_y^4}{m^2(m-1)}\right] = 9.87.$$

取与其最接近的整数代替,即取 $l = 10$. 在 $\alpha = 0.01$ 时,$t_{0.01}(10) = -2.7638$,则拒绝域为

$$W = \{t^* \leqslant -2.7638\}.$$

现由样本求得 $t^* = -2.789$. 由于样本落入拒绝域,故在 $\alpha = 0.01$ 水平下拒绝 H_0,认为甲矿石含铁量明显不低于乙矿石的含铁量.

有关两个正态总体均值的假设检验的结果列于表 6-4 中.

表 6-4   **两个总体均值的假设检验**

（显著性水平为 α）

检验法	条件	H_0	H_1	检验统计量	拒绝域
双样本 u 检验	σ_1, σ_2 已知	$\mu_1 \leqslant \mu_2$ $\mu_1 \geqslant \mu_2$ $\mu_1 = \mu_2$	$\mu_1 > \mu_2$ $\mu_1 < \mu_2$ $\mu_1 \neq \mu_2$	$u = \dfrac{\bar{x} - \bar{y}}{\sqrt{\dfrac{\sigma_1^2}{n} + \dfrac{\sigma_2^2}{m}}}$	$\{u \geqslant u_{1-\alpha}\}$ $\{u \leqslant u_\alpha\}$ $\{|u| \geqslant u_{1-\alpha/2}\}$
双样本 t 检验	$\sigma_1 = \sigma_2$ 未知	$\mu_1 \leqslant \mu_2$ $\mu_1 \geqslant \mu_2$ $\mu_1 = \mu_2$	$\mu_1 > \mu_2$ $\mu_1 < \mu_2$ $\mu_1 \neq \mu_2$	$t = \dfrac{\bar{x} - \bar{y}}{s_w\sqrt{\dfrac{1}{n} + \dfrac{1}{m}}}$	$\{t \geqslant t_{1-\alpha}(n+m-2)\}$ $\{t \leqslant t_\alpha(n+m-2)\}$ $\{|t| \geqslant t_{1-\alpha/2}(n+m-2)\}$
近似双样本 u 检验	σ_1, σ_2 已知,m, n 充分大	$\mu_1 \leqslant \mu_2$ $\mu_1 \geqslant \mu_2$ $\mu_1 = \mu_2$	$\mu_1 > \mu_2$ $\mu_1 < \mu_2$ $\mu_1 \neq \mu_2$	$u = \dfrac{\bar{x} - \bar{y}}{\sqrt{\dfrac{s_x^2}{n} + \dfrac{s_y^2}{m}}}$	$\{u \geqslant u_{1-\alpha}\}$ $\{u \leqslant u_\alpha\}$ $\{|u| \geqslant u_{1-\alpha/2}\}$
近似双样本 t 检验	σ_1, σ_2 未知,m, n 不太大	$\mu_1 \leqslant \mu_2$ $\mu_1 \geqslant \mu_2$ $\mu_1 = \mu_2$	$\mu_1 > \mu_2$ $\mu_1 < \mu_2$ $\mu_1 \neq \mu_2$	$t^* = \dfrac{\bar{x} - \bar{y}}{\sqrt{\dfrac{s_x^2}{n} + \dfrac{s_y^2}{m}}}$	$\{t^* \geqslant t_{1-\alpha}(l)\}$ $\{t^* \leqslant t_\alpha(l)\}$ $\{|t^*| \geqslant t_{1-\alpha/2}(l)\}$

注:表中 $s_w = \sqrt{\dfrac{(n-1)s_x^2 + (m-1)s_y^2}{n+m-2}}$, $l = \left(\dfrac{s_x^2}{n} + \dfrac{s_y^2}{m}\right)^2 \bigg/ \left(\dfrac{s_x^4}{n^2(n-1)} + \dfrac{s_y^4}{m^2(m-1)}\right)$.

6.3.2 两正态均值差的置信区间

分三种情况讨论.

1. $\sigma_1^2 = \sigma_2^2 = \sigma^2$

在方差未知但相等场合（即 $\sigma_1^2 = \sigma_2^2 = \sigma^2$），可用枢轴量

$$t = \frac{\overline{x} - \overline{y} - (\mu_1 - \mu_2)}{s_w \sqrt{\dfrac{1}{n} + \dfrac{1}{m}}} \sim t(n+m-2)$$

去构造 $\mu_1 - \mu_2$ 的 $1-\alpha$ 置信区间：

$$\overline{x} - \overline{y} \pm t_{1-\alpha/2}(n+m-2) s_w \sqrt{\frac{1}{n} + \frac{1}{m}}, \qquad (6.3.6)$$

其中 s_w 如(6.3.1)所示. 容易看出，$\mu_1 - \mu_2$ 的 $1-\alpha$ 单侧置信上限为

$$\overline{x} - \overline{y} + t_{1-\alpha}(n+m-2) s_w \sqrt{\frac{1}{n} + \frac{1}{m}},$$

$\mu_1 - \mu_2$ 的 $1-\alpha$ 单侧置信下限为

$$\overline{x} - \overline{y} - t_{1-\alpha}(n+m-2) s_w \sqrt{\frac{1}{n} + \frac{1}{m}}.$$

2. $\sigma_1^2 \neq \sigma_2^2$

在很多情况下，假设 $\sigma_1^2 = \sigma_2^2$ 是不合理的. 当该假设没有根据时，我们可以用 t 化枢轴量

$$t^* = \frac{\overline{x} - \overline{y} - (\mu_1 - \mu_2)}{\sqrt{\dfrac{s_x^2}{n} + \dfrac{s_y^2}{m}}} \stackrel{\cdot}{\sim} t(l)$$

去构造 $\mu_1 - \mu_2$ 的近似 $1-\alpha$ 置信区间

$$\overline{x} - \overline{y} \pm t_{1-\alpha/2}(l) \sqrt{\frac{s_x^2}{n} + \frac{s_y^2}{m}}, \qquad (6.3.7)$$

其中 l 如(6.3.5)所示. 容易看出，此时 $\mu_1 - \mu_2$ 的近似 $1-\alpha$ 单侧置信上限为

$$\overline{x} - \overline{y} + t_{1-\alpha}(l) \sqrt{\frac{s_x^2}{n} + \frac{s_y^2}{m}},$$

而 $\mu_1 - \mu_2$ 的近似 $1-\alpha$ 置信下限为

$$\overline{x} - \overline{y} - t_{1-\alpha}(l) \sqrt{\frac{s_x^2}{n} + \frac{s_y^2}{m}}.$$

3. n 与 m 都充分大

当 n 与 m 都充分大时，可以证明：

$$T = \frac{\overline{x} - \overline{y} - (\mu_1 - \mu_2)}{\sqrt{\dfrac{s_x^2}{n} + \dfrac{s_y^2}{m}}}$$

的渐近分布为 $N(0,1)$，从而此时 $\mu_1 - \mu_2$ 的近似 $1-\alpha$ 的置信区间为

$$\overline{x} - \overline{y} \pm u_{1-\alpha/2}\sqrt{\frac{s_x^2}{n} + \frac{s_y^2}{m}}, \tag{6.3.8}$$

其中 $u_{1-\alpha/2}$ 为标准正态分布 $1-\frac{\alpha}{2}$ 分位数. 类似可得 $\mu_1-\mu_2$ 的近似 $1-\alpha$ 单侧置信上限为

$$\overline{x} - \overline{y} + u_{1-\alpha}\sqrt{\frac{s_x^2}{n} + \frac{s_y^2}{m}},$$

$\mu_1-\mu_2$ 的近似 $1-\alpha$ 单侧置信下限为

$$\overline{x} - \overline{y} - u_{1-\alpha}\sqrt{\frac{s_x^2}{n} + \frac{s_y^2}{m}}.$$

例 6.3.3 某厂用两条流水线生产番茄酱小包装,现从两条流水线上各随机抽取一个样本,容量分别为 $n=6$, $m=7$, 称重后算得(单位: g)

$$\overline{x} = 10.6, \quad s_x^2 = 0.012\,5, \quad \overline{y} = 10.1, \quad s_y^2 = 0.01.$$

设两条流水线上所装番茄酱的重量 x 与 y 都服从正态分布,其均值分别为 μ_x 与 μ_y,方差分别为 σ_x^2 与 σ_y^2,求 $\mu_x-\mu_y$ 的置信水平为 0.90 的置信区间.

解 这里未指明两个方差 σ_x^2 与 σ_y^2 是否相等,我们先认为两个方差不等来考查 $\mu_x-\mu_y$ 的 0.90 置信区间. 先按(6.3.5)计算 t 化枢轴量分布的自由度 l,具体是

$$l = \frac{\left(\frac{s_x^2}{n} + \frac{s_y^2}{m}\right)^2}{\frac{s_x^4}{n^2(n-1)} + \frac{s_y^4}{m^2(m-1)}} = \frac{\left(\frac{0.012\,5}{6} + \frac{0.01}{7}\right)^2}{\frac{(0.012\,5)^2}{6^2 \times 5} + \frac{(0.01)^2}{7^2 \times 6}}$$

$$= \frac{(0.003\,512)^2}{0.120\,8 \times 10^{-5}} = 10.21.$$

按约定取最接近 10.21 的整数,故取 $l=10$. 另外从附表 5 查得 t 分布分位数 $t_{1-\alpha}(10) = t_{0.95}(10) = 1.812\,5$. 最后由(6.3.7)算得 $\mu_x-\mu_y$ 的 0.90 置信区间为

$$\overline{x} - \overline{y} \pm t_{0.95}(10)\sqrt{\frac{s_x^2}{n} + \frac{s_y^2}{m}}$$

$$= 10.6 - 10.1 \pm 1.812\,5 \times \sqrt{\frac{0.012\,5}{6} + \frac{0.01}{7}}$$

$$= 0.5 \pm 0.107\,4 = [0.392\,6, 0.607\,4].$$

实际上,给出的两个样本方差 s_x^2 与 s_y^2 间相差不大,其比值 $F = \frac{s_x^2}{s_y^2} = 1.25$. 按方差比的双侧检验其拒绝域为

$$W = \left\{F \leqslant \frac{1}{6.98} \text{ 或 } F \geqslant 5.99\right\},$$

故不应拒绝原假设 $H_0:\sigma_x^2=\sigma_y^2$. 下面在两方差相等场合下再算 $\mu_x-\mu_y$ 的 0.90 置信区间. 这时应按(6.3.6)计算. 为此先计算合样本的方差 s_w^2. 由 (6.3.1)知

$$s_w^2=\frac{5\times0.012\,5+6\times0.01}{6+7-2}=0.011\,14=0.105\,5^2.$$

由此可得 $\mu_x-\mu_y$ 的 0.90 置信区间为

$$\bar{x}-\bar{y}\pm t_{0.95}(11)s_w\sqrt{\frac{1}{n}+\frac{1}{m}}$$

$$=0.5\pm1.795\,9\times0.105\,5\times\sqrt{\frac{1}{6}+\frac{1}{7}}$$

$$=0.5\pm0.105\,4=[0.394\,6,0.605\,4],$$

其中 $t_{0.95}(11)=1.795\,9$ 可从附表 5 中查得.

两种方法算得的 0.90 置信区间很接近. 这说明用 t 化枢轴量构造的置信区间近似程度还是很好的, 另外两种方法获得的置信区间都不含零点, 这表明 $\mu_x-\mu_y\neq0$, 即在显著性水平 $\alpha=0.10$ 下, 两均值间有显著差异.

习 题 6.3

1. 某物质在化学处理前后的含脂率如下:

处理前: 0.19 0.18 0.21 0.30 0.66 0.42 0.08 0.12
　　　　 0.30 0.27

处理后: 0.15 0.13 0.00 0.07 0.24 0.24 0.19 0.04
　　　　 0.08 0.20 0.12

假定处理前后的含脂率分别服从正态分布, 问处理后是否降低了含脂率? (取 $\alpha=0.05$)

2. 为比较两个电影制片公司生产的每部影片放映时间的长短, 假定甲厂影片的放映时间服从正态分布 $N(\mu_1,\sigma_1^2)$, 乙厂影片的放映时间服从正态分布 $N(\mu_2,\sigma_2^2)$. 现随机地从各厂抽取若干部影片, 记录其放映时间如下: (单位: 分钟)

甲: 102 86 98 109 92
乙: 81 105 97 124 92 87 114

试问在 $\alpha=0.01$ 水平下两者的方差是否一致? 两者的均值是否一致?

3. 假定 A,B 两种小麦的蛋白质含量分别服从 $N(\mu_1,\sigma_1^2)$ 与 $N(\mu_2,\sigma_2^2)$. 为比较其蛋白质含量, 现从 A 种小麦中随机抽取 10 个样品, 得样本均值 $\bar{x}=14.3$, 样本方差 $s_1^2=1.612$; 从 B 种小麦中随机抽取 5 个样品, 得样本均值 $\bar{y}=11.7$, 样本方差 $s_2^2=0.135$. 试在 $\alpha=0.05$ 水平下检验两者的方差是否一致? 两者的均值是否一致?

4. 一辆货车从甲地到乙地有两条行车路线,行车时间分别服从 $N(\mu_i,\sigma_i^2)$, $i=1,2$. 现让一名驾驶员在每条路线上各跑 50 次,记录其行车时间(单位:分钟),在线路 A 上,平均行车时间 $\overline{x}=75$,样本标准差为 $s_1=18$,在线路 B 上,平均行车时间 $\overline{y}=61$,样本标准差为 $s_2=8$. 试在 $\alpha=0.05$ 水平下检验两者的方差是否一致? 两者的均值是否一致?

5. 某生产线是按两种操作平均装配时间之差为 5 分钟而设计的. 两种装配操作的独立样本情况分别为 $n=100$, $m=50$, $\overline{x}=14.8$ 分钟, $\overline{y}=10.4$ 分钟, $s_x=0.8$ 分钟, $s_y=0.6$ 分钟. 试就这些数据说明:两种操作平均装配时间差为 5 分钟的设计要求达到与否($\alpha=0.05$).

6. 考查两种不同挤压机生产的钢棒的直径,各取一个样本测其直径,其样本量、样本均值与样本方差分别为

$$n_1=15, \quad \overline{x}_1=8.73, \quad s_1^2=0.35;$$
$$n_2=17, \quad \overline{x}_2=8.68, \quad s_2^2=0.40.$$

已知两样本均源自方差相同的正态总体,试研究以下问题:

(1) 在 $\alpha=0.05$ 水平下是否有证据支持两种机器生产的钢棒的平均直径相同的论断;

(2) 求出检验的 p 值;

(3) 构造钢棒直径差的 95% 置信区间.

7. 有两种喷射装置:(1) 对水成泡沫液与(2) 对酒精成泡沫液. 现对两种装置各做 5 次试验测其泡沫膨胀体积,算得各样本均值与样本标准差分别为

$$\overline{x}_1=4.340, \quad s_1=0.508, \quad \overline{x}_2=7.091, \quad s_2=0.430.$$

已知两样本来自标准差相等的两个正态总体,寻求该正态均值差的 90% 的置信区间,并用此区间对两个总体均值的差异作出解释.

8. 半导体生产中蚀刻是重要工序,其蚀刻率是重要特性并知其服从正态分布. 现有两种不同蚀刻方法,为比较其蚀刻率的大小,特对每种方法各在 10 个晶片上进行蚀刻,记录的蚀刻率(单位:mils/min)数据如下:

方法1		方法2	
9.9	10.6	10.2	10.0
9.4	10.3	10.6	10.2
9.3	10.0	10.7	10.4
9.6	10.3	10.4	10.3
10.2	10.1	10.5	10.2

(1) 在等方差假设下,用 $\alpha = 0.05$ 对两种方法的蚀刻率是否相等作出判断;

(2) 计算(1)的 p 值;

(3) 求出平均蚀刻率的差的 95% 置信区间;

(4) 作出两样本的正态概率图,考查其正态性与等方差假设成立否.

6.4 成对数据均值差的推断

6.4.1 成对数据的 t 检验

在对两正态均值 μ_1 与 μ_2 进行比较时有一种特殊情况值得注意. 当对两个感兴趣总体的观察值是成对收集的时候,每一对观察值 (x_i, y_i) 是在近似相同条件下而用不同方式获得的,为了比较两种方式对观察值的影响差异是否显著而进行多次重复试验. 具体请看下面例子.

例 6.4.1 为比较两种谷物种子 A 与 B 的平均产量的高低,特选取 10 块土地,每块按面积均分为两小块,分别种植 A 与 B 两种种子. 生长期间的施肥等田间管理在 20 小块土地上都一样,表 6-5 列出各小块土地上的单位产量. 试问:两种种子 A 与 B 的单位产量在显著性水平 $\alpha = 0.05$ 下有无显著差别?

表 6-5 　　　　　　　　种子 A 与 B 的单位产量

土地号	A 单位产量 x_i	B 单位产量 y_i	差 $d_i = x_i - y_i$
1	23	30	-7
2	35	39	-4
3	29	35	-6
4	42	40	2
5	39	38	1
6	29	34	-5
7	37	36	1
8	34	33	1
9	35	41	-6
10	28	31	-3
样本均值	$\bar{x} = 33.1$	$\bar{y} = 35.7$	$\bar{d} = -2.6$
样本方差	$s_x^2 = 33.2110$	$s_y^2 = 14.2333$	$s_d^2 = 12.2668$

解 初看起来,这个问题可归结为在单位产量服从正态分布的前提下要对两个正态均值是否相等作出判断,即对如下检验问题

$$H_0: \mu_A = \mu_B, \quad H_1: \mu_A \neq \mu_B,$$

使用双样本 t 检验作出判断. 按此想法对表 6-5 上的数据作出处理, 然后再作分析.

在例 6.4.1 中两正态方差是未知的且不知是否相等, 故应使用 t 化统计量 (见 (6.3.4)), 据表 6-5 上数据可算得

$$t^* = \frac{\bar{x} - \bar{y}}{\sqrt{\dfrac{s_A^2}{n} + \dfrac{s_B^2}{m}}} = \frac{33.1 - 35.7}{\sqrt{\dfrac{33.211\,0}{10} - \dfrac{14.233\,3}{10}}}$$

$$= \frac{-2.6}{2.176\,2} = -1.193\,7. \tag{6.4.1}$$

统计量 t^* 服从自由度为 l 的 t 分布, 其中 (见 (6.3.5))

$$l = \frac{\left(\dfrac{s_A^2}{n} + \dfrac{s_B^2}{m}\right)^2}{\dfrac{s_A^4}{n^2(n-1)} - \dfrac{s_B^4}{m^2(m-1)}} = \frac{\dfrac{(47.444\,3)^2}{100}}{\dfrac{1\,305.557\,4}{900}} = 15.517\,2.$$

故取 $l=16$. 在显著性水平 $\alpha = 0.05$ 下, $t_{1-\alpha/2}(l) = t_{0.975}(16) = 2.120$. 由于 $|t^*| < 2.120$, 故不应拒绝 H_0, 即两种种子的单位产量的均值间无显著差异.

上述结果值得讨论, t 化统计量 t^* 的分母中有两个样本方差 s_A^2 与 s_B^2, 其中 s_A^2 (s_B^2 也一样) 是种子 A 在 10 小块土地上单位产量的样本方差, 它既含有种子 A 单位产量的波动, 还含有 10 小块土地的土质差异, 致使 s_A^2 与 s_B^2 较大, 从而在 (6.4.1) 中的分母较大, 最后导致不拒绝 H_0.

为了使人信服, 必须设法从数据分析中排除土质差异的影响. 大家知道, 表 6-5 中 x_i 与 y_i 是在同一块土地上长出谷物的单位重量. 组成成对 (或配对) 数据, 它们之间差别将体现种子 A 与 B 的优劣. 一个最简单有效的方法是用减法把第 i 块土地上两个单位产量中所含土质影响部分消除, 剩下来的差

$$d_i = x_i - y_i, \quad i = 1, 2, \cdots, n \tag{6.4.2}$$

仅为两种子对产量的影响差异. 故用 $d_1, d_2, \cdots, d_n$ 对两种子的优劣作出评价更为合理. 这就用上了成对数据带来的信息.

经上述分析, 我们已把双总体与双样本在成对数据场合转化为单总体与单样本问题. 该总体分布为

$$d = x - y \sim N(\mu_d, \sigma_d^2),$$

其中 $\mu_d = \mu_A - \mu_B$, $\sigma_d^2 = \sigma_A^2 + \sigma_B^2$. 它们都可用样本 (6.4.2) 直接作出估计, 如

$$\hat{\mu}_d = \bar{d} = \frac{1}{n}\sum_{i=1}^{n} d_i, \quad \hat{\sigma}_d^2 = s_d^2 = \frac{1}{n-1}\sum_{i=1}^{n}(d_i - \bar{d})^2.$$

而我们要检验的问题改为如下:

$$H_0 : \mu_d = 0, \quad H_1 : \mu_d \neq 0.$$

对此双侧检验问题可用单样本 t 检验即可. 利用表 6-5 最后一列的数据,可以算得 t 统计量的值

$$t = \frac{\overline{d}}{s_d / \sqrt{n}} = \frac{-2.6}{3.502\,4 / \sqrt{10}} = \frac{-2.6}{1.107\,6} = -2.347\,5, \qquad (6.4.3)$$

而拒绝域 $W = \{ |t| \geqslant t_{1-\alpha/2}(n-1) \}$. 若取 $\alpha = 0.05$,则有

$$t_{1-\alpha/2}(n-1) = t_{0.975}(9) = 2.262.$$

如今 $|t| > 2.262$,故应拒绝 H_0,即两种子的单位产量间有显著差异. 如今 $\overline{d} = -2.6 < 0$,故种子 B 产量比种子 A 显著地高.

为什么会导致不同的结论呢? 哪一个结论更可信呢? 这要从它们所使用检验统计量的差别上找原因. 在我们的例子中,

$$\text{双样本 } t \text{ 化统计量 } t^* = \frac{\overline{x} - \overline{y}}{\sqrt{\dfrac{s_A^2}{n} + \dfrac{s_B^2}{n}}} = \frac{-2.6}{2.176\,2};$$

$$\text{单样本 } t \text{ 统计量 } t = \frac{\overline{d}}{s_d / \sqrt{n}} = \frac{-2.6}{1.107\,6}.$$

这两个检验统计量的分子是相同的,差别在分母的标准差上. t^* 的标准差

$$\hat{\sigma}_t^* = \sqrt{\frac{s_A^2 + s_B^2}{n}}$$

中既含有不同种子 A 与 B 引起的差异,还含有 10 块土地间的差异;而单样本 t 的标准差 $\hat{\sigma}_{\overline{d}} = \sqrt{\dfrac{s_d^2}{n}}$ 仅含不同种子 A 与 B 引起的差异,而 10 块土地间的差异在 $d_1, d_2, \cdots, d_n$ 中已不复存在了,或者说 10 块土地间的差异对两种种子的单位产量的干扰已先行排除了. 由此可见,在这个例子中使用单样本 t 检验是合理的,结论也是可信的. 更一般分析见下一小节.

在成对数据场合还有两对单侧检验问题:

I. $H_0 : \mu_d \leqslant 0, \quad H_1 : \mu_d > 0$;

II. $H_0 : \mu_d \geqslant 0, \quad H_1 : \mu_d < 0$.

它们仍可使用如下 t 统计量:

$$t = \frac{\overline{d}}{s_d / \sqrt{n}} \sim t(n-1),$$

其拒绝域分别为

$$W_{\mathrm{I}} = \{ t > t_{1-\alpha}(n-1) \}, \quad W_{\mathrm{II}} = \{ t < t_\alpha(n-1) \}.$$

6.4.2 成对与不成对数据的比较

在需要对两正态均值进行比较时,数据收集有两种方式:

• 不成对收集. 两总体常处于独立状态,常用双样本 t 检验,其检验统计量如(6.4.1)所示.

• 成对收集. 两总体常呈较强的正相关状态,常用单样本 t 检验,其检验统计量如(6.4.3)所示.

为方便比较,设两样本量相等,即 $n=m$. 首先,注意到

$$\bar{d}=\frac{1}{n}\sum_{i=1}^{n}d_i=\frac{1}{n}\sum_{i=1}^{n}(x_i-y_i)=\bar{x}-\bar{y}.$$

这表明:两个 t 检验统计量(6.4.1)与(6.4.3)的分子是相同的. 另外

$$\mathrm{Var}(\bar{d})=\mathrm{Var}(\bar{x}-\bar{y})=\mathrm{Var}(\bar{x})+\mathrm{Var}(\bar{y})-2\,\mathrm{Cov}(\bar{x},\bar{y})$$

$$=\frac{\sigma_1^2}{n}+\frac{\sigma_2^2}{n}-\frac{2\rho\sigma_1\sigma_2}{n}\leqslant\frac{\sigma_1^2}{n}+\frac{\sigma_2^2}{n}.$$

这表明: $\bar{x}-\bar{y}$ 的方差在正相关场合比在独立场合的方差要小一些. 若用 s_d^2/n 估计 $\bar{d}$ 的方差时,当两总体间存在正相关时,成对数据的 t 检验的分母不会超过双样本 t 检验的分母. 若在成对数据的 t 检验中的分母误用双样本 t 检验的分母,那将使成对数据检验的显著性大打折扣.

成对数据处理中常使 $\bar{x}-\bar{y}$ 的方差较小,但它也有一个缺点,即成对数据 t 检验的自由度 $n-1$ 比双样本 t 检验的自由度 $2n-2$ 要少 $n-1$. 这表明:成对数据的 t 检验中数据使用效率欠佳. 假如参试的个体间差异甚微,使用双样本 t 检验会更好一些,因这时不会失去部分自由度.

在实际中我们在两种数据收集方法(成对与不成对)中如何选择呢? 在这个问题上显然没有一般答案,要根据实际情况决定. 譬如:

• 在个体差异较大时常用成对数据收集法,即在一个个体上先后作两种不同处理,收集成对数据.

• 在个体差异较小,且施行两种处理结果相关性也小时,可用独立样本采集方法(不成对数据收集方法). 这样的方法可提高数据使用效率.

例 6.4.2 为了比较用于做皮鞋后跟两种材料(A 与 B)的耐磨性能,选取 15 名成年在职男子,每人穿一双新鞋,其中一只是用材料 A 做后跟,另一只是用材料 B 做后跟的,每只后跟厚度都是 10 mm. 一个月后再测厚度,所测数据列于表 6-6 中. 现要求对两种材料是否同样耐磨作出判断.

解 这组成对数据的获得是经过精心设计的. 在这个例子中个体(成年男子)差异是很大的,有的经常走路,有的坐办公室较少走路,为了消除这种个体差异对材料评价的影响,最好的方法是按成对数据收集. 如今每位成年

表 6-6   后跟耐磨数据

序号	材料 $A(x)$	材料 $B(y)$	差 $x-y$
1	6.6	7.4	−0.8
2	7.0	5.4	1.6
3	8.3	8.8	−0.5
4	8.2	8.0	0.2
5	5.2	6.8	−1.6
6	9.3	9.1	0.2
7	7.9	6.3	1.6
8	8.5	7.5	1.0
9	7.8	7.0	0.8
10	7.5	6.5	1.0
11	6.1	4.4	1.7
12	8.9	7.7	1.2
13	6.2	4.2	1.9
14	9.4	9.4	0.0
15	9.1	9.1	0.0

男子两只脚各穿一种材料后跟做的皮鞋，就是实现成对数据收集的方法.

按成对数据的 t 检验方法先计算差值 $d_i = x_i - y_i$. 现已列入表 6-6 的最后一列. 然后计算诸 d_i 的样本均值与样本标准差：

$$\bar{d} = 0.553, \quad s_d = 1.023.$$

要检验的一对假设是

$$H_0: \mu_d = 0, \quad H_1: \mu_d \neq 0,$$

其 μ_d 是差 $d = x - y$ 的均值. 在 $\alpha = 0.05$ 水平下，该检验的拒绝域为

$$W = \{|t| \geqslant t_{0.975}(14)\} = \{|t| \geqslant 2.144\,8\}.$$

现用 t 检验统计量算得

$$t = \frac{\bar{d}}{s_d/\sqrt{n}} = \frac{0.553}{1.023/\sqrt{15}} = 2.10.$$

可见样本未落入拒绝域中，故不能拒绝 H_0，即在 $\alpha = 0.05$ 水平下，认为两种材料的耐磨性能上并无显著差异.

6.4.3 成对数据均值差的置信区间

在两正态均值的比较中，若数据按成对收集，则两正态均值差 $\mu_d = \mu_x - \mu_y$ 的 $1-\alpha$ 置信区间可从枢轴量

$$\frac{\overline{d}-\mu_d}{s_d/\sqrt{n}} \sim t(n-1)$$

获得

$$\overline{d} \pm t_{1-\alpha/2}(n-1)\frac{s_d}{\sqrt{n}}, \qquad (6.4.4)$$

其中 $\overline{d}, s_d$ 和 n 与前面解释相同. 类似地可写出 μ_d 的 $1-\alpha$ 单侧置信限.

注意: 上述 $1-\alpha$ 置信区间也适用于 $\sigma_x^2 \neq \sigma_y^2$ 场合, 因为 s_d^2 是用来估计

$$\sigma_d^2 = \mathrm{Var}(x-y) = \sigma_x^2 + \sigma_y^2 - 2\rho\sigma_x\sigma_y$$

的. 另外, 对于大样本场合(如 $n \geqslant 30$), 因有中心极限定理保证, 正态性假设也可不必要了.

例 6.4.3 某工厂的两个实验室每天同时从工厂的冷却水中取样, 分别测定水中的含氯量各一次, 表 6-7 给出了 11 天的记录. 试求两实验室测定的含氯量的均值差 μ_d 的 0.95 置信区间.

表 6-7 两个实验室测定的水中含氯量数据

序号 i	x_i(实验室 A)	y_i(实验室 B)	$d_i = x_i - y_i$
1	1.15	1.00	0.15
2	1.86	1.90	-0.04
3	0.76	0.90	-0.14
4	1.82	1.80	0.02
5	1.14	1.20	-0.06
6	1.65	1.70	-0.05
7	1.92	1.95	-0.03
8	1.01	1.02	-0.01
9	1.12	1.23	-0.11
10	0.90	0.97	-0.07
11	1.40	1.52	-0.12
均值	$\overline{x}=1.339$	$\overline{y}=1.381$	$\overline{d}=-0.0418$
标准差	$s_x=0.412$	$s_y=0.403$	$s_d=0.0796$

解 把表 6-7 上已算得的数据 $\overline{d}=-0.0418$, $s_d=0.0796$ 代入(6.4.4)中, 可得

$$\overline{d} \pm t_{1-\alpha/2}(n-1)\frac{s_d}{\sqrt{n}} = -0.0418 \pm 2.228 \times \frac{0.0796}{\sqrt{11}}$$

$$= -0.0418 \pm 0.0534 = [-0.0953, 0.0117].$$

注意：所获得的置信区间包含零. 这显示在 95% 置信水平下，表 6-7 上的数据不支持两实验室的测定有不同的平均含氯量的说法.

习 题 6.4

1. 某企业员工在开展质量管理活动中，为提高产品的一个关键参数，有人提出需要增加一道工序. 为验证这道工序是否有用，从所生产的产品中随机抽取 7 件产品，首先测得其参数值，然后通过增加的工序加工后再次测定其参数值，结果如下表所列：

序号	1	2	3	4	5	6	7
加工前	25.6	20.8	19.4	26.2	24.7	18.1	22.9
加工后	28.7	30.6	25.5	24.8	19.5	25.9	27.8

试问在 $\alpha = 0.05$ 水平下能否认为该道工序对提高参数值有用？

2. 字处理系统的好坏通常依能否提高秘书工作效率来评定. 以前使用电子打字机，现在使用计算机处理系统的 7 名秘书的打字速度（字数／分钟）如下所示：

秘书	1	2	3	4	5	6	7
电子打字机 x_i	72	68	55	58	52	55	64
计算机处理系统 y_i	75	66	60	64	55	57	64

在打字速度的正态分布假设下能否说明计算机打字处理系统平均打字速度提高了（$\alpha = 0.05$）？

3. 为比较测定污水中氯气含量的两种方法，特在各种场合收集到 8 个污水水样，每个水样均用这两种方法测定氯气含量（单位：mg/L），具体数据如下：

水样号	1	2	3	4	5	6	7	8
方法 1 (x)	0.36	1.35	2.56	3.92	5.35	8.33	10.70	10.91
方法 2 (y)	0.39	0.84	1.76	3.35	4.69	7.70	10.52	10.92

试比较两种测定方法是否有显著差异（$\alpha = 0.05$）.

4. 为比较钢板梁强度的两种测定方法，随机选出 9 张钢板分别用两种方

法测其强度,测定结果如下:

钢板号	方法 1 (x)	方法 2 (y)	差 $d = x - y$
1	1.186	1.061	0.125
2	1.151	0.992	0.159
3	1.322	1.063	0.259
4	1.339	1.062	0.277
5	1.200	1.056	0.135
6	1.402	1.178	0.224
7	1.365	1.037	0.328
8	1.537	1.086	0.451
9	1.559	1.052	0.507

试在 $\alpha = 0.05$ 水平下比较两种测定方法是否存在差异,并计算 p 值.

5. 有两辆车具有不同的轴距和四轮半径,请 14 位驾驶员分别用这两辆车进行倒车停靠试验,所需时间(单位:秒)记录如下:

驾驶员号	车辆 1 (x)	车辆 2 (y)	差 $d = x - y$
1	37.0	17.8	19.2
2	25.8	20.2	5.6
3	16.2	16.8	−0.6
4	24.2	41.4	−17.2
5	22.0	21.4	0.6
6	33.4	38.4	−5.0
7	23.8	16.8	7.0
8	58.2	32.2	26.0
9	33.6	37.8	5.8
10	24.4	23.2	1.2
11	23.4	29.6	−6.2
12	21.2	20.6	0.6
13	36.2	32.2	4.0
14	29.8	53.8	−24.0

试给出平均倒车停靠时间差的 90% 置信区间.

6. 15 位 35 岁到 50 岁之间的男子参与一项评价饮食和锻炼对血液胆固醇影响的研究. 最初测量每位参加者的胆固醇水平,然后测量 3 个月有氧训练和低脂肪饮食后的胆固醇水平,数据如下表:

个体号	初期胆固醇 x	后期胆固醇 y	差 $d = x - y$
1	265	229	36
2	240	231	9
3	258	227	31
4	295	240	55
5	251	238	13
6	245	241	4
7	287	234	53
8	314	256	58
9	260	247	13
10	279	239	40
11	283	246	37
12	240	218	22
13	238	219	19
14	225	226	-1
15	247	233	14

(1) 数据是否支持低脂肪饮食和有氧锻炼对减少血液胆固醇有价值的论断($\alpha = 0.05$);

(2) 计算 p 值;

(3) 三个月内血液胆固醇降低量的 95% 的置信区间.

6.5 两个比率的推断

比率 p 是二点分布 $b(1, p)$ 中的一个参数. 设

• $x_1, x_2, \cdots, x_n$ 是来自二点分布 $b(1, p_1)$ 的一个样本;

• $y_1, y_2, \cdots, y_m$ 是来自另一个二点分布 $b(1, p_2)$ 的一个样本;

• 上述两个样本相互独立.

我们将在大样本场合下分别讨论两比率差 $p_1 - p_2$ 的假设检验问题与置信区间的构造. 这是因为在大样本下可以使用正态近似;另外诸 x_i 与诸 y_j 都是成败(0或1)型数据,在很多场合都较容易大量收集;而在小样本场合很难获得比率的较精确的估计.

6.5.1 两个比率差的假设检验

关于两个比率差的检验问题常有如下三种:

Ⅰ. $H_0: p_1 - p_2 \leqslant 0, \quad H_1: p_1 - p_2 > 0,$

Ⅱ. $H_0: p_1 - p_2 \geqslant 0, \quad H_1: p_1 - p_2 < 0,$

Ⅲ. $H_0: p_1 - p_2 = 0, \quad H_1: p_1 - p_2 \neq 0.$

其中 p_1 与 p_2 分别用

$$\hat{p}_1 = \frac{1}{n}\sum_{i=1}^{n} x_i, \quad \hat{p}_2 = \frac{1}{m}\sum_{i=1}^{m} y_i$$

给出. 在 n 与 m 都很大的场合，$\hat{p}_1$ 与 $\hat{p}_2$ 都近似服从正态分布. 考虑到两样本的独立性，差 $\hat{p}_1 - \hat{p}_2$ 也近似服从正态分布，即

$$\hat{p}_1 - \hat{p}_2 \stackrel{.}{\sim} N\left(p_1 - p_2, \frac{p_1(1-p_1)}{n} + \frac{p_2(1-p_2)}{m}\right)$$

或者

$$u = \frac{\hat{p}_1 - \hat{p}_2 - (p_1 - p_2)}{\sqrt{\frac{p_1(1-p_1)}{n} + \frac{p_2(1-p_2)}{m}}} \stackrel{.}{\sim} N(0,1). \tag{6.5.1}$$

可以证明：上述三种检验问题都在 $p_1 = p_2$ 时犯第 Ⅰ 类错误的概率最大，故只要在 $p_1 = p_2 = p$ 处使犯第 Ⅰ 类错误的概率为 α 就可获得水平为 α 的检验. 而在 $p_1 = p_2 = p$ 时，可用合样本的频率来估计 p，即用

$$\hat{p} = \frac{\sum_{i=1}^{n} x_i + \sum_{i=1}^{m} y_i}{n+m} = \frac{n\hat{p}_1 + m\hat{p}_2}{n+m} \tag{6.5.2}$$

估计共同的 p，这时可用如下检验统计量：

$$u = \frac{\hat{p}_1 - \hat{p}_2}{\sqrt{\hat{p}(1-\hat{p})\left(\frac{1}{n} + \frac{1}{m}\right)}}. \tag{6.5.3}$$

对给定的显著性水平 α，前述三个检验问题的拒绝域分别为

$$W_{\text{Ⅰ}} = \{u > u_{1-\alpha}\}, \quad W_{\text{Ⅱ}} = \{u < u_{\alpha}\}, \quad W_{\text{Ⅲ}} = \{|u| \geqslant u_{1-\alpha/2}\},$$

其中 $u_{1-\alpha}, u_{\alpha}, u_{1-\alpha/2}$ 都是标准正态分布的 $1-\alpha, \alpha, 1-\frac{\alpha}{2}$ 分位数.

若设 u_0 为从两样本用(6.5.3)算得的检验统计量 u 的观察值，则上述三个检验问题的 p 值分别为

$$p_{\text{Ⅰ}} = P(u \geqslant u_0),$$
$$p_{\text{Ⅱ}} = P(u \leqslant u_0),$$
$$p_{\text{Ⅲ}} = P(|u| \geqslant |u_0|) = 2P(u \geqslant |u_0|).$$

例 6.5.1 甲、乙两厂生产同一种产品，为比较两厂的产品质量是否一致，现随机地从甲厂的产品中抽取 300 件，发现有 14 件不合格品，在乙厂的产品中抽取 400 件，发现有 25 件不合格品. 在 $\alpha = 0.05$ 水平下检验两厂的不

合格品率有无显著差异.

解 设甲厂的不合格品率为 p_1，乙厂的不合格品率为 p_2，此时要检验的假设为

$$H_0: p_1 = p_2, \quad H_1: p_1 \neq p_2.$$

由所给出的备择假设，利用大样本的正态近似得在 $\alpha = 0.05$ 水平下的拒绝域为 $\{|u| \geqslant 1.96\}$.

由样本数据知 $n = 300$，$m = 400$，

$$\hat{p}_1 = \frac{14}{300} = 0.046\,7, \quad \hat{p}_2 = \frac{25}{400} = 0.062\,5, \quad \hat{p} = \frac{14+25}{300+400} = 0.055\,7,$$

于是

$$u_0 = \frac{\hat{p}_1 - \hat{p}_2}{\sqrt{\left(\frac{1}{n} + \frac{1}{m}\right)\hat{p}(1-\hat{p})}} = \frac{0.046\,7 - 0.062\,5}{\sqrt{\left(\frac{1}{300} + \frac{1}{400}\right) \times 0.055\,7 \times (1 - 0.055\,7)}}$$

$$= -0.902\,0.$$

由于 $|u_0| < 1.96$，未落在拒绝域中，所以在 $\alpha = 0.05$ 水平下认为两厂的不合格品率无显著差异.

该检验问题的 p 值为

$$p = 2P(u \geqslant |u_0|) = 2P(u \geqslant 0.902)$$

$$= 2(1 - 0.816\,4) = 0.167\,2.$$

该 p 值较大，说明该数据不支持"两厂不合格品率有显著差异"的说法.

6.5.2 控制犯第 II 类错误概率 β，确定样本量

为确定起见，我们将在双侧检验问题下和两样本量相等 $n = m$ 场合计算犯第 II 类错误的概率 β. 在原假设 $H_0: p_1 = p_2$ 不真下而接受 H_0 的概率为

$$\beta = P(|u| \leqslant u_{1-\alpha/2}) = P\left(-u_{1-\alpha/2} \leqslant \frac{\hat{p}_1 - \hat{p}_2}{\sqrt{\hat{p}(1-\hat{p})\frac{2}{n}}} \leqslant u_{1-\alpha/2}\right), \quad (6.5.4)$$

其中 $\hat{p}$ 是在 $p_1 = p_2 = p$ 的假设下对 p 所作出的估计(见(6.5.2))，上式分母（根号部分）也是在 $p_1 = p_2 = p$ 下对标准差 $\sigma(\hat{p}_1 - \hat{p}_2)$ 作出的估计. 如今 $p_1 \neq p_2$，$\hat{p}_1 - \hat{p}_2$ 的标准差也改变了，其近似分布为

$$\hat{p}_1 - \hat{p}_2 \stackrel{\cdot}{\sim} N\left(p_1 - p_2, \frac{p_1 q_1 + p_2 q_2}{n}\right),$$

其中 $q_1 = 1 - p_1$，$q_2 = 1 - p_2$. 为计算 β 还需把检验统计量 u 改写一下:

$$u = \frac{\hat{p}_1 - \hat{p}_2}{\sqrt{\hat{p}(1-\hat{p})\frac{2}{n}}}$$

$$= \frac{\hat{p}_1 - \hat{p}_2 - (p_1 - p_2)}{\sqrt{\dfrac{p_1 q_1 + p_2 q_2}{n}}} \cdot \frac{\sqrt{\dfrac{p_1 q_1 + p_2 q_2}{n}}}{\sqrt{\hat{p}(1-\hat{p})\dfrac{2}{n}}} + \frac{p_1 - p_2}{\sqrt{\hat{p}(1-\hat{p})\dfrac{2}{n}}}.$$

把上式代回(6.5.4),再经一些运算可得

$$\beta = \Phi\left(\frac{u_{1-\alpha/2}\sqrt{2\hat{p}(1-\hat{p})} - \sqrt{n}(p_1 - p_2)}{\sqrt{p_1 q_1 + p_2 q_2}} \right)$$

$$- \Phi\left(\frac{-u_{1-\alpha/2}\sqrt{2\hat{p}(1-\hat{p})} - \sqrt{n}(p_1 - p_2)}{\sqrt{p_1 q_1 + p_2 q_2}} \right).$$

上式第二项接近于零,可忽略不计. 再用标准正态分布 β 分位数 u_β 可得

$$u_{1-\alpha/2}\sqrt{2\hat{p}(1-\hat{p})} - \sqrt{n}(p_1 - p_2) = u_\beta \sqrt{p_1 q_1 + p_2 q_2},$$

其中

$$\hat{p} = \frac{n\hat{p}_1 + m\hat{p}_2}{n+m} = \frac{\hat{p}_1 + \hat{p}_2}{2}.$$

如今在确定样本量场合,估计量 $\hat{p}_1$ 与 $\hat{p}_2$ 无法知道,故仍分别用 p_1 与 p_2 表示. 这样一来,

$$2\hat{p}(1-\hat{p}) = \frac{(p_1 + p_2)(q_1 + q_2)}{2}.$$

再考虑到 $-u_\beta = u_{1-\beta}$,故从上式可解得样本量 n 的表达式:

$$n = \frac{u_{1-\alpha/2}\sqrt{\dfrac{(p_1 + p_2)(q_1 + q_2)}{2}} + u_{1-\beta}\sqrt{p_1 q_1 + p_2 q_2}}{(p_1 - p_2)^2}. \tag{6.5.5}$$

这个表达式虽复杂一些,但还是一个可行的方案,具体看下面例子.

例 6.5.2 在 $\alpha = 0.05$ 与 $\beta = 0.10$ 场合,考查区分 p_1 与 p_2 所需的样本量. 此时 $u_{1-\alpha/2} = u_{0.975} = 1.96$,$u_{1-\beta} = u_{0.9} = 1.282$. 以下为确定起见先考虑区分 $p_1 = 0.01$,$p_2 = 0.05$ 时所需样本量. 为此特设计如下计算表:

$p_1 = 0.01$	$p_2 = 0.05$	$p_1 + p_2 = 0.06$
$q_1 = 0.99$	$q_2 = 0.95$	$q_1 + q_2 = 1.94$
$p_1 q_1 = 0.009\,9$	$p_2 q_2 = 0.047\,5$	

把上表中算得的 4 个中间结果 $p_1 + p_2, q_1 + q_2, p_1 q_1, p_2 q_2$ 代入(6.5.5)后可得

$$n = \frac{\left(1.96 \times \sqrt{\dfrac{0.06 \times 1.94}{2}} + 1.282 \times \sqrt{0.009\,9 + 0.047\,5} \right)^2}{(0.01 - 0.05)^2}$$

$$= 380.24.$$

近似取 $n=381$. 这表明：为区分 $p_1=0.01$ 与 $p_2=0.05$，并使犯第 I, II 类错误的概率分别不超过 0.05 与 0.10，所需样本量至少各为 381.

类似地，对不同的 p_2 和不同的 β 可算得所需样本量，所得结果都列在表 6-8 上.

表 6-8　　　　　　　　**若干参数下所需样本量**

$\alpha=0.05, \beta=0.10$

　　　　$p_1=0.01, p_2=0.03, n=101\ 9\ (\times 2)$

　　　　$p_1=0.01, p_2=0.05, n=381\ (\times 2)$

　　　　$p_1=0.01, p_2=0.07, n=223\ (\times 2)$

$\alpha=0.05, \beta=0.05$

　　　　$p_1=0.01, p_2=0.03, n=127\ 1\ (\times 2)$

　　　　$p_1=0.01, p_2=0.05, n=470\ (\times 2)$

　　　　$p_1=0.01, p_2=0.07, n=275\ (\times 2)$

从表 6-8 可以看出，当增大 p_1 与 p_2 距离时，区分 p_1 与 p_2 所需样本量 n 在减少；当减少犯第 II 类错误概率 β 时，区分 p_1 与 p_2 所需样本量在增大. 这些都与人们的直观认知是吻合的.

在单侧检验场合亦可类似导出所需样本量，它与 (6.5.5) 的差别仅在 $u_{1-\alpha/2}$ 上，把 $u_{1-\alpha/2}$ 改为 $u_{1-\alpha}$ 即可. 这时

$$n=\frac{\left(u_{1-\alpha}\sqrt{\dfrac{(p_1+p_2)(q_1+q_2)}{2}}+u_{1-\beta}\sqrt{p_1q_1+p_2q_2}\right)^2}{(p_1-p_2)^2}, \quad (6.5.6)$$

其中 $q_1=1-p_1$, $q_2=1-p_2$.

6.5.3　两个比率差的置信区间

两个比率差 p_1-p_2 的置信区间可由近似标准正态变量

$$\frac{\hat{p}_1-\hat{p}_2-(p_1-p_2)}{\sqrt{\dfrac{p_1(1-p_1)}{n}+\dfrac{p_2(1-p_2)}{m}}}\ \dot\sim\ N(0,1)$$

导出，其中分母中的 p_1 与 p_2 用其频率估计 $\hat{p}_1$ 与 $\hat{p}_2$ 给出. 这时在大样本场合，p_1-p_2 的近似 $1-\alpha$ 置信区间为

$$\hat{p}_1-\hat{p}_2\pm u_{1-\alpha/2}\sqrt{\dfrac{\hat{p}_1(1-\hat{p}_1)}{n}+\dfrac{\hat{p}_2(1-\hat{p}_2)}{m}}, \quad (6.5.7)$$

而 $p_1 - p_2$ 的近似 $1-\alpha$ 单侧置信上限为

$$\hat{p}_1 - \hat{p}_2 + u_{1-\alpha}\sqrt{\frac{\hat{p}_1(1-\hat{p}_1)}{n} + \frac{\hat{p}_2(1-\hat{p}_2)}{m}}, \qquad (6.5.8)$$

$p_1 - p_2$ 的近似 $1-\alpha$ 单侧置信下限为

$$\hat{p}_1 - \hat{p}_2 - u_{1-\alpha}\sqrt{\frac{\hat{p}_1(1-\hat{p}_1)}{n} + \frac{\hat{p}_2(1-\hat{p}_2)}{m}}. \qquad (6.5.9)$$

例 6.5.3 在一个由 85 个(汽车发动机用的)机轴组成的样本中有 10 个表面加工较为粗糙而成为次品. 随之对表面抛光进行改进,随之又得 75 个车轴组成的第二个样本,其中 5 件为次品. 现要求两个次品率差的 95% 置信区间.

解 从题意知,$n=85$,$\hat{p}_1=\dfrac{10}{85}$;$m=75$,$\hat{p}_2=\dfrac{5}{75}$. 由(6.5.7)知,两个次品率之差的 95% 置信区间为

$$\frac{10}{85} - \frac{5}{75} \pm u_{0.975}\sqrt{\left(\frac{2}{17}\times\frac{15}{17}\right)\bigg/85 + \left(\frac{1}{15}\times\frac{14}{15}\right)\bigg/75}$$

$$= 0.050\,98 \pm 1.96 \times 0.045\,29 = 0.050\,98 \pm 0.088\,76$$

$$= [-0.037\,78, 0.139\,74].$$

该区间包含零,所以从数据上看,改进表面抛光工序并无显著减少次品率.

习 题 6.5

1. 从随机抽取的 467 名男性中发现有 8 人色盲,而 433 名女性中发现 1 人色盲,在 $\alpha = 0.01$ 水平下能否认为女性色盲比率比男性低?

2. 为确定 A,B 两种肥料的效果是否有显著差异,取 1 000 株植物做试验. 在施 A 肥料的 100 株植物中,有 53 株长势良好,在施 B 肥料的 900 株植物中,有 783 株长势良好. 在 $\alpha = 0.01$ 水平下检验这两种肥料的效果有无显著差异.

3. 用铸造与锻造两种不同方法制造某种零件,从各自制造的零件中分别随机抽取 100 个,其中铸造的有 10 个废品,锻造的有 3 个废品. 在 $\alpha = 0.05$ 水平下,能否认为废品率与制造方法有关?

4. 两种不同类型的注射机器生产同一种塑料零件. 为考察其不合格品率从每台机器各抽取 300 个零件,其中不合格品数分别为 15 只与 8 只. 考查下列问题:

(1) 认为两种机器的不合格品率相同合理吗?

(2) 计算该检验问题的 p 值.

(3) 寻求两种不合格品率之差的 95% 置信区间.

5. 若设 $p_1=0.05$, $p_2=0.02$, 在犯第 Ⅰ, Ⅱ 类错误概率分别为 $\alpha=0.05$, $\beta=0.10$ 下为区分 p_1 与 p_2 需要多少样本量?

6. 在上题条件下, 其他不变, 只把犯第 Ⅱ 类错误概率 β 从 0.10 分别改为 0.05 与 0.15, 其需要样本量各为多少?

7. 某公司生产 A 与 B 两种型号自行车. 为调查市场特在某地投放两种型号自行车各 200 辆, 半个月后得知型号 A 已出售 61 辆, 型号 B 已出售 75 辆. 试求两种型号自行车销售率之差 $p_A - p_B$ 的 0.95 置信区间.

6.6   秩 和 检 验

样本 $x_1, x_2, \cdots, x_n$ 中观察值 x_i 在其有序样本中的序号 R_i 被称为 x_i 的秩 (见定义 5.8.1), 有 n 个观察值就有 n 个秩 $R_1, R_2, \cdots, R_n$, 它们只保留样本观察值大小的序号, 抛弃了具体观察值, 并用 n 个秩 $(R_1, R_2, \cdots, R_n)$ 代表样本参加统计推断. 这就是秩方法.

在 5.10.4 小节中曾用秩构造符号秩和统计量, 有效地解决分布对称中心的检验问题. 这里将给出 Wilcoxon 在 1945 年提出的秩和检验, 该检验是用于两总体位置参数的比较问题. 该检验不仅有重要应用, 而且在理论上奠定了非参数统计推断的基础, 极大地推动了秩方法的发展.

6.6.1   秩和检验

先看一个例子.

例 6.6.1   为考察某种羊毛在进行某种工艺处理之前与之后含脂率的变化, 特分别从处理前后的羊毛中分别抽取容量 $n=5$ 与 $m=6$ 的两个样本, 并测其含脂率如下:

处理前 (x): 0.20, 0.66, 0.52, 0.38, 0.13 $(n=5)$;

处理后 (y): 0.12, 0.07, 0.21, 0.08, 0.19, 0.24 $(m=6)$.

试问该工艺处理前后羊毛的含脂率是否有明显下降?

分几步来考察这个问题.

(1) 这是比较处理前后羊毛含脂率大小的问题. 含脂率是随机变量, 分别记为 X 与 Y. 直接比较两随机变量 X 与 Y 的大小是困难的, 但可从它们分布的位置上获取信息作出判断. 关于含脂率 X 与 Y 的分布知之甚少, 只能作一些简单假设, 具体如下:

• X 与 Y 是连续随机变量, 它们的密度函数记为 $f(x)$ 与 $g(x)$.

· $f(x)$ 与 $g(x)$ 的形状相同，但位置不同(见图 6-3).

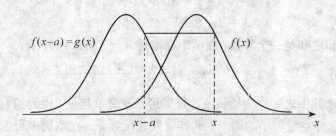

图 6-3　位置参数 a 不同的两个密度函数

经位移变换后，$g(x)$ 可改写为 $f(x-a)$. 这表明 $f(x-0)$ 与 $f(x-a)$ 同属于一个位置参数分布族：

$$\mathscr{F}=\{f(x-a)：a\ \text{为实数}\}. \qquad (6.6.1)$$

在此族内任意两个分布的形状相同，其位置参数 a 不同. 在这个前提下，不同的位置参数 a 表示不同含义，如

· $a=0$ 表示 X 与 Y 同分布.

· $a>0$ 表示 Y 的分布位于 X 的分布左侧，简单地说，"Y（比 X）偏小"，或者说 "X（比 Y）偏大".

· $a<0$ 表示 Y 的分布位于 X 的分布右侧，简单地说，"Y（比 X）偏大"，或者说 "X（比 Y）偏小".

经过上述分析，处理前后羊毛含脂率大小的比较问题可归结为如下一对假设的检验问题：

Ⅰ. $H_0：a=0$,　$H_1：a>0$.

下面将用 Wilcoxon 的秩和检验进一步分析这个问题. 当然，另两对假设检验问题 Ⅱ 与 Ⅲ 亦可类似考虑：

Ⅱ. $H_0：a=0$,　$H_1：a<0$；

Ⅲ. $H_0：a=0$,　$H_1：a\neq 0$.

（2）计算秩和，选择检验统计量. 把上述两个样本并成一个合样本，并把它们从小到大排列，记下它们的秩. 具体见表 6-9，表中带有 □ 的数是处理前羊毛含脂率(x)数据.

表 6-9 含脂率的合样本及其秩

含脂率	0.07	0.08	0.12	0.13	0.19	0.20	0.21	0.24	0.38	0.52	0.66
秩	1	2	3	4	5	6	7	8	9	10	11

若记 W_X 与 W_Y 分别表示羊毛处理前后的秩和,则有

$$W_X = 4+6+9+10+11 = 40(=W_0),$$
$$W_Y = 1+2+3+5+7+8 = 26.$$

这两个秩和之和是一个常数,对两个样本量 $n=5$ 和 $m=6$,有

$$W_X + W_Y = 1+2+\cdots+11 = \frac{(n+m)(n+m+1)}{2} = 66.$$

因此只需选其中之一作为检验统计量即可. 为简单起见,也为编制临界值表方便,常选样本量较小的那个秩和作为检验统计量. 在本例中可选 W_X 作为检验统计量.

(3) 确定拒绝域形式. 设 $x_1, x_2, \cdots, x_n$ 是来自总体 X 的一个样本, $y_1, y_2, \cdots, y_m$ 是来自总体 Y 的一个样本,两个样本相互独立,且 $n \leqslant m$. 在其合样本 $x_1, x_2, \cdots, x_n, y_1, y_2, \cdots, y_m$ 中选用秩和 W_X 作为检验统计量,则 W_X 是仅取某些正整数的离散随机变量,且在下列范围内取值:

$$\frac{n(n+1)}{2} \leqslant W_X \leqslant \frac{n(n+2m+1)}{2}. \tag{6.6.2}$$

这是因为在 $1, 2, \cdots, n+m$ 中任取 n 个,其最小值与最大值分别为

$$\min\{W_X\} = 1+2+\cdots+n = \frac{n(n+1)}{2},$$
$$\max\{W_X\} = (m+1)+(m+2)+\cdots+(m+n)$$
$$= \frac{n(n+2m+1)}{2}.$$

若原假设 $H_0: a=0$ 为真,则 X 与 Y 同分布,在其合样本中秩和 W_X (W_Y 也一样) 不会偏大,也不会偏小. 倘若 W_X 偏大或偏小都应拒绝 H_0. 而当 W_X 偏大时,来自 X 的样本在合样本中偏大,这时应倾向于接受 $H_1: a>0$,故检验问题 Ⅰ 的拒绝域应为

$$W_{\mathrm{I}} = \{W_X \geqslant c\}.$$

类似地,检验问题 Ⅱ 与 Ⅲ 的拒绝域分别为

$$W_{\mathrm{II}} = \{W_X \leqslant c'\},$$
$$W_{\mathrm{III}} = \{W_X \leqslant c_1 \text{ 或 } W_X \geqslant c_2\},$$

其中诸临界值 c, c', c_1 与 c_2 将由 W_X 的概率分布与给定的显著性水平确定. 注意:这里有两处使用同一字母 W,我们应从上下文或下标中区分它们是秩和还是拒绝域.

(4) 秩和 W_X 的分布. 设 $R_1, R_2, \cdots, R_n$ 为合样本 $\{x_1, x_2, \cdots, x_n, y_1, y_2, \cdots, y_m\}$ ($n \leqslant m$) 中诸 x_i 的秩,其和为 $W_X = \sum_{i=1}^{n} R_i$. 在原假设 $H_0: a=0$ 为真 (即 X 与 Y 同分布) 时,$R_1, R_2, \cdots, R_n$ 可看做从 $n+m$ 个整数集合

$\{1,2,\cdots,n+m\}$ 中任取 n 个组成. 此种取法共有 $\binom{n+m}{n}$ 个, 且是等可能的, 则由古典概率可得如下 W_X 的分布.

定理 6.6.1 在原假设 $H_0: a=0$ 为真时, 来自 X 的样本在合样本中的秩和 W_X 有如下分布:

$$P(W_X=d)=P\Big(\sum_{i=1}^n R_i=d\Big)=\frac{t_{n,m}(d)}{\binom{n+m}{n}},\qquad (6.6.3)$$

其中 $t_{n,m}(d)$ 表示从 $\{1,2,\cdots,n+m\}$ 中所取 n 个数之和恰为 d 的不同取法数, 而 $d=\dfrac{n(n+1)}{2},\cdots,\dfrac{n(n+2m+1)}{2}$.

注意: 这里的 $t_{n,m}(d)$ 已很难简化了, 但是在 n 与 m 都不太大的场合下可用罗列的方法获得, 下面用例子来说明这种方法.

例 6.6.2 取 $n=2$ 与 $m=3$, 这时容量为 5 的合样本中有 2 个 x 的和 3 个 y 的观察值. 在原假设 $H_0: a=0$ 为真的情况下, 共有 $\binom{5}{2}=10$ 种等可能结果, 我们把它们列于表 6-10 中. 从表中可见: 秩和 W_X 可在最小值 $\dfrac{n(n+1)}{2}=3$ 和最大值 $\dfrac{n(n+2m+1)}{2}=9$ 中取值.

表 6-10 $n=2$ 与 $m=3$ 的秩与秩和

秩	1	2	3	4	5	秩和 W_X
1	x	x				3
2	x		x			4
3	x			x		5
4	x				x	6
5		x	x			5
6		x		x		6
7		x			x	7
8			x	x		7
9			x		x	8
10				x	x	9

注: 空白处为 y.

整理表 6-10 中最后一列数据, 可得 W_X 在 $H_0: a=0$ 为真时的概率分布:

W_X	3	4	5	6	7	8	9
P	0.1	0.1	0.2	0.2	0.2	0.1	0.1

这是一个对称分布. 这不是偶然的. 有以下定理保证.

定理 6.6.2 在原假设 $H_0: a=0$ 为真时, 秩和 W_X 的分布是对称分布, 即
$$P(W_X=d)=P(W_X=n(N+1)-d), \qquad (6.6.4)$$
其中 $d=\dfrac{n(n+1)}{2},\cdots,\dfrac{n(n+2m+1)}{2}$, 对称中心为这些值的中点 $\dfrac{n(N+1)}{2}$,
其中 $N=n+m$.

证 首先给出秩和 W_X 所取之值的示意图, 见图 6-4. 从图上可见, W_X
在闭区间 $\left[\dfrac{n(n+1)}{2}, \dfrac{n(n+2m+1)}{2}\right]$ 上取整数值, 该区间的中点为 $\dfrac{n(N+1)}{2}$,
0 与 $n(N+1)$ 也关于中点对称. (6.6.4) 中的 d 与 $n(N+1)-d$ 含义亦可从
图 6-4 看出. 以下转入证明.

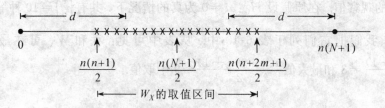

图 6-4 秩和 W_X 的取值示意图 $(N=n+m)$

设 $R_1,R_2,\cdots,R_n$ 为合样本中诸 x_i 的秩, 其和记为 d. 用 $N+1$ 减去每个
R_i, 得
$$R'_1=N+1-R_1,\ R'_2=N+1-R_2,\ \cdots,\ R'_n=N+1-R_n.$$
它们仍是 $\{1,2,\cdots,n+m\}$ 中某 n 个整数, 其和为
$$\sum_{i=1}^{n}R'_i=n(N+1)-d.$$
所有和为 $n(N+1)-d$ 的此种 n 个秩 $(R'_1,R'_2,\cdots,R'_n)$ 共有 $t_{n,m}(n(N+1)-d)$
个, 从一一对应关系可知
$$t_{n,m}(d)=t_{n,m}(n(N+1)-d). \qquad (6.6.5)$$
再由定理 6.6.1 可得 (6.6.4). 定理 6.6.2 得证.

秩和 W_X 分布的对称性给计算带来很多方便. 见下面例子.

例 6.6.3 在工艺处理前后羊毛含脂率比较问题(见例 6.6.1)中

$$n=5, \quad m=6, \quad N=n+m=11, \quad n(N+1)=60.$$

对 X 样本(处理前含脂率)在合样本中秩和统计量 W_X 的分布用罗列方法已算得左侧几个尾部概率,依据对称性,左侧的几个尾部概率也是右侧的几个尾部概率,具体如表 6-11 所示.

表 6-11

$d \ (60-d)$	15 (45)	16 (44)	17 (43)	18 (42)	19 (41)	20 (40)	21 (39)	⋯
$P(W_X=d)=$ $P(W_X=60-d)$	0.002 2	0.002 2	0.004 3	0.006 5	0.010 8	0.015 2	0.021 6	⋯
$P(W_X \leqslant d)=$ $P(W_X \geqslant 60-d)$	0.002 2	0.004 3	0.008 6	0.015 2	0.025 9	0.041 1	0.062 8	⋯

由上述分布的尾部概率可得各种显著性水平 α 下的临界值 c,即满足如下概率不等式的 c:

$$P(W_X \leqslant c) \leqslant \alpha < P(W_X \leqslant c+1).$$

这里使用不等式是因为 W_X 是离散随机变量. 譬如取 $\alpha=0.05$,则可从尾部概率中查得 $c=20$;若 $\alpha=0.01$,可查得 $c=17$. 这样可得表 6-12.

表 6-12 **Wilcoxon 秩和检验临界值表**

m	n	α			
		0.05	0.025	0.01	0.005
6	5	20	18	17	16

类似的更大的临界值表见附表 13,在那里对 $n \leqslant m \leqslant 20$ 和不同的 α 均可找到需要的临界值.

对拒绝域形式为 $\{W_X \geqslant c'\}$ 可利用对称性

$$P(W_X \geqslant c') = P(W_X \leqslant n(N+1)-c')$$

获得 c'. 如 $n=5, m=6$,可得 $N=11, n(N+1)=60$,若取 $\alpha=0.05$,可从表 6-12 中查得 $n(N+1)-c'=20$,从而得

$$c'=n(N+1)-20=60-20=40.$$

(5) 完成例 6.6.1 的检验程序. 在考察处理前后羊毛含脂率变化问题中已确定拒绝域形式 $W_{\mathrm{I}}=\{W_X \geqslant c\}$,首先利用对称性把它转化为

$$P(W_X \geqslant c) = P(W_X \leqslant n(N+1)-c).$$

在附表 13 中,对 $n=5, m=6 \ (N=n+m=11)$ 和 $\alpha=0.05$ 可查得

$n(N+1)-c=20$，由此可得

$$c=n(N+1)-20=60-20=40.$$

故拒绝域

$$W_{\mathrm{I}}=\{W_X\geqslant 40\}.$$

如今从样本数据已算得 W_X 的观察值 $W_0=40$，它恰好落在拒绝域内，故应拒绝 $H_0:a=0$，接受 $H_1:a>0$，即 X（处理前的含脂率）显著地高于 Y（处理后的含脂率），或者说，此种工艺处理可使羊毛含脂率有显著下降.

例 6.6.4（数值例子） 有两个公司共有 22 名职员，其月薪如表 6-13 所示. 现要比较两公司职员月薪的高低.

表 6-13　　　　　　　　**两公司职员的月薪(单位:千元)**

公司 1 (X)	11	12	13	14	15	16	17	18	19	20	40	60	($m=12$)
公司 2 (Y)	3	4	5	6	7	8	9	10	30	50			($n=10$)

解 从几个角度来看这个问题.

(1) 从直觉上看，表 6-13 上的数据表明公司 1 的职员月薪要高于公司 2 职员月薪.

(2) 若设公司职员月薪服从正态分布，且其方差相等，即 $X\sim N(\mu_1,\sigma^2)$，$Y\sim N(\mu_2,\sigma^2)$，且 X 与 Y 独立. 这时可用双样本 t 检验对 $H_0:\mu_1=\mu_2$，$H_1:\mu_1>\mu_2$ 作出判断. 从数据可算得

$$\overline{x}=21.25,\quad s_x^2=181.2955,$$
$$\overline{y}=13.20,\quad s_y^2=226.4,$$
$$s_w^2=\frac{11s_x^2+9s_y^2}{12+10-2}=201.5925,\quad s_w=14.1983.$$

从而可得双样本 t 检验统计量的值

$$t_0=\frac{\overline{x}-\overline{y}}{s_w\sqrt{\frac{1}{12}+\frac{1}{10}}}=\frac{21.25-13.20}{14.1983\times 0.4282}=1.3242.$$

这个检验的拒绝域为

$$W=\{t\geqslant t_{1-\alpha}(n+m-2)\}.$$

若取 $\alpha=0.05$，有 $t_{0.95}(20)=1.725$，故 $t_0=1.3242$ 未落入拒绝域内，不能拒绝 $H_0:\mu_1=\mu_2$ 的假设，即在 $\alpha=0.05$ 水平下，两公司职员平均月薪没有显著差异. 这一结论与直觉相反，人们是不会接受的. 问题出在公司职员月薪服从正态分布假设上. 因为月薪工资是不对称的，正常状态是低工资人群比高工资人群大得多.

（3）现改用非参数方法，用 Wilcoxon 秩和检验对表 6-13 上的数据作出判断．首先考察合样本，并考察样本量较小的公司 2 职员月薪的秩和统计量 $W_Y = 66$（见表 6-14）．

表 6-14　　　　　　　　　　两公司职员月薪的合样本及其秩

月薪	③	④	⑤	⑥	⑦	⑧	⑨	⑩	11	12	13
秩	1	2	3	4	5	6	7	8	9	10	11
月薪	14	15	16	17	18	19	20	㉚	40	㊿	60
秩	12	13	14	15	16	17	18	19	20	21	22

现对秩和统计量 W_Y 作一些分析．

- 若 W_Y 偏小，可认为公司 2 职员月薪比公司 1 低．
- 若 W_Y 偏大，可认为公司 2 职员月薪比公司 1 高．
- 如今 $W_Y = 76$，孰大孰小呢？ 为此用秩和检验作进一步分析．

公司职员月薪的分布是未知的，如今要比较两公司职员月薪高低，可认为它们的分布只在位置上有差别，它们都属于位置参数族（6.6.1），即设

$$X \sim f(x), \quad Y \sim f(x-a) \quad (a > 0).$$

这个假定是可以接受的．在此假定下上述问题就归结为如下的检验问题：

$$H_0: a = 0, \quad H_1: a > 0,$$

其拒绝域 $W = \{W_Y \leqslant c\}$．若取显著性水平 $\alpha = 0.05$，就寻找这样的临界值 c，使其满足

$$P(W_Y \leqslant c) \leqslant 0.05 < P(W_Y \leqslant c+1).$$

从附表 13 的 $m = 12, n = 10$ 和 $\alpha = 0.05$ 栏中找得 $c = 89$，即此拒绝域为 $W = \{W_Y \leqslant 89\}$．如今秩和统计量 W_Y 的观察值 $W_0 = 76$，落在拒绝域内，故应拒绝 H_0，接受 $H_1: a > 0$．这表明：Y（公司 2 职员月薪）显著地比 X（公司 1 职员月薪）偏小．这一结论与人们的直觉是吻合的．在此场合使用秩和检验是较为恰当的．

6.6.2　大样本场合下的正态近似

当参与比较的两个样本的容量 n 与 m 都较大时，秩和统计量的分布已很难导出，这时可求助于中心极限定理获得大样本场合下正态近似的秩和检验．以下分几步讨论这个问题．

（1）设有两个相互独立的总体 X 与 Y，其分布都是位置参数族（6.6.1）的成员，即 $X \sim f(x), Y \sim f(x-a)$，$a$ 为任意实数，当 $a = 0$ 时，X 与 Y 还

是同分布.

又设 $x_1, x_2, \cdots, x_n$ 是来自 $f(x)$ 的一个样本，$y_1, y_2, \cdots, y_m$ 是来自 $f(x-a)$ 的一个样本，且 $n \leqslant m$，并记 $n+m=N$. 把合样本 $x_1, x_2, \cdots, x_n, y_1, y_2, \cdots, y_m$ 从小到大排序，其秩记为 $R_1, R_2, \cdots, R_N$，在 X 与 Y 同分布时（以下均在此条件下讨论），合样本中任一成员（x_i 或 y_j）在有序样本中都有同等机会落在任一位置上，故任一秩 R_i 都服从离散均匀分布，即

$$P(R_i = r) = \frac{1}{N}, \quad r = 1, 2, \cdots, N.$$

定理 6.6.3 对任意 $i = 1, 2, \cdots, N$，都有

$$E(R_i) = \frac{N+1}{2}, \quad \mathrm{Var}(R_i) = \frac{N^2-1}{12}.$$

证 对任意 $i = 1, 2, \cdots, N$，都有

$$E(R_i) = \sum_{r=1}^{N} r P(R_i = r) = \frac{1}{N} \sum_{r=1}^{N} r = \frac{N+1}{2},$$

$$E(R_i^2) = \sum_{r=1}^{N} r^2 P(R_i = r) = \frac{1}{N} \sum_{r=1}^{N} r^2 = \frac{(N+1)(2N+1)}{6}.$$

从而

$$\begin{aligned}
\mathrm{Var}(R_i) &= E(R_i^2) - (E(R_i))^2 \\
&= \frac{(N+1)(2N+1)}{6} - \frac{(N+1)^2}{4} = \frac{N^2-1}{12}.
\end{aligned}$$

证毕.

在合样本的秩 $(R_1, R_2, \cdots, R_N)$ 中任意两个秩 R_i 与 R_j 可看做是从 $\{1, 2, \cdots, N\}$ 中先后不返回地抽取两个数，故其联合分布亦是一维离散均匀分布，即

$$P(R_i = r_1, R_j = r_2) = \frac{1}{N(N-1)}, \quad r_1 \neq r_2.$$

从而可算得其协方差. 具体见下面定理.

定理 6.6.4 对任意的 $1 \leqslant i < j \leqslant N$，都有 $\mathrm{Cov}(R_i, R_j) = -\frac{N+1}{12}$.

证 对任意 $1 \leqslant i < j \leqslant N$，都有

$$E(R_i R_j) = \sum_{r_1 \neq r_2} r_1 r_2 P(R_i = r_1, R_j = r_2) = \frac{1}{N(N-1)} \sum_{r_1 \neq r_2} r_1 r_2$$

$$= \frac{1}{N(N-1)} \Big[\Big(\sum_{r=1}^{N} r \Big)^2 - \Big(\sum_{r=1}^{N} r^2 \Big) \Big]$$

$$= \frac{1}{N(N-1)} \left[\frac{N^2(N+1)^2}{4} - \frac{N(N+1)(2N+1)}{6} \right]$$

$$= \frac{1}{N(N-1)} \cdot \frac{N(N+1)(3N+2)(N-1)}{12}$$

$$= \frac{(N+1)(3N+2)}{12},$$

从而可得协方差

$$\mathrm{Cov}(R_i, R_j) = E(R_i R_j) - E(R_i) E(R_j)$$

$$= \frac{(N+1)(3N+2)}{12} - \frac{(N+1)^2}{4} = -\frac{N+1}{12}.$$

证毕. ∎

这表明：任意两个秩 R_i 与 R_j 是负相关的. 这是可以理解的, 因 N 个秩的总和是固定的, 故当 R_i 较大时就会减少另一个 R_j 较大的机会.

(2) 秩和的矩. 设 X 样本 $(x_1, x_2, \cdots, x_n)$ 在合样本中的秩为 $(R_1, R_2, \cdots, R_n)$, 其秩和 $W_X = \sum\limits_{i=1}^{n} R_i$ 的期望与方差可算出.

定理 6.6.5 在 X 与 Y 同分布 $(a=0)$ 时, 有

$$E(W_X) = \frac{n(N+1)}{2}, \quad \mathrm{Var}(W_X) = \frac{nm(N+1)}{12}.$$

证 由定理 6.6.3 与定理 6.6.4 知

$$E(W_X) = E\left(\sum_{i=1}^{n} R_i \right) = \frac{n(N+1)}{2},$$

$$\mathrm{Var}(W_X) = \mathrm{Var}\left(\sum_{i=1}^{n} R_i \right) = \sum_{i=1}^{n} \mathrm{Var}(R_i) + \sum_{i \neq j} \mathrm{Cov}(R_i, R_j)$$

$$= n \mathrm{Var}(R_i) + n(n-1) \mathrm{Cov}(R_i, R_j)$$

$$= n \cdot \frac{N^2-1}{12} + n(n-1)\left(-\frac{N+1}{12} \right)$$

$$= \frac{nm(N+1)}{12}. \quad \blacksquare$$

(3) 渐近正态性. 在大样本场合, 秩和 $W_X = \sum\limits_{i=1}^{n} R_i$ 是相依的 n 个变量之和, 但在一定条件下中心极限定理仍然成立. 具体有如下定理.

定理 6.6.6 在 X 与 Y 同分布 $(a=0)$ 时, 若 $n \to \infty$, 且 $\frac{m}{N} \to \lambda$, $0 < \lambda < 1$, 则

$$u = \frac{W_X - E(W_X)}{\sqrt{\text{Var}(W_X)}} = \frac{W_X - \dfrac{n(N+1)}{2}}{\sqrt{\dfrac{nm(N+1)}{12}}} \stackrel{\cdot}{\sim} N(0,1)$$

或记为 $W_X \stackrel{\cdot}{\sim} N\left(\dfrac{n(N+1)}{2}, \dfrac{nm(N+1)}{12}\right).$

　　这个定理的证明在这里就省略了.

　　利用定理 6.6.6 的正态近似较为容易地求得各种秩和检验问题的临界值,并且在大样本场合近似程度相当地好,这可从下面例子看出.

　　例 6.6.5　设参与比较的两个样本的容量都为20,即 $n = m = 20$. 若要考察的检验问题是

$$H_0: a = 0, \quad H_1: a < 0 \quad (X \text{ 比 } Y \text{ 较小}),$$

这个检验问题的拒绝域为 $W = \{W_Y \leqslant c\}$,其中临界值 c 可由给定的显著性水平 α 确定,具体可从附表13中查得,现摘录如表 6-15 所示.

表 6-15

m	n	α			
		0.05	0.025	0.01	0.005
20	20	348	337	324	315

　　现用定理 6.6.6 的正态近似也给出临界值 c,并进行比较. 在 $n = m = 20$ 场合先计算秩和统计量 W_X 的期望与方差,由定理 6.6.5 知

$$E(W_X) = \frac{n(N+1)}{2} = \frac{20 \times 41}{2} = 410,$$

$$\text{Var}(W_X) = \frac{nm(N+1)}{12} = \frac{20 \times 20 \times 41}{12}$$

$$= 1\,366.666\,7 = 36.968\,5^2.$$

对给定的显著性水平 α,临界值 c 可由控制犯第 Ⅰ 类错误概率获得,即由等式 $P(W_X \leqslant c) = \alpha$ 定出. 由正态近似可得

$$P(W_X \leqslant c) = \Phi\left(\frac{c - 410}{36.968\,5}\right) = \alpha$$

或用标准正态分布分位数 u_α 表示,有 $\dfrac{c - 410}{36.968\,5} = u_\alpha$,即

$$c = 410 + u_\alpha \cdot 36.968\,5.$$

如

$\alpha=0.05$, $u_\alpha=-1.645$, $c=410-1.645\times36.9685=349.19$；

$\alpha=0.025$, $u_\alpha=-1.96$, $c=410-1.96\times36.9685=337.54$；

$\alpha=0.01$, $u_\alpha=-2.3264$, $c=410-1.96\times36.9685=324.00$；

$\alpha=0.005$, $u_\alpha=-2.5758$, $c=410-2.5758\times36.9685=314.78$.

所得结果与附表 13 所列 c 值颇为接近.

类似地，当选择假设为 $H_1: a>0$ 时，其拒绝域 $W=\{W_X\geqslant c\}$，这时先用秩和 W_X 分布的对称性改写概率：
$$P(W_X\geqslant c)=P(W_X\leqslant n(N+1)-c),$$
然后再用正态近似获得临界值 c.

例 6.6.6 Salk 在 1973 年作了一项关于母亲心跳对新生婴儿的安慰和体重影响的研究. 这项研究特选新生婴儿体重至少为 3510 g 的 56 名，这些婴儿出生后立即送进婴儿室，除在规定时间内母亲对他们正常喂奶外都在婴儿室停留 4 天. 他们被分成两组：

处理组（$n=20$），其中婴儿不断听到一个成人心跳声（每分钟 72 次，85 分贝）.

对照组（$m=36$），其中婴儿听不到其他心跳声.

4 天中处理组婴儿哭声明显少于对照组，4 天后测其体重，测量结果列于表 6-16 中.

表 6-16 　　　　　　　　　大婴儿的体重增加量（单位：g）

X（处理组，$n=20$）：190，80，80，75，50，40，30，20，20，10，10，10，0，0，−10，−25，−30，−45，−60，−85.

Y（对照组，$m=36$）：140，100，100，70，25，20，10，0，−10，−10，−25，−25，−25，−30，−30，−30，−45，−45，−45，−50，−50，−50，−60，−75，−75，−85，−85，−100，−110，−130，−130，−155，−155，−180，−240，−290.

在 X 与 Y 的分布形状相同仅位置不同（即 $X\sim f(x)$，$Y\sim f(x-a)$）的假定下要检验的假设为
$$H_0: a=0, \quad H_1: a>0.$$
我们使用 Wilcoxon 的秩和统计量 W_X. 在合样本中 X 中 20 个样本观察值的秩和 $W=762.5$，其中"结"用平均秩方法确定. 由于该检验问题的拒绝域 $W=\{W_Y>c\}$，其中 c 由给定的显著性水平 $\alpha=0.05$ 确定. 为改用正态近

似确定 c，需要在 $n=20,m=36,N=56$ 下秩和 W_X 的期望与方差，它们是

$$E(W_X) = \frac{20 \times 57}{2} = 570,$$

$$\mathrm{Var}(W_X) = \frac{20 \times 36 \times 57}{12} = 3\,420 = 58.480\,8^2.$$

从而获得 W_X 的正态近似 $N(570, 58.480\,8^2)$. 故 c 可从下列概率等式确定：

$$1 - \Phi\left(\frac{c-570}{58.480\,8}\right) = \alpha(=0.05)$$

或 $\dfrac{c-570}{58.480\,8} = u_{0.95}(=1.645)$，即

$$c = 570 + 1.645 \times 58.480\,8 = 633.30.$$

如今 $W_0 = 762.5 > 633.30$，故样本落在拒绝域内，即应接受 $a>0$ 的备择假设，即处理组婴儿比对照组婴儿的体重有显著增长. 再算其 p 值，

$$p = P(W_X \geqslant 764.5) = 1 - \Phi\left(\frac{764.5 - 570}{58.480\,8}\right)$$

$$= 1 - \Phi(3.326) = 1 - 0.999\,5$$

$$= 0.000\,5.$$

p 值如此之小表明：这 56 个数据强烈支持 X 组比 Y 组体重有显著增长的结论.

(4) 有"结"时秩和方差的修正公式，当合样本中出现"结"时（见定义 5.10.1），会减少合样本的分散程度. 相应秩和 W_X 的方差需要修正. 若设合样本中有 k 个"结"，其中第 i 个结大小（结中数据个数）为 t_i，则 W_X 方差的修改公式为

$$\mathrm{Var}(W_X) = \frac{nm\left[N(N^2-1) - \sum_{i=1}^{k} t_i(t_i^2-1)\right]}{12N(N-1)}.$$

这个公式证明见[14]，这里就省略了. 若把上述方差公式按分子分为两项，第一项就是原方差，无"结"方差，第二项是方差减少量.

$$\mathrm{Var}(W_X) = \frac{nm(N+1)}{12} - \frac{nm\sum_{i=1}^{k} t_i(t_i^2-1)}{12N(N-1)}.$$

在例 6.6.6 中合样本含有 $N = 20 + 36 = 56$ 个数，共有 15 个"结"，其中

容量为 $t_i = 2$ 的"结"有 6 个，每个 $t_i(t_i^2-1) = 6$；

容量为 $t_i = 3$ 的"结"有 5 个，每个 $t_i(t_i^2-1) = 24$；

容量为 $t_i = 4$ 的"结"有 4 个，每个 $t_i(t_i^2-1) = 60$.

故有 $\sum_{i=1}^{15} t_i(t_i^2 - 1) = 6 \times 6 + 24 \times 5 + 60 \times 4 = 396$. 方差的减少量为

$$\frac{20 \times 36 \times 396}{12 \times 56 \times 55} = \frac{54}{7} = 7.714\,3.$$

修改后的方差为

$$\mathrm{Var}(W_X) = 3\,420 - 7.714\,3 = 3\,412.285\,7 = 58.414\,8^2.$$

方差减少不多, 对检验结论没有影响.

习 题 6.6

1. 为查明某种血清是否会抑制白血病, 选取患白血病已到晚期的老鼠 9 只, 其中 5 只接受这种治疗, 另 4 只则不做这种治疗, 设两样本相互独立. 从试验开始时计算存活时间(以月计) 如下:

不作治疗	1.9	0.5	0.9	2.1	
接受治疗	3.1	5.3	1.4	4.6	2.8

设治疗与否的存活时间的概率密度函数至多只差一个平移量. 若取 $\alpha = 0.05$, 问这种血清对白血病是否有抑制作用?

2. 某商店长期向公司 A 和公司 B 购置某种商品. 是否继续购置此种商品, 特对过去从两公司各次进货的次品率进行整理, 获得如下次品率:

A	7.0 3.5 9.6 8.1 6.2 5.1 10.4 4.0 2.0 10.5
B	5.7 3.2 4.2 11.0 9.7 6.9 3.6 4.8 5.6 8.4 10.1 5.5 12.3

若设两公司此种商品次品率的密度函数的形状相同, 至多只差一个平移量.

(1) 若取 $\alpha = 0.05$, 问两公司此种商品的次品率是否有显著差异?

(2) 用正态近似计算该检验问题的 p 值.

3. 两位化验员各自读得某种液体黏度数据如下:

化验员甲	82 73 91 84 77 98 81 79 87 85	$(n = 10)$
化验员乙	80 76 92 86 74 96 83 79 80 75 79	$(m = 11)$

设两化验员的黏度有相同形状的密度函数, 但位置上是否存在显著差异需要用 Wilcoxon 秩和检验. 请在 $\alpha = 0.05$ 下作出判断.

4. 下面给出两种型号的计算器充电后所能使用的时间(h):

型号 A	5.5 5.6 6.3 4.6 5.3 5.0 6.2 5.8 5.1 5.2 5.9	(n=11)
型号 B	3.8 4.3 4.2 4.0 4.9 4.5 5.2 4.8 4.5 3.9 3.7 4.6	(m=12)

设两样本相互独立,且数据所属分布密度函数至多相差一个平移量.试问能否认为型号 A 的计算器使用时间比型号 B 长呢($\alpha=0.01$)?

5. 为比较两种饲料 A 与 B 对大白鼠体重的影响. 用饲料 A 喂养 10 只和用饲料 B 喂养 9 只大白鼠. 一般时间后,体重增加量如下所示(单位:g):

饲料 A	134 146 130 113 119 161 107 132 135 129	(m=10)
饲料 B	70 118 101 104 108 83 94 124 99	(n=9)

设两样本独立,两总体分布形状相同至多差一个平移量.试用秩和检验判断两种饲料对大白鼠体重影响是否有显著差异? 并用正态近似计算该检验的 p 值.

6. 某部有 26 位女职工和 24 位男职工,他们的年收入(元)如下所示:

女职工	28 500	31 000	22 800	32 350	30 450	38 200	34 100	30 150	33 550
	27 350	25 200	32 050	26 550	30 650	35 050	35 600	26 900	31 350
	28 950	32 900	31 300	31 350	35 700	35 900	35 200	30 450	

男职工	39 700	33 250	31 800	38 200	30 800	32 250	38 050	34 800	32 750
	38 800	29 900	37 400	33 700	36 300	37 250	33 950	37 750	36 700
	36 100	26 550	39 200	41 000	40 400	35 500			

请用秩和检验回答:女职工的收入是否比男职工的收入低?

第七章 方差分析

　　在前二章(第五、六章)中分别研究了单样本统计推断问题和双样本统计推断问题. 这一章将研究多样本(样本个数为三个或三个以上)统计推断问题. 主要研究问题是：在多个相互独立正态总体下，若诸方差都相等(称方差齐性) 的条件下检验多个正态均值是否相等的问题(见图 7-1).

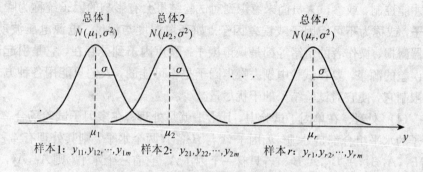

图 7-1　r 个独立正态总体及其 r 个独立样本

　　解决此类问题已不能从两样本均值差着手，而应从多个样本均值的均方与试验误差均方之比入手，这种方法被称为方差分析(Analysis of Variance, ANOVA). 这个方法是英国统计学家 R. A. Fisher 在农业试验中首先提出的，以后在工业、经济、管理等方面获得广泛应用.

　　本章将详细介绍单因子方差分析方法及其有关统计问题(如多重比较、方差齐性、残差分析、随机效应等)，然后介绍区组设计、双因子方差分析、嵌套方差分析等问题.

7.1　单因子方差分析

7.1.1　有关试验的几个名词解释

　　(1) 指标. 用于衡量试验结果好坏的特性值称为**指标**，又称响应，常用

y 表示. 如粮食的产量、橡胶件的强度、空气中 SO_2 的含量、药物的疗效、布料的柔软度等都可能是某试验的指标.

(2) 因子与水平. 影响试验结果的因素称为**因子**, 因子所处的状态称为**水平**. 因子常用大写英文字母 A, B 等表示, 其水平用大写字母加下标表示, 如 A_1 表示因子 A 的第一个水平, B_2 表示因子 B 的第二个水平. 又如温度在某试验中是要考察的因子, 它可在 $40℃, 50℃, 60℃$ 下作试验, 则温度是因子, 记为 A, 它有三个水平, 分别记为

$$A_1 = 40℃, \quad A_2 = 50℃, \quad A_3 = 60℃.$$

(3) 可控因子与噪声因子. 在实际中可用某种控制方式将其状态(即水平)作审慎改变的因子称为**可控因子**, 有时简称**因子**. 如反应温度、反应时间、原料产地等都是可控因子. 在实际中不能控制, 或难以控制, 或花费昂贵才能控制, 或参试人员尚未意识到对试验结果会有影响的因子统称为**噪声因子**, 或称为**不可控因子**或**误差因子**. 如环境温度与湿度、电源电压波动、机器磨损、操作者的情绪等都是噪声因子. 噪声因子到处存在, 它是引起试验误差的源泉, 要在试验中剔去噪声因子是不可能的, 人们只能用各种方式去限制它, 使它对试验结果的干扰尽量减少.

(4) 处理. 在单因子试验中, 其水平就是处理; 在多因子试验场合, 各因子的水平组合都是处理. 如因子 A 与 B 各有两个水平, 则其处理有 4 种: $A_1B_1, A_1B_2, A_2B_1, A_2B_2$. 若只有一个因子 A, 它有三个水平, 则 A_1, A_2, A_3 就是三个处理. 在本章的单因子试验和双因子试验中都用水平或水平组合(或水平搭配), 很少用处理. 而在区组设计中用区组, 因为区组设计的创始人 R. A. Fisher 在区组设计中使用处理这个名词, 这个习惯延续至今.

7.1.2 单因子试验

先看一个例子.

例 7.1.1 一个生产食品包装纸的厂商想提高产品的抗张强度, 工程师认为抗张强度是随着纸浆中硬木含量变化的, 实际关心的纸浆的硬木含量在 5% 到 20% 之间. 某工程师团队负责研究 4 种水平的硬木含量:

$$A_1 = 5\%, \quad A_2 = 10\%, \quad A_3 = 15\%, \quad A_4 = 20\%.$$

这里把硬木含量看做因子, 并记为 A. 他们决定: 对每一水平准备 6 个样品, 在试验工厂里分别制作成包装纸. 然后把 24 个样品送到实验室, 按随机顺序在张力测试装置上测试抗张强度, 所得数据列在表 7-1 上.

关于上述试验安排有两点必须注意:

(1) **重复是必需的**. 它有两个作用, 一是提供误差方差 σ^2 的估计. 如水平 A_1 下的 6 个数据是在相同条件下重复数据, 它们之间差异完全是试验误差

表 7-1   包装纸的抗张强度数据

水平	重复数据						样本均值	样本方差
$A_1 = 5\%$	7	8	15	11	9	10	10.000	7.998
$A_2 = 10\%$	12	17	13	18	19	15	15.667	7.867
$A_3 = 15\%$	14	18	19	17	16	18	17.000	3.200
$A_4 = 20\%$	19	25	22	23	18	20	21.167	7.002

引起的. 误差大小可用其样本方差度量, A_1 下的样本方差 $s_1^2 = 7.998$. A_2, A_3, A_4 的方差也算出, 列入表 7-1 最后一列. 这些样本方差将是以后构造检验统计量的基础. 二是提供指标均值 μ_i 更精确估计, 如水平 A_i 下指标均值 μ_i 的估计可用其样本均值 $\overline{y}_i$ 作出估计, 即

$$\hat{\mu}_i = \overline{y}_i \sim N\left(\mu_i, \frac{\sigma^2}{n}\right).$$

重复次数至少 2 次, 越多所得结论越可信. 但也带来试验时间和费用增加, 要在可允许的范围内求得平衡.

(2) **随机化**是指试验次序和测量次序等都要按随机次序进行. 譬如在例 7.1.1 中要做 24 次试验, 进行 24 次测量, 为了试验随机化首先把这 24 个试验编号, 具体见表 7-2.

表 7-2   **24 次试验编号**

水平	试 验 编 号					
A_1	①	②	③	④	⑤	⑥
A_2	⑦	⑧	⑨	⑩	⑪	⑫
A_3	⑬	⑭	⑮	⑯	⑰	⑱
A_4	⑲	⑳	㉑	㉒	㉓	㉔

然后在 1 到 24 个试验号中一个接一个随机抽取, 记录试验号:

9, 13, 2, 20, 18, 10, 5, 7, 14, 1, 6, 15, 23, ….

最后按此次序进行试验和测试. 测得结果"对号入座"得表 7-1 中数据. 随机化的好处是:

- 能使各试验结果相互独立, 满足数据分析要求.
- 可使噪声因子的影响"抵消"部分, 不至于积累成灾.

如在用张力装置测量时, 长时间使用可使装置发热, 致使所测抗张强度增大. 如果对 24 个样品按硬木含量递增顺序进行测量, 这样装置变热的影响集

中在 $A_4 = 20\%$ 的数据上，A_4 的水平均值 $\overline{y}_4$ 大就不全是水平 A_4 所致. 若采用随机化技术后，装置变热的影响分散在各个水平上，在比较 4 个水平均值时至少可"抵消"部分影响.

- 试验人员尚未意识到的噪声因子影响可以减弱.
- 可使试验误差得到较为准确的估计.

随机化可视同参加保险，有时会增加麻烦和费用，但确能起到消灾防灾的作用. 只有在随机化实施十分困难时可以不进行随机化.

满足上述重复性与随机化要求的试验称为完全随机化试验.

在进入数据分析前先用图示法考察一下数据是很有益处的. 图 7-2 是抗张强度数据按 4 个水平所作的打点图(dotplot)，每个水平上的 6 个数据是来自同一总体的一个样本，这里涉及 4 个总体，并获得 4 个相互独立的样本. 图上圆圈是试验数据，小横线是样本均值. 从图 7-2 上可以看出：硬木含量对包装纸的抗张强度是有影响的，高的硬木含量产生高的抗张强度，其中 A_2 与 A_3 对抗张强度影响相差不大. 另外 4 个样本的分散程度有差异，但不是很大. 这些直观印象对人们的认识是重要的. 至于这些差异是否显著还有待于进一步的数据分析才能知晓.

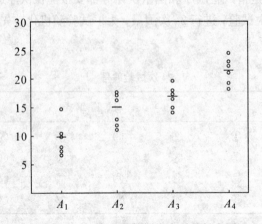

图 7-2　抗张强度数据按水平的打点图

7.1.3　单因子试验的统计模型

1. 单因子试验的设计

设在一个试验中只考查一个因子及其 r 个水平，记因子为 A，其 r 个水平记为 $A_1, A_2, \cdots, A_r$. 又设在水平 A_i 下重复进行 m_i 次试验，$i = 1, 2, \cdots, r$，总试验次数为 $n = m_1 + m_2 + \cdots + m_r$. 假如各水平下重复试验次数相等，即

$$m_1 = m_2 = \cdots = m_r = m,$$

则称此为**平衡设计**，否则称为**不平衡设计**. 虽然平衡设计是不平衡设计的一个特例. 但我们仍首推平衡设计，因其在完全相同条件下对诸均值进行比较，结论可令人信服. 不平衡设计常在不得已的情况下使用，如出现缺失数据场合，才使用不平衡设计，这时诸重复数 $m_1, m_2, \cdots, m_r$ 也不要相差过大. 这里先叙述平衡设计，不平衡设计将在 7.1.5 小节中叙述.

设 y_{ij} 是在第 i 个水平下的第 j 次重复试验的结果，这里 i 是水平号，j 是重复号. 经过随机化之后，把所得到的 n 个试验结果按表 7-3 顺序排列，并计算每一水平下数据的和与均值，备以后使用.

表 7-3   单因子试验的数据

因子 A 的水平	数据	和	均值
A_1	$y_{11}, y_{12}, \cdots, y_{1m}$	$T_1 = y_{11} + y_{12} + \cdots + y_{1m}$	$\bar{y}_1 = \dfrac{T_1}{m}$
A_2	$y_{21}, y_{22}, \cdots, y_{2m}$	$T_2 = y_{21} + y_{22} + \cdots + y_{2m}$	$\bar{y}_2 = \dfrac{T_2}{m}$
$\vdots$	$\vdots$	$\vdots$	$\vdots$
A_r	$y_{r1}, y_{r2}, \cdots, y_{rm}$	$T_r = y_{r1} + y_{r2} + \cdots + y_{rm}$	$\bar{y}_r = \dfrac{T_r}{m}$

2. 单因子试验的基本假定

对表 7-3 中的单因子试验数据进行统计分析需要以下三项基本假定：

A1. 正态性. 在水平 A_i 下的数据 $y_{i1}, y_{i2}, \cdots, y_{im}$ 是来自正态总体 $N(\mu_i, \sigma_i^2)$ 的一个样本，$i = 1, 2, \cdots, r$.

A2. 方差齐性. r 个正态总体的方差相等，即 $\sigma_1^2 = \sigma_2^2 = \cdots = \sigma_r^2 = \sigma^2$.

A3. 随机性. 所有数据 y_{ij} 都相互独立.

上述三个基本假定在实际中容易得到满足. 譬如正态性(A1) 在很多测量数据场合都可得到满足，方差齐性(A2) 只要在相同环境下进行试验，常可得到满足，独立性(A3) 可在随机化下得到满足. 下面还将进一步讨论这些问题.

在上述三个基本假定下，我们要研究的问题是 r 个正态均值 $\mu_1, \mu_2, \cdots, \mu_r$ 是否彼此相等，即要检验如下一对假设：

$$\begin{aligned} H_0 &: \mu_1 = \mu_2 = \cdots = \mu_r, \\ H_1 &: \mu_1, \mu_2, \cdots, \mu_r \text{ 不全相等.} \end{aligned} \qquad (7.1.1)$$

当 H_0 为真时，A 的 r 个水平的均值相同，这时称因子 A 的各水平间无显著差异，简称**因子 A 不显著**；反之，当 H_0 不真时，各 μ_i 不全相同，这时称因子 A 的各水平间有显著差异，简称**因子 A 显著**. 图 7-3 示意了这两种说法的含义.

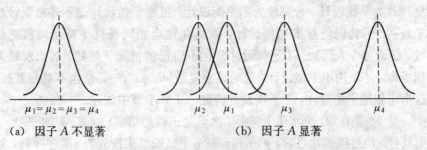

(a) 因子 A 不显著   (b) 因子 A 显著

图 7-3   两种说法的示意图

注意到在 A_i 水平下获得的 y_{ij} 与 μ_i 不会总是一致的，记

$$\varepsilon_{ij} = y_{ij} - \mu_i,$$

称 ε_{ij} 为随机误差. 由前面所给的假定，可假定诸 ε_{ij} 相互独立，且诸 $\varepsilon_{ij} \sim N(0,\sigma^2)$. 从而有

$$y_{ij} = \mu_i + \varepsilon_{ij}, \tag{7.1.2}$$

称(7.1.2)为 y_{ij} 的**数据结构式**，即来自均值为 μ_i 的总体的观察值 y_{ij} 可以看成是其均值 μ_i 与随机误差 ε_{ij} 叠加而产生的，且 y_{ij} 服从 $N(\mu_i,\sigma^2)$ 分布.

综上，我们把三项假定归纳为如下单因子试验的统计模型:

$$\begin{cases} y_{ij} = \mu_i + \varepsilon_{ij}, \quad i=1,2,\cdots,r, \ j=1,2,\cdots,m_i, \\ \text{各 } \varepsilon_{ij} \text{ 相互独立，且都服从 } N(0,\sigma^2). \end{cases} \tag{7.1.3}$$

可在此模型下检验假设(7.1.1).

上述数据结构式(7.1.2)还可细化. r 个总体均值 $\mu_1,\mu_2,\cdots,\mu_r$ 的平均 $\mu = \dfrac{\mu_1 + \mu_2 + \cdots + \mu_r}{r}$ 称为**一般平均**. 差

$$a_i = \mu_i - \mu, \quad i=1,2,\cdots,r \tag{7.1.4}$$

称为因子 A 的**第 i 个水平 A_i 的主效应**，简称 A_i 的效应. 容易看出: 诸效应之和 $a_1 + a_2 + \cdots + a_r = 0$, 且有

$$\mu_i = \mu + a_i, \ i=1,2,\cdots,r.$$

这表明第 i 个总体的均值是一般平均与其效应的叠加. 此时单因子试验的统计模型(7.1.3)可改写为

$$\begin{cases} y_{ij} = \mu + a_i + \varepsilon_{ij}, \quad i=1,2,\cdots,r, \ j=1,2,\cdots,m_i, \\ \sum\limits_{i=1}^{r} a_i = 0, \\ \text{各 } \varepsilon_{ij} \text{ 相互独立，且都服从 } N(0,\sigma^2). \end{cases} \tag{7.1.5}$$

它由**数据结构式、关于效应的约束条件**及**关于误差的假定**三部分组成. 模型(7.1.3)与(7.1.5)是等价的，哪个方便就用哪一个. 在模型(7.1.5)下，所

要检验的假设(7.1.1)可改写成

$$H_0: a_1 = a_2 = \cdots = a_r = 0,$$
$$H_1: 诸 a_i 中至少一个不为 0. \tag{7.1.6}$$

7.1.4 单因子方差分析

检验两个正态均值是否相等可以用双样本 t 检验(见 6.3.1 小节). 可检验三个或三个以上正态均值是否相等已不能再用 t 检验了, 而要推广 t 检验. 如何推广呢? 若在单因子试验中只有两个水平($r=2$), 要检验的假设是

$$H_0: \mu_1 = \mu_2, \quad H_1: \mu_1 \neq \mu_2.$$

在两样本量均为 m 的场合, 所用的双样本 t 检验统计量为

$$t = \frac{\overline{y}_1 - \overline{y}_2}{s_w \sqrt{2/m}} \sim t(2(m-1)),$$

其中 $\overline{y}_1, \overline{y}_2$ 是两样本均值, s_1^2 与 s_2^2 是两样本方差, 且 $s_w = \sqrt{\dfrac{s_1^2 + s_2^2}{2}}$. 可以证明: 上述 t 统计量的平方服从 F 分布, 具体是

$$F = t^2 = \frac{(\overline{y}_1 - \overline{y}_2)^2}{\dfrac{s_1^2 + s_2^2}{m}} = \frac{(\overline{y}_1 - \overline{y}_2)^2/2}{\left(\dfrac{s_1^2}{m} + \dfrac{s_2^2}{m}\right)\Big/2} \sim F(1, 2(m-1)), \tag{7.1.7}$$

其中分母是试验方差的估计量(即均方), 分子是两样本均值 $\overline{y}_1$ 与 $\overline{y}_2$ 的均方. 因为 $\overline{y}_1$ 与 $\overline{y}_2$ 的偏差平方和为

$$Q = \left(\overline{y}_1 - \frac{\overline{y}_1 + \overline{y}_2}{2}\right)^2 + \left(\overline{y}_2 - \frac{\overline{y}_1 + \overline{y}_2}{2}\right)^2$$
$$= \left(\frac{\overline{y}_1 - \overline{y}_2}{2}\right)^2 + \left(\frac{\overline{y}_2 - \overline{y}_1}{2}\right)^2 = \frac{(\overline{y}_1 - \overline{y}_2)^2}{2}, \tag{7.1.8}$$

由于该偏差平方和 Q 的自由度 $f = 2 - 1 = 1$, 故 Q 亦是两样本均值 $\overline{y}_1$ 与 $\overline{y}_2$ 差异的均方. 这样一来, 我们就把两均值的比较问题转化为两个均方的比较问题. 这种两个均方的比较就是方差分析的简单形式. 这种形式便于推广. 当有 r 个样本均值 $\overline{y}_1, \overline{y}_2, \cdots, \overline{y}_r$ 时可以算得其均方, 而试验方差的估计量作为另一个均方, 其比较就是一般的方差分析形式. 下面来具体实现这一想法, 分几步进行.

1. 总平方和的分解式

设单因子 A 有 r 个水平: $A_1, A_2, \cdots, A_r$, 在每个水平上各重复 m 次试验, 共得 $n = rm$ 个数据. 若以 y_{ij} 表示第 i 个水平下的第 j 次重复所得结果, 则 n 个数据的总平均为

$$\overline{y} = \frac{1}{rm} \sum_{i=1}^{r} \sum_{j=1}^{m} y_{ij} = \frac{1}{r} \sum_{i=1}^{r} \overline{y}_i, \tag{7.1.9}$$

其中 $\overline{y}_i$ 是水平 A_i 下 m 次重复试验结果的均值，今后称 $\overline{y}_i$ 为 A_i 的**水平均值**.

每个 y_{ij} 与总平均 $\overline{y}$ 偏差总可分解为如下两部分：

$$y_{ij} - \overline{y} = (y_{ij} - \overline{y}_i) + (\overline{y}_i - \overline{y}), \tag{7.1.10}$$

其中 $y_{ij} - \overline{y}_i$ 称为组内偏差，仅反映随机误差：

$$y_{ij} - \overline{y}_i = (\mu_i + \varepsilon_{ij}) - (\mu_i + \overline{\varepsilon}_i) = \varepsilon_{ij} - \overline{\varepsilon}_i. \tag{7.1.11}$$

而 $\overline{y}_i - \overline{y}$ 称为组间偏差，除了反映随机误差外还反映了第 i 个水平效应：

$$\overline{y}_i - \overline{y} = (\mu_i + \overline{\varepsilon}_i) - (\mu + \overline{\varepsilon}) = a_i + \overline{\varepsilon}_i - \overline{\varepsilon}. \tag{7.1.12}$$

诸 y_{ij} 间的差异大小可用总偏差平方和 SS_T 表示：

$$\text{SS}_T = \sum_{i=1}^{r} \sum_{j=1}^{m} (y_{ij} - \overline{y})^2, \quad f_T = rm - 1. \tag{7.1.13}$$

它共有 rm 项，故该平方和 SS_T 的自由度 $f_T = rm - 1$，它还可作如下重要分解：

$$\begin{aligned}
\text{SS}_T &= \sum_{i=1}^{r} \sum_{j=1}^{m} (y_{ij} - \overline{y})^2 = \sum_{i=1}^{r} \sum_{j=1}^{m} (y_{ij} - \overline{y}_i + \overline{y}_i - \overline{y})^2 \\
&= \sum_{i=1}^{r} \sum_{j=1}^{m} (y_{ij} - \overline{y}_i)^2 + \sum_{i=1}^{r} \sum_{j=1}^{m} (\overline{y}_i - \overline{y})^2 \\
&\quad + 2 \sum_{i=1}^{r} \sum_{j=1}^{m} (y_{ij} - \overline{y}_i)(\overline{y}_i - \overline{y}) \\
&= \text{SS}_e + \text{SS}_A, \tag{7.1.14}
\end{aligned}$$

其中交叉乘积项之和为零，因 $\sum\limits_{j=1}^{m} (y_{ij} - \overline{y}_i) = 0$ 导致

$$\sum_{i=1}^{r} \sum_{j=1}^{m} (y_{ij} - \overline{y}_i)(\overline{y}_i - \overline{y}) = \sum_{i=1}^{r} (\overline{y}_i - \overline{y}) \sum_{j=1}^{m} (y_{ij} - \overline{y}_i) = 0, \tag{7.1.15}$$

其中第一个平方和称为**组内平方和**，又称为**误差平方和**，第二个平方和称为**组间平方和**，又称为**因子 A 的 r 个水平间的平方和**，简称为**因子 A 的平方和**.

这些名称的缘由如下：

第一个平方和是由 r 个组内平方和 $Q_1, Q_2, \cdots, Q_r$ 组成的，其中

$$Q_i = \sum_{j=1}^{m} (y_{ij} - \overline{y}_i)^2, \quad f_i = m - 1 \tag{7.1.16}$$

是第 i 个水平 A_i 下的 m 次重复试验数据求得的组内平方和，它可以用来估计误差. 由于诸水平下的方差相同，故可以把这些组内平方和合并，仍称为组内平方和：

$$\text{SS}_e = \sum_{i=1}^{r} Q_i = \sum_{i=1}^{r} \sum_{j=1}^{m} (y_{ij} - \overline{y}_i)^2, \quad f_e = \sum_{i=1}^{r} f_i = r(m - 1). \tag{7.1.17}$$

由于它可以用来估计误差，故又称误差平方和，记为 SS_e.

第二个平方和是 r 个均值 $\bar{y}_1, \bar{y}_2, \cdots, \bar{y}_r$ 的加权平方和,其权数为重复次数:

$$SS_A = m(\bar{y}_1 - \bar{y})^2 + m(\bar{y}_2 - \bar{y})^2 + \cdots + m(\bar{y}_r - \bar{y})^2, \quad f_A = r - 1.$$

$$(7.1.18)$$

它完全是因子 A 的 r 个水平间的差异引起的波动,故称为组间平方和,又称因子 A 的平方和,记为 SS_A.

综合上述,可得如下的总平方和的分解公式:

$$SS_T = SS_e + SS_A, \quad f_T = f_A + f_e. \tag{7.1.19}$$

我们既要弄清这个纯代数学的基本恒等式,又要弄清它们统计学的含义.

2. 各平方和的计算

记各水平下数据和为 T_i,总和为 T,即

$$T_i = y_{i1} + y_{i2} + \cdots + y_{im}, \quad i = 1, 2, \cdots, r, \tag{7.1.20}$$

$$T = T_1 + T_2 + \cdots + T_r. \tag{7.1.21}$$

再经过简单的代数运算,可以把三个平方和 SS_T, SS_A 和 SS_e 的计算公式简化如下:

$$SS_T = \sum_{i=1}^{r} \sum_{j=1}^{m} y_{ij}^2 - \frac{T^2}{n}, \quad f_T = rm - 1, \tag{7.1.22}$$

$$SS_A = \frac{T_1^2}{m} + \frac{T_2^2}{m} + \cdots + \frac{T_r^2}{m} - \frac{T^2}{n}, \quad f_A = r - 1, \tag{7.1.23}$$

$$SS_e = Q_1 + Q_2 + \cdots + Q_r, \quad f_e = r(m-1), \tag{7.1.24}$$

其中诸 Q_i 可由(7.1.16)简化为

$$Q_i = \sum_{j=1}^{m} y_{ij}^2 - \frac{T_i^2}{m}, \quad i = 1, 2, \cdots, r. \tag{7.1.25}$$

若利用总平方和的分解公式,在求得 SS_T 和 SS_A 后,可用

$$SS_e = SS_T - SS_A, \quad f_e = f_T - f_A \tag{7.1.26}$$

求得误差平方和,从而省略了 SS_e 的大量计算.

例 7.1.2　硬木含量对食品包装纸抗张强度的影响试验(见例 7.1.1)是单因子 4 水平试验,每个水平下都重复 6 次,总共 24 个数据(见表 7-1). 现来计算其各类平方和.

(1)　首先列表计算各水平和 T_i、总和 T、各水平下数据的平方和 $\sum\limits_{j=1}^{m} y_{ij}^2$ 及各水平下的组内平方和 Q_i,见表 7-4. 表中诸 Q_i 按(7.1.25)算得,SS_e 按(7.1.24)算得.

(2)　按(7.1.22)计算总平方和:

$$SS_T = 6\,625 - \frac{383^2}{24} = 512.958.$$

表 7-4　　　　　　　　　　包装纸抗张强度的计算表

水平							和 T_i	$\sum\limits_{j=1}^{m} y_{ij}^2$	组内平方和 Q_i
A_1	7	8	15	11	9	10	60	640	$Q_1 = 40$
A_2	12	17	13	18	19	15	94	1 512	$Q_2 = 39.333$
A_3	14	18	19	17	16	18	102	1 750	$Q_3 = 16$
A_4	19	25	22	23	18	20	127	2 723	$Q_4 = 34.833$
和							$T = 383$	6 625	$\mathrm{SS}_e = 130.166$

(3) 按(7.1.23)计算因子 A 的平方和:

$$\mathrm{SS}_A = \frac{60^2 + 94^2 + 102^2 + 127^2}{6} - \frac{383^2}{24} = 382.792.$$

(4) 验证:

$$\mathrm{SS}_T = \mathrm{SS}_A + \mathrm{SS}_e = 382.792 + 130.166 = 512.958,$$

计算无误. 亦可利用总平方和减去因子 A 平方和而得误差平方和, 即

$$\mathrm{SS}_e = \mathrm{SS}_T - \mathrm{SS}_A.$$

以上是按手算叙述的, 全部计算都可用统计软件完成. 但我们建议读者用手工(可用计算器)算一两次各平方和, 增加实际体验.

3. 构造检验统计量

这里将在诸方差相等条件下构造检验多个正态均值是否相等(即假设(7.1.1)或假设(7.1.6))的检验统计量. 在总平方和分解式(7.1.10)中为我们提供了两个平方和:

误差平方和 SS_e, 其自由度 $f_e = r(m-1)$;

因子 A 平方和 SS_A, 其自由度 $f_A = r-1$.

(偏差)平方和是用来度量一组数据波动(即差异)大小的统计量, 譬如误差平方和(即组内平方和)可由(7.1.11)知

$$\mathrm{SS}_e = \sum_{i=1}^{r} \sum_{j=1}^{m} (y_{ij} - \bar{y}_i)^2 = \sum_{i=1}^{r} \sum_{j=1}^{m} (\varepsilon_{ij} - \bar{\varepsilon}_i)^2, \qquad (7.1.27)$$

表示误差波动的大小. 而因子 A 平方和(即组间平方和)可由(7.1.12)知

$$\mathrm{SS}_A = m \sum_{i=1}^{r} (\bar{y}_i - \bar{y})^2 = m \sum_{i=1}^{r} (a_i + \bar{\varepsilon}_i - \bar{\varepsilon})^2, \qquad (7.1.28)$$

不仅含有误差波动, 还含有各水平均值 $\bar{y}_1, \bar{y}_2, \cdots, \bar{y}_r$ 的波动.

比较这两个平方和就可发现:

• 倘若 $\mathrm{SS}_A \leqslant \mathrm{SS}_e$, 这表明因子 A 的诸水平均值 $\bar{y}_1, \bar{y}_2, \cdots, \bar{y}_r$ 间的波动不超过误差水平, 这时倾向于认为诸水平 $A_1, A_2, \cdots, A_r$ 对指标 y 的影响不显著.

• 倘若 $\mathrm{SS}_A > \mathrm{SS}_e$，这表明因子 A 的诸水平均值 $\overline{y}_1, \overline{y}_2, \cdots, \overline{y}_r$ 间的波动已超过误差水平，这时诸水平 $A_1, A_2, \cdots, A_r$ 对指标 y 的影响有可能是显著的或很显著的.

上述比较的缺点是没有考虑自由度的影响. 一般说来，自由度较大的平方和也较大. 为克服此缺点，把平方和比较改为均方比较. 其中均方就是平方和除以自己的自由度. 如误差均方 MS_e 与因子 A 均方 MS_A 分别为

$$\mathrm{MS}_e = \frac{\mathrm{SS}_e}{f_e}, \quad \mathrm{MS}_A = \frac{\mathrm{SS}_A}{f_A}.$$

它们分别表示平均每个自由度上含有多少平方和（波动）. 用两个均方作比较是合理的. 由上述平方和比较的启示，使用两个均方之比

$$F = \frac{\mathrm{MS}_A}{\mathrm{MS}_e} = \frac{\mathrm{SS}_A / f_A}{\mathrm{SS}_e / f_e} \tag{7.1.29}$$

作为检验统计量是恰当的，并且 F 值越大越倾向于拒绝原假设 $H_0 : \mu_1 = \mu_2 = \cdots = \mu_r$（或 $H_0 : a_1 = a_2 = \cdots = a_r = 0$），故拒绝域形式为

$$W = \{F \geqslant c\}. \tag{7.1.30}$$

这是因为因子 A 的均方在分子上，F 值大小显示 MS_A 是 MS_e 的倍数. 若 $F \leqslant 1$，则立即可认为因子 A 不显著；若 $F \gg 1$，则可认为因子 A 显著. 在其他场合要用 F 分布分位数来确定临界 c 后才能认定. 这就是 F 检验，其统计思想如图 7-4 示意.

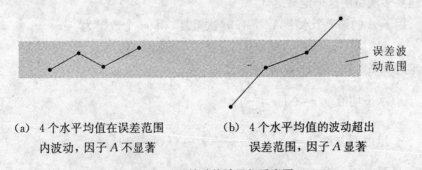

(a) 4 个水平均值在误差范围   (b) 4 个水平均值的波动超出
    内波动，因子 A 不显著   误差范围，因子 A 显著

图 7-4 F 检验统计思想示意图

4. F 检验的临界值确定

确定 F 检验的临界值依赖于检验统计量 F（见 (7.1.29)）的分布. 这里将说明 F 分布的导出. 大家知道，F 分布是两个独立卡方变量之商导出的，具体是：若 $U \sim \chi^2(f_U)$，$V \sim \chi^2(f_V)$，且 U 与 V 相互独立，则有

$$F = \frac{U / f_U}{V / f_V} \sim F(f_U, f_V).$$

(7.1.29) 与上式类似，若在 (7.1.29) 中能证明：

- $\dfrac{SS_e}{\sigma^2} \sim \chi^2(f_e)$;

- $\dfrac{SS_A}{\sigma^2} \sim \chi^2(f_A)$;

- SS_e 与 SS_A 相互独立,

则立即可推得(7.1.29)所示的统计量 F:

$$F \sim F(f_A, f_e) = F(r-1, r(m-1)). \tag{7.1.31}$$

从而构造拒绝域(7.1.30)中的临界值 c 可由给定的显著性水平确定,即由 $P(F \geqslant c) = \alpha$ 可得 $c = F_{1-\alpha}(r-1, r(m-1))$,从而拒绝域为

$$W = \{F \geqslant F_{1-\alpha}(r-1, r(m-1))\}. \tag{7.1.32}$$

下面将着力说明诸平方和的分布及其独立性. 这需要如下定理:

定理7.1.1 假如 $y_1, y_2, \cdots, y_m$ 是来自正态总体 $N(\mu, \sigma^2)$ 的一个样本,则有

(1) 样本均值 $\bar{y} \sim N(\mu, \sigma^2/m)$;

(2) 样本的偏差平方和 Q 与方差 σ^2 之比 $\dfrac{Q}{\sigma^2} \sim \chi^2(m-1)$;

(3) $\bar{y}$ 与 Q 相互独立.

这个定理的证明在很多统计学书中可以找到,如[1],这里就省略了. 下面还要多次引用这个定理.

因子 A 的第 i 个水平 A_i 下有 m 次重复,其 m 个数据为

$$y_{i1}, y_{i2}, \cdots, y_{im}, \quad i = 1, 2, \cdots, r.$$

由定理 7.1.1 知,对 $i = 1, 2, \cdots, r$ 都有

- 水平均值 $\bar{y}_i \sim N\left(\mu_i, \dfrac{\sigma^2}{m}\right)$;

- 组内平方和 $\dfrac{Q_i}{\sigma^2} = \displaystyle\sum_{j=1}^{m} \dfrac{(y_{ij} - \bar{y}_i)^2}{\sigma^2} \sim \chi^2(m-1)$;

- $\bar{y}_i$ 与 Q_i 相互独立.

利用独立卡方分布的可加性知

$$\frac{Q_1 + Q_2 + \cdots + Q_r}{\sigma^2} = \frac{SS_e}{\sigma^2} \sim \chi^2(r(m-1)). \tag{7.1.33}$$

在原假设 $H_0: \mu_1 = \mu_2 = \cdots = \mu_r = \mu$ 为真下,把 r 个水平均值 $\bar{y}_1, \bar{y}_2, \cdots, \bar{y}_r$ 看做来自正态总体 $N(\mu, \sigma^2/m)$ 的一个样本,故由定理 7.1.1 可知

$$\frac{\displaystyle\sum_{i=1}^{r} (\bar{y}_i - \bar{y})^2}{\sigma^2/m} = \frac{SS_A}{\sigma^2} \sim \chi^2(r-1). \tag{7.1.34}$$

最后由每个 Q_i 与 $\overline{y}_i$ 独立可知,诸 Q_i 的和 SS_e 与诸 $\overline{y}_i$ 的偏差平方和 SS_A 亦相互独立. 这样完成 F 分布的证明.

5. 单因子方差分析表

上述全过程就是单因子方差分析的全过程,它可总结在如表 7-5 所示的一张方差分析表中.

表 7-5   单因子方差分析表

来源	平方和	自由度	均方和	F 比
因子 A	$\mathrm{SS}_A = \sum\limits_{i=1}^{r} m(\overline{y}_i - \overline{y})^2$	$f_A = r-1$	$\mathrm{MS}_A = \dfrac{\mathrm{SS}_A}{r-1}$	$F = \dfrac{\mathrm{MS}_A}{\mathrm{MS}_e}$
误差 e	$\mathrm{SS}_e = \sum\limits_{i=1}^{r}\sum\limits_{j=1}^{m}(y_{ij} - \overline{y}_i)^2$	$f_e = r(m-1)$	$\mathrm{MS}_e = \dfrac{\mathrm{SS}_e}{r(m-1)}$	—
和 T	$\mathrm{SS}_T = \sum\limits_{i=1}^{r}\sum\limits_{j=1}^{m}(y_{ij} - \overline{y})^2$	$f_T = rm-1$	—	—

判断   对给定的显著性水平 α,查得分位数 $F_{1-\alpha}(r-1, n-r)$,据此可作如下判断:

• 当 $F > F_{1-\alpha}(r-1, n-r)$ 时,拒绝原假设 $H_0: \mu_1 = \mu_2 = \cdots = \mu_r$,即认为诸正态均值间有显著差异;

• 当 $F \leqslant F_{1-\alpha}(r-1, n-r)$ 时,保留原假设 H_0,因为尚无发现诸均值 $\mu_1, \mu_2, \cdots, \mu_r$ 间有显著差异的迹象,只好保留 H_0.

这里要指出的是:自由度在方差分析中是一个重要概念. n 个数据的偏差平方和的自由度为 $f = n-1$. 一般来说,数据个数越多,偏差平方和越大,因而两个不同的偏差平方和一般不具有可比性. 均方是指平均每个自由度上有多少偏差平方和,从而两个均方具有可比性. 这就是自由度的作用. 自由度是随着偏差平方和而出现的,当各种偏差平方和进入 t 变量、χ^2 变量、F 变量,其分布就含各自的自由度. 特别,F 变量是由两个偏差平方和之商组成的,故其分布含有两个自由度:分子自由度与分母自由度.

例 7.1.3   这里来完成例 7.1.1 提出的单因子 4 水平的方差分析问题. 在例 7.1.2 已算得各种平方和,先把这些平方和及其自由度移至方差分析表(表 7-6)上,然后计算各均方及 F 比值. 具体见表 7-6.

对给定的显著性水平 $\alpha = 0.05$,从附表 8 中查得临界值

$$F_{0.95}(3, 20) = 3.10.$$

由于 F 比 19.606 超过 3.10,故因子 A 显著,即硬木 4 种含量对包装纸抗张强度的影响有显著差异.

表 7-6　　　　　　　　　　　包装纸抗张强度的方差分析表

来源	平方和	自由度	均方和	F 比
因子 A	382.792	3	127.597	19.606
误差 e	130.166	20	6.508	——
和	512.958	23	——	——

例 7.1.4　在单因子试验中因子 A 有 3 个水平，每个水平下进行 5 次重复试验，请指出因子 A 平方和的自由度与误差平方和的自由度.

解　在此单因子试验中，$r=3$，$m=5$，于是因子 A 平方和 SS_A 的自由度 $f_A=3-1=2$，误差平方和 SS_e 的自由度

$$f_e = r(m-1) = 3 \times (5-1) = 12.$$

例 7.1.5　在单因子试验中，因子 A 有 4 个水平，每个水平下进行 6 次重复试验. 根据 24 个试验结果已算得因子 A 平方和 $\mathrm{SS}_A = 36.29$，误差平方和 $\mathrm{SS}_e = 48.77$，那么检验统计量 F 比是多少？ 若取 $\alpha=0.05$，试问该因子 A 显著否？

解　在此单因子试验中，$r=4$，$m=6$，故 SS_A 与 SS_e 的自由度分别为 $f_A=3$，$f_e=4 \times (6-1)=20$. 从而可算得 F 比为

$$F = \frac{\mathrm{SS}_A / f_A}{\mathrm{SS}_e / f_e} = \frac{36.29/3}{48.77/20} = 4.960.$$

若取 $\alpha=0.05$，从 F 分位数表查得 $F_{0.95}(3,20)=3.10$. 由于 F 大于临界值，故应拒绝诸正态均值相等的原假设，即因子 A 是显著因子.

7.1.5　均值与方差的估计

经方差分析后在因子 A 显著场合常需对各种均值与方差作出估计. 下面分段叙述.

（1）均值、效应和方差的极大似然估计

由模型（7.1.9）知各 y_{ij} 相互独立，且 $y_{ij} \sim N(\mu+a_i, \sigma^2)$，因而可用极大似然法求出各效应与 σ^2 的估计.

首先可写出似然函数

$$L(\mu, a_1, a_2, \cdots, a_r, \sigma^2) = \prod_{i=1}^{r} \prod_{j=1}^{m} \frac{1}{\sqrt{2\pi\sigma^2}} \exp\left\{ -\frac{(y_{ij} - \mu - a_i)^2}{2\sigma^2} \right\},$$

其对数似然函数为

$$l(\mu, a_1, a_2, \cdots, a_r, \sigma^2) = -\frac{n}{2}\ln(2\pi\sigma^2) - \frac{1}{2\sigma^2} \sum_{i=1}^{r} \sum_{j=1}^{m} (y_{ij} - \mu - a_i)^2,$$

似然方程为

$$\begin{cases} \dfrac{\partial l}{\partial \mu} = \dfrac{1}{\sigma^2} \sum_{i=1}^{r} \sum_{j=1}^{m} (y_{ij} - \mu - a_i) = 0, \\[2mm] \dfrac{\partial l}{\partial a_i} = \dfrac{1}{\sigma^2} \sum_{j=1}^{m} (y_{ij} - \mu - a_i) = 0, \quad i = 1, 2, \cdots, r, \\[2mm] \dfrac{\partial l}{\partial \sigma^2} = -\dfrac{n}{2\sigma^2} + \dfrac{1}{2\sigma^4} \sum_{i=1}^{r} \sum_{j=1}^{m} (y_{ij} - \mu - a_i)^2 = 0. \end{cases}$$

注意到约束条件 $\sum_{i=1}^{r} a_i = 0$, 则得 MLE 为

$$\left. \begin{aligned} \hat{\mu} &= \bar{y}, \\ \hat{a}_i &= \bar{y}_i - \bar{y}, \quad i = 1, 2, \cdots, r, \\ \hat{\sigma}_M^2 &= \frac{1}{rm} \sum_{i=1}^{r} \sum_{j=1}^{m} (y_{ij} - \bar{y}_i)^2 = \frac{\mathrm{SS}_e}{rm}. \end{aligned} \right\} \tag{7.1.35}$$

由 (7.1.35) 可知 $\mu_i = \mu + a_i$ 的 MLE 为

$$\hat{\mu}_i = \bar{y}_i. \tag{7.1.36}$$

由于 $E\bar{y} = \mu$, $E\bar{y}_i = \mu_i = \mu + a_i$, 故 $E\hat{a}_i = a_i$, 从而 $\hat{\mu}, \hat{a}_i, \hat{\mu}_i$ 均为相应参数的无偏估计.

(2) 方差 σ^2 的无偏估计

由 (7.1.35) 给出 σ^2 的 MLE $\hat{\sigma}_M^2 = \dfrac{\mathrm{SS}_e}{rm}$ 不是无偏估计, 故常不使用. 由 (7.1.35) 知

$$E\left(\frac{\mathrm{SS}_e}{\sigma^2}\right) = r(m-1),$$

所以误差均方 $\mathrm{MS}_e = \dfrac{\mathrm{SS}_e}{r(m-1)}$ 是误差方差 σ^2 的无偏估计. 今后在方差分析中常用误差均方 MS_e 作为 σ^2 的估计.

(3) 第 i 个总体均值 μ_i 的 $1 - \alpha$ 置信区间

第 i 个总体均值 μ_i 的极大似然估计为第 i 个水平均值 $\bar{y}_i$, 且 $\bar{y}_i \sim N(\mu_i, \sigma^2/m)$. 若用误差均方 MS_e 代替 σ^2, 即可用 t 分布分位数作出 μ_i 的 $1 - \alpha$ 置信区间 (参见 5.3.4 小节)

$$\bar{y}_i \pm t_{1-\alpha/2}(f_e) \frac{\sqrt{\mathrm{MS}_e}}{\sqrt{m}}, \tag{7.1.37}$$

其中 α 为显著性水平, $f_e = r(m-1)$.

例 7.1.6 对描述例 7.1.1 的单因子统计模型中的参数作出估计, 若用模型 (7.1.3) 描述该例, 即

$$\begin{cases} y_{ij} = \mu_i + \varepsilon_{ij}, & i=1,2,3,4, \ j=1,2,\cdots,6, \\ \text{诸 } \varepsilon_{ij} \text{ 相互独立，且都服从 } N(0,\sigma^2), \end{cases}$$

其中主要参数为 μ_1,μ_2,μ_3,μ_4 和 σ^2. 诸 μ_i 的点估计为(利用表 7-4 中数据)

$$\hat{\mu}_1 = \bar{y}_1 = \frac{60}{6} = 10, \quad \hat{\mu}_2 = \bar{y}_2 = \frac{94}{6} = 15.667,$$

$$\hat{\mu}_3 = \bar{y}_3 = \frac{102}{6} = 17, \quad \hat{\mu}_4 = \bar{y}_4 = \frac{127}{6} = 21.167.$$

方差 σ^2 的无偏估计为 $\mathrm{MS}_e = 6.508$，标准差 σ 的估计为

$$\hat{\sigma} = \sqrt{\mathrm{MS}_e} = \sqrt{6.508} = 2.55.$$

诸 μ_i 的 0.95 置信区间可按(7.1.37)给出，譬如 μ_4 的 0.95 置信区间为

$$\bar{y}_4 \pm t_{0.975}(20)\sqrt{\frac{\mathrm{MS}_e}{m}} = 21.167 \pm 2.036 \times \sqrt{\frac{6.508}{6}}$$
$$= 21.167 \pm 2.120,$$

即为 $[19.047,23.287]$. 若硬木含量为 20%，则包装纸平均抗张强度 μ_4 的 0.95 的置信区间为 $[19.047,23.287]$. 另外 3 个 μ_1,μ_2,μ_3 的置信区间亦可类似算得.

若用模型(7.1.5)描述该例，即

$$\begin{cases} y_{ij} = \mu + a_i + \varepsilon_{ij}, \\ \sum_{i=1}^{4} a_i = 0, \\ \text{诸 } \varepsilon_{ij} \text{ 相互独立，且都服从 } N(0,\sigma^2), \end{cases}$$

其中 σ^2 估计同前，一般平均 μ 与 4 个效应 a_1,a_2,a_3,a_4 可用(7.1.35)给出，

$$\hat{\mu} = \bar{y} = \frac{383}{24} = 15.958,$$
$$\hat{a}_1 = 10 - 15.958 = -5.958,$$
$$\hat{a}_2 = 15.667 - 15.958 = -0.291,$$
$$\hat{a}_3 = 17 - 15.958 = 1.042,$$
$$\hat{a}_4 = 21.167 - 15.958 = 5.209.$$

图 7-5 显示 4 种硬木含量的效应大小，效应是对一般平均 $\bar{y}$ 而言的，有正有负，其和为零. 从图上看效应随硬木含量增加而增大，A_4 的效应最大.

7.1.6 重复数不等的方差分析

在单因子试验中亦会遇到各水平下重复数不等的情况. 这种情形下亦可类似进行方差分析，主要差异都是由各水平下重复数不等引起的，譬如：

• 设因子 A 有 r 个水平，在第 i 个水平下重复 m_i 次试验，故总试验次数

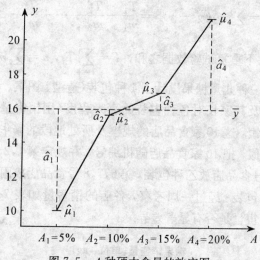

图 7-5   4 种硬木含量的效应图

$$n = m_1 + m_2 + \cdots + m_r.$$

- 描述单因子效应模型(7.1.5)在重复数不等场合修改为

$$
\begin{cases}
y_{ij} = \mu + a_i + \varepsilon_{ij}, \quad i = 1, 2, \cdots, r, \ j = 1, 2, \cdots, m_i, \\
\text{约束条件：} \sum_{i=1}^{r} m_i a_i = 0, \\
\text{各 } \varepsilon_{ij} \text{ 相互独立，且都服从 } N(0, \sigma^2).
\end{cases}
\tag{7.1.38}
$$

当 $m_1 = m_2 = \cdots = m_r$ 时，上述模型就转化为(7.1.5)，其中一般平均 μ 为

$$\mu = \frac{1}{n} \sum_{i=1}^{r} m_i \mu_i. \tag{7.1.39}$$

- 总平方和 SS_T 的分解式为

$$
\begin{aligned}
\mathrm{SS}_T &= \sum_{i=1}^{r} \sum_{j=1}^{m_i} (y_{ij} - \overline{y})^2 \\
&= \sum_{i=1}^{r} \sum_{j=1}^{m_i} (y_{ij} - \overline{y}_i + \overline{y}_i - \overline{y})^2 \\
&= \sum_{i=1}^{r} \sum_{j=1}^{m_i} (y_{ij} - \overline{y}_i)^2 + \sum_{i=1}^{r} m_i (\overline{y}_i - \overline{y})^2 \\
&= \mathrm{SS}_e + \mathrm{SS}_A.
\end{aligned}
$$

其交叉乘积项之和仍为零，这 3 个平方和的自由度分别为

$$f_T = n - 1, \quad f_A = r - 1, \quad f_e = \sum_{i=1}^{r} (m_i - 1) = n - r. \tag{7.1.40}$$

- 因子 A 平方和的计算公式为

$$SS_A = \sum_{i=1}^{r} m_i (\overline{y}_i - \overline{y})^2 = \frac{T_1^2}{m_1} + \frac{T_2^2}{m_2} + \cdots + \frac{T_r^2}{m_r} - \frac{T^2}{n}, \quad (7.1.41)$$

其中 T_i 为水平 i 下重复试验数据之和，$T = \sum_{i=1}^{r} T_i$，$n = \sum_{i=1}^{r} m_i$.

例 7.1.7 一种儿童糖果设计了 4 种包装(造型、图案、色彩都有不同)，为实际考察儿童及其家长对各种包装的喜爱程度(用销售量表示)，特选 10 家食品店进行试销，这 10 家食品店的规模及所处地段的繁华程度相似，糖果陈列的位置也相似，把 10 家食品店随机编号，并规定第 1,2 号食品店放甲种包装，第 3,4,5 号食品店放乙种包装，第 6,7,8 号食品店放丙种包装，第 9,10 号食品店放丁种包装. 经过一周考察，各店的销售量如表 7-7 所示. 现要考察 4 种包装对销售量是否有显著差异.

表 7-7 　　　　　　　　　　　**糖果销售量(单位: kg)**

包装方式 A	m_i	销售量 y_{ij}	和 T_i
A_1: 甲种	2	12　18	30
A_2: 乙种	3	14　12　13	39
A_3: 丙种	3	19　17　21	57
A_4: 丁种	2	24　30	54

解 这是单因子 4 水平试验，在各水平下重复数不等，总试验次数 $n = 2+3+3+2 = 10$，10 个数据之和 $T = 30+39+57+54 = 180$.

首先计算各平方和及其自由度，

$$SS_T = \sum_{i=1}^{r} \sum_{j=1}^{m_i} y_{ij}^2 - \frac{T^2}{n} = 3\,544 - \frac{180^2}{10} = 304,$$

$$f_T = 10 - 1 = 9,$$

$$SS_A = \frac{30^2}{2} + \frac{39^2}{3} + \frac{57^2}{3} + \frac{54^2}{2} - \frac{180^2}{10} = 258,$$

$$f_A = 4 - 1 = 3,$$

$$SS_e = SS_T - SS_A = 304 - 258 = 46,$$

$$f_e = 9 - 3 = 6.$$

把上述诸平方和及其自由度填入方差分析表，并继续计算均方与 F 比(见表 7-8).

取显著性水平 $\alpha = 0.05$ 时，查得 $F_{0.95}(3,6) = 4.76$，故拒绝域为 $\{F \geqslant 4.76\}$. 现 $F = 11.22 > 4.76$，故样本落入拒绝域，即认为 4 种包装的销售量有显著差异，这说明不同包装受顾客欢迎的程度不同.

表 7-8   例 7.1.7 的方差分析表

来　源	平方和	自由度	均方和	F 比
A	258	3	86	11.22
e	46	6	7.67	
T	304	9		

对 4 个总体均值 $\mu_1, \mu_2, \mu_3, \mu_4$ 和 4 个效应 a_1, a_2, a_3, a_4 都可作出估计，现把它们标在图 7-6 的效应图上.

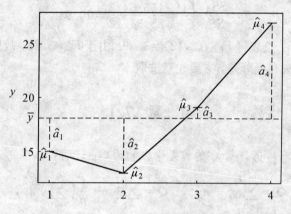

图 7-6　4 种包装的效应图

从图 7-6 上看出，平均销售量最少的是第二种包装，最大的是第四种包装. μ_4 的 0.95 置信区间为

$$\overline{y}_4 \pm t_{0.975}(f_e) \frac{\hat{\sigma}}{\sqrt{m_4}}.$$

它与重复数相等场合差别在 m_i，在那里用相同重复数 m，这里用第 4 个水平重复数 m_4. 上式中 $\overline{y}_4 = \dfrac{54}{2} = 27$，$t_{0.975}(6) = 2.4469$，$\hat{\sigma}^2 = \mathrm{MS}_e = 7.67$，$\hat{\sigma} = 2.769$，$m_4 = 2$. 把这些值代入上式，可得

$$\overline{y}_4 \pm t_{0.975}(6) \frac{\hat{\sigma}}{\sqrt{m_4}} = 27 \pm 2.4469 \times \frac{2.769}{\sqrt{2}} = 27 \pm 4.791,$$

即 μ_4 的 0.95 置信区间为 $[22.209, 31.791]$.

例 7.1.8　在比较三种加工方法（因子 A 的三个水平）的试验中，设在各加工方法下分别进行了 6 次、5 次、4 次重复试验.

(1) 试问其总平方和 SS_T、因子 A 平方和 SS_A 与误差平方和 SS_e 的自由度各是多少？

(2) 若 $SS_A=155.64$，$SS_T=240.98$，在显著性水平 $\alpha=0.05$ 下，因子 A 显著吗？

解 (1) 各平方和的自由度可由各重复数算得. 总平方和 SS_T 的自由度
$$f_T=(6+5+4)-1=14,$$
因子 A 平方和的自由度 $f_A=3-1=2$，误差平方和 SS_e 的自由度
$$f_e=(6-1)+(5-1)+(4-1)=12.$$

(2) 先算 SS_e，有
$$SS_e=SS_T-SS_A=240.98-155.64=85.34,$$
于是检验统计量为
$$F=\frac{SS_A/f_A}{SS_e/f_e}=\frac{155.64/2}{85.34/12}=10.94.$$

如今取 $\alpha=0.05$，查表得 $F_{0.95}(2,12)=3.89$. 由于 $F>3.89$，故因子 A 显著，即三种加工方法有显著差异，要注意选取.

习 题 7.1

1. 设样本 $y_1,y_2,\cdots,y_n$ 的偏差平方和为 Q，证明：
$$Q=\sum_{i=1}^{n}y_i^2-n\overline{y}^2,\quad Q=\sum_{i=1}^{n}y_i^2-\frac{1}{n}\left(\sum_{i=1}^{n}y_i\right)^2,$$
其中 $\overline{y}$ 是该样本的均值，并在 $n=2$ 时有 $Q=\frac{1}{2}(y_1-y_2)^2$.

2. 现有容量为 n 的一个样本 A，分别减去一个正数 d 后得到样本 B，试比较两个样本的均值 $\overline{y}_A$ 与 $\overline{y}_B$，样本中位数 $\tilde{y}_A$ 与 $\tilde{y}_B$，样本极差 R_A 与 R_B，样本方差 s_A^2 与 s_B^2 间的大小.

3. 在一个单因子试验中，因子 A 有两个水平，每个水平下各重复 4 次，具体数据及其均值、组内平方和如下：

水平	数据	均值	组内平方和
一水平	8, 5, 7, 4	6	10
二水平	0, 1, 5, 2	2	14

(1) 试计算误差平方和 SS_e、因子 A 平方和 SS_A、总平方和 SS_T，并指出它们的 F 比.

(2) 用双样本 t 检验分析上述数据，$t^2=F$ 成立意味着什么？

4. 单因子试验中有如下试验结果：

水平	数据	和 $\overline{T}_i$	均值 $\overline{y}_i$	组内平方和 Q_i	自由度 f_i
A_1	4, 8, 5, 7, 6	30			
A_2	2, 0, 2, 2, 4	10			
A_3	3, 4, 6, 2, 5	20			

试填写上表,并计算误差平方和 SS_e、因子 A 平方和 SS_A、总平方和 SS_T,并指出它们各自的自由度.

5. 在单因子试验中,因子 A 有 6 个水平,每个水平下各重复 5 次试验,那么误差平方和、因子 A 平方和及总平方和的自由度各是多少?

6. 在单因子试验中,因子 A 有 4 个水平,每个水平下各重复 3 次试验.现已求得每个水平下试验结果的样本标准差分别为 $1.5, 2.0, 1.6, 1.2$,则其误差平方和为多少? 误差的方差 σ^2 的估计值是多少?

7. 研究 4 个人群住院治疗的期限,其平均住院治疗天数与标准差分别为

$$\mu_1 = 5.1, \quad \mu_2 = 6.3, \quad \mu_3 = 7.9, \quad \mu_4 = 9.5, \quad \sigma = 2.8.$$

假定单因子方差分析模型 (7.1.3) 成立.

(1) 请画出如图 7-5 所示的模型示意图;

(2) 假如从每个人群中各随机抽取 100 人进行研究,请算出 $E(MS_e)$ 与 $E(MS_A)$. 若 $E(MS_A)$ 比 $E(MS_e)$ 大很多,这意味着什么?

(3) 假如 $\mu_2 = 5.6$, $\mu_3 = 9.0$,而 μ_1, μ_4 不变,请再计算 $E(MS_A)$;

(4) 上述两组 $\mu_1, \mu_2, \mu_3, \mu_4$ 的极差没变,而两个 $E(MS_A)$ 相差较大是什么原因?

8. 在饲料对养鸡增肥的研究中,某研究所提出三种饲料配方:A_1 是以鱼粉为主的饲料,A_2 是以槐树粉为主的饲料,A_3 是以苜蓿粉为主的饲料. 为比较三种饲料的效果,特选 30 只雏鸡随机均分为三组,每组各喂一种饲料,60 天后观察它们的重量. 试验结果如下表所示:

饲料 A	鸡重(g)									
A_1	1073	1058	1071	1037	1066	1026	1053	1049	1065	1051
A_2	1016	1058	1038	1042	1020	1045	1044	1061	1034	1049
A_3	1084	1069	1106	1078	1075	1090	1079	1094	1111	1092

在显著性水平 $\alpha = 0.05$ 下,进行方差分析,可以得到哪些结果?

9. 在单因子方差分析中,因子 A 有三个水平,每个水平各做 4 次重复试验,请完成下列方差分析表:

来　源	平方和	自由度	均方和	F 比
因子 A	4.2			
误差 e	2.7			
和 T	6.9			

并在显著性水平 $\alpha = 0.05$ 下对因子 A 是否显著作出检验.

10. 在一个单因子试验中, 因子 A 有 4 个水平, 每个水平下重复次数分别为 5, 7, 6, 8. 那么误差平方和、因子 A 平方和及总平方和的自由度各是多少?

11. 对于一批由同一种纱线织成的袜子, 在不同温度的水中进行洗搓收缩率试验. 水的温度 (单位: ℃) 设计为 30, 40, 50, 60, 70, 80 六个水平; 每一温度下各洗 4 只袜子, 其他条件完全相同, 测得袜子收缩率 (%) 如下表所示:

袜子编号	水 的 温 度					
	80℃	30℃	60℃	40℃	50℃	70℃
1	9.5	4.3	6.5	6.1	10.1	9.3
2	8.8	7.8	8.3	7.3	4.8	8.7
3	11.4	3.2	8.6	4.2	5.4	7.2
4	7.8	6.5	8.2	4.1	9.6	10.1

试问水温对袜子收缩率是否有显著影响? 试在显著性水平 $\alpha = 0.05$ 下给出判断.

12. 在单因子方差分析的三项基本假定下, 证明:

(1) μ_i 的 $1 - \alpha$ 置信区间是 $\overline{y}_i \pm t_{1-\alpha/2}(n-r)\sqrt{\dfrac{\mathrm{MS}_e}{m_i}}$;

(2) $\mu_i - \mu_j$ 的 $1 - \alpha$ 置信区间是

$$(\overline{y}_i - \overline{y}_j) \pm t_{1-\alpha/2}(n-r)\sqrt{\left(\dfrac{1}{m_i} + \dfrac{1}{m_j}\right)\mathrm{MS}_e};$$

(3) a_i 的 $1 - \alpha$ 置信区间是

$$(\overline{y}_i - \overline{y}) \pm t_{1-\alpha/2}(n-r)\sqrt{\left(\dfrac{1}{m_i} - \dfrac{1}{n}\right)\mathrm{MS}_e},$$

其中 $n = \sum\limits_{i=1}^{r} m_i$.

13. 假设有 3 个商场经销同一品牌商品, 记录某周 5 个工作日该 3 个商场对该商品的销售记录, 得到下表所示数据:

商场	星 期				
	一	二	三	四	五
商场 1	48	45	56	51	48
商场 2	41	49	48	41	57
商场 3	65	54	72	51	64

(1) 试问：在 $\alpha = 0.05$ 下，不同商场对商品销售量是否具有显著差异？

(2) 求出该产品日销量方差、各商场日销售均值和三个商场效应的估计值；

(3) 在置信水平为 0.95 下，求解各商场日销售量均值差的区间估计.

14. 某粮食加工厂试验 3 种储藏方法对粮食含水率有无显著影响. 现取一批粮食分成若干份，分别用 3 种方法储藏，过一段时间后测得的含水率如下表：

储藏方法	含水率数据				
A_1	7.3	8.3	7.6	8.4	8.3
A_2	5.4	7.4	7.1		
A_3	7.9	9.5	10.0		

(1) 假定各种方法储藏的粮食的含水率分布都服从正态分布，且假定方差相同，试在 $\alpha = 0.05$ 水平下检验这三种方法的平均含水率有无显著差异；

(2) 对每种方法的平均含水率给出置信水平为 0.95 的置信区间.

15. 在入户推销上有 5 种方法，某大公司想比较这 5 种方法的效果有无显著差异，设计了一项实验：从应聘的且无推销经验的人员中随机挑选一部分人，将他们随机地分为 5 个组，每一组用一种推销方法进行培训，培训相同时间后观察他们在一个月内的推销额，数据如下表所示：（单位：千元）

组别	推 销 额						
第一组	20.0	16.8	17.9	21.2	23.9	26.8	22.4
第二组	24.9	21.3	22.6	30.2	29.9	22.5	20.7
第三组	16.0	20.1	17.3	20.9	22.0	26.8	20.8
第四组	17.5	18.2	20.2	17.7	19.1	18.4	16.5
第五组	25.2	26.2	26.9	29.3	30.4	29.7	28.2

为比较这 5 种方法的平均推销额有无显著差异，拟作方差分析，试对下列问题作出回答：

(1) 写出进行方差分析的统计模型；

(2) 对数据进行分析，在 $\alpha=0.05$ 水平下，这 5 种方法的月平均推销额有无显著差异？

(3) 哪种推销方法效果最好？试对该种方法一个月的平均推销额作出置信水平为 0.95 的置信区间.

16. 有 7 种人造纤维，每种抽 4 根测其强度，得每种纤维的平均强度如下表所列：

i	1	2	3	4	5	6	7
$\bar{y}_i$	6.3	6.2	6.7	6.8	6.5	7.0	7.1

又有 $\sum_{i=1}^{7}\sum_{j=1}^{4}(y_{ij}-\bar{y}_i)^2=18.9$，并假定各种纤维的强度服从等方差的正态分布.

(1) 试问 7 种纤维平均强度有无显著差异？（$\alpha=0.05$）

(2) 若各种纤维的平均强度间有显著差异，试问哪种纤维的强度最大？请给出该种纤维平均强度的置信水平为 0.95 的置信区间. 若各种纤维的平均强度间无显著差异，则给出平均强度的置信水平为 0.95 的置信区间.

7.2 多重比较

在单因子方差分析中，若经 F 检验拒绝原假设 $H_0: \mu_1=\mu_2=\cdots=\mu_r$，这表明，因子 A 的 r 个水平均值 $\mu_1,\mu_2,\cdots,\mu_r$ 不全相等，但不一定两两之间都有差异. 故还需要进一步去确认哪些水平均值间确有显著差异，哪些水平均值间无显著差异. 这要进行多重比较.

同时比较任意两个水平均值间有无显著差异的问题称为**多重比较问题**.

这里的关键是"同时"两字. 若有 $r\,(r>2)$ 个水平均值 $\mu_1,\mu_2,\cdots,\mu_r$，则同时检验以下 $\binom{r}{2}$ 个假设：

$$H_0^{ij}: \mu_i=\mu_j, \quad i<j,\ i,j=1,2,\cdots,r \tag{7.2.1}$$

的检验问题就是多重比较问题. 譬如在 $r=3$ 时，同时检验如下三个假设：

$$H_0^{12}: \mu_1=\mu_2, \quad H_0^{13}: \mu_1=\mu_3, \quad H_0^{23}: \mu_2=\mu_3$$

的检验问题就是多重比较问题的一个例子.

下面分重复数相等与重复数不等两种情况分别讨论多重比较问题.

7.2.1 重复数相等情况的 T 法

这是 Tukey 在 1953 年提出的多重比较方法,简称 **T 法**,适用于重复数相等的情况,这里设重复数皆为 m.

直观考虑,当 H_0^{ij} 为真时,$|\bar{y}_i - \bar{y}_j|$ 不应过大,过大就应拒绝 H_0^{ij}. 因此在同时考虑 $\binom{r}{2}$ 个假设 H_0^{ij} 时,"诸 H_0^{ij} 中至少有一个不成立"就构成多重比较的拒绝域 W,它应有如下形式:

$$W = \bigcup_{i<j} \{|\bar{y}_i - \bar{y}_j| > c\},$$

这里 $\bar{y}_i$ 表示水平 A_i 下数据的平均值,$i = 1, 2, \cdots, r$. 如果给定显著性水平 α,就要确定这样的临界值 c,使得上述 $\binom{r}{2}$ 个假设 H_0^{ij} 都成立时,而犯第 I 类错误的概率 $P(W) = \alpha$. 下面来确定临界值 c.

$$P(W) = P\left(\bigcup_{i<j} \{|\bar{y}_i - \bar{y}_j| > c\}\right) = 1 - P\left(\bigcap_{i<j} \{|\bar{y}_i - \bar{y}_j| \leqslant c\}\right)$$

$$= 1 - P\left(\max_{i<j} |\bar{y}_i - \bar{y}_j| \leqslant c\right) = P\left(\max_{i<j} |\bar{y}_i - \bar{y}_j| > c\right)$$

$$= P\left(\max_{i<j} \left|\frac{\bar{y}_i - \bar{y}_j}{\sqrt{\mathrm{MS}_e/m}}\right| > \frac{c}{\sqrt{\mathrm{MS}_e/m}}\right)$$

$$= P\left(\max_{i<j} \frac{|(\bar{y}_i - \mu_i) - (\bar{y}_j - \mu_j)|}{\sqrt{\mathrm{MS}_e/m}} > \frac{c}{\sqrt{\mathrm{MS}_e/m}}\right)$$

$$= P\left(\max_i \left\{\frac{\bar{y}_i - \mu_i}{\sqrt{\mathrm{MS}_e/m}}\right\} - \min_i \left\{\frac{\bar{y}_i - \mu_i}{\sqrt{\mathrm{MS}_e/m}}\right\} > \frac{c}{\sqrt{\mathrm{MS}_e/m}}\right),$$

$$(7.2.2)$$

其中 MS_e 为方差分析中的误差均方,它是方差 σ^2 的无偏估计,并且与诸 $\bar{y}_i$ 相互独立,从而

$$\frac{\bar{y}_i - \mu_i}{\sqrt{\mathrm{MS}_e/m}} \sim t(f_e).$$

于是

$$t_{(r)} = \max_i \left\{\frac{\bar{y}_i - \mu_{i-}}{\sqrt{\mathrm{ME}_e/m}}\right\}, \quad t_{(1)} = \min_i \left\{\frac{\bar{y}_i - \mu_i}{\sqrt{\mathrm{ME}_e/m}}\right\}$$

分别是来自 $t(f_e)$ 分布的容量为 r 的样本的最大与最小次序统计量. 从而

$$q(r, f_e) = t_{(r)} - t_{(1)} \tag{7.2.3}$$

是 $t(f_e)$ 分布的容量为 r 的样本极差,它被称为 t 化极差统计量,它的分布不易导出,但知它的分布只与 t 分布的自由度 f_e(即误差平方和的自由度)和样本量 r(即因子 A 的水平数)有关,因此可以用随机模拟法获得 $q(r, f_e)$ 分布

的分位数(见附表 15). 为使

$$P(W) = P\left(q(r, f_e) > \frac{c}{\sqrt{MS_e/m}}\right) = \alpha,$$

可取 $q(r, f_e)$ 的 $1-\alpha$ 分位数, 使

$$\frac{c}{\sqrt{MS_e/m}} = q_{1-\alpha}(r, f_e).$$

从而显著性水平为 α 的临界值为

$$c = q_{1-\alpha}(r, f_e)\sqrt{\frac{MS_e}{m}}. \qquad (7.2.4)$$

综上可知, 检验问题(7.2.1)的显著性水平为 α 的拒绝域为

$$|\bar{y}_i - \bar{y}_j| > q_{1-\alpha}(r, f_e)\sqrt{\frac{MS_e}{m}}, \quad i < j, \ i, j = 1, 2, \cdots, r. \quad (7.2.5)$$

例 7.2.1 在显著性水平 $\alpha = 0.05$ 下对例 7.1.1 做多重比较.

在例 7.1.1 中, $r = 4$, $m = 6$, $MS_e = 6.508$, $f_e = 20$, 在 $\alpha = 0.05$ 时, 从附表 15 中查得 $q_{0.95}(4, 20) = 3.46$, 可得临界值

$$c = 3.46\sqrt{\frac{6.508}{6}} = 3.603.$$

从而当 $i < j$ 时, $|\bar{y}_i - \bar{y}_j| > 3.603$, 则拒绝 $H_0^{ij}: \mu_i = \mu_j$, 否则就保留该假设. 现从例 7.1.4 中得

$$\bar{y}_1 = 10.000, \quad \bar{y}_2 = 15.667, \quad \bar{y}_3 = 17.000, \quad \bar{y}_4 = 21.167,$$

可求得任意两个均值的差的绝对值:

$$|\bar{y}_1 - \bar{y}_2| = 5.667, \qquad |\bar{y}_1 - \bar{y}_3| = 7.000,$$
$$|\bar{y}_1 - \bar{y}_4| = 11.167, \qquad |\bar{y}_2 - \bar{y}_3| = 1.333 < 3.603,$$
$$|\bar{y}_2 - \bar{y}_4| = 5.500, \qquad |\bar{y}_3 - \bar{y}_4| = 4.167.$$

从以上比较可见, 4 种硬木含量对包装纸抗张强度的影响可分为如下三类:

第一类仅含 A_1;

第二类含有 A_2 与 A_3;

第三类仅含 A_4.

在这三类间都有显著差异, 仅第二类中 A_2 与 A_3 间无显著差异.

上述多重比较结果表明: 硬木含量 $A_4 = 20\%$ 可使包装纸的强度最高, 达到 21 左右. 若觉得实用中食品包装纸无须这么高的强度, 强度在 $15 \sim 17$ 间就足够了, 那么可在第二类中选用 $A_2 = 10\%$, 因为它与 $A_3 = 15\%$ 相比在强度上并无显著差异, 成本也可降低. 这是决策问题, 一定要根据统计推断结果和实际情况决定之.

7.2.2 重复数不等情况的 S 法

这是 Scheffe 在 1953 年提出的多重比较法, 简称 **S 法**, 适用于重复数不等的情况. 因子 A 的 r 个水平的重复数分别记为 $m_1, m_2, \cdots, m_r$.

当 $H_0^{ij}: \mu_i = \mu_j$ 成立时, 有

$$\bar{y}_i - \bar{y}_j \sim N\left(0, \left(\frac{1}{m_i} + \frac{1}{m_j}\right)\sigma^2\right).$$

若用误差均方和 MS_e 代替 σ^2, 并且 MS_e 与诸 $\bar{y}_i$ 相互独立, 则有

$$F_{ij} = \frac{(\bar{y}_i - \bar{y}_j)^2}{\left(\frac{1}{m_i} + \frac{1}{m_j}\right)\mathrm{MS}_e} \sim F(1, f_e).$$

当 H_0^{ij} 成立时, F_{ij} 不应过大, 过大会拒绝 H_0^{ij}. 当一切 H_0^{ij} 都成立时, 多重比较的拒绝域应有如下形式:

$$W = \bigcup_{i<j} \{F_{ij} > c\}.$$

如同 (7.2.2) 的推导, 有

$$P(W) = P\left(\bigcup_{i<j}\{F_{ij} > c\}\right) = P(\max_{i<j} F_{ij} > c).$$

Scheffe 证明了

$$\frac{\max\limits_{i<j} F_{ij}}{r-1} \sim F(r-1, f_e)$$

(符号 $A \sim F$ 表示随机变量 A 近似服从分布 F). 若给定显著性水平 α, 要使 $P(W) = \alpha$, 可取 $c = (r-1)F_{1-\alpha}(r-1, f_e)$, 即对一切 $i < j$, 有

$$|\bar{y}_i - \bar{y}_j| > \sqrt{(r-1)F_{1-\alpha}(r-1, f_e)\left(\frac{1}{m_i} + \frac{1}{m_j}\right)\mathrm{MS}_e}.$$

若记

$$c_{ij} = \sqrt{(r-1)F_{1-\alpha}(r-1, f_e)\left(\frac{1}{m_i} + \frac{1}{m_j}\right)\mathrm{MS}_e},$$

则当

$$|\bar{y}_i - \bar{y}_j| > c_{ij}, \quad i < j, \ i, j = 1, 2, \cdots, r$$

时拒绝 H_0^{ij}, 否则保留 H_0^{ij}. 注意: 这里有不止一个临界值, 具体看下面例子.

例 7.2.2 在包装对销售量影响的例 7.1.7 中, 经方差分析已得知, 4 种不同包装对销售量有显著差异. 现用多重比较挑选最显著的包装.

在例 7.1.7 中

$$r = 4, \quad m_1 = m_4 = 2, \quad m_2 = m_3 = 3, \quad \mathrm{MS}_e = 7.67, \quad f_e = 6.$$

取 $\alpha = 0.10$, 从附表 8 中查得 $F_{0.90}(3, 6) = 3.29$, 从而可得

$$c = (4-1) \times 3.29 = 9.87.$$

还可求得各临界值，

$$c_{12}=c_{13}=c_{24}=c_{34}=\sqrt{9.87\times\left(\frac{1}{2}+\frac{1}{3}\right)\times7.67}=7.943,$$

$$c_{14}=\sqrt{9.87\times\left(\frac{1}{2}+\frac{1}{2}\right)\times7.67}=8.701,$$

$$c_{23}=\sqrt{9.87\times\left(\frac{1}{3}+\frac{1}{3}\right)\times7.67}=7.104.$$

另外，从表 7-7 中可得各水平均值：

$$\bar{y}_1=15,\quad \bar{y}_2=13,\quad \bar{y}_3=19,\quad \bar{y}_4=27,$$

其中任意两个水平均值之差的绝对值与诸临界值 c_{ij} 比较，有

$$|\bar{y}_1-\bar{y}_2|=2,$$
$$|\bar{y}_1-\bar{y}_3|=4,$$
$$|\bar{y}_1-\bar{y}_4|=12>c_{14}=8.701,$$
$$|\bar{y}_2-\bar{y}_3|=6,$$
$$|\bar{y}_2-\bar{y}_4|=14>c_{24}=7.943,$$
$$|\bar{y}_3-\bar{y}_4|=8>c_{34}=7.943.$$

从以上比较可见，4 种包装对销售量的影响可分为两类：

第一类由 A_1,A_2,A_3 组成；

第二类仅含 A_4.

这两类间有显著差异，而第一类中三个水平间任意两个都无显著差异. 上述多重比较表明：唯第四种包装可使销售量最高，且与另三种包装在销售量上有显著差异.

习 题 7.2

1. 为了寻求本地高产油菜品种，选取 5 个品种进行种植试验，得到如下产量数据：

品种 A	试验数据（单位：kg）			
A_1	256	222	280	298
A_2	250	227	230	322
A_3	224	300	290	275
A_4	288	280	315	259
A_5	206	212	220	212

试在 $\alpha = 0.05$ 下,

(1) 对油菜种子品种进行显著性检验;

(2) 并就试验结果挑选适宜于本地种植的高产油菜籽品种.

2. 考查 6 种不同的农药杀虫率有无显著差异, 做了 18 次试验, 得到如下数据:

农药 A	杀 虫 率				$\bar{x}_{i.}$
	x_{i1}	x_{i2}	x_{i3}	x_{i4}	
A_1	87.24	85.0	80.2		84.2
A_2	90.5	88.5	87.3	94.7	90.25
A_3	56.2	62.4			59.30
A_4	55.0	48.2			51.60
A_5	92.0	99.2	95.3	91.5	94.50
A_6	75.2	72.3	81.3		76.27
					$\bar{x} = 80.12$

试问:

(1) 农药差异对杀虫率是否具有显著性差异?

(2) 哪些农药效果好, 如何检验这个多重比较问题?

3. 有人调查过美国某年不同工种的工人每小时的收入情况, 见下表:

工种	每小时收入						
日用品	9.80	10.15	10.00	9.65	9.90	9.85	9.95
非日用品	9.40	9.00	9.15	9.20	9.15	9.30	
建筑业	11.40	11.40	10.80	11.45	10.80		
零售业	8.60	8.65	8.90	8.80	8.75	8.50	

假定 4 种工种的收入服从同方差的正态分布, 那么在 $\alpha = 0.05$ 水平下, 这 4 种类型的工种的平均收入有无显著差异? 若有显著差异, 请作多重比较.

7.3 方差齐性检验

在单因子试验中 r 个水平的指标可以用 r 个正态分布 $N(\mu_i, \sigma_i^2)$, $i = 1$, $2, \cdots, r$ 表示. 在施行方差分析时要求 r 个方差相等, 这称为**方差齐性**. 而方差齐性不一定自然具有. 理论研究表明, F 检验对正态性的偏离具有一定的稳健性, 而 F 检验对方差齐性的偏离较为敏感. 所以 r 个方差的齐性检验就显得十分必要.

所谓方差齐性检验是对如下一对假设作出判断:

$$H_0: \sigma_1^2 = \sigma_2^2 = \cdots = \sigma_r^2, \quad H_1: 诸 \sigma_i^2 不全相等. \qquad (7.3.1)$$

很多统计学家对此进行研究, 提出一些很好的检验, 这里将其中最常用的几个进行叙述, 它们是:

- Hartley 检验, 仅适用于样本量相等的场合.
- Cochran 检验, 也仅适用于样本量相等的场合.
- Bartlett 检验, 可用于样本量相等或不等的场合, 但是每个样本量不得低于 5.
- 修正的 Bartlett 检验, 在样本量较小或较大、相等或不等场合均可使用.

下面分别来叙述它们.

7.3.1 Hartley 检验

当各水平的重复试验次数相等, 即 $m_1 = m_2 = \cdots = m_r = m$ 时, Hartley 提出检验方差相等的检验统计量:

$$H = \frac{\max\{s_1^2, s_2^2, \cdots, s_r^2\}}{\min\{s_1^2, s_2^2, \cdots, s_r^2\}}. \qquad (7.3.2)$$

它是 r 个样本方差的最大值与最小值之比. 这个统计量的分布尚无明显的表达式, 但在诸方差相等条件下, 可通过随机模拟方法(用 $\chi^2(m-1)$ 的随机数) 获得 H 分布的分位数. 该分布依赖于水平数 r 与样本方差的自由度 $f = m-1$, 因此该分布可记为 $H(r, f)$, 其分位数表列于附表 16 上.

直观上看, 当 H_0 成立时, 诸方差相等, 即 $\sigma_1^2 = \sigma_2^2 = \cdots = \sigma_r^2$ 时, H 的值应接近于 1, 当 H 的值较大时, 诸方差间的差异就大, H 越大, 诸方差间的差异越大, 这时应拒绝 H_0. 由此可知, 对给定的显著性水平 α, 检验 H_0 的拒绝域为

$$W = \{H > H_{1-\alpha}(r, f)\}, \qquad (7.3.3)$$

其中 $H_{1-\alpha}(r, f)$ 为 H 分布的 $1-\alpha$ 分位数.

例 7.3.1 在硬木含量对包装纸抗张强度的例 7.1.1 中有 4 个水平, 每个水平各重复 6 次试验, 据 4 组数据可算得 4 个样本方差, 它们分别为

$$s_1^2 = 8, \quad s_2^2 = 7.867, \quad s_3^2 = 3.2, \quad s_4^2 = 6.967.$$

现要检验 4 个水平的总体方差是否彼此相等.

解 因 4 个水平下的重复数相同, 故可用 Hartley 检验, 其检验统计量 H

的值为

$$H = \frac{\max\{s_1^2, s_2^2, s_3^2, s_4^2\}}{\min\{s_1^2, s_2^2, s_3^2, s_4^2\}} = \frac{8}{3.2} = 2.5.$$

若给定 $\alpha = 0.05$，从附表 16 中可查得

$$H_{1-\alpha}(r, f) = H_{0.95}(4, 5) = 13.7 (> 2.5),$$

故 H 值未落入拒绝域，可认为：从 4 个样本方差的比较上看不出 4 个总体方差有显著差异.

7.3.2 最大方差检验(Cochran 检验)

当 $\min\{s_i^2\} \approx 0$ 时，用检验统计量(7.3.2)的值很大时将会导致犯第 II 类错误的概率很大，Cochran 提出了另一种检验统计量：

$$G_{\max} = \frac{\max\{s_1^2, s_2^2, \cdots, s_r^2\}}{\sum\limits_{i=1}^{r} s_i^2}. \qquad (7.3.4)$$

同样，从直观上考虑，当假设(7.3.1)为真时，$\max\{s_i^2\}$ 在 $\sum\limits_{i=1}^{r} s_i^2$ 中所占比例不会太大，因而取下面的拒绝域

$$W = \{G_{\max} \geqslant c\}$$

是合理的. 在 H_0 为真时，c 值使 $P(G_{\max} \geqslant c) = \alpha$，$G_{\max}$ 的分布也与 $r, m-1$ 有关，其分位数可从附表 17 中查出. 若记 $c = G_{\max, 1-\alpha}(r, f)$，$f = m-1$，则检验问题(7.3.1)的水平为 α 的拒绝域为

$$W = \{G_{\max} \geqslant G_{\max, 1-\alpha}(r, m-1)\}. \qquad (7.3.5)$$

例 7.3.2 设有 3 台机器用来生产规格相同的铝合金薄板，取样后测量薄板的厚度精确到千分之一厘米，得到数据如表 7-9 所示. 试问该 3 台机器在材料规格、工人技术等环境条件都一致的情况下，机器对加工薄板厚度是否有显著影响(显著性水平 $\alpha = 0.05$)?

表 7-9 薄板厚度数据(单位：千分之一厘米)

机器 1	0.236	0.238	0.248	0.245	0.243
机器 2	0.257	0.253	0.255	0.254	0.261
机器 3	0.258	0.264	0.259	0.267	0.262

解 这是一个以机器为因子(记为 A)，铝合金薄板厚度为试验指标的 3 水平单因子方差分析问题. 为了简化计算，把数据 y_{ij} 作线性变换

$$z_{ij} = b(y_{ij} - c).$$

大家知道平移 c 后不会改变平方和，而放大 b 倍可使平方和随之放大 b^2 倍，且两个平方和之商的 F 比又不变，即用诸 y_{ij} 算得的 F 比与用诸 z_{ij} 算得的 F 比是相同的. 基于这个认识，在本例中取如下变换：

$$z_{ij} = 1\,000\,(y_{ij} - 0.25),$$

所得数据如表 7-10 所示.

表 7-10 　　　　　变换后的数据及各水平下的样本方差 s_i^2

水平	$z_{ij} = 1\,000\,(y_{ij} - 0.25)$					T_i	$\bar{z}_i$	Q_i	s_i^2
A_1	-14	12	-2	-5	-7	-40	-8	98	24.5
A_2	7	3	5	4	11	30	6	40	10.0
A_3	8	14	9	17	12	60	12	54	13.5
	$\sum_{i=1}^{3}\sum_{j=1}^{5} z_{ij}^2 = 1\,412$					$T = 50$		$SS_e = 48.0$	

下面先对方差齐性用最大方差作出检验. 如今 $r = 3$，$m = 5$，拒绝域为 $W = \{G_{\max} \geqslant G_{\max,0.95}(3,4) = 0.745\,7\}$，现

$$G_{\max} = \frac{\max\{24.5, 10, 13.5\}}{24.5 + 10 + 13.5} = \frac{24.5}{48.0} = 0.510\,4.$$

因 $G_{\max}$ 值未落入拒绝域 W，故可认为没有理由拒绝三个总体方差相等.

接着进行方差分析，为此用数据 z_{ij} 计算各平方和，有

$$SS_T = 1\,412 - \frac{50^2}{15} = 1\,245.33, \quad f_T = 15 - 1 = 14,$$

$$SS_A = \sum_{i=1}^{3} \frac{T_i^2}{5} - \frac{T^2}{15} = 1\,053.33, \quad f_A = 3 - 1 = 2,$$

$$SS_e = SS_T - SS_A = 192.00, \quad f_e = 14 - 2 = 12.$$

这些平方和都是用 z_{ij} 算得的，它们比用 y_{ij} 算得的平方和放大 10^6 位，但 F 比不受此种线性变换影响，即

$$F = \frac{SS_A/f_A}{SS_e/f_e} = \frac{1\,053.33/2}{192.00/12} = 32.92.$$

对显著性水平 $\alpha = 0.05$，从附表 8 查得 $F_{0.95}(2,12) = 3.89$，故拒绝域为

$$W = \{F > 3.89\}.$$

如今 $F = 32.92$ 落在拒绝域 W 内，故认为 3 台机器所生产薄板的平均厚度有显著差异. 平均厚度估计值 $\bar{y}_i = 0.25 + \dfrac{\bar{z}_i}{1\,000}$，即

$$\bar{y}_1 = 0.242, \quad \bar{y}_2 = 0.256, \quad \bar{y}_3 = 0.262.$$

机器 1 生产的薄板的平均厚度最薄.

7.3.3 Bartlett 检验

大家知道,几何平均数总不会超过算术平均数,Bartlett 检验正立论于此.

在单因子方差分析中有 r 个样本,设第 i 个样本方差为

$$s_i^2 = \frac{1}{m_i - 1} \sum_{j=1}^{m_i} (y_{ij} - \bar{y}_i)^2 = \frac{Q_i}{f_i}, \quad i = 1, 2, \cdots, r,$$

其中 m_i 为第 i 个样本的容量(即重复数),Q_i 与 f_i 为该样本的偏差平方和及自由度. 此 r 个样本方差 $s_1^2, s_2^2, \cdots, s_r^2$ 的(加权)算术平均数正是误差均方和 MS_e, 即

$$\mathrm{MS}_e = \frac{1}{f_e} \sum_{i=1}^{r} Q_i = \sum_{i=1}^{r} \frac{f_i}{f_e} s_i^2,$$

而相应的 r 个样本方差的几何平均数记为 GMS_e, 它是

$$\mathrm{GMS}_e = \left[(s_1^2)^{f_1} (s_2^2)^{f_2} \cdots (s_r^2)^{f_r} \right]^{\frac{1}{f_e}},$$

其中 $f_e = f_1 + f_2 + \cdots + f_r = \sum_{i=1}^{r} (m_i - 1) = n - r.$

由于几何平均数总不会超过算术平均数,故有

$$\mathrm{GMS}_e \leqslant \mathrm{MS}_e,$$

其中等号成立当且仅当诸 s_i^2 彼此相等. 若诸 s_i^2 间的差异较大,则此两个平均值相差也较大. 由此可见,当诸总体方差相等时,其样本方差间不应相差较大,从而比值 $\mathrm{MS}_e/\mathrm{GMS}_e$ 接近于 1. 反之,在比值 $\mathrm{MS}_e/\mathrm{GMS}_e$ 较大时,就意味着诸样本方差差异较大,从而反映诸总体方差差异也较大. 这个结论对此比值的对数也成立. 从而检验(7.3.1)表示的一对假设的拒绝域应是

$$W = \left\{ \ln \frac{\mathrm{MS}_e}{\mathrm{GMS}_e} > d \right\}.$$

Bartlett 证明了:在大样本场合, $\ln \dfrac{\mathrm{MS}_e}{\mathrm{GMS}_e}$ 的某个函数近似服从自由度为 $r - 1$ 的 χ^2 分布,具体是

$$B = \frac{f_e}{C} (\ln \mathrm{MS}_e - \ln \mathrm{GMS}_e) \sim \chi^2(r-1), \tag{7.3.6}$$

其中

$$C = 1 + \frac{1}{3(r-1)} \left(\sum_{i=1}^{r} \frac{1}{f_i} - \frac{1}{f_e} \right), \tag{7.3.7}$$

且 C 通常会大于 1.

根据上述结论，可取

$$B = \frac{1}{C}\left(f_e \ln \mathrm{MS}_e - \sum_{i=1}^{r} f_i \ln s_i^2 \right) \tag{7.3.8}$$

作为检验统计量，对给定的显著性水平 α，检验原假设 $H_0: \sigma_1^2 = \sigma_2^2 = \cdots = \sigma_r^2$ 的拒绝域为

$$W = \{ B \geqslant \chi_{1-\alpha}^2(r-1) \}, \tag{7.3.9}$$

其中 $\chi_{1-\alpha}^2(r-1)$ 是自由度为 $r-1$ 的 χ^2 分布的 $1-\alpha$ 分位数. 考虑到 χ^2 分布是近似分布，在诸样本量 m_i 均不小于 5 时使用上述检验是适当的.

例 7.3.3 对某地 3 所小学五年级男生进行随机抽查，各抽 6 名五年级男生，它们的身高（单位：cm）如表 7-11 所示. 研究 3 所小学五年级男生身高是否有显著差异.

表 7-11　　　　　　　**3 所五年级男生身高的抽查数据 y_{ij}**

第一小学	128.1	134.1	133.1	138.1	140.8	127.4
第二小学	150.3	147.9	136.8	126.0	150.7	155.8
第三小学	140.6	143.1	144.5	143.7	148.5	146.4

解 回答这个问题要用单因子方差分析，为此要先检验 3 个总体方差 $\sigma_1^2, \sigma_2^2, \sigma_3^2$ 是否彼此相等. 为此要计算 3 个样本方差，为简化计算，对原数据 y_{ij} 作平移变换 $z_{ij} = y_{ij} - 135$，这不会改变样本方差的计算. 变换后的数据如表 7-12 所示.

表 7-12　　　　　　**变换后的数据及其样本方差**

学校	$z_{ij} = y_{ij} - 135$						T_i	$\bar{z}_i$	Q_i	$s_i^2 = \dfrac{Q_i}{5}$
第一小学	-6.9	-0.9	-1.9	3.1	5.8	-7.6	-8.4	-1.267	141.28	28.256
第二小学	15.3	12.9	1.8	-9.0	15.7	20.8	57.5	9.583	612.83	122.566
第三小学	15.6	8.1	9.8	8.7	13.5	11.4	67.1	11.183	36.72	7.344

从表 7-12 可得 3 个样本方差及误差均方如下：

$$s_1^2 = 28.256, \quad s_2^2 = 122.566, \quad s_3^2 = 7.344, \quad f_1 = f_2 = f_3 = 5,$$

$$\mathrm{MS}_e = \frac{Q_1 + Q_2 + Q_3}{15} = \frac{790.83}{15} = 52.722, \quad f_e = 15.$$

现用 Bartlett 检验考查 3 个总体方差是否彼此相等. 为此先计算 C，有

$$C = 1 + \frac{1}{3(r-1)}\left(\sum_{i=1}^{3} \frac{1}{f_i} - \frac{1}{f_e} \right) = 1 + \frac{1}{3\times 2}\left(\frac{3}{6} - \frac{1}{15} \right) = \frac{193}{180}.$$

而 Bartlett 检验统计量为

$$B = \frac{1}{C}\left(f_e \ln \text{MS}_e - \sum_{i=1}^{3} f_i \ln s_i^2\right)$$

$$= \frac{180}{193} \times [15 \ln 52.722 - 5(\ln 28.256 + \ln 122.566 + \ln 7.344)]$$

$$= \frac{180}{193} \times (59.4755 - 50.7192)$$

$$= 8.1665.$$

若取显著性水平 $\alpha = 0.05$,而 $\chi_{1-\alpha}^2(r-1) = \chi_{0.95}^2(2) = 5.99$,故拒绝域为 $W = \{B \geqslant 5.99\}$. 如今 B 落在拒绝域内,应拒绝 3 个总体方差彼此相等的假设. 这表明,对表 7-11 上数据不宜进行方差分析.

多个方差相等检验有多种,它们从不同角度考查这个问题. 由于这 3 个样本量相等,还可用 Hartley 检验与 Cochran 检验来考查这个问题.

Hartley 检验的拒绝域为 $W_H = \{H \geqslant H_{0.95}(3,5) = 10.8\}$,而

$$H = \frac{122.566}{7.344} = 16.689,$$

可见 H 也落在拒绝域内.

Cochran 检验的拒绝域为 $W_G = \{G_{\max} \geqslant G_{\max,0.95}(3,5) = 0.7071\}$,而

$$G_{\max} = \frac{122.566}{158.166} = 0.7749,$$

可见 $G_{\max}$ 值也落在拒绝域内.

多方考查,结论一致,使我们更确信诸方差不等的结论.

7.3.4 修正的 Bartlett 检验

针对样本量低于 5 时不能使用 Bartlett 检验的缺点,Box 提出修正的 Bartlett 检验统计量

$$B' = \frac{f_2' BC}{f_1'(A - BC)}, \tag{7.3.10}$$

其中 B 与 C 如(7.3.6)与(7.3.7)所示,

$$f_1' = r - 1, \tag{7.3.11}$$

$$f_2' = \frac{r+1}{(C-1)^2}, \tag{7.3.12}$$

$$A = \frac{f_2'}{2 - C + \frac{2}{f_2'}}. \tag{7.3.13}$$

在原假设 $H_0: \sigma_1^2 = \sigma_2^2 = \cdots = \sigma_r^2$ 成立下,Box 还给出了统计量 B' 的近似分布是 F 分布 $F(f_1, f_2)$,对给定的显著性水平 α,该检验的拒绝域为

$$W=\{B'>F_{1-\alpha}(f'_1,f'_2)\},\qquad(7.3.14)$$

其中 $F_{1-\alpha}(f'_1,f'_2)$ 是自由度为 f'_1 与 f'_2 的 F 分布的 $1-\alpha$ 分位数. 而 f'_2 的值可能不是整数, 这时对 F 分布的分位数表施行内插法.

例 7.3.4 在儿童糖果的 4 种不同包装对销售量影响的例 7.1.7 中的方差齐性假设是否成立需要考查, 由于重复数不仅少而且不等, 故只能用修正的 Bartlett 检验进行考查, 为此需要计算各水平下的样本方差. 经计算可得

$$s_1^2=18,\quad s_2^2=1,\quad s_3^2=4,\quad s_4^2=18,\quad \mathrm{MS}_e=\frac{46}{6},$$

$$f_1=1,\quad f_2=2,\quad f_3=2,\quad f_4=1,\quad f_e=6.$$

所需的几个中间量分别为

$$C=1+\frac{1}{3\times3}\Big(\frac{1}{1}+\frac{1}{2}+\frac{1}{2}+\frac{1}{1}-\frac{1}{6}\Big)=\frac{71}{54},$$

$$B=\frac{54}{71}\Big[6\times\ln\frac{46}{6}-(2\ln18+2\ln1+2\ln4)\Big]=2.789\,8,$$

$$f'_1=r-1=3,\quad f'_2=\frac{r+1}{(C-1)^2}=50.454\,6,$$

$$A=\frac{f'_2}{2-C+\dfrac{2}{f'_2}}=\frac{50.454\,6}{2-1.314\,8+\dfrac{2}{50.454\,6}}=69.688\,0.$$

最后算得修正后的 Bartlett 统计量值

$$B'=\frac{f'_2BC}{f'_1(A-BC)}=\frac{50.454\,6\times2.789\,8\times1.314\,8}{3(69.688\,0-2.789\,8\times1.314\,8)}$$

$$=0.933\,8.$$

对给定的显著性水平 $\alpha=0.05$, 用插值法可查得 $F_{0.95}(3,50.454\,6)=2.82$, 故拒绝域为

$$W=\{B'>2.82\}.$$

如今 B' 的值未落在拒绝域内, 不能否定方差齐性假设.

习 题 7.3

1. 在一项研究中涉及 6 个样本方差:

$$s_1^2=0.037\,07,\quad s_2^2=0.034\,37,\quad s_3^2=0.027\,11,$$

$$s_4^2=0.027\,34,\quad s_5^2=0.024\,46,\quad s_6^2=0.030\,10.$$

它们的样本量相等, 都为 20. 试检验 6 个总体方差是否彼此相等.

2. 某项研究涉及 3 个样本方差:

$$s_1^2=0.663,\quad m_1=9,$$

$$s_2^2 = 0.574, \quad m_2 = 12,$$
$$s_3^2 = 0.752, \quad m_3 = 6.$$

试检验 3 个总体方差是否彼此相等.

3. 用 4 种安眠药在兔子身上进行试验,特选 24 只健康的兔子,随机把它们均分为 4 组,每组各服一种安眠药,安眠时间如下所示:

安眠药	安眠时间(小时)					
A_1	6.2	6.1	6.0	6.3	6.1	5.9
A_2	6.3	6.5	6.7	6.6	7.1	6.4
A_3	6.8	7.1	6.6	6.8	6.9	6.6
A_4	5.4	6.4	6.2	6.3	6.0	5.9

在显著性水平 $\alpha = 0.05$ 下对其进行方差分析,可以得到什么结果?

4. 为研究咖啡因对人体功能的影响,特选 30 名体质大致相同的健康的男大学生进行手指叩击试验,此外咖啡因选 3 个水平:

$$A_1 = 0 \text{ mg}, \quad A_2 = 100 \text{ mg}, \quad A_3 = 200 \text{ mg},$$

每个水平下冲泡 10 杯水,外观无差别,并加以编号,然后让 30 位大学生每人从中任选一杯服下,2 小时后,请每人做手指叩击试验,统计员记录其每分钟叩击次数. 试验结果统计如下表:

咖啡因剂量	叩击次数									
A_1: 0 mg	242	245	244	248	247	248	242	244	246	242
A_2: 100 mg	248	246	245	247	248	250	247	246	243	244
A_3: 200 mg	246	248	250	252	248	250	246	248	245	250

请对上述数据进行方差分析,从中可得到什么结论?

7.4 用残差作正态性检验

在单因子试验的方差分析中正态性假定是最基础的,需要对其考查. 除了经验和专业考查外,可以使用各种正态性检验,如正态概率图检验(见 4.1.4 小节)、各种数值检验方法(见 5.8 节与 5.9 节). 这些正态性检验都要求样本量不少于 8. 而方差分析中各水平下的重复数 m_i 不一定都大于或等于 8,这就要区别对待.

- 当各水平下重复数 m_i 都 $\geqslant 8$ 时，分别作正态性检验.
- 当部分或全部水平下重复数 $\leqslant 7$ 时，可把各水平下的残差 $e_{ij} = y_{ij} - \bar{y}_i$ 集中起来作正态性检验.

7.4.1 正态概率图

下面用例子说明各种场合下的正态性检验.

例 7.4.1 有 4 种不同牌号的铁锈防护剂(简称防锈剂)，现要比较其防锈能力.

试验：制作 40 个大小形状相同的铁件(试验样品)，然后把它们随机分为 4 组，每组 10 件样品. 在每一组样品上涂上同一牌号的防锈剂，最后把 40 个样品放在一个广场上让其经受日晒、风吹和雨打. 一段时间后再行观察其防锈能力.

评分：防锈能力无测量仪器，只能请专家评分. 5 位受聘专家对评分标准进行讨论，取得共识. 样品上无锈迹的评 100 分，全锈了评 0 分. 他们在不知牌号的情况下进行独立评分. 最后把一个样品的 5 个评分的平均值作为该样品的防锈能力. 数据列于表 7-13 中.

表 7-13　　　　　　　　　防锈能力数据及有关计算

因子 A（防锈剂）		A_1	A_2	A_3	A_4	
	1	43.9	89.8	68.4	36.2	
	2	39.0	87.1	69.3	45.2	
	3	46.7	92.7	68.5	40.7	
	4	43.8	90.6	66.4	40.5	
数	5	44.2	87.7	70.0	39.3	
据	6	47.7	92.4	68.1	40.3	
y_{ij}	7	43.6	86.1	70.6	43.2	
	8	38.9	88.1	65.2	38.7	
	9	43.6	90.8	63.8	40.9	
	10	40.0	89.1	69.2	39.7	
和 T_i		431.4	894.4	679.5	404.7	$T = 2\,410$
均值 $\bar{y}_i$		43.14	89.44	67.95	40.47	$\bar{y} = 60.25$
组内平方和 Q_i		81.004	44.284	42.325	53.421	$SS_e = 221.036$

这是一个等重复试验的单因子试验. 防锈剂是因子，4 种不同牌号是其水平，记为 A_1, A_2, A_3, A_4. 现要比较 4 个水平的防锈能力是否存在差异.

单因子方差分析主要是计算 3 个偏差平方和，其中误差平方和已在表 7-13 中求得：$SS_e = 221.036$，$f_e = 36$. 另两个平方和亦可用表 7-13 中数据算得，具体如下：

$$SS_T = 43.9^2 + 39.2^2 + \cdots + 40.9^2 + 39.7^2 - \frac{2\,410^2}{40} = 16\,174.50,$$

$$f_T = 39,$$

$$SS_A = \frac{1}{10}\left(431.4^2 + 894.4^2 + 679.5^2 + 404.7^2 - \frac{2\,410^2}{40}\right) = 15\,953.47,$$

$$f_A = 3.$$

把上述各平方和及其自由度移到方差分析表上，继续计算各均方和与 F 比，具体见表 7-14.

表 7-14   **防锈能力的方差分析表**

来源	平方和	自由度	均方和	F 比
因子 A	15 953.47	3	5 317.85	866.1
误差 e	221.036	36	6.14	
和 T	16 174.50	39		

表 7-14 中的 $F = 866.1$ 是很大的，以至于不需查表就可得出因子 A 显著的结论，这表明 4 种防锈剂的平均防锈能力间有显著差异. 这个结论的基础扎实吗？ 即方差分析的 3 个基本假定满足吗？ 这个试验的随机化在设施中已作充分考虑，故数据间独立性得到保证. 其正态性与方差齐性可在其正态概率图上看出，因为这个试验在每个水平上都 10 次重复，可分水平作出判断.

为此把每个水平上的 10 个数据从小到大排序，然后计算累积概率的估计值 $\hat{F}_i = \dfrac{i - 0.375}{m + 0.25}$，结果都列在表 7-15 中. 最后按水平把点描在同一张正态概率纸上，见图 7-7.

从图 7-7 上可以看出如下两点：

• 每组 10 个点均在一条直线附近，可认为 4 种牌号防锈剂的防锈能力服从正态分布；

• 由于 4 条直线近似平行，可认为 4 个正态分布的方差近似相等.

由此可知，在这个问题中正态性与方差齐性两个假定都成立. 在此基础上可进一步作各种参数估计.

各种防锈剂的防锈能力均值分别为

表 7-15　　　　　　　防锈剂的有序样本及累积概率估计值

j	$y_{(1j)}$	$y_{(2j)}$	$y_{(3j)}$	$y_{(4j)}$	$\dfrac{j-0.375}{10+0.25}$
1	38.9	86.1	63.8	36.1	6.1%
2	39.0	87.1	65.2	38.7	15.9%
3	40.0	87.7	66.4	39.3	25.6%
4	43.6	88.1	68.1	39.7	35.4%
5	43.6	89.1	68.4	40.5	45.1%
6	43.8	89.8	68.5	40.5	54.9%
7	43.9	90.6	69.2	40.7	64.6%
8	44.2	90.8	69.3	40.9	74.4%
9	46.7	92.4	70.0	43.2	84.1%
10	47.7	92.7	70.6	45.2	93.9%

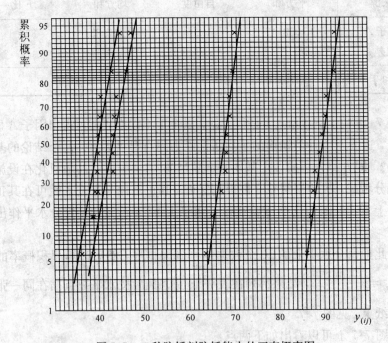

图 7-7　4 种防锈剂防锈能力的正态概率图

$$\hat{\mu}_1=43.14,\quad \hat{\mu}_2=89.44,\quad \hat{\mu}_3=67.95,\quad \hat{\mu}_4=40.47.$$

第二种牌号的防锈剂的防锈能力最强.

此外,试验误差的方差 σ^2 的估计为 $\hat{\sigma}^2=6.14$,σ 的估计为

$$\hat{\sigma}=\sqrt{6.14}=2.48.$$

由于第二种牌号的防锈剂的防锈能力最强,我们还可求出其均值 μ_2 的

95% 的置信区间. 现在 $t_{1-a/2}(n-r)=t_{0.975}(36)=2.0281$, $\hat{\sigma}=2.48$, $m=10$, $\hat{\mu}_2=\bar{y}_2=89.44$, 则

$$\bar{y}_2 \pm t_{1-a/2}(n-r)\frac{\hat{\sigma}}{\sqrt{m}} = 89.44 \pm 1.73,$$

即 μ_2 的 95% 的置信区间为 $[87.71, 91.17]$.

7.4.2 残差概率图

下面介绍残差与残差概率图, 它们可用来作正态性诊断.

当各水平下重复数据个数少于 8 时, 对此种小样本, 经常会出现明显的波动, 所以在正态概率纸上常出现偏离正态性的现象, 这时作出"偏离正态性"的判断不一定合适. 而在方差分析中, 每个水平下的重复次数 $m < 8$ 是常见的. 这时单独对它们使用正态概率纸检验往往成效不大. 一种可行的方法是: 用残差把这些小样本合并为一个较大的样本后, 再用诊断方法来判断数据是否服从正态分布. 下面来叙述这种近似的诊断方法.

在单因子试验中, 设有 r 个水平, 在每个水平下各重复 m 次试验, 共获得 mr 个数据 $\{y_{ij}, i=1,2,\cdots,r, j=1,2,\cdots,m\}$, 在第 i 个水平下的数据为 $y_{i1}, y_{i2}, \cdots, y_{im}$, 其均值记为 $\bar{y}_i$, 则称

$$e_{ij}=y_{ij}-\bar{y}_i, \quad i=1,2,\cdots,r, j=1,2,\cdots,m \qquad (7.4.1)$$

为**残差**(residual). 可以证明: 在方差分析的三个基本假定下,

$$e_{ij} \sim N\left(0, \left(1-\frac{1}{m}\right)\sigma^2\right), \quad i=1,2,\cdots,r, j=1,2,\cdots,m. \qquad (7.4.2)$$

这是因为 $E(e_{ij})=0$, 而

$$\mathrm{Var}(e_{ij})=\mathrm{Var}(y_{ij})+\mathrm{Var}(\bar{y}_i)-2\,\mathrm{Cov}(y_{ij},\bar{y}_i)$$

$$=\sigma^2+\frac{\sigma^2}{m}-\frac{2\sigma^2}{m}=\left(1-\frac{1}{m}\right)\sigma^2,$$

其中

$$\mathrm{Cov}(y_{ij},\bar{y}_i)=\frac{1}{m}\mathrm{Cov}\left(y_{ij},\sum_{j=1}^m y_{ij}\right)=\frac{\sigma^2}{m}.$$

由 (7.4.2) 可见, 在重复数相等情况下, 诸残差来自同一正态分布, 因此对诸残差使用正态概率纸. 若在正态概率纸上诸残差呈直线状, 可认为诸水平下的数据都来自正态分布. 这张图称为**残差概率图**. 当诸水平下重复次数较为接近时, 也可使用这种方法对正态性进行诊断.

例 7.4.2 合成纤维(对成品布)的抗拉强度进行试验, 工程师的经验表明: 某种合成纤维的抗拉强度与棉花在纤维中所占百分比有关. 考虑到成品布的其他质量特性, 棉花含量在 10% ~ 40% 之间为宜. 对棉花含量这个因子工程师选定 5 个水平:

$$A_1: 15\%, \quad A_2: 20\%, \quad A_3: 25\%, \quad A_4: 30\%, \quad A_5: 35\%,$$

并决定对每个水平各重复 5 次试验，共做 25 次试验. 经过对试验次序随机化后，共获得 25 个试验结果. 由于试验结果大多在 10 以上，为简化计算，把数据都减去 10 后记录在表 7-16 上，并在表 7-16 中计算各水平的均值与组内平方和.

表 7-16   合成纤维强度数据(减去 10)

水平	$y_{ij} - 10$					和	均值	组内平方和
A_1	-3	-3	5	1	-1	-1	-0.2	44.8
A_2	2	7	2	8	8	27	5.4	39.2
A_3	4	8	8	9	9	38	7.6	17.2
A_4	9	15	12	9	13	58	11.6	27.2
A_5	-3	0	1	5	1	4	0.8	32.8
						$T = 126$	$\bar{y} = 5.04$	$SS_e = 161.2$

从表 7-16 均值一列看出，强度随棉花含量增大是先增加后下降，最大抗拉强度在 30% (A_4) 含量附近. 现转入方差分析，考查这 5 个水平间的差异在统计意义上是否显著. 为此计算:

$$SS_T = (-3)^2 + (-3)^2 + 5^2 + \cdots + 5^2 + 1^2 - \frac{126^2}{25} = 636.96,$$

$$f_T = 24,$$

$$SS_A = \frac{1}{5}[(-1)^2 + 27^2 + 38^2 + 58^2 + 4^2] - \frac{126^2}{25} = 475.76,$$

$$f_A = 4.$$

由于 $SS_T = SS_A + SS_e$，故计算无误. 可把它们移至方差分析表中继续计算 (见表 7-17).

表 7-17   抗拉强度的方差分析表

来源	平方和	自由度	均方和	F 比
因子 A	475.76	4	118.94	14.76
误差 e	161.20	20	8.06	
和 T	636.96	24		

由 F 分布表查得 $F_{0.01}(4, 20) = 4.43$，由于 $F > 4.43$，故因子 A 的 5 个水平间有高度显著的差异，且 5 个水平均值的估计值分别为

$$\bar{y}_1 = 9.8, \quad \bar{y}_2 = 15.4, \quad \bar{y}_3 = 17.6, \quad \bar{y}_4 = 21.6, \quad \bar{y}_5 = 10.8.$$

该试验的误差方差 σ^2 的估计值为 $\hat{\sigma}^2 = 8.06$. $\hat{\sigma} = 2.84$.

还可对方差齐性作 Hartley 检验，可接受方差齐性假定，具体就省略了.

现转入正态性检验. 由于每个水平只有 5 次重复，不宜单独进行正态性检验，故把 25 个残差合并成一个样本后，用残差概率图进行正态性诊断. 表 7-18 列出了抗拉强度残差的次序统计量和对应的累积概率的估计值 $F_i = \dfrac{i - 0.375}{25.25}$.

表 7-18 抗拉强度残差的次序统计量和累积概率

序号	残差 e_{ij}	累积概率(%)	序号	残差 e_{ij}	累积概率(%)
1	−3.8	2.5	14	0.4	54.0
2	−3.6	6.4	15	0.4	57.9
3	−3.4	10.4	16	1.2	61.9
4	−3.4	14.4	17	1.4	65.8
5	−2.8	18.3	18	1.4	69.8
6	−2.8	22.3	19	1.4	73.8
7	−2.8	26.2	20	1.6	77.7
8	−2.6	30.2	21	2.6	81.7
9	−0.8	34.2	22	2.6	85.6
10	−0.8	38.1	23	3.4	89.6
11	0.2	42.1	24	4.2	93.6
12	0.2	46.0	25	5.2	97.5
13	0.4	50.0			

图 7-8 是依据表 7-18 中的残差画出的残差概率图. 从图上看，除左侧尾部稍有弯曲外，其他点基本位于一直线附近，可以认为该组残差近似为正态分布. 由于 F 检验对正态性假定是稳健的，近似的正态分布对 F 检验的影响是轻微的.

例 7.4.3 让我们回到本章开头叙述的例 7.1.1，在那里 4 种硬木含量对食品包装纸的抗张强度的影响是显著的. 其随机化安排保证了数据 y_{ij} 间的独立，现对其正态性和方差齐性作出诊断.

首先作正态性诊断. 在例 7.1.1 中因子 A 有 4 个水平，每个水平下都重复 6 次试验，共得 24 个数据. 每个数据 y_{ij} 减去自己的水平均值，所得 24 个残差列于表 7-19 上.

把这 24 个残差看做来自同一正态总体 $N\left(0, \left(1 - \dfrac{1}{m}\right)\sigma^2\right)$ 的一个样本，这里 $m = 6$. 把这 24 个残差从小到大排序，并计算相应的累计概率的估计值，最后作出残差概率图(见图 7-9).

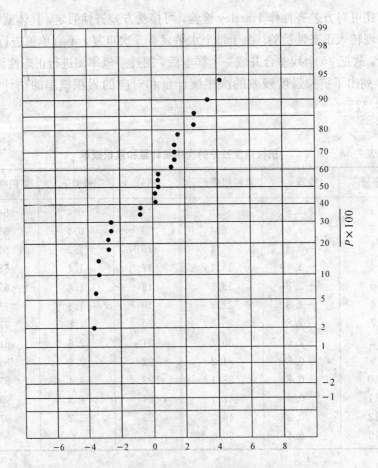

图 7-8　抗拉强度的残差概率图

表 7-19　　　　　　　**24 个抗张强度的残差**

水平	残差 $e_{ij} = y_{ij} - \overline{y}_i$					
A_1	-3.00	-2.00	5.00	1.00	-1.00	0.00
A_2	-3.67	1.33	-2.67	2.33	3.33	-0.67
A_3	-3.00	1.00	2.00	0.00	-1.00	1.00
A_4	-2.17	3.83	0.83	1.83	-3.17	-1.17

从图 7-9 看，正态性假定没有什么不合理之处．

再转入方差齐性诊断．由 4 个水平下的数据分别算得 4 个样本方差，它们是

$$s_1^2 = 7.998, \quad s_2^2 = 7.868, \quad s_3^2 = 3.201, \quad s_4^2 = 6.984.$$

利用 Hartley 检验，因 $r = 4$，$m = 6$，若取显著性水平 $\alpha = 0.05$，则其拒绝域为

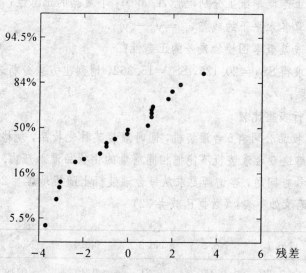

图 7-9 抗张强度的残差概率图（例 7.4.3）

$$W = \{H \geqslant H_{1-\alpha}(r, m-1) = H_{0.95}(4,5) = 13.7\}.$$

最后算得 Hartley 检验统计量的值为

$$H = \frac{\max\{s_1^2, s_2^2, s_3^2, s_4^2\}}{\min\{s_1^2, s_2^2, s_3^2, s_4^2\}} = \frac{7.998}{3.201} = 2.499.$$

此值未落入拒绝域，故不应作出否定方差齐性的假定.

习 题 7.4

1. 一位经济学家对生产电子计算机设备的企业收集了在一年内生产力提高指数（用 0 到 100 内的数表示），并按过去三年间在科研和开发上的平均花费分为三类：

$$A_1: 花费少, \quad A_2: 花费中等, \quad A_3: 花费多.$$

生产力提高的指数如下表所示：

水平	生产力提高指数										
A_1	7.6	8.2	6.8	5.8	6.9	6.6	6.3	7.7	6.0		
A_2	6.7	8.1	9.4	8.6	7.8	7.7	8.9	7.9	8.3	8.7	7.1	8.4
A_3	8.5	9.7	10.1	7.8	9.6	9.5					

请研究以下问题：

(1) 在正态概率纸上分别检验 A_1 和 A_2 下数据的正态性;

(2) 计算各水平下的残差 $e_{ij} = y_{ij} - \bar{y}_i$;

(3) 用残差概率图检验残差的正态性;

(4) 已求得 $SS_A = 20.125$, $SS_e = 15.362$, 请列出方差分析表, 从中你能得到什么结果;

(5) 进行多重比较.

2. 某化妆品公司有6台灌装机, 同时灌装某种化妆品, 规格是净重32 g. 管理人员抱怨这6台灌装机不能把相同重量的化妆品灌入瓶内. 特请一位统计咨询师来考查问题, 咨询师要求从每台灌装机上随机地各抽20瓶, 并称其净重, 结果记录如下表:(数据已减去 32)

	No. 1	No. 2	No. 3	No. 4	No. 5	No. 6
1	−0.14	0.46	0.21	0.49	−0.19	0.05
2	0.20	0.11	0.78	0.58	0.27	−0.05
3	0.07	0.12	0.32	0.52	0.06	0.28
4	0.18	0.47	0.45	0.29	0.11	0.47
5	0.38	0.24	0.22	0.27	0.23	0.12
6	0.10	0.06	0.35	0.55	0.15	0.27
7	−0.04	−0.12	0.54	0.40	0.01	0.08
8	−0.27	0.33	0.24	0.14	0.22	0.17
9	0.27	0.06	0.47	0.48	0.29	0.43
10	−0.21	−0.03	0.62	0.34	0.14	−0.07
11	0.39	0.05	0.47	0.01	0.20	0.20
12	−0.07	0.53	0.55	0.33	0.30	0.01
13	−0.02	0.42	0.59	0.18	−0.11	0.10
14	0.28	0.29	0.71	0.13	0.27	0.16
15	0.09	0.36	0.45	0.48	−0.20	−0.06
16	0.13	0.04	0.48	0.54	0.24	0.13
17	0.26	0.17	0.44	0.51	0.20	0.43
18	0.07	0.02	0.50	0.42	0.14	0.35
19	−0.01	0.11	0.20	0.45	0.35	−0.09
20	−0.19	0.12	0.61	0.20	−0.18	0.05

(1) 对每一台灌装机的 20 个数据分别在正态概率纸上检验正态性;

(2) 已求得 $SS_A = 1.909\,8$, $SS_e = 3.428\,5$, 请列出方差分析表, 从中你能得到什么结论?

(3) 已求得 $\bar{y}_1 = 0.0735$, $\bar{y}_2 = 0.1905$, $\bar{y}_3 = 0.4600$, $\bar{y}_4 = 0.3655$, $\bar{y}_5 = 0.1440$, $\bar{y}_6 = 0.1515$, 请进行多重比较, 从中可得什么结果?

7.5 随机效应模型

前面4节讲的是单因子方差分析的基本内容, 从这一节开始的后面几节将介绍方差分析在几个方向上的发展. 这些发展都是来源于实践, 不仅丰富了方差分析的内容, 而且扩大了方差分析的应用范围. 在应用中一定要注意场合, 不同的场合选用不同类型的方差分析.

本节将把方差分析中的固定效应推广到随机效应, 从而形成随机效应模型, 或称方差分量模型. 为此我们必须回忆7.1.1小节中描述的固定效应模型.

7.5.1 固定效应模型

这一小节将回忆一下在7.1.1小节中叙述的单因子方差分析问题及其所使用的统计方法, 以便进一步推广这些方法.

1. 数据结构式

在单因子试验中, 设因子 A 有 r 个水平 $A_1, A_2, \cdots, A_r$, 在水平 A_i 下重复进行 m_i 次试验, $i = 1, 2, \cdots, r$, 这样共做了 $n = m_1 + m_2 + \cdots + m_r$ 次试验. 记 y_{ij} 为在第 i 个水平下的第 j 次重复试验的结果, 在单因子方差分析的三项基本假定(正态性、方差齐性、独立性)下, 应有

$$y_{ij} \sim N(\mu_i, \sigma^2),$$

其中 μ_i 是水平 A_i 的总体均值, σ^2 为试验误差的方差. 这时数据 y_{ij} 一般认为有如下的数据结构式:

$$y_{ij} = \mu_i + \varepsilon_{ij}, \quad i = 1, 2, \cdots, r, \; j = 1, 2, \cdots, m, \qquad (7.5.1)$$

其中诸 ε_{ij} 可看做来自 $N(0, \sigma^2)$ 的一个随机样本.

若记各均值 μ_i 的加权平均为

$$\mu = \sum_{i=1}^{r} w_i \mu_i, \quad \sum_{i=1}^{r} w_i = 1, \qquad (7.5.2)$$

其中权 w_i 是各水平重复次数在总试验次数中所占比重. 在非平衡设计场合, $w_i = \dfrac{m_i}{n}$, $i = 1, 2, \cdots, r$. 在平衡设计($m_1 = m_2 = \cdots = m_r = \dfrac{n}{r}$)场合, $w_i = \dfrac{1}{r}$, $i = 1, 2, \cdots, r$. 此时称 μ 为一般平均, 或称为总均值. 又记

$$a_i = \mu_i - \mu, \quad i = 1, 2, \cdots, r. \qquad (7.5.3)$$

它表示水平 A_i 的均值中除去总均值后特有的贡献,称 a_i 为水平 A_i 的效应,它可正可负. 容易看出,诸 a_i 受到约束

$$\sum_{i=1}^{r} w_i a_i = 0. \tag{7.5.4}$$

这样一来,数据结构(7.5.1)可改写为

$$y_{ij} = \mu + a_i + \varepsilon_{ij}, \quad i=1,2,\cdots,r,\ j=1,2,\cdots,m_i, \tag{7.5.5}$$

其中诸 ε_{ij} 是来自 $N(0,\sigma^2)$ 的一个样本,诸 a_i 满足约束条件(7.5.4). 假如因子 A 的 r 个水平 $A_1,A_2,\cdots,A_r$ 是指定的,那么(7.5.3)中的诸效应是固定的,则由数据结构式(7.5.5)、对诸 ε_{ij} 的假定以及对诸 a_i 的约束就组成**固定效应模型**.

2. 方差分析

在固定效应模型场合,人们最关心的是检验一对假设:

$$H_0: a_1 = a_2 = \cdots = a_r = 0 \quad (\text{或} \sum_{i=1}^{r} a_i^2 = 0),$$

$$\tag{7.5.6}$$

$$H_1: \text{诸 } a_i \text{ 不全为 } 0.$$

这就是单因子方差分析问题,它可概括为如下一句话:"**在诸方差相等条件下,研究多个正态均值是否彼此相等的问题就是方差分析问题**".

当 $r=2$ 时,可用双样本 t 检验去考查这个问题. 而当 $r \geqslant 3$ 时要用方差分析方法考查这类问题.

方差分析的关键是**总平方和分解式**:

$$SS_T = SS_A + SS_e, \quad f_T = f_A + f_e. \tag{7.5.7}$$

这是一个代数恒等式,在任何场合它都成立. 当把数据结构式(7.5.1)或(7.5.5)加到数据 y_{ij} 上去时,该恒等式在统计学中就活跃起来了,组内平方和 SS_e 就是误差平方和,组间平方和 SS_A 就是因子 A 平方和,可以证明:它们各除以误差方差 σ^2 后分别服从卡方分布,即

$$\frac{SS_e}{\sigma^2} \sim \chi^2(n-r), \quad \frac{SS_A}{\sigma^2} \sim \chi^2(r-1),$$

且这两个平方和相互独立. 然后用其均方之商构成检验假设(7.5.6)的检验统计量:

$$F = \frac{MS_A}{MS_e} = \frac{SS_A/f_A}{SS_e/f_e} \sim F(r-1, n-r). \tag{7.5.8}$$

对给定的显著性水平 α,该检验的拒绝域为

$$W = \{F \geqslant F_{1-\alpha}(r-1, n-r)\}.$$

这就是方差分析的核心内容. 只要三项基本假定成立,这一切都是顺理成章的.

3. 参数估计

在单因子固定效应模型中需要估计的参数有 $\mu, a_i, \mu_i, \sigma^2$，其中 σ^2 可用误差均方作出估计，即 $\hat{\sigma}^2 = \mathrm{MS}_e$，其他三个参数都可用极大似然法获得. 具体是

$$\hat{\mu} = \overline{y} \ (\text{全部数据的总均值}),$$
$$\hat{\mu}_i = \overline{y}_i \ (\text{水平均值}),$$
$$\hat{a}_i = \overline{y}_i - \overline{y}.$$

在三个基本假定下还可获得一些参数的 $1-\alpha$ 置信区间，譬如：

- μ_i 的 $1-\alpha$ 置信区间是 $\overline{y}_i \pm t_{1-\alpha/2}(n-r)\sqrt{\dfrac{\mathrm{MS}_e}{m_i}}$；

- $\mu_i - \mu_j$ 的 $1-\alpha$ 置信区间是 $(\overline{y}_i - \overline{y}_j) \pm t_{1-\alpha/2}(n-r)\sqrt{\left(\dfrac{1}{m_i} + \dfrac{1}{m_j}\right)\mathrm{MS}_e}$；

- a_i 的 $1-\alpha$ 置信区间是 $(\overline{y}_i - \overline{y}) \pm t_{1-\alpha/2}(n-r)\sqrt{\left(\dfrac{1}{m_i} - \dfrac{1}{n}\right)\mathrm{MS}_e}$.

7.5.2 随机效应模型

1. 先看一个例子

例 7.5.1 茶是世界上最为广泛的一种饮料，但很少人知其营养价值. 任一种茶叶都含有叶酸(folacin)，它是一种维他命 B. 如今已有测定茶叶中叶酸含量的方法. 这里将要研究全国各产地的绿茶的叶酸含量是否有显著差异.

在这个问题中，绿茶是一个因子，记为 A，产地是其水平，全国绿茶产地有几百处，名茶产地也有近百处，这项研究不是品茶香和茶味，而是考查其叶酸含量是否有差异. 研究决定从茶叶专卖店里(含有上百种茶叶)随机挑选 4 种绿茶，分别记为 A_1, A_2, A_3, A_4. 买回后由专人制成试样，其中 A_1 有 7 个试样，A_2 有 5 个试样，A_3 与 A_4 各有 6 个试样，按随机次序对这 24 个试样进行测试，获得数据列在表 7-20 中.

表 7-20   **绿茶的叶酸含量数据**

因子 A 的水平	数据(mg)							样本均值
A_1	7.9	6.2	6.6	8.6	8.9	10.1	9.6	8.27
A_2	5.7	7.5	9.8	6.1	8.4			7.50
A_3	6.4	7.1	7.9	4.5	5.0	4.0		5.82
A_4	6.8	7.5	5.0	5.3	6.1	7.4		6.35

图 7-10 是 4 个样本画出的打点图，图上圆圈是试验数据，横线是样本均值. 从图 7-10 上看每个绿茶的叶酸含量有高有低，但是从样本均值看，似乎 A_1 与 A_2 的叶酸含量偏高一些，另外两地的叶酸含量偏低一些. 从样本的极差看，A_1，A_2，A_3 的极差相差不大，A_4 的极差略小一点. 这些直观的印象是重要的，但是它们之间的差异是否本质的呢？ 这要在统计分析后才能得知. 如今 4 个水平是在众多水平下随机挑选出来的，还能用方差分析作判断吗？

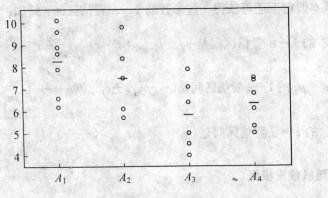

图 7-10　叶酸含量数据的打点图

2. 数据结构式

在单因子试验中，若因子 A 的 r 个水平是从很多个水平中随机选取的，则称 A 为随机因子. 对随机因子的试验结果所作的统计推断不是仅限于随机选出的 r 个水平平均之间差异，而是通过这 r 个水平来认识随机因子的全部水平之间的差异.

随机因子 A 的第 i 个水平 A_i 的第 j 次重复试验的结果仍记为 y_{ij}，它有如下的数据结构式：

$$y_{ij} = \mu + a_i + \varepsilon_{ij}, \quad i = 1, 2, \cdots, r, \ j = 1, 2, \cdots, m_i, \qquad (7.5.9)$$

其中

- μ 是因子 A 的全部水平指标的总均值，它是待估常数；
- a_i 是第 i 个水平的随机效应，一般假定 $a_1, a_2, \cdots, a_r$ 是来自某正态分布 $N(0, \sigma_a^2)$ 的一个随机样本，其中 σ_a^2 是未知参数，待估；
- ε_{ij} 是试验误差，一般假定诸 ε_{ij} 是来自正态分布 $N(0, \sigma^2)$ 的一个随机样本，其中 σ^2 是未知参数，待估；
- 此外还假定诸 a_i 与诸 ε_{ij} 是相互独立的随机变量.

由数据结构式(7.5.9)及其上述诸项假定构成了单因子试验的随机效应模型. 由于任一试验结果 y_{ij} 的方差为

$$\mathrm{Var}(y_{ij}) = \sigma_a^2 + \sigma^2, \qquad\qquad (7.5.10)$$

其中 σ_a^2 和 σ^2 称为 y_{ij} 的两个方差分量. 这一现象在固定效应模型中未出现过，这是随机效应模型所特有的特征，故随机效应模型又称为**方差分量模型**.

3. 方差分析

在固定效应模型中首要的问题是检验 r 个均值是否有显著差异，即检验假设 $H_0: a_1 = a_2 = \cdots = a_r = 0$ 是否成立. 但是在随机效应模型中再这样做就显得不够了，它需要检验因子 A 的一切可能的效应是否相等，这等价于检验效应方差 σ_a^2 是否为 0. 因为方差为 0 的随机变量必几乎处处为常数. 这样一来，在随机效应模型中需要对如下一对假设作判断：

$$H_0: \sigma_a^2 = 0, \quad H_1: \sigma_a^2 > 0. \qquad\qquad (7.5.11)$$

若拒绝 H_0，则接受 H_1. 而方差 $\sigma_a^2 > 0$ 意味着因子 A 的效应存在差异，σ_a^2 越大，此种差异就越大.

对上述一对假设作出判断仍然可用总平方和的分解公式：

$$\mathrm{SS}_T = \mathrm{SS}_A + \mathrm{SS}_e, \quad f_T = f_A + f_e.$$

因为总平方和分解公式是代数恒等式，在随机效应模型中仍然有效，不过其成分发生了变化，这可以从 SS_A 和 SS_e 的数学期望中看出（见下面的定理 7.5.1），但在 H_0 成立下其分布不变，即在 $\sigma_a^2 = 0$ 的假设下仍有

$$\frac{\mathrm{SS}_e}{\sigma^2} \sim \chi^2(n-r), \quad \frac{\mathrm{SS}_A}{\sigma^2} \sim \chi^2(r-1), \quad \mathrm{SS}_e \text{ 与 } \mathrm{SS}_A \text{ 相互独立.}$$

由此可得在 $\sigma_a^2 = 0$ 下

$$F = \frac{\mathrm{MS}_A}{\mathrm{MS}_e} \sim F(r-1, n-r).$$

与固定效应模型相同，在给定显著性水平 α 后，拒绝原假设 $H_0: \sigma_a^2 = 0$ 的拒绝域为

$$W = \{F > F_{1-\alpha}(r-1, n-r)\}, \qquad\qquad (7.5.12)$$

其中 $F_{1-\alpha}(r-1, n-r)$ 为相应 F 分布的 $1-\alpha$ 分位数.

综上可见，随机效应模型与固定效应模型在方差分析方法，直至计算上都是一样的，差别仅表现在假设的设置上.

4. 方差分量的估计

在随机效应模型中需要估计的参数只有如下三个：总均值 μ 和两个方差分量 σ_a^2 与 σ^2. μ 的无偏估计仍可用全部数据的总平均值，即

$$\hat{\mu} = \bar{y} = \frac{1}{n} \sum_{i=1}^{r} \sum_{j=1}^{m_i} y_{ij}. \qquad\qquad (7.5.13)$$

而方差分量的无偏估计需要下面的定理.

定理 7.5.1 在随机效应模型下,误差平方和 SS_e 和因子 A 平方和 SS_A 的数学期望分别为

$$E(SS_e) = (n-r)\sigma^2, \tag{7.5.14}$$

$$E(SS_A) = (r-1)\sigma^2 + \left(n - \sum_{i=1}^{r} \frac{m_i^2}{n}\right)\sigma_a^2. \tag{7.5.15}$$

在等重复情况 $(m_1 = m_2 = \cdots = m_r = m, \ n = mr)$,有

$$E(SS_A) = (r-1)\sigma^2 + m(r-1)\sigma_a^2. \tag{7.5.16}$$

证 利用数据结构式 $(7.5.9)$,先计算 y_{ij},$T_i = \sum_{j=1}^{m_i} y_{ij}$ 和 $T = \sum_{i=1}^{r} \sum_{j=1}^{m_i} y_{ij}$ 平方的数学期望. 考虑到诸 a_i 与诸 ε_{ij} 是相互独立的随机变量,且 $a_i \sim N(0, \sigma_a^2)$,$\varepsilon_{ij} \sim N(0, \sigma^2)$,可得

$$E(y_{ij}^2) = E(\mu + a_i + \varepsilon_{ij})^2 = \mu^2 + \sigma_a^2 + \sigma^2,$$

$$E(T_i^2) = E\left[\sum_{j=1}^{m_i}(\mu + a_i + \varepsilon_{ij})\right]^2 = E(m_i\mu + m_i a_i + m_i \bar{\varepsilon}_i)^2$$

$$= m_i^2\left(\mu^2 + \sigma_a^2 + \frac{\sigma^2}{m_i}\right),$$

$$E(T^2) = E\left[\sum_{i=1}^{r}\sum_{j=1}^{m_i}(\mu + a_i + \varepsilon_{ij})\right]^2 = E\left(n\mu + \sum_{i=1}^{r} m_i a_i + n\bar{\varepsilon}\right)^2$$

$$= n^2\mu^2 + \sum_{i=1}^{r} m_i^2 \sigma_a^2 + n\sigma^2,$$

其中 $n = m_1 + m_2 + \cdots + m_r$. 利用上述结果很容易求得 SS_e 与 SS_A 的数学期望:

$$E(SS_e) = E\left(\sum_{i=1}^{r}\sum_{j=1}^{m_i}(y_{ij} - \bar{y}_i)^2\right) = E\left(\sum_{i=1}^{r}\sum_{j=1}^{m_i} y_{ij}^2 - \sum_{i=1}^{r} \frac{T_i^2}{m_i}\right)$$

$$= n\mu^2 + n\sigma_a^2 + n\sigma^2 - \sum_{i=1}^{r} m_i\left(\mu^2 + \sigma_a^2 + \frac{\sigma^2}{m_i}\right) = (n-r)\sigma^2,$$

$$E(SS_A) = E\left(\sum_{i=1}^{r} m_i(\bar{y}_i - \bar{y})^2\right) = E\left(\sum_{i=1}^{r} \frac{T_i^2}{m_i} - \frac{T^2}{n}\right)$$

$$= \sum_{i=1}^{r} m_i\left(\mu^2 + \sigma_a^2 + \frac{\sigma^2}{m_i}\right) - \frac{1}{n}\left(n^2\mu^2 + \sum_{i=1}^{r} m_i^2 \sigma_a^2 + n\sigma^2\right)$$

$$= (r-1)\sigma^2 + \left(n - \sum_{i=1}^{r} \frac{m_i^2}{n}\right)\sigma_a^2.$$

在 $m_1 = m_2 = \cdots = m_r = m$,$n = rm$ 时,有

$$E(\mathrm{SS}_A) = (r-1)\sigma^2 + m(r-1)\sigma_a^2.$$

证毕. ■

从上述定理立即可得 σ^2 和 σ_a^2 的无偏估计:

$$\hat{\sigma}^2 = \mathrm{MS}_e = \frac{\mathrm{SS}_e}{n-r}, \tag{7.5.17}$$

$$\hat{\sigma}_a^2 = \frac{\mathrm{MS}_A - \mathrm{MS}_e}{n_0}, \tag{7.5.18}$$

其中 $n = m_1 + m_2 + \cdots + m_r$,

$$n_0 = \begin{cases} \dfrac{1}{r-1}\left(n - \displaystyle\sum_{i=1}^{r}\dfrac{m_i^2}{n}\right), & \text{当重复数不等时,} \\ m, & \text{当重复数相等, 且为 } m \text{ 时.} \end{cases} \tag{7.5.19}$$

σ^2 的置信区间可从 $\chi^2(n-r)$ 获得, 而 σ_a^2 的置信区间难以获得.

注意: 在采用(7.5.18)时, 有时会出现 $\hat{\sigma}_a^2 < 0$, 这是值得注意的现象, 从 $\hat{\sigma}_a^2 < 0$ 可知 $\mathrm{MS}_A < \mathrm{MS}_e$, 从而 $F = \dfrac{\mathrm{MS}_A}{\mathrm{MS}_e} < 1$, 这时总是接受原假设 H_0: $\sigma_a^2 = 0$, 故此时常把 $\hat{\sigma}_a^2$ 改为

$$\tilde{\sigma}_a^2 = \min\{\hat{\sigma}_a^2, 0\}. \tag{7.5.20}$$

当然还要考查出现 $\mathrm{MS}_A < \mathrm{MS}_e$ 的原因, 可能试验误差过大, 或模型不合适等原因引起. 找到原因后再对试验进行改进.

5. 回到例 7.5.1

回到本节开始提出的绿茶叶酸含量的例 7.5.1 上来. 从上述统计分析可知: 随机效应模型的统计分析主要是以下两部分:

- 进行方差分析, 这与固定效应模型的方差分析完全一样;
- 增加方差分量 σ_a^2 的估计.

现按这两部分完成例 7.5.1 的计算与统计分析.

(1) 按表 7-21 中所列绿茶的叶酸含量数据计算各平方和.

表 7-21 **茶叶的叶酸含量计算表**

水平	数　据							重复数	和	组内平方和
A_1	7.9	6.2	6.6	8.6	8.9	10.1	9.6	$m_1 = 7$	$T_1 = 57.9$	$Q_1 = 12.83$
A_2	5.7	7.5	9.8	6.1	8.4			$m_2 = 5$	$T_2 = 37.5$	$Q_2 = 11.30$
A_3	6.4	7.1	7.9	4.5	5.0	4.0		$m_3 = 6$	$T_3 = 34.9$	$Q_3 = 12.03$
A_4	6.8	7.5	5.0	5.3	6.1	7.4		$m_4 = 6$	$T_4 = 38.1$	$Q_4 = 5.61$
和								$n = 24$	$T = 168.4$	$\mathrm{SS}_e = 41.77$

由表 7-21 上算得的诸 T_i 和总和 T 可算得平方和:

$$SS_T = (7.9^2 + 6.2^2 + \cdots + 6.1^2 + 7.4^2) - \frac{168.4^2}{24} = 65.27,$$

$$f_T = 23,$$

$$SS_A = \frac{57.9^2}{7} + \frac{37.5^2}{5} + \frac{34.9^2}{6} + \frac{38.1^2}{6} - \frac{168.4^2}{24} = 23.50,$$

$$f_A = 3.$$

$$SS_e = 65.27 - 23.50 = 41.77, \quad f_e = 20.$$

最后算得的 SS_e 与表 7-21 算得的 SS_e 完全一样,说明计算无误.

(2) 列出方差分析表,把上述三个平方和及其自由度移到方差分析表(表 7-22)中,继续计算均方与 F 比,完成判断.

表 7-22　　　　　　　　　　　绿茶叶酸含量的方差分析表

来源	平方和	自由度	均方和	F 比
因子 A	23.50	3	7.83	3.75
误差 e	41.77	20	2.09	
和 T	65.27	23		

若取显著性水平 $\alpha = 0.05$,查表可得 $F_{0.95}(3, 20) = 3.10$,由于 $F > 3.10$,故应拒绝原假设 $H_0 : \sigma_a^2 = 0$,即我国各地绿茶的叶酸含量有显著差异.

此外,我们还可以获得误差方差 σ^2 的无偏估计 $\hat{\sigma}^2 = 2.09$,σ 的估计为

$$\hat{\sigma} = \sqrt{2.09} = 1.45.$$

(3) 作出方差分量 σ_a^2 的估计. 为此先按 (7.5.19) 算得 n_0. 由于各水平下重复数不等: $m_1 = 7$, $m_2 = 5$, $m_3 = m_4 = 6$,可算得

$$n_0 = \frac{1}{r-1}\left(n - \sum_{i=1}^{r} \frac{m_i^2}{n}\right) = \frac{1}{3}\left(24 - \frac{7^2 + 5^2 + 6^2 + 6^2}{24}\right) = 5.97.$$

再由 (7.5.18) 算得方差分量 σ_a^2 的估计:

$$\hat{\sigma}_a^2 = \frac{7.83 - 2.09}{n_0} = \frac{5.74}{5.97} = 0.96.$$

最后得叶酸含量的总方差 $\mathrm{Var}(y_{ij})$ 的估计值为

$$\hat{\mathrm{Var}}(y_{ij}) = \hat{\sigma}_a^2 + \hat{\sigma}^2 = 0.96 + 2.09 = 3.05.$$

可见试验误差方差在总方差中占大部分,近 2/3,而叶酸含量的方差只占小部分.

例 7.5.2　纺织厂有很多纺机用来纺织纤维,希望各纺机的纤维强度波动小,一致性好. 工程师推测,同一台机器纺出的纤维的强度间有差异,各

台纺机之间纺出的纤维的强度间亦有差异. 为研究这两种差异, 随机选取 4 台纺机, 在每台纺机生产的纤维中测定 4 个强度. 这一试验以随机顺序进行, 所得数据如表 7-23 所示. 从打点图 7-11 上看出, 组内差异小于组间差异.

表 7-23 纺机生产的纤维的强度数据

纺机号	强 度 数 据				和	均值
1	98	97	99	96	390	97.50
2	91	90	93	92	366	91.50
3	96	95	97	95	383	95.75
4	95	96	97	95	388	97.00

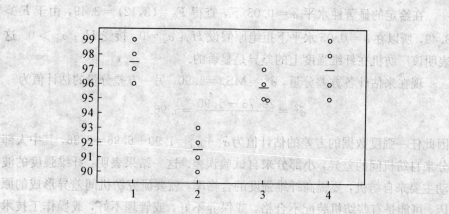

图 7-11 强度数据的点图

为了简化计算, 我们把表 7-23 中的强度数据各减去 90 后列于表 7-24 中, 这不会影响各种偏差平方和的大小. 在表 7-24 中可计算各行和 T_i、总和 T、各行的组内平方和 Q_i.

表 7-24 强度数据减去 90 后的数据

纺机号	数 据				和	均值	组内平方和
1	8	7	9	6	$T_1 = 30$	$\bar{y}_1 = 7.50$	$Q_1 = 5.00$
2	1	0	3	2	$T_2 = 6$	$\bar{y}_2 = 1.50$	$Q_2 = 5.00$
3	6	5	7	5	$T_3 = 23$	$\bar{y}_3 = 5.75$	$Q_3 = 2.75$
4	5	6	9	8	$T_4 = 28$	$\bar{y}_4 = 7.00$	$Q_4 = 10.00$
					$T = 87$		$SS_e = 22.75$

在表 7-24 的基础上可求得随机因子 A (纺机) 的平方和:

$$SS_A = \frac{T_1^2 + T_2^2 + T_3^2 + T_4^2}{4} - \frac{T^2}{16} = \frac{30^2 + 6^2 + 23^2 + 28^2}{4} - \frac{87^2}{16} = 89.19.$$

把 SS_A，SS_e 移至方差分析表（表 7-25）中继续计算.

表 7-25   方差分析表

来源	平方和	自由度	均方和	F 比
纺机 A	89.19	3	29.73	15.65
误差 e	22.75	12	1.90	
总和 T	111.94	15		

在给定的显著性水平 $\alpha = 0.05$ 下，查得 $F_{0.95}(3,12) = 3.49$，由于 $F > 3.49$，所以在 $\alpha = 0.05$ 水平下拒绝原假设 $H_0: \sigma_a^2 = 0$，接受 $H_1: \sigma_a^2 > 0$. 这表明该厂纺机在纤维强度上的差异是显著的.

现在来估计各方差分量，$\hat{\sigma}^2 = MS_e = 1.90$，另一方差分量的估计值为

$$\hat{\sigma}_a^2 = \frac{29.73 - 1.90}{4} = 6.96.$$

因此任一强度数据的方差的估计值为 $\hat{\sigma}^2 + \hat{\sigma}_a^2 = 1.90 + 6.96 = 8.86$，其中大部分来自纺机间的差异，小部分来自试验误差. 这一结果表明：纤维强度的波动主要来自纺机，要提高纤维强度的合格率，就要研究纺机间差异形成的原因，可能是有些纺机装配不合格，或保养不好，或管理不好，或操作工技术不够，或原料不合格等. 找到原因后加以改进就可减少纺机间的差异 σ_a^2，从而提高纤维质量. 这一切分析都归因于把两个方差分量分开的思路，方差分量是一个很有用的概念.

习　题　7.5

1. 某商店经理给出了评价职工的业绩指标，按此将商店职工的业绩分为优、良、中等三类，为增加客观性，经理又设计了若干项测验，现从优、良、中等三类职工中各随机抽出 5 人，下表列出了他们各项测验的总分：

重复号 水平	1	2	3	4	5
优	104	87	86	83	86
良	68	69	71	65	66
中等	41	37	44	47	33

(1) 假定各类人员的成绩分布都服从正态分布, 且假定方差相同, 试问三种人员的测验的平均分有无显著差异? ($\alpha = 0.05$)

(2) 在上述假定下, 给出优等职工测验平均分的置信水平为 0.95 的置信区间;

(3) 请识别: 这可用固定效应模型还是用随机效应模型描述.

2. 为测定一大型化工厂对周围环境的污染, 随机选了 4 个观察点 A_1, A_2, A_3, A_4, 在每一观察点上各测 4 次空气中 SO_2 的含量. 现得各观察点上的平均含量 $\overline{y}_i$ 及样本标准差 s_i 如下:

观测点	A_1	A_2	A_3	A_4
$\overline{y}_i$	0.031	0.100	0.079	0.058
s_i	0.009	0.014	0.010	0.011

假定每一观察点上 SO_2 的含量服从正态分布, 且方差相同, 试问:

(1) 在 $\alpha = 0.05$ 水平下各观察点 SO_2 的平均含量有无显著差异?

(2) 请识别: 这可用固定效应模型还是用随机效应模型描述;

(3) 若用固定效应模型描述, 请给出多重比较; 若用随机效应模型描述, 请给出方差分量的估计.

3. 在一个车间里随机选出 5 台机器, 在一段时间内观察这 5 台机器生产的产品的粘接强度. 记录粘接强度, 但各台机器记录次数不等, 具体数据见下表:

机器 A	粘接强度(kg/cm^2)									m_i
A_1	40	47	48	46	45	43				6
A_2	43	45	40	40	43	45	47	44		8
A_3	42	39	45	31	38	40	38	33	36	35	10
A_4	42	32	38	35	35	35	36	36		8
A_5	31	35	34	31	37	34				6

(1) 在 $\alpha = 0.05$ 水平下各台机器粘接强度有无显著差异?

(2) 对两个方差分量 σ^2 和 σ_a^2 给出估计值.

7.6 区 组 设 计

7.6.1 区组与区组设计

在单因子方差分析问题中, 要比较某因子 A 的 r 个水平的优劣. 这时希望所做的试验中除水平变化外,其他条件保持几乎不变,使得比较 r 个水平的统计推断更为可信. 这在有些场合(如某些工业产品试验)是可以做到的,而在另一些场合不大容易实现. 怎么办? 英国统计学家费希尔(Fisher)建议:这时可按某个已知干扰源(噪声因子)把全部参试单元分为若干组,使每个组内的各试验单元的条件近似相同,而组间的差异允许大一些. 这样的组被称为区组(block). 如何建立区组被称为区组设计. 在区组设计中所涉因子的水平被称为处理,r 个水平就是 r 个处理. 具体看下面例子.

例 7.6.1 对某稻谷种子要采用如下 5 种施肥方案(处理):

$$A_1 : K_2O + P_2O_5, \quad A_2 : N + K_2O + P_2O_5, \quad A_3 : K_2O,$$
$$A_4 : N + K_2O, \quad A_5 : N + P_2O_5.$$

对每一方案要在 4 块条件相同的地块上实施,每块面积都在半亩到一亩间,收割时以单位(0.1 亩)产量高低评估施肥方案优劣.

试验初期遇到的难题是:难以获得 20 块条件相同的田块,难以掌握的是土质的肥沃程度,请土壤学家对已收集的 20 块田地作土壤分析,并给出综合评价,即对 20 块田地排序:最好的编为 1 号,最差的编为 20 号,其他按土壤肥沃程度从大到小编号.

如何把这 20 块田地分到 5 种处理上去,使每个处理有 4 次重复,这里有两种方式:

(1) 随机化设计. 不管土壤肥沃程度如何,从 20 块田地中随机抽 4 块给处理 A_1,从余下中再抽 4 块给处理 A_2,以此类推. 假如随机化设计结果如图 7-12 所示,土壤较为肥沃的田块几乎全在 A_1 与 A_2 上,这时最后单位产量 A_1, A_2 比 A_4, A_5 高也不能肯定地说施肥方案 A_1 与 A_2 为佳,因为单位产量受到土壤肥沃程度的干扰,使比较结果不能令人信服.

(2) 随机化区组设计. 用土壤肥沃程度(噪声因子)的次序把 20 块田地分为 4 个区组,具体如下:

区组 1 含 $1^{\#}$ 到 $5^{\#}$ 田块;
区组 2 含 $6^{\#}$ 到 $10^{\#}$ 田块;
区组 3 含 $11^{\#}$ 到 $15^{\#}$ 田块;
区组 4 含 $16^{\#}$ 到 $20^{\#}$ 田块.

A_1:	$1^{\#}$	$2^{\#}$	$4^{\#}$	$6^{\#}$
A_2:	$3^{\#}$	$5^{\#}$	$7^{\#}$	$11^{\#}$
A_3:	$8^{\#}$	$10^{\#}$	$15^{\#}$	$19^{\#}$
A_4:	$9^{\#}$	$12^{\#}$	$14^{\#}$	$20^{\#}$
A_5:	$13^{\#}$	$16^{\#}$	$17^{\#}$	$18^{\#}$

图 7-12 随机化设计示意图

然后在每个区组内随机地分到 5 种处理上去,具体见图 7-13. 这样对田块安排就是随机化区组设计,在区组内实现随机化,这样的设计可使土壤肥沃程度的干扰得以减小,使最后的单位产量较为合理地体现 5 种处理的优劣.

此种设计有如下特点：每个处理（一种施肥方案）在每个区组内仅出现一次；每个区组内各种处理也仅出现一次，且其次序是随机的.

	B_1	B_2	B_3	B_4
A_1	1#	8#	11#	18#
A_2	4#	6#	13#	20#
A_3	2#	10#	15#	17#
A_4	5#	7#	14#	19#
A_5	3#	9#	12#	16#

一般的随机化区组设计的定义是：设有 r 个处理需要比较，若把全部 n 个试验单元均分为 k 个组 $(k=\frac{n}{r})$，使每个组内的试验单元尽可能相似. 而后在每组内对各试验单元以随机方式实施不同

图 7-13   随机化区组设计示意图

处理. 这样的组称为**区组**，这样的设计称为**随机化区组设计**.

随机化区组设计与随机化设计相比能提供更精确的比较结果. 随机化区组设计也是一种应用广泛的试验设计. 适用随机化区组设计的情况也是很多的，且易从实际中察觉到.

例 7.6.2   适用随机化区组设计的例子.

(1) 对于一个需要几日才能完成的试验计划，如果人们估计在日与日之间有系统误差，对试验结果可能会形成一个干扰源. 这时就可以计划每日对每一处理各进行一次试验(或观察)，这里一日就是一个区组. 若每个处理计划重复 5 次，就需要 5 个区组，在每个区组内对每个处理实施次序是随机的.

(2) 区组的大小可能会受到实际情况的限制，如想比较两种作为鞋底的人造物质的磨损情况，一个人的两只脚就是一个合乎情理的区组. 因为对每只脚来讲，磨损的类型通常是相似的，不同人之间的磨损情况是会有差异的. 但在同一区组内，两种不同质料的鞋是穿在左脚还是右脚上应该是随机的. 这是一种随机化完全区组设计. 若有三种人造物质的鞋底需要比较，那就要采用随机化不完全区组设计，见[15]. 成对数据比较(6.4 节)就是一种特殊的随机化区组设计.

(3) 金属的硬度是用硬度计测定的，使用时把硬度计上的杆尖压入一块金属试件中去，由压入的深度可确定试件的硬度，这可从硬度计上读数看出. 如今要考查 4 种不同杆尖装在同一硬度计上是否读数相同. 试验者决定，每种杆尖各取 4 个观察值，因此按随机化设计需要有 $4 \times 4 = 16$ 块同类金属试件. 这时存在一个潜在问题，金属试件间在硬度上稍有不同，就会对硬度读数产生影响. 这是有可能发生的，譬如它们是取自不同炉次的铸铁. 人们当然希望试验误差尽可能小，即希望从试验误差中排除金属试件间的差异性，要做到这一点可以这样设计：只取 4 块金属试件，在每块试件上每个杆尖各

测试一次,而测试点可以随机选择,这时一块金属试件就是一个区组.这种设计就是随机化区组设计.图 7-14 显示了这种设计的一个方案.

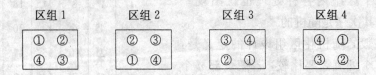

图 7-14 金属试件的随机化区组设计

(①,②,③,④ 表示 4 种不同杆尖)

7.6.2 统计分析

1. 随机化区组设计的数据

在随机化区组设计中一般假定有 r 个处理和 b 个区组,共需进行 $n=rb$ 次试验,其中在一个区组内的 r 个处理的次序是随机的.这种对随机性的限制是由区组带来的.以下用 y_{ij} 表示第 i 个处理在第 j 个区组内进行试验所得到的观察值.表 7-26 列出随机化区组设计的数据.表中,

$$T_i = \sum_{j=1}^{b} y_{ij}, \quad \overline{T}_i = \frac{T_i}{b}, \quad i=1,2,\cdots,r, \qquad (7.6.1)$$

$$B_j = \sum_{j=1}^{r} y_{ij}, \quad \overline{B}_j = \frac{B_j}{r}, \quad j=1,2,\cdots,b. \qquad (7.6.2)$$

表 7-26 的右侧还列出各处理下所有观察值之和 T_i(行和)及其平均值 $\overline{T}_i$,该表下侧还列出各区组内所有观察值之和 B_j(列和)及其平均值 $\overline{B}_j$,该表的右下角还列出了 rb 个数据的总和 T 及总平均 $\overline{y}$.

表 7-26　　　　　　　　　随机化区组设计的数据

处理＼区组	1	2	⋯	b	和	平均
1	y_{11}	y_{12}	⋯	y_{1b}	T_1	$\overline{T}_1$
2	y_{21}	y_{22}	⋯	y_{2b}	T_2	$\overline{T}_2$
⋮	⋮	⋮		⋮	⋮	⋮
r	y_{r1}	y_{r2}	⋯	y_{rb}	T_r	$\overline{T}_r$
和	B_1	B_2	⋯	B_b	$T = \sum\limits_{i=1}^{r}\sum\limits_{j=1}^{b} y_{ij}$	
平均	$\overline{B}_1$	$\overline{B}_2$	⋯	$\overline{B}_b$	$\overline{y} = \dfrac{T}{rb}$	

2. 统计模型

随机化区组设计的统计模型是在固定效应模型(7.5.1 小节)中增加固定区组效应而形成的,具体如下:

$$y_{ij} = \mu + a_i + b_j + \varepsilon_{ij}, \quad i = 1,2,\cdots,r, \ j = 1,2,\cdots,b, \quad (7.6.3)$$

其中

- y_{ij} 为第 i 个处理在第 j 个区组内的试验结果;
- μ 为总均值,是待估参数;
- a_i 为第 i 个处理的效应,是待估参数,且满足 $a_1 + a_2 + \cdots + a_r = 0$;
- b_j 为第 j 个区组的效应,是待估参数,且满足 $b_1 + b_2 + \cdots + b_b = 0$;
- ε_{ij} 为试验误差,诸 ε_{ij} 是相互独立同分布的随机变量,它们的共同分布为 $N(0,\sigma^2)$,其中 σ^2 为误差方差,是待估参数.

注意:在本节中 i 是处理号,j 是区组号.

利用最小二乘法很容易获得各种效应的估计,它们是

$$\left.\begin{array}{l} \hat{\mu} = \bar{y}, \\ \hat{a}_i = \bar{T}_i - \bar{y}, \quad i = 1,2,\cdots,r, \\ \hat{b}_j = \bar{B}_j - \bar{y}, \quad j = 1,2,\cdots,b. \end{array}\right\} \quad (7.6.4)$$

由此可得各拟合值与残差:

$$\hat{y}_{ij} = \hat{\mu} + \hat{a}_i + \hat{b}_j = \bar{T}_i + \bar{B}_j - \bar{y}, \quad (7.6.5)$$

$$e_{ij} = y_{ij} - \hat{y}_{ij} = y_{ij} - \bar{T}_i - \bar{B}_j + \bar{y}. \quad (7.6.6)$$

由模型(7.6.3)可知,第 i 个处理在第 j 个区组内的观察值 y_{ij} 服从正态分布 $N(\mu + a_i + b_j, \sigma^2)$,它们涉及 rb 个正态总体,这些总体的方差都相同,而它们的期望 $E(y_{ij}) = \mu + a_i + b_j$ 依赖于处理效应和区组效应. 区组效应的设立是为了把它从随机误差中分离出来,以便更准确地估计误差方差 σ^2,从而使以后的方差分析结果更为可信.

在随机化完全区组设计中我们关心的重点仍在 r 个处理效应是否彼此相等,即需要检验的一对假设仍是

$$H_0: a_1 = a_2 = \cdots = a_r = 0, \quad H_1: 诸 \ a_i \ 不全为零. \quad (7.6.7)$$

我们仍然采用方差分析来检验这一对假设. 下面从总平方和的分解开始来讨论这个问题.

3. 总平方和分解式

在模型(7.6.3)中,共有 rb 个观察值,其总平均为 $\bar{y}$,它们的总平方和 SS_T 及其自由度 f_T 分别为

$$\mathrm{SS}_T = \sum_{i=1}^{r}\sum_{j=1}^{b}(y_{ij} - \bar{y})^2, \quad f_T = rb - 1.$$

SS_T 可进一步改写为

$$\mathrm{SS}_T = \sum_{i=1}^{r} \sum_{j=1}^{b} \left[(\overline{T}_i - \overline{y}) + (\overline{B}_j - \overline{y}) + (y_{ij} - \overline{T}_i - \overline{B}_j + \overline{y}) \right]^2.$$

展开上式,可算得三个交叉乘积项的和为零,故有

$$\mathrm{SS}_T = b \sum_{i=1}^{r} (\overline{T}_i - \overline{y})^2 + r \sum_{j=1}^{b} (\overline{B}_j - \overline{y})^2 + \sum_{i=1}^{r} \sum_{j=1}^{b} (y_{ij} - \overline{T}_i - \overline{B}_j + \overline{y})^2,$$

其中

$$\mathrm{SS}_A = b \sum_{i=1}^{r} (\overline{T}_i - \overline{y})^2, \quad f_A = r - 1$$

反映 r 个处理间的差异,称为**处理平方和**,若把 r 个处理看做因子 A 的 r 个水平,故又称为 A 的平方和;

$$\mathrm{SS}_B = r \sum_{j=1}^{b} (\overline{B}_j - \overline{y})^2, \quad f_B = b - 1$$

反映 b 个区组间的差异,称为**区组平方和**;

$$\mathrm{SS}_e = \sum_{i=1}^{r} \sum_{j=1}^{b} (y_{ij} - \overline{T}_i - \overline{B}_j + \overline{y})^2$$

反映诸误差 ε_{ij} 间的差异,称为**误差平方和**,它的自由度 f_e 应为 $f_T - f_A - f_B$,即

$$f_e = rb - 1 - (r-1) - (b-1) = (r-1)(b-1).$$

综上,可得总平方和 SS_T 的分解公式:

$$\mathrm{SS}_T = \mathrm{SS}_A + \mathrm{SS}_B + \mathrm{SS}_e, \quad f_T = f_A + f_B + f_e. \tag{7.6.8}$$

利用模型(7.6.3)及其若干假定,可以证明:平方和的期望分别是

$$\left. \begin{aligned} E(\mathrm{SS}_A) &= (r-1)\sigma^2 + b \sum_{i=1}^{r} a_i^2, \\ E(\mathrm{SS}_B) &= (b-1)\sigma^2 + r \sum_{j=1}^{b} b_j^2, \\ E(\mathrm{SS}_e) &= (r-1)(b-1)\sigma^2. \end{aligned} \right\} \tag{7.6.9}$$

由此可得误差方差 σ^2 的无偏估计: $\hat{\sigma}^2 = \mathrm{MS}_e = \dfrac{\mathrm{SS}_e}{f_e}$.

最后指出,经过代数运算,可得几个平方和的简化计算公式:

$$\left. \begin{aligned} \mathrm{SS}_T &= \sum_{i=1}^{r} \sum_{j=1}^{b} y_{ij}^2 - \frac{T^2}{rb}, \\ \mathrm{SS}_A &= \frac{T_1^2 + T_2^2 + \cdots + T_r^2}{b} - \frac{T^2}{rb}, \\ \mathrm{SS}_B &= \frac{B_1^2 + B_2^2 + \cdots + B_b^2}{r} - \frac{T^2}{rb}, \\ \mathrm{SS}_e &= \mathrm{SS}_T - \mathrm{SS}_A - \mathrm{SS}_B. \end{aligned} \right\} \tag{7.6.10}$$

4. 方差分析

在总平方和分解公式(7.6.8)基础上,利用模型条件还可以证明

$$
\left.
\begin{aligned}
&\text{在处理效应皆为零时,}\ \frac{SS_A}{\sigma^2} \sim \chi^2(r-1), \\
&\text{在区组效应皆为零时,}\ \frac{SS_B}{\sigma^2} \sim \chi^2(b-1), \\
&\frac{SS_e}{\sigma^2} \sim \chi^2((r-1)(b-1)),
\end{aligned}
\right\}
\qquad (7.6.11)
$$

并且它们相互独立. 因此检验处理效应皆为零的假设(7.6.7)可用的检验统计量是

$$
F = \frac{MS_A}{MS_e} = \frac{SS_A/f_A}{SS_e/f_e}.
\qquad (7.6.12)
$$

在假设(7.6.7)为真时,它服从 F 分布 $F(f_A, f_e)$. 对给定的显著性水平 α, 其拒绝域为

$$
W = \{F > F_{1-\alpha}(f_A, f_e)\}.
$$

以上这些都可以概括在一张方差分析表上,如表 7-27 所示.

表 7-27 　　　　　　　　　随机化区组设计的方差分析表

来源	平方和	自由度	均方和	F 比
处理	$SS_A = \dfrac{1}{b}\sum\limits_{i=1}^{r} T_i^2 - \dfrac{T^2}{rb}$	$f_A = r-1$	$MS_A = \dfrac{SS_A}{f_A}$	$F = \dfrac{MS_A}{MS_e}$
区组	$SS_B = \dfrac{1}{r}\sum\limits_{j=1}^{b} B_j^2 - \dfrac{T^2}{rb}$	$f_B = b-1$	$MS_B = \dfrac{SS_B}{f_B}$	—
误差	$SS_e = SS_T - SS_A - SS_B$	$f_e = (r-1)(b-1)$	$MS_e = \dfrac{SS_e}{f_e}$	
总和	$SS_T = \sum\limits_{i=1}^{r}\sum\limits_{j=1}^{b} y_{ij}^2 - \dfrac{T^2}{rb}$	$f_T = rb-1$		

注:因区组是噪声因子,其 b 个水平不是事先指定的,故无须进行 F 检验,算一下区组平方和 SS_B,并观其大小即可.

5. 回到例 7.6.1

让我们回到 5 种施肥方案对稻谷产量影响的例 7.6.1 上来,按图 7-13 上的随机化区组设计进行施肥和田间管理. 在收割时算得 20 个田块的单位产量,然后对号放入数据表 7-28 中.

表 7-28 稻谷的单位产量(已减去 60 斤)

区组 j / 处理 i	1	2	3	4	T_i
1	17	13	8	2	40
2	35	32	25	11	106
3	25	15	5	4	49
4	17	19	8	10	54
5	33	25	10	19	87
B_j	127	104	59	46	336

现进入数据分析,先进行各平方和计算:

$$\mathrm{SS}_T=(17^2+13^2+\cdots+19^2)-\frac{336^2}{20}=1\,915.2,\quad f_T=19,$$

$$\mathrm{SS}_A=\frac{1}{4}(40^2+106^2+49^2+54^2+87^2)-\frac{336^2}{20}=785.7,\quad f_A=4,$$

$$\mathrm{SS}_B=\frac{1}{5}(127^2+104^2+59^2+46^2)-\frac{336^2}{20}=863.6,\quad f_B=3,$$

$$\mathrm{SS}_e=\mathrm{SS}_T-\mathrm{SS}_A-\mathrm{SS}_B=265.9,\quad f_e=12.$$

把这平方和及其自由度移至方差分析表(表 7-29)中继续计算各均方与 F 比.

表 7-29 产量数据的方差分析表

来源	平方和	自由度	均方	F 比
处理	785.7	4	196.4	8.69
区组	863.6	3	287.9	—
误差	265.9	12	22.6	
总和	1 915.2	19	—	—

若取显著性水平 $\alpha=0.05$,则其临界值 $F_{0.05}(4,12)=3.18$,由于 $F>3.18$,故拒绝 H_0,即在排除土壤区组影响后,5 种施肥处理间有显著差异. 从表 7-28 中诸 T_i 的数据容易获得诸施肥方案的平均单位产量的估计值,不要忘记加上 60. 具体如下:

$$\hat{\mu}_1=70,\quad \hat{\mu}_2=86.5,\quad \hat{\mu}_3=72.25,\quad \hat{\mu}_4=73.5,\quad \hat{\mu}_5=81.75.$$

另外,从方差分析表 7-29 中还可得试验的误差方差 σ^2 的无偏估计 $\hat{\sigma}^2=22.6$,其标准差的估计为 $\hat{\sigma}=4.75$.

讨论：假如在5种施肥方案对稻谷产量影响的问题中，不设立区组，只用随机化设计，即把20个田块随机均分到5个处理上去，又若很巧合，所得单位产量如表7-28所示．对这些数据采用单因子数据结构式

$$y_{ij} = \mu + a_i + \varepsilon_{ij},$$

其中各符号含义如前所述，这里不再重复．这时总平方和分解式中只含处理平方和与误差平方和，其中误差平方和是表7-29中的区组平方和与误差平方和之和，最后所得方差分析表如表7-30所示．

表7-30   不设立区组的方差分析表

来源	平方和	自由度	均方	F比
处理	785.7	4	196.4	2.61
误差	1 129.5	15	75.3	—
总和	1 915.2	—	—	—

若取显著性水平 $\alpha = 0.05$，则其临界值 $F_{0.05}(4,15) = 3.06$．由于 $F < 3.06$，故不应拒绝 H_0，即5种施肥方案对该稻谷产量无显著差异．这一错误结论是在没有设立区组、不重视区组作用而导致的．所以在试验中，凡是在试验单元间存在（或可能存在）明显差异时，都应设立区组，排除干扰，以便作出正确判断．

7.6.3 区组是不是因子

这个问题常有争论．我们的实践经验是：区组不是一个可控因子，但在某些场合可看做噪声因子．

如对动物作药物反应试验中，药量有三种剂量（处理）：高、中、低．选了30只动物（老鼠或兔子或猴子）作试验单元，为了减少动物体重对药物试验的干扰，需把参试动物按体重高低分为10个区组，最重的3只为第1区组，最轻的3只为第10区组．这时把区组看做有10个水平的可控因子就不妥当了，因为区组是临时划分的．选体重相同的30只动物是不容易的事，且体重大的动物一般扰药物能力强，根据体重分组是合理的．如今分组不是事先把体重划分为若干区间，然后找适当动物；区组个数无一定要求，多一个或少一个也无多大关系；区组大小不能自由确定，而是由处理个数决定；设立区组不是试验目的，而是一种手段，把区组影响从试验误差中分解出来，从而减少体重对试验结果的干扰，以提高对各处理间差异性作出正确判断的能力．

假如我们的兴趣只在几种处理是否有显著差异上，为了排除试件上的差异给判断带来的影响，这时就像清除垃圾一样，把区组平方和从总平方和中分解出来就可以了，不需要把区组看做一个因子来研究．这是多数场合应持有的观点．至于"垃圾"的多少要看区组平方和的大小，若区组平方和相对误差平方和较小，那么在将来的试验中，区组就不是必需的了；若区组平方和相对误差平方和较大，如例 7.6.4 那样，设立区组就很必要，在将来的试验中更为必要．从这个角度看，设立区组也是一种预防措施．

假如我们的兴趣不仅在处理上，还在区组上，譬如在考查若干个处理时，把机器（或操作者、或原料产地等）看做区组，不同机器看做不同区组，这时就可以把区组看做一个噪声因子 B，从而把试验看做双因子试验，对噪声因子 B 的效应也可以作出如下假设：

$$H_0: b_1 = b_2 = \cdots = b_b = 0,$$

$$H_1: 诸 b_i 中至少有一个不为零，$$

并用 F 检验对此假设作出判断，所用的检验统计量为

$$F = \frac{MS_B}{MS_e}. \tag{7.6.13}$$

对此检验的合理性存在着争论：

（1）Anderson 和 MeLean（1974）指出：由于在随机化区组设计中，随机化仅在区组内的处理上进行，这一限制使得在比较区组效应时使用的检验统计量(7.6.13)不是一个有意义的检验法则，因此种检验受到随机化限制的影响．

（2）Box 和 Hunter（1978）指出：虽然随机化限制在比较区组效应的检验中不再显现出合理性，但是如果诸误差 ε_{ij} 是来自正态分布 $N(0,\sigma^2)$ 的一个样本，则统计量(7.6.13)还是可以用来比较区组效应的显著性．

那么，在实践中，我们怎么做呢？我们建议，首先不把区组当做一个因子，用表 7-29 的方式作方差分析；其次，在需要考查区组效应时，把(7.6.13)当做近似的 F 检验使用也未尝不可，把检验结果作为一种参考也是有价值的．

最后，我们再看一个例子．

例 7.6.3　大家知道，化学制剂对布料有侵蚀作用，从而降低布料的抗拉强度．某工程师研究出一种能抗化学制剂的新型布料，为检验此种能力，特选定 4 种化学制剂对新型布料进行试验，考虑到布匹间的差异，工程师决定用随机化区组设计．把一匹布作为一个区组，他选取5匹布，并用4种化学制剂（处理）对每匹布进行试验，这是一个 $r=4, b=5$ 的随机化区组设计．在每个区组内经过随机化后所得试验结果（抗拉强度）如表 7-31 所示．表中的

数据已减去 70，这不会影响各平方和的计算.

表 7-31   **例 7.6.3 的试验数据(原始数据 — 70)**

区组 处理	1	2	3	4	5	T_i	$\overline{T}_i$
1	3	−1	3	1	−3	3	0.6
2	3	−2	4	2	−1	6	1.2
3	5	2	4	3	−2	12	2.4
4	5	2	7	5	2	21	4.2
B_j	16	1	18	11	−4	$T = 42$	
$\overline{B}_j$	4	0.25	4.5	2.75	−1	$\overline{y} = 2.1$	

对上述问题作如下统计分析：

(1) 作方差分析. 为此先计算各平方和：

$$SS_T = 3^2 + (-1)^2 + 3^2 + \cdots + 5^2 + 2^2 - \frac{42^2}{20} = 139.8, \quad f_T = 19,$$

$$SS_A = \frac{1}{5}(3^2 + 6^2 + 12^2 + 21^2) - \frac{42^2}{20} = 37.8, \quad f_A = 3,$$

$$SS_B = \frac{1}{4}[16^2 + 1^2 + 18^2 + 11^2 + (-4)^2] - \frac{42^2}{20} = 91.3, \quad f_B = 4,$$

$$SS_e = 145.8 - 37.8 - 91.3 = 16.7, \quad f_e = 12.$$

把这些平方和及其自由度移至方差分析表上再进行 F 检验，见表 7-32.

表 7-32   **例 7.6.3 的方差分析表**

来源	平方和	自由度	均方	F 比
处理	37.8	3	12.6	14.16
区组	91.3	4	22.83	—
误差	10.7	12	0.89	
总和	139.8	19		

若取显著性水平 $\alpha = 0.05$，则其临界值 $F_{0.95}(3,12) = 3.49$，由于 $F >$ 3.49，从而拒绝 H_0，故 4 种化学制剂对新型布料的抗拉强度的影响有显著差异，有强有弱，为了提高抗化学制剂的能力，还需改进布料设计. 另外，还可得到这个试验的误差方差 σ^2 的估计：$\hat{\sigma}^2 = 0.89$，其标准差的估计为 $\hat{\sigma} = 0.94$.

(2) 对区组作检验.

$$F = \frac{\text{区组均方}}{\text{误差均方}} = \frac{22.83}{0.89} = 25.65,$$

仍给定 $\alpha = 0.05$，其临界值为 $F_{0.95}(4,12) = 3.26$，由于 $F > 3.26$，从而认为区组效应显著，当初设立区组是很有必要的. 若不设立区组，区组平方和将并入误差平方和，其方差分析如表 7-33 所示.

表 7-33　　　　　　　　　　不设立区组的方差分析表

来源	平方和	自由度	均方	F 比
处理	37.8	3	12.6	1.97
误差	102.0	16	6.38	
总和	139.8	19		

若设显著性水平为 0.05，那么该检验的临界值为 $F_{0.95}(3,16) = 3.24$，由于 $F < 3.24$，故不能拒绝 H_0，即 4 种处理间没有显著差异. 这一错误结论是没有重视区组作用而导致的. 所以在试验中，凡是在试件中存在（或可能存在）明显差异时，都应运用区组概念去减少数据中的误差.

（3）多重比较. 在随机化区组设计中，若经方差分析处理因子是显著的，那对各处理间还需作多重比较，以便发现哪些处理是值得重视的，所用方法与 7.2 节相同. 但要注意在区组设计场合，区组数 b 就是重复数，且各处理的重复数都相同，这时误差自由度 $f_e = (r-1)(b-1)$.

在本例中，经方差分析已确认 4 种化学制剂间有显著差异. 现用 T 法对此 4 种处理进行多重比较. 在给定的显著性水平 α 下，拒绝域应为

$$|\overline{T}_i - \overline{T}_j| > q_{1-\alpha}(r, f_e)\sqrt{\frac{\mathrm{MS}_e}{b}}, \quad i < j.$$

现在设 $\alpha = 0.05$，又 $r = 4$，$b = 5$，$f_e = 12$，$\mathrm{MS}_e = 0.89$（从表 7-32 中查得），$q_{0.95}(4,12) = 4.20$（从附表 15 中查得），故当

$$|\overline{T}_i - \overline{T}_j| > 4.20 \times \sqrt{\frac{0.89}{5}} = 1.76$$

时，表示第 i 个处理与第 j 个处理间有显著差异. 如今从表 7-31 可查得

$$\overline{T}_1 = 0.6, \quad \overline{T}_2 = 1.2, \quad \overline{T}_3 = 2.4, \quad \overline{T}_4 = 4.2.$$

它们两两之间差的绝对值分别为

$$|\overline{T}_1 - \overline{T}_2| = 0.6,$$
$$|\overline{T}_1 - \overline{T}_3| = 1.8 > 1.76,$$
$$|\overline{T}_1 - \overline{T}_4| = 3.6 > 1.76,$$
$$|\overline{T}_2 - \overline{T}_3| = 1.2,$$
$$|\overline{T}_2 - \overline{T}_4| = 3.0 > 1.76,$$
$$|\overline{T}_3 - \overline{T}_4| = 1.8 > 1.76.$$

由此可见，除了第 1 种与第 2 种、第 2 种与第 3 种化学制剂之间无显著差异外，其他各对之间均有显著差异. 特别是平均抗拉强度最大的第 3 种与第 4 种化学制剂间有显著差异. 这表明处理 4 是最好的.

（4）讨论模型的适合性. 这里涉及正态性假定和方差齐性等两个问题. 在缺少重复情况下，对误差方差齐性的检验还缺少方法，我们只能从数据产生过程对误差方差齐性作些定性的判断. 譬如数据是在相同的或类似的试验环境下产生的，常可以认为误差方差近似达到齐性. 又如试验环境得到有效的控制，特别大的误差得到有效的控制，试验进行得很正常，这时常可认为误差方差齐性近似得到满足.

关于正态性诊断仍可借助残差分析进行.

在本例中 $r=4$，$b=5$，共进行 20 次试验，故有 20 个残差. 考虑到区组效应显著，故残差计算公式为

$$e_{ij} = y_{ij} - \overline{T}_i - \overline{B}_j + \overline{y}.$$

由此可得 20 个残差，它们（按从小到大次序）是

-1.35 -1.3 -1.1 -0.8 -0.5 -0.35 -0.25 -0.1

0.05 0.0 0.15 0.15 0.25 0.4 0.4 0.5

0.7 0.9 0.9 1.45

这时残差的正态概率图如图 7-15 所示. 从该图可以看出，没有非正态性的严

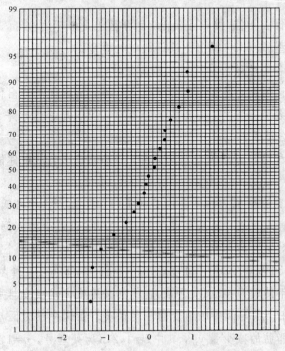

图 7-15　例 7.6.3 的残差的正态概率图

重标志,可认为该组残差近似为正态分布.

习 题 7.6

1. 某会计事务所对报名的 30 名审计员准备同时比较 3 种培训方法的效果,他们按随机化完全区组设计要求做如下安排:

a. 把 30 名审计员按毕业年限从小到大排队;

b. 均分为 10 个区组,毕业年限最短的 3 人分到第 1 个区组,而毕业年限最长的 3 人分到第 10 个区组;

c. 把每个区组内的 3 名审计员随机地安排到三个方法中去.

在培训结束时,每名审计员都要去分析一个复杂的案例,根据分析结果,评分小组给每名审计员评分,结果如下表:

处理＼区组	1	2	3	4	5	6	7	8	9	10
1	73	76	75	74	76	73	68	64	65	62
2	81	78	76	77	71	75	72	74	73	69
3	92	89	87	90	88	86	88	82	81	78

(1) 你为什么相信"按毕业年限"划分区组是合理的?

(2) 按模型(7.6.3)写出此设计的统计模型;

(3) 作出各处理效应和区组效应的估计;

(4) 计算诸残差,并在正态概率纸上作图,从中你能得出什么结论?

(5) 计算各类平方和,写出方差分析表,若取显著性水平 $\alpha = 0.05$,你从中能得到什么结果?

(6) 若 3 种培训方法间有显著差异,作多重比较,从中你能得出什么结果?

2. 一位研究者研究 3 种不同脂肪含量(1. 极低,2. 相当低,3. 适当低)的食物对冠心病人血浆中总脂肪量的影响,有 15 位冠心病人同意参加试验. 为了排除年龄对研究的影响,这位研究者按年龄大小分为 5 个区组(1.15～24 岁,2.25～34 岁,3.35～44 岁,4.45～55 岁,5.55～64 岁),每个区组内的 3 位病人年龄较为接近(见下表). 他们按随机方式被安排服用 3 种食物中的一种,并在一段时间内服用食物不再改变. 在这一段时间后测量每位病人血浆中的总脂肪的减少量 y_{ij},其中 $i = 1, 2, 3$ 为处理号,$j = 1, 2, 3, 4, 5$ 为区组号,具体数据如下:

区组 j 处理 i	1	2	3	4	5
1	0.73	0.86	0.94	1.40	1.62
2	0.67	0.75	0.81	1.32	1.41
3	0.15	0.21	0.26	0.75	0.78

(1) 你为什么相信病人年龄是合适的区组变量？

(2) 写出此设计的统计模型；

(3) 作出各处理效应和区组效应的估计；

(4) 计算诸残差，并在正态概率纸上作图，从中你能得出什么结论？

(5) 计算各类平方和，写出方差分析表，若取显著性水平 $\alpha = 0.05$，你从中能得到什么结果？

(6) 若 3 种处理方法间有显著差异，作多重比较，从中你能得出什么结果？

3. 硬度计把杆尖压入金属试件后显示的读数就是该金属硬度的测量值. 如今要考查 4 种不同的杆尖在同一台硬度计上是否得出不同的读数. 为了减少金属试件间的差异对硬度读数的影响，只取 4 块金属试件，让每个杆尖在每块金属试件上各压入一次. 这样安排是含有 4 个处理(杆尖)和 4 个区组(金属试件)的随机化完全区组设计. 实测数据如下：

区组 j 处理 i	1	2	3	4
1	9.3	9.4	9.6	10.0
2	9.4	9.3	9.8	9.9
3	9.2	9.4	9.5	9.7
4	9.7	9.6	10.0	10.2

(1) 计算各类平方和，写出方差分析表，若取显著性水平 $\alpha = 0.05$，你从中能得到什么结果？

(2) 若 4 种处理方法间有显著差异，作多重比较，从中你能得出什么结果？

7.7 双因子方差分析

在一个试验中影响指标 y 的因子常有多个，如 A, B, C, D 等 4 个因子. 所谓"单因子 A 的试验"是把其他因子 B, C, D 等因子各固定在特定的(或较好的)水平 B_0, C_0, D_0 上，只考查因子 A 在水平 $A_1, A_2, \cdots, A_r$ 上变化时对指标

y 的影响，这有时是不够的. 这一节将考查双因子 A 与 B 同时变化时对指标 y 的影响. 这里不仅多了一个因子，而且还增加因子 A 与 B 的交互作用. 下面将从交互作用开始介绍双因子方差分析.

7.7.1 交互作用

当一个因子的水平对指标 y 的影响大小受到另一因子水平的制约时，称因子 A 与 B 间有交互作用，记为 $A \times B$ 或 AB.

例 7.7.1 某种稻谷产量 y 与施用肥料有关，如今考查氮肥 N 与磷肥 P 这两个因子对产量 y 的影响，为此对每个因子各选定两个水平：

氮肥 N：$N_1 = 0$（不加），$N_2 = 5$ 斤 / 亩；

磷肥 P：$P_1 = 0$（不加），$P_2 = 10$ 斤 / 亩.

它们共有 4 种水平组合（又称 4 种处理）：$N_1 P_1, N_1 P_2, N_2 P_1$ 和 $N_2 P_2$. 又挑选 4 块土质相同的田地分别施行上述 4 种处理. 其他田间管理都相同. 收获时分 4 块田地计量，如表 7-34 所示.

表 7-34   **4 种处理的产量（斤 / 亩）**

N \ P	$P_1 = 0$	$P_2 = 10$
$N_1 = 0$	300	350
$N_2 = 5$	360	490

从表 7-34 中可以看出各种肥料对产量的影响.

• 在不加磷肥（$P_1 = 0$）场合，仅加氮肥 5 斤可使每亩增加 $360 - 300 = 60$ 斤，这是单独施加氮肥 5 斤的效果（即效应）.

• 在不加氮肥（$N_1 = 0$）场合，仅加磷肥 10 斤可使每亩增加 $350 - 300 = 50$ 斤，这是单独施加磷肥 10 斤的效果（即效应）.

• 同时施加两种肥料，每亩可增收 $490 - 300 = 190$ 斤. 扣去单独氮肥效果和磷肥效果后还剩下 $190 - 60 - 50 = 80$ 斤，这是同时施加两种肥料的综合效果，它就是交互作用（见图 7-16 (b)）.

还有两种情况可以设想一下：

(1) 倘若处理 $N_2 P_2$ 下的产量为 410 斤 / 亩，则其交互作用为 $(410 - 300) - 60 - 50 = 0$，这时称因子 N 与 P 间无交互作用（见图 7-16 (a)）.

(2) 倘若处理 $N_2 P_2$ 下的产量为 320 斤 / 亩，则其交互作用为 $(320 - 300) - 60 - 50 = -90$，这时因子 N 与 P 间有交互作用，但为负向（见图 7-16 (c)），而图 7-16 (b) 显示的是正向交互作用. 无论正向与负向交互作用都可为人类

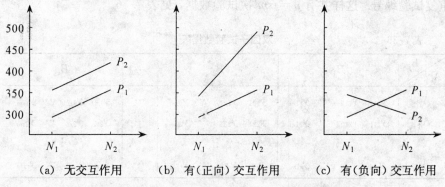

（a）无交互作用　　（b）有（正向）交互作用　　（c）有（负向）交互作用

图 7-16　因子 N 与 P 间有无交互作用示意图

服务. 正向交互作用可增加产量, 负向交互作用可减少药品毒性. 若对交互作用使用不当, 那也会带来麻烦. 交互作用客观存在, 我们要正确认识它.

7.7.2　双因子方差分析

1. 问题

先看一个双因子试验的例子.

例 7.7.2　考查机床加工中, 进刀速度 A（mm/ 分）与切割深度 B（mm）对某种金属零件表面光洁度的影响, 选用 3 种进刀速度与 4 种切割深度, 在每一水平组合下各进行三次重复试验, 结果如表 7-35 所示. 假定不同水平组合下试验结果服从同方差的正态分布, 那么在显著性水平 0.05 上, 进刀速度、切割深度及其交互作用对光洁度有无显著影响？ 使光洁度达到最好（指标值大为好）的水平组合是什么？

表 7-35　　　　　　　　例 7.7.2 的试验结果

A	B											
	4.0			4.6			5.0			6.4		
5.0	74	64	60	79	68	73	82	88	92	99	104	96
6.4	92	86	88	98	104	88	99	108	95	104	110	99
7.6	99	98	102	104	99	95	108	110	99	114	111	107

在一般场合可设因子 A 有 r 个水平, 因子 B 有 s 个水平, 具体是
$$A_1, A_2, \cdots, A_r, B_1, B_2, \cdots, B_s.$$
它们共有 rs 个水平组合（处理）. 若在每个处理 A_iB_j 下都进行 m 次重复试验, 记 y_{ijk} 为水平 A_i 与水平 B_j 组合下的第 k 次重复试验结果, 其中 $i=1,2,\cdots,r$ 是因子 A 的水平编号; $j=1,2,\cdots,s$ 是因子 B 的水平编号; $k=1,2,\cdots,m$ 是

重复试验编号. 这样共有 $n=rsm$ 次试验数据, 见表 7-36.

表 7-36 　　　　　　　　　　双因子试验数据表

A_i \ B_j	B_1				B_2				$\cdots$	B_s		
A_1	y_{111}	y_{112}	$\cdots$	y_{11m}	y_{121}	y_{122}	$\cdots$	y_{12m}	$\cdots$	y_{1s1}	y_{1s2} $\cdots$	y_{1sm}
A_2	y_{211}	y_{212}	$\cdots$	y_{21m}	y_{221}	y_{222}	$\cdots$	y_{22m}	$\cdots$	y_{2s1}	y_{2s2} $\cdots$	y_{2sm}
$\vdots$			$\vdots$				$\vdots$		$\cdots$			$\vdots$
A_r	y_{r11}	y_{r12}	$\cdots$	y_{r1m}	y_{r21}	y_{r22}	$\cdots$	y_{r2m}	$\cdots$	y_{rs1}	y_{rs2} $\cdots$	y_{rsm}

要研究的问题是: 因子 A、因子 B、交互作用 $A \times B$ 对指标 y 有无显著影响? 这是双因子方差分析要研究的问题.

2. 数据结构式

进行双因子方差分析同样需要如下三项基本假定:

(1) 在处理 $A_i B_j$ 下的 m 个重复试验数据 $y_{ij1}, y_{ij2}, \cdots, y_{ijm}$ 是来自某正态分布 $N(\mu_{ij}, \sigma^2)$ 的一个样本, 其中 $i=1,2,\cdots,r$, $j=1,2,\cdots,s$.

(2) rs 个处理的方差相等, 都为 σ^2.

(3) rsm 个数据 y_{ijk} 相互独立.

在上述三项基本假定下, y_{ijk} 有如下数据结构式:

$$y_{ijk} = \mu + a_i + b_j + (ab)_{ij} + \varepsilon_{ijk}, \qquad (7.7.1)$$

其中

- μ 为一般平均, 待估参数;

- a_i 为因子 A 第 i 个水平 A_i 的主效应, 且有 $\sum\limits_{i=1}^{r} a_i = 0$, 诸 a_i 都是待估参数;

- b_j 为因子 B 第 j 个水平 B_j 的主效应, 且有 $\sum\limits_{j=1}^{s} b_j = 0$, 诸 b_j 都是待估参数;

- $(ab)_{ij}$ 为 A_i 与 B_j 结合时产生的交互效应, 且有

$$\sum_{i=1}^{r} (ab)_{ij} = 0, \quad \sum_{j=1}^{s} (ab)_{ij} = 0;$$

- ε_{ijk} 为随机误差, 且诸 $\varepsilon_{ijk} \sim N(0, \sigma^2)$, 即 rsm 个误差 ε_{ijk} 是来自正态总体 $N(0, \sigma^2)$ 的一个样本.

在上述三项基本假定下, 利用极大似然法可得数据结构式 (7.7.1) 中诸参数 $\mu, a_i, b_j, (ab)_{ij}$ 的无偏估计, 它们是

$$\hat{\mu} = \bar{y} = \frac{1}{rsm} \sum_i \sum_j \sum_k y_{ijk}; \qquad (7.7.2)$$

$$\hat{a}_i = \bar{y}_{i..} - \bar{y} = \frac{1}{sm}\sum_j\sum_k y_{ijk} - \bar{y}, \quad i=1,2,\cdots,r; \qquad (7.7.3)$$

$$\hat{b}_j = \bar{y}_{.j.} - \bar{y} = \frac{1}{rm}\sum_i\sum_k y_{ijk} - \bar{y}, \quad j=1,2,\cdots,s; \qquad (7.7.4)$$

$$(\widehat{ab})_{ij} = \bar{y}_{ij.} - \bar{y}_{i..} - \bar{y}_{.j.} + \bar{y}, \quad i=1,2,\cdots,r, \ j=1,2,\cdots,s,$$

$$\qquad (7.7.5)$$

其中诸和号含义如下：

$$\sum_i = \sum_{i=1}^r, \quad \sum_j = \sum_{j=1}^s, \quad \sum_k = \sum_{k=1}^m, \quad \bar{y}_{ij.} = \frac{1}{m}\sum_k y_{ijk},$$

其中各种局部平均都可从表 7-36 中的原始数据获得. 为此可从表 7-36 中数据先计算各局部和(行和与列和), 再计算各局部平均, 具体见表 7-37.

表 7-37 局部和与局部平均计算表

A_i \ B_j	B_1	B_2	$\cdots$	B_s	和 / 平均
A_1	$T_{11}/\bar{y}_{11.}$	$T_{12}/\bar{y}_{12.}$	$\cdots$	$T_{1s}/\bar{y}_{1s.}$	$T_{1.}/\bar{y}_{1..}$
A_2	$T_{21}/\bar{y}_{21.}$	$T_{22}/\bar{y}_{22.}$	$\cdots$	$T_{2s}/\bar{y}_{2s.}$	$T_{2.}/\bar{y}_{2..}$
$\vdots$	$\vdots$	$\vdots$		$\vdots$	$\vdots$
A_r	$T_{r1}/\bar{y}_{r1.}$	$T_{r2}/\bar{y}_{r2.}$	$\cdots$	$T_{rs}/\bar{y}_{rs.}$	$T_{r.}/\bar{y}_{r..}$
和 / 平均	$T_{.1}/\bar{y}_{.1.}$	$T_{.2}/\bar{y}_{.2.}$	$\cdots$	$T_{.s}/\bar{y}_{.s.}$	$T/\bar{y}...$

注: 表中斜线前是和 $T_{ij} = \sum_k y_{ijk}$, 斜线后是均值 $\bar{y}_{ij.} = \dfrac{T_{ij}}{m}$.

譬如, 对表 7-35 中的数据可按表 7-37 方式计算各种局部和与局部平均, 具体见表 7-38.

表 7-38 例 7.7.2 中各局部和与局部平均计算表

A_i \ B_j	B				行和 $T_{i.}$	行平均 $\bar{y}_{i..}$
	4.0	4.6	5.0	6.4		
A / 5.0	$\dfrac{198}{66.00}$	$\dfrac{220}{73.33}$	$\dfrac{262}{87.33}$	$\dfrac{299}{99.67}$	979	81.58
A / 6.4	$\dfrac{266}{88.67}$	$\dfrac{290}{96.67}$	$\dfrac{302}{100.67}$	$\dfrac{313}{104.33}$	1 171	97.58
A / 7.6	$\dfrac{299}{99.67}$	$\dfrac{298}{99.33}$	$\dfrac{317}{105.67}$	$\dfrac{332}{110.67}$	1 246	103.83
列和 $T_{.j}$	763	808	881	944	$T = 3\,396$ (总和)	
列平均 $\bar{y}_{.j.}$	84.78	89.78	97.89	104.89	总平均 $\bar{y} = 94.33$	

表 7-38 中的数据可用来计算各主效应和交互效应的估计值，但最好在方差分析之后，因为在因子 A、因子 B、交互作用 $A \times B$ 不显著时计算它们就无多大意义．表 7-38 中的数据还可用来计算各平方和．下面将说明如何计算．

3. 总平方和分解式

双因子方差分析的关键仍是总平方和分解式．下面着手做这件事．考查数据 y_{ijk} 与总平均的偏差，它可分解为如下几项：

$$\underbrace{y_{ijk} - \bar{y}}_{\text{总偏差}} = \underbrace{(y_{ijk} - \bar{y}_{ij\cdot})}_{\text{误差}} + \underbrace{(\bar{y}_{i\cdot\cdot} - \bar{y})}_{A_i\text{的主效应}} + \underbrace{(\bar{y}_{\cdot j\cdot} - \bar{y})}_{B_j\text{的主效应}} + \underbrace{(\bar{y}_{ij\cdot} - \bar{y}_{i\cdot\cdot} - \bar{y}_{\cdot j\cdot} + \bar{y})}_{A_i \times B_j\text{的交互效应}}.$$

(7.7.6)

对上式两端平方，然后对 i, j, k 依次求和，由于诸交叉乘积之和为零，最后可得如下代数恒等式：

$$\mathrm{SS}_T = \mathrm{SS}_A + \mathrm{SS}_B + \mathrm{SS}_{A\times B} + \mathrm{SS}_e, \tag{7.7.7}$$

$$f_T = f_A + f_B + f_{A\times B} + f_e, \tag{7.7.8}$$

其中

总平方和
$$\mathrm{SS}_T = \sum_{i=1}^r \sum_{j=1}^s \sum_{k=1}^m (y_{ijk} - \bar{y})^2 = \sum_{i=1}^r \sum_{j=1}^s \sum_{k=1}^m y_{ijk}^2 - \frac{T^2}{n},$$

$$f_T = rsm - 1, \tag{7.7.9}$$

因子 A 平方和
$$\mathrm{SS}_A = \sum_{i=1}^r sm(\bar{y}_{i\cdot\cdot} - \bar{y})^2 = \sum_{i=1}^r \frac{T_{i\cdot\cdot}^2}{sm} - \frac{T^2}{n},$$

$$f_A = r - 1, \tag{7.7.10}$$

因子 B 平方和
$$\mathrm{SS}_B = \sum_{j=1}^s rm(\bar{y}_{\cdot j\cdot} - \bar{y})^2 = \sum_{j=1}^s \frac{T_{\cdot j\cdot}^2}{rm} - \frac{T^2}{n},$$

$$f_B = s - 1, \tag{7.7.11}$$

交互作用平方和
$$\mathrm{SS}_{A\times B} = \sum_{i=1}^r \sum_{j=1}^s m(\bar{y}_{ij} - \bar{y}_{i\cdot\cdot} - \bar{y}_{\cdot j\cdot} + \bar{y})^2$$

$$= \sum_{i=1}^r \sum_{j=1}^s \frac{T_{ij}^2}{m} - \frac{T^2}{n} - \mathrm{SS}_A - \mathrm{SS}_B,$$

$$f_{A\times B} = (r-1)(s-1), \tag{7.7.12}$$

误差平方和
$$\mathrm{SS}_e = \sum_{i=1}^r \sum_{j=1}^s \sum_{k=1}^m (y_{ijk} - \bar{y}_{ij\cdot})^2$$

$$= \mathrm{SS}_T - \mathrm{SS}_A - \mathrm{SS}_B - \mathrm{SS}_{A\times B},$$

$$f_e = rs(m-1). \tag{7.7.13}$$

关于交互作用 $A \times B$ 的自由度有以下重要结果：

$$f_{A\times B} = f_A \times f_B. \tag{7.7.14}$$

(7.7.12) 中的自由度就是由此而来的．

4. 双因子方差分析表

双因子方差分析问题要对因子 A、因子 B、交互作用 $A \times B$ 的显著性作出判断，即对如下 3 对假设作出检验：

$$\begin{cases} H_{01}: a_1 = a_2 = \cdots = a_r = 0, \\ H_{11}: \text{诸 } a_i \text{ 不全为 } 0; \end{cases} \tag{7.7.15}$$

$$\begin{cases} H_{02}: b_1 = b_2 = \cdots = b_s = 0, \\ H_{12}: \text{诸 } b_j \text{ 不全为 } 0; \end{cases} \tag{7.7.16}$$

$$\begin{cases} H_{03}: \text{诸交互效应} (ab)_{ij} \text{ 全为 } 0, \\ H_{13}: \text{诸交互效应} (ab)_{ij} \text{ 不全为 } 0. \end{cases} \tag{7.7.17}$$

在三项基本假定下知，上述三个原假设为真时，可以证明上述各平方和都是相互独立的统计量，且有

$$\frac{SS_A}{\sigma^2} \sim \chi^2(r-1), \tag{7.7.18}$$

$$\frac{SS_B}{\sigma^2} \sim \chi^2(s-1), \tag{7.7.19}$$

$$\frac{SS_{A \times B}}{\sigma^2} \sim \chi^2((r-1)(s-1)), \tag{7.7.20}$$

$$\frac{SS_e}{\sigma^2} \sim \chi^2(rs(m-1)). \tag{7.7.21}$$

由上述误差平方和 SS_e/σ^2 的分布立即可得误差均方 MS_e 是误差方差 σ^2 的无偏估计，即

$$\hat{\sigma}^2 = MS_e = \frac{SS_e}{rs(m-1)}. \tag{7.7.22}$$

利用这个误差均方 MS_e 可对各因子均方和交互作用均方作 F 检验，这一切都在双因子方差分析表上完成. 见表 7-39.

表 7-39　　　　　　　　　　　双因子方差分析表

来源	平方和	自由度	均方	F 比
A	SS_A	$r-1$	$MS_A = \dfrac{SS_A}{r-1}$	$F_A = \dfrac{MS_A}{MS_e}$
B	SS_B	$s-1$	$MS_B = \dfrac{SS_B}{s-1}$	$F_B = \dfrac{MS_B}{MS_e}$
$A \times B$	$SS_{A \times B}$	$(r-1)(s-1)$	$MS_{A \times B} = \dfrac{SS_{A \times B}}{(r-1)(s-1)}$	$F_{A \times B} = \dfrac{MS_{A \times B}}{MS_e}$
e	SS_e	$rs(m-1)$	$MS_e = \dfrac{SS_e}{rs(m-1)}$	—
T	SS_T	$rsm-1$	—	—

5. 统计分析

回到例 7.7.2 上来，完成统计分析. 按以下几步去做.

(1) 在例 7.7.2 中假定在不同水平组合下试验结果 y_{ijk} 服从同方差的正态分布，在显著性水平 $\alpha = 0.05$ 下，研究：

- 因子 A、因子 B、交互作用 $A \times B$ 对光洁度有无显著差异；
- 使光洁度 y 达到最佳(越大越好)的水平组合是什么.

(2) 在表 7-39 基础上计算各平方和：

$$\mathrm{SS}_T = \sum_{i=1}^{3} \sum_{j=1}^{4} \sum_{k=1}^{3} y_{ijk}^2 - \frac{T^2}{36} = 326\,888 - 320\,356 = 6\,532,$$

$$f_T = 35,$$

$$\mathrm{SS}_A = \frac{1}{12} \sum_{i=1}^{3} T_{i\cdot}^2 - \frac{T^2}{36} = \frac{1}{12} \times 3\,882\,198 - 320\,356 = 3\,165.5,$$

$$f_A = 2,$$

$$\mathrm{SS}_B = \frac{1}{9} \sum_{j=1}^{4} T_{\cdot j}^2 - \frac{T^2}{36} = \frac{1}{9} \times 2\,902\,330 - 320\,356 = 2\,125.11,$$

$$f_B = 3,$$

$$\mathrm{SS}_{A \times B} = \frac{1}{3} \sum_{i=1}^{3} \sum_{j=1}^{4} T_{ij}^2 - \frac{T^2}{36} - \mathrm{SS}_A - \mathrm{SS}_B$$

$$= \frac{1}{3} \times 978\,596 - 320\,356 - 3\,165.5 - 2\,125.11 = 557.06,$$

$$f_{A \times B} = 6,$$

$$\mathrm{SS}_e = \mathrm{SS}_T - \mathrm{SS}_A - \mathrm{SS}_B - \mathrm{SS}_{A \times B} = 689.33, \quad f_e = 24.$$

(3) 把各平方和及其自由度移至方差分析表(表 7-40)中，继续计算均方与 F 比. 对 $\alpha = 0.05$，可查得

$$F_{0.95}(2,24) = 3.40, \quad F_{0.95}(3,24) = 3.01, \quad F_{0.95}(6,24) = 2.51.$$

与表 7-40 中相应 F 值比较，因子 A、因子 B、交互作用 $A \times B$ 都是显著的.

表 7-40　　　　　　　　　　**例 7.7.2 的双因子方差分析表**

来源	平方和	自由度	均方	F 比
A	3 160.51	2	1 580.25	55.02
B	2 125.11	3	708.37	24.66
$A \times B$	557.06	6	92.84	3.23
e	689.33	24	28.72	
T	6 532.00	35		

(4) 估计各主效应和各交互效应.

利用(7.7.3)可得因子 A 的三个主效应的估计值：

$$\hat{a}_1 = -12.75, \quad \hat{a}_2 = 3.25, \quad \hat{a}_3 = 9.50.$$

因子 A 显著，即进刀速度越快光洁度越高，故应选用 A_3.

利用(7.7.4)可得因子 B 的 4 个主效应的估计值：

$$\hat{b}_1 = -9.55 \quad \hat{b}_2 = -4.55, \quad \hat{b}_3 = 3.56, \quad \hat{b}_4 = 10.56.$$

应选用 B_4 可使光洁度较高.

利用(7.7.5)可得各交互效应的估计值，这些交互效应估计值 $(\hat{ab})_{ij}$ 列于表 7-41 中.

表 7-41 　　　　　　　　　　**各交互效应估计值**

$(\hat{ab})_{ij}$ i \ j	1	2	3	4	和
1	−6.03	−3.70	2.19	7.53	−0.01（计算误差）
2	0.64	3.64	−0.47	−3.81	0
3	5.39	0.05	−1.72	−3.72	0
和	0	−0.01	0	0	

从交互效应角度看，选用 A_1B_4 可使光洁度较大. 而从因子 A 与 B 的主效应的角度看，选用 A_3B_4 可使光洁度较大.

如何统一呢？

(5) 从数据结构式看，因子 A 与 B 的主效应 a_i 与 b_j 及其交互效应 $(ab)_{ij}$ 都是从水平组合 A_iB_j 下的正态均值 μ_{ij} 分解出来的，即

$$\mu_{ij} = \mu + a_i + b_j + (ab)_{ij}.$$

如今从主效应角度和从交互效应角度选取最佳水平组合有矛盾，那就把它们加起来用 μ_{ij} 大小去挑选最佳水平组合. 而 μ_{ij} 的估计可由(7.7.2)至(7.7.5)给出，即

$$\begin{aligned}\hat{\mu}_{ij} &= \hat{\mu} + \hat{a}_i + \hat{b}_j + (\hat{ab})_{ij} \\ &= \bar{y} + (\bar{y}_{i..} - \bar{y}) + (\bar{y}_{.j.} - \bar{y}) + (\bar{y}_{ij.} - \bar{y}_{i..} - \bar{y}_{.j.} + \bar{y}) \\ &= \bar{y}_{ij.}.\end{aligned}$$

这就是水平组合 A_iB_j 下 $m=3$ 次重复的平均值. 在本例中此种平均值共有 12 个，已计算在表 7-38 的斜线后. 从该表上可读出

$$\hat{\mu}_{14} = 99.67, \quad \hat{\mu}_{34} = 110.67.$$

可见水平组合 A_3B_4 可使光洁度最大. 这也可从图 7-17 看出.

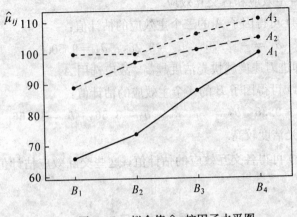

图 7-17   拟合值 $\hat{\mu}_{ij}$ 按因子水平图

7.7.3   残差分析

在进行方差分析时仍需三项基本假定. 在两因子的方差分析中, 共有 rs 个总体, 在每一总体中仅进行了 m 次试验, 一般来讲 m 都不太大, 通常无法对总体的正态性、等方差性进行检验. 所以我们只能利用残差进行诊断. 在因子 A 与 B 存在交互作用的场合, A_iB_j 条件下的正态均值为 μ_{ij}, 估计值为 $\hat{\mu}_{ij} = \bar{y}_{ij\cdot}$, 残差便是

$$e_{ijk} = y_{ijk} - \bar{y}_{ij\cdot}, \quad i = 1, 2, \cdots, r, \ j = 1, 2, \cdots, s, \ k = 1, 2, \cdots, m.$$

此种残差共有 $n = rsm$ 个, 一般有 $n \geqslant 8$. 可用来对正态性和方差齐性作出诊断. 利用残差进行诊断的工具是残差图, 主要是两个图:

一是残差的正态概率图, 若点的散布在一直线附近, 那么可以认为正态性假定成立.

二是残差对拟合值的图, 即以拟合值 $\hat{\mu}_{ij}$ 为横坐标, 以残差作纵坐标画的散点图, 若图中点的散布没有呈现规律性, 特别是没有喇叭形的散布, 那么可以认为没有不等方差的迹象.

若上述两张图没有显示假定被违背的迹象, 那么方差分析的结论可以采用, 否则就需要对数据进行变换, 使其满足方差分析的假定后再进行分析.

例 7.7.2 残差的正态概率图如图 7-18 所示.

从图上可以看出点基本在一直线附近, 所以可以认为正态性假定满足.

例 7.7.2 的残差 e_{ijk} 对拟合值 $\hat{\mu}_{ij}$ 的散布图如图 7-19 所示. 从图上看没有不等方差的迹象, 可以认为方差齐性满足.

综上, 可以认为进行方差分析的三项基本假定可得以满足, 从而方差分析所得结果是可信的.

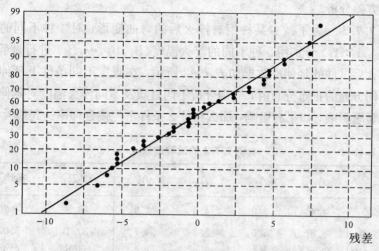

图 7-18　例 7.7.2 残差的正态概率图

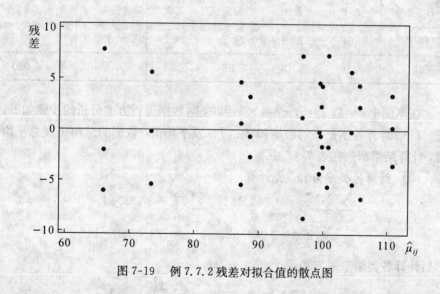

图 7-19　例 7.7.2 残差对拟合值的散点图

7.7.4　无重复试验的双因子方差分析

双因子方差分析的实施中遇到的最大困难是试验次数较多,从而花费人力、物力、财力也大,时间过长,以至于一些试验者望而生畏.

当凭实际经验和专业知识确认因子 A 与 B 间不存在交互作用时,可以免去重复试验,仅凭每个水平组合 A_iB_j 下只作一次试验也可作双因子方差分析,即对因子 A 和因子 B 对指标 y 的影响是否显著分别作出判断. 这时的方差分析与前面相比只少了交互作用部分. 现通过一个例子来看无重复试验的双因子方差分析.

例 7.7.3　为了减少某种钢材淬火后的弯曲变形,对 4 种不同的材质 (A_1, A_2, A_3, A_4) 分别用 5 种不同的淬火温度 $(B_1, B_2, \cdots, B_5)$ 进行试验,测得其淬火后试件的延伸率数据如表 7-42 所示,在假定不同条件下延伸率分别服从同方差的正态分布时,分别分析不同材质及不同淬火温度对延伸率均值有无显著影响,如果有影响,那么在什么条件下能使延伸率达到最大?

表 7-42　　　　　　　　　　**例 7.7.3 的试验结果**

B ＼ A	A_1	A_2	A_3	A_4	和 $T_{\cdot j}$	平均 $\bar{y}_{\cdot j}$
B_1: 800	4.4	5.2	4.3	4.9	18.8	4.700
B_2: 820	5.3	5.0	5.1	4.7	20.1	5.025
B_3: 840	5.8	5.5	4.8	4.9	21.0	5.250
B_4: 860	6.6	6.9	6.6	7.3	27.4	6.850
B_5: 880	8.4	8.3	8.5	7.9	33.1	8.275
和 $T_{i\cdot}$	30.5	30.9	29.3	29.7	$T = 120.4$	
平均 $\bar{y}_{i\cdot}$	6.10	6.18	5.86	5.94		$\bar{y} = 6.020$

在本例中 $r=4$, $s=5$, $n=4 \times 5 = 20$, 对数据进行方差分析的步骤如下:

(1) 计算各水平下的数据和 $T_{i\cdot}$, $T_{\cdot j}$ 及平均值,数据的总和 T 及总平均值,计算结果都列在表 7-42 中.

(2) 计算各类平方和. 先计算

$$\sum \sum y_{ij}^2 = 7\,763.16, \qquad \sum T_{i\cdot}^2 = 3\,625.64,$$

$$\sum T_{\cdot j}^2 = 3\,044.82, \qquad \frac{T^2}{n} = 724.808.$$

然后计算各类偏差平方和:

$$\mathrm{SS}_T = \sum_{i=1}^{r} \sum_{j=1}^{s} (y_{ij} - \bar{y})^2 = \sum_{i=1}^{4} \sum_{j=1}^{5} y_{ij}^2 - \frac{T^2}{n}$$

$$= 7\,763.16 - 724.808 = 38.352,$$

$$f_T = rs - 1 = 19,$$

$$\mathrm{SS}_A = \sum_{i=1}^{r} s(\bar{y}_{i\cdot} - \bar{y})^2 = \sum_{i=1}^{4} \frac{T_{i\cdot}^2}{s} - \frac{T^2}{n}$$

$$= \frac{3\,625.64}{5} - 724.808 = 0.320,$$

$$f_A = r - 1 = 3,$$

$$SS_B = \sum_{j=1}^{s} r(\bar{y}_{.j} - \bar{y})^2 = \sum_{j=1}^{5} \frac{T_{.j}^2}{r} - \frac{T^2}{n}$$

$$= \frac{3\,044.82}{4} - 724.808 = 36.397,$$

$$f_B = s - 1 = 4,$$

$$SS_e = SS_T - SS_A - SS_B$$

$$= 38.352 - 0.320 - 36.397 = 1.635,$$

$$f_e = 19 - 3 - 4 = 12.$$

（3）列方差分析表（见表 7-43）.

表 7-43 　　　　　　 例 7.7.3 的方差分析表

来源	偏差平方和	自由度	均方	F 比
因子 A	0.320	3	0.106 7	0.78
因子 B	36.397	4	9.099 2	66.76
误差 e	1.635	12	0.136 3	
总计 T	38.352	19		

若 $\alpha = 0.05$，从 F 分布表查得 $F_{0.95}(3,12) = 3.49$，由于求得的 $F_A < 3.49$，所以在 $\alpha = 0.05$ 水平下因子 A 对延伸率没有显著影响，又从 F 分布表查得 $F_{0.95}(4,12) = 3.26$，由于求得的 $F_B > 3.26$，所以在 $\alpha = 0.05$ 水平下因子 B 对延伸率有显著影响.

（4）结论：

• 因为因子 A 是不显著的，这表明不同材质的延伸率间没有明显差异，因为因子 B 是显著的，这表明淬火温度对延伸率的均值有显著影响；

• 为了寻找最好的条件，需要给出不同条件下均值的估计. 在没有交互作用的场合，可以认为 $\mu_{ij} = \mu + a_i + b_j$，其估计 $\hat{\mu}_{ij} = \hat{\mu} + \hat{a}_i + \hat{b}_j$，其中 $\hat{\mu} = \bar{y}$.

在因子 A 显著时，$\hat{a}_i = \bar{y}_{i.} - \bar{y}$，此时我们可以从 A_i 各水平的平均值去寻找最好的水平，在 A 不显著时，它们全为 0，取任一水平均可以.

在因子 B 显著时，$\hat{b}_j = \bar{y}_{.j} - \bar{y}$，此时我们可以从 B_j 各水平的平均值去寻找最好的水平，在 B 不显著时，它们全为 0，取任一水平均可以.

将上述找到各自的最好水平组合起来，便是最好的条件.

在本例中，因为 A 不显著，B 显著，所以

$$\hat{\mu}_{ij} = \hat{\mu} + \hat{a}_i + \hat{b}_j = \bar{y} + 0 + (\bar{y}_{.j} - \bar{y}) = \bar{y}_{.j}, \quad i = 1, 2, \cdots, r.$$

所以只要找出 B 的最好水平，这便是最好的条件. 从所给出的数据可见，在温度为 $880℃$ 时，平均延伸率达到最大. 此时均值的估计是 8.275.

· 还可以给出误差方差 σ^2 的估计 $\hat{\sigma}^2 = \mathrm{MS}_e = 0.136\ 3$，标准差 σ 的估计是 $\hat{\sigma} = \sqrt{\mathrm{MS}_e} = 0.37$.

在作结论前我们仍然需要对方差分析的假定是否满足进行诊断，特别在两因子无重复试验的场合，共有 rs 个总体，在每一总体中仅进行了一次试验，获得容量为 1 的一个样本，根本无法对总体的正态性、等方差性进行检验. 所以我们只能利用残差进行诊断. 设在 A_iB_j 条件下的试验结果为 y_{ij}，拟合值为 $\hat{\mu}_{ij}$，残差便是 $e_{ij} = y_{ij} - \hat{\mu}_{ij}$.

对本例进行诊断的正态概率图见图 7-20.

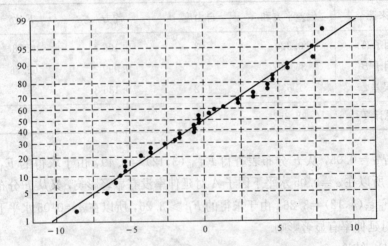

图 7-20　例 7.7.3 的残差的正态概率图

图 7-20 上点基本在一直线附近，若对残差作正态性检验，其 p 值为 0.075，可以认为数据近似成正态分布. 残差对拟合值的图见图 7-21.

在图 7-21 上点的散布没有呈现规律性形态，可以认为诸方差近似相等. 从而上述结论可信.

习　题　7.7

1. 在双因子方差分析问题中，因子 A 有 4 个水平，因子 B 有 5 个水平，在各水平组合下各重复试验 2 次. 问因子 A、因子 B、交互作用 $A \times B$ 及误差等平方和的自由度各是多少?

2. 某橡胶产品配方中，考虑 3 种不同的促进剂，4 种不同分量的氧化，同

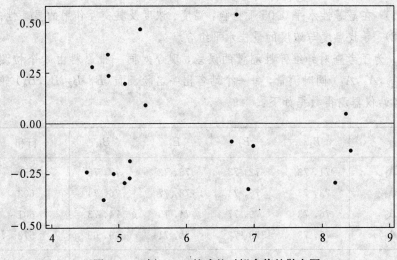

图 7-21 例 7.7.3 的残差对拟合值的散点图

样配方重复两次, 测得 300% 的定强指标如下表:

促进剂 A	氧化锌 B			
	B_1	B_2	B_3	B_4
A_1	31, 33	34, 36	35, 36	39, 38
A_2	33, 34	36, 37	37, 39	38, 41
A_3	35, 37	37, 38	39, 40	42, 44

假设在诸水平搭配下橡胶料的定强指标服从同方差的独立正态分布. 问:

(1) 氧化锌分量、促进剂以及它们的交互作用对定强指标有无显著影响($\alpha = 0.10$)?

(2) 寻找氧化锌分量与促进剂的最佳水平组合.

3. 下表数据是某一化工厂在 3 种浓度、4 种温度下产品获得率(%), 每一配置下重复试验两次:

浓度(%)	温度(℃)			
	10 ℃	24 ℃	38 ℃	52 ℃
2	14, 10	11, 11	13, 9	10, 12
4	9, 7	10, 8	7, 11	6, 10
6	5, 11	13, 14	12, 13	14, 10

假定在诸水平搭配下获得率的总体服从同方差的正态分布.

(1) 在显著性水平 0.05 下检验:温度、浓度及其交互作用的显著性;

(2) 寻找温度与浓度的最佳水平组合.

4. 为了考查对纤维弹性测量的误差,现今对同一批原料由 4 个检测站 (A_1, A_2, A_3, A_4) 同时测量,每一个站各出一名检测员 (B_1, B_2, B_3, B_4) 轮流使用各站仪器测得数据如下:

	B_1	B_2	B_3	B_4	行和
A_1	71, 73	72, 73	75, 73	77, 75	589
A_2	73, 75	76, 74	78, 77	76, 74	603
A_3	76, 73	79, 77	74, 75	74, 73	601
A_4	75, 73	73, 72	70, 71	69, 69	572
列和	589	596	593	587	2 365
$\sum_{i=1}^{4}\sum_{k=1}^{2} y_{ijk}$	43 383	4 448	44 009	43 133	
$\sum_{i=1}^{4}\left(\sum_{k=1}^{2} y_{ijk}\right)^2$	86 745	88 886	88 011	86 253	

试在 95% 的置信水平下,检验不同检测站,不同检验员以及他们的交互作用对误差的影响是否显著?

5. 为考查压强(单位:$10^{-5} N/mm^2$)与温度(单位:℃)对某种黏合剂抗剪强度的影响,特选定压强 4 个水平、温度 3 个水平,每个水平组合只做一次试验,结果如下表所示:

压强(A) \ 温度(B)	60	65	70	75
130	9.60	9.69	8.43	9.98
140	11.28	10.10	11.01	10.44
150	9.00	9.57	9.03	9.80

假定这两个因子间无交互作用,且在各水平组合下黏合剂的抗剪强度均服从方差相同的正态分布. 试检验这两个因子是否显著($\alpha = 0.05$),并确定最佳水平组合.

7.8 嵌套试验的方差分析

7.8.1 交叉试验与嵌套试验

在上一节讲到的两因子方差分析中,两个因子A,B的所有水平都是可以遇到的. 这种试验又称为**交叉试验**,如图 7-22 所示. 但是在生产、科研的实

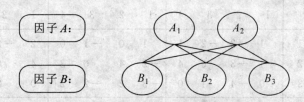

因子 A: A_1 A_2

因子 B: B_1 B_2 B_3

图 7-22 交叉试验图,图中平行线表示重复两次

践活动中,有时遇到的情况是因子A的水平A_i只与因子B的部分水平相遇. 比如在化工试验中要比较两种催化剂甲、乙的功效,同时还要考虑选择每一种催化剂所适应的温度,因为不同催化剂要求的温度不同. 称催化剂为因子A,它有两个水平A_1,A_2,温度称为因子B,它对应于催化剂甲(A_1)具有可供试验选择的温度为 200 ℃,220 ℃,240 ℃,也就是说因子A的水平A_1对应于因子B的三个水平,记为$B_{1(1)},B_{2(1)},B_{3(1)}$;而对应于催化剂(因子$A$)另一水平$A_2$的可选择温度为 150 ℃,170 ℃,190 ℃,也就是说它们对应于因子A的水平A_2的因子B的三个水平,记为$B_{1(2)},B_{2(2)},B_{3(2)}$;此类结构下,称催化剂(因子$A$)为一级因子,温度(因子$B$)为二级因子,因为二级因子是嵌在一级因子里的,一级因子套在二级因子外,所以称这样的试验为**嵌套试验**,如图 7-23 所示.

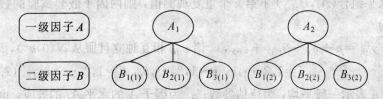

一级因子 A A_1 A_2

二级因子 B $B_{1(1)}$ $B_{2(1)}$ $B_{3(1)}$ $B_{1(2)}$ $B_{2(2)}$ $B_{3(2)}$

图 7-23 嵌套试验,因子A嵌套在因子B外,因子B嵌入因子A中

下面来研究二级嵌套试验下的方差分析方法,先来看一个例子.

例 7.8.1　某公司从三个不同的供货商那里购买原料. 公司想确定各个供货商供应的原材料的纯度是否相同, 因为公司知道原料纯度变化对于成品品质至关重要, 所以想搞清楚纯度的变异性是否归因于供货商之间的差异. 今从每位供货商那里可以得到 4 批原料, 公司对每一批原料进行 3 次纯度测量, 得到纯度规范数据表如表 7-44 所示.

表 7-44　　　　　　　　**例 7.8.1 数据表**(其中 y_{ijk} = 数据 - 93)

供货商(A) i		供货商 1 (A_1)				供货商 2 (A_2)				供货商 3 (A_3)			
批次(B) j		1	2	3	4	1	2	3	4	1	2	3	4
y_{ijk}	$k=1$	1	-2	-2	1	1	0	-1	0	2	-2	1	3
	$k=2$	-1	-3	0	4	-2	4	0	3	4	0	-1	2
	$k=3$	0	-4	1	0	-3	2	-2	2	0	2	2	1
批总和 $y_{ij.}$		0	-9	-1	5	-4	6	-3	5	6	0	2	6
货主总和 $y_{i..}$			-5				4				14		

这就是一个典型的嵌套试验数据表, 其中一级因子 A 为供货商, 三个供货商形成因子 A 的三个水平: A_1, A_2, A_3; 二级因子 B 为供货批次, 它是分别被嵌入因子 A 的不同水平中的, 如供货商 1 (A_1) 下的 1,2,3,4 分别代表被嵌入因子 A_1 中的二级因子 B 的 4 个水平, 即 $B_{1(1)}, B_{2(1)}, B_{3(1)}, B_{4(1)}$, 其余的类推. 为了给出该问题的解, 我们先来看看一般嵌套试验的数据结构式, 然后给出具体的分析步骤.

7.8.2　嵌套试验的数据结构式

一般地, 设因子 A 有 r 个水平 $A_1, A_2, \cdots, A_r$; 对于因子 A 的第 i 个水平 A_i, 因子 B 有 b_i 个水平 $B_{1(i)}, B_{2(i)}, \cdots, B_{b_i(i)}$ 与其对应($i=1,2,\cdots,r$). 令 y_{ijk} 表示水平组合($A_i, B_{j(i)}$)下第 k 个重复观测值, 则两因子嵌套试验的数据结构式为

$$y_{ijk} = \mu + \alpha_i + \beta_{j(i)} + \varepsilon_{ijk}, \quad 诸 \varepsilon_{ijk} 相互独立且服从 N(0,\sigma^2),$$
$$i=1,2,\cdots,r, \ j=1,2,\cdots,b_i, \ k=1,2,\cdots,m_{ij}, \quad (7.8.1)$$

其中, μ 表示一般平均, 为待估参数; α_i 为因子 A 的水平 A_i 的效应, 也为待估参数; $\beta_{j(i)}$ 是水平 $B_{j(i)}$ 的效应, 亦为待估参数; ε_{ijk} 为随机误差项, 它服从均值为零、具有齐性方差 σ^2 的相互独立的正态变量, 其中参数 σ^2 也是待估参数. 这些待估参数满足约束条件

$$\sum_{i=1}^{r}\alpha_i=0,\quad \sum_{j=1}^{b}\beta_{j(i)}=0,\ i=1,2,\cdots,r.\qquad(7.8.2)$$

利用数据结构式(7.8.1) 的假定，和样本观测数据不难得到这些待估参数的无偏的极大似然估计为

$$\begin{cases}\hat{\mu}=\bar{y},\\ \hat{\alpha}_i=\bar{y}_{i..}-\bar{y},\quad i=1,2,\cdots,r,\\ \hat{\beta}_{j(i)}=\bar{y}_{ij.}-\bar{y}_{i..},\quad j=1,2,\cdots,h_i,\ i=1,2,\cdots,r.\end{cases}\qquad(7.8.3)$$

另外参数 σ^2 的估计和有关参数的区间估计将在下面给出.

7.8.3　二级嵌套试验下的方差分析

为了简单起见，我们这里考查平衡二级嵌套试验下的统计分析过程，即对于不同的 i,j，令 $b_1=b_2=\cdots=b_r\triangleq b$，$m_{ij}$ 都相等记为 m. 其余记法沿用二因子方差分析计算表中记法，有如下平方和分解式，首先总偏差 $y_{ijk}-\bar{y}$ 可作如下分解：

$$\underbrace{y_{ijk}-\bar{y}}_{\text{总偏差}}=\underbrace{(y_{ijk}-\bar{y}_{ij.})}_{\text{误差}}+\underbrace{(\bar{y}_{ij.}-\bar{y}_{i..})}_{\substack{A_i\text{下因子}B\text{的}\\\text{第}j\text{个效应}}}+\underbrace{(\bar{y}_{i..}-\bar{y})}_{\substack{\text{因子}A\text{的第}i\text{个}\\\text{水平的效应}}},\quad(7.8.4)$$

其中 $\bar{y}=\dfrac{1}{rbm}\sum_{i,j,k}y_{ijk}$. 对上式两边同时平方，然后关于下标 i,j,k 求和，注意到右边求和式中交叉乘积项求和皆为 0，最后得到

$$\begin{aligned}SS_T&=\sum_{i=1}^{r}\sum_{j=1}^{b}\sum_{k=1}^{m}(y_{ijk}-\bar{y})^2\\&=\sum_{i=1}^{r}\sum_{j=1}^{b}\sum_{k=1}^{m}[(y_{ijk}-\bar{y}_{ij.})+(\bar{y}_{ij.}-\bar{y}_{i..})+(\bar{y}_{i..}-\bar{y})]^2\\&=bm\sum_{i=1}^{r}(\bar{y}_{i..}-\bar{y})^2+m\sum_{i=1}^{r}\sum_{j=1}^{b}(\bar{y}_{ij.}-\bar{y}_{i..})^2+\sum_{i=1}^{r}\sum_{j=1}^{b}\sum_{k=1}^{m}(y_{ijk}-\bar{y}_{ij.})^2\\&=SS_A+SS_{B(A)}+SS_e.\end{aligned}\qquad(7.8.5)$$

注意各个平方和的自由度：总平方和 SS_T，因子 A 的平方和 SS_A 以及在因子 A 的水平下因子 B 的平方和 $SS_{B(A)}$，按照自由度的定义即独立加项平方和的加项项数，应该分别为

$$f_T=rbm-1,\ f_A=r-1,\ f_{B(A)}=r(b-1),\ f_e=rb(m-1),$$

因为有自由度分解式

$$\begin{aligned}f_T=rbm-1&=(r-1)+r(b-1)+rb(m-1)\\&=f_A+f_{B(A)}+f_e.\end{aligned}\qquad(7.8.6)$$

以下证明：偏差平方和分解式(7.8.5) 中右端各个平方和除以模型假定(7.8.1) 中齐性方差 σ^2 后，可以得到相互独立的以各自的自由度为参数的 χ^2

分布. 再由数据结构式(7.8.1)在平衡模型结构下, 利用效应约束关系

$$\sum_{i=1}^{r}\alpha_i = 0, \quad \sum_{j=1}^{b}\beta_{j(i)} = 0, \ i=1,2,\cdots,r,$$

有

$$\bar{y}_{ij\cdot} = \mu + \alpha_i + \beta_{j(i)} + \frac{1}{m}\sum_{k=1}^{m}\varepsilon_{ijk},$$

$$\bar{y}_{i\cdot\cdot} = \mu + \alpha_i + \frac{1}{bm}\sum_{j=1}^{b}\sum_{k=1}^{m}\varepsilon_{ijk},$$

$$\bar{y} = \mu + \frac{1}{rbm}\sum_{i}\sum_{j}\sum_{k}\varepsilon_{ijk}.$$

所以将这些数据结构表达式代入平方和分解式, 有

$$SS_e = \sum_{i=1}^{r}\sum_{j=1}^{b}\sum_{k=1}^{m}(y_{ijk} - \bar{y}_{ij\cdot})^2 = \sum_{i=1}^{r}\sum_{j=1}^{b}\sum_{k=1}^{m}(\varepsilon_{ijk} - \bar{\varepsilon}_{ij\cdot})^2,$$

$$SS_A = bm\sum_{i=1}^{r}(\bar{y}_{i\cdot\cdot} - \bar{y})^2 = bm\sum_{i=1}^{r}(\alpha_i + \bar{\varepsilon}_{i\cdot\cdot} - \bar{\varepsilon})^2$$

$$= bm\left[\sum_{i=1}^{r}\alpha_i^2 + \sum_{i=1}^{r}(\bar{\varepsilon}_{i\cdot\cdot} - \bar{\varepsilon})^2\right],$$

$$SS_{B(A)} = m\sum_{i=1}^{r}\sum_{j=1}^{b}(\bar{y}_{ij\cdot} - \bar{y}_{i\cdot\cdot})^2 = m\sum_{i=1}^{r}\sum_{j=1}^{b}(\beta_{j(i)} + \bar{\varepsilon}_{ij\cdot} - \bar{\varepsilon}_{i\cdot\cdot})^2$$

$$= m\sum_{i=1}^{r}\sum_{j=1}^{b}\beta_{j(i)}^2 + m\sum_{i=1}^{r}\sum_{j=1}^{b}(\bar{\varepsilon}_{ij\cdot} - \bar{\varepsilon}_{i\cdot\cdot})^2.$$

又因为 ε_{ijk} 是相互独立同分布的随机变量, $\varepsilon_{ijk} \sim N(0,\sigma^2)$, 所以, 根据定理 7.1.1 (1) 有 $\bar{\varepsilon}_{ij\cdot} \sim N\left(0, \dfrac{\sigma^2}{m}\right)$. 同理,

$$\bar{\varepsilon}_{i\cdot\cdot} \sim N\left(0, \frac{\sigma^2}{bm}\right), \quad \bar{\varepsilon} \sim N\left(0, \frac{\sigma^2}{rbm}\right),$$

并且由嵌套试验设计过程知, 它们相互独立. 再利用定理 7.1.1 (2) 有

$$\frac{1}{\sigma^2}\sum_{i=1}^{r}\sum_{j=1}^{b}\sum_{k=1}^{m}(\varepsilon_{ijk} - \bar{\varepsilon}_{ij\cdot})^2 \sim \chi^2(rb(m-1)),$$

$$\frac{bm}{\sigma^2}\sum_{i=1}^{r}(\bar{\varepsilon}_{i\cdot\cdot} - \bar{\varepsilon})^2 \sim \chi^2(r-1),$$

$$\frac{m}{\sigma^2}\sum_{i=1}^{r}\sum_{j=1}^{b}(\bar{\varepsilon}_{ij\cdot} - \bar{\varepsilon}_{i\cdot\cdot})^2 \sim \chi^2(r(b-1)),$$

所以有

$$E(\mathrm{MS}_e) = E\left(\frac{\mathrm{SS}_e}{rb(m-1)}\right) = \sigma^2,$$

$$E(\mathrm{MS}_A) = E\left(\frac{\mathrm{SS}_A}{f_A}\right) = \frac{bm\sum_{i=1}^{r}\alpha_i^2}{r-1} + \sigma^2,$$

$$E(\mathrm{MS}_{B(A)}) = E\left(\frac{\mathrm{SS}_{B(A)}}{f_{B(A)}}\right) = \frac{m\sum_{i=1}^{r}\sum_{j=1}^{b}\beta_{j(i)}^2}{r(b-1)} + \sigma^2. \tag{7.8.7}$$

当给定假设 $H_{01}: \alpha_i = 0$, $H_{02}: \beta_{j(i)} = 0$ 时,要检验 H_{01} 是否成立,可以构造商值

$$F_A = \frac{\mathrm{MS}_A}{\mathrm{MS}_e}.$$

在原假设成立时,$\mathrm{MS}_A, \mathrm{MS}_e$ 都是 σ^2 的无偏估计,因此其商 F_A 不应该有太大值,因此拒绝域应该具有形式

$$W = \left\{ F_A = \frac{\mathrm{MS}_A}{\mathrm{MS}_e} > c \right\},$$

根据 F 分布的定义知道,这里 $c = F_{1-\alpha}(r-1, rb(m-1))$,类似可以构造检验 H_{02} 的 $F_{B(A)}$ 统计量. 详见嵌套试验下的如表 7-45 所示的方差分析表.

表 7-45 嵌套试验的方差分析表

方差来源	平方和	自由度	均方	F 比
因子 A	$\mathrm{SS}_A = bm\sum_{i=1}^{r}(\overline{y}_{i\cdots} - \overline{y})^2$	$f_A = r-1$	$\mathrm{MS}_A = \dfrac{\mathrm{SS}_A}{f_A}$	$F_A = \dfrac{\mathrm{MS}_A}{\mathrm{MS}_e}$
嵌套因子 B	$\mathrm{SS}_{B(A)} = $ $m\sum_{i=1}^{r}\sum_{j=1}^{b}(\overline{y}_{ij\cdot} - \overline{y}_{i\cdots})^2$	$f_{B(A)} = r(b-1)$	$\mathrm{MS}_{B(A)} = \dfrac{\mathrm{SS}_{B(A)}}{f_{B(A)}}$	$F_{B(A)} = \dfrac{\mathrm{MS}_{B(A)}}{\mathrm{MS}_e}$
误差 E	$\mathrm{SS}_e = \mathrm{SS}_T - \mathrm{SS}_A - \mathrm{SS}_{B(A)}$	$f_e = rb(m-1)$	$\mathrm{MS}_e = \dfrac{\mathrm{SS}_e}{f_e}$	
总和	$\mathrm{SS}_T = \sum_{i=1}^{r}\sum_{j=1}^{b}\sum_{k=1}^{m}(y_{ijk} - \overline{y})^2$	$f_T = rbm-1$		

以上可以看到,总体方差 σ^2 的一个无偏估计为

$$\hat{\sigma}^2 = \frac{\mathrm{SS}_e}{rb(m-1)}. \tag{7.8.8}$$

在实际计算过程中,方差分析所需要的各种平方和的简便计算有如下公式:

$$
\left.
\begin{aligned}
SS_A &= \sum_{i=1}^{r} \frac{y_{i\cdot\cdot}^2}{bm} - \frac{y^2}{rbm}, \\
SS_{B(A)} &= \sum_{i=1}^{r} \sum_{j=1}^{b} \frac{y_{ij\cdot}^2}{m} - \sum_{i=1}^{r} \frac{y_{i\cdot\cdot}^2}{bm}, \\
SS_e &= \sum_{i=1}^{r} \sum_{j=1}^{b} \sum_{k=1}^{m} y_{ijk}^2 - \sum_{i=1}^{r} \sum_{j=1}^{b} \frac{y_{ij\cdot}^2}{m}, \\
SS_T &= \sum_{i=1}^{r} \sum_{j=1}^{b} \sum_{k=1}^{m} y_{ijk}^2 - \frac{y^2}{rbm}.
\end{aligned}
\right\}
\qquad (7.8.9)
$$

下面来完成例 7.8.1 的嵌套试验的方差分析过程.

例 7.8.2 在例 7.8.1 中所述的数据下, 公司知道原料纯度变化对于成品质量至关重要, 所以想弄清楚纯度的变异性是否归因于供货商之间的差异 ($\alpha = 0.05$).

解 按照以下步骤完成统计分析(数据为表 7-44 中调整后的数值).

(1) 计算各平方和. 利用简便计算式(7.8.9), 现在 $r=3$, $b=4$, $m=3$, 由此可以得到平方和

$$
SS_A = \sum_{i=1}^{3} \frac{y_{i\cdot\cdot}^2}{4 \times 3} - \frac{y^2}{3 \times 4 \times 3} = 153.00 - \frac{13^2}{36} = 148.31,
$$

$$
SS_{B(A)} = \sum_{i=1}^{3} \sum_{j=1}^{4} \frac{y_{ij\cdot}^2}{3} - \sum_{i=1}^{3} \frac{y_{i\cdot\cdot}^2}{4 \times 3} = 89.67 - 19.75 = 69.92,
$$

$$
SS_e = \sum_{i=1}^{3} \sum_{j=1}^{4} \sum_{k=1}^{3} y_{ijk}^2 - \sum_{i=1}^{3} \sum_{j=1}^{4} \frac{y_{ij\cdot}^2}{3} = 153.00 - 89.67 = 63.33,
$$

$$
SS_T = \sum_{i=1}^{3} \sum_{j=1}^{4} \sum_{k=1}^{3} y_{ijk}^2 - \frac{y^2}{3 \times 4 \times 3} = 153.00 - \frac{13^2}{36} = 148.31.
$$

(2) 构建方差分析表. 显然, 这里一级因子供货商是固定的、二级因子批次是指定抽取的. 因此, 利用(7.8.7)中期望均方特性, 按照表 7-45 中所述检验统计量建立方差分析表, 如表 7-46 所示.

表 7-46　　　　　　　　　　例 7.8.2 方差分析表

变差来源	平方和	自由度	均方	F 比
货主	15.06	2	7.53	$F_A = 2.85$
批(货主内)	69.92	9	7.77	$F_{B(A)} = 2.94$
误差	63.33	24	2.64	
总和	148.31	35		

我们看到在显著性水平 $\alpha = 0.05$ 下,

$$F_{0.95}(2,24) = 3.40 > F_A, \quad F_{0.95}(9,24) = 2.30 < F_{B(A)}.$$

所以,货主效应没有显著性差异,即供应商对于纯度没有显著性差异;而批次效应存在显著性差异. 若取 $\alpha = 0.10$,由于

$$F_{0.90}(2,24) = 2.54 < F_A = 2.85,$$

货主效应在 $\alpha = 0.10$ 下也是显著的. 由此可知,纯度的差异主要来自批次间(这可能是生产不稳定引起的),其次是来自供应商间. 从表 7-44 可以看出,供应商 3 的纯度最高,平均可达 $93 + \dfrac{14}{12} = 94.17$,供应商 1 的纯度最低,平均

只有 $93 - \dfrac{5}{12} = 92.58$.

习 题 7.8

1. 在药物工程的研究中,为了通过试验来测定降低血压用的心血管药物中一种加膜药片成分的一致性,从来自两个调制地点中的每一个,获取三批产品作为样本,再从每一批药品中随机抽取 5 片药片做样本进行化验以测定成分(%)的一致性,获得数据如下:

药品批次	调制点 1			调制点 2		
	1	2	3	1	2	3
批内药品成分 测定数据(%)	5.03	4.64	5.10	5.05	5.45	4.90
	5.10	4.73	5.15	4.96	5.15	4.95
	5.25	4.82	5.20	5.12	5.18	4.86
	4.98	4.95	5.08	5.12	5.18	4.86
	5.05	5.06	5.14	5.05	5.11	5.07

(1) 在显著性水平 95% 下进行方差分析;

(2) 对产品批次做出结论.

2. 一位工程师研究印刷线路板上手工嵌入电子元件,以求改进装配速度. 他设计了看来有前景的 3 种装配夹和 2 种工作场所,然后需要有操作工来装配,决定对每一个"夹具 - 布局"组合选择 4 位操作工,但是因为工作场所位于车间内不同位置,难以对每一种布局选择同样的 4 位工人,也就是说两种布局选择的 4 位工人是不同的 4 个人. 此设计的处理组合以随机顺序进行两次重复试验,测得装配时间(单位:秒)数据如下:

操作工人	布局1				布局2				$y_{i\dots}$
	1	2	3	4	1	2	3	4	
夹具1	22	23	28	25	26	27	28	24	404
	24	24	29	23	28	25	25	23	
夹具2	30	29	30	27	29	30	24	28	447
	27	28	32	25	28	27	23	30	
夹具3	25	24	27	26	27	26	24	28	401
	21	22	25	23	25	24	27	27	
操作工总和 $y_{\cdot jk\cdot}$	149	150	171	149	163	159	151	160	$y_{\dots\dots}=1\,252$
布局总和 $y_{\cdot j\cdot\cdot}$			619				633		

因为操作工是被嵌套在布局的水平中，而夹具与布局是有交互作用的，所以此试验既有嵌套因子，又有交叉因子；其中布局与夹具是固定因子，操作工是随机因子；因为操作工嵌套于布局中，所以不存在"布局×操作工"交互作用，也不存在"布局×夹具×操作工"的三因子交互作用；综合以上信息假设该嵌套设计的数据结构为

$$y_{ijkl} = \mu + \alpha_i + \beta_j + \gamma_{k(j)} + (\alpha\beta)_{ij} + (\alpha\gamma)_{ik(j)} + \varepsilon_{(ijk)l},$$
$$i=1,2,3,\ j=1,2,\ k=1,2,3,4,\ l=1,2,$$

其中 $\alpha_i, \beta_j, \gamma_{k(j)}, (\alpha\beta)_{ij}, (\alpha\gamma)_{ik(j)}, \varepsilon_{(ijk)l}$ 分别表示第 i 种夹具的效应、第 j 种布局效应、第 j 种布局水平内第 k 个操作工的效应、第 i 种夹具与第 j 种布局之间的交互效应、第 j 种布局水平内的第 i 种夹具与第 k 个操作工的交互效应以及通常的随机误差项，试就所给数据与模型对各种效应的显著性进行分析，并给出试验分析结果.

习题答案

习题 1.1

1. (1) 记正面为1, 反面为0, $\Omega = \{(0,0,0),(0,0,1),(0,1,0),(1,0,0),(0,1,1),$
$(1,0,1),(1,1,0),(1,1,1)\}$.

(2) $\Omega = \{(1),(0,1),(0,0,1),(0,0,0,1),\cdots\}$.

(3) $\Omega = \{x: x \geqslant 0\}$.

(4) $\Omega = \{0,1,2,\cdots\}$.

2. $A = \{(0,0,1),(0,1,0),(1,0,0),(0,1,1),(1,0,1),(1,1,0),(1,1,1)\}$,

$B = \{(0,0,0),(0,0,1),(0,1,0),(1,0,0)\}$,

$C = \{(0,0,1),(0,1,0),(1,0,0)\}$,

$D = \{(0,0,0),(1,1,1)\}$.

3. $A \bigcup B = A$, $AB = B$, $A-B = \{5\,000 \leqslant T < 20\,000\}$, $B-A = \emptyset$.

4. $\overline{A} =$ "至少出现一个反面", $\overline{B} =$ "至少有一次没命中", $\overline{C} =$ "全为不合格品".

5. c,d.

6.

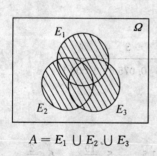

$A = E_1 \bigcup E_2 \bigcup E_3$

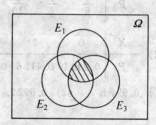

$B = E_1 E_2 E_3$

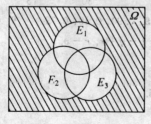

$C = \overline{A}$

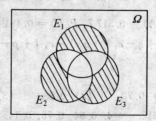

$D = E_1 \overline{E_2} \overline{E_3} \bigcup \overline{E_1} E_2 \overline{E_3} \bigcup \overline{E_1} \overline{E_2} E_3$

习题 1.2

1. $\dfrac{3}{4}$.

2. (1) $\dfrac{1}{6}$.　(2) $\dfrac{5}{18}$.　(3) $\dfrac{1}{6}$.

3. (1) 0.002 6.　(2) 0.010 6.　(3) 0.105 5.　(4) 0.110 4.

4. (1) $P(m=0)=\dfrac{5}{12}$; $P(m=1)=\dfrac{1}{2}$; $P(m=2)=\dfrac{1}{12}$.

   (2) $P(m=0)=0.470\ 5$, $P(m=1)=0.403\ 3$, $P(m=2)=0.115\ 2$,
   $P(m=3)=0.011\ 0$.

5. $P(A)=0.011\ 9$, $P(B)=0.238\ 1\times 10^{-5}$, $P(C)=0.012\ 0$.

6. $P(A)=0.07$, $P(B)=0.30$, $P(C)=0.57$.

7. $\dfrac{8}{15}$.　8. $\dfrac{1}{12}, \dfrac{1}{20}$.

9.

$X=i$	0	1	2
$P(X=i)$	$\dfrac{224}{324}$	$\dfrac{96}{323}$	$\dfrac{3}{323}$

10. $P(A)=\dfrac{n^r-\dbinom{n}{r}r!}{n^r}$.　11. 0.89.

14. (1)

X	0	1	2	3
P	$\dfrac{1}{6}$	$\dfrac{1}{2}$	$\dfrac{3}{10}$	$\dfrac{1}{30}$

(2)

X	0	1	2	3	4
P	0.240 1	0.411 6	0.264 6	0.075 6	0.008 1

15. (1) 0.994 1.　(2) 0.992 7.

习题 1.3

1. $\dfrac{15}{16}$.　2. $\dfrac{1}{17}$.　3. 0.3.　4. 0.141 5.　5. $\dfrac{19}{30}$.　6. $\dfrac{2}{3}$.

7. $P(A)=0.517\ 7$, $P(B)=0.491\ 4$.　8. 0.90, 0.10, 0.73.　9. 0.6.

10. $p+q-r$, $r-q$, $1-r$, $1+p-r$, $1-p-q+r$, $r-p$.

习题 1.4

1. (1) 0.72.　(2) 0.98.　(3) 0.26.

2. 0.612.　4. 0.94, 0.76, 0.14.

5. (1) 0.375.　(2) 0.085.

6. 0.577 2.　7. 0.75.

8. (1) 0.332 4.　(2) 59.

9. 0.986 0.   **10.** 0.043 9; 0.656 3.   **11.** 0.371 6.

12. $P(X=x) = \binom{5}{x}\left(\frac{1}{6}\right)^x\left(\frac{5}{6}\right)^{5-x}$, $x=0,1,\cdots,5$; $P(X\leqslant 2) = 0.964\ 6$.

13. $P(X=x) = \binom{10}{x} 0.2^x \cdot 0.8^{10-x}$, $x=0,1,\cdots,10$; $P(X\geqslant 6) = 0.006\ 4$.

14. 0.000 127 9.

习题 1.5

1. (1) $\frac{5}{13}$.   (2) $\frac{1}{3}$.   (3) $\frac{10}{19}$.   (4) $\frac{8}{17}$.

2. (1) $\frac{1}{4}$.   (2) $\frac{5}{12}$.   (3) $\frac{1}{10}$.   (4) $\frac{26}{65}$.

3. (1) 0.327 6.   (2) 0.678 6.

4. $\frac{1}{3}$ 和 $\frac{1}{15}$.   **5.** 0.5.   **6.** 0.145 8.   **7.** 0.021 2.

8. (1) 0.758 0.   (2) 0.907 7.

9. (1) 0.068.   (2) 0.352 9.

10. 0.954 2.   **11.** 0.362 3, 0.405 8, 0.231 9.

习题 2.1

1. (1),(2),(4),(6) 是离散的, 其他是连续的.

2.

X	1	2	3	4	5	6
P	$\frac{11}{36}$	$\frac{9}{36}$	$\frac{7}{36}$	$\frac{5}{36}$	$\frac{3}{36}$	$\frac{1}{36}$

, $P(X\geqslant 4) = \frac{1}{4}$.

3. $P(Y=y) = \frac{1}{4}\left(\frac{3}{4}\right)^{y-1}$, $y=1,2,\cdots$; $P(Y\leqslant 3) = 0.578\ 1$.

4. (1) 0.15.   (2) 0.29.   (3) 0.71, 0.43.   (4) 0.78, 0.43.

5. 0.45.   **6.** $c = \frac{16}{31}$.

7.

X	0	1	2	3	4
P	$\frac{1}{16}$	$\frac{4}{16}$	$\frac{6}{16}$	$\frac{4}{16}$	$\frac{1}{16}$

8. $Y \sim b\left(4, \frac{1}{6}\right)$.

9. (1) 0.450 3.   (2) 0.773 5.   (3) 0.986 2.

10. (1) $p(x) = \begin{cases} 0.08, & 7.5 < x < 20, \\ 0, & \text{其他}. \end{cases}$ (2) 0.36.   (3) 0.4.

11. (1) 0.843 8.   (2) 0.687 5.

(3) $F(x) = \begin{cases} 0, & x \leqslant -1, \\ 0.5 + 0.75\left(x - \dfrac{x^3}{3}\right), & -1 < x < 1, \\ 1, & 1 \leqslant x. \end{cases}$

12. (1) 0.548 8.　　(2) 0.632 1.

13. 0.180.　**14.** 0.000 2, 0.904 8.　**15.** 0.371 2.

17. (1) 0.607.　　(2) 0.090.

18. $p(x) = 90x(1-x)^8, 0 < x < 1; P(X < 0.1) = 0.263\ 9.$

习题 2.2

1. 8.　　**2.** 18.

3. (1) $F(x) = \begin{cases} 0, & x \leqslant 100, \\ 1 - \dfrac{100}{x}, & x > 100. \end{cases}$　(2) $\dfrac{1}{2}$.　(3) $\dfrac{1}{3}$.

4. $p(x) = \begin{cases} x\mathrm{e}^{-x}, & x \geqslant 0, \\ 0, & x < 0, \end{cases}$ 0.264 2, 0.406 0.

5. (1) $F(x) = 1 - \dfrac{1\ 000}{x}, x > 1\ 000.$　(2) $\dfrac{16}{81}$.　(3) $\dfrac{3}{4}$.

6. (1) 0.990 9.　(2) 0.126 7.　(3) 0.999 6.　(4) 1.

7. (1) 0.308 5.　(2) 0.383 0.　(3) 0.375 3.　(4) 0.133 6.

8. (1) 0.977 2.　(2) 0.998 7.　(3) 0.818 5.　(4) 0.045 6.

　　(5) 0.498 7.

9. (1) 0.818 5.　(2) 0.006 2.　(3) 0.066 8.

10. 0.181 5.　**11.** 0.927 0.　**12.** $N(48, 15^2)$.

13. $F(y) = \mathrm{e}^{-\frac{\lambda}{y}}, y > 0; p(y) = \lambda y^{-2}\mathrm{e}^{-\frac{\lambda}{y}}, y > 0.$

14. $F(y) = 1 - \mathrm{e}^{-\lambda y^2}, y > 0; p(y) = 2\lambda y\mathrm{e}^{-\lambda y^2}, y > 0.$

15. $Y \sim U(0,1).$　**16.** $R \sim U(0,1).$

17. $p(y) = \dfrac{1}{\sqrt{2\pi}\sigma}y^{-\frac{1}{2}}\mathrm{e}^{-\frac{y}{2\sigma^2}}, y > 0.$　**18.** $T \sim \mathrm{Exp}(\lambda).$

习题 2.3

1. 20.

2. $a = b = 6.$ 此 $p(x)$ 为 $\mathrm{Be}(2,2)$ 的密度函数.

3. (1) $E(X) = 31$ (秒).　　(2) $E(Y) = 7\ 150$ (元).

4. 平均发行量 $E(X) = 8\ 800$ 册, 按7%的版税制, 作者得 $30 \times 7\% \times 8\ 800 = 1\ 848$ 元.

5. $\dfrac{4}{3}$.

6. (1) $E(X) = 3$ (次).　(2) $E(Y) = 330$ (元).　(3) $E(Z) = 300$ (元).

7. 49.985.　**8.** 0.　**9.** $\dfrac{3}{2}a$.　**10.** $\sqrt{\dfrac{\pi}{2}}$.　**11.** 12.567 1.　**12.** 166.20.

13. (1) $Q(X,a) = \begin{cases} 15a, & a \leqslant X, \\ 15X - 35(a-X), & a > X. \end{cases}$

　　(2) $E(Q) = -25a^2 + 650a - 2\ 500.$

　　(3) $a = 13$ 吨.

14. $E(Q) = -17.5a^2 + 18a + 10$, $a = 0.514$.

15. 5.209 2 万元.

习题 2.4

1. 1.8, 1.34.　　**2.** $\frac{1}{2}(1+n)$, $\frac{1}{12}(n^2-1)$; 3.5, 2.916 7.

3. (1) 338, 13.　　(2) 120, 10.　　(3) 24, 4.8.

4. $\frac{1}{p}$, $\frac{1-p}{p^2}$.　　**5.** 25, 36, $N(25,6^2)$.　　**7.** 11.　　**8.** μ, $2\sigma^2$.

9. 2, $\frac{1}{2}$.　　**10.** 8, 16.　　**11.** 10, 22.　　**12.** $\frac{3}{4}$, $\frac{1}{48}$.

13. $E(X) = \exp\left\{\mu + \frac{\sigma^2}{2}\right\}$, $(EX)^2(\exp\{\sigma^2\}-1)$.

15. $\frac{8}{9}$.　　**16.** $n \geqslant 15\,625$.　　**17.** $\geqslant \frac{8}{9}$.　　**18.** $\geqslant 0.976\,0$.

习题 2.5

1. (1) $E(X^k) = 2^{\frac{k}{2}}\Gamma\left(1+\frac{k}{2}\right)$.

(2) $\nu_1 = 0$, $\nu_2 = 0.429\,2$, $\nu_3 = 0.177\,4$, $\nu_4 = 0.598\,1$.

(3) $\beta_s = 0.630\,9$, $\beta_k = 0.246\,8$.

2. $\mu_1 = 3\sigma^2\mu + \mu^3$, $\mu_4 = 3\sigma^4 + 6\sigma^2\mu^2 + \mu^4$.

3. (1) $C_v = 1$.

(2) $\mu_3 = \frac{6}{\lambda^3}$, $\nu_3 = \frac{2}{\lambda^3}$, $\beta_s = 2$.

(3) $\mu_4 = \frac{24}{\lambda^4}$, $\nu_4 = \frac{9}{\lambda^4}$, $\beta_k = 6$.

4. $\beta_s = 0$, $\beta_k = -1.5$.

5. (1) $\mu_3 = \frac{1}{4}(a^3 + a^2b + ab^2 + b^3)$, $\nu_3 = 0$, $\beta_s = 0$.

(2) $\mu_4 = \frac{1}{5}(a^4 + a^3b + a^2b^2 + ab^3 + b^4)$, $\nu_4 = \frac{1}{80}(b-a)^4$, $\beta_k = -1.2$.

6. (1) $x_p = \eta(-\ln(1-p))^{\frac{1}{m}}$.

(2) $x_{0.1} = 223.08$, $x_{0.5} = 783.22$, $x_{0.8} = 1\,373.36$.

(3) $m = 2.138\,9$, $\eta = 4\,840$.

7. $x_{0.2} = 7.474$, $x_{0.8} = 12.526$.

8. (1) $x_{0.1} = 1\,662$ (小时).　　(3) $\mu = 9.799$, $\sigma = 1.527$.

9. (1) $F(x) = 1 - e^{-\frac{x}{2}}$, $x > 0$; $x_{0.1} = 0.211$, $x_{0.5} = 1.386$, $x_{0.8} = 3.219$.

10. (1) $x_{0.2} = 4.594$, $x_{0.7} = 7.344$, $x_{0.9} = 13.362$.

(2) $x'_{0.5} = 15.507$, $x'_{0.1} = 13.362$.

11. $\frac{a-1}{a+b-2}$.　　**12.** 4 099 kg.　　**13.** $c = 2.530\,8$.

14. 55.45分，239.66分.　　**15.** 446.42，403.4，845.8.

习题 3.1

1. 0.322.

2. (1) 0.1; 0.3; 0.45; 0; 0.8; 0.85; 0.3, 0.7.

(2)

X	1	2	3
P	0.3	0.5	0.2

,

Y	0	1	2	3
P	0.35	0.3	0.2	0.15

.

(3)

$X+Y$	1	2	3	4	5	6
P	0.15	0.15	0.4	0.15	0.1	0.05

.

3. $P(X=x, Y=y) = \dfrac{\binom{2}{x}\binom{3}{y}\binom{4}{3-x-y}}{\binom{9}{3}}$, $x=0,1,2$, $y=0,1,2,3$, $x+y \leqslant 3$.

X \ Y	0	1	2	3	$P(X=x)$
0	$\dfrac{4}{84}$	$\dfrac{18}{84}$	$\dfrac{12}{84}$	$\dfrac{1}{84}$	$\dfrac{35}{84}$
1	$\dfrac{12}{84}$	$\dfrac{24}{84}$	$\dfrac{6}{84}$	0	$\dfrac{42}{84}$
2	$\dfrac{4}{84}$	$\dfrac{3}{84}$	0	0	$\dfrac{7}{84}$
$P(Y=y)$	$\dfrac{20}{84}$	$\dfrac{45}{84}$	$\dfrac{18}{84}$	$\dfrac{1}{84}$	1

4. (1) $P(X=x, Y=y) = p^2(1-p)^{y-2}$, $x=1,2,\cdots,y-1$, $y=x+1,x+2,\cdots$.

(2) $P(X=x) = p(1-p)^{x-1}$, $x=1,2,\cdots$;

$P(Y=y) = (y-1)p^2(1-p)^{y-2}$, $y=2,3,\cdots$.

5. (1) $F(x,y) = \begin{cases} 0, & x \leqslant 0,\ y \leqslant 0, \\ x^2 y^2, & 0 < x,y \leqslant 1, \\ 1, & x>1,\ y>1. \end{cases}$

(2) $F_X(x) = \begin{cases} 0, & x \leqslant 0, \\ x^2, & 0 < x \leqslant 1, \\ 1, & x>1; \end{cases}$　Y 与 X 同分布，X 与 Y 独立.

(3) $\dfrac{15}{64}$.　　(4) $0, \dfrac{1}{2}$.

6. (1) $\dfrac{9}{16}$.

(2) $F(x,y) = \begin{cases} \dfrac{1}{8}\left(2-\dfrac{1}{x}\right)\left(4-\dfrac{1}{y^2}\right), & x>\dfrac{1}{2},\ y>\dfrac{1}{2}, \\ 0, & \text{其他,} \end{cases}$

$$F_X(x) = \begin{cases} 1 - \dfrac{1}{2x}, & x > \dfrac{1}{2}, \\ 0, & x \leqslant \dfrac{1}{2}, \end{cases} \qquad F_Y(y) = \begin{cases} 1 - \dfrac{1}{4y^2}, & y > \dfrac{1}{2}, \\ 0, & y \leqslant \dfrac{1}{2}, \end{cases} \quad X \text{ 与 } Y \text{ 独立.}$$

(3) $\dfrac{1}{3}$.　　(4) 0.707.

7. 0.96.　　**8.** 0.090 7.

9. (1) $N\left(20, 10, 5^2, 2^2, \dfrac{4}{5}\right)$.　　(2) $N\left(0, 0, 1, \dfrac{1}{2}, \dfrac{\sqrt{2}}{2}\right)$.

(3) $N\left(0, 5, 1^2, 1^2, \dfrac{1}{2}\right)$.　　(4) $N(0, 0, 1, 1, 0)$.

10. (1) 0.043 1.　　(2) $\dfrac{3}{5}$.　　(3) 独立.

11. $F_U(u) = \begin{cases} \dfrac{u^3}{(1+u)^3}, & u > 0, \\ 0, & u \leqslant 0. \end{cases}$　　**12.** $a = \dfrac{1}{18}, \ b = \dfrac{2}{9}, \ c = \dfrac{1}{6}$.

13. (1),(2),(4) 中 X 与 Y 独立, (3),(5) 中 X 与 Y 不独立.

14.

Y＼X	0	1	2
0	$\dfrac{1}{6}$	$\dfrac{1}{8}$	$\dfrac{1}{24}$
1	$\dfrac{1}{3}$	$\dfrac{1}{4}$	$\dfrac{1}{12}$

$X+Y$	0	1	2	3	4
P	$\dfrac{1}{6}$	$\dfrac{11}{24}$	$\dfrac{1}{4}$	$\dfrac{1}{24}$	$\dfrac{1}{12}$

15. (1) $P(|X-Y| < z) = \begin{cases} 0, & z \leqslant 0, \\ 1 - (1-z)^2, & 0 < z < 1, \\ 1, & z \geqslant 1. \end{cases}$

(2) $P(XY < z) = \begin{cases} 0, & z \leqslant 0, \\ z(1 - \ln z), & 0 < z < 1, \\ 1 & z \geqslant 1. \end{cases}$

(3) $P\left(\dfrac{1}{2}(X+Y) < z\right) = \begin{cases} 0, & z \leqslant 0, \\ 2z^2, & 0 < z \leqslant \dfrac{1}{2}, \\ 1 - 2(1-z)^3, & \dfrac{1}{2} < z < 1, \\ 1, & z \geqslant 1. \end{cases}$

16. 0.058 14.

17. (1) $\mu_D \approx 6, \ \sigma_D \approx 0.15$.　　(2) 0.251 4.

18. $\mu_P \approx 32\,000, \ \sigma_P = 861.63$.　　**19.** $\mu_V \approx 24, \ \sigma_V = 3.12$.

习题 3.2

1. (1)

U \ V	1	2	3	$P(U=u)$
1	0.1	0	0	0.1
2	0.2	0.2	0	0.4
3	0.1	0.3	0.1	0.5
$P(V=v)$	0.4	0.5	0.1	1.0

(2) $E(U)=2.4$, $\text{Var}(U)=0.44$; $E(V)=1.7$, $\text{Var}(V)=0.41$.

(3)

$U+V$	2	3	4	5	6
P	0.1	0.2	0.3	0.3	0.1

$E(U)=4.1$, $\text{Var}(V)=1.29$.

2. (1) $p_U(u)=\lambda_1 e^{-\lambda_1 u}+\lambda_2 e^{-\lambda_2 u}-(\lambda_1+\lambda_2)e^{-(\lambda_1+\lambda_2)u}$, $u>0$;

$E(U)=\dfrac{1}{\lambda_1}+\dfrac{1}{\lambda_2}-\dfrac{1}{\lambda_1+\lambda_2}$.

(2) $p_V(v)=(\lambda_1+\lambda_2)e^{-(\lambda_1+\lambda_2)v}$, $v>0$; $E(V)=\dfrac{1}{\lambda_1+\lambda_2}$.

3. (1) $p_U(u)=36u^3-60u^4+24u^5$, $0<u<1$; $E(U)=0.6286$.

(2) $p_V(v)=-24v^5+60v^4-36v^3-12v^2+12v$; $E(V)=0.3714$.

4. (1) $X+Y\sim N(13,2)$, 0.8426.

(2) $\dfrac{1}{2}(X+Y)\sim N\left(6.5,\dfrac{1}{2}\right)$, 0.5202.

5. $k_1X_1+k_2X_2\sim N(k_1\mu_1+k_2\mu_2,k_1^2\sigma_1^2+k_2^2\sigma_2^2)$.

6. $p_Z(z)=\begin{cases} z, & 0<z<1, \\ 2-z, & 1\leqslant z<2, \\ 0, & \text{其他.} \end{cases}$

7. $p_Z(z)=\dfrac{\lambda_1\lambda_2}{\lambda_1-\lambda_2}(e^{-\lambda_2 z}-e^{-\lambda_1 z})$, $z>0$.

8. $p_U(u)=\dfrac{nu^{n-1}}{\theta^n}$, $0<u<1$, $E(U)=\dfrac{n\theta}{n+1}$;

$p_V(v)=\dfrac{n}{\theta}\left(1-\dfrac{v}{\theta}\right)^{n-1}$, $0<v<1$, $E(V)=\dfrac{\theta}{n+1}$.

9. (1) 11, 228. (2) 20, 389.

10. $E(X)=0.1$, $E(Y)=2.65$, $E(XY)=0$.

11. (1) 独立. (2) 2, $\dfrac{8}{9}$, $\dfrac{5}{18}$.

12. (1) 独立. (2) 1, 17, 2.

13. (1) 不独立. (2) $\dfrac{4}{3}$, $\dfrac{4}{9}$, $\dfrac{1}{15}$.

14. (1) $E(Z_1) = 0$, $\mathrm{Var}(Z_1) = 17$. (2) $E(Z_2) = 3$, $\mathrm{Var}(Z_2) = 8$.

15. $3.5n$, $2.9167n$.

习题 3.3

1. 0, -0.02. **2.** $-0.25n$, -1.

3. (1) 5, $\dfrac{5}{2\sqrt{7}}$. (2) -3, $-\dfrac{3}{\sqrt{21}}$.

4. 6, 10. **6.** $\dfrac{3}{5}$. **7.** $\dfrac{1}{12}$. **8.** 0.01875, 0.3973. **9.** $-\dfrac{1}{11}$.

11. $\dfrac{\alpha^2 - \beta^2}{\alpha^2 + \beta^2}$.

13.

j	1	2	3
$P(Y=j\mid X=1)$	$\dfrac{1}{13}$	$\dfrac{3}{13}$	$\dfrac{9}{13}$
$P(Y=j\mid X=2)$	$\dfrac{4}{24}$	$\dfrac{7}{24}$	$\dfrac{13}{24}$
$P(Y=j\mid X=3)$	$\dfrac{3}{29}$	$\dfrac{9}{29}$	$\dfrac{17}{29}$
$P(Y=j\mid X=4)$	$\dfrac{2}{34}$	$\dfrac{1}{34}$	$\dfrac{31}{34}$

i	1	2	3	4
$P(X=i\mid Y=1)$	0.1	0.4	0.3	0.2
$P(X=i\mid Y=2)$	$\dfrac{3}{20}$	$\dfrac{7}{20}$	$\dfrac{9}{20}$	$\dfrac{1}{20}$
$P(X=i\mid Y=3)$	$\dfrac{9}{70}$	$\dfrac{13}{70}$	$\dfrac{17}{70}$	$\dfrac{31}{70}$

15. (1) $P(x\mid y) = \dfrac{2(1-x-y)}{(1-y)^2}$, $0 < x < 1-y$, $0 < y < 1$;

$$P\left(x \mid Y = \frac{1}{2}\right) = 4 - 8x, \quad 0 < x < \frac{1}{2}.$$

(2) $P(y\mid x) = \dfrac{6y(1-x-y)}{(1-x)^3}$, $0 < y < 1-x$, $0 < x < 1$;

$$P\left(y \mid X = \frac{1}{2}\right) = 24y(1-2y), \quad 0 < y < \frac{1}{2}.$$

16. $\dfrac{47}{64}$. **17.** 12 天. **18.** 12.5 人.

习题 3.4

1. 0.9168. **2.** 0.8686. **3.** 0.6452. **4.** 0.0008.

5. 0.0014. **6.** 0.9510. **7.** 0.9977. **8.** 38. **9.** $\geqslant 190$.

10. $\geqslant 406$. **11.** $\geqslant 96$. **12.** 103. **13.** 500.

习题 4.1

4.

	甲班		乙班	
		3	5 9	2
1	4	4	0 4 4 8	4
2	9 7	5	1 2 2 4 5 6 6 7 7 7 8 9 9	13
11	9 7 6 6 5 3 3 2 1 1 0	6	0 1 1 2 3 4 6 8 8	9
23	9 8 8 7 7 7 7 6 6 5 5 5 5 5 4 4 4 3 3 3 2 1 0 0	7	0 0 1 1 3 4 4 9	8
7	6 6 5 5 2 0 0	8	1 2 3 3 4 5	6
6	6 3 2 2 2 0	9	0 1 1 4 6	5
		10	0 0 0	3

5. 可认为该样本来自正态分布，$\hat{\mu} = 28.6$，$\hat{\sigma} = 1.0$.

6. (2) 可认为该样本来自正态分布，$\hat{\mu} = 209$，$\hat{\sigma} = 6.5$.

7. (3) 可认为这 50 个乡镇年财政收入数据来自正态分布.

习题 4.2

1. T_1, T_4, T_5 和 T_6 是统计量.

2. $\overline{x} = 153.9$，$s = 8.03$.　　**3.** $\overline{x} \approx 63.39$，$s \approx 8.02$.

4. $\overline{x} = 10.16$，$s^2 = 0.000\,339\,525$，$s = 0.018\,4$.

5. $\overline{x}_{+1} = 168$，$s_{+1} = 11.05$.

6. (1) $\overline{y} = \overline{x} + a$，$s_y^2 = s_x^2$.　　(2) $\overline{z} = b\overline{x}$，$s_z^2 = b^2 s_x^2$.

(3) $\overline{w} = a + b\overline{x}$，$s_w^2 = b^2 s_x^2$.

7. (1) $\overline{x} \sim N(2, 0.01^2)$.　　(2) 0.818 6.　　(3) $n \geqslant 7$.

8. $\mu_X = 20$ mg，$\sigma_X = 1.5$ mg.　　**9.** $E(s^2) = \sigma^2$，$\mathrm{Var}(s^2) = \dfrac{2\sigma^4}{n-1}$.

10. $p(t) = 0.375\left(1 + \dfrac{t^2}{4}\right)^{-2.5}$，$-\infty < t < \infty$，$p(0) = 0.375$，$E(t) = 0$，$\mathrm{Var}(t) = 2$.

12. $\hat{\mu}_2$ 的方差最小.　　**13.** 当 $n \geqslant 2$ 时，$\mathrm{Var}(\hat{\theta}_2) < \mathrm{Var}(\hat{\theta}_1)$.

14. $c = \dfrac{1}{n+1}$.　　**15.** $c = \dfrac{1}{2(n-1)}$.

16. (1) $\hat{\mu} = \overline{x} - \overline{y}$.　　(2) $\dfrac{n}{m} = \dfrac{1}{2}$ 时，$\hat{\mu}$ 的方差达到最小.

18. (2) $\alpha = \dfrac{\sigma_2^2}{\sigma_1^2 + \sigma_2^2}$.

习题 4.3

1. $\hat{p} = \dfrac{1}{\overline{x}}$.　　**2.** $\hat{N} = 2\overline{x} - 1$.　　**3.** $\hat{a} = 3\overline{x}$.　　**4.** $\hat{\theta} = 2\overline{x}$.

5. $\hat{\alpha} = \dfrac{\overline{x}^2}{s_n^2}$，$\hat{\lambda} = \dfrac{\overline{x}}{s_n^2}$.

6. 总的错字个数的矩法估计为 $\hat{n} = \dfrac{AB}{C}$；未被发现的错字个数的矩法估计为 $\dfrac{AB}{C} -$ $(A+B-C)$.

7. $\hat{a} = 2.24$，$\hat{b} = 22.38$.　　**8.** $\hat{\lambda} = \bar{x}$.

9. β 的 MLE 为 $\hat{\beta}_L = \dfrac{-n}{\sum\limits_{i=1}^{n} \ln x_i} - 1$，其估计值 $\hat{\beta}_L = 0.3928$；

β 的矩法估计 $\hat{\beta}_M = \dfrac{1}{1-\bar{x}} - 2$，其估计值 $\hat{\beta}_M = 0.619$.

10. $\hat{\sigma} = \dfrac{1}{n} \sum\limits_{i=1}^{n} |x_i|$.

11. $\hat{\mu}_1 = \bar{x}$，$\hat{\mu}_2 = \bar{y}$，$\hat{\sigma}^2 = \dfrac{1}{n+m}\left[\sum\limits_{i=1}^{n}(x_i - \bar{x})^2 + \sum\limits_{i=1}^{m}(y_i - \bar{y})^2\right]$.

12. $\hat{\sigma}^2 = \dfrac{1}{2n}\left(\sum\limits_{i=1}^{n} x_i^2 + \sum\limits_{i=1}^{n} y_i^2\right)$，$\hat{\rho} = 2\sum\limits_{i=1}^{n} x_i y_i \Big/ \left(\sum\limits_{i=1}^{n} x_i^2 + \sum\limits_{i=1}^{n} y_i^2\right)$.

13. $\hat{\theta}_1 = x_{\min}$，$\hat{\theta}_2 = \bar{x} - x_{\min}$.　　**14.** $\hat{p} = \dfrac{1}{\bar{x}}$，$\hat{E}(X) = \bar{x}$.

15. (1)　$\hat{A} = 1.645\hat{\sigma} + \hat{\mu}$.

(2)　$\hat{\theta} = 1 - \Phi\left(\dfrac{2-\hat{\mu}}{\hat{\sigma}}\right)$，其中 $\hat{\mu} = \bar{x}$，$\hat{\sigma} = \left[\dfrac{1}{n}\sum\limits_{i=1}^{n}(x_i - \bar{x})^2\right]^{\frac{1}{2}}$.

16. $\hat{\sigma} = \left[\dfrac{1}{n}\sum\limits_{i=1}^{n}(x_i - \bar{x})^2\right]^{\frac{1}{2}}$；渐近分布为 $N\left(\sigma, \dfrac{\sigma^2}{2n}\right)$.

17. $\hat{\lambda} = \dfrac{a}{\bar{x}}$，渐近分布为 $N\left(\lambda, \dfrac{\lambda^2}{na}\right)$.

习题 4.4

1. (1)

$x_{(1)}$	0	1	2	3
P	$\frac{37}{64}$	$\frac{19}{64}$	$\frac{7}{64}$	$\frac{1}{64}$

$x_{(3)}$	0	1	2	3
P	$\frac{1}{64}$	$\frac{7}{64}$	$\frac{19}{64}$	$\frac{37}{64}$

(2)

$x_{(1)}$ \ $x_{(3)}$	0	1	2	3
0	$\frac{1}{64}$	$\frac{6}{64}$	$\frac{12}{64}$	$\frac{18}{64}$
1	0	$\frac{1}{64}$	$\frac{6}{64}$	$\frac{12}{64}$
2	0	0	$\frac{1}{64}$	$\frac{6}{64}$
3	0	0	0	$\frac{1}{64}$

(3)　$x_{(1)}$ 与 $x_{(3)}$ 不相互独立.

2. $x_{(1)} \sim p_1(x) = 15x^2(1-x^3)^4, 0 < x < 1; x_{(3)} \sim p_3(x) = 15x^{14}, 0 < x < 1.$

3. 形状参数为 m, 尺度参数为 $\dfrac{\eta}{\sqrt[m]{n}}$.

4. (1) 0.000 746 6.　　(2) 0.935 2.

5. $R = 9, \hat{\sigma}_R = 2.924.$

6. $x_{(1)} = 29, Q_1 = 36, m_d = 40, Q_3 = 45.25, x_{(50)} = 49.$

7. $x_{(1)} = 0, Q_1 = 11, m_d = 16, Q_3 = 19, x_{(100)} = 29.$

11. $m_{0.5} \stackrel{\cdot}{\sim} N\left(\mu, \dfrac{\pi\sigma^2}{2n}\right).$　　**12.** $N\left(\dfrac{\ln 2}{\lambda}, \dfrac{1}{n\lambda^2}\right).$

习题 5.1

1. 当日包装机工作正常.

2. (1) $c = 1.176.$　　(2) $\beta = \Phi\left(\dfrac{1.176 + \mu_0 - \mu_1}{0.6}\right) - \Phi\left(\dfrac{-1.176 + \mu_0 - \mu_1}{0.6}\right).$

3. $W = \{u < -1.645\}$, 拒绝原假设 $H_0 : \mu = 14.$

4. (1) $W = \{|u| \geqslant 1.96\}.$　　(2) 接受 $H_0.$　　(3) $\beta = 0.005 5.$

5. (1) $0.75^n.$　　(2) $n \geqslant 11.$

6. 0.032 1, 0.415 9.

习题 5.2

1. 在 $\alpha = 0.05$ 水平上认为生产不正常.

2. 在 $\alpha = 0.05$ 水平上认为均值的提高是工艺改进的结果.

3. $p = 0.001 35$, 拒绝原假设, 平均成本有所下降.

4. 在 $\alpha = 0.05$ 水平上认为均值为 0.618.

5. 在 $\alpha = 0.05$ 水平上认为强度有显著提高.

6. 在 $\alpha = 0.05$ 水平上认为该中药对治疗高血压有效.

7. $p = 0.002$, 拒绝原假设, 认为初速有显著降低.

8. 0.211 2.　　**9.** 0.001 6.　　**10.** 0.008.

习题 5.3

1. $[-0.354, 0.754].$　　**2.** $[6.117, 6.583].$　　**3.** $[23.29, 36.71].$

4. $[54.74, 75.54].$　　**5.** $[2.631 7, 3.968 3].$　　**6.** $[4.613, 5.387], 46\ 500$ kg.

7. 294.9 kg.　　**8.** 3.223 3.　　**9.** 6.356 小时.

习题 5.4

1. $n = 15.$　　**2.** $n = 10.$　　**3.** $n = 61.$　　**4.** $n = 12.$　　**5.** $n = 10.$

6. (1) $n = 8.$　　(2) $n = 10.$

习题 5.5

1. 接受原假设 $H_0 : \sigma \leqslant 1.$　　**2.** 接受原假设 $H_0 : \sigma \leqslant 0.9.$

3. 接受原假设 $H_0 : \sigma \leqslant \dfrac{1}{30}$.

4. (1) μ 的 0.95 置信区间为 $[432.31, 482.69]$.

    (2) σ 的 0.90 置信区间为 $[25.69, 57.94]$.

5. μ 的 0.90 置信区间为 $[0.606\,6, 3.393\,4]$;

    σ^2 的 0.90 置信区间为 $[3.073\,5, 15.639\,1]$;

    σ 的 0.90 置信区间为 $[1.753\,1, 3.954\,6]$.

6. (1) 40.69.   (2) 1.534.

7. $\sigma_U = 18.82$.   **8.** $n \geqslant 28$.   **9.** $(0.31, 0.46)$, 接受.

10. (1) 接受原假设 $H_0 : \sigma \leqslant 0.02$.   (2) p 值 $= 0.831\,1$.

    (3) $\sigma_L \geqslant 0.000\,15$.   (4) 接受.

11. $[4.78, 15.58]$.

习题 5.6

1. 看法合适.   **2.** $W = \{T \geqslant 2\}$.   **3.** 不支持该研究者的观点.

4. 不能认为市场占有率有变化.   **5.** 不合格品率没有显著变化.

6. $[0.10, 0.24]$.   **7.** $[0.62, 0.68]$.   **8.** $[0.496, 0.624]$.   **9.** $p_U = 0.28$.

10.

p	0	0.1	0.2	0.3	0.4	⋯
$L(p)$	1	0.5	0.62	0.47	0.33	⋯

11.

p	0	0.01	0.02	0.03	⋯
$L(p)$	1	0.98	0.86	0.65	⋯

12. $(175, 2)$.

习题 5.7

1. 在 $\alpha = 0.05$ 水平下可认为单位时间内平均呼唤次数不超过 1.8 次.

2. 在 $\alpha = 0.05$ 水平下可认为平均断头次数超过 0.6 次.

3. 在 $\alpha = 0.05$ 水平下不能否定"年平均发病人数未上升"的假设.

4. λ 的 0.90 置信下限为 $\lambda_L = \dfrac{1}{2}\left(-b - \sqrt{b^2 - 4c}\right)$, 其中 $c = \overline{x}^2$, $b = -\left(2\overline{x} + \dfrac{u_{1-\alpha}^2}{n}\right)$.

在本题可算得 $\lambda_L = 1.64$.

5. λ 的 0.95 置信区间为 $[0.505\,9, 1.005\,9]$.

6. 每一锭子每分钟的平均断头次数的 0.95 置信区间为 $[0.001\,6, 0.002\,7]$.

习题 5.8

1. 在 $\alpha = 0.05$ 水平下认为这颗骰子是均匀的.

2. 在 $\alpha = 0.05$ 水平下认为 π 前 800 位数字中 0～9 十个数字是等可能出现的.

3. 在 $\alpha = 0.05$ 水平下认为职工病假人数在 5 个工作日上非均匀分布.

4. 在 $\alpha = 0.05$ 水平下认为广告战后各公司产品市场占有率有显著变化.

5. 在 $\alpha = 0.10$ 水平下认为 X 服从泊松分布.

6. 在 $\alpha = 0.05$ 水平下认为相继两次地震间隔天数 X 服从指数分布.

7. 在 $\alpha = 0.05$ 水平下认为估计值的最后一位数字不具随机性.

8. 在 $\alpha = 0.01$ 水平下认为驾驶员的年龄对发生交通事故的次数没有影响.

9. 在 $\alpha = 0.05$ 水平下认为广告与人们对产品质量的评价无影响.

10. 在 $\alpha = 0.05$ 水平下认为该城市居民各年对社会热点问题的看法有变化.

11. 在 $\alpha = 0.05$ 水平下认为高血压与冠心病间有相互影响.

13. 在 $\alpha = 0.05$ 水平下认为废品率与制造方法有关.

14. (1) 4.　　(2) 15.　　(3) 8.

习题 5.9

1. 在 $\alpha = 0.05$ 水平下可认为该样本来自正态分布.

2. 在 $\alpha = 0.05$ 水平下可认为该样本来自正态分布.

习题 5.10

1. 在 $\alpha = 0.05$ 下日营业额中位数显著超过 8 500 元, $p = 0.035\ 6$.

2. $p = 0.099\ 6$, 在 $\alpha = 0.05$ 下, 该公司轴承生产属于正常.

3. $p = 0.000\ 0$, 该地区人口年龄的 0.906 分位数明显超过 65 岁.

4. $p = 0.032\ 4$, 该行业高级技师年收入中位数已超过 41 700 元.

5. (1) $p = 0.020\ 2$, 该地区从事管理工作的妇女的月收入中位数显著低于 6 500 元.

　　(2) $\hat{x}_{0.5} = 6\ 200$, $x_{0.5}$ 的置信区间 $[x_{(14)}, x_{(27)}] = [5\ 800, 6\ 000]$, 其置信水平为 0.961 523.

6. 在 $\alpha = 0.05$ 下该地区新建住宅的房价显著地超过 6 500 元/ m^2.

7. 在 $\alpha = 0.05$ 下两种添加剂对客车行驶里程数有显著差异, 且添加剂 1 优于添加剂 2.

习题 6.1

1. (1) 0.21.　　(2) 3.33.　　(3) 0.44.　　(4) 2.19.

　　(5) 0.30.　　(6) 4.41.

2. (1) 在 $\alpha = 0.05$ 下, 两种钢棒直径的方差间无显著差异.

　　(2) [0.485 0, 3.479 7].

3. (1) 在 $\alpha = 0.05$ 下, 两种测定方法的方差间无显著差异.

　　(2) [0.281 0, 2.841 3].

4. ≈ 0.90.

5. (1) [0.73, 1.12].　　(2) [−68.27, −11.73].

6. 在 $\alpha = 0.01$ 下, 男性在散布程度上比女性并不占优势.

7. 在 $\alpha = 0.05$ 水平下, 认为新设计的仪器精度比进口仪器精度显著地好.

8. 在 $\alpha = 0.05$ 水平下, 支持主要商品价格的波动甲地比乙地高的说法.

习题 6.2

1. 在 $\alpha = 0.05$ 水平下两种铸件的硬度没有显著差异.

2. (1) $u_0 = 0.987\,7$, 接受 H_0.　(2) $p = 0.323\,2$.

　　(3) $[-0.000\,12, 0.020\,12]$.　(4) $n \geqslant 12$.

3. (1) 检验统计量 $u = \dfrac{\overline{x} - \overline{y} - \Delta}{\sqrt{\dfrac{\sigma_1^2}{n} + \dfrac{\sigma_2^2}{m}}}$, $\Delta = 10$ psi, 拒绝域 $W = \{u \geqslant u_{1-\alpha}\}$.

　　(2) 拒绝 H_0.

　　(3) $\mu_1 - \mu_2$ 的 95% 单侧置信下限为 10.19.

习题 6.3

1. 在 $\alpha = 0.05$ 水平下, 可认为处理后降低了含脂率.

2. 在 $\alpha = 0.01$ 水平下, 可认为两方差相等, 均值相等.

3. 在 $\alpha = 0.05$ 水平下, 可认为两方差不等, 两均值有显著差异.

4. 在 $\alpha = 0.05$ 水平下, 可认为两方差不等, 两均值有显著差异.

5. $H_0: \mu_X - \mu_Y = 5$, $H_1: \mu_X - \mu_Y \neq 5$, $|u| = 5.145$, 拒绝 H_0, 没达到设计要求.

6. (1) 在 $\alpha = 0.05$ 水平下不拒绝两直径相等的论说.

　　(2) $p = 0.86$.　(3) $[-0.391\,2, 0.491\,2]$.

7. $[-3.010, -2.492]$, 该区间不含 0, 故 μ_1 与 μ_2 间有显著差异.

8. (1) 在 $\alpha = 0.05$ 水平下, 拒绝两均值相等的假设.

　　(2) $p = 0.012$.　(3) $(-0.749, -0.111)$.

习题 6.4

1. 在 $\alpha = 0.05$ 水平下, 不能认为该道工序对提高参数值有用.

2. 在 $\alpha = 0.05$ 水平下, 拒绝 $H_0: \mu_1 \geqslant \mu_2$, 即计算机处理系统使平均打字速度显著提高了.

3. 在 $\alpha = 0.05$ 水平下, 两种测定方法间有显著差异.

4. 在 $\alpha = 0.05$ 水平下, 两种测定方法间有显著差异, $p = 0.000\,1$.

5. $[-4.79, 7.21]$, 含有零点.

6. (1) 在 $\alpha = 0.05$ 水平下可认为饮食和锻炼对降低胆固醇有显著作用.

　　(2) $p < 0.000\,1$.　(3) $[16.33, 37.41]$.

习题 6.5

1. 在 $\alpha = 0.01$ 水平下可认为女性色盲比率显著比男性低.

2. 在 $\alpha = 0.01$ 水平下可认为两种肥料效果有显著差异.

3. 在 $\alpha = 0.05$ 水平下可认为制造方法对废品率有显著影响.

4. (1) 在 $\alpha = 0.05$ 水平下可认为两种不合格品率无显著差异.

　　(2) $p = 0.136\,2$.

　　(3) $[-0.007\,3, 0.214\,7]$.

5. $n = 787$.　**6.** $n = 973, n = 673$.

7. $[-0.212\,6, -0.027\,4]$, 不含零.

习题 6.6

1. 在 $\alpha = 0.05$ 下，这种血清对白血病有抑制作用.

2. (1) 在 $\alpha = 0.05$ 下，两公司此种商品的次品率无显著差异.

   (2) $p = 0.9618$.

3. 在 $\alpha = 0.05$ 下，两化验员的黏度分布在位置上无显著差异.

4. 在 $\alpha = 0.01$ 下，认为型号 A 计算器使用时间比型号 B 长.

5. 在 $\alpha = 0.05$ 下，认为饲料 A 比饲料 B 对大白鼠增加体重有显著影响. 近似 p 值 $=$
0.0434.

习题 7.1

2. $\overline{y}_A = \overline{y}_B + d$, $\widetilde{y}_A = \widetilde{y}_B$, $R_A = R_B$, $S_A^2 = S_B^2$.

3. (1) $\mathrm{SS}_e = 24$, $\mathrm{SS}_A = 32$, $F = 8$.

   (2) $t^2 = F$ 成立表示在两水平下 t 检验与 F 检验等价.

4. $\mathrm{SS}_e = 28$, $f_e = 12$; $\mathrm{SS}_A = 40$, $f_A = 2$; $\mathrm{SS}_T = 68$, $f_T = 14$.

5. $f_A = 5$, $f_e = 24$, $f_T = 29$.

6. $\mathrm{SS}_e = 20.5$, $\hat{\sigma}^2 = 2.56$.

7. (2) $E(\mathrm{MS}_e) = 7.84$, $E(\mathrm{MS}_A) = 374.51$, $E(\mathrm{MS}_A)$ 是 $E(\mathrm{MS}_e)$ 的 47.8 倍, 这表
      明 4 个平均住院天数间差异很大.

   (3) $E(\mathrm{MS}_A) = 522.61$.

   (4) 增大原因是 4 个平均住院天数更为分散.

8. $\mathrm{MS}_A = 5\,838$, $\mathrm{MS}_e = 206$, 在 $\alpha = 0.05$ 下, 不同饲料增肥效果有显著差异.

10. $f_e = 22$, $f_A = 3$, $f_T = 25$.

11. $\mathrm{SS}_A = 55.55$, $f_A = 5$; $\mathrm{SS}_e = 56.72$, $f_e = 18$; $F = 3.53$.

13. (1) $\mathrm{SS}_A = 560.5$, $\mathrm{SS}_e = 540.83$, $F = 6.218$.

   (2) $\hat{\mu}_1 = 49.6$, $\hat{\mu}_2 = 47.2$, $\hat{\mu}_3 = 61.2$, $\hat{\sigma}^2 = 45.07$.

   (3) $\mu_1 - \mu_2$ 的 0.95 置信区间为 $[-6.85, 11.65]$;

       $\mu_1 - \mu_3$ 的 0.95 置信区间为 $[-20.85, -2.35]$;

       $\mu_2 - \mu_3$ 的 0.95 置信区间为 $[-23.25, -4.75]$.

14. (1) 在 $\alpha = 0.05$ 下, 三种方法的平均含水率 μ_1, μ_2, μ_3 间有显著差异.

   (2) μ_1, μ_2, μ_3 的 0.95 置信区间分别为 $[7.11, 8.85]$, $[5.50, 7.76]$, $[8.00, 10.26]$.

15. (2) 在 $\alpha = 0.05$ 下, 5 种推销方法的月平均推销额有显著差异.

   (3) 第 5 种推销方法最高, 其 0.95 置信区间为 $[25.67, 30.30]$.

16. (1) 在 $\alpha = 0.05$ 下无显著差异.

   (2) 平均强度的 0.95 置信区间为 $[6.31, 7.01]$.

习题 7.2

1. (1) $\mathrm{SS}_A = 12\,262.70$, $\mathrm{SS}_e = 14\,271 - 50$, $F = 3.22$.

   (2) 多重比较后, A_4 为佳.

2. (1) $SS_A = 3\,825.81$, $SS_e = 181.04$, $F = 50.7$.

(2) 多重比较后, A_2 与 A_5 间无显著差异, 且为佳.

3. 在 $\alpha = 0.05$ 下, 4 类工种平均收入有显著差异, 多重比较后, 各类工种间两两都有显著差异.

习题 7.3

1. 在 $\alpha = 0.05$ 下, 不能拒绝"6 个总体方差彼此相等"的假设.

2. 在 $\alpha = 0.05$ 下, 不能拒绝"3 个总体方差彼此相等"的假设.

3. 在 $\alpha = 0.05$ 下, 4 种安眠药的安眠时间有显著差异, 且不能拒绝"方差相等"的假设.

4. 在 $\alpha = 0.05$ 下, 咖啡因三种剂量对手指叩击次数有显著差异, 且不能拒绝"方差相等"的假设.

习题 7.4

1. (1) A_1 的 9 个数据与 A_2 的 12 个数据的正态概率图各在一直线附近.

(3) 27 个残差的正态概率图近似在一直线附近.

(4) 在 $\alpha = 0.05$ 下, 三种不同花费下生产力提高的指数间有显著差异.

(5) 三水平中任意两个都有显著差异.

2. (1) 每台机的数据的正态概率图各在一直线附近.

(2) 在 $\alpha = 0.05$ 下, 6 台机灌装的平均重量间有显著差异.

(3) 6 台机可分两组: 一组为{1,2,5,6}, 另一组为{3,4}. 在组内无显著差异, 在组间都有显著差异.

习题 7.5

1. (1) 在 $\alpha = 0.05$ 下, 三类职工测验平均分之间有显著差异.

(2) 优等平均分为 89.2 分, 其 0.95 置信区间是[83.38,95.02].

(3) 本例只能用固定效应模型描述.

2. (1) 在 $\alpha = 0.05$ 下, 4 个观察点上 SO_2 的平均含量间有显著差异.

(2) 本例应用随机效应模型描述.

(3) $\hat{\sigma}^2 = 0.000\,124\,5$, $\hat{\sigma}_a^2 = 0.008\,389$.

3. (1) 在 $\alpha = 0.05$ 下, 5 台机器的黏接强度间有显著差异.

(2) $\hat{\sigma}^2 = 9.91$, $\hat{\sigma}_a^2 = 18.98$.

习题 7.6

1. (1) 教师普遍认为: 刚毕业学员与早年毕业学员在接受新知识上有明显差异, 分区组、再分班对考核培训方法较有说服力.

(2) $y_{ij} = M + a_i + b_j + \varepsilon_{ij}$, $i = 1,2,3$, $j = 1,2,\cdots,10$.

(3) 三个处理效应估计分别为 -65, -2.5, 9.0; 10 个区组效应分别为 4.9, 3.9, 2.2, 3.2, 1.2, 0.9, -1.0, -3.8, -4.1, -7.4.

(5) 三种培训方法间有显著差异, 其中第三种培训方法效果最好.

2. (1) 不同年龄段的病人体质有差异, 对食物需求也有差异.

(3) $\hat{a}_1 = 0.266$, $\hat{a}_2 = 0.148$, $\hat{a}_3 = -0.414$;

$\hat{b}_1 = -0.327$, $\hat{b}_2 = -0.237$, $\hat{b}_3 = -0.174$, $\hat{b}_4 = 0.313$, $\hat{b}_5 = 0.426$.

(5) 三种食物对病人血浆中的总脂肪的减少量有显著影响；另外区组也是显著的，说明设立区组是必要的.

3. (1) 处理显著，区组也显著，$\hat{\sigma}^2 = 0.0089$.

(2) 多重比较后，4 个处理可分为两组：$\{A_1, A_2, A_3\}$, $\{A_4\}$. 组内无显著差异，组间有显著差异.

习题 7.7

1. $f_A = 3$, $f_B = 4$, $f_{A \times B} = 12$, $f_e = 20$.

2. (1) 两个因子显著，但其交互作用不显著.

(2) 最佳水平组合是 $A_3 B_4$.

3. (1) 两个因子显著，但其交互作用不显著.

(2) 最佳水平组合是：温度取 24℃，浓度取 6%.

4. 检测站间差异显著；检验员间差异不显著；其交互作用显著.

5. 压强因子 (A) 不显著，温度因子 (B) 显著. 温度用 $B_2 = 140$℃ 对 4 种压强水平中任一个都是较好水平组合. 若从最低成本考虑，选最低压强水平 $A_1 = 60$ 是合适的.

习题 7.8

1. (1) $SST = 0.76348$, $SSA = 0.01824$, $SSB(A) = 0.45401$,

$$SSE = SST - SSA - SSB(A) = 0.29123,$$

$$F_A = 0.1608 < F_{0.95}(1, 24) = 4.26,$$

$$F_{B(A)} = 9.39 > F_{0.95}(4, 24) = 2.78,$$

所以，调制地没有显著差异，但是批次之间有显著差异.

(2) 批次之间检验 P 值为 0.0001.

2. 方差分析表如下：

变差来源	平方和	自由度	均方	F_0
夹具(F)	82.80	2	41.40	7.54*
布局(L)	4.08	1	4.08	0.34
操作工(布局)$O(L)$	71.91	6	11.99	5.15*
夹具×布局($F \times L$)	19.04	2	9.52	1.73
夹具×(布局中)操作工 $(F \times O(L))$	65.84	12	5.49	2.36△
误差	56	24	2.33	
总和	299.67	47		

注：* 表示 5% 的显著性；△ 表示 1% 的显著性.

参 考 文 献

[1] 茆诗松，程依明，濮晓龙. 概率论与数理统计教程. 北京：高等教育出版社，2004.

[2] 茆诗松，周纪芗. 概率论与数理统计. 北京：中国统计出版社，2007.

[3] 陈希孺. 数理统计学简史. 长沙：湖南教育出版社，2002.

[4] 陈希孺. 概率论与数理统计. 合肥：中国科学技术大学出版社，1992.

[5] 陈善林，张浙. 统计发展史. 上海：立信会计图书用品社，1987.

[6] 李贤平. 概率论基础(第二版). 北京：高等教育出版社，1997.

[7] 郑明，陈子毅，汪家冈. 数理统计讲义. 上海：复旦大学出版社，2006.

[8] 陈家鼎，郑忠国. 概率与统计. 北京：北京大学出版社，2007.

[9] 盛骤，谢式干，潘承毅. 概率论与数理统计(第四版). 北京：高等教育出版社，2008.

[10] 谢衷洁. 普通统计学. 北京：北京大学出版社，2004.

[11] 王静龙，梁小筠. 非参数统计分析. 北京：高等教育出版社，2006.

[12] 梁小筠. 正态性检验. 北京：中国统计出版社，1997.

[13] 梁小筠. 我国正在制定"正态性检验"的新标准. 应用概率统计，2002 (2)，269-276.

[14] 王静龙，梁小筠. 非参数统计分析. 北京：高等教育出版社，2006.

[15] Montgomery D C 等. 工程统计学(第3版). 代金等译. 北京：中国人民大学出版社，2005.

[16] Hettmansperger T P. 基于秩的统计推断. 杨永信译. 长春：东北师范大学出版社，1995.

[17] 傅权，胡蓓华. 基本统计方法教程. 上海：华东师范大学出版社，1989.

[18] 茆诗松，王静龙. 数理统计. 上海：华东师范大学出版社，1990.

[19] 茆诗松，周纪芗. 试验设计. 北京：中国统计出版社，2004.

附　录

附表 1　泊松分布函数表

$$P(X \leqslant x) = \sum_{k=0}^{x} e^{-\lambda} \frac{\lambda^k}{k!}$$

λ＼x	0	1	2	3	4	5	6	7	8	9
0.02	0.980	1.000								
0.04	0.961	0.999	1.000							
0.06	0.942	0.998	1.000							
0.08	0.923	0.997	1.000							
0.10	0.905	0.995	1.000							
0.15	0.861	0.990	0.999	1.000						
0.20	0.819	0.982	0.999	1.000						
0.25	0.779	0.974	0.998	1.000						
0.30	0.741	0.963	0.996	1.000						
0.35	0.705	0.951	0.994	1.000						
0.40	0.670	0.938	0.992	0.999	1.000					
0.45	0.638	0.925	0.989	0.999	1.000					
0.50	0.607	0.910	0.986	0.998	1.000					
0.55	0.577	0.894	0.982	0.998	1.000					
0.60	0.549	0.878	0.977	0.997	1.000					
0.65	0.522	0.861	0.972	0.996	0.999	1.000				
0.70	0.497	0.844	0.966	0.994	0.999	1.000				
0.75	0.472	0.827	0.959	0.993	0.999	1.000				
0.80	0.449	0.809	0.953	0.991	0.999	1.000				
0.85	0.427	0.791	0.945	0.989	0.999	1.000				
0.90	0.407	0.772	0.937	0.987	0.998	1.000				
0.95	0.387	0.754	0.929	0.984	0.997	1.000				
1.00	0.368	0.736	0.920	0.981	0.996	0.999	1.000			
1.1	0.333	0.699	0.900	0.974	0.995	0.999	1.000			
1.2	0.301	0.663	0.879	0.966	0.992	0.998	1.000			
1.3	0.273	0.627	0.857	0.957	0.989	0.998	1.000			
1.4	0.247	0.592	0.833	0.946	0.986	0.997	0.999	1.000		
1.5	0.223	0.558	0.809	0.934	0.981	0.996	0.999	1.000		
1.6	0.202	0.525	0.783	0.921	0.976	0.994	0.999	1.000		
1.7	0.183	0.493	0.757	0.907	0.970	0.992	0.998	1.000		

λ\x	0	1	2	3	4	5	6	7	8	9
1.8	0.165	0.463	0.731	0.891	0.964	0.990	0.997	0.999	1.000	
1.9	0.150	0.434	0.704	0.875	0.956	0.987	0.997	0.999	1.000	
2.0	0.135	0.406	0.677	0.857	0.947	0.983	0.995	0.999	1.000	
2.2	0.111	0.355	0.623	0.819	0.928	0.975	0.993	0.998	1.000	
2.4	0.091	0.308	0.570	0.779	0.904	0.964	0.989	0.997	0.999	1.000
2.6	0.074	0.267	0.518	0.736	0.877	0.951	0.983	0.995	0.999	1.000
2.8	0.061	0.231	0.469	0.692	0.848	0.935	0.976	0.992	0.998	0.999
3.0	0.050	0.199	0.423	0.647	0.815	0.916	0.966	0.988	0.996	0.999
3.2	0.041	0.171	0.380	0.603	0.781	0.895	0.955	0.983	0.994	0.998
3.4	0.033	0.147	0.340	0.558	0.744	0.871	0.942	0.977	0.992	0.997
3.6	0.027	0.126	0.303	0.515	0.706	0.844	0.927	0.969	0.988	0.996
3.8	0.022	0.107	0.269	0.473	0.668	0.816	0.909	0.960	0.984	0.994
4.0	0.018	0.092	0.238	0.433	0.629	0.785	0.889	0.949	0.979	0.992
4.2	0.015	0.078	0.210	0.395	0.590	0.753	0.867	0.936	0.972	0.989
4.4	0.012	0.066	0.185	0.359	0.551	0.720	0.844	0.921	0.964	0.985
4.6	0.010	0.056	0.163	0.326	0.513	0.686	0.818	0.905	0.955	0.980
4.8	0.008	0.048	0.143	0.294	0.476	0.651	0.791	0.887	0.944	0.975
5.0	0.007	0.040	0.125	0.265	0.440	0.616	0.762	0.867	0.932	0.968
5.2	0.006	0.034	0.109	0.238	0.406	0.581	0.732	0.845	0.918	0.960
5.4	0.005	0.029	0.095	0.213	0.373	0.546	0.702	0.822	0.903	0.951
5.6	0.004	0.024	0.082	0.191	0.342	0.512	0.670	0.797	0.886	0.941
5.8	0.003	0.021	0.072	0.170	0.313	0.478	0.638	0.771	0.867	0.929
6.0	0.002	0.017	0.062	0.151	0.285	0.446	0.606	0.744	0.847	0.916

λ\x	10	11	12	13	14	15	16
2.8	1.000						
3.0	1.000						
3.2	1.000						
3.4	0.999	1.000					
3.6	0.999	1.000					
3.8	0.998	0.999	1.000				
4.0	0.997	0.999	1.000				
4.2	0.996	0.999	1.000				
4.4	0.994	0.998	0.999	1.000			
4.6	0.992	0.997	0.999	1.000			

续表

λ＼x	10	11	12	13	14	15	16		
4.8	0.990	0.996	0.999	1.000					
5.0	0.986	0.995	0.998	0.999	1.000				
5.2	0.982	0.993	0.997	0.999	1.000				
5.4	0.977	0.990	0.996	0.999	1.000				
5.6	0.972	0.988	0.995	0.998	0.999	1.000			
5.8	0.965	0.984	0.993	0.997	0.999	1.000			
6.0	0.957	0.980	0.991	0.996	0.999	0.999	1.000		

λ＼x	0	1	2	3	4	5	6	7	8	9
6.2	0.002	0.015	0.054	0.134	0.259	0.414	0.574	0.716	0.826	0.902
6.4	0.002	0.012	0.046	0.119	0.235	0.384	0.542	0.687	0.803	0.886
6.6	0.001	0.010	0.040	0.105	0.213	0.355	0.511	0.658	0.780	0.869
6.8	0.001	0.009	0.034	0.093	0.192	0.327	0.480	0.628	0.755	0.850
7.0	0.001	0.007	0.030	0.082	0.173	0.301	0.450	0.599	0.729	0.830
7.2	0.001	0.006	0.025	0.072	0.156	0.276	0.420	0.569	0.703	0.810
7.4	0.001	0.005	0.022	0.063	0.140	0.253	0.392	0.539	0.676	0.788
7.6	0.001	0.004	0.019	0.055	0.125	0.231	0.365	0.510	0.648	0.765
7.8	0.000	0.004	0.016	0.048	0.112	0.210	0.338	0.481	0.620	0.741
8.0	0.000	0.003	0.014	0.042	0.100	0.191	0.313	0.453	0.593	0.717
8.5	0.000	0.002	0.009	0.030	0.074	0.150	0.256	0.386	0.523	0.653
9.0	0.000	0.001	0.006	0.021	0.055	0.116	0.207	0.324	0.456	0.587
9.5	0.000	0.001	0.004	0.015	0.040	0.089	0.165	0.269	0.392	0.522
10.0	0.000	0.000	0.003	0.010	0.029	0.067	0.130	0.220	0.333	0.458

λ＼x	10	11	12	13	14	15	16	17	18	19
6.2	0.949	0.975	0.989	0.995	0.998	0.999	1.000			
6.4	0.939	0.969	0.986	0.994	0.997	0.999	1.000			
6.6	0.927	0.963	0.982	0.992	0.997	0.999	0.999	1.000		
6.8	0.915	0.955	0.978	0.990	0.996	0.998	0.999	1.000		
7.0	0.901	0.947	0.973	0.987	0.994	0.998	0.999	1.000		
7.2	0.887	0.937	0.967	0.984	0.993	0.997	0.999	0.999	1.000	
7.4	0.871	0.926	0.961	0.980	0.991	0.996	0.998	0.999	1.000	
7.6	0.854	0.915	0.954	0.976	0.989	0.995	0.998	0.999	1.000	
7.8	0.835	0.902	0.945	0.971	0.986	0.993	0.997	0.999	1.000	
8.0	0.816	0.888	0.936	0.966	0.983	0.992	0.996	0.998	0.999	1.000

续表

λ \ x	10	11	12	13	14	15	16	17	18	19
8.5	0.763	0.849	0.909	0.949	0.973	0.986	0.993	0.997	0.999	0.999
9.0	0.706	0.803	0.876	0.926	0.959	0.978	0.989	0.995	0.998	0.999
9.5	0.645	0.752	0.836	0.898	0.940	0.967	0.982	0.991	0.996	0.998
10.0	0.583	0.697	0.792	0.864	0.917	0.951	0.973	0.986	0.993	0.997

λ \ x	20	21	22
8.5	1.000		
9.0	1.000		
9.5	0.999	1.000	
10.0	0.998	0.999	1.000

λ \ x	0	1	2	3	4	5	6	7	8	9
10.5	0.000	0.000	0.002	0.007	0.021	0.050	0.102	0.179	0.279	0.397
11.0	0.000	0.000	0.001	0.005	0.015	0.038	0.079	0.143	0.232	0.341
11.5	0.000	0.000	0.001	0.003	0.011	0.028	0.060	0.114	0.191	0.289
12.0	0.000	0.000	0.001	0.002	0.008	0.020	0.046	0.090	0.155	0.242
12.5	0.000	0.000	0.000	0.002	0.005	0.015	0.035	0.070	0.125	0.201
13.0	0.000	0.000	0.000	0.001	0.004	0.011	0.026	0.054	0.100	0.166
13.5	0.000	0.000	0.000	0.001	0.003	0.008	0.019	0.041	0.079	0.135
14.0	0.000	0.000	0.000	0.000	0.002	0.006	0.014	0.032	0.062	0.109
14.5	0.000	0.000	0.000	0.000	0.001	0.004	0.010	0.024	0.048	0.088
15.0	0.000	0.000	0.000	0.000	0.001	0.003	0.008	0.018	0.037	0.070

λ \ x	10	11	12	13	14	15	16	17	18	19
10.5	0.521	0.639	0.742	0.825	0.888	0.932	0.960	0.978	0.988	0.994
11.0	0.460	0.579	0.689	0.781	0.854	0.907	0.944	0.968	0.982	0.991
11.5	0.402	0.520	0.633	0.733	0.815	0.878	0.924	0.954	0.974	0.986
12.0	0.347	0.462	0.576	0.682	0.772	0.844	0.899	0.937	0.963	0.979
12.5	0.297	0.406	0.519	0.628	0.725	0.806	0.869	0.916	0.948	0.969
13.0	0.252	0.353	0.463	0.573	0.675	0.764	0.835	0.890	0.930	0.957
13.5	0.211	0.304	0.409	0.518	0.623	0.718	0.798	0.861	0.908	0.942
14.0	0.176	0.260	0.358	0.464	0.570	0.669	0.756	0.827	0.883	0.923
14.5	0.145	0.220	0.311	0.413	0.518	0.619	0.711	0.790	0.853	0.901
15.0	0.118	0.185	0.268	0.363	0.466	0.568	0.664	0.749	0.819	0.875

续表

λ \ x	20	21	22	23	24	25	26	27	28	29
10.5	0.997	0.999	0.999	1.000						
11.0	0.995	0.998	0.999	1.000						
11.5	0.992	0.996	0.998	0.999	1.000					
12.0	0.988	0.994	0.997	0.999	0.999	1.000				
12.5	0.983	0.991	0.995	0.998	0.999	0.999	1.000			
13.0	0.975	0.986	0.992	0.996	0.998	0.999	1.000			
13.5	0.965	0.980	0.989	0.994	0.997	0.998	0.999	1.000		
14.0	0.952	0.971	0.983	0.991	0.995	0.997	0.999	0.999	1.000	
14.5	0.936	0.960	0.976	0.986	0.992	0.996	0.998	0.999	0.999	1.000
15.0	0.917	0.947	0.967	0.981	0.989	0.994	0.997	0.998	0.999	1.000

λ \ x	0	1	2	3	4	5	6	7	8	9
16	0.000	0.001	0.004	0.010	0.022	0.043	0.077	0.127	0.193	0.275
17	0.000	0.001	0.002	0.005	0.013	0.026	0.049	0.085	0.135	0.201
18	0.000	0.000	0.001	0.003	0.007	0.015	0.030	0.055	0.092	0.143
19	0.000	0.000	0.001	0.002	0.004	0.009	0.018	0.035	0.061	0.098
20	0.000	0.000	0.000	0.001	0.002	0.005	0.011	0.021	0.039	0.066
21	0.000	0.000	0.000	0.000	0.001	0.003	0.006	0.013	0.025	0.043
22	0.000	0.000	0.000	0.000	0.001	0.002	0.004	0.008	0.015	0.028
23	0.000	0.000	0.000	0.000	0.000	0.001	0.002	0.004	0.009	0.017
24	0.000	0.000	0.000	0.000	0.000	0.001	0.001	0.003	0.005	0.011
25	0.000	0.000	0.000	0.000	0.000	0.000	0.001	0.001	0.003	0.006

λ \ x	14	15	16	17	18	19	20	21	22	23
16	0.368	0.467	0.566	0.659	0.742	0.812	0.868	0.911	0.942	0.963
17	0.281	0.371	0.468	0.564	0.655	0.736	0.805	0.861	0.905	0.937
18	0.208	0.287	0.375	0.496	0.562	0.651	0.731	0.799	0.855	0.899
19	0.150	0.215	0.292	0.378	0.469	0.561	0.647	0.725	0.793	0.849
20	0.105	0.157	0.221	0.297	0.381	0.470	0.559	0.644	0.721	0.787
21	0.072	0.111	0.163	0.227	0.302	0.384	0.471	0.558	0.640	0.716
22	0.048	0.077	0.117	0.169	0.232	0.306	0.387	0.472	0.556	0.637
23	0.031	0.052	0.082	0.123	0.175	0.238	0.310	0.389	0.472	0.555
24	0.020	0.034	0.056	0.087	0.128	0.180	0.243	0.314	0.392	0.473
25	0.012	0.022	0.038	0.060	0.092	0.134	0.185	0.247	0.318	0.394

续表

λ＼x	24	25	26	27	28	29	30	31	32	33
16	0.987	0.987	0.993	0.996	0.998	0.999	0.999	1.000		
17	0.959	0.975	0.985	0.991	0.995	0.997	0.999	0.999	1.000	
18	0.932	0.955	0.972	0.983	0.990	0.994	0.997	0.998	0.999	1.000
19	0.893	0.927	0.951	0.969	0.980	0.988	0.993	0.996	0.998	0.999
20	0.843	0.888	0.922	0.948	0.966	0.978	0.987	0.992	0.995	0.997
21	0.782	0.838	0.883	0.917	0.944	0.963	0.976	0.985	0.991	0.994
22	0.712	0.777	0.832	0.877	0.913	0.940	0.959	0.973	0.983	0.989
23	0.635	0.708	0.772	0.827	0.873	0.908	0.936	0.956	0.971	0.981
24	0.554	0.632	0.704	0.768	0.823	0.868	0.904	0.932	0.953	0.969
25	0.473	0.553	0.629	0.700	0.763	0.818	0.863	0.900	0.929	0.950

λ＼x	34	35	36	37	38	39	40	41	42
19	0.999	1.000							
20	0.999	0.999	1.000						
21	0.997	0.998	0.999	0.999	1.000				
22	0.994	0.996	0.998	0.999	0.999	1.000			
23	0.989	0.993	0.996	0.997	0.999	0.999	1.000		
24	0.979	0.987	0.992	0.995	0.997	0.998	0.999	0.999	1.000
25	0.966	0.978	0.985	0.991	0.994	0.997	0.998	0.999	1.000

附表2　标准正态分布函数 Φ(x) 表

$$\Phi(x) = \int_{-\infty}^{x} \frac{1}{\sqrt{2\pi}} e^{-\frac{x^2}{2}} \, dx$$

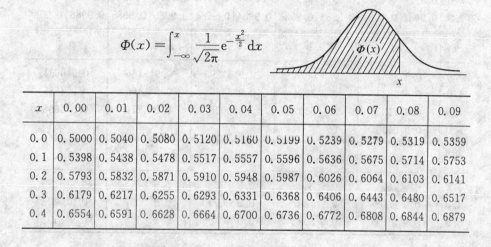

x	0.00	0.01	0.02	0.03	0.04	0.05	0.06	0.07	0.08	0.09
0.0	0.5000	0.5040	0.5080	0.5120	0.5160	0.5199	0.5239	0.5279	0.5319	0.5359
0.1	0.5398	0.5438	0.5478	0.5517	0.5557	0.5596	0.5636	0.5675	0.5714	0.5753
0.2	0.5793	0.5832	0.5871	0.5910	0.5948	0.5987	0.6026	0.6064	0.6103	0.6141
0.3	0.6179	0.6217	0.6255	0.6293	0.6331	0.6368	0.6406	0.6443	0.6480	0.6517
0.4	0.6554	0.6591	0.6628	0.6664	0.6700	0.6736	0.6772	0.6808	0.6844	0.6879

续表

x	0.00	0.01	0.02	0.03	0.04	0.05	0.06	0.07	0.08	0.09
0.5	0.6915	0.6950	0.6985	0.7019	0.7054	0.7088	0.7123	0.7157	0.7190	0.7224
0.6	0.7257	0.7291	0.7324	0.7357	0.7389	0.7422	0.7454	0.7486	0.7517	0.7549
0.7	0.7580	0.7611	0.7642	0.7673	0.7704	0.7734	0.7764	0.7794	0.7823	0.7852
0.8	0.7881	0.7910	0.7939	0.7967	0.7995	0.8023	0.8051	0.8079	0.8106	0.8133
0.9	0.8159	0.8186	0.8212	0.8238	0.8264	0.8289	0.8315	0.8340	0.8365	0.8389
1.0	0.8413	0.8438	0.8461	0.8485	0.8508	0.8531	0.8554	0.8577	0.8599	0.8621
1.1	0.8643	0.8665	0.8686	0.8708	0.8729	0.8749	0.8770	0.8790	0.8810	0.8830
1.2	0.8849	0.8869	0.8888	0.8907	0.8925	0.8944	0.8962	0.8980	0.8997	0.9015
1.3	0.9032	0.9049	0.9066	0.9082	0.9099	0.9115	0.9131	0.9147	0.9162	0.9177
1.4	0.9192	0.9207	0.9222	0.9236	0.9251	0.9265	0.9279	0.9292	0.9306	0.9319
1.5	0.9332	0.9345	0.9357	0.9370	0.9382	0.9394	0.9406	0.9418	0.9429	0.9441
1.6	0.9452	0.9463	0.9474	0.9484	0.9495	0.9505	0.9515	0.9525	0.9535	0.9545
1.7	0.9554	0.9564	0.9573	0.9582	0.9591	0.9599	0.9608	0.9616	0.9625	0.9633
1.8	0.9641	0.9649	0.9656	0.9664	0.9671	0.9678	0.9686	0.9693	0.9700	0.9706
1.9	0.9713	0.9719	0.9726	0.9732	0.9738	0.9744	0.9750	0.9756	0.9761	0.9767
2.0	0.9772	0.9778	0.9783	0.9788	0.9793	0.9798	0.9803	0.9808	0.9812	0.9817
2.1	0.9821	0.9826	0.9830	0.9834	0.9838	0.9842	0.9846	0.9850	0.9854	0.9857
2.2	0.9861	0.9864	0.9868	0.9871	0.9875	0.9878	0.9881	0.9884	0.9887	0.9890
2.3	0.9893	0.9896	0.9898	0.9901	0.9904	0.9906	0.9909	0.9911	0.9913	0.9916
2.4	0.9918	0.9920	0.9922	0.9925	0.9927	0.9929	0.9931	0.9932	0.9934	0.9936
2.5	0.9938	0.9940	0.9941	0.9943	0.9945	0.9946	0.9948	0.9949	0.9951	0.9952
2.6	0.9953	0.9955	0.9956	0.9957	0.9959	0.9960	0.9961	0.9962	0.9963	0.9964
2.7	0.9965	0.9966	0.9967	0.9968	0.9969	0.9970	0.9971	0.9972	0.9973	0.9974
2.8	0.9974	0.9975	0.9976	0.9977	0.9977	0.9978	0.9979	0.9979	0.9980	0.9981
2.9	0.9981	0.9982	0.9983	0.9983	0.9984	0.9984	0.9985	0.9985	0.9986	0.9986

x	0.0	0.1	0.2	0.3	0.4
3.0	$0.9^2 8650$	$0.9^3 0324$	$0.9^3 3129$	$0.9^3 5166$	$0.9^3 6631$
4.0	$0.9^4 6833$	$0.9^4 7934$	$0.9^4 8665$	$0.9^5 1460$	$0.9^5 4587$
5.0	$0.9^6 7133$	$0.9^6 8302$	$0.9^7 0036$	$0.9^7 4210$	$0.9^7 6668$
6.0	$0.9^9 0136$				

x	0.5	0.6	0.7	0.8	0.9
3.0	$0.9^3 7674$	$0.9^3 8409$	$0.9^3 8922$	$0.9^4 2765$	$0.9^4 5190$
4.0	$0.9^5 6602$	$0.9^5 7887$	$0.9^5 8699$	$0.9^6 2067$	$0.9^6 5208$
5.0	$0.9^7 8101$	$0.9^7 8928$	$0.9^8 4010$	$0.9^8 6684$	$0.9^8 8192$

附表 3　标准正态分布的 α 分位数表

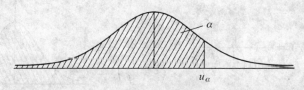

α	0.00	0.01	0.02	0.03	0.04	0.05	0.06	0.07	0.08	0.09
0.00	—	−2.33	−2.05	−1.88	−1.75	−1.64	−1.55	−1.48	−1.41	−1.34
0.10	−1.28	−1.23	−1.18	−1.13	−1.08	−1.04	−0.99	−0.95	−0.92	−0.88
0.20	−0.84	−0.81	−0.77	−0.74	−0.71	−0.67	−0.64	−0.61	−0.58	−0.55
0.30	−0.52	−0.50	−0.47	−0.44	−0.41	−0.39	−0.36	−0.33	−0.31	−0.28
0.40	−0.25	−0.23	−0.20	−0.18	−0.15	−0.13	−0.10	−0.08	−0.05	−0.03
0.50	0.00	0.03	0.05	0.08	0.10	0.13	0.15	0.18	0.20	0.23
0.60	0.25	0.28	0.31	0.33	0.36	0.39	0.41	0.44	0.47	0.50
0.70	0.52	0.55	0.58	0.61	0.64	0.67	0.71	0.74	0.77	0.81
0.80	0.84	0.88	0.92	0.95	0.99	1.04	1.08	1.13	1.18	1.23
0.90	1.28	1.34	1.41	1.48	1.55	1.64	1.75	1.88	2.05	2.33

α	0.001	0.005	0.010	0.025	0.050	0.100
u_α	−3.090	−2.576	−2.326	−1.960	−1.645	−1.282
α	0.999	0.995	0.990	0.975	0.950	0.900
u_α	3.090	2.576	2.326	1.960	1.645	1.282

附表 4　　t 分布函数表

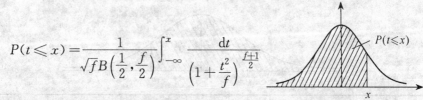

$$P(t \leqslant x) = \frac{1}{\sqrt{f}B\left(\frac{1}{2},\frac{f}{2}\right)} \int_{-\infty}^{x} \frac{\mathrm{d}t}{\left(1+\frac{t^2}{f}\right)^{\frac{f+1}{2}}}$$

x \ f	2	3	4	5	6	7	8	9	10	11
0.0	0.500	0.500	0.500	0.500	0.500	0.500	0.500	0.500	0.500	0.500
0.1	.532	.535	.537	.537	.538	.538	.538	.539	.539	.539
0.2	.563	.570	.573	.574	.575	.576	.576	.577	.577	.577
0.3	.593	.604	.608	.610	.612	.613	.614	.614	.614	.615
0.4	.621	.636	.642	.645	.647	.648	.650	.650	.651	.651
0.5	.648	.667	.674	.678	.681	.683	.684	.685	.686	.686
0.6	.672	.695	.705	.710	.713	.715	.716	.717	.718	.719
0.7	.694	.722	.733	.739	.742	.745	.747	.748	.749	.750
0.8	.715	.746	.759	.766	.770	.773	.775	.777	.778	.779
0.9	.733	.768	.783	.790	.795	.799	.801	.803	.804	.805
1.0	.750	.789	.804	.813	.818	.822	.825	.827	.828	.830
1.1	.765	.807	.824	.834	.839	.843	.846	.848	.850	.851
1.2	.779	.823	.842	.852	.858	.862	.865	.868	.870	.871
1.3	.791	.838	.858	.868	.875	.879	.883	.885	.887	.889
1.4	.803	.852	.872	.883	.890	.894	.898	.900	.902	.904
1.5	.813	.864	.885	.896	.903	.908	.911	.914	.916	.918
1.6	.822	.875	.896	.908	.915	.920	.923	.926	.928	.930
1.7	.831	.884	.906	.918	.925	.930	.934	.936	.938	.940
1.8	.839	.893	.915	.927	.934	.939	.943	.945	.947	.949
1.9	.846	.901	.923	.935	.942	.947	.950	.953	.955	.957
2.0	.852	.908	.930	.942	.949	.954	.957	.960	.962	.963
2.2	.864	.921	.942	.954	.960	.965	.968	.970	.972	.974
2.4	.874	.931	.952	.963	.969	.973	.976	.978	.980	.981
2.6	.883	.938	.960	.970	.976	.980	.982	.984	.986	.987
2.8	.891	.946	.966	.976	.981	.984	.987	.988	.990	.991

续表

x \ f	2	3	4	5	6	7	8	9	10	11
3.0	.898	.952	.971	.980	.985	.988	.990	.992	.993	.993
3.2	.904	.957	.975	.984	.988	.991	.992	.994	.995	.995
3.4	.909	.962	.979	.986	.990	.993	.994	.995	.996	.997
3.6	.914	.965	.982	.989	.992	.994	.996	.996	.997	.998
3.8	.918	.969	.984	.990	.994	.996	.997	.997	.998	.998
4.0	.922	.971	.986	.992	.995	.996	.997	.998	.998	.999
4.2	.926	.974	.988	.993	.996	.997	.998	.998	.999	.999
4.4	.929	.976	.989	.994	.996	.998	.998	.999	.999	.999
4.6	.932	.978	.990	.995	.997	.998	.999	.999	.999	1.000
4.8	.935	.980	.991	.996	.998	.998	.999	.999	1.000	
5.0	.937	.981	.992	.996	.998	.999	.999	1.000		
5.2	.940	.982	.993	.997	.998	.999	.999			
5.4	.942	.984	.994	.997	.998	.999	1.000			
5.6	.944	.985	.994	.998	.999	.999				
5.8	.946	.986	.995	.998	.999	.999				
6.0	.947	.987	.995	.998	.999	1.000				

x \ f	12	13	14	15	16	17	18	19	20	∞
0.0	0.500	0.500	0.500	0.500	0.500	0.500	0.500	0.500	0.500	0.500
0.1	.539	.539	.539	.539	.539	.539	.539	.539	.539	.540
0.2	.577	.578	.578	.578	.578	.578	.578	.578	.578	.579
0.3	.615	.615	.616	.616	.616	.616	.616	.616	.616	.618
0.4	.652	.652	.652	.652	.653	.653	.653	.653	.653	.655
0.5	.686	.687	.687	.688	.688	.688	.688	.688	.689	.691
0.6	.720	.720	.721	.721	.721	.722	.722	.722	.722	.726
0.7	.751	.751	.752	.752	.753	.753	.753	.754	.754	.758
0.8	.780	.780	.781	.781	.782	.782	.783	.783	.783	.788
0.9	.806	.807	.808	.808	.809	.809	.810	.810	.810	.816
1.0	.831	.832	.832	.833	.833	.834	.834	.835	.835	.841
1.1	.853	.854	.854	.855	.856	.856	.857	.857	.857	.864
1.2	.872	.873	.874	.875	.876	.876	.877	.877	.878	.885
1.3	.890	.891	.892	.893	.893	.894	.894	.895	.895	.903
1.4	.905	.907	.908	.908	.909	.910	.910	.911	.911	.919

$\dfrac{f}{x}$	12	13	14	15	16	17	18	19	20	∞
1.5	.919	.920	.921	.922	.923	.923	.924	.924	.925	.933
1.6	.931	.932	.933	.934	.935	.935	.936	.936	.937	.945
1.7	.941	.943	.944	.945	.945	.946	.946	.947	.947	.955
1.8	.950	.952	.952	.953	.954	.955	.955	.956	.956	.964
1.9	.958	.959	.960	.961	.962	.962	.963	.963	.964	.971
2.0	.965	.966	.967	.967	.968	.969	.969	.970	.970	.977
2.2	.975	.976	.977	.977	.978	.979	.979	.979	.980	.986
2.4	.982	.983	.984	.985	.985	.986	.986	.986	.987	.992
2.6	.988	.988	.989	.990	.990	.990	.991	.991	.991	.995
2.8	.991	.992	.992	.993	.993	.994	.994	.994	.994	.997
3.0	.994	.994	.995	.995	.996	.996	.996	.996	.996	.999
3.2	.996	.996	.997	.997	.997	.997	.997	.998	.998	.999
3.4	.997	.997	.998	.998	.998	.998	.998	.998	.998	1.000
3.6	.998	.998	.998	.999	.999	.999	.999	.999	.999	
3.8	.999	.999	.999	.999	.999	.999	.999	.999	.999	
4.0	.999	.999	.999	.999	.999	1.000	1.000	1.000	1.000	
4.2	.999	.999	1.000	1.000	1.000					
4.4	1.000	1.000								

附表 5　　t 分布的 α 分位数表

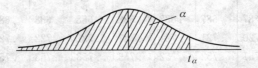

n	$t_{0.60}$	$t_{0.70}$	$t_{0.80}$	$t_{0.90}$	$t_{0.95}$	$t_{0.975}$	$t_{0.99}$	$t_{0.995}$
1	0.325	0.727	1.376	3.078	6.314	12.706	31.821	63.657
2	0.289	0.617	1.061	1.886	2.920	4.303	6.965	9.925
3	0.277	0.584	0.978	1.638	2.353	3.182	4.541	5.841
4	0.271	0.569	0.941	1.533	2.132	2.776	3.747	4.604
5	0.267	0.559	0.920	1.476	2.015	2.571	3.365	4.032

续表

n	$t_{0.60}$	$t_{0.70}$	$t_{0.80}$	$t_{0.90}$	$t_{0.95}$	$t_{0.975}$	$t_{0.99}$	$t_{0.995}$
6	0.265	0.553	0.906	1.440	1.943	2.447	3.143	3.707
7	0.263	0.549	0.896	1.415	1.895	2.365	2.998	3.499
8	0.262	0.546	0.889	1.397	1.860	2.306	2.896	3.355
9	0.261	0.543	0.883	1.383	1.833	2.262	2.821	3.250
10	0.260	0.542	0.879	1.372	1.812	2.228	2.764	3.169
11	0.260	0.540	0.876	1.363	1.796	2.201	2.718	3.106
12	0.259	0.539	0.873	1.356	1.782	2.179	2.681	3.055
13	0.259	0.538	0.870	1.350	1.771	2.160	2.650	3.012
14	0.258	0.537	0.868	1.345	1.761	2.145	2.624	2.977
15	0.258	0.536	0.866	1.341	1.753	2.131	2.602	2.947
16	0.258	0.535	0.865	1.337	1.746	2.120	2.583	2.921
17	0.257	0.534	0.863	1.333	1.740	2.110	2.567	2.898
18	0.257	0.534	0.862	1.330	1.734	2.101	2.552	2.878
19	0.257	0.533	0.861	1.328	1.729	2.093	2.539	2.861
20	0.257	0.533	0.860	1.325	1.725	2.086	2.528	2.861
21	0.257	0.532	0.859	1.323	1.721	2.080	2.518	2.831
22	0.256	0.532	0.858	1.321	1.717	2.074	2.508	2.819
23	0.256	0.532	0.858	1.319	1.714	2.069	2.500	2.807
24	0.256	0.531	0.857	1.318	1.711	2.064	2.492	2.797
25	0.256	0.531	0.856	1.316	1.708	2.060	2.485	2.787
26	0.256	0.531	0.856	1.315	1.706	2.056	2.479	2.779
27	0.256	0.531	0.855	1.314	1.703	2.052	2.473	2.771
28	0.256	0.530	0.855	1.313	1.701	2.048	2.467	2.763
29	0.256	0.530	0.854	1.311	1.699	2.045	2.462	2.756
30	0.256	0.530	0.854	1.310	1.697	2.042	2.457	2.750
40	0.255	0.529	0.851	1.303	1.684	2.021	2.423	2.704
60	0.254	0.527	0.848	1.296	1.671	2.000	2.390	2.660
120	0.254	0.526	0.845	1.289	1.658	1.980	2.358	2.617
∞	0.253	0.524	0.842	1.282	1.645	1.960	2.326	2.576

附表 6　χ^2 分布函数表

$$F(x) = 1 - P(\chi_f^2 > x)$$

$$P(\chi_f^2 > x) = \frac{1}{2^{\frac{f}{2}} \Gamma\left(\frac{f}{2}\right)} \int_x^\infty z^{\frac{f}{2}-1} e^{-\frac{z}{2}} dz$$

x＼f	1	2	3	4	5	6	7	8	9	10
1	0.3173	0.6065	0.8013	0.9098	0.9626	0.9856	0.9948	0.9982	0.9994	0.9998
2	.1574	.3679	.5724	.7538	.8491	.9197	.9598	.9810	.9915	.9963
3	.0833	.2231	.3916	.5578	.7000	.8088	.8850	.9344	.9643	.9814
4	.0455	.1353	.2615	.4060	.5494	.6767	.7798	.8571	.9114	.9473
5	.0254	.0821	.1718	.2873	.4159	.5438	.6600	.7576	.8343	.8912
6	.0143	.0498	.1116	.1991	.3062	.4232	.5398	.6472	.7399	.8153
7	.0081	.0302	.0719	.1359	.2206	.3208	.4289	.5366	.6371	.7254
8	.0047	.0183	.0460	.0916	.1562	.2381	.3326	.4335	.5341	.6288
9	.0027	.0111	.0293	.0611	.1091	.1736	.2527	.3423	.4373	.5321
10	.0016	.0067	.0186	.0404	.0752	.1247	.1886	.2650	.3505	.4405
11	.0009	.0041	.0117	.0266	.0514	.0884	.1386	.2017	.2757	.3575
12	.0005	.0025	.0074	.0174	.0348	.0620	.1006	.1512	.2133	.2851
13	.0003	.0015	.0046	.0113	.0234	.0430	.0721	.1119	.1626	.2237
14	.0002	.0009	.0029	.0073	.0156	.0296	.0512	.0818	.1223	.1730
15	.0001	.0006	.0018	.0047	.0104	.0203	.0360	.0591	.0909	.1321
16	.0001	.0003	.0011	.0030	.0068	.0138	.0251	.0424	.0669	.0996
17	.0000	.0002	.0007	.0019	.0045	.0093	.0174	.0301	.0487	.0744
18		.0001	.0004	.0012	.0029	.0062	.0120	.0212	.0352	.0550
19		.0001	.0003	.0008	.0019	.0042	.0082	.0149	.0252	.0403
20		.0000	.0002	.0005	.0013	.0028	.0056	.0103	.0179	.0293
21			.0001	.0003	.0008	.0018	.0038	.0071	.0126	.0211
22			.0001	.0002	.0005	.0012	.0025	.0049	.0089	.0151
23			.0000	.0001	.0003	.0008	.0017	.0034	.0062	.0107
24				.0001	.0002	.0005	.0011	.0023	.0043	.0076
25				.0001	.0001	.0003	.0008	.0016	.0030	.0053
26				.0000	.0001	.0002	.0005	.0010	.0020	.0037

续表

x \ f	1	2	3	4	5	6	7	8	9	10
27					.0001	.0001	.0003	.0007	.0014	.0026
28					.0000	.0001	.0002	.0005	.0010	.0018
29						.0001	.0001	.0003	.0006	.0012
30						.0000	.0001	.0002	.0004	.0009

x \ f	11	12	13	14	15	16	17	18	19	20
1	0.9999	1.0000	1.0000	1.0000	1.0000	1.0000	1.0000	1.0000	1.0000	1.0000
2	.9985	0.9994	0.9998	0.9999	1.0000	1.0000	1.0000	1.0000	1.0000	1.0000
3	.9907	.9955	.9979	.9991	0.9996	0.9998	0.9999	1.0000	1.0000	1.0000
4	.9699	.9834	.9912	.9955	.9977	.9989	.9995	0.9998	0.9999	1.0000
5	.9312	.9580	.9752	.9858	.9921	.9958	.9978	.9989	.9994	0.9997
6	.8734	.9161	.9462	.9665	.9797	.9881	.9932	.9962	.9979	.9989
7	.7991	.8576	.9022	.9347	.9576	.9733	.9835	.9901	.9942	.9967
8	.7133	.7851	.8436	.8893	.9238	.9489	.9665	.9786	.9867	.9919
9	.6219	.7029	.7729	.8311	.8775	.9134	.9403	.9597	.9735	.9829
10	.5304	.6160	.6939	.7622	.8197	.8666	.9036	.9319	.9539	.9682
11	.4433	.5289	.6108	.6860	.7526	.8095	.8566	.8944	.9238	9462
12	.3626	.4457	.5276	.6063	.6790	.7440	.8001	.8472	.8856	.9161
13	.2933	.3690	.4478	.5265	.6023	.6728	.7362	.7916	.8386	.8774
14	.2330	.3007	.3738	.4497	.5255	.5987	.6671	.7291	.7837	.8305
15	.1825	.2414	.3074	.3782	.4514	.5246	.5955	.6620	.7226	.7764
16	.1411	.1912	.2491	.3134	.3821	.4530	.5238	.5925	.6573	.7166
17	.1079	.1496	.1993	.2562	.3189	.3856	.4544	.5231	.5899	.6530
18	.0816	.1157	.1575	.2068	.2627	.3239	.3888	.4557	.5224	.5874
19	.0611	.0885	.1231	.1649	.2137	.2687	.3285	.3918	.4568	.5218
20	.0453	.0671	.0952	.1301	.1719	.2202	.2742	.3328	.3946	.4579
21	.0334	.0504	.0729	.1016	.1368	.1785	.2263	.2794	.3368	.3971
22	.0244	.0375	.0554	.0786	.1078	.1432	.1847	.2320	.2843	.3405
23	.0177	.0277	.0417	.0603	.0841	.1137	.1493	.1906	.2373	.2888
24	.0127	.0203	.0311	.0458	0651	.0895	.1194	.1550	.1962	.2424
25	.0091	.0148	.0231	.0346	.0499	.0698	.0947	.1249	.1605	.2014
26	.0065	.0107	.0170	.0259	.0380	.0540	.0745	.0998	.1302	.1658
27	.0046	.0077	.0124	.0193	.0287	.0415	.0581	.0790	.1047	.1353
28	.0032	.0055	.0090	.0142	.0216	.0316	.0449	.0621	.0834	.1094

续表

f x	11	12	13	14	15	16	17	18	19	20
29	.0023	.0039	.0065	.0104	.0161	.0239	.0345	.0484	.0660	.0878
30	.0016	.0028	.0047	.0076	.0119	.0180	.0263	.0374	.0518	.0699

f x	21	22	23	24	25	26	27	28	29	30
1	1.0000	1.0000	1.0000	1.0000	1.0000	1.0000	1.0000	1.0000	1.0000	1.0000
2	1.0000	1.0000	1.0000	1.0000	1.0000	1.0000	1.0000	1.0000	1.0000	1.0000
3	1.0000	1.0000	1.0000	1.0000	1.0000	1.0000	1.0000	1.0000	1.0000	1.0000
4	1.0000	1.0000	1.0000	1.0000	1.0000	1.0000	1.0000	1.0000	1.0000	1.0000
5	0.9999	0.9999	1.0000	1.0000	1.0000	1.0000	1.0000	1.0000	1.0000	1.0000
6	.9994	.9997	0.9999	0.9999	1.0000	1.0000	1.0000	1.0000	1.0000	1.0000
7	.9981	.9990	.9995	.9997	0.9999	0.9999	1.0000	1.0000	1.0000	1.0000
8	.9951	.9972	.9984	.9991	.9995	.9997	0.9999	0.9999	1.0000	1.0000
9	.9892	.9933	.9960	.9976	.9986	.9992	.9995	.9997	0.9999	0.9999
10	.9789	.9863	.9913	.9945	.9967	.9980	.9988	.9993	.9996	.9998
11	.9628	.9747	.9832	.9890	.9929	.9955	.9972	.9983	.9990	.9994
12	.9396	.9574	.9705	.9799	.9866	.9912	.9943	.9964	.9977	.9986
13	.9086	.9332	.9520	.9661	.9765	.9840	.9892	.9929	.9954	.9970
14	.8696	.9015	.9269	.9466	.9617	.9730	.9813	.9872	.9914	.9943
15	.8230	.8622	.8946	.9208	.9414	.9573	.9694	.9784	.9850	.9898
16	.7696	.8159	.8553	.8881	.9148	.9362	.9529	.9658	.9755	.9827
17	.7111	.7634	.8093	.8487	.8818	.9091	.9311	.9486	.9622	.9726
18	.6490	.7060	.7575	.8030	.8424	.8758	.9035	.9261	.9443	.9585
19	.5851	.6453	.7012	.7520	.7971	.8364	.8700	.8981	.9213	.9400
20	.5213	.5830	.6419	.6968	.7468	.7916	.8308	.8645	.8929	.9165
21	.4589	.5207	.5811	.6387	.6926	.7420	.7863	.8253	.8591	.8879
22	.3995	.4599	.5203	.5793	.6357	.6887	.7374	.7813	.8202	.8540
23	.3440	.4017	.4608	.5198	.5776	.6329	.6850	.7330	.7765	.8153
24	.2931	.3472	.4038	.4616	.5194	.5760	.6303	.6815	.7289	.7720
25	.2472	.2971	.3503	.4058	.4624	.5190	.5745	.6278	.6782	.7250
26	.2064	.2517	.3009	.3532	.4076	.4631	.5186	.5730	.6255	.6751
27	.1709	.2112	.2560	.3045	.3559	.4093	.4638	.5182	.5717	.6233
28	.1402	.1757	.2158	.2600	.3079	.3585	.4110	.4644	.5179	.5704
29	.1140	.1449	.1803	.2201	.2639	.3111	.3609	.4125	.4651	.5176
30	.0920	.1185	.1494	.1848	.2243	.2676	.3142	.3632	.4140	.4657

附表7 χ^2 分布的 α 分位数表

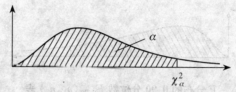

n	$\chi^2_{0.005}$	$\chi^2_{0.01}$	$\chi^2_{0.025}$	$\chi^2_{0.05}$	$\chi^2_{0.10}$	$\chi^2_{0.90}$	$\chi^2_{0.95}$	$\chi^2_{0.975}$	$\chi^2_{0.99}$	$\chi^2_{0.995}$
1	0.000039	0.00016	0.00098	0.0039	0.0158	2.71	3.84	5.02	6.63	7.88
2	0.0100	0.0201	0.0506	0.1026	0.2107	4.61	5.99	7.38	9.21	10.60
3	0.0717	0.115	0.216	0.352	0.584	6.25	7.81	9.35	11.34	12.84
4	0.207	0.297	0.484	0.711	1.064	7.78	9.49	11.14	13.28	14.86
5	0.412	0.554	0.831	1.15	1.61	9.24	11.07	12.83	15.09	16.75
6	0.676	0.872	1.24	1.64	2.20	10.64	12.59	14.45	16.81	18.55
7	0.989	1.24	1.69	2.17	2.83	12.02	14.07	16.01	18.48	20.28
8	1.34	1.65	2.18	2.73	3.49	13.36	15.51	17.53	20.09	21.96
9	1.73	2.09	2.70	3.33	4.17	14.68	16.92	19.02	21.67	23.59
10	2.16	2.56	3.25	3.94	4.87	15.99	18.31	20.48	23.21	25.19
11	2.60	3.05	3.82	4.57	5.58	17.28	19.68	21.92	24.73	26.76
12	3.07	3.57	4.40	5.23	6.30	18.55	21.03	23.34	26.22	28.30
13	3.57	4.11	5.01	5.89	7.04	19.81	22.36	24.74	27.69	29.82
14	4.07	4.66	5.63	6.57	7.79	21.06	23.68	26.12	29.14	31.32
15	4.60	5.23	6.26	7.26	8.55	22.31	25.00	27.49	30.58	32.80
16	5.14	5.81	6.91	7.96	9.31	23.54	26.30	28.85	32.00	34.27
18	6.26	7.01	8.23	9.39	10.86	25.99	28.87	31.53	34.81	37.16
20	7.43	8.26	9.59	10.85	12.44	28.41	31.41	34.17	37.57	40.00
24	9.89	10.86	12.40	13.85	15.66	33.20	36.42	39.36	42.98	45.56
30	13.79	14.95	16.79	18.49	20.60	40.26	43.77	46.98	50.89	53.67
40	20.71	22.16	24.43	26.51	29.05	51.81	55.76	59.34	63.69	66.77
60	35.53	37.48	40.48	43.19	46.46	74.40	79.08	83.30	88.38	91.95
120	83.85	86.92	91.57	95.70	100.62	140.23	146.57	152.21	158.95	163.64

对于大的自由度，近似有 $\chi^2_\alpha = \dfrac{1}{2}(u_\alpha + \sqrt{2n-1})^2$，其中 $n = $ 自由度，u_α 是标准正态分布的分位数.

附表 8　F 分布的 α 分位数表

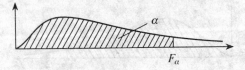

F 分布的 0.90 分位数 $F_{0.90}(n_1, n_2)$ 表

(n_1 = 分子的自由度，n_2 = 分母的自由度)

n_1 \ n_2	1	2	3	4	5	6	7	8	9	10
1	39.86	49.50	53.59	55.83	57.24	58.20	58.91	59.44	59.86	60.19
2	8.53	9.00	9.16	9.24	9.29	9.33	9.35	9.37	9.38	9.39
3	5.54	5.46	5.39	5.34	5.31	5.28	5.27	5.25	5.24	5.23
4	4.54	4.32	4.19	4.11	4.05	4.01	3.98	3.95	3.94	3.92
5	4.06	3.78	3.62	3.52	3.45	3.40	3.37	3.34	3.32	3.30
6	3.78	3.46	3.29	3.18	3.11	3.05	3.01	2.98	2.96	2.94
7	3.59	3.26	3.07	2.96	2.88	2.83	2.78	2.75	2.72	2.70
8	3.46	3.11	2.92	2.81	2.73	2.67	2.62	2.59	2.56	2.54
9	3.36	3.01	2.81	2.69	2.61	2.55	2.51	2.47	2.44	2.42
10	3.29	2.92	2.73	2.61	2.52	2.46	2.41	2.38	2.35	2.32
11	3.23	2.86	2.66	2.54	2.45	2.39	2.34	2.30	2.27	2.25
12	3.18	2.81	2.61	2.48	2.39	2.33	2.28	2.24	2.21	2.19
13	3.14	2.76	2.56	2.43	2.35	2.28	2.23	2.20	2.16	2.14
14	3.10	2.73	2.52	2.39	2.31	2.24	2.19	2.15	2.12	2.10
15	3.07	2.70	2.49	2.36	2.27	2.21	2.16	2.12	2.09	2.06
16	3.05	2.67	2.46	2.33	2.24	2.18	2.13	2.09	2.06	2.03
17	3.03	2.64	2.44	2.31	2.22	2.15	2.10	2.06	2.03	2.00
18	3.01	2.62	2.42	2.29	2.20	2.13	2.08	2.04	2.00	1.98
19	2.99	2.61	2.40	2.27	2.18	2.11	2.06	2.02	1.98	1.96
20	2.97	2.59	2.38	2.25	2.16	2.09	2.04	2.00	1.96	1.94
21	2.96	2.57	2.36	2.23	2.14	2.08	2.02	1.98	1.95	1.92
22	2.95	2.56	2.35	2.22	2.13	2.06	2.01	1.97	1.93	1.90
23	2.94	2.55	2.34	2.21	2.11	2.05	1.99	1.95	1.92	1.89
24	2.93	2.54	2.33	2.19	2.10	2.04	1.98	1.94	1.91	1.88
25	2.92	2.53	2.32	2.18	2.09	2.02	1.97	1.93	1.89	1.87

续表

n_2＼n_1	1	2	3	4	5	6	7	8	9	10
26	2.91	2.52	2.31	2.17	2.08	2.01	1.96	1.92	1.88	1.86
27	2.90	2.51	2.30	2.17	2.07	2.00	1.95	1.91	1.87	1.85
28	2.89	2.50	2.29	2.16	2.06	2.00	1.94	1.90	1.87	1.84
29	2.89	2.50	2.28	2.15	2.06	1.99	1.93	1.89	1.86	1.83
30	2.88	2.49	2.28	2.14	2.05	1.98	1.93	1.88	1.85	1.82
40	2.84	2.44	2.23	2.09	2.00	1.93	1.87	1.83	1.79	1.76
60	2.79	2.39	2.18	2.04	1.95	1.87	1.82	1.77	1.74	1.71
120	2.75	2.35	2.13	1.99	1.90	1.82	1.77	1.72	1.68	1.65
∞	2.71	2.30	2.08	1.94	1.85	1.77	1.72	1.67	1.63	1.60

n_2＼n_1	12	15	20	24	30	40	60	120	∞
1	60.71	61.22	61.74	62.00	62.26	62.53	62.79	63.06	63.33
2	9.41	9.42	9.44	9.45	9.46	9.47	9.47	9.48	9.49
3	5.22	5.20	5.18	5.18	5.17	5.16	5.15	5.14	5.13
4	3.90	3.87	3.84	3.83	3.82	3.80	3.79	3.78	3.76
5	3.27	3.24	3.21	3.19	3.17	3.16	3.14	3.12	3.11
6	2.90	2.87	2.84	2.82	2.80	2.78	2.76	2.74	2.72
7	2.67	2.63	2.59	2.58	2.56	2.54	2.51	2.45	2.47
8	2.50	2.46	2.42	2.40	2.38	2.36	2.34	2.32	2.29
9	2.38	2.34	2.30	2.28	2.25	2.23	2.21	2.18	2.16
10	2.28	2.24	2.20	2.18	2.16	2.13	2.11	2.08	2.06
11	2.21	2.17	2.12	2.10	2.08	2.05	2.03	2.00	1.97
12	2.15	2.10	2.06	2.04	2.01	1.99	1.96	1.93	1.90
13	2.10	2.05	2.01	1.98	1.96	1.93	1.90	1.88	1.85
14	2.05	2.01	1.96	1.94	1.91	1.89	1.86	1.83	1.80
15	2.02	1.97	1.92	1.90	1.87	1.85	1.82	1.79	1.76
16	1.99	1.94	1.89	1.87	1.84	1.81	1.78	1.75	1.72
17	1.96	1.91	1.86	1.84	1.81	1.78	1.75	1.72	1.69
18	1.93	1.89	1.84	1.81	1.78	1.75	1.72	1.69	1.66
19	1.91	1.86	1.81	1.79	1.76	1.73	1.70	1.67	1.63
20	1.89	1.84	1.79	1.77	1.74	1.71	1.68	1.64	1.61
21	1.87	1.83	1.78	1.75	1.72	1.69	1.66	1.62	1.59
22	1.86	1.81	1.76	1.73	1.70	1.67	1.64	1.60	1.57
23	1.84	1.80	1.74	1.72	1.69	1.66	1.62	1.59	1.55
24	1.83	1.78	1.73	1.70	1.67	1.64	1.61	1.57	1.53
25	1.82	1.77	1.72	1.69	1.66	1.63	1.59	1.56	1.52

n_2 \\ n_1	12	15	20	24	30	40	60	120	∞
26	1.81	1.76	1.71	1.68	1.65	1.61	1.58	1.54	1.50
27	1.80	1.75	1.70	1.67	1.64	1.60	1.57	1.53	1.49
28	1.79	1.74	1.69	1.66	1.63	1.59	1.56	1.52	1.48
29	1.78	1.73	1.68	1.65	1.62	1.58	1.55	1.51	1.47
30	1.77	1.72	1.67	1.64	1.61	1.57	1.54	1.50	1.46
40	1.71	1.66	1.61	1.57	1.54	1.51	1.47	1.42	1.38
60	1.66	1.60	1.54	1.51	1.48	1.44	1.40	1.35	1.29
120	1.60	1.55	1.48	1.45	1.41	1.37	1.32	1.26	1.19
∞	1.55	1.49	1.42	1.38	1.34	1.30	1.24	1.17	1.00

F 分布的 0.95 分位数 $F_{0.95}(n_1, n_2)$ 表

(n_1 = 分子的自由度, n_2 = 分母的自由度)

n_2 \\ n_1	1	2	3	4	5	6	7	8	9	10
1	161.45	199.50	215.71	224.58	230.16	233.99	236.76	238.88	240.54	241.88
2	18.51	19.00	19.16	19.25	19.30	19.33	19.35	19.37	19.38	19.40
3	10.13	9.55	9.28	9.12	9.01	8.94	8.89	8.85	8.81	8.79
4	7.71	6.94	6.59	6.39	6.26	6.16	6.09	6.04	6.00	5.96
5	6.61	5.79	5.41	5.19	5.05	4.95	4.88	4.82	4.77	4.74
6	5.99	5.14	4.76	4.53	4.39	4.28	4.21	4.15	4.10	4.06
7	5.59	4.74	4.35	4.12	3.97	3.87	3.79	3.73	3.68	3.64
8	5.32	4.46	4.07	3.84	3.69	3.58	3.50	3.44	3.39	3.35
9	5.12	4.26	3.86	3.63	3.48	3.37	3.29	3.23	3.18	3.14
10	4.96	4.10	3.71	3.48	3.33	3.22	3.14	3.07	3.02	2.98
11	4.84	3.98	3.59	3.36	3.20	3.09	3.01	2.95	2.90	2.85
12	4.75	3.89	3.49	3.26	3.11	3.00	2.91	2.85	2.80	2.75
13	4.67	3.81	3.41	3.18	3.03	2.92	2.83	2.77	2.71	2.67
14	4.60	3.74	3.34	3.11	2.96	2.85	2.76	2.70	2.65	2.60
15	4.54	3.68	3.29	3.06	2.90	2.79	2.71	2.64	2.59	2.54
16	4.49	3.63	3.24	3.01	2.85	2.74	2.66	2.59	2.54	2.49
17	4.45	3.59	3.20	2.96	2.81	2.70	2.61	2.55	2.49	2.45
18	4.41	3.55	3.16	2.93	2.77	2.66	2.58	2.51	2.46	2.41
19	4.38	3.52	3.13	2.90	2.74	2.63	2.54	2.48	2.42	2.38
20	4.35	3.49	3.10	2.87	2.71	2.60	2.51	2.45	2.39	2.35

续表

n_2 \ n_1	1	2	3	4	5	6	7	8	9	10
21	4.32	3.47	3.07	2.84	2.68	2.57	2.49	2.42	2.37	2.32
22	4.30	3.44	3.05	2.82	2.66	2.55	2.46	2.40	2.34	2.30
23	4.28	3.42	3.03	2.80	2.64	2.53	2.44	2.37	2.32	2.27
24	4.26	3.40	3.01	2.78	2.62	2.51	2.42	2.36	2.30	2.25
25	4.24	3.39	2.99	2.76	2.60	2.49	2.40	2.34	2.28	2.24
26	4.23	3.37	2.98	2.74	2.59	2.47	2.39	2.32	2.27	2.22
27	4.21	3.35	2.96	2.73	2.57	2.46	2.37	2.31	2.25	2.20
28	4.20	3.34	2.95	2.71	2.56	2.45	2.36	2.29	2.24	2.19
29	4.18	3.33	2.93	2.70	2.55	2.43	2.35	2.28	2.22	2.18
30	4.17	3.32	2.92	2.69	2.53	2.42	2.33	2.27	2.21	2.16
40	4.08	3.23	2.84	2.61	2.45	2.34	2.25	2.18	2.12	2.08
60	4.00	3.15	2.76	2.53	2.37	2.25	2.17	2.10	2.04	1.99
120	3.92	3.07	2.68	2.45	2.29	2.17	2.09	2.02	1.96	1.91
∞	3.84	3.00	2.60	2.37	2.21	2.10	2.01	1.94	1.88	1.83

n_2 \ n_1	12	15	20	24	30	40	60	120	∞
1	243.91	245.95	248.01	249.05	250.10	251.14	252.20	253.25	254.31
2	19.41	19.43	19.45	19.45	19.46	19.47	19.48	19.49	19.50
3	8.74	8.70	8.66	8.64	8.62	8.59	8.57	8.55	8.53
4	5.91	5.86	5.80	5.77	5.75	5.72	5.69	5.66	5.63
5	4.68	4.62	4.56	4.53	4.50	4.46	4.43	4.40	4.37
6	4.00	3.94	3.87	3.84	3.81	3.77	3.74	3.70	3.67
7	3.57	3.51	3.44	3.41	3.38	3.34	3.30	3.27	3.23
8	3.28	3.22	3.15	3.12	3.08	3.04	3.01	2.97	2.93
9	3.07	3.01	2.94	2.90	2.86	2.83	2.79	2.75	2.71
10	2.91	2.85	2.77	2.74	2.70	2.66	2.62	2.58	2.54
11	2.79	2.72	2.65	2.61	2.57	2.53	2.49	2.45	2.40
12	2.69	2.62	2.54	2.51	2.47	2.43	2.38	2.34	2.30
13	2.60	2.53	2.46	2.42	2.38	2.34	2.30	2.25	2.21
14	2.53	2.46	2.39	2.35	2.31	2.27	2.22	2.18	2.13
15	2.48	2.40	2.33	2.29	2.25	2.20	2.16	2.11	2.07
16	2.42	2.35	2.28	2.24	2.19	2.15	2.11	2.06	2.01
17	2.38	2.31	2.23	2.19	2.15	2.10	2.06	2.01	1.96
18	2.34	2.27	2.19	2.15	2.11	2.06	2.02	1.97	1.92
19	2.31	2.23	2.16	2.11	2.07	2.03	1.98	1.93	1.88
20	2.28	2.20	2.12	2.08	2.04	1.99	1.95	1.90	1.84

n_2 \ n_1	12	15	20	24	30	40	60	120	∞
21	2.25	2.18	2.10	2.05	2.01	1.96	1.92	1.87	1.81
22	2.23	2.15	2.07	2.03	1.98	1.94	1.89	1.84	1.78
23	2.20	2.13	2.05	2.01	1.96	1.91	1.86	1.81	1.76
24	2.18	2.11	2.03	1.98	1.94	1.89	1.84	1.79	1.73
25	2.16	2.09	2.01	1.96	1.92	1.87	1.82	1.77	1.71
26	2.15	2.07	1.99	1.95	1.90	1.85	1.80	1.75	1.69
27	2.13	2.06	1.97	1.93	1.88	1.84	1.79	1.73	1.67
28	2.12	2.04	1.96	1.91	1.87	1.82	1.77	1.71	1.65
29	2.10	2.03	1.94	1.90	1.85	1.81	1.75	1.70	1.64
30	2.09	2.01	1.93	1.89	1.84	1.79	1.74	1.68	1.62
40	2.00	1.92	1.84	1.79	1.74	1.69	1.64	1.58	1.51
60	1.92	1.84	1.75	1.70	1.65	1.59	1.53	1.47	1.39
120	1.83	1.75	1.66	1.61	1.55	1.50	1.43	1.35	1.25
∞	1.75	1.67	1.57	1.52	1.46	1.39	1.32	1.22	1.00

F 分布的 0.975 分位数 $F_{0.975}(n_1, n_2)$ 表

（$n_1 =$ 分子的自由度，$n_2 =$ 分母的自由度）

n_2 \ n_1	1	2	3	4	5	6	7	8	9	10
1	647.78	799.50	864.16	899.58	921.85	937.11	948.22	956.66	963.28	968.62
2	38.51	39.00	39.17	39.25	39.30	39.33	39.36	39.37	39.39	39.40
3	17.44	16.04	15.44	15.10	14.88	14.73	14.62	14.54	14.47	14.42
4	12.22	10.65	9.98	9.60	9.36	9.20	9.07	8.98	8.90	8.84
5	10.01	8.43	7.76	7.39	7.15	6.98	6.85	6.76	6.68	6.62
6	8.81	7.26	6.60	6.23	5.99	5.82	5.70	5.60	5.52	5.46
7	8.07	6.54	5.89	5.52	5.29	5.12	4.99	4.90	4.82	4.76
8	7.57	6.06	5.42	5.05	4.82	4.65	4.53	4.43	4.36	4.30
9	7.21	5.71	5.08	4.72	4.48	4.32	4.20	4.10	4.03	3.96
10	6.94	5.46	4.83	4.47	4.24	4.07	3.95	3.85	3.78	3.72
11	6.72	5.26	4.63	4.28	4.04	3.88	3.76	3.66	3.59	3.53
12	6.55	5.10	4.47	4.12	3.89	3.73	3.61	3.51	3.44	3.37
13	6.41	4.97	4.35	4.00	3.77	3.60	3.48	3.39	3.31	3.25
14	6.30	4.86	4.24	3.89	3.66	3.50	3.38	3.29	3.21	3.15
15	6.20	4.77	4.15	3.80	3.58	3.41	3.29	3.20	3.12	3.06

n_2＼n_1	1	2	3	4	5	6	7	8	9	10
16	6.12	4.69	4.08	3.73	3.50	3.34	3.22	3.12	3.05	2.99
17	6.04	4.62	4.01	3.66	3.44	3.28	3.16	3.06	2.98	2.92
18	5.98	4.56	3.95	3.61	3.38	3.22	3.10	3.01	2.93	2.87
19	5.92	4.51	3.90	3.56	3.33	3.17	3.05	2.96	2.88	2.82
20	5.87	4.46	3.86	3.51	3.29	3.13	3.01	2.91	2.84	2.77
21	5.83	4.42	3.82	3.48	3.25	3.09	2.97	2.87	2.80	2.73
22	5.79	4.38	3.78	3.44	3.22	3.05	2.93	2.84	2.76	2.70
23	5.75	4.35	3.75	3.41	3.18	3.02	2.90	2.81	2.73	2.67
24	5.72	4.32	3.72	3.38	3.15	2.99	2.87	2.78	2.70	2.64
25	5.69	4.29	3.69	3.35	3.13	2.97	2.85	2.75	2.68	2.61
26	5.66	4.27	3.67	3.33	3.10	2.94	2.82	2.73	2.65	2.59
27	5.63	4.24	3.65	3.31	3.08	2.92	2.80	2.71	2.63	2.57
28	5.61	4.22	3.63	3.29	3.06	2.90	2.78	2.69	2.61	2.55
29	5.59	4.20	3.61	3.27	3.04	2.88	2.76	2.67	2.59	2.53
30	5.57	4.18	3.59	3.25	3.03	2.87	2.75	2.65	2.57	2.51
40	5.42	4.05	3.46	3.13	2.90	2.74	2.62	2.53	2.45	2.39
60	5.29	3.93	3.34	3.01	2.79	2.63	2.51	2.41	2.33	2.27
120	5.15	3.80	3.23	2.89	2.67	2.52	2.39	2.30	2.22	2.16
∞	5.02	3.69	3.12	2.79	2.57	2.41	2.29	2.19	2.11	2.05

n_2＼n_1	12	15	20	24	30	40	60	120	∞
1	976.71	984.87	993.10	997.25	1001.41	1005.60	1009.80	1014.02	1018.26
2	39.41	39.43	39.45	39.46	39.46	39.47	39.48	39.49	39.50
3	14.34	14.25	14.17	14.12	14.08	14.04	13.99	13.95	13.90
4	8.75	8.66	8.56	8.51	8.46	8.41	8.36	8.31	8.26
5	6.52	6.43	6.33	6.28	6.23	6.18	6.12	6.07	6.02
6	5.37	5.27	5.17	5.12	5.07	5.01	4.96	4.90	4.85
7	4.67	4.57	4.47	4.42	4.36	4.31	4.25	4.20	4.14
8	4.20	4.10	4.00	3.95	3.89	3.84	3.78	3.73	3.67
9	3.87	3.77	3.67	3.61	3.56	3.51	3.45	3.39	3.33
10	3.62	3.52	3.42	3.37	3.31	3.26	3.20	3.14	3.08
11	3.43	3.33	3.23	3.17	3.12	3.06	3.00	2.94	2.88
12	3.28	3.18	3.07	3.02	2.96	2.91	2.85	2.79	2.72
13	3.15	3.05	2.95	2.89	2.84	2.78	2.72	2.66	2.60
14	3.05	2.95	2.84	2.79	2.73	2.67	2.61	2.55	2.49
15	2.96	2.86	2.76	2.70	2.64	2.59	2.52	2.46	2.40

续表

n_1 / n_2	12	15	20	24	30	40	60	120	∞
16	2.89	2.79	2.68	2.63	2.57	2.51	2.45	2.38	2.32
17	2.82	2.72	2.62	2.56	2.50	2.44	2.38	2.32	2.25
18	2.77	2.67	2.56	2.50	2.44	2.38	2.32	2.26	2.19
19	2.72	2.62	2.51	2.45	2.39	2.33	2.27	2.20	2.13
20	2.68	2.57	2.46	2.41	2.35	2.29	2.22	2.16	2.09
21	2.64	2.53	2.42	2.37	2.31	2.25	2.18	2.11	2.04
22	2.60	2.50	2.39	2.33	2.27	2.21	2.14	2.08	2.00
23	2.57	2.47	2.36	2.30	2.24	2.18	2.11	2.04	1.97
24	2.54	2.44	2.33	2.27	2.21	2.15	2.08	2.01	1.94
25	2.51	2.41	2.30	2.24	2.18	2.12	2.05	1.98	1.91
26	2.49	2.39	2.28	2.22	2.16	2.09	2.03	1.95	1.88
27	2.47	2.36	2.25	2.19	2.13	2.07	2.00	1.93	1.85
28	2.45	2.34	2.23	2.17	2.11	2.05	1.98	1.91	1.83
29	2.43	2.32	2.21	2.15	2.09	2.03	1.96	1.89	1.81
30	2.41	2.31	2.20	2.14	2.07	2.01	1.94	1.87	1.79
40	2.29	2.18	2.07	2.01	1.94	1.88	1.80	1.72	1.64
60	2.17	2.06	1.94	1.88	1.82	1.74	1.67	1.58	1.48
120	2.05	1.94	1.82	1.76	1.69	1.61	1.53	1.43	1.31
∞	1.94	1.83	1.71	1.64	1.57	1.48	1.39	1.27	1.00

F 分布的 0.99 分位数 $F_{0.99}(n_1, n_2)$ 表
(n_1 = 分子的自由度, n_2 = 分母的自由度)

n_1 / n_2	1	2	3	4	5	6	7	8	9	10
1	4052.18	4999.50	5403.35	5624.58	5763.65	5858.99	5928.36	5981.07	6022.47	6055.85
2	98.50	99.00	99.17	99.25	99.30	99.33	99.36	99.37	99.39	99.40
3	34.12	30.82	29.46	28.71	28.24	27.91	27.67	27.49	27.35	27.23
4	21.20	18.00	16.69	15.98	15.52	15.21	14.98	14.80	14.66	14.55
5	16.26	13.27	12.06	11.39	10.97	10.67	10.46	10.29	10.16	10.05
6	13.75	10.92	9.78	9.15	8.75	8.47	8.26	8.10	7.98	7.87
7	12.25	9.55	8.45	7.85	7.46	7.19	6.99	6.84	6.72	6.62
8	11.26	8.65	7.59	7.01	6.63	6.37	6.18	6.03	5.91	5.81
9	10.56	8.02	6.99	6.42	6.06	5.80	5.61	5.47	5.35	5.26
10	10.04	7.56	6.55	5.99	5.64	5.39	5.20	5.06	4.94	4.85

续表

n_2 \ n_1	1	2	3	4	5	6	7	8	9	10
11	9.65	7.21	6.22	5.67	5.32	5.07	4.89	4.74	4.63	4.54
12	9.33	6.93	5.95	5.41	5.06	4.82	4.64	4.50	4.39	4.30
13	9.07	6.70	5.74	5.21	4.86	4.62	4.44	4.30	4.19	4.10
14	8.86	6.51	5.56	5.04	4.70	4.46	4.28	4.14	4.03	3.94
15	8.68	6.36	5.42	4.89	4.56	4.32	4.14	4.00	3.89	3.80
16	8.53	6.23	5.29	4.77	4.44	4.20	4.03	3.89	3.78	3.69
17	8.40	6.11	5.19	4.67	4.34	4.10	3.93	3.49	3.68	3.59
18	8.29	6.01	5.09	4.58	4.25	4.01	3.84	3.71	3.60	3.51
19	8.18	5.93	5.01	4.50	4.17	3.94	3.77	3.63	3.52	3.43
20	8.10	5.85	4.94	4.43	4.10	3.87	3.70	3.56	3.46	3.37
21	8.02	5.78	4.87	4.37	4.04	3.81	3.64	3.51	3.40	3.31
22	7.95	5.72	4.82	4.31	3.99	3.76	3.59	3.45	3.35	3.26
23	7.88	5.66	4.76	4.26	3.94	3.71	3.54	3.41	3.30	3.21
24	7.82	5.61	4.72	4.22	3.90	3.67	3.50	3.36	3.26	3.17
25	7.77	5.57	4.68	4.18	3.85	3.63	3.46	3.32	3.22	3.13
26	7.72	5.53	4.64	4.14	3.82	3.59	3.42	3.29	3.18	3.09
27	7.68	5.49	4.60	4.11	3.78	3.56	3.39	3.26	3.15	3.06
28	7.64	5.45	4.57	4.07	3.75	3.53	3.36	3.23	3.12	3.03
29	7.60	5.42	4.54	4.04	3.73	3.50	3.33	3.20	3.09	3.00
30	7.56	5.39	4.51	4.02	3.70	3.47	3.30	3.17	3.07	2.98
40	7.31	5.18	4.31	3.83	3.51	3.29	3.12	2.99	2.89	2.80
60	7.08	4.98	4.13	3.65	3.34	3.12	2.95	2.82	2.72	2.63
120	6.85	4.79	3.95	3.48	3.17	2.96	2.79	2.66	2.56	2.47
∞	6.63	4.61	3.78	3.32	3.02	2.80	2.64	2.51	2.41	2.32

n_2 \ n_1	12	15	20	24	30	40	60	120	∞
1	6106.32	6157.28	6208.73	6234.63	6260.65	6286.78	6313.03	6339.39	6365.86
2	99.42	99.43	99.45	99.46	99.47	99.47	99.48	99.49	99.50
3	27.05	26.87	26.69	26.60	26.50	26.41	26.32	26.22	26.13
4	14.37	14.20	14.02	13.93	13.84	13.75	13.65	13.56	13.46
5	9.89	9.72	9.55	9.47	9.38	9.29	9.20	9.11	9.02
6	7.72	7.56	7.40	7.31	7.23	7.14	7.06	6.97	6.88
7	6.47	6.31	6.16	6.07	5.99	5.91	5.82	5.74	5.65
8	5.67	5.52	5.36	5.28	5.20	5.12	5.03	4.95	4.86
9	5.11	4.96	4.81	4.73	4.65	4.57	4.48	4.40	4.31
10	4.71	4.56	4.41	4.33	4.25	4.17	4.08	4.00	3.91

续表

n_1 n_2	12	15	20	24	30	40	60	120	∞
11	4.40	4.25	4.10	4.02	3.94	3.86	3.78	3.69	3.60
12	4.16	4.01	3.86	3.78	3.70	3.62	3.54	3.45	3.36
13	3.96	3.82	3.66	3.59	3.51	3.43	3.34	3.25	3.17
14	3.80	3.66	3.51	3.43	3.35	3.27	3.18	3.09	3.00
15	3.67	3.52	3.37	3.29	3.21	3.13	3.05	2.96	2.87
16	3.55	3.41	3.26	3.18	3.10	3.02	2.93	2.84	2.75
17	3.46	3.31	3.16	3.08	3.00	2.92	2.83	2.75	2.65
18	3.37	3.23	3.08	3.00	2.92	2.84	2.75	2.66	2.57
19	3.30	3.15	3.00	2.92	2.84	2.76	2.67	2.58	2.49
20	3.23	3.09	2.94	2.86	2.78	2.69	2.61	2.52	2.42
21	3.17	3.03	2.88	2.80	2.72	2.64	2.55	2.46	2.36
22	3.12	2.98	2.83	2.75	2.67	2.58	2.50	2.40	2.31
23	3.07	2.93	2.78	2.70	2.62	2.54	2.45	2.35	2.26
24	3.03	2.89	2.74	2.66	2.58	2.49	2.40	2.31	2.21
25	2.99	2.85	2.70	2.62	2.54	2.45	2.36	2.27	2.17
26	2.96	2.82	2.66	2.58	2.50	2.42	2.33	2.23	2.13
27	2.93	2.78	2.63	2.55	2.47	2.38	2.29	2.20	2.10
28	2.90	2.75	2.60	2.52	2.44	2.35	2.26	2.17	2.06
29	2.87	2.73	2.57	2.49	2.41	2.33	2.23	2.14	2.03
30	2.84	2.70	2.55	2.47	2.39	2.30	2.21	2.11	2.01
40	2.66	2.52	2.37	2.29	2.20	2.11	2.02	1.92	1.80
60	2.50	2.35	2.20	2.12	2.03	1.94	1.84	1.73	1.60
120	2.34	2.19	2.03	1.95	1.86	1.76	1.66	1.53	1.38
∞	2.18	2.04	1.88	1.79	1.70	1.59	1.47	1.32	1.00

附表 9　不合格品百分数的计数标准型一次抽样方案

（节选自 GB/T 132622-2008）

（$\alpha = 0.05$, $\beta = 0.10$）

p_1, % p_0, %	0.71～0.80	0.81～0.90	0.91～1.00	1.01～1.12	1.13～1.25	1.26～1.40	1.41～1.60
0.091～0.100	750, 2	425, 1	395, 1	370, 1	345, 1	315, 1	280, 1
0.101～0.112	730, 2	665, 2	380, 1	355, 1	330, 1	310, 1	275, 1
0.113～0.125	700, 2	650, 2	595, 2	340, 1	320, 1	295, 1	275, 1

续表

p_1, %　＼＼　p_0, %	0.71～0.80	0.81～0.90	0.91～1.00	1.01～1.12	1.13～1.25	1.26～1.40	1.41～1.60
0.126～0.140	930, 3	625, 2	580, 2	535, 2	305, 1	285, 1	260, 1
0.141～0.160	900, 3	820, 3	545, 2	520, 2	475, 2	270, 1	250, 1
0.161～0.180	1105, 4	795, 3	740, 3	495, 2	470, 2	430, 2	240, 1
0.181～0.200	1295, 5	980, 4	710, 3	665, 3	440, 2	415, 2	370, 2
0.201～0.224	1445, 6	1135, 5	875, 4	635, 3	595, 3	395, 2	365, 2
0.225～0.250	1620, 7	1305, 6	1015, 5	785, 4	570, 3	525, 3	350, 2
0.251～0.280	1750, 8	1435, 7	1165, 6	910, 5	705, 4	510, 3	465, 3
0.281～0.315	2055, 10	1545, 8	1275, 7	1025, 6	810, 5	625, 4	450, 3
0.316～0.355		1820, 10	1385, 8	1145, 7	920, 6	725, 5	555, 4
0.356～0.400			1630, 10	1235, 8	1025, 7	820, 6	640, 5
0.401～0.450				1450, 10	1100, 8	910, 7	725, 6
0.451～0.500					1300, 10	985, 8	810, 7
0.501～0.560						1165, 10	875, 8
0.561～0.630	.						1035, 10

p_1, %　＼＼　p_0, %	1.61～1.80	1.81～2.00	2.01～2.24	2.25～2.50	2.51～2.80	2.81～3.15	3.16～3.55
0.091～0.100	250, 1	225, 1	210, 1	185, 1	160, 1	68, 0	64, 0
0.101～0.112	250, 1	225, 1	200, 1	185, 1	160, 1	150, 1	60, 0
0.113～0.125	245, 1	220, 1	200, 1	180, 1	160, 1	150, 1	130, 1
0.126～0.140	240, 1	220, 1	200, 1	180, 1	160, 1	150, 1	130, 1
0.141～0.160	230, 1	215, 1	195, 1	175, 1	160, 1	140, 1	130, 1
0.161～0.180	220, 1	205, 1	190, 1	175, 1	160, 1	140, 1	125, 1
0.181～0.200	210, 1	200, 1	185, 1	170, 1	155, 1	140, 1	125, 1
0.201～0.224	330, 2	190, 1	175, 1	165, 1	155, 1	140, 1	125, 1
0.225～0.250	325, 2	300, 2	170, 1	160, 1	145, 1	135, 1	125, 1
0.251～0.280	310, 2	290, 2	265, 2	150, 1	140, 1	130, 1	120, 1
0.281～0.315	410, 3	275, 2	260, 2	240, 2	135, 1	125, 1	115, 1
0.316～0.355	400, 3	365, 3	250, 2	230, 2	210, 2	120, 1	110, 1
0.356～0.400	490, 4	355, 3	330, 3	220, 2	205, 2	190, 2	110, 1
0.401～0.450	565, 5	440, 4	315, 3	295, 3	195, 2	180, 2	165, 2
0.451～0.500	545, 5	505, 5	390, 4	285, 3	260, 3	175, 2	165, 2
0.501～0.560	715, 7	495, 5	454, 5	350, 4	255, 3	230, 3	155, 2
0.561～0.630	770, 8	640, 7	435, 5	405, 5	310, 4	225, 3	205, 3
0.631～0.710	910, 10	690, 8	570, 7	390, 5	360, 5	275, 4	200, 3
0.711～0.800		815, 10	620, 8	510, 7	350, 5	320, 5	250, 4
0.801～0.900			725, 10	550, 8	455, 7	310, 5	285, 5
0.901～1.00				650, 10	490, 8	405, 7	275, 5

续表

p_1, % \ p_0, %	1.61~1.80	1.81~2.00	2.01~2.24	2.25~2.50	2.51~2.80	2.81~3.15	3.16~3.55
1.01~1.12					580, 10	435, 8	360, 7
1.13~1.25					715, 13	515, 10	390, 8
1.26~1.40						635, 13	465, 10
1.41~1.60						825, 18	565, 13
1.61~1.80							745, 18

p_1, % \ p_0, %	3.56~4.00	4.01~4.50	4.51~5.00	5.01~5.60	5.61~6.30
0.091~0.100	58, 0	54, 0	49, 0	45, 0	41, 0
0.101~0.112	56, 0	52, 0	48, 0	44, 0	40, 0
0.113~0.125	54, 0	50, 0	46, 0	43, 0	39, 0
0.126~0.140	115, 1	48, 0	45, 0	41, 0	38, 0
0.141~0.160	115, 1	100, 1	43, 0	40, 0	37, 0
0.161~0.180	115, 1	100, 1	92, 1	38, 0	35, 0
0.181~0.200	115, 1	100, 1	92, 1	82, 1	34, 0
0.201~0.224	115, 1	100, 1	92, 1	82, 1	72, 1
0.225~0.250	115, 1	100, 1	90, 1	82, 1	72, 1
0.251~0.280	110, 1	100, 1	90, 1	80, 1	72, 1
0.281~0.315	110, 1	98, 1	88, 1	80, 1	70, 1
0.316~0.355	105, 1	96, 1	86, 1	80, 1	70, 1
0.356~0.400	100, 1	92, 1	86, 1	78, 1	70, 1
0.401~0.450	95, 1	88, 1	82, 1	76, 1	68, 1
0.451~0.500	150, 2	84, 1	80, 1	74, 1	68, 1
0.501~0.560	145, 2	135, 2	76, 1	70, 1	64, 1
0.561~0.630	140, 2	125, 2	115, 2	68, 1	62, 1
0.631~0.710	185, 3	125, 2	115, 2	105, 2	59, 1
0.711~0.800	180, 3	165, 3	110, 2	105, 2	94, 2
0.801~0.900	220, 4	160, 3	145, 3	100, 2	90, 2
0.901~1.00	255, 5	195, 4	140, 3	130, 3	86, 2
1.01~1.12	245, 5	225, 5	175, 4	125, 3	115, 3
1.13~1.25	280, 6	220, 5	165, 4	155, 4	115, 3
1.26~1.40	350, 8	250, 6	195, 5	150, 4	135, 4
1.41~1.60	410, 10	310, 8	220, 6	175, 5	130, 4
1.61~1.80	505, 13	360, 10	275, 8	195, 6	155, 5
1.81~2.00	660, 18	445, 13	325, 10	245, 8	175, 6
2.01~2.24		585, 18	400, 13	290, 10	220, 8
2.25~2.50			520, 18	360, 13	260, 10
2.51~2.80				470, 18	320, 13
2.81~3.15					415, 18

附表 10　正态性检验统计量 W 的系数 $a_i(n)$ 数值表

i＼n							8	9	10
1							0.6052	0.5888	0.5739
2							0.3164	0.3244	0.3291
3		—					0.1743	0.1976	0.2141
4							0.0561	0.0947	0.1224
5		—	—	—	—	—	—	—	0.0399

i＼n	11	12	13	14	15	16	17	18	19	20
1	0.5601	0.5475	0.5359	0.5251	0.5150	0.5056	0.4968	0.4886	0.4808	0.4734
2	0.3315	0.3325	0.3325	0.3318	0.3306	0.3290	0.3273	0.3253	0.3232	0.3211
3	0.2260	0.2347	0.2412	0.2460	0.2495	0.2521	0.2540	0.2553	0.2561	0.2565
4	0.1429	0.1586	0.1707	0.1802	0.1878	0.1939	0.1988	0.2027	0.2059	0.2085
5	0.0695	0.0922	0.1099	0.1240	0.1353	0.1447	0.1524	0.1587	0.1641	0.1686
6	—	0.0303	0.0539	0.0727	0.0880	0.1005	0.1109	0.1197	0.1271	0.1334
7	—	—	—	0.0240	0.0433	0.0593	0.0725	0.0837	0.0932	0.1013
8						0.0196	0.0359	0.0496	0.0612	0.0711
9								0.0163	0.0303	0.0422
10	—	—	—	—	—	—	—	—	—	0.0140

i＼n	21	22	23	24	25	26	27	28	29	30
1	0.4643	0.4590	0.4542	0.4493	0.4450	0.4407	0.4366	0.4328	0.4291	0.4254
2	0.3185	0.3156	0.3126	0.3098	0.3069	0.3043	0.3018	0.2992	0.2968	0.2944
3	0.2578	0.2571	0.2563	0.2554	0.2543	0.2533	0.2522	0.2510	0.2499	0.2487
4	0.2119	0.2131	0.2139	0.2145	0.2148	0.2151	0.2152	0.2151	0.2150	0.2148
5	0.1736	0.1764	0.1787	0.1807	0.1822	0.1836	0.1848	0.1857	0.1864	0.1870
6	0.1399	0.1443	0.1480	0.1512	0.1539	0.1563	0.1584	0.1601	0.1616	0.1630
7	0.1092	0.1150	0.1201	0.1245	0.1283	0.1316	0.1346	0.1372	0.1395	0.1415
8	0.0804	0.0878	0.0941	0.0997	0.1046	0.1089	0.1128	0.1162	0.1192	0.1219
9	0.0530	0.0618	0.0696	0.0764	0.0823	0.0876	0.0923	0.0965	0.1002	0.1036
10	0.0263	0.0368	0.0459	0.0539	0.0610	0.0672	0.0728	0.0778	0.0822	0.0862
11	—	0.0122	0.0228	0.0321	0.0403	0.0476	0.0540	0.0598	0.0650	0.0668
12	—	—	—	0.0107	0.0200	0.0284	0.0358	0.0424	0.0483	0.0537
13	—	—	—	—	—	0.0094	0.0178	0.0253	0.0320	0.0381
14	—	—	—	—	—	—	—	0.0084	0.0159	0.0227
15	—	—	—	—	—	—	—	—	—	0.0076

续表

$\diagdown$ n i	31	32	33	34	35	36	37	38	39	40
1	0.4220	0.4188	0.4156	0.4127	0.4096	0.4068	0.4040	0.4015	0.3989	0.3964
2	0.2921	0.2898	0.2876	0.2854	0.2834	0.2813	0.2794	0.2774	0.2755	0.2737
3	0.2475	0.2463	0.2451	0.2439	0.2427	0.2415	0.2403	0.2391	0.2380	0.2368
4	0.2145	0.2141	0.2137	0.2132	0.2127	0.2121	0.2116	0.2110	0.2104	0.2098
5	0.1874	0.1878	0.1880	0.1882	0.1883	0.1883	0.1883	0.1881	0.1880	0.1878
6	0.1641	0.1651	0.1660	0.1667	0.1673	0.1678	0.1683	0.1686	0.1689	0.1691
7	0.1433	0.1449	0.1463	0.1475	0.1487	0.1496	0.1505	0.1513	0.1520	0.1526
8	0.1243	0.1265	0.1284	0.1301	0.1317	0.1331	0.1344	0.1356	0.1366	0.1376
9	0.1066	0.1093	0.1118	0.1140	0.1160	0.1179	0.1196	0.1211	0.1225	0.1237
10	0.0899	0.0931	0.0961	0.0988	0.1013	0.1036	0.1056	0.1075	0.1092	0.1108
11	0.0739	0.0777	0.0812	0.0844	0.0873	0.0900	0.0924	0.0947	0.0967	0.0986
12	0.0585	0.0629	0.0669	0.0706	0.0739	0.0770	0.0798	0.0824	0.0848	0.0870
13	0.0435	0.0485	0.0530	0.0572	0.0610	0.0645	0.0677	0.0706	0.0733	0.0759
14	0.0289	0.0344	0.0395	0.0441	0.0484	0.0523	0.0559	0.0592	0.0622	0.0651
15	0.0144	0.0206	0.0262	0.0314	0.0361	0.0404	0.0444	0.0481	0.0515	0.0546
16	—	0.0068	0.0131	0.0187	0.0239	0.0287	0.0331	0.0372	0.0409	0.0444
17	—	—	—	0.0062	0.0119	0.0172	0.0220	0.0264	0.0305	0.0343
18	—	—	—	—	—	0.0057	0.0110	0.0158	0.0203	0.0244
19	—	—	—	—	—	—	—	0.0053	0.0101	0.0146
20	—	—	—	—	—	—	—	—	—	0.0049

$\diagdown$ n i	41	42	43	44	45	46	47	48	49	50
1	0.3940	0.3917	0.3894	0.3872	0.3850	0.3830	0.3803	0.3789	0.3770	0.3751
2	0.2719	0.2701	0.2684	0.2667	0.2651	0.2635	0.2620	0.2604	0.2589	0.2574
3	0.2357	0.2345	0.2334	0.2323	0.2313	0.2302	0.2291	0.2281	0.2271	0.2260
4	0.2091	0.2085	0.2078	0.2072	0.2065	0.2058	0.2052	0.2045	0.2038	0.2032
5	0.1876	0.1874	0.1871	0.1868	0.1865	0.1862	0.1859	0.1855	0.1851	0.1847
6	0.1693	0.1694	0.1695	0.1695	0.1695	0.1695	0.1695	0.1693	0.1692	0.1691
7	0.1531	0.1535	0.1539	0.1542	0.1545	0.1548	0.1550	0.1551	0.1553	0.1554
8	0.1384	0.1392	0.1398	0.1405	0.1410	0.1415	0.1420	0.1423	0.1427	0.1430
9	0.1249	0.1259	0.1269	0.1278	0.1286	0.1293	0.1300	0.1306	0.1312	0.1317
10	0.1123	0.1136	0.1149	0.1160	0.1170	0.1180	0.1189	0.1197	0.1205	0.1212
11	0.1004	0.1020	0.1035	0.1049	0.1062	0.1073	0.1085	0.1095	0.1105	0.1113
12	0.0891	0.0909	0.0927	0.0943	0.0959	0.0972	0.0986	0.0998	0.1010	0.1020
13	0.0782	0.0804	0.0824	0.0842	0.0860	0.0876	0.0892	0.0906	0.0919	0.0932

续表

i \ n	41	42	43	44	45	46	47	48	49	50
14	0.0677	0.0701	0.0724	0.0745	0.0765	0.0783	0.0801	0.0817	0.0832	0.0846
15	0.0575	0.0602	0.0628	0.0651	0.0673	0.0694	0.0713	0.0731	0.0748	0.0764
16	0.0476	0.0506	0.0534	0.0560	0.0584	0.0607	0.0628	0.0648	0.0667	0.0685
17	0.0379	0.0411	0.0442	0.0471	0.0497	0.0522	0.0546	0.0568	0.0588	0.0608
18	0.0283	0.0318	0.0352	0.0383	0.0412	0.0439	0.0465	0.0489	0.0511	0.0532
19	0.0188	0.0227	0.0263	0.0296	0.0328	0.0357	0.0385	0.0411	0.0436	0.0459
20	0.0094	0.0136	0.0175	0.0211	0.0245	0.0277	0.0307	0.0335	0.0361	0.0386
21	—	0.0045	0.0087	0.0126	0.0163	0.0197	0.0229	0.0259	0.0288	0.0314
22	—	—	—	0.0042	0.0081	0.0118	0.0153	0.0185	0.0215	0.0244
23	—	—	—	—	0.0039	0.0076	0.0111	0.0143	0.0174
24	—	—	—	—	—	—	0.0037	0.0071	0.0104
25	—	—	—	—	—	—	—	—	0.0035

附表 11   正态性检验统计量 W 的 α 分位数表

n	α 0.01	α 0.05	n	α 0.01	α 0.05	n	α 0.01	α 0.05
8	0.749	0.818	23	0.881	0.914	38	0.916	0.938
9	0.764	0.829	24	0.884	0.916	39	0.917	0.939
10	0.781	0.842	25	0.888	0.918	40	0.919	0.940
11	0.792	0.850	26	0.891	0.920	41	0.920	0.941
12	0.805	0.859	27	0.894	0.923	42	0.922	0.942
13	0.814	0.866	28	0.896	0.924	43	0.923	0.943
14	0.825	0.874	29	0.898	0.926	44	0.924	0.944
15	0.835	0.881	30	0.900	0.927	45	0.926	0.945
16	0.844	0.887	31	0.902	0.929	46	0.927	0.945
17	0.851	0.892	32	0.904	0.930	47	0.928	0.946
18	0.858	0.897	33	0.906	0.931	48	0.929	0.947
19	0.863	0.901	34	0.908	0.933	49	0.929	0.947
20	0.868	0.905	35	0.910	0.934	50	0.930	0.947
21	0.873	0.908	36	0.912	0.935			
22	0.878	0.911	37	0.914	0.936			

附表 12　正态性检验统计量 T_{EP} 的 $1-\alpha$ 分位数表

n	$1-\alpha$			
	0.90	0.95	0.975	0.99
8	0.271	0.347	0.426	0.526
9	0.275	0.350	0.428	0.537
10	0.279	0.357	0.437	0.545
15	0.284	0.366	0.447	0.560
20	0.287	0.368	0.450	0.564
30	0.288	0.371	0.459	0.569
50	0.290	0.374	0.461	0.574
100	0.291	0.376	0.464	0.583
200	0.290	0.379	0.467	0.590

附表 13　Wilcoxon 秩和检验临界值表

$$P(W \leqslant c) \leqslant \alpha < P(W \leqslant c+1)$$
$$P(W \geqslant n(N+1)-c) \leqslant \alpha < P(W \leqslant n(N+1)-c+1)$$

m	n	α				m	n	α			
		0.05	0.025	0.01	0.005			0.05	0.025	0.01	0.005
3	3	6	—	—	—	7	2	3	—	—	—
4	3	6	—	—	—		3	8	7	6	—
	4	11	10				4	14	13	11	10
5	2	3					5	21	20	18	16
	3	7	6				6	29	27	25	24
	4	12	11	10			7	39	36	34	32
	5	19	17	16	15	8	2	4	3		
6	2	3	—	—	—		3	9	8	6	—
	3	8	7	—	—		4	15	14	12	11
	4	13	12	11	10		5	23	21	19	17
	5	20	18	17	16		6	31	29	27	25
	6	28	26	24	23		7	41	38	35	34
							8	51	49	45	43

续表

m	n	α				m	n	α			
		0.05	0.025	0.01	0.005			0.05	0.025	0.01	0.005
9	2	4	3	—	—	12	11	104	99	94	90
	3	10	8	7	6		12	120	115	109	105
	4	16	14	13	11	13	2	5	4	3	—
	5	24	22	20	18		3	12	10	8	7
	6	33	31	28	26		4	20	18	15	13
	7	43	40	37	35		5	30	27	24	22
	8	54	51	47	45		6	40	37	33	31
	9	66	62	59	56		7	52	48	44	41
10	2	4	3	—	—		8	64	60	56	53
	3	10	9	7	6		9	78	73	68	65
	4	17	15	13	12		10	92	88	82	79
	5	26	23	21	19		11	108	103	97	93
	6	35	32	29	27		12	125	119	113	109
	7	45	42	39	37		13	142	136	130	125
	8	56	53	49	47	14	2	6	4	3	—
	9	69	65	61	58		3	13	11	8	7
	10	82	78	74	71		4	21	19	16	14
11	2	4	3	—	—		5	31	28	25	22
	3	11	9	7	6		6	42	38	34	32
	4	18	16	14	12		7	54	50	45	43
	5	27	24	22	20		8	67	62	58	54
	6	37	34	30	28		9	81	76	71	67
	7	47	44	40	38		10	96	91	85	81
	8	59	55	51	49		11	112	106	100	96
	9	72	68	63	61		12	129	123	116	112
	10	86	81	77	73		13	147	141	134	129
	11	100	96	91	87		14	166	160	152	147
12	2	5	4	—	—	15	2	6	4	3	—
	3	11	10	8	7		3	13	11	9	8
	4	19	17	15	13		4	22	20	17	15
	5	28	26	23	21		5	33	29	26	23
	6	38	35	32	30		6	44	40	36	33
	7	49	46	42	40		7	56	52	47	44
	8	62	58	53	51		8	69	65	60	56
	9	75	71	66	63		9	84	79	73	69
	10	89	84	79	76		10	99	94	88	84

m	n	0.05	0.025	0.01	0.005	m	n	0.05	0.025	0.01	0.005
15	11	116	110	103	99	18	2	7	5	3	—
	12	133	127	120	115		3	15	13	10	8
	13	152	145	138	133		4	26	22	19	16
	14	171	164	156	151		5	37	33	29	26
	15	192	184	176	171		6	49	45	40	37
16	2	6	4	3	—		7	63	58	52	49
	3	14	12	9	8		8	77	72	66	62
	4	24	21	17	15		9	93	87	81	76
	5	34	30	27	24		10	110	103	96	92
	6	46	42	37	34		11	127	121	113	108
	7	58	54	49	46		12	146	139	131	125
	8	72	67	62	58		13	166	158	150	144
	9	87	82	76	72		14	187	179	170	163
	10	103	97	91	86		15	208	200	190	184
	11	120	113	107	102		16	231	222	212	206
	12	138	131	124	119		17	255	246	235	228
	13	156	150	142	136		18	280	270	259	252
	14	176	169	161	155	19	1	1	—	—	—
	15	197	190	181	175		2	7	5	4	3
	16	219	211	202	196		3	16	13	10	9
17	2	6	5	3	—		4	27	23	19	17
	3	15	12	10	8		5	38	34	30	27
	4	25	21	18	16		6	51	46	41	38
	5	35	32	28	25		7	65	60	54	50
	6	47	43	39	36		8	80	74	68	64
	7	61	56	51	47		9	96	90	83	78
	8	75	70	64	60		10	113	107	99	94
	9	90	84	78	74		11	131	124	116	111
	10	106	100	93	89		12	150	143	134	129
	11	123	117	110	105		13	171	163	154	148
	12	142	135	127	122		14	192	183	174	168
	13	161	154	146	140		15	214	205	195	189
	14	182	174	165	159		16	237	228	218	210
	15	203	195	186	180		17	262	252	241	234
	16	225	217	207	201		18	287	277	265	258
	17	249	240	230	223		19	313	303	291	283

续表

m	n	α				m	n	α			
		0.05	0.025	0.01	0.005			0.05	0.025	0.01	0.005
20	1	1	—	—	—	20	11	135	128	119	114
	2	7	5	4	3		12	155	147	138	132
	3	17	14	11	9		13	175	167	158	151
	4	28	24	20	18		14	197	188	178	172
	5	40	35	31	28		15	220	210	200	193
	6	53	48	43	39		16	243	234	223	215
	7	67	62	56	52		17	268	258	246	239
	8	83	77	70	66		18	294	283	271	263
	9	99	93	85	81		19	320	309	297	289
	10	117	110	102	97		20	348	337	324	315

注：① 有两个样本，Wilcoxon 秩和检验临界值表中的秩和 W 是容量比较小的那一个样本的秩和. 用 n 表示容量比较小的那一个样本的样本容量，用 m 表示容量比较大的那一个样本的样本容量；② $N = n + m$.

附表 14　随 机 数 表

53 74 23 99 67	61 32 28 69 84	94 62 67 86 24	98 33 41 19 95	47 53 53 38 09
63 38 06 86 54	99 00 65 26 94	02 82 90 23 07	79 62 67 80 60	75 91 12 81 19
35 80 53 21 46	06 72 17 10 91	25 21 31 75 96	49 28 24 00 49	55 65 79 78 07
63 43 36 82 69	65 51 18 37 88	61 38 44 12 45	32 92 85 88 65	54 34 81 85 35
98 25 37 55 26	01 91 82 81 46	74 71 12 94 97	24 02 71 37 07	03 92 13 66 75
02 63 21 17 69	71 50 80 89 56	38 15 70 11 48	43 40 45 86 98	00 83 26 91 03
64 55 22 21 82	48 22 28 06 00	61 54 13 43 91	82 78 12 23 29	06 66 24 12 27
85 07 26 13 89	01 10 07 82 04	59 63 69 36 03	69 11 15 83 80	13 29 54 19 28
58 54 16 24 15	51 54 44 82 00	62 61 65 04 69	38 18 65 18 97	85 72 13 49 21
35 85 27 84 87	61 48 64 56 26	90 18 48 13 26	37 70 15 42 57	65 64 80 39 07
03 92 18 27 46	57 99 16 96 56	30 33 72 85 22	84 64 38 56 98	99 01 30 98 64
62 63 30 27 59	37 75 41 66 48	86 97 80 61 45	23 53 04 01 63	45 76 08 64 27
08 45 93 15 22	60 21 75 46 91	93 77 27 85 42	23 88 61 08 84	69 62 03 42 73
07 08 55 18 40	45 44 75 13 90	24 94 96 61 02	57 55 66 83 15	73 42 37 11 61
01 85 89 95 66	51 10 19 34 88	15 84 97 19 75	12 76 39 46 78	64 63 91 08 25

续表

72 84 71 14 35	19 11 58 49 26	50 11 17 17 76	86 31 57 20 18	95 60 78 46 75
88 78 28 16 84	13 52 53 94 53	75 45 69 30 96	73 89 65 70 31	99 17 43 48 76
45 17 75 65 57	23 40 19 72 12	25 12 74 75 67	60 40 60 81 19	24 62 01 61 16
96 76 28 12 54	22 01 11 94 25	71 96 16 16 83	68 64 36 74 45	19 59 50 88 92
43 31 67 72 30	24 02 94 03 63	38 32 36 66 02	69 36 38 25 39	48 03 45 15 22
50 44 66 44 21	66 06 53 05 62	68 15 54 35 02	42 35 48 96 32	14 52 41 52 48
22 66 22 15 86	26 63 75 41 99	58 42 36 72 24	58 37 52 18 51	03 37 18 39 11
96 24 40 14 51	23 22 30 88 57	95 67 47 29 83	94 69 40 06 07	18 16 36 78 86
31 73 91 61 19	60 20 72 93 48	98 57 07 23 69	65 95 39 69 58	56 80 30 19 44
78 60 73 99 84	43 89 94 36 45	56 69 47 07 41	90 22 91 07 12	78 35 34 08 72

附表 15　多重比较的 $q_{1-\alpha}(r,f)$ 表

$(\alpha=0.10)$

f＼r	2	3	4	5	6	7	8	9	10	15	20
1	8.93	13.4	16.4	18.5	20.2	21.5	22.6	23.6	24.5	27.6	29.7
2	4.13	5.73	6.77	7.54	8.14	8.63	9.05	9.41	9.72	10.9	11.7
3	3.33	4.47	5.20	5.74	6.16	6.51	6.81	7.06	7.29	8.12	8.68
4	3.01	3.98	4.59	5.03	5.39	5.68	5.93	6.14	6.33	7.02	7.50
5	2.85	3.72	4.26	4.66	4.98	5.24	5.46	5.65	5.82	6.44	6.86
6	2.75	3.56	4.07	4.44	4.73	4.97	5.17	5.34	5.50	6.07	6.47
7	2.68	3.45	3.93	4.28	4.55	4.78	4.97	5.14	5.28	5.83	6.19
8	2.63	3.37	3.83	4.17	4.43	4.65	4.83	4.99	5.13	5.64	6.00
9	2.59	3.32	3.76	4.08	4.34	4.54	4.72	4.87	5.01	5.51	5.85
10	2.56	3.27	3.70	4.02	4.26	4.47	4.64	4.78	4.91	5.40	5.73
11	2.54	3.23	3.66	3.96	4.20	4.40	4.57	4.71	4.84	5.31	5.63
12	2.52	3.20	3.62	3.92	4.16	4.35	4.51	4.65	4.78	5.24	5.55
13	2.50	3.18	3.59	3.88	4.12	4.30	4.46	4.60	4.72	5.18	5.48
14	2.49	3.16	3.56	3.85	4.08	4.27	4.42	4.56	4.68	5.12	5.43
15	2.48	3.14	3.54	3.83	4.05	4.23	4.39	4.52	4.64	5.08	5.38

续表

f \ r	2	3	4	5	6	7	8	9	10	15	20
16	2.47	3.12	3.52	3.80	4.03	4.21	4.36	4.49	4.61	5.04	5.33
17	2.46	3.11	3.50	3.78	4.00	4.18	4.33	4.46	4.58	5.01	5.30
18	2.45	3.10	3.49	3.77	3.98	4.16	4.31	4.44	4.55	4.98	5.26
19	2.45	3.09	3.47	3.75	3.97	4.14	4.29	4.42	4.53	4.95	5.23
20	2.44	3.08	3.46	3.74	3.95	4.12	4.27	4.40	4.51	4.92	5.20
24	2.42	3.05	3.42	3.69	3.90	4.07	4.21	4.34	4.44	4.85	5.12
30	2.40	3.02	3.39	3.65	3.85	4.02	4.16	4.28	4.38	4.77	5.03
40	2.38	2.99	3.35	3.60	3.80	3.96	4.10	4.21	4.32	4.69	4.95
60	2.36	2.96	3.31	3.56	3.75	3.91	4.04	4.16	4.25	4.62	4.86
120	2.34	2.93	3.28	3.52	3.71	3.86	3.99	4.10	4.19	4.54	4.78
∞	2.33	2.90	3.24	3.48	3.66	3.81	3.93	4.04	4.13	4.47	4.69

$$(\alpha = 0.05)$$

f \ r	2	3	4	5	6	7	8	9	10	15	20
1	18.0	27.0	32.8	37.1	40.4	43.1	45.4	47.4	49.1	55.4	59.6
2	6.08	8.33	9.80	10.9	11.7	12.4	13.0	13.5	14.0	15.7	16.8
3	4.50	5.91	6.82	7.50	8.04	8.48	8.85	9.18	9.46	10.5	11.2
4	3.93	5.04	5.76	6.29	6.71	7.05	7.35	7.60	7.83	8.66	9.23
5	3.64	4.60	5.22	5.67	6.03	6.33	6.58	6.80	6.99	7.72	8.21
6	3.46	4.34	4.90	5.30	5.63	5.90	6.12	6.32	6.49	7.14	7.59
7	3.34	4.16	4.68	5.06	5.36	5.61	5.82	6.00	6.16	6.76	7.17
8	3.26	4.04	4.53	4.89	5.17	5.40	5.60	5.77	5.92	6.48	6.87
9	3.20	3.95	4.41	4.76	5.02	5.24	5.43	5.59	5.74	6.28	6.64
10	3.15	3.88	4.33	4.65	4.91	5.12	5.30	5.46	5.60	6.11	6.47
11	3.11	3.82	4.26	4.57	4.82	5.03	5.20	5.35	5.49	5.98	6.33
12	3.08	3.77	4.20	4.51	4.75	4.95	5.12	5.27	5.39	5.88	6.21
13	3.06	3.73	4.15	4.45	4.69	4.88	5.05	5.19	5.32	5.79	6.11
14	3.03	3.70	4.11	4.41	4.64	4.83	4.99	5.13	5.25	5.71	6.03
15	3.01	3.67	4.08	4.37	4.59	4.78	4.94	5.08	5.20	5.65	5.96
16	3.00	3.65	4.05	4.33	4.56	4.74	4.90	5.03	5.15	5.59	5.90
17	2.98	3.63	4.02	4.30	4.52	4.70	4.86	4.99	5.11	5.54	5.84
18	2.97	3.61	4.00	4.28	4.49	4.67	4.82	4.96	5.07	5.50	5.79
19	2.96	3.59	3.98	4.25	4.47	4.65	4.79	4.92	5.04	5.46	5.75
20	2.95	3.58	3.96	4.23	4.45	4.62	4.77	4.90	5.01	5.43	5.71

续表

f \ r	2	3	4	5	6	7	8	9	10	15	20
24	2.92	3.53	3.90	4.17	4.37	4.54	4.68	4.81	4.92	5.32	5.59
30	2.89	3.49	3.85	4.10	4.30	4.46	4.60	4.72	4.82	5.21	5.47
40	2.86	3.44	3.79	4.04	4.23	4.39	4.52	4.63	4.73	5.11	5.36
60	2.83	3.40	3.74	3.98	4.16	4.31	4.44	4.55	4.65	5.00	5.24
120	2.80	3.36	3.68	3.92	4.10	4.24	4.36	4.47	4.56	4.90	5.13
∞	2.77	3.31	3.63	3.86	4.03	4.17	4.29	4.39	4.47	4.80	5.01

$(\alpha = 0.01)$

f \ r	2	3	4	5	6	7	8	9	10	15	20
1	90.0	135	164	186	202	216	227	237	246	277	298
2	14.0	19.0	22.3	24.7	26.6	28.2	29.5	30.7	31.7	35.4	37.9
3	8.26	10.6	12.2	13.3	14.2	15.0	15.6	16.2	16.7	18.5	19.8
4	6.51	8.12	9.17	9.96	10.6	11.1	11.5	11.9	12.3	13.5	14.4
5	5.70	6.98	7.80	8.42	8.91	9.32	9.67	9.97	10.2	11.2	11.9
6	5.24	6.33	7.03	7.56	7.97	8.32	8.61	8.87	9.10	9.95	10.5
7	4.95	5.92	6.54	7.01	7.37	7.68	7.94	8.17	8.37	9.12	9.65
8	4.75	5.64	6.20	6.62	6.96	7.24	7.47	7.68	7.86	8.55	9.03
9	4.60	5.43	5.96	6.35	6.66	6.91	7.13	7.33	7.49	8.13	8.57
10	4.48	5.27	5.77	6.14	6.43	6.67	6.87	7.05	7.21	7.81	8.22
11	4.39	5.14	5.62	5.97	6.25	6.48	6.67	6.84	6.99	7.56	7.95
12	4.32	5.04	5.50	5.84	6.10	6.32	6.51	6.67	6.81	7.36	7.73
13	4.26	4.96	5.40	5.73	5.98	6.19	6.37	6.53	6.67	7.19	7.55
14	4.21	4.89	5.32	5.63	5.88	6.08	6.26	6.41	6.54	7.05	7.39
15	4.17	4.84	5.25	5.56	5.80	5.99	6.16	6.31	6.44	6.93	7.26
16	4.13	4.79	5.19	5.49	5.72	5.92	6.08	6.22	6.35	6.82	7.15
17	4.10	4.74	5.14	5.43	5.66	5.85	6.01	6.15	6.27	6.73	7.05
18	4.07	4.70	5.09	5.38	5.60	5.79	5.94	6.08	6.20	6.65	6.97
19	4.05	4.67	5.05	5.33	5.55	5.73	5.89	6.02	6.14	6.58	6.89
20	4.02	4.64	5.02	5.29	5.51	5.69	5.84	5.97	6.09	6.52	6.82
24	3.96	4.54	4.91	5.17	5.37	5.54	5.69	5.81	5.92	6.33	6.61
30	3.89	4.45	4.80	5.05	5.24	5.40	5.54	5.65	5.76	6.14	6.41
40	3.82	4.37	4.70	4.93	5.11	5.26	5.39	5.50	5.60	5.96	6.21
60	3.76	4.28	4.60	4.82	4.99	5.13	5.25	5.36	5.45	5.78	6.01
120	3.70	4.20	4.50	4.71	4.87	5.01	5.12	5.21	5.30	5.61	5.83
∞	3.64	4.12	4.40	4.60	4.76	4.88	4.99	5.08	5.16	5.45	5.65

附表 16　统计量 H 的分位数 $H_{1-\alpha}(r,f)$ 表

($\alpha = 0.05$)

f ＼ r	2	3	4	5	6	7	8	9	10	11	12
2	39.0	87.5	142	202	266	333	403	475	550	526	704
3	15.4	27.8	39.2	50.7	62.0	72.9	83.5	93.9	104	114	124
4	9.60	15.5	20.6	25.2	29.5	33.6	37.5	41.1	44.6	48.0	51.4
5	7.15	10.8	13.7	16.3	18.7	20.8	22.9	24.7	26.5	28.2	29.9
6	5.82	8.38	10.4	12.1	13.7	15.0	16.3	17.5	18.6	19.7	20.7
7	4.99	6.94	8.44	9.70	10.8	11.8	12.7	13.5	14.3	15.1	15.8
8	4.43	6.00	7.18	8.12	9.03	9.78	10.5	11.1	11.7	12.2	12.7
9	4.03	5.34	6.31	7.11	7.80	8.41	8.95	9.45	9.91	10.3	10.7
10	3.72	4.85	5.67	6.34	6.92	7.42	7.87	8.28	8.66	9.01	9.34
12	3.28	4.16	4.79	5.30	5.72	6.09	6.42	6.72	7.00	7.25	7.48
15	2.86	3.54	4.01	4.37	4.68	4.95	5.19	5.40	5.59	5.77	5.93
20	2.46	2.95	3.29	3.54	3.76	3.94	4.10	4.24	4.37	4.49	4.59
30	2.07	2.40	2.61	2.78	2.91	3.02	3.12	3.21	3.29	3.36	3.39
60	1.67	1.85	1.96	2.04	2.11	2.17	2.22	2.26	2.30	2.33	2.36
∞	1.00	1.00	1.00	1.00	1.00	1.00	1.00	1.00	1.00	1.00	1.00

($\alpha = 0.01$)

f ＼ r	2	3	4	5	6	7	8	9	10	11	12
2	199	448	729	1036	1362	1705	2063	2432	2813	3204	3605
3	47.5	85	120	151	184	216	249	281	310	337	361
4	23.2	37	49	59	69	79	89	97	106	113	120
5	14.9	22	28	33	38	42	46	50	54	57	60
6	11.1	15.5	19.1	22	25	27	30	32	34	36	37
7	8.89	12.1	14.5	16.5	18.4	20	22	23	24	26	27
8	7.50	9.9	11.7	13.2	14.5	15.8	16.9	17.9	18.9	19.8	21
9	6.54	8.5	9.9	11.1	12.1	13.1	13.9	14.7	15.3	16.0	16.6
10	5.85	7.4	8.6	9.6	10.4	11.1	11.8	12.4	12.9	13.4	13.9
12	4.91	6.1	6.9	7.6	8.2	8.7	9.1	9.5	9.9	10.2	10.6
15	4.07	4.9	5.5	6.0	6.4	6.7	7.1	7.3	7.5	7.8	8.0
20	3.32	3.8	4.3	4.6	4.9	5.1	5.3	5.5	5.6	5.8	5.9
30	2.63	3.0	3.3	3.4	3.6	3.7	3.8	3.9	4.0	4.1	4.2
60	1.96	2.2	2.3	2.4	2.4	2.5	2.5	2.6	2.6	2.7	2.7
∞	1.00	1.0	1.0	1.0	1.0	1.0	1.0	1.0	1.0	1.0	1.0

附表 17　G_{max} 的分位数表

$$(\alpha = 0.05)$$

r \ f	1	2	3	4	5	6	7
2	0.9985	0.9750	0.9392	0.9057	0.8772	0.8534	0.8332
3	0.9669	0.8709	0.7977	0.7457	0.7071	0.6771	0.6530
4	0.9065	0.7679	0.6841	0.6287	0.5895	0.5598	0.5365
5	0.8412	0.6838	0.5981	0.5441	0.5065	0.4783	0.4564
6	0.7808	0.6161	0.5321	0.4803	0.4447	0.4184	0.3980
7	0.7271	0.5612	0.4800	0.4307	0.3974	0.3726	0.3535
8	0.6798	0.5157	0.4377	0.3910	0.3595	0.3362	0.3185
9	0.6385	0.4775	0.4027	0.3584	0.3286	0.3067	0.2901
10	0.6020	0.4450	0.3733	0.3311	0.3029	0.2823	0.2666
12	0.5410	0.3924	0.3264	0.2880	0.2624	0.2439	0.2299
15	0.4709	0.3346	0.2758	0.2419	0.2195	0.2034	0.1911
20	0.3894	0.2705	0.2205	0.1921	0.1735	0.1602	0.1501
24	0.3434	0.2354	0.1907	0.1656	0.1493	0.1374	0.1286
30	0.2929	0.1980	0.1593	0.1377	0.1237	0.1137	0.1061
40	0.2370	0.1576	0.1259	0.1082	0.0968	0.0887	0.0827
60	0.1737	0.1131	0.0895	0.0765	0.0682	0.0623	0.0583
120	0.0998	0.0632	0.0495	0.0419	0.0371	0.0337	0.0312
∞	0	0	0	0	0	0	0

r \ f	8	9	10	16	36	144	∞
2	0.8159	0.8010	0.7880	0.7341	0.6602	0.5813	0.5000
3	0.6333	0.6167	0.6025	0.5466	0.4748	0.4031	0.3333
4	0.5175	0.5017	0.4884	0.4366	0.3720	0.3093	0.2500
5	0.4387	0.4241	0.4118	0.3645	0.3066	0.2513	0.2000
6	0.3817	0.3682	0.3568	0.3135	0.2612	0.2119	0.1667
7	0.3384	0.3259	0.3154	0.2756	0.2278	0.1833	0.1429
8	0.3043	0.2926	0.2829	0.2462	0.2022	0.1616	0.1250
9	0.2768	0.2659	0.2568	0.2226	0.1820	0.1446	0.1111
10	0.2541	0.2439	0.2353	0.2032	0.1655	0.1308	0.1000
12	0.2187	0.2098	0.2020	0.1737	0.1403	0.1100	0.0833
15	0.1815	0.1736	0.1671	0.1429	0.1144	0.0889	0.0667

续表

r \ f	8	9	10	16	36	144	∞
20	0.1422	0.1357	0.1303	0.1108	0.0879	0.0675	0.0500
24	0.1216	0.1160	0.1113	0.0942	0.0743	0.0567	0.0417
30	0.1002	0.0958	0.0921	0.0771	0.0604	0.0457	0.0333
40	0.0780	0.0745	0.0713	0.0595	0.0462	0.0347	0.0250
60	0.0552	0.0520	0.0497	0.0411	0.0316	0.0234	0.0167
120	0.0292	0.0279	0.0266	0.0218	0.0165	0.0120	0.0083
∞	0	0	0	0	0	0	0

$(\alpha = 0.01)$

r \ f	1	2	3	4	5	6	7
2	0.9999	0.9950	0.9794	0.9586	0.9373	0.9172	0.8988
3	0.9933	0.9423	0.8831	0.8335	0.7933	0.7606	0.7335
4	0.9676	0.8643	0.7814	0.7212	0.6761	0.6410	0.6129
5	0.9279	0.7885	0.6957	0.6329	0.5875	0.5531	0.5259
6	0.8828	0.7218	0.6258	0.5635	0.5195	0.4866	0.4608
7	0.8376	0.6644	0.5685	0.5080	0.4659	0.4347	0.4105
8	0.7945	0.6152	0.5209	0.4627	0.4226	0.3932	0.3704
9	0.7544	0.5721	0.4810	0.4251	0.3870	0.3592	0.3378
10	0.7175	0.5358	0.4469	0.3934	0.3572	0.3308	0.3106
12	0.6528	0.4751	0.3919	0.3428	0.3099	0.2861	0.2680
15	0.5747	0.4069	0.3317	0.2882	0.2593	0.2386	0.2228
20	0.4799	0.3297	0.2654	0.2288	0.2048	0.1877	0.1748
24	0.4247	0.2871	0.2295	0.1970	0.1759	0.1608	0.1495
30	0.3632	0.2412	0.1913	0.1635	0.1454	0.1327	0.1232
40	0.2940	0.1915	0.1508	0.1281	0.1135	0.1033	0.0957
60	0.2151	0.1171	0.1069	0.0902	0.0796	0.0722	0.0668
120	0.1225	0.0759	0.0585	0.0489	0.0429	0.0387	0.0357
∞	0	0	0	0	0	0	0

r \ f	8	9	10	16	36	144	∞
2	0.8823	0.8674	0.8539	0.7949	0.7067	0.6062	0.5000
3	0.7107	0.6912	0.6743	0.6059	0.5153	0.4230	0.3333
4	0.5897	0.5702	0.5536	0.4884	0.4057	0.3251	0.2500
5	0.5037	0.4854	0.4697	0.4094	0.3351	0.2644	0.2000

续表

r \ f	8	9	10	16	36	144	∞
6	0.4401	0.4229	0.4084	0.3529	0.2858	0.2229	0.1667
7	0.3911	0.3751	0.3616	0.3105	0.2494	0.1929	0.1429
8	0.3522	0.3373	0.3248	0.2779	0.2214	0.1700	0.1250
9	0.3207	0.3067	0.2950	0.2514	0.1992	0.1521	0.1111
10	0.2945	0.2813	0.2704	0.2297	0.1811	0.1376	0.1000
12	0.2535	0.2419	0.2320	0.1961	0.1535	0.1157	0.0833
15	0.2104	0.2002	0.1918	0.1612	0.1251	0.0934	0.0667
20	0.1646	0.1567	0.1501	0.1248	0.0960	0.0709	0.0500
24	0.1406	0.1338	0.1283	0.1060	0.0810	0.0595	0.0417
30	0.1157	0.1100	0.1054	0.0867	0.0658	0.0480	0.0333
40	0.0898	0.0853	0.0816	0.0668	0.0503	0.0363	0.0250
60	0.0625	0.0594	0.0567	0.0461	0.0344	0.0245	0.0167
120	0.0334	0.0316	0.0302	0.0242	0.0178	0.0125	0.0083
∞	0	0	0	0	0	0	0

附表 18　检验相关系数 $\rho=0$ 的临界值表

$n-2$	5%	1%	$n-2$	5%	1%	$n-2$	5%	1%
1	0.997	1.000	16	0.468	0.590	35	0.325	0.418
2	0.950	0.990	17	0.456	0.575	40	0.304	0.393
3	0.878	0.959	18	0.444	0.561	45	0.288	0.372
4	0.811	0.917	19	0.443	0.549	50	0.273	0.354
5	0.754	0.874	20	0.423	0.537	60	0.250	0.325
6	0.707	0.834	21	0.413	0.526	70	0.232	0.302
7	0.666	0.798	22	0.404	0.515	80	0.217	0.283
8	0.632	0.765	23	0.396	0.505	90	0.205	0.267
9	0.602	0.735	24	0.388	0.496	100	0.195	0.254
10	0.576	0.708	25	0.381	0.487	125	0.174	0.228
11	0.553	0.684	26	0.374	0.478	150	0.159	0.208
12	0.532	0.661	27	0.367	0.470	200	0.138	0.181
13	0.514	0.641	28	0.361	0.463	300	0.113	0.143
14	0.497	0.623	29	0.355	0.456	400	0.098	0.123
15	0.482	0.606	30	0.349	0.449	1000	0.062	0.081